学电脑从入门到精通

新手学电脑从入门到精通（Windows 8+Office 2010版）

九州书源

杨　强　刘凡馨　编著

清华大学出版社

北　京

内容简介

本书以最新版本的Windows 8操作系统为基础，深入浅出地讲解了电脑操作的一些相关知识。本书分为4篇，从初学电脑开始，一步一步地讲解电脑的基础知识、Windows 8操作系统的使用、汉字的输入、电脑资源和软硬件的管理、上网的基本操作、工具软件的使用、系统的设置与管理、Word 2010和Excel 2010的基本操作和高级应用、网上娱乐与生活、系统的安装与备份以及电脑的维护与安全防护。本书实例丰富，包含电脑操作各方面的知识，可帮助读者快速上手。

本书操作简单且实用，可作为电脑初级用户、广大电脑爱好者以及各行各业需要学习电脑操作的人员使用，同时也可作为电脑培训班的培训教材或学习辅导书。

图书在版编目（CIP）数据

新手学电脑从入门到精通（Windows 8+Office 2010版）/九州书源编著. —北京：清华大学出版社，2014（2018.4 重印）

（学电脑从入门到精通）

ISBN 978-7-302-32733-2

I. ①新… II. ①九… III. ①Windows操作系统 ②办公自动化-应用软件 IV. ①TP316.7 ②TP317.1

中国版本图书馆CIP数据核字（2013）第130814号

责任编辑：朱英彪
封面设计：刘 超
版式设计：文森时代
责任校对：王 云
责任印制：杨 艳
出版发行：清华大学出版社
网　　址：http://www.tup.com.cn，http://www.wqbook.com
地　　址：北京清华大学学研大厦A座　**邮　　编**：100084
社 总 机：010-62770175　**邮　　购**：010-62786544
投稿与读者服务：010-62776969，c-service@tup.tsinghua.edu.cn
质量反馈：010-62772015，zhiliang@tup.tsinghua.edu.cn
印 装 者：三河市铭诚印务有限公司
经　　销：全国新华书店
开　　本：190mm×260mm　**印　　张**：30　**字　　数**：730千字
（附DVD光盘1张）
版　　次：2014年1月第1版　**印　　次**：2018年4月第6次印刷
印　　数：11301～11900
定　　价：59.80元

产品编号：049516-01

前言 PREFACE

本套书的故事和特点

“学电脑从入门到精通”系列丛书从2008年第1版问世，到2010年跟进，共两批30余种图书，涵盖了电脑软、硬件各个领域，由于其知识丰富，讲解清晰，成为大家首选的电脑入门与提高类图书，并得到了广大读者的一致好评。

为了使更多的读者受益，让读者成为信息化社会中的一员，为其工作和生活带来方便，我们对“学电脑从入门到精通”系列图书进行了第3次改版。改版后的图书将继承前两版图书的优势，并对不妥之处进行改进和优化，将软件的版本进行更新，使其以一种全新的面貌呈现在读者面前。总体来说，新版的“学电脑从入门到精通”有如下特点。

◆ 结构科学，自学、教学两不误

本套书均采用分篇的方式写作，全书分为入门篇、提高篇、精通篇、实战篇，每一篇的结构和要求均有所不同，其中入门篇和提高篇重在知识的讲解，精通篇重在技巧的学习和灵活运用，实战篇主要讲解该知识在实际工作和生活中的综合应用。除了实战篇外，每一章的最后都安排了实例和练习，以教会读者综合应用本章的知识制作实例并且进行自我练习，所以不管是自学，还是教学，使用本书都可以收获到不错的效果。

◆ 知识丰富，达到“精通”

书中知识丰富、全面，将一个“高手”应掌握的知识分别有序地放在各篇中，在每一页的下方都添加了与本页相关的知识和技巧，与正文相呼应，对知识进行补充与提升。同时，在入门篇和提高篇中的每一章最后添加了“知识问答”和“知识关联”版块，将与本章相关的疑难点再次提问、理解，并介绍一些特殊的技巧，从而最大限度地提高本书的知识含金量，让读者达到“精通”的程度。

◆ 大量实例，更易上手

学习电脑的人都知道，实例更利于学习和掌握。本书实例丰富，对于经常使用的操作均以实例的形式展示出来，并将实例以标题的形式列出，方便读者快速查阅。

◆ 行业分析，让您与现实工作更贴近

对于书中的大型综合实例，除了讲解其制作方法以外，部分实例还讲解了与该实例相关的行业知识，例如11.7节讲解“公司简介”的制作时，则在“行业分析”中讲解制作公司简介的作用、包含的内容以及对内容的要求等，从而让读者真正明白该实例“背后的故事”，增加知识面，缩小书本知识与实际工作的差距。

本书有哪些内容

本书内容分为4篇，共24章，主要内容介绍如下。

- **入门篇（第1~7章，电脑的基础操作）**：主要讲解了电脑的基础知识和基本操作，包括电脑的组成、电脑的启动与关闭、鼠标与键盘的使用、Windows 8操作系统的基本操作、电脑打字、电脑资源的管理、附件工具的使用、上网的基础操作以及电脑软硬件的管理等知识。
- **提高篇（第8~15章，电脑的进阶应用）**：主要讲解了电脑的高级运用知识与操作，包括Windows 8系统的设置与管理、磁贴的应用、Word 2010和Excel 2010的基础操作、文档的美化、计算和管理表格数据、网上娱乐以及网上生活等相关知识。
- **精通篇（第16~20章，电脑的高级操作）**：主要讲解了Word 2010与Excel 2010的高级应用、常用工具软件的使用、系统的安装与备份、电脑的维护与安全等知识。
- **实战篇（第21~24章，Word 2010和Excel 2010的案例应用）**：主要讲解了Word 2010与Excel 2010的实际应用，包括产品说明书、市场分析报告、公司开支表和汽车销售统计表的制作等知识。

光盘有哪些内容

本书配备了多媒体教学光盘，容量大、内容丰富，主要包含如下内容。

- **素材和效果文件**：光盘中包含本书所有实例使用的素材，以及进行操作后完成的效果文件，读者可以根据这些素材轻松制作出与书中相同的效果。
- **实例和练习的视频演示**：光盘中将本书所有实例和课后练习的内容以视频文件的形式呈现，使读者更加容易地学会其制作方法。
- **PPT教学课件**：以章为单位精心制作了本书对应的PPT教学课件，课件的结构与书本讲解的内容相同，帮助教师教学。

如何快速解决学习的疑惑

本书由九州书源组织编写，为保证每个知识点都能让读者学有所用，参与本书编写的人员在电脑书籍的编写方面都有较高的造诣，他们是杨强、刘凡馨、杨学林、李星、丛威、范晶晶、常开忠、唐青、羊清忠、董娟娟、彭小霞、何晓琴、陈晓颖、赵云、张良瑜、张良军、宋玉霞、牟俊、李洪、贺丽娟、曾福全、汪科、宋晓均、张春梅、任亚炫、余洪、廖宵、杨明宇、刘可、李显进、付琦、刘成林、简超、林涛、张娟、程云飞、向萍、杨颖、朱非、蒲涛、林科炯、阿木古堵。如果您在学习的过程中遇到什么困难或疑惑，可以联系我们，我们会尽快为您解答。联系方式是网址：http://www.jzbooks.com；QQ群：122144955、120241301。

目录

CONTENTS

入门篇

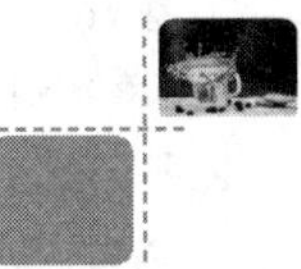

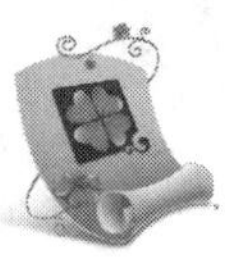

提高篇

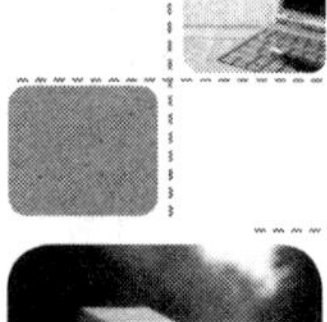

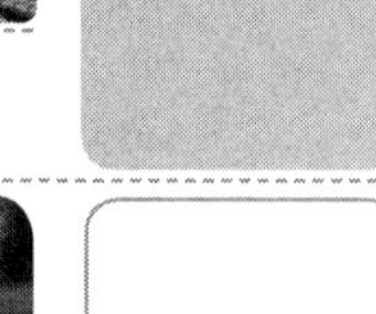

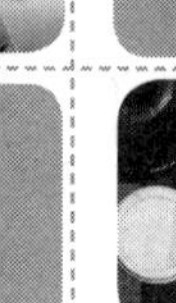

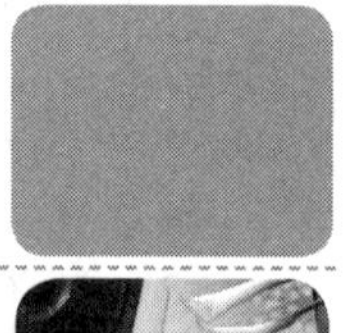

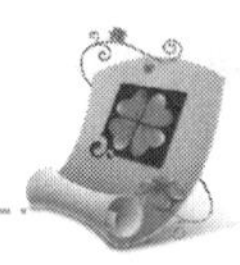

精通篇

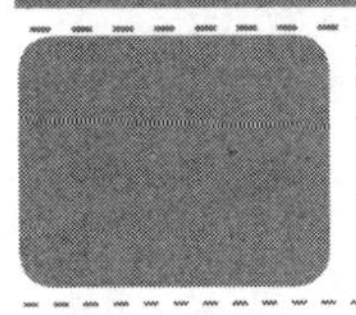
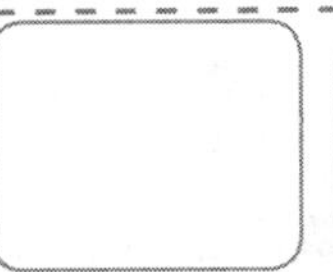

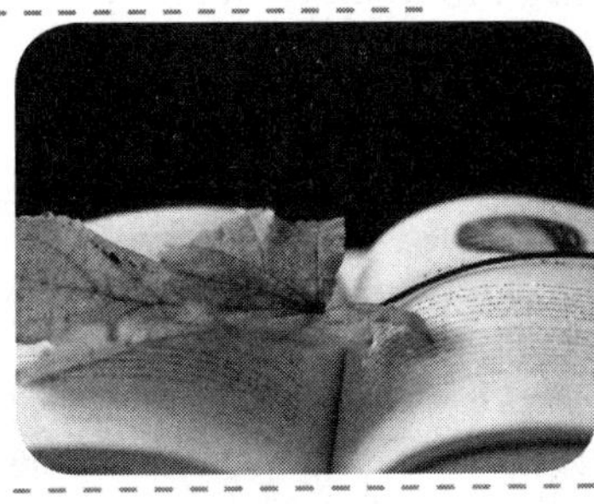
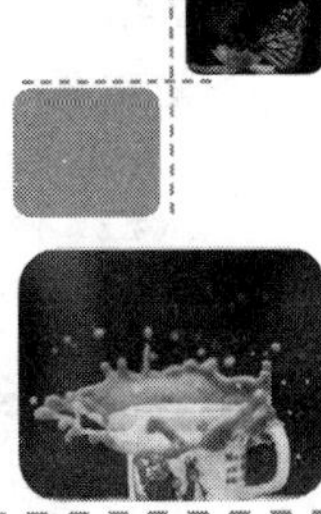

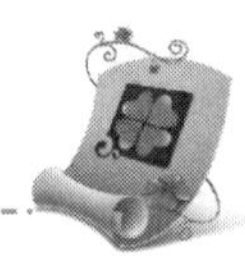

入门、提高、精通、实战，步步精要，
知识、实践、拓展、技能，样样在行。

实战篇

入门篇

对于电脑初学者来说，首先应掌握电脑的一些最基本、最简单的知识和操作，例如电脑的组成结构、正确启动和关闭电脑的方法、鼠标和键盘的使用、系统各组成部分及其作用、电脑资源和软硬件的管理、附件工具的使用、IE浏览器的使用以及网上搜索和下载资源的方法等，这些都是电脑初学者必须掌握的基本知识。

第 1 章

学电脑从基本操作开始

启动和关闭电脑

了解电脑作用

认识电脑各组成部分

认识Windows 8三要素

熟练操作鼠标

熟练使用键盘

本章导读

对于从未接触过电脑的初学者来说，总觉得电脑很神秘。其实，电脑只是现代化学习和交流的工具，通过它可以快速、方便地完成很多工作。本章将带领大家认识一下电脑，了解电脑的用途、类型和组成，掌握启动与关闭电脑的方法，认识 Windows 8 操作系统的三要素，以及鼠标和键盘的操作知识。通过本章的学习，读者可以对电脑有一个全面的认识，并为后面操作电脑做好准备。

1.1　认识电脑

随着社会的发展，电脑已被广泛应用于各行各业，现在很多工作都需要有电脑协作才能完成。对于办公人员来说，电脑的使用是必须掌握的知识。下面就讲解电脑的一些基础知识，包括电脑的分类、作用以及组成部分。

1.1.1　电脑的分类

电脑是一种存储和快速处理文字、图片及声音等信息的电子设备。目前，用户一般所使用的电脑可分为台式电脑、笔记本电脑和平板电脑3种类型，下面分别进行介绍。

- **台式电脑**：是最为常见的个人电脑，因功能齐全、价格便宜等特点被广泛应用于学校、企事业单位、个人和家庭中，如图1-1所示。
- **笔记本电脑**：也称手提电脑，是一种便携式的电脑，它将键盘、鼠标、显示器和主机等部件都集成到手提式机箱内。笔记本电脑体型小巧，便于携带，非常适合于外出时需要使用电脑的个人用户，如图1-2所示。

图1-1　台式电脑

图1-2　笔记本电脑

- **平板电脑**：是一种小型、方便携带的个人电脑，以触摸屏作为基本的输入设备，主要用于上网、处理办公文件等，适合休闲和商务使用，如图1-3所示。相对于笔记本电脑而言，平板电脑的功能较少，只能支持一些小型软件，而且其使用的系统与台式电脑和笔记本电脑不同，主要是使用Android、iOS以及Windows 8等系统。

图1-3　平板电脑

按规模和用途，可将电脑分为巨型机、大型机、中型机、小型机和微型机5类，巨型机和大型机用于科研机构和国防事业，中型机和小型机用于大、中型企业，而微型机就是常说的电脑。

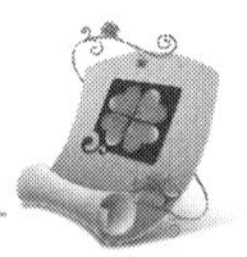

1.1.2　电脑的作用

电脑在日常工作、生活和学习中的应用比较广泛，就个人用户而言，电脑主要具备以下几个功能。

- **编辑各种文档：** 使用电脑编辑制作各种文档是最常见的电脑应用之一，与手动制作相比，使用电脑制作的文档不仅美观、规范，而且便于修改和保存，并且还可以将制作好的文档打印出来，方便携带和查看。使用电脑制作的文档主要为 Office 文档，包括 Word 文档、Excel 电子表格和 PowerPoint 演示文稿等，如图 1-4 所示为使用 Word 制作的“广告计划”文档，如图 1-5 所示为使用 Excel 制作的“产品销售表”电子表格。

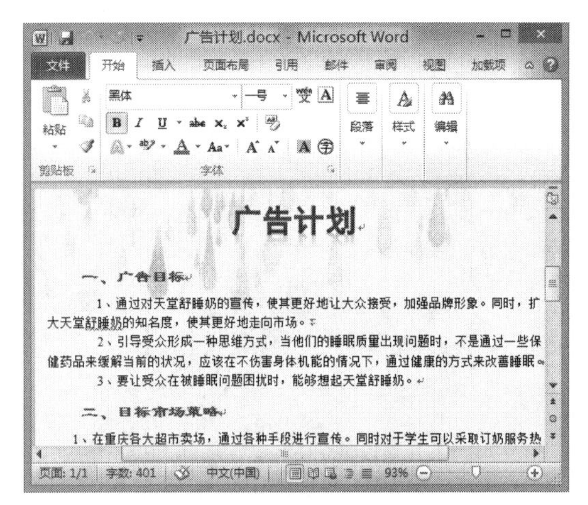

广告计划

一、广告目标

1、通过对天堂舒睡奶的宣传，使其更好地让大众接受，加强品牌形象。同时，扩大天堂舒睡奶的知名度，使其更好地走向市场。

2、引导受众形成一种思维方式，当他们的睡眠质量出现问题时，不是通过一些保健药品来缓解当前的状况，应该在不伤害身体机能的情况下，通过健康的方式来改善睡眠。

3、要让受众在被睡眠问题困扰时，能够想起天堂舒睡奶。

二、目标市场策略

1、在重庆各大超市卖场，通过各种手段进行宣传。同时对于学生可以采取订奶服务热

图 1-4　Word 文档

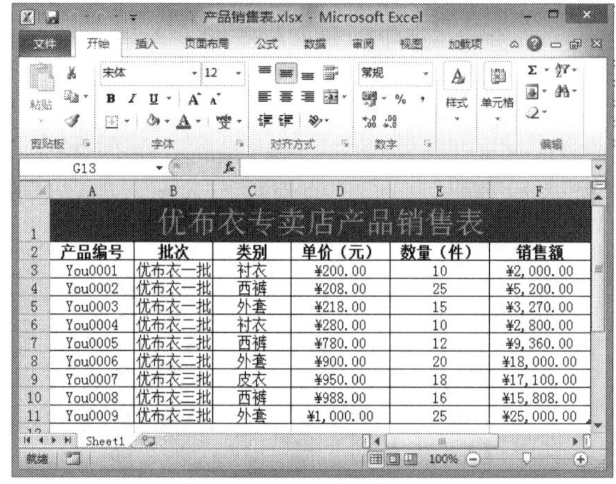

优布衣专卖店产品销售表

产品编号	批次	类别	单价（元）	数量（件）	销售额
You0001	优布衣一批	衬衣	¥200.00	10	¥2,000.00
You0002	优布衣一批	西裤	¥208.00	25	¥5,200.00
You0003	优布衣一批	外套	¥218.00	15	¥3,270.00
You0004	优布衣二批	衬衣	¥280.00	10	¥2,800.00
You0005	优布衣二批	西裤	¥780.00	12	¥9,360.00
You0006	优布衣二批	外套	¥900.00	20	¥18,000.00
You0007	优布衣三批	皮衣	¥950.00	18	¥17,100.00
You0008	优布衣三批	西裤	¥988.00	16	¥15,808.00
You0009	优布衣三批	外套	¥1,000.00	25	¥25,000.00

图 1-5　Excel 电子表格

- **处理图形图像：** 图形图像处理是平面设计、广告设计、影视制作等行业从业人员必须掌握的电脑操作技能之一，而且随着数码相机的流行，用电脑处理数码照片也是十分常见的，如将照片处理为艺术照、处理曝光不足的照片等。在电脑中用于处理图形图像的软件主要有 Photoshop、CorelDRAW 和 Illustrator 等，如图 1-6 所示为使用 Photoshop 处理图像的效果。
- **辅助设计：** 辅助设计主要应用于机械和建筑绘图，绘图人员只需输入相应的数据或操作鼠标就能快速地绘制出图形，相对于手工绘图，使用电脑绘图更精确、更省时，还可在不同的视图下查看绘图效果。在电脑中常通过 AutoCAD、Protel 等软件进行辅助设计。
- **网络应用：** 电脑连接网络后，便可通过它在网上浏览新闻、下载资料、与朋友进行“面对面”即时交流等。随着 Internet 技术的不断发展，网络应用功能也在不断加强，如网上购物、网上开店、网上炒股和网上转账等都是目前流行的网络应用，如图 1-7 所示为购物网站淘宝网首页。

电脑要实现处理照片、绘制图形等功能必须借助于各种专业软件，因此，只有当电脑中安装了 Photoshop 等软件后才能实现图形图像处理功能。

图 1-6 处理图片

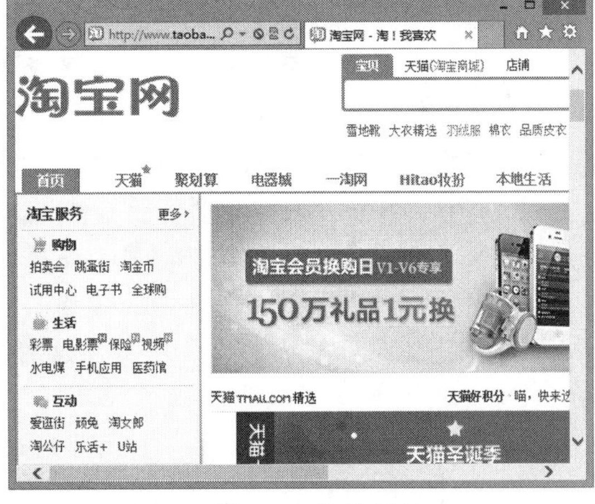

图 1-7 购物网站

- **休闲娱乐：**用户可通过电脑进行各种休闲娱乐活动，如玩游戏、听音乐、看电影、看小说、阅报等，以放松身心，缓解工作上的压力。在电脑中安装各类播放器，如千千静听、Windows Media Player 等，便可播放各种多媒体文件。
- **教学工具：**电脑可对动画、声音、图片以及文字等多种元素进行有机结合，并能够直观、生动、形象地将其展现出来，因此，电脑还被广泛应用于教学和各种培训演讲等活动中。

1.1.3 电脑的组成

电脑主要由显示器、主机、键盘、鼠标和音箱组成，它们统称为电脑硬件，如图 1-8 所示。

图 1-8 电脑各组成部分

要实现电脑的辅助教学往往还需要配备投影仪等设备，这样可使教学更为方便。除此之外，电脑还需要具有声音播放等多媒体功能，以便于演示。

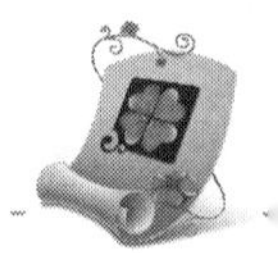

- **显示器**：是电脑重要的输出设备，其作用是将电脑的各种操作和处理结果以图文的方式显示出来，通过显示器可查看输入电脑的内容、电脑的运行状态和处理结果等信息。
- **主机**：是电脑的核心组成部分，主机外面是长方形的主机箱，主机箱内放置主板、CPU、内存、硬盘和电源等硬件。主机的正面包括电源开关、复位按钮和光驱等，背面有许多插孔和接口，用于连接电源、键盘、鼠标和网线等。
- **键盘**：是电脑最重要的输入设备之一，通过键盘上的按键，用户可输入中、英文字符以及向系统发出命令。键盘的型号有很多种，目前常用的键盘是 107 个键位的。
- **鼠标**：是电脑必备的输入设备，通过操作鼠标，用户可向电脑下达各种操作指令。鼠标的种类较多，目前最常用的是光电式鼠标。
- **音箱**：是电脑的发声设备，用于将电脑中播放的音乐、程序的音效等所有声音传递给用户。音箱并不是电脑必备的外部设备，可根据需要配置，在特殊场合也可用耳机来代替。

1.2　启动和关闭电脑

要使用电脑，必须先掌握正常启动和关闭电脑的方法。作为初学者，需要了解电脑启动的先后顺序，以及在不同情况下采用的启动方式。下面将分别讲解正常启动、关闭以及重启电脑的方法。

1.2.1　启动电脑

电脑应在正常连接电源的情况下进行启动，也就是第一次启动电脑。启动电脑并登录系统后就可以在电脑中进行一系列相关的操作了。

实例 1-1　正确启动电脑

1. 当显示器的电源接通并正确连接主机后，按下显示器的电源按钮即可开启显示器。
2. 接着按下主机的电源按钮，这时电脑将自动启动。
3. 在启动过程中，系统会进行自检，并初始化硬件设备，如果系统运行正常，则无须进行其他任何操作。
4. 如果没有对用户账户进行任何设置，则将使用本地账户直接登录 Windows 8 操作系统，如果安装操作系统时注册了邮箱账户，则需要使用注册邮箱时设置的密码进行登录，如图 1-9 所示。
5. 在“密码”文本框中输入密码后，按 Enter 键或单击➡按钮即可登录到 Windows 8 操作系统，进入“开始”屏幕，如图 1-10 所示。

在启动电脑的过程中，如果 Windows 操作系统中设置了多个用户账户或账户密码，则会出现账户选择界面，单击账户图标并输入正确的密码便可进入系统。

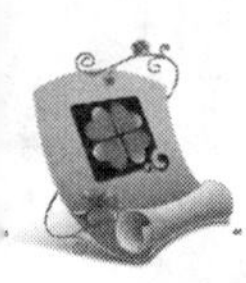

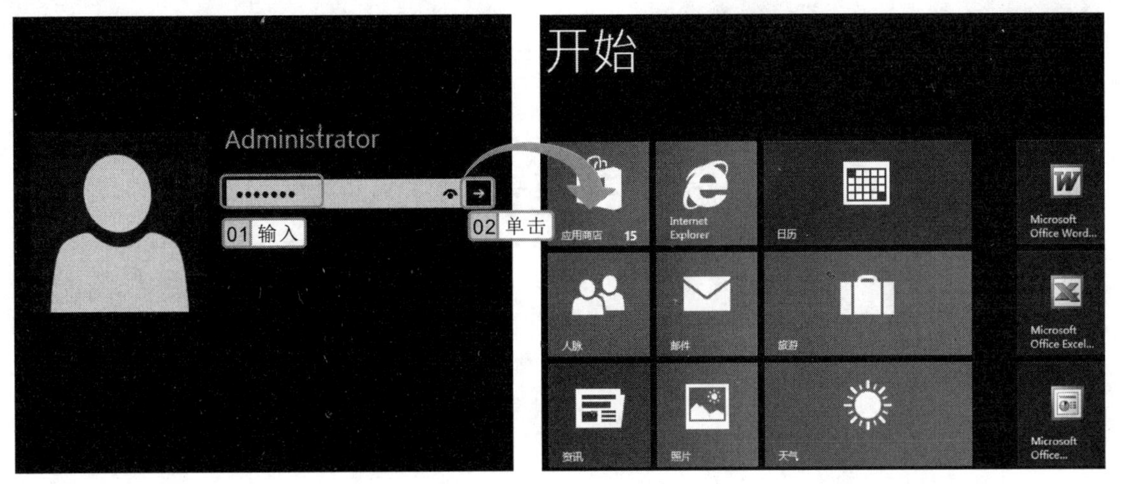

图 1-9　输入账户密码　　　图 1-10　进入“开始”屏幕

1.2.2　关闭电脑

在不需要使用电脑时，应将其关闭，以节约用电和保护电脑硬件。关闭电脑时，应使用正确的方法，这样可避免丢失文件信息或出现错误，延长电脑的使用寿命。

正确关闭电脑的方法是：将鼠标指针移到电脑屏幕右下角，在屏幕右侧将显示一个工具栏，将鼠标指针移至工具栏中，单击其中的“设置”按钮，在打开的设置面板下方单击“电源”按钮，再在弹出的列表中选择“关机”选项即可关闭电脑，如图 1-11 所示。

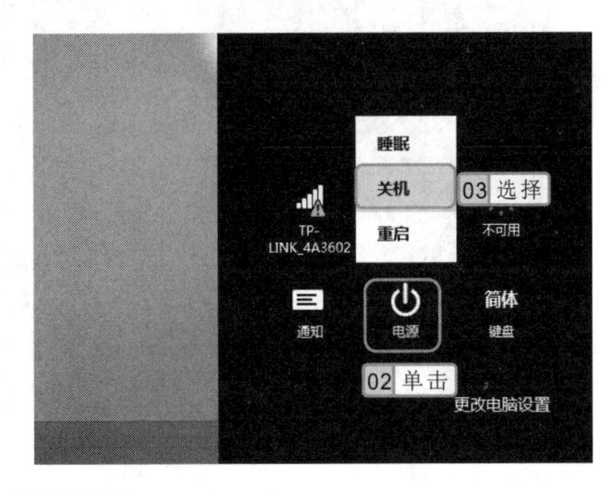

图 1-11　关闭电脑

1.2.3　重启电脑

在使用电脑时，若安装了某些软件或对电脑进行了新配置，经常会要求重启电脑。重启电脑是指将打开的程序全部关闭并退出 Windows 8 操作系统，然后电脑立即自动启动并

将鼠标指针移动到电脑屏幕右上角，也会显示工具栏。

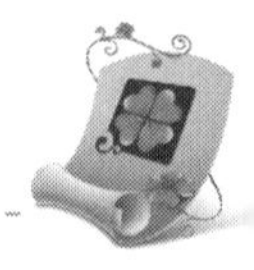

登录到 Windows 8 操作系统的过程。

重启电脑的方法和关闭电脑的方法类似，在设置面板中单击“电源”按钮，再在弹出的列表中选择“重启”选项即可。

1.3 认识 Windows 8 三要素

操作系统是一种系统软件，用来管理电脑中的各种资源，是电脑软件运行的平台，也是用户操作电脑的基础。Windows 8 操作系统是最新推出的 Windows 系统，是由“开始”屏幕、电脑桌面和 CHARM 菜单组成的。

1.3.1 个性化的“开始”屏幕

Windows 8 操作系统与其他操作系统不同，开启电脑后，Windows 8 操作系统首先进入的是“开始”屏幕，这也是 Windows 8 操作系统最大的亮点。“开始”屏幕主要由磁贴和用户账户组成，如图 1-12 所示。

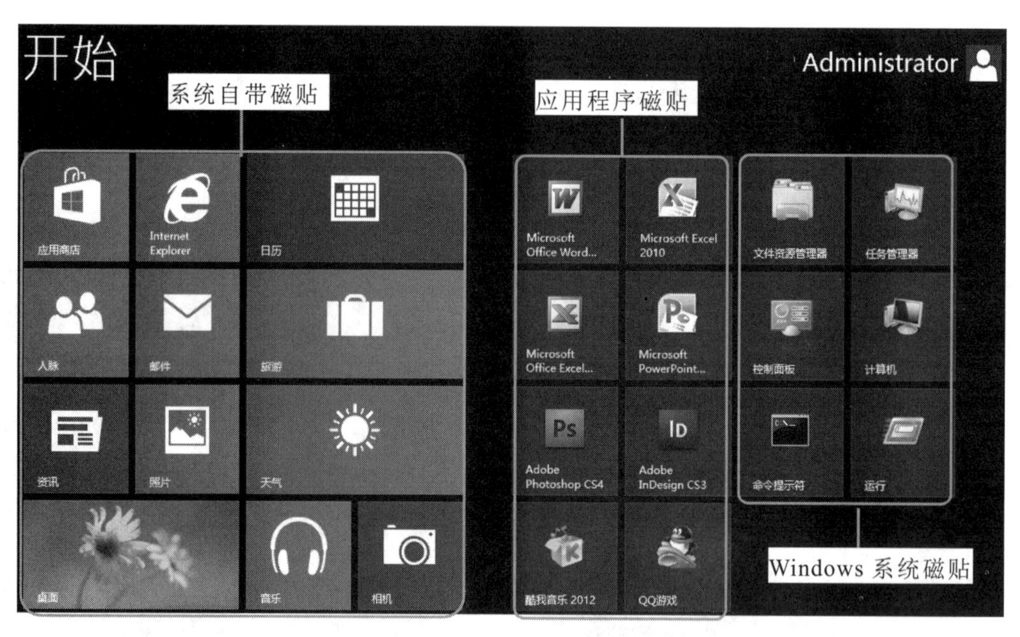

图 1-12 “开始”屏幕

1. 认识磁贴

磁贴是“开始”屏幕中最重要的组成部分，也是必不可少的部分，通过单击可快速打开相应的应用。磁贴主要分为系统自带磁贴、应用程序磁贴和 Windows 系统磁贴 3 部分，下面分别进行介绍。

有时电脑打开程序较多而无响应时，也可重启电脑，使电脑恢复正常。

- **系统自带磁贴**：系统自带的磁贴很多，主要是用户经常使用的，如“应用商店”、“照片”、“相机”、“日历”、“音乐”、“邮件”等。
- **应用程序磁贴**：在电脑中安装了某个软件或应用程序后，安装的程序或软件将在“开始”屏幕中显示相应的应用程序磁贴，通过单击应用程序磁贴，可快速打开相应的应用程序。
- **Windows 系统磁贴**：是指 Windows 8 操作系统附带的一些功能磁贴，如“计算机”、“控制面板”和“任务管理器”等。系统磁贴对电脑的操作来说是必不可少的。

2. 认识用户账户

在电脑中安装 Windows 8 操作系统时，系统会提示用户设置用户账户，通过该账户可以更改电脑中的安全设置，访问电脑中的资源。用户账户位于“开始”屏幕右上角，单击该用户账户，会弹出一个面板，如图 1-13 所示。在其中选择相应的选项，可以进行不同的操作。

图 1-13　认识用户账户

1.3.2　经典的系统桌面

在 Windows 8 操作系统中仍然保留了经典的系统桌面，认识了“开始”屏幕后，单击“桌面”磁贴就可进入到 Windows 8 系统桌面，主要包括桌面图标、桌面背景和任务栏等部分，如图 1-14 所示。

单击用户账户后，在弹出的面板中选择“若爱”选项，会切换到该用户的登录界面，输入正确的密码，就可登录到该账户。

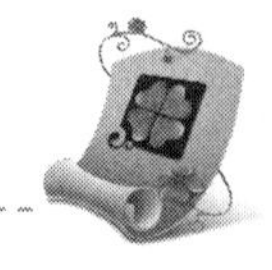

图 1-14　系统桌面

1. 桌面图标

桌面图标一般指打开某个程序的快捷方式，通过双击，可打开相应的操作窗口或应用程序。桌面图标包括系统图标、快捷方式图标、文件和文件夹图标，如图 1-15 所示。

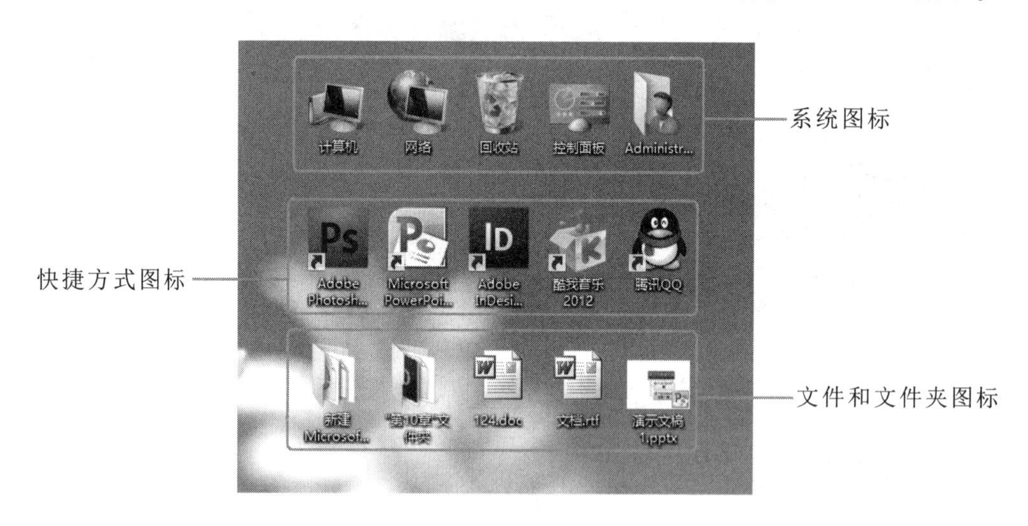

图 1-15　桌面图标

下面分别对桌面图标各组成部分进行介绍。

- **系统图标**：包括“计算机”、“网络”和“回收站”等系统自带的图标，通过这

行家提醒

系统桌面默认的图标只有“回收站”图标，桌面其余的图标都是手动添加的，添加图标的方法将在第 2 章进行详细讲解。

些图标可以对操作系统进行相关的设置。

- **快捷方式图标**：指应用程序和其他对象的快捷启动方式，一般都是安装应用程序时自动添加的，其主要特征是在图标左下角有一个标识。
- **文件和文件夹图标**：用户自行创建的图标，其中文件夹常用于保存文件或文件夹。

2. 桌面背景

桌面背景是指 Windows 8 操作系统桌面上显示的背景图片，主要用于装饰桌面，用户可将自己喜欢的图片设为桌面背景，让桌面更加美观。

3. 任务栏

在默认情况下，任务栏位于桌面底部，通过它可快速切换到“开始”屏幕、快速启动某个程序、切换到打开的窗口以及查看系统时间等。任务栏由“开始”屏幕切换按钮、快速启动区、任务按钮区、通知区域和显示桌面图标按钮 5 部分组成，如图 1-16 所示。

图 1-16 任务栏的组成

下面分别对任务栏各组成部分进行介绍。

- **“开始”屏幕切换按钮**：将鼠标指针移动到桌面左下角，在出现的图标上单击便可快速进入到“开始”屏幕。
- **快速启动区**：单击任务栏快速启动区中的某个图标可立即打开对应的窗口或启动某个程序。
- **任务按钮区**：位于快速启动区右侧，用于切换各个打开的窗口。用户每打开一个窗口，在任务按钮区中就显示一个对应的任务按钮，将鼠标指针移动到任务按钮上，可以在该按钮的上方显示出该窗口的预览图。
- **通知区域**：位于任务按钮区右侧，显示时间以及一些告知特定程序和电脑设置状态的图标，单击相应的图标可查看相应的信息。
- **显示桌面图标按钮**：单击该图标可快速显示桌面。

1.3.3 隐藏的 CHARM 菜单

在关闭电脑时，将鼠标指针移到电脑屏幕右下角，在屏幕右侧将显示一个工具栏，该工具栏在 Windows 8 操作系统中被称作 CHARM 菜单，如图 1-17 所示。CHARM 菜单中包

任务按钮区的按钮大小和形式与快速启动区的按钮相同，只是快速启动区的按钮直接显示在任务栏中，而任务按钮区的按钮需要用户打开窗口后才能显示。

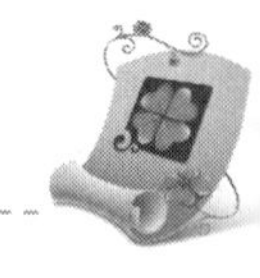

含多个按钮，通过单击可以快速对电脑进行一些操作，例如查看电脑信息等。

图 1-17　CHARM 菜单

CHARM 菜单中各按钮的作用分别如下。

- “设置”按钮：该按钮主要用于设置“开始”屏幕、寻求帮助、查看网络连接情况、设置电脑声音、查看电脑中已安装的输入法以及执行电脑的关机、重启以及睡眠等操作。
- “设备”按钮：用于显示电脑屏幕和连接的硬件设备。
- “开始”按钮：单击该按钮可快速切换到“开始”屏幕。
- “共享”按钮：主要显示电脑桌面或“开始”屏幕中已共享的资源。
- “搜索”按钮：用于搜索电脑中的文件、应用以及设置等。

1.4　鼠标是操作电脑的主要工具

鼠标因形如老鼠而得名，它是一种使用方便、灵活的输入设备。在操作系统中，大部分操作都是通过鼠标来完成的。因此，掌握鼠标的使用方法是学习其他电脑操作的前提。

1.4.1　认识鼠标

鼠标在电脑中的表现形式是鼠标指针，鼠标指针的形状并非一成不变的，默认鼠标指针为形状。当系统处于不同的工作状态时，鼠标指针会呈现出不同的形态，各形态与其

桌面上和“开始”屏幕中显示的 CHARM 菜单包括的按钮相同，只是单击各按钮后，在打开的面板中显示的内容会有些差别。

含义如表1-1所示。

表1-1　不同鼠标指针的含义

指针形状	表示状态	具体作用
	正常选择	鼠标指针的基本形状，表示准备接受用户指令
	帮助选择	按下了联机帮助键或打开帮助菜单时出现的鼠标指针
	后台运行	系统正在执行某操作，要求用户等待
	忙	系统在处理较大的任务，正处于忙碌状态，此时不能执行其他操作
+	精确选择	在某些应用程序中系统准备绘制一个新的对象
I	文本选择	出现在可输入文字的地方，表示此处可输入文本内容
	水平和垂直调整	出现在窗口或对象的四周，拖动即可改变窗口或对象大小
	对角线调整	出现在窗口或对象的4个角上，拖动可改变窗口或对象的高度和宽度
	移动	在移动窗口或对象时出现，使用它可以移动整个窗口或对象
	链接选择	鼠标指针所在的位置是一个超链接，如指向网页中的超链接时即会出现此指针
	不可用	鼠标指针所在的按钮或某些功能不能使用
	手写	此处可进行手写输入

1.4.2　正确握鼠标

鼠标是电脑重要的输入设备之一，使用鼠标可使电脑的操作更加简单、方便。目前最常用的是光电式3键鼠标，它由鼠标左键、鼠标右键和鼠标滚轮3个按键组成，如图1-18所示。

- **鼠标左键：**按该键可选择对象或执行命令。
- **鼠标右键：**按该键将弹出当前选择对象相应的快捷菜单。
- **鼠标滚轮：**主要用于多页文档的滚屏显示。

要想让鼠标充分发挥其“魔力”，不仅需要在鼠标下面放置一个鼠标垫，还应正确掌握鼠标的使用方法，将食指和中指自然放置在鼠标的左键和右键上，拇指靠在鼠标左侧，无名指和小指放在鼠标的右侧，拇指、无名指及小指轻轻握住鼠标，手掌心轻轻贴住鼠标后部，手腕自然垂放在桌面上，操作时带动鼠标做平面运动。在操作鼠标时，应用食指控制鼠标左键，中指控制鼠标右键，食指或中指控制鼠标滚轮，如图1-19所示。

在操作鼠标时最好使用鼠标垫，这样既可以保护鼠标、减小磨损，也可帮助鼠标更好地定位，并能减轻由于长时间使用鼠标而给手腕带来的疲劳感。

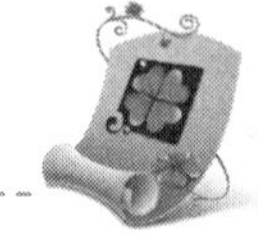

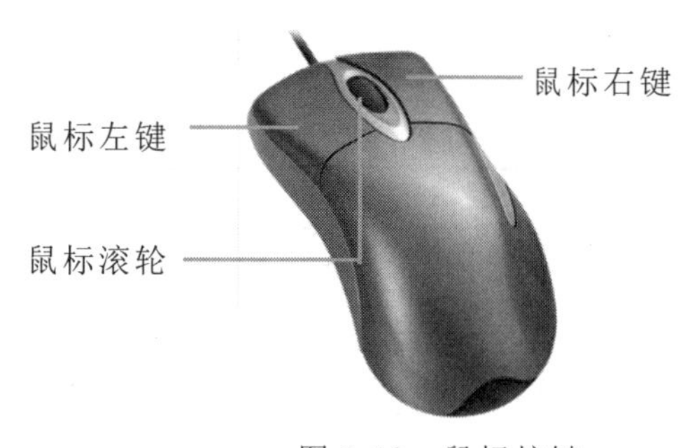

图 1-18　鼠标按键

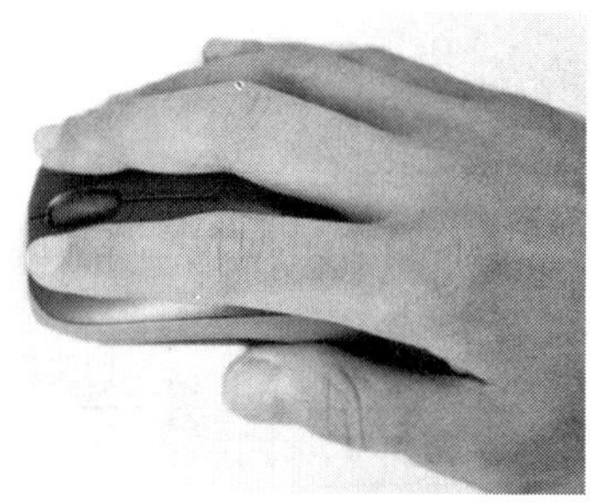

图 1-19　正确握鼠标

1.4.3　使用鼠标

电脑的大部分操作都可通过鼠标来完成，只要掌握了鼠标的操作方法，就能轻松地对电脑进行操作。鼠标的基本操作包括移动、单击、右击、双击、拖动和滚动等。下面分别进行介绍。

- **移动鼠标**：握住鼠标，在桌面或鼠标垫上随意移动，鼠标指针会随之在屏幕上同步移动，并且在移动的过程中，其形状会根据环境的变化而变化。当鼠标指针指向屏幕上的某一对象时，该对象本身并不会发生任何变化，如图 1-20 所示。
- **单击鼠标**：单击是指将鼠标指针指向某个对象后，用食指快速按下鼠标左键并快速释放的过程。单击常用于选择某个对象，被选择的对象将呈高亮显示，稍等片刻，还将弹出与该对象有关的提示信息，如图 1-21 所示。

图 1-20　移动鼠标

图 1-21　单击鼠标选择对象

- **右击鼠标**：右击是指单击鼠标右键，其操作方法与单击鼠标左键类似，将鼠标指针移动到某个对象上或空白区域，用中指按下鼠标右键并快速释放，该操作常用于弹出某个对象的快捷菜单。
- **双击鼠标**：双击是指将鼠标光标移动到某个对象上，用食指连续快速单击鼠标左键两次，该操作常用于运行某个程序或打开文件，如图 1-22 所示为双击“计算机”图标打开“计算机”窗口。

行家提醒

在移动鼠标的过程中，鼠标指针可能到达不了所需位置，这时可以用手将鼠标提起，至合适位置放下，再移动鼠标至所需位置即可。

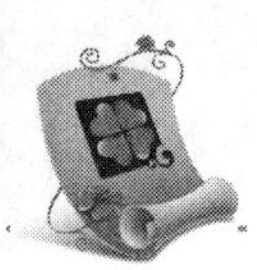

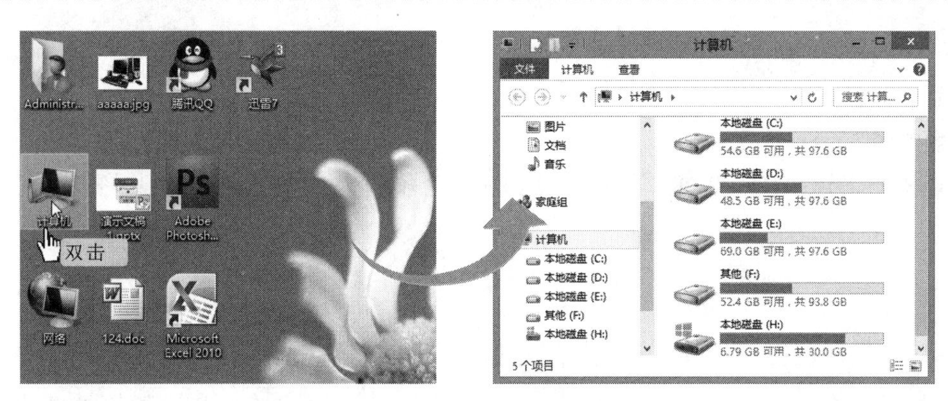

图 1-22　双击“计算机”图标打开窗口

- **拖动鼠标**：将鼠标光标移动到某个对象上，按住鼠标左键不放进行拖动，拖动到合适的位置后释放鼠标，该操作常用于移动某对象的位置。
- **滚动鼠标**：滚动鼠标滚轮可以让文档或窗口中未显示完的内容显示出来。其方法是将食指放在滚轮上向上或向下拨动，可对文档或窗口中的内容进行滚动；按下鼠标滚轮使鼠标光标呈⇕状态，向下或向上移动鼠标，当鼠标光标变为▲或▼形状后，文档中的内容将自动进行滚动，如图 1-23 所示。再次按下鼠标滚轮，鼠标光标即可返回普通状态。

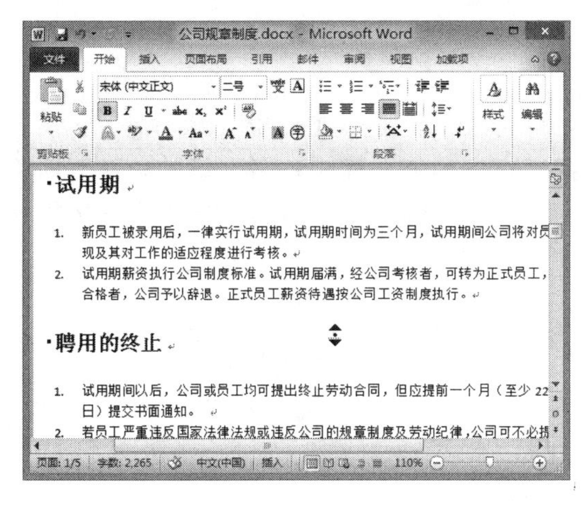

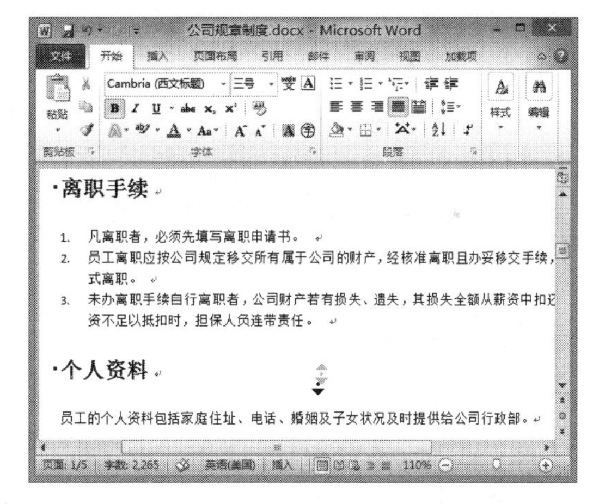

图 1-23　滚动滚轮查看未显示的内容

1.5　熟练使用键盘

键盘是电脑的重要输入工具，通过它可以输入各种字符和数字，或下达一些控制命令，以实现“人机交流”。下面将介绍键盘的键区以及键盘的指法等知识。

在浏览长文档和网页时经常需要使用滚轮进行滚动浏览，也可以通过拖动窗口右侧的滚动条来进行滚动浏览。

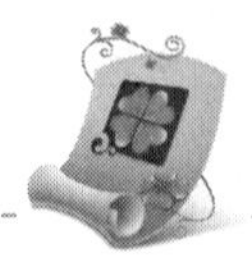

1.5.1 认识键盘

键盘的键位分布大致相同，目前大多数用户使用的键盘为 107 键的标准键盘，可以分为功能键区、主键盘区、编辑控制区、小键盘区和状态指示灯区，如图 1-24 所示。

图 1-24 键盘的组成

1. 功能键区

功能键区位于键盘的上方，排成一行，共有 16 个键，分别是 Esc 键，用于取消已执行的命令或退出某个正在运行的程序；F1～F12 键，在不同的程序中，各个键的功能有所不同；Wake Up 键，让电脑从休眠状态恢复到正常状态；Sleep 键，可以使电脑进入休眠状态；Power 键，用于关闭电脑。

2. 主键盘区

主键盘区是键盘上最大也是最重要的区域，包括字母键、数字键、符号键和控制键等，主要用于输入字母、符号、数字等，以及实现其他扩展功能。

下面分别对主键盘区各部分的作用进行介绍。

- **字母键：** 字母键位于主键盘区的中间，每个键对应一个大写的英文字母，用于输入 26 个英文字母，按一下某个字母键，即可输入相应的小写字母。如需输入大写字母，可按 Caps Lock 键后，按字母键进行输入。
- **数字键：** 数字键位于字母键上方，用于输入数字，每个键位有上、下两种字符，单独按一个数字键将输入其对应的数字；若按住 Shift 键不放，再按一下数字键，将输入其对应的字符。
- **符号键：** 主键盘区共有 11 个符号键，10 个位于字母键和数字键的右边，1 个位于数字键左边，符号键每个键位也有上、下两种符号，用于输入各种常用符号。

在 Windows 8 操作系统中按 F1 键可以打开帮助窗口；在文件夹窗口中选中一个对象后按 F2 键可以重新命名对象。

- **控制键**：控制键位于主键盘区的两侧，共有10个键，通常需要与其他按键配合使用，以执行各种操作，其中Shift键、Ctrl键和Alt键在主键盘左、右各有一个。
- **其他键**：键盘上还有▢和▢两个键，▢键是Windows键，也称开始菜单键，主要用于“开始”屏幕和电脑桌面之间的切换；▢键，也称快捷菜单键，相当于鼠标右键，按下该键会弹出相应的快捷菜单。

3. 编辑控制区

编辑控制区位于主键盘区右侧，该区中的按键较少，主要用于在文档编辑过程中控制鼠标光标的位置以及输入状态。

编辑控制区常用键的主要功能如下。

- **Delete键和Insert键**：Delete键也称删除键，每按一次将删除鼠标光标右侧的一个字符；Insert键用于切换插入与改写状态。
- **Home键和End键**：Home键可使鼠标光标移至本行最左边的位置；End键可使鼠标光标移至本行最右边的位置。
- **Page Up键和Page Down键**：Page Up键使屏幕跳转到前一页；Page Down键使屏幕跳转到后一页。
- **方向键**：包括←、↑、↓和→ 4个键，按相应的键，鼠标光标将向相应的方向移动。

4. 小键盘区

小键盘区位于键盘的右侧，主要用于快速输入数字。小键盘区中几乎所有键都是其他键区的重复键，如主键盘区的数字键，编辑控制区的Home键、End键、方向键等。按Num Lock键可以切换该键区功能，当Num Lock指示灯亮时输入为数字，如关闭其作用将变为功能键。该键区的Enter键与主键盘区的Enter键功能完全一样。

5. 状态指示灯区

状态指示灯区位于键盘右上方，主要用来显示键盘的某些工作状态。该区包括Num Lock（显示小键盘区工作状态）、Caps Lock（显示大小写字母锁定状态）和Scroll Lock（显示滚屏锁定键的状态）3个指示灯。

1.5.2 键盘的使用

由于键盘上的各键都有字母标识，从其标识上便可知道各键的作用，但要快速准确敲击键盘上的按键，提高输入速度，还需要熟练掌握键盘指法和正确的按键方法。

控制键中Tab键用于向右移动光标位置；Caps Lock键用于切换输入字母的大小写状态；Enter键用于段落结束时换行；Backspace键用于删除光标前一个字符。

1. 基准键位

基准键位是指主键盘区第 2 排字母键中的 A、S、D、F、J、K、L 和;8 个键，每个手指对应一个基准键。在 F 和 J 键上各有一个突出的小横杠或小圆点，用于定位左、右手食指，其他手指可依次找到对应的基准键位，如图 1-25 所示。

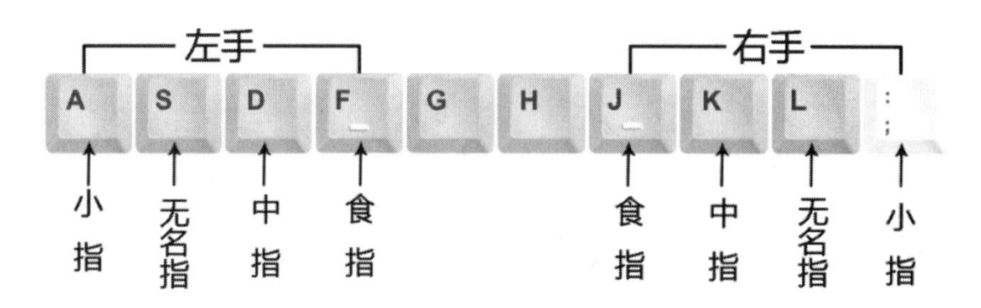

图 1-25　基准键位的指法

2. 指法分区

键盘指法分区是指主键盘区的指法分区，可将主键盘区的键位划分成 8 个区域，分别对应 8 个手指，双手拇指放置在空格键上，每个手指负责敲击该区域的字符键，如图 1-26 所示。

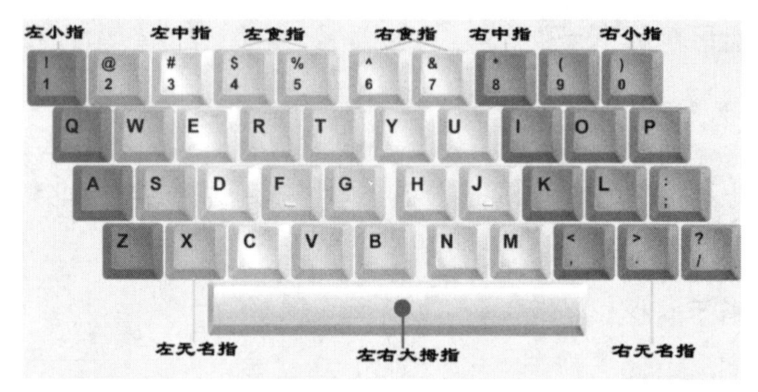

图 1-26　指法分区

1.6　基础实例

本章基础实例将使用鼠标对电脑进行启动和关闭操作，然后使用键盘在新建的文档中练习英文、数字和符号的输入，通过本练习进一步掌握鼠标和键盘的操作方法。

使用键盘时，应平坐在椅子上，腰背挺直，两脚平放在地上，身体稍微前倾，两臂放松，自然下垂，两肘轻贴于腋边，肘关节垂直弯曲，手腕平直。

1.6.1　启动和关闭电脑

本例将结合鼠标和键盘的操作，在多用户账户环境下启动电脑并进入 Windows 8 操作系统，然后关闭电脑。通过练习，熟练掌握电脑的开、关机操作。

1. 操作思路

为更快完成本例的制作，并尽可能运用本章讲解的知识，现将本例的操作思路介绍如下。

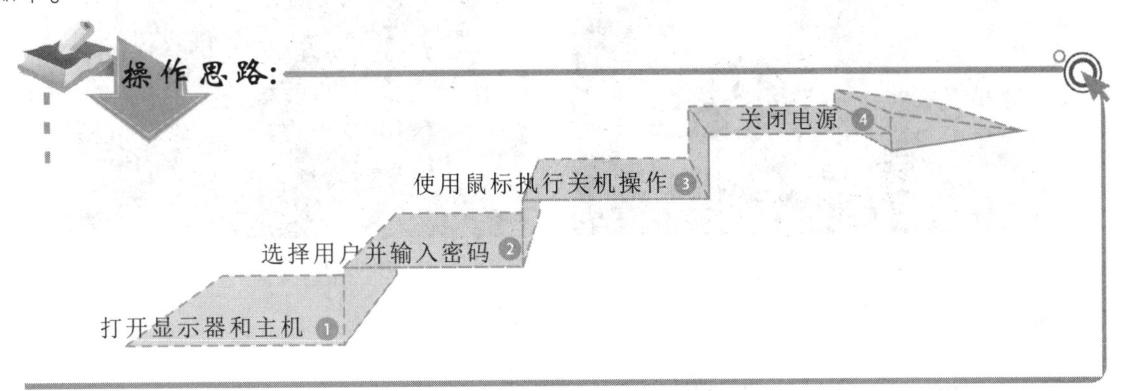

2. 操作步骤

下面介绍启动和关闭电脑的方法，其操作步骤如下：

实例演示\第 1 章\启动和关闭电脑

1. 按下电脑显示器和主机箱的电源按钮，启动电脑，此时系统将开始自检。
2. 自检结束后，将登录到操作系统的启动界面，并进入用户账户登录选择界面，用鼠标单击所需的用户账户名称或图标，这里单击“Jhon”用户账户，如图 1-27 所示。
3. 进入 Windows 8 操作系统，若该账户设置有密码，则输入对应的密码，单击➡按钮，如图 1-28 所示。

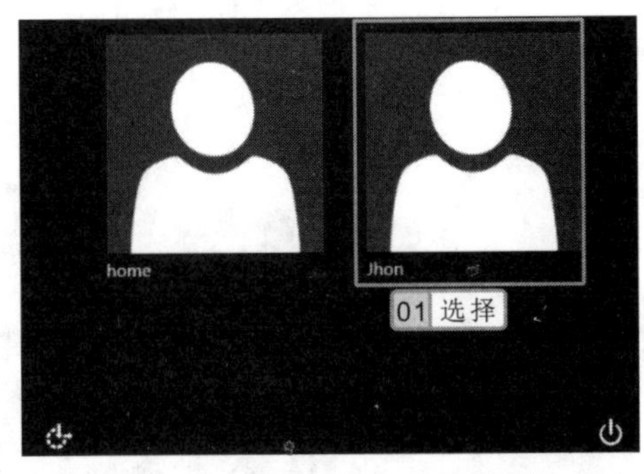

图 1-27　选择账户登录界面

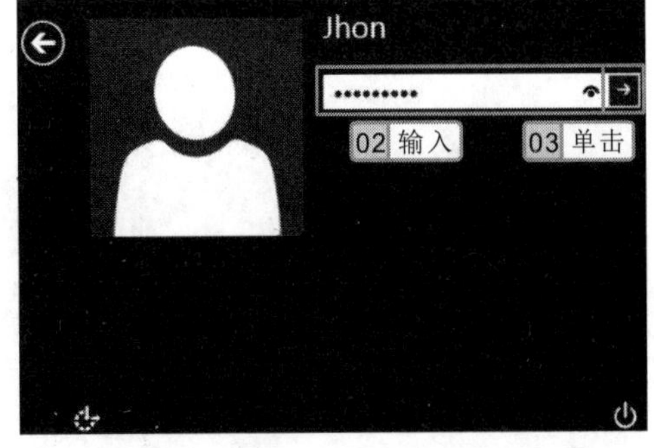

图 1-28　输入登录密码

如果需要同时启动打印机等设备，则应先打开相关外部设备的电源开关，然后再打开显示器电源，最后打开主机电源。

4　进入 Windows 8 “开始”屏幕，单击“桌面”磁贴，切换到系统桌面。

5　将鼠标光标移动到桌面右下角，弹出 CHARM 菜单，单击“设置”按钮，打开设置面板，单击“电源”按钮，再在弹出的列表中选择“关机”选项关闭电脑，如图 1-29 所示。

6　此时电脑屏幕上将显示“正在关机”的文字信息，如图 1-30 所示。

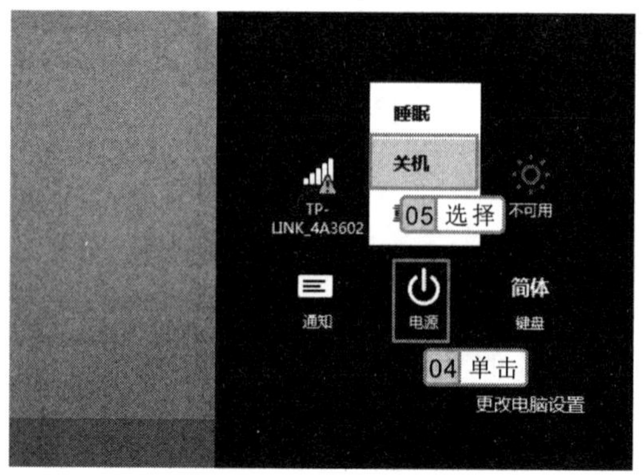

图 1-29　选择“关机”选项

图 1-30　提示正在关机

7　待主机电源关闭后按下显示器的电源按钮，关闭电脑。

1.6.2　用键盘输入字符

本例将在桌面新建一个文档，使用鼠标双击打开该文档，然后在文本插入点处用键盘输入字符，以达到熟练使用键盘的目的。

1. 操作思路

为更快完成本例的制作，并尽可能综合运用本章知识，现将本例的操作思路介绍如下。

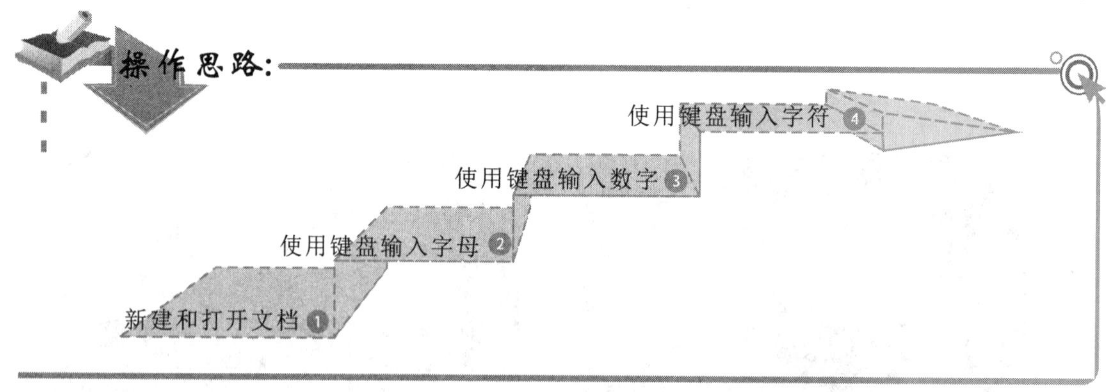

2. 操作步骤

下面介绍使用键盘输入字符的方法，其操作步骤如下：

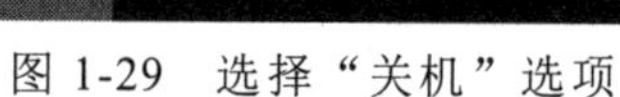

在使用键盘输入时，每次击键后，手指要返回到基准键位上。

参见光盘 实例演示\第1章\用键盘输入字符

1. 进入电脑桌面，按[键图]键，在弹出的快捷菜单中选择"新建"/"文本文档"命令，在桌面新建一个文档，双击该文档将其打开。
2. 文档中出现文本插入点，将双手放置在键盘8个基准键位上，用左手小指按 Caps Lock 键，再用右手无名指按L键，在文档文本插入点处将出现大写的L，如图1-31所示。
3. 按 Shift 键，再用相应的手指依次按O、V和E键，输入小写字母，然后使用相同的方法在主键盘的数字键中依次按1、4和6键，其效果如图1-32所示。

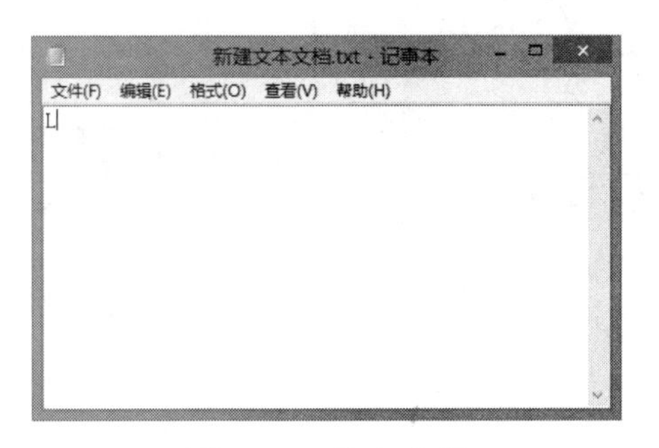

图1-31 输入字母

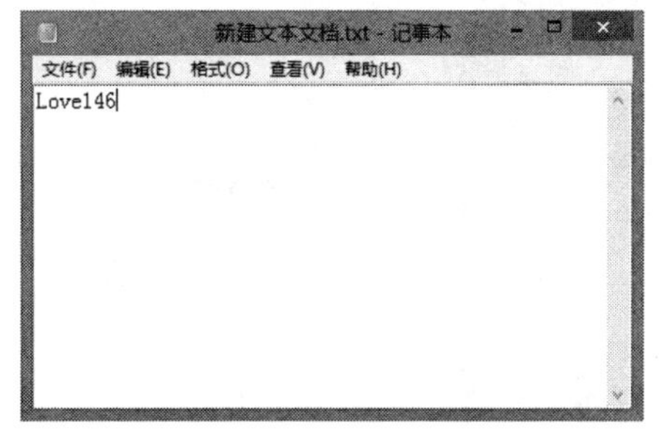

图1-32 输入字符

4. 按住 Shift 键不放，再按2键输入@符号，如图1-33所示。
5. 结合 Shift 键继续在文本插入点处输入字母和符号，其效果如图1-34所示。

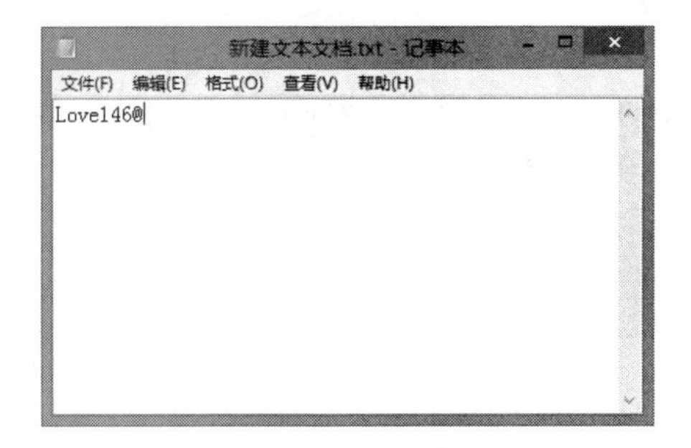

图1-33 输入字符

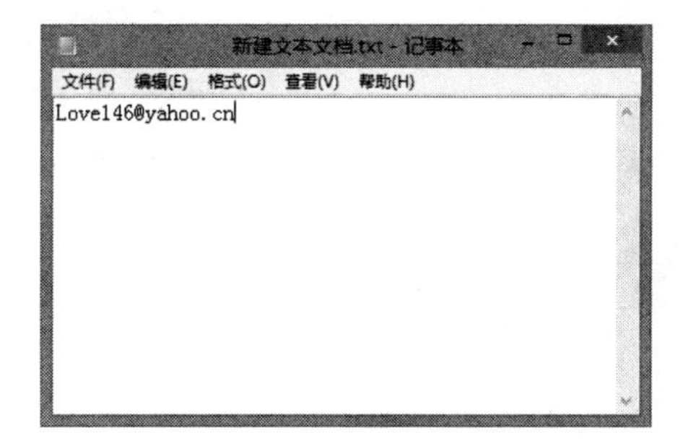

图1-34 最终效果

1.7 基础练习

本章主要介绍了电脑的相关知识、启动和关闭电脑的方法、Windows 8 操作系统的三要素以及鼠标和键盘的使用方法，通过下面的练习可进一步熟悉 Windows 8 操作系统和键盘的使用。

在输入大量数字时也可按下小键盘中的 Num Lock 键，然后用相应的手指按小键盘上的数字键进行数字输入。

1.7.1 使用鼠标操作电脑

本练习将结合鼠标来对电脑进行操作。首先启动电脑进入 Windows 8 操作系统，然后将鼠标指针移到“开始”屏幕的“桌面”磁贴上进行单击，进入系统桌面，然后将鼠标指针移动到桌面的图标上查看图标相关信息，最后使用鼠标关闭电脑。

参见光盘　实例演示\第 1 章\使用鼠标操作电脑

该练习的操作思路如下。

1.7.2 练习键盘指法

本练习将在新建的文本文档中进行键盘指法输入练习，练习的方法是反复敲击各个手指控制的击键区域中的各个按键，以达到熟练掌握键盘指法的目的。练习时先进行基准键位练习，然后再分别进行左、右手上下排字母键的输入练习。

参见光盘　实例演示\第 1 章\练习键盘指法

该练习的操作思路如下。

使用笔记本电脑的用户，也可通过键盘或键盘膜上的小横杠来确认键位。

1.8 知识问答

在使用电脑进行一些基本操作的过程中，难免会遇到一些难题，例如电脑屏幕不显示、不能对电脑进行任何操作等。下面将介绍使用电脑过程中常见的问题及解决方案。

问：电脑一直处于开机状态，但我有一个小时没有使用，当我使用时，怎么移动鼠标电脑屏幕都不显示，这是怎么回事？

答：这是因为电脑正处于睡眠状态。在 Windows 8 操作系统默认状态下，当电脑一直处于开机状态，且有半个小时未进行任何操作时，系统会自动进入睡眠状态，这样可使电脑硬盘、CPU 等设备处于低耗能状态，达到节能省电的目的。要退出睡眠状态，可单击鼠标，或在键盘上按任意键，系统将恢复到进入睡眠状态前的工作状态。

问：鼠标突然不能动了，按键盘上的按键也没有反应，这是怎么回事？

答：这可能是死机造成的。如果程序没有响应或系统运行时出现异常，导致所有操作不能运行时，可进行复位启动，其方法是按下主机上的“复位”按钮，重新启动电脑进行操作。

问：Windows 8 操作系统关机速度虽然很快，但操作比较麻烦，没有其他操作系统简单，有没有什么方法可以简化关机操作的步骤呢？

答：当然有。通过快捷键就可快速完成关机操作。关闭所有程序后，在电脑桌面上按 Alt+F4 快捷键打开“关闭 Windows”对话框，在“希望计算机做什么”下拉列表框中选择“关机”选项，单击 确定 按钮即可快速关机。在“希望计算机做什么”下拉列表框中还包括“睡眠”、“重新启动”等选项，选择需要的选项，还可进行其他操作。

知识关联 学习电脑的方法与经验心得

我们学习电脑的目的是为了能熟练地操作它，因此，在使用电脑时，可把电脑当工具用，不要担心把电脑用坏，使用时多与电脑进行“交流”，在出现问题或操作错误时，电脑会立即提示，并告诉用户该怎么处理。要想学好电脑，还需要勤动手练习，多进行上机操作，这也是学习电脑最重要的一点。只有不断地实践，才能快速提高操作电脑的水平，也才能将书中讲解的知识应用到实际工作中。

使用电脑打字时，眼睛距显示器的距离应为 30cm~40cm，且显示器的中心应与水平视线保持 15°～20°夹角。另外，不要长时间盯着屏幕，以免损伤眼睛。

第 2 章

Windows 8 轻松上手

本章导读

Windows 8 操作系统是微软公司推出的最新一代的 Windows 系统，它不仅拥有个性化的“开始”屏幕，而且各种应用程序都能以磁贴的形式显示在“开始”屏幕，为用户提供了高效易行的工作环境。本章主要讲解“开始”屏幕中磁贴的操作，CHARM 菜单中常用的按钮、桌面图标、任务栏、窗口和对话框的基本操作等知识，让用户快速熟悉 Windows 8 系统的一些基本操作。

2.1 “开始”屏幕中磁贴的操作

Windows 8“开始”屏幕中磁贴的数量、大小和位置并不是固定不变的，用户可以根据使用习惯和日常需要对磁贴进行相应的操作，包括打开、移动位置、调整大小、添加/删除、切换以及关闭磁贴等。

2.1.1 打开磁贴

通过“开始”屏幕中的磁贴可快速打开某个应用或程序，提高工作效率。打开磁贴的方法是：将鼠标光标移动到需要打开的磁贴上并单击，即可打开相应的磁贴应用。如图 2-1 所示为单击“资讯”磁贴打开的应用。

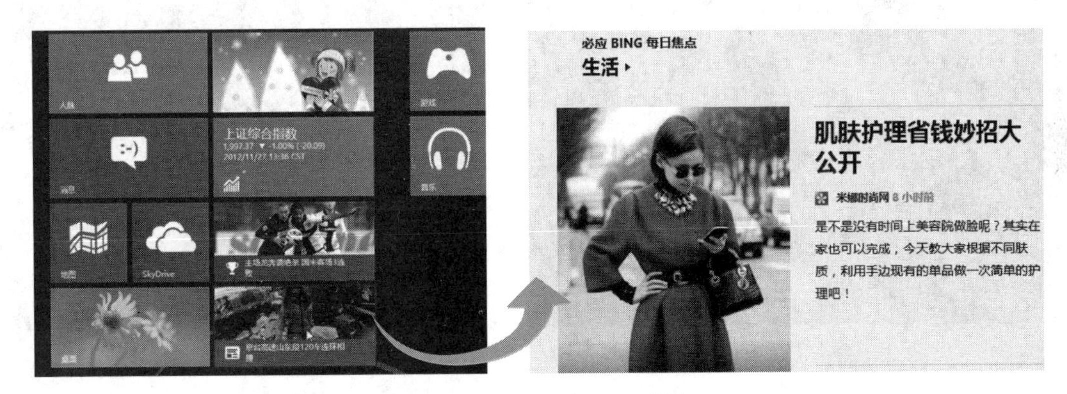

图 2-1　打开“资讯”磁贴

2.1.2 移动磁贴位置

“开始”屏幕中磁贴的位置并不是固定的，用户可根据实际操作需要对磁贴的位置进行调整。其方法是在需要移动位置的磁贴上按住鼠标左键不放进行拖动，到目标位置后释放鼠标即可。如图 2-2 所示为移动“旅游”磁贴的过程。

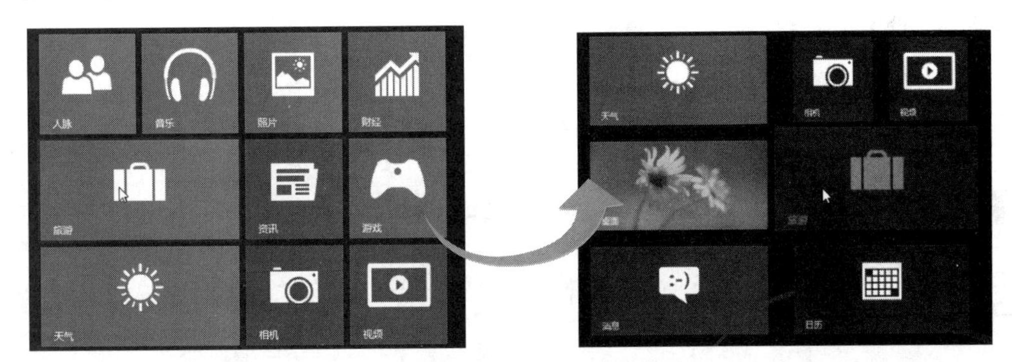

图 2-2　移动“旅游”磁贴位置

操作提示

“开始”屏幕中磁贴的多少会根据电脑中安装程序的多少而发生变化，用户也可自行决定“开始”屏幕中磁贴的数量。

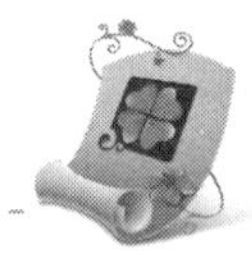

2.1.3 调整磁贴大小

对于“开始”屏幕中自带的磁贴，用户可根据需要对磁贴的大小进行调整，但应用程序磁贴的大小是不能进行调整的。其方法是在需调整大小的磁贴上单击鼠标右键，在“开始”屏幕底部将弹出一个快捷工具栏，在其中单击“放大”按钮或“缩小”按钮，即可按比例调整磁贴的大小，如图 2-3 所示为放大“消息”磁贴的效果。

图 2-3 放大“消息”磁贴

2.1.4 添加/删除磁贴

“开始”屏幕中磁贴不宜显示太多，否则会影响用户操作电脑的速度，因此，用户可以根据需要将常用的磁贴添加到“开始”屏幕中，而对于不常用的磁贴，可将其删除，使其不显示在“开始”屏幕中。

实例 2-1 在“开始”屏幕中添加和删除磁贴

下面将“应用”面板中的 Snagit 10 应用程序磁贴添加到“开始”屏幕中，然后删除“开始”屏幕中的“日历”磁贴。

1. 在“开始”屏幕空白区域单击鼠标右键，在弹出的快捷工具栏中单击“所有应用”按钮，如图 2-4 所示。
2. 在打开的“应用”面板中 Snagit 10 栏的 Snagit 10 选项上单击鼠标右键，在弹出的快捷工具栏中单击“固定到‘开始’屏幕”按钮，如图 2-5 所示。
3. 按 Windows 键返回“开始”屏幕，即可看到添加的 Snagit 10 磁贴，如图 2-6 所示。

在“开始”屏幕中，用户可通过在多个磁贴上单击鼠标右键，同时选择多个磁贴，而且对选择的多个磁贴还可同时进行调整大小、添加和删除等操作。

图 2-4 单击“所有应用”按钮

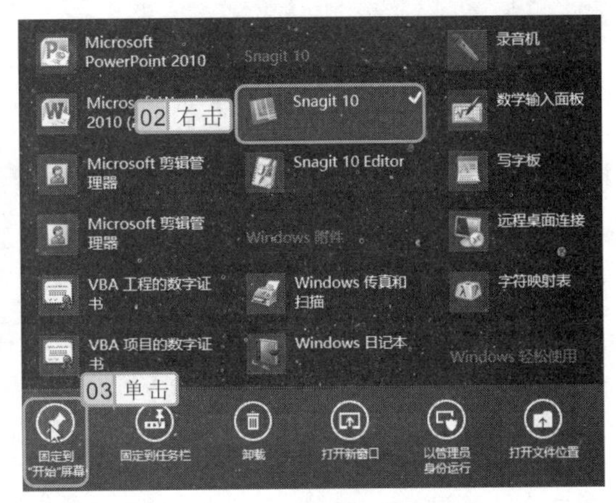

图 2-5 添加磁贴

4 选择“日历”磁贴，在其上单击鼠标右键，在弹出的快捷工具栏中单击“从‘开始’屏幕取消固定”按钮，如图 2-7 所示。

5 此时，即可将“日历”磁贴从“开始”屏幕中删除。

图 2-6 查看添加的磁贴

图 2-7 删除磁贴

2.1.5 切换磁贴应用

在“开始”屏幕中，有时会根据需要打开多个磁贴应用，而这些打开的磁贴应用，除当前磁贴应用外，其他磁贴应用都会在后台运行，不会显示出来，若需要切换后台运行的磁贴应用，就需要手动进行设置。

在多个磁贴应用中进行切换的方法是：将鼠标指针移动至“开始”屏幕左边，会弹出快捷工具栏，在该工具栏中显示了打开的所有磁贴应用，在需要切换的应用缩略图上单击，即可切换至该应用。如图 2-8 所示为在工具栏中单击打开的“照片”应用缩略图切换至“照片”应用。

操作提示

在“开始”屏幕单击“桌面”磁贴，切换到系统桌面，使用鼠标光标在桌面左侧移动，在弹出的快捷工具栏中也会显示打开的所有应用，单击应用的缩略图，即可切换至该应用。

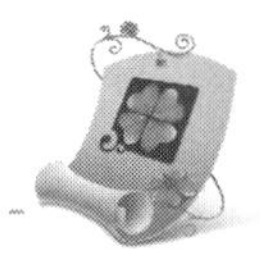

图 2-8　切换磁贴应用

2.1.6　关闭磁贴应用

在 Windows 8 操作系统中，单击磁贴打开相应应用后，该应用在电脑中是以全屏方式显示的，所以关闭该应用与关闭窗口和对话框的操作不同。关闭磁贴应用的方法是：将鼠标指针移动到应用界面顶部，当鼠标指针变成形状时，按住鼠标左键不放拖动到界面底部，释放鼠标即可关闭打开的应用，如图 2-9 所示为关闭“资讯”应用的操作。

图 2-9　关闭“资讯”应用

2.2　使用 CHARM 菜单中常用的按钮

CHARM 菜单中包含很多按钮，但在操作电脑的过程中，最常用的按钮主要是“设置”和“搜索”按钮，只有掌握了这些按钮的作用和操作方法，才能更好地对电脑进行操作。

通过“开始”屏幕中的磁贴打开的安装在电脑中的应用程序，并不是以全屏显示的，而是以窗口形式显示的。

2.2.1 “设置”按钮

在 CHARM 菜单中，“设置”按钮是使用最频繁的，很多操作都可以通过该按钮完成，如关机、调整声音等。单击“设置”按钮，在打开的“设置”面板中包含多个图标和超链接，如“磁贴”超链接、“帮助”超链接、网络连接图标、声音图标、亮度图标、通知图标、电源图标以及输入法图标等，如图 2-10 所示。

图 2-10 “设置”面板

下面分别对“设置”面板中常用的超链接和图标的作用及其操作方法进行介绍。

- **“磁贴”超链接：** 主要用于设置在“开始”屏幕显示系统管理工具。单击“磁贴”超链接，在打开的面板中用鼠标拖动滑块，当“否”变为“是”时，即可在“开始”屏幕显示系统管理工具，如图 2-11 所示。

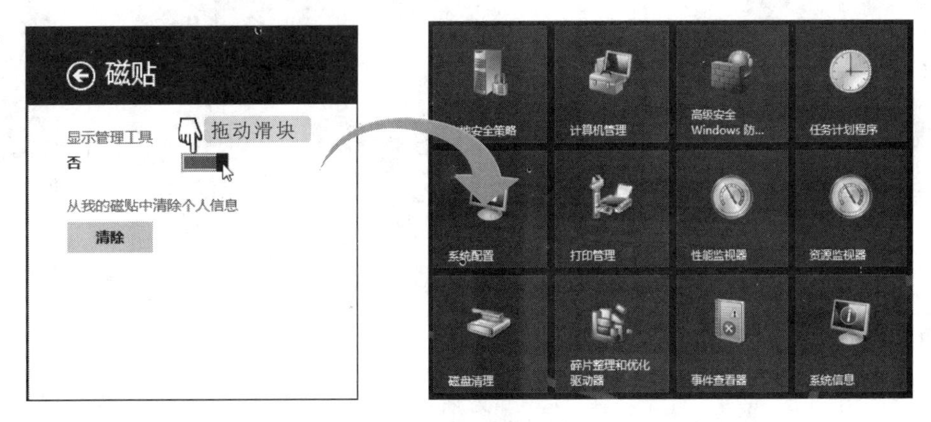

图 2-11 显示系统管理工具

- **“帮助”超链接：** 帮助用户解决一些关于“开始”屏幕和磁贴的问题，例如关于 Windows 8 和“开始”屏幕的一些基础知识、磁贴的一些操作等。单击该超链接，在打开的面板中显示了用户遇到的一些问题，在其中单击相应的超链接，在打开的网页中将显示关于该问题的解决和操作方法，如图 2-12 所示。

单击“磁贴”超链接，在打开的“磁贴”面板中单击 清除 按钮，可从我的磁贴中清除个人信息。

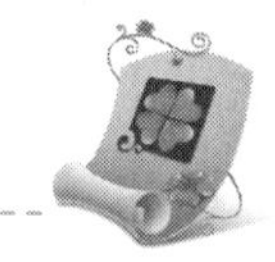

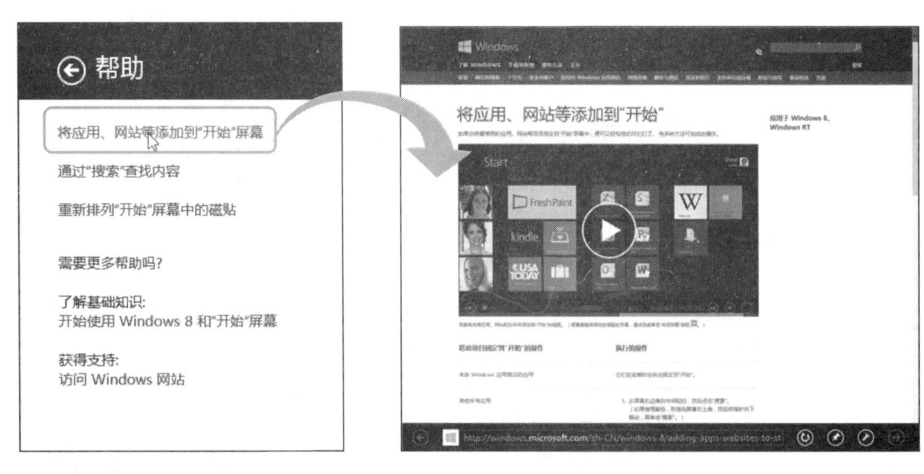

图 2-12　查看帮助内容

- "网络连接"图标：用于查看网络连接情况，单击该图标，在打开的面板中可查看搜索到的网络和网络的连接情况，如图 2-13 所示。
- "通知"图标：默认显示电脑中的通知，用于设置通知隐藏的时间，单击该图标，在弹出的列表框中列出了 3 个选项，如图 2-14 所示。选择相应的选项即可设置通知隐藏的时间。
- "声音"图标：用于设置电脑的声音，单击该图标可在弹出的滚动条中通过拖动鼠标或滚动鼠标滚轮来调整声音的大小，如图 2-15 所示。

图 2-13　查看网络连接情况

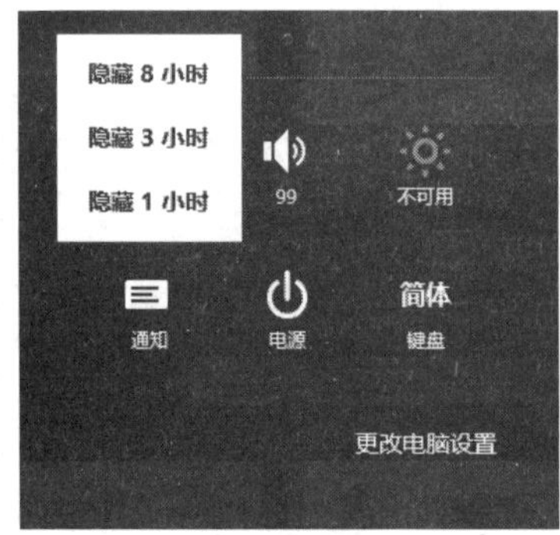

图 2-14　通知列表框

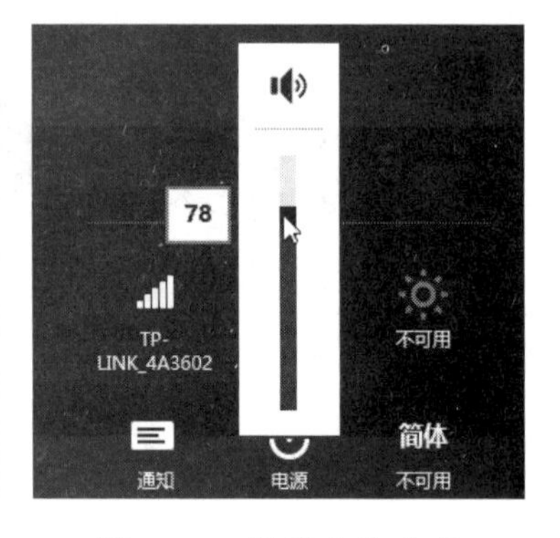

图 2-15　设置电脑声音

- "电源"图标：用于对电脑进行关闭、重启以及睡眠等操作。单击该图标，在弹出的列表框中显示了"睡眠"、"关机"以及"重启"3 个选项，如图 2-16 所示。在其中选择相应的选项即可进行相应的操作。
- "输入法"图标：用于查看和切换输入法，单击该图标后，在弹出的列表框中显示了电脑中已有的输入法，如图 2-17 所示。选择相应的选项，即可切换到相应的输入法。

要使用"帮助"功能解决遇到的问题，必须要在联网的情况下才能正常使用。

图 2-16　“电源”列表框

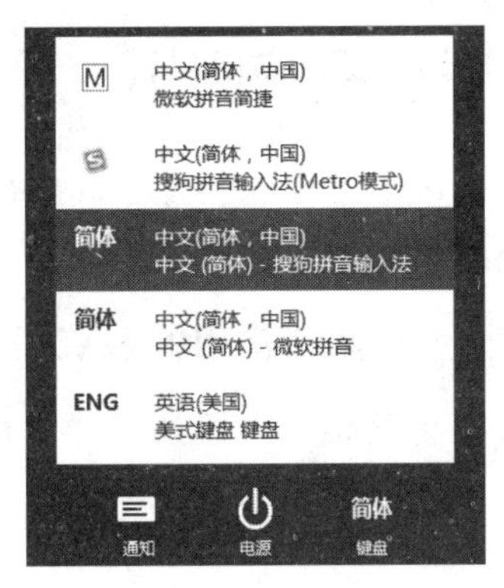

图 2-17　查看输入法

2.2.2　“搜索”按钮

在 CHARM 菜单中单击“搜索”按钮，在打开面板中的“应用”文本框中输入需搜索资源的关键字，再在文本框下方选择需要搜索资源的类别，即可在左侧显示搜索的结果。如图 2-18 所示为搜索的与“360”相关的应用与文件。

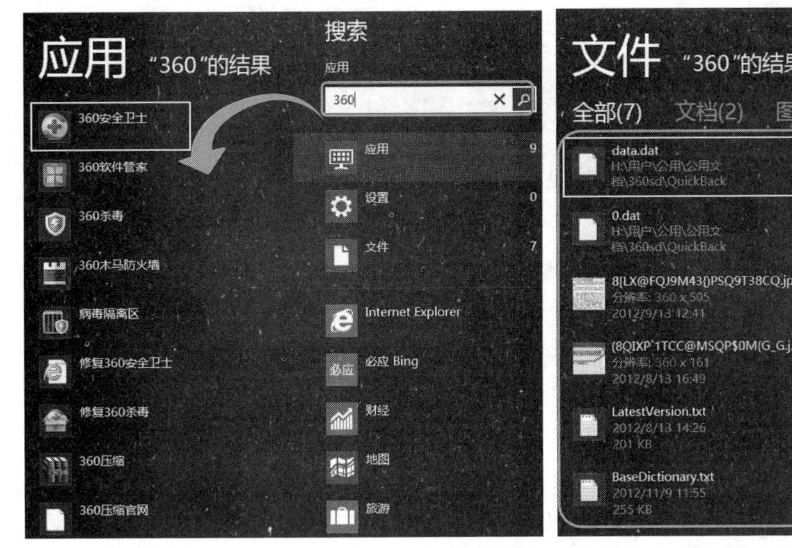

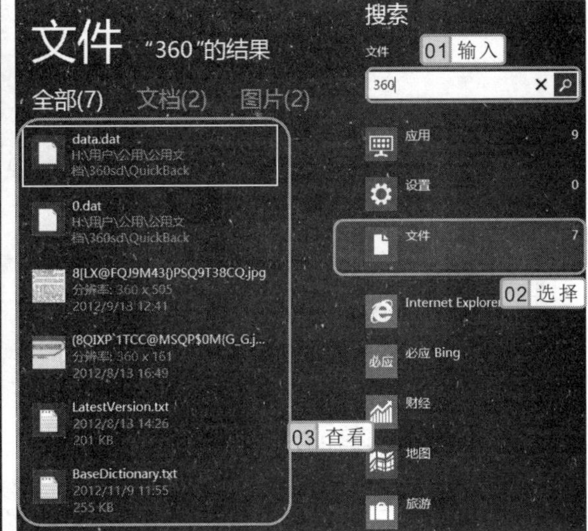

图 2-18　搜索资源

2.3　操作 Windows 8 桌面图标和任务栏

系统桌面图标的多少和位置并不是固定不变的，用户可以根据需要自行创建和排列图标。任务栏也一样，用户可以根据实际需要对任务栏的大小、位置、属性等进行设置。下面介绍桌面图标和任务栏的一些相关操作。

在“开始”屏幕中直接输入需要搜索资源的关键字，也会打开“搜索”面板，并搜索与此相关的资源。

2.3.1　添加系统图标

系统默认的桌面图标只有“回收站”，这可能无法满足用户的需要，此时，用户可根据需要添加系统图标。

实例 2-2　添加常用的系统图标

下面将在电脑桌面上添加“计算机”、“控制面板”和“网络”系统图标。

1. 在电脑桌面空白区域单击鼠标右键，在弹出的快捷菜单中选择“个性化”命令，打开“个性化”窗口，在左侧单击“更改桌面图标”超链接，如图 2-19 所示。
2. 打开“桌面图标设置”对话框，选中“计算机(M)”、“控制面板(O)”和“网络(N)”复选框，单击“确定”按钮，如图 2-20 所示。
3. 此时，在电脑桌面将显示添加的系统图标。

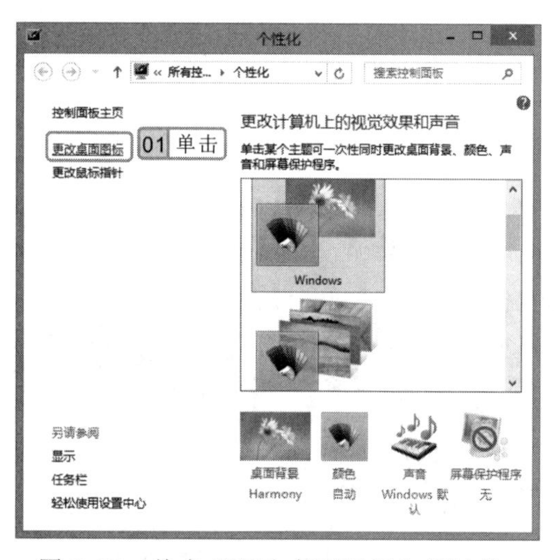

图 2-19　单击“更改桌面图标”超链接

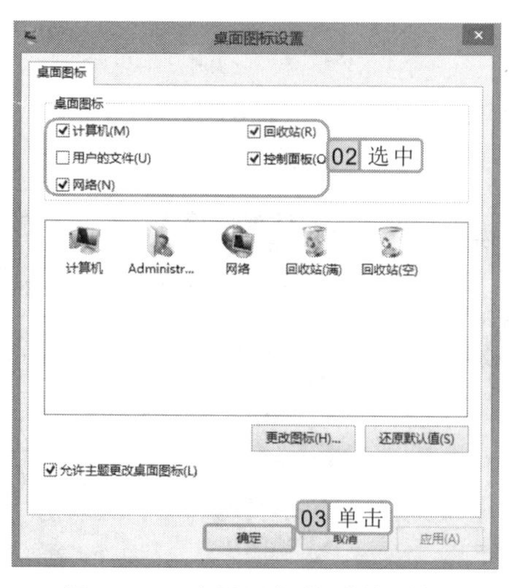

图 2-20　选择添加的系统图标

2.3.2　添加桌面快捷方式图标

要想快速打开某个应用程序，可在电脑桌面上添加一个该应用程序的快捷方式图标，当要打开某个应用程序时，可直接双击桌面上的快捷方式图标。

实例 2-3　在桌面添加 Word 2010 快捷方式图标

下面将在电脑桌面添加 Word 2010 软件的快捷方式图标，以方便快速启动该程序。

1. 在“开始”屏幕中的 Word 2010 磁贴上单击鼠标右键，在弹出的快捷工具栏中单击“打开文件位置”按钮，如图 2-21 所示。
2. 在打开窗口的列表框中选择的选项上单击鼠标右键，在弹出的快捷菜单中选择“发送到”/“桌面快捷方式”命令，如图 2-22 所示。

“用户的文件”图标是指当前登录用户账户的文档，它在桌面上显示的图标名称为当前用户账户名，因此，不同的电脑，其显示结果是有区别的。

3 此时，切换到电脑桌面，可看到添加的 Word 2010 快捷方式图标，双击该图标即可打开该应用程序。

图 2-21　单击“打开文件位置”按钮

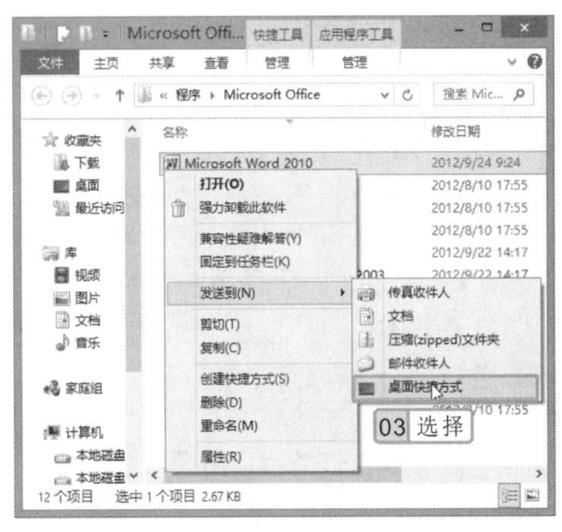

图 2-22　选择“桌面快捷方式”命令

2.3.3　排列桌面图标

在桌面建立图标后，系统默认是按照建立的顺序进行排列的，但用户可根据需要将桌面上的图标按照使用习惯进行排列，排列图标的方法有手动排列和自动排列两种，下面分别进行介绍。

- **手动排列：**将鼠标指针移到某个图标上，按住鼠标左键不放，拖动鼠标到目标位置后释放即可。
- **自动排列：**在桌面空白处单击鼠标右键，在弹出的快捷菜单中选择“查看”命令，再在弹出的子菜单中选择“自动排列图标”命令，即可按照一定规律自动排列桌面图标，其中可按照名称、大小、项目类型或修改日期 4 种方式进行排列，如图 2-23 所示为按文件大小进行排列后的效果。

图 2-23　根据大小排列图标

在桌面也能为电脑中的文件夹和文件创建快捷方式图标，在需创建快捷方式图标的文件夹或文件上单击鼠标右键，在弹出的快捷菜单中选择“发送到”/“桌面快捷方式”命令即可。

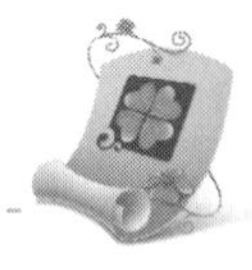

2.3.4　调整任务栏大小和位置

在 Windows 8 中，任务栏默认的大小和位置都是固定的，用户也可以根据需要进行调整。

1．调整任务栏大小

调整任务栏的大小主要是对其高度进行调整。其方法是在任务栏的空白区域单击鼠标右键，在弹出的快捷菜单中取消选择“锁定任务栏”命令，解除任务栏的锁定状态，将鼠标指针移至任务栏边上，当鼠标指针变为形状时，按住鼠标左键不放，向上拖动到适合大小后释放鼠标即可。

2．调整任务栏位置

任务栏默认位于桌面底部，用户可以根据需要对其进行调整，例如将其移动到桌面的顶部、左侧或右侧等。其方法是先解除任务栏的锁定状态，将鼠标光标移动到任务栏空白区域，按住鼠标左键不放，拖动任务栏到桌面其他位置后释放鼠标即可，如图 2-24 所示为将任务栏调整到桌面顶部的效果。

图 2-24　调整任务栏位置

2.3.5　设置任务栏属性

设置任务栏属性主要是设置任务栏的显示效果。在任务栏空白区域单击鼠标右键，在弹出的快捷菜单中选择“属性”命令，打开“任务栏属性”对话框，在“任务栏”选项卡中即可设置具体的任务栏显示效果，如图 2-25 所示。

若无特殊需求，不需要调整任务栏的位置和大小，因为默认的位置和大小即可满足一般用户的使用需要，而且也符合大多数用户的使用习惯。

“任务栏”选项卡中各个选项的作用分别介绍如下。

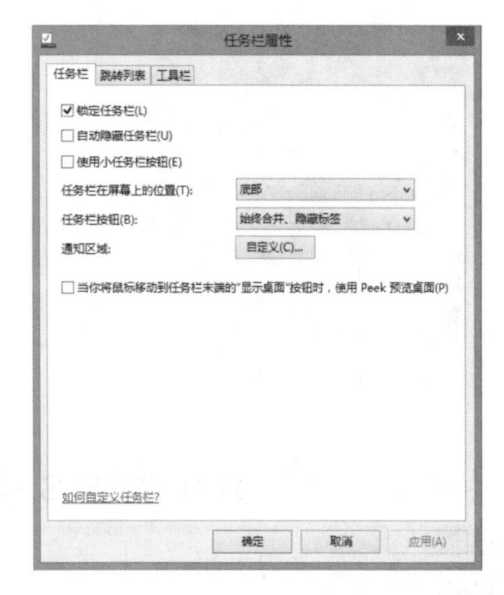

图 2-25　“任务栏属性”对话框

- ☑锁定任务栏(L) **复选框：** 选中该复选框后，任务栏的大小和位置将保持不变，取消选中后即可改变任务栏的位置和大小。
- ☑自动隐藏任务栏(U) **复选框：** 选中该复选框后，任务栏将自动隐藏起来，用户将鼠标指针移动到任务栏所在位置时，任务栏将自动显示出来。
- ☑使用小任务栏按钮(E) **复选框：** 选中该复选框后，任务栏上的图标将以小按钮的形式显示，取消选中后任务栏上的图标将以默认形式显示。
- **“任务栏在屏幕上的位置”下拉列表框：** 在该下拉列表框中包括“底部”、“左侧”、“右侧”和“顶部”4 个选项，用户可以根据需要选择所需的选项，调整任务栏的位置。
- **“任务栏按钮”下拉列表框：** 通过选择该下拉列表框中的选项，可调整同一类型的文件的显示方式。
- **“通知区域”栏：** 单击 自定义(C)... 按钮，在打开的“通知区域图标”窗口中可以选择任务栏上出现的图标和通知。
- ☑当你将鼠标移动到任务栏末端的"显示桌面"按钮时，使用 Peek 预览桌面(P) **复选框：** 选中该复选框后，将应用 Aero Peek 效果，即将鼠标光标指向任务栏末尾的“显示桌面”按钮时将暂时显示出桌面效果。

2.3.6　自定义通知区域

通知区域中的图标会根据系统运行的程序多少而变化，如果通知区域图标过多，会降低该区域的视觉效果。这时，用户可根据需要将一些图标隐藏起来，以调整该区域的视觉效果。

实例 2-4　隐藏通知区域图标

下面将通过在“通知区域图标”窗口中进行设置，将通知区域中部分图标隐藏起来。

1. 单击通知区域中的▲按钮，在弹出的列表框中单击“自定义”超链接，如图 2-26 所示。
2. 在打开的“通知区域图标”窗口中将显示通知区域出现过的图标，单击需要设置的图标后面的下拉按钮，在其中选择所需的选项，这里选择“隐藏图标和通知”选项，单击 确定 按钮，如图 2-27 所示。
3. 设置完成后，单击▲按钮，所有隐藏的图标将在弹出的列表框中显示，如图 2-28 所示。

如果想在任务栏上显示所有图标和通知，不用一一进行设置，在“通知区域图标”窗口中选中 ☑始终在任务栏上显示所有图标和通知(A) 复选框，单击 确定 按钮即可。

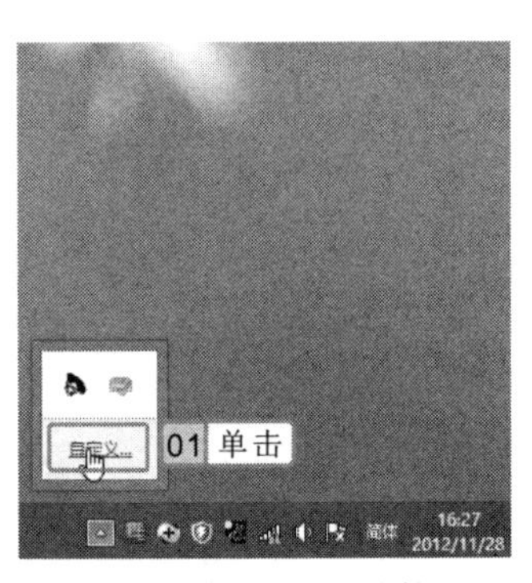

图 2-26　单击超链接

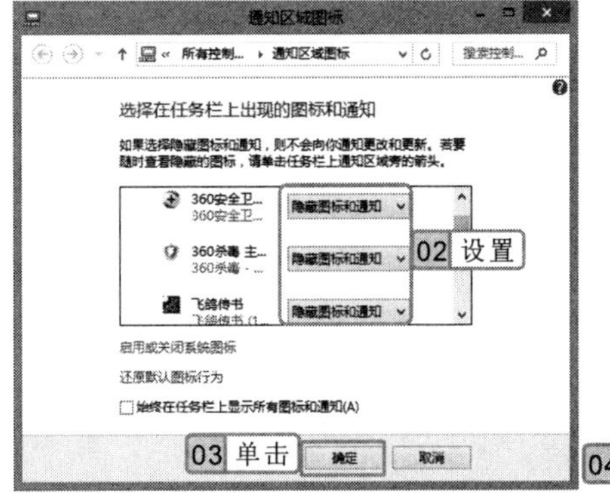

图 2-27　设置图标显示方式

图 2-28　自定义效果

2.4　操作 Windows 8 窗口和对话框

窗口和对话框是 Windows 系统中操作最频繁、最重要的对象，熟悉它们的操作，可以进一步掌握对 Windows 8 的操作。下面主要介绍窗口和对话框的一些基本操作方法。

2.4.1　认识窗口和对话框

虽然窗口和对话框都是电脑与用户之间的主要交流平台，但它们的组成部分和包含的内容各不相同。下面分别对窗口和对话框进行介绍。

1. 认识窗口

虽然不同窗口的内容各不相同，但其组成都类似，通常由快速访问工具栏、功能区、标题栏、地址栏、搜索栏、导航窗格、窗口工作区和状态栏组成，如图 2-29 所示为“计算机”窗口。

图 2-29　“计算机”窗口

“计算机”窗口中默认的功能区只显示了功能选项卡，选项卡功能区是未显示的，用户可根据实际需要将其显示出来。

下面介绍“计算机”窗口各组成部分的作用。

- **快速访问工具栏**：此工具栏中提供了最常用的“属性”按钮和“新建文件夹”按钮，若需在快速访问工具栏中添加其他按钮，可单击其后的按钮，在弹出的下拉列表中选择所需的选项即可。
- **标题栏**：位于窗口顶部，左侧显示文档或程序的名称，右侧显示用于控制窗口大小和关闭窗口的各个按钮，单击相关按钮即可进行相应的操作。
- **功能区**：包括功能选项卡和选项卡功能区两部分，功能选项卡相当于菜单命令，选择某个功能选项卡可切换到相应的功能区，在功能区中有许多自动适应窗口大小的工具栏，不同的工具栏中又放置了与此相关的命令按钮或列表框。
- **地址栏**：用于显示当前窗口的名称或具体路径，单击其左侧的或按钮可跳转到前一个或后一个窗口，在地址栏中单击按钮，在弹出的下拉列表中选择地址选项可快速跳转至相应的地址。
- **搜索栏**：在搜索框中输入关键字，单击按钮，系统将在当前窗口的目录下搜索与输入关键字相关的信息。
- **导航窗格**：其中包括“收藏夹”栏、“库”栏、“计算机”栏和“网络”栏。单击各栏中相应的选项，将在右侧的工作区中快速显示相关内容。
- **窗口工作区**：位于导航窗格右边，用于显示当前的操作对象，在“计算机”窗口中，用户可通过依次双击图标打开所需窗口或启动某个程序。
- **状态栏**：状态栏位于窗口最下方，用于显示当前项目的个数和窗口工作区中对象的显示方式。

2. 认识对话框

对话框是在执行某些命令后打开的，在其中可以通过选择某个选项或输入数据来达到需设置的效果。选择不同的命令，打开的对话框也不相同，但对话框中包含的设置参数类型都类似。如图 2-30 所示为 Word 2010 中的两个对话框。

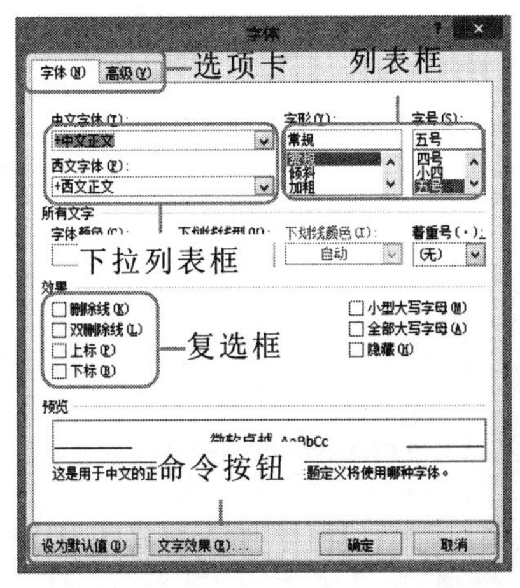

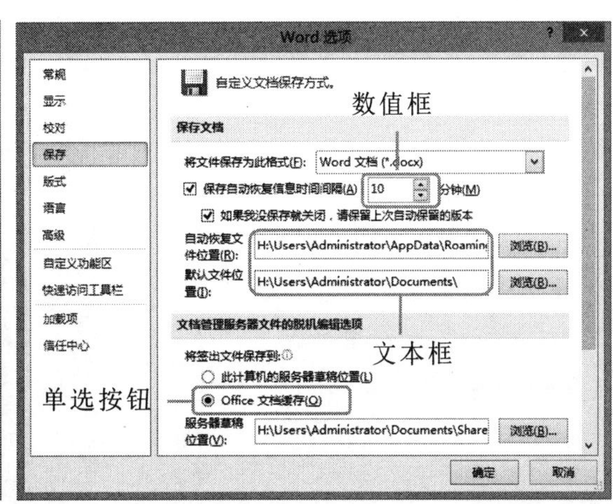

图 2-30　Word 2010 中的对话框

操作提示

在对话框中一般都显示有确定和取消按钮，其中，单击确定按钮可使设置生效，而单击取消按钮则表示放弃设置并返回原界面。

下面对以上两个对话框各组成部分及作用进行介绍。

- **选项卡**：当对话框中设置的内容较多时，将按类别把内容分布在不同的选项卡中，各选项卡依次排列在对话框名称下方，选择某一选项卡即可查看和设置选项卡中包含的内容。
- **下拉列表框**：在下拉列表右侧有一个▾按钮，单击该按钮，可从弹出的下拉列表中选择所需的选项。
- **列表框**：其中列出了多个供选择的选项，用户可根据需要选择某个选项。当列表框中列出的选项过多时，可以拖动其右侧的滚动条来查看未显示的内容。
- **复选框**：主要用来表示是否选中该复选框，单击其前面的方形框即可将其选中，再次单击即可取消，当复选框被选中时，显示为☑；未被选中时，显示为□。
- **单选按钮**：选中单选按钮可完成某项操作或功能的设置，选中后单选按钮前面的标记由○变为◉。
- **命令按钮**：命令按钮简称按钮，其外形为一个矩形，该命令名称也将显示在矩形块上，单击相应的命令按钮即可执行相应的操作。
- **数值框**：可直接在其中输入数值，也可通过单击数值框后面的▲或▼按钮来设置数值。
- **文本框**：在其中可输入文本内容，来定义对象名称或说明信息。

2.4.2　窗口和对话框的基本操作

掌握窗口和对话框的基本操作，可以更加方便地在 Windows 8 中进行其他操作。窗口和对话框的很多操作都相同，如移动、关闭、切换等。下面分别介绍如下。

- **移动窗口和对话框**：在窗口处于非最大化状态下时，将鼠标指针移动到该窗口或对话框最上方的标题栏上，按住鼠标左键不放拖动至适当位置释放鼠标，便可将窗口或对话框移动到当前位置。如图 2-31 所示为移动“屏幕保护程序设置”对话框的效果。

图 2-31　移动对话框的效果

窗口处于最大化状态下时，不能对窗口进行移动，只有处于非最大化状态下时才能进行移动。

- **关闭窗口和对话框：** 在窗口和对话框右上角都有一个“关闭”按钮 × ，其颜色和形状可能有所差异，但其功能都相同，单击即可关闭当前的窗口或对话框。也可在窗口或对话框标题栏空白区域单击鼠标右键，在弹出的快捷菜单中选择“关闭”命令关闭窗口或对话框，如图 2-32 所示。
- **切换当前窗口和对话框：** 当需要在打开的多个窗口或对话框之间进行切换时，将鼠标指针放在任务栏对应窗口或对话框的按钮上，稍等片刻，任务栏上方将显示该窗口或对话框的预览框，单击该预览框即可切换到该窗口或对话框，如图 2-33 所示。

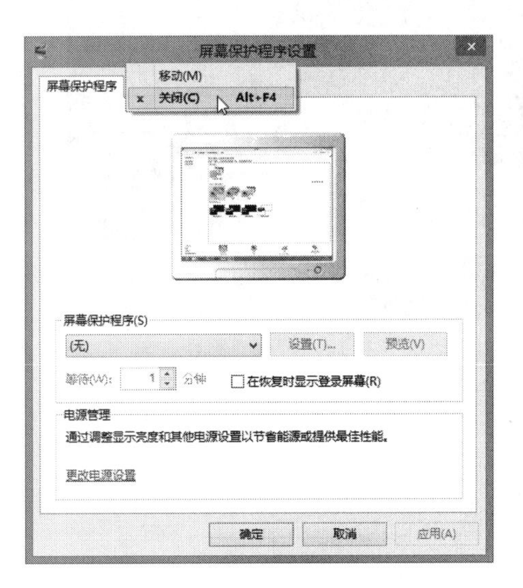

图 2-32　关闭对话框

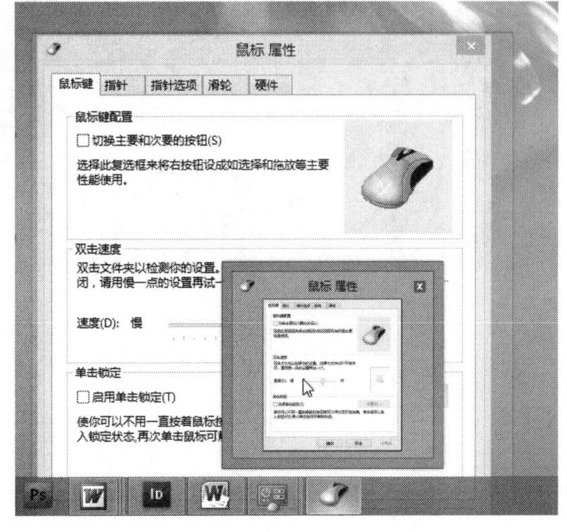

图 2-33　切换当前对话框

需要注意的是，窗口和对话框也有不同之处，它们最大的不同就是窗口的大小可任意调整，而对话框的大小是固定的，不能进行改变。

2.5　基础实例

本章基础实例将通过对“开始”屏幕的磁贴进行操作，来自定义“开始”屏幕的显示效果，然后对桌面图标和任务栏进行操作，来设置电脑桌面的操作环境，以此巩固本章所学的知识。

2.5.1　自定义“开始”屏幕显示效果

本例将通过对“开始”屏幕中磁贴的位置、大小和数量等进行操作，来自定义“开始”屏幕的显示效果，如图 2-34 所示。

为便于操作和管理，可将打开的多个窗口进行层叠、堆叠、并排和显示桌面等排列。在任务栏空白区域单击鼠标右键，在弹出的快捷菜单中选择相应的排列窗口命令即可。

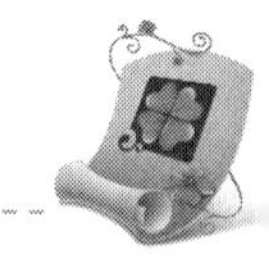

图 2-34　“开始”屏幕的显示效果

1. 操作思路

为了快速地完成本例的操作，可参照以下操作思路。

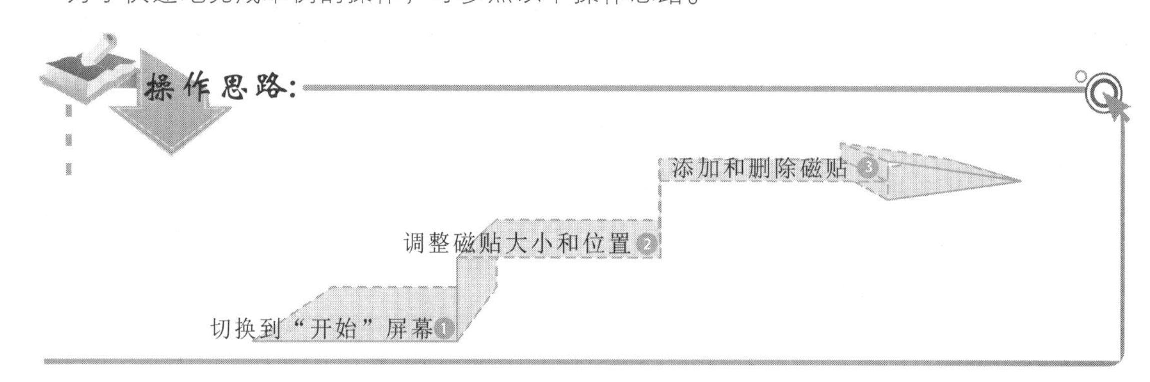

2. 操作步骤

下面介绍对“开始”屏幕中磁贴的操作，其操作步骤如下：

实例演示\第 2 章\自定义“开始”屏幕显示效果

1. 启动电脑，进入“开始”屏幕，将鼠标指针移动到“消息”磁贴上，然后单击鼠标右键，在弹出的快捷工具栏中单击“缩小”按钮，如图 2-35 所示。
2. 使用相同的方法缩小“邮件”磁贴，然后将鼠标指针移动到“日历”磁贴上，按

“开始”屏幕中显示的磁贴不宜过多，只需将经常使用的磁贴显示在“开始”屏幕中即可，否则，会影响操作电脑的速度。

住鼠标左键不放将其拖动到“天气”磁贴下方后释放鼠标，如图 2-36 所示。

图 2-35　缩小磁贴

图 2-36　移动磁贴位置

3　在“开始”屏幕空白区域单击鼠标右键，在弹出的快捷工具栏中单击“所有应用”按钮，在打开面板中的 Microsoft Word 2010 选项上单击鼠标右键，在弹出的快捷工具栏中单击“固定到‘开始’屏幕”按钮，如图 2-37 所示。

4　使用相同的方法将该面板中常用的磁贴添加到“开始”屏幕中，然后将鼠标指针移动到右下角，在弹出的 CHARM 菜单中右击“开始”按钮，切换到“开始”屏幕。

5　在“放大镜”和“计算机”磁贴上分别单击鼠标右键，同时选择这两个磁贴，然后在弹出的快捷工具栏中单击“从‘开始’屏幕取消固定”按钮，如图 2-38 所示。

6　使用移动“日历”磁贴的方法，对“开始”屏幕中磁贴的位置进行相应的调整。

图 2-37　添加磁贴

图 2-38　删除磁贴

2.5.2　设置电脑桌面

本例将通过对桌面图标和任务栏进行操作来练习图标的添加、移动、排列以及任务栏

在选择两个或多个磁贴时，若发现选择了错误的磁贴，需要重新选择，可在“开始”屏幕下方的快捷工具栏中单击“清除选择”按钮，清除选择的磁贴，再重新进行选择即可。

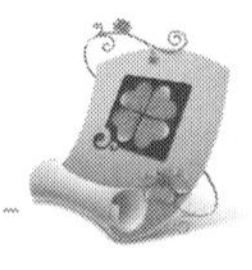

属性的设置方法，设置后的桌面效果如图 2-39 所示。

图 2-39 设置后的桌面效果

1．操作思路

为了快速完成本例的制作，并尽可能综合运用本章知识，现将本例的操作思路介绍如下。

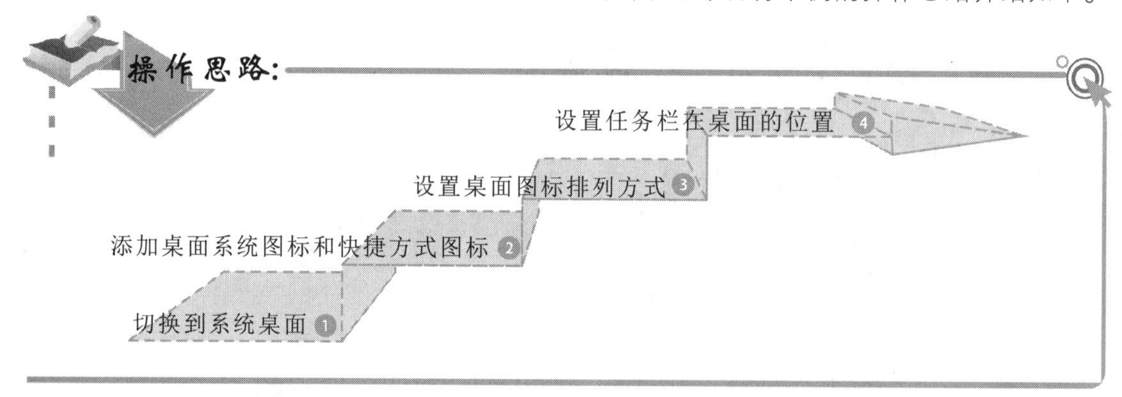

2．操作步骤

下面介绍设置桌面和任务栏的方法，其操作步骤如下：

参见光盘 实例演示\第 2 章\设置电脑桌面

1 进入 Windows 8 操作系统，在“开始”屏幕中单击“桌面”磁贴，切换到系统桌面，并在其空白区域单击鼠标右键，在弹出的快捷菜单中选择“个性化”命令。

2 打开“个性化”窗口，在左侧窗格中单击“更改桌面图标”超链接，在打开对话

行家提醒

在手动排列桌面图标时，可根据需要对桌面图标进行分类排列，如将 Office 2010 各组件的快捷方式图标排列在一起，这样在使用时方便查找。

框中的“桌面图标”栏中选中所有的复选框，单击 确定 按钮，如图 2-40 所示。

3 将鼠标指针移动到桌面右下角，弹出 CHARM 菜单，单击“搜索”按钮，打开“搜索”面板，选择搜索资源为“应用”，在“应用”文本框中输入“2010”，在左侧界面将显示搜索到的相关应用程序，如图 2-41 所示。

图 2-40 添加桌面系统图标

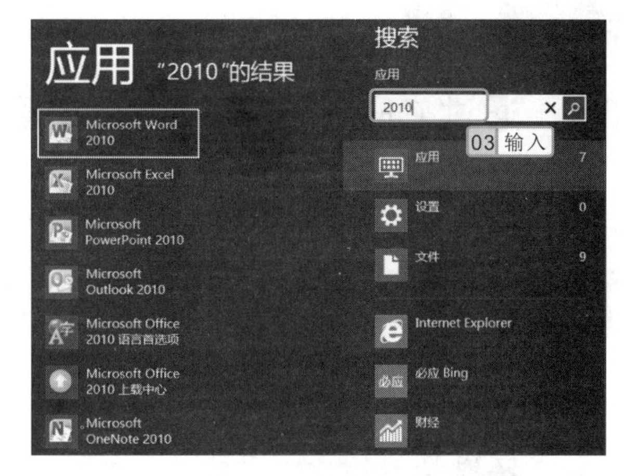

图 2-41 搜索应用程序

4 在 Microsoft PowerPoint 2010 应用选项上单击鼠标右键，在弹出的快捷工具栏中单击“打开文件位置”按钮。

5 打开程序文件所在的文件夹，在选择的 Microsoft PowerPoint 2010 选项上单击鼠标右键，在弹出的快捷菜单中选择“发送到”/“桌面快捷方式”命令。

6 使用相同的方法，在桌面上创建 Microsoft Word 2010 和 Microsoft Excel 2010 应用程序的快捷方式图标。在桌面空白区域单击鼠标右键，在弹出的快捷菜单中选择“排序方式”/“大小”命令，如图 2-42 所示。

7 在桌面任务栏中单击鼠标右键，在弹出的快捷菜单中选择“属性”命令，打开“任务栏属性”对话框，在“任务栏在屏幕上的位置”下拉列表框中选择“右侧”选项，单击 确定 按钮，如图 2-43 所示。返回电脑桌面，即可看到设置桌面后的效果。

图 2-42 设置图标排列方式

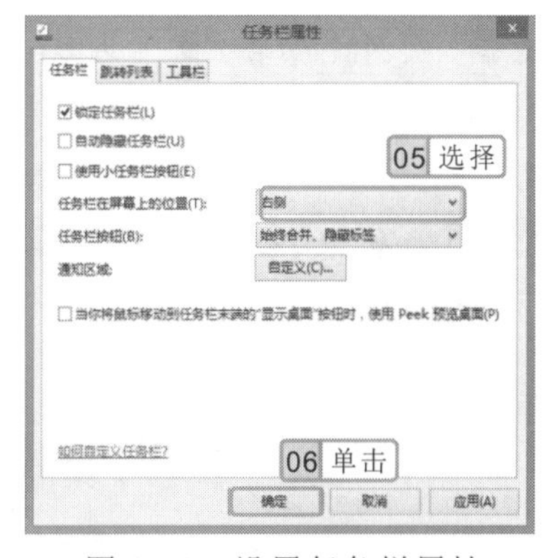

图 2-43 设置任务栏属性

在系统桌面空白区域单击鼠标右键，在弹出的快捷菜单中选择“刷新”命令，可以刷新桌面的显示。

2.6 基础练习

本章主要介绍了“开始”屏幕磁贴、CHARM 菜单中的按钮、桌面图标、任务栏、窗口和对话框的操作。通过下面的练习可以进一步巩固本章所学的知识。

2.6.1 通过 CHARM 菜单查看和搜索资源

本例将练习通过 CHARM 菜单中的“设置”和“搜索”按钮查看电脑中已有的输入法和搜索与“2010”相关的应用资源。

实例演示\第 2 章\通过 CHARM 菜单查看和搜索资源

该练习的操作思路如下。

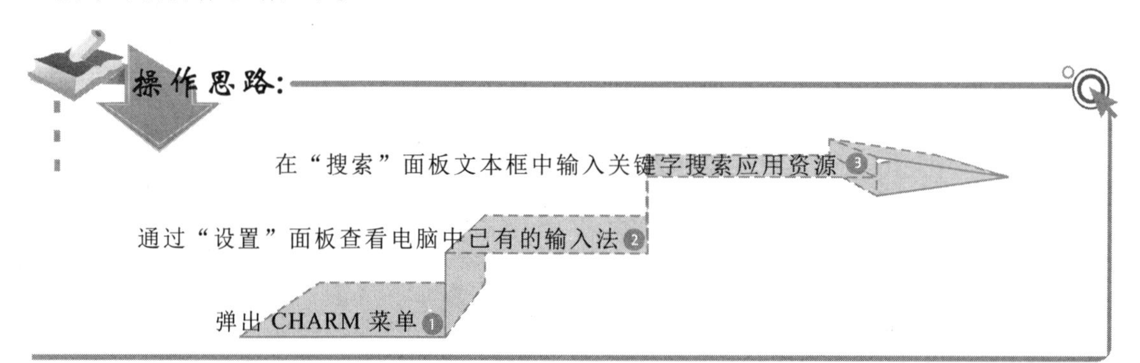

2.6.2 管理多窗口

本例将打开多个窗口，通过拖动鼠标调整窗口在桌面的显示位置，并在当前窗口中进行切换操作，最后关闭打开的所有窗口，通过这一系列操作，进一步熟悉窗口的操作方法。

实例演示\第 2 章\管理多窗口

该练习的操作思路如下。

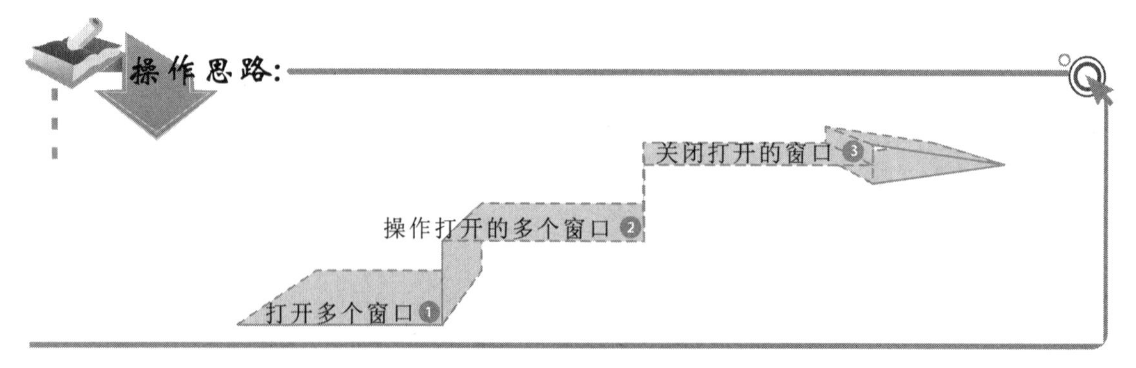

行家提醒

在通过输入关键字搜索资源时，输入的关键字一定要准确，这样才能快速、准确地搜索出相应的资源。

2.7 知识问答

在对桌面图标进行操作的过程中，难免会遇到一些问题，如无法手动移动桌面图标、桌面图标被隐藏、桌面图标太小等。下面将介绍桌面图标操作过程中常遇到的情况以及解决问题的方法。

问：手动排列桌面图标时，无法手动移动桌面图标，这是怎么回事？

答：在使用手动排列的方式排列桌面图标时，若无法手动移动桌面图标，可在桌面空白区域单击鼠标右键，在弹出的快捷菜单中选择“查看”命令，再在其子菜单中取消选择“自动排列图标”命令，即可手动移动桌面图标。

问：在操作电脑时，电脑桌面中的所有图标突然都不见了，这是怎么回事？

答：可能是在操作电脑时，不小心取消选择了“显示桌面图标”命令，此时，只需在桌面空白处单击鼠标右键，在弹出的快捷菜单中选择“查看”/“显示桌面图标”命令，即可恢复桌面图标的显示状态。

问：桌面图标的大小都是默认的，如果想调整桌面图标的大小，该怎么进行操作呢？

答：在桌面空白处单击鼠标右键，在弹出的快捷菜单中选择“查看”命令，在弹出的子菜单中列出了“大图标”、“中等图标”和“小图标”3 种显示方式，可根据需要进行选择。或在桌面上选择一个图标并按住 Ctrl 键不放，滚动鼠标滚轮即可任意调整桌面图标的大小。

知识关联　在任务栏添加应用程序图标

在 Windows 8 中安装某些程序时，安装程序会自动在任务栏的快速启动区中创建一个快速启动图标，通过该图标，用户可快速启动该程序。在默认状态下，快速启动区中只有任务管理器图标，用户也可根据需要将常用程序拖动到快速启动区，或在“开始”屏幕进行相关设置，将其固定到任务启动区。

在“开始”屏幕或“应用”面板中单击鼠标右键选择应用程序，在弹出的快捷工具栏中单击“固定到任务栏”按钮，可将最常用的应用程序的图标添加到任务栏中的快速启动栏中。

第 3 章

电脑打字一学就会

五笔字根的分布

安装输入法

添加输入法

使用拼音输入法输入汉字

五笔字型输入法基础知识

汉字的拆分规则

本章导读

第 2 章我们已经学习了 Windows 8 系统的一些基本操作知识，本章将开始学习如何在电脑中输入汉字。在电脑中，汉字的输入需要借助输入法和输入场地才能实现，所以，要想输入汉字必须先掌握输入法的使用方法，本章将介绍在电脑中安装、添加、删除输入法的操作，以及使用拼音输入法和五笔字型输入法输入汉字的方法，使用户能快速学会打字。

3.1 输入文字前的准备

要想在电脑中输入文字，必须先做好一些准备，因为汉字的输入需要借助汉字输入法才能实现。下面将详细介绍输入汉字前需要做的准备工作，包括认识、安装以及添加和删除输入法等。

3.1.1 认识输入法

输入法是指输入汉字的方式，一般分为系统自带的输入法和安装的输入法。Windows 8系统中自带的输入法是微软拼音简捷输入法，即安装 Windows 8 操作系统后就可直接使用该输入法输入汉字。除了系统自带的输入法之外，常用的还有搜狗拼音输入法、QQ 拼音输入法、五笔字型输入法等，但这些输入法需要安装后才可使用。

3.1.2 安装输入法

要想在电脑中安装需要的输入法，必须先将输入法安装程序下载并保存在电脑中（下载的方法将在第 6 章进行详细讲解），然后根据安装向导进行安装即可。

实例 3-1 安装搜狗拼音输入法

1. 在电脑中找到下载的搜狗拼音输入法安装程序并双击，打开搜狗拼音输入法安装对话框，单击快速安装按钮，如图 3-1 所示。
2. 在打开的“正在安装”对话框中将显示安装的进度，如图 3-2 所示。

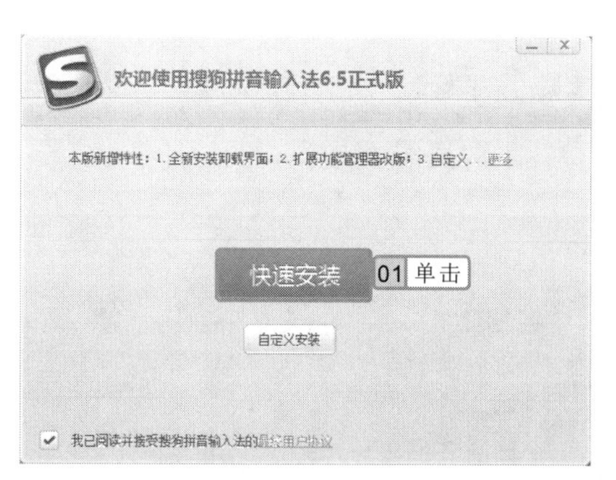

图 3-1 单击“快速安装”按钮

图 3-2 正在安装输入法

3. 在打开的“推荐安装”对话框中取消选中安装搜狗高速浏览器并设为默认复选框，单击下一步按钮，如图 3-3 所示。
4. 在打开的“安装完成”对话框中取消选中所有的复选框，单击完成按钮，如图 3-4 所示。

操作提示

在输入法安装对话框中，也可单击自定义安装按钮，在打开的对话框中可根据提示进行自定义安装。

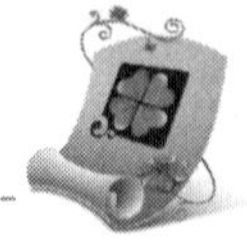

图 3-3　设置安装推荐

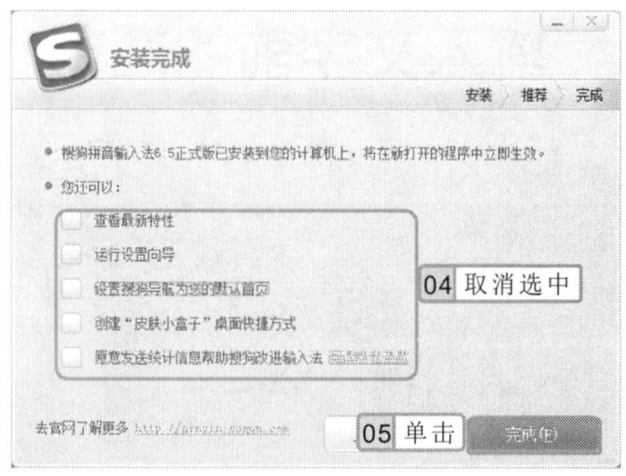

图 3-4　完成安装

3.1.3　添加输入法

输入法列表中的输入法并非一成不变的，用户可以将常用的输入法添加到该列表中，这样在选择输入法时就会非常方便。

实例 3-2　将搜狗拼音输入法添加到输入法列表中

下面通过“语言”窗口，将常用的搜狗拼音输入法添加到输入法列表中。

1. 在通知区域输入法图标M上单击，在弹出的面板中单击“语言首选项”超链接，打开“语言”窗口，在“更改语言首选项”栏中单击“选项”超链接，如图 3-5 所示。
2. 打开“语言选项”窗口，在“输入法”栏中单击“添加输入法”超链接，如图 3-6 所示。

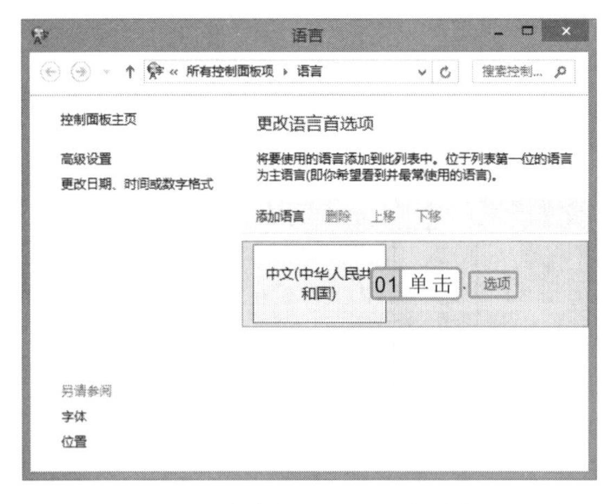

图 3-5　单击“选项”超链接

图 3-6　单击“添加输入法”超链接

3. 打开“输入法”窗口，在“添加输入法”列表框中选择要添加的输入法选项，这里选择“搜狗拼音输入法”选项，单击 添加 按钮，如图 3-7 所示。

不同的拼音输入法，其输入汉字的方法都基本相同，只是输入法所具备的功能和自身的特点会有所区别。

4 在返回的“语言选项”窗口中单击 保存 按钮，如图 3-8 所示，完成添加。

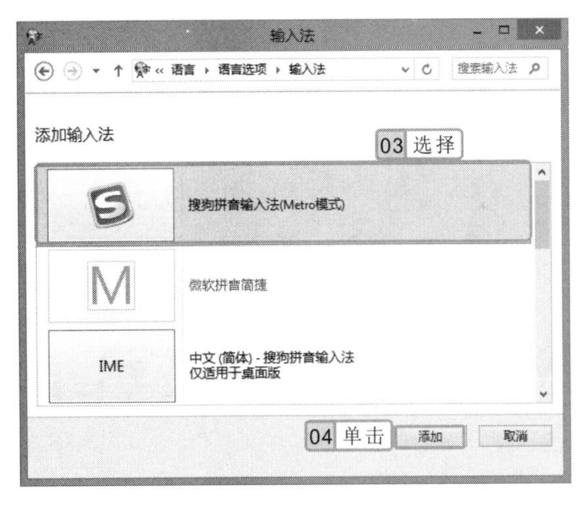

图 3-7 选择要添加的输入法

图 3-8 保存添加设置

3.1.4 切换输入法

在输入法列表中添加多个输入法后，在输入汉字时，就需要在多个输入法之间进行切换，选择适合自己的输入法。切换输入法的方法主要有如下两种。

- **通过快捷键切换：**通过按 Shift+Ctrl 键或按 Windows+空格键，可在各输入法之间快速进行切换，如图 3-9 所示。
- **在输入法列表中直接选择：**在任务栏通知区域输入法图标M上单击，在弹出的面板中直接选择所需的输入法即可，如图 3-10 所示。

图 3-9 通过快捷键切换

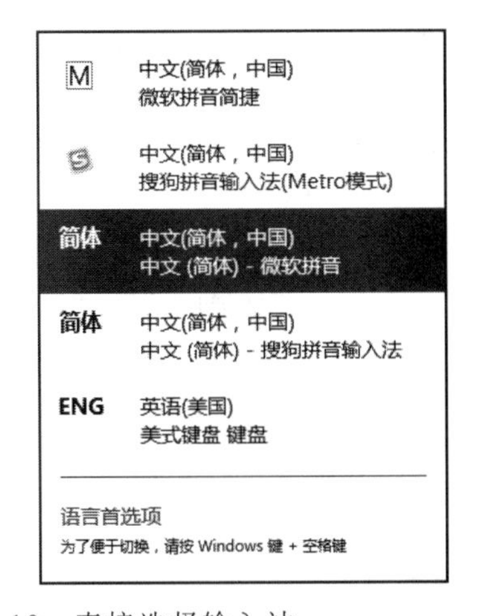

图 3-10 直接选择输入法

切换到输入法后，按 Shift 键可在中文和英文输入法之间进行切换。

3.1.5　删除输入法

添加的输入法都将显示在输入法列表中，但若添加的输入法过多，在输入法之间进行切换时会影响切换速度。所以，对于不常用的输入法，用户可将其删除。其方法是：在通知区域输入法图标M上单击，在打开的面板中单击“语言首选项”超链接，打开“语言”窗口，在“更改语言首选项”栏中单击“选项”超链接，打开“语言选项”窗口，在“输入法”栏中需要删除的输入法选项右侧单击“删除”超链接，然后保存设置即可，如图 3-11 所示。

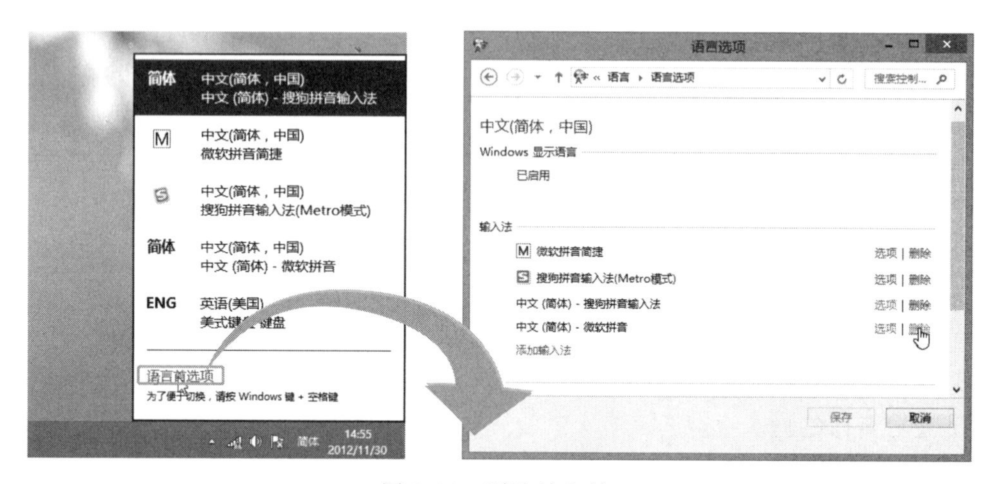

图 3-11　删除输入法

3.2　输入法的高级设置

在 Windows 8 系统中，默认不会显示输入法的状态条，若用户习惯通过输入法状态条来完成某些操作，可通过对输入法进行一些高级设置来将其显示出来。下面具体讲解设置默认输入法和显示输入法状态条的方法。

3.2.1　设置默认输入法

如果想提高切换输入法的速度，可将习惯使用的输入法设置为默认的输入法，这样输入汉字时，都将会使用默认的输入法进行输入，使用户在输入汉字时更加得心应手。

设置默认输入法的方法是：在打开的“语言”窗口中单击左侧的“高级设置”超链接，在打开窗口的“替代默认输入法”栏的下拉列表框中选择所需选项，单击 保存 按钮即可，如图 3-12 所示。

要删除安装的输入法，只能将其从输入法列表中删除，而不能从电脑上彻底删除，删除项还会保留在“输入法”窗口的“添加输入法”列表框中。

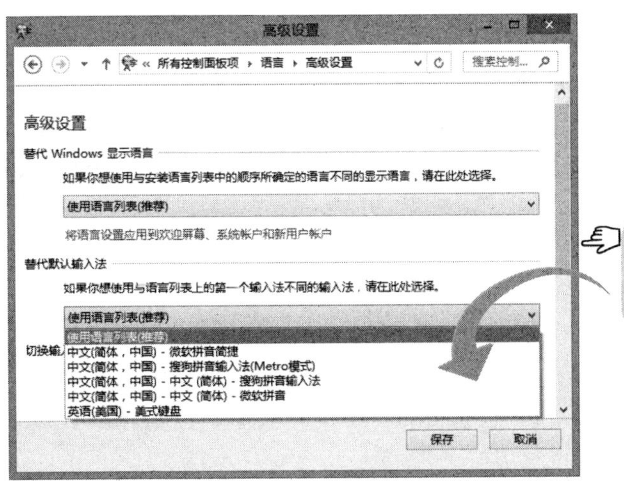

在该下拉列表框中显示了添加的所有输入法，在其中选择所需设置为默认的输入法即可

图 3-12　设置默认输入法

3.2.2　设置显示输入法状态条

在 Windows 8 系统的默认情况下，桌面不会显示输入法状态条，如果用户习惯使用输入法状态条，可通过手动设置将其显示出来。其方法是：在“语言”窗口左侧单击“高级设置”超链接，在打开窗口的“切换输入法”栏中选中☑使用桌面语言栏(可用时)复选框，单击其后的“选项”超链接，打开“文本服务和输入语言”对话框，默认选择“语言栏”选项卡，在“语言栏”栏中选中◉悬浮于桌面上(F)单选按钮，然后单击 确定 按钮，如图 3-13 所示。返回“高级设置”窗口，单击 保存 按钮，即可在桌面显示输入法状态条。

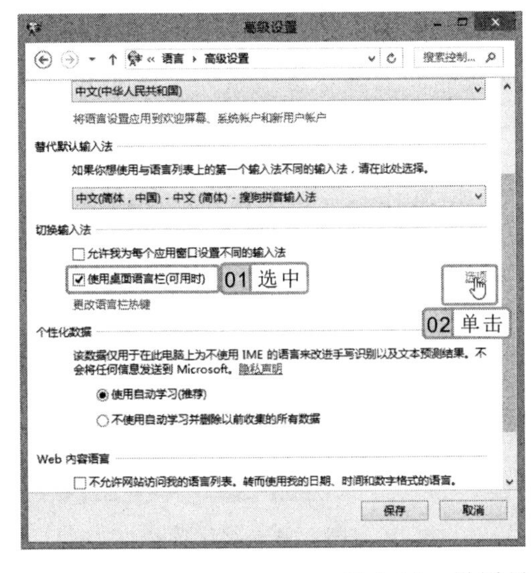

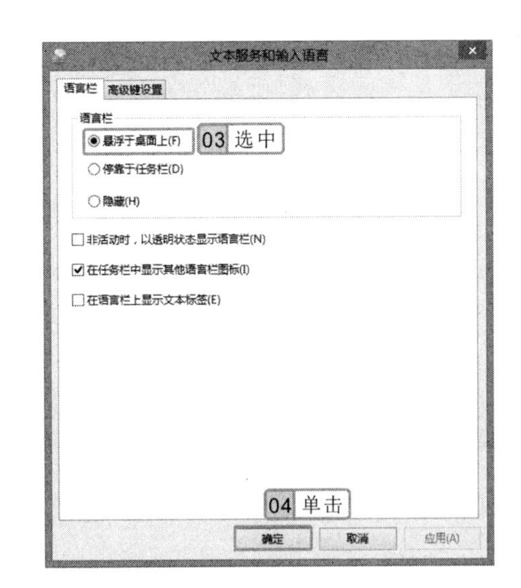

图 3-13　设置显示输入法状态条

在“高级设置”窗口中选中☑使用桌面语言栏(可用时)复选框后，单击 保存 按钮，在任务栏语言区中单击鼠标右键，在弹出的快捷菜单中选择“还原语言栏”命令，即可将语言栏在桌面显示出来。

3.3 使用拼音输入法输入汉字

拼音输入法是通过汉语拼音进行输入的，简单易学，适合电脑初学者。常用的拼音输入法有微软拼音简捷输入法和搜狗拼音输入法。下面将分别讲解使用这两种拼音输入法输入汉字的方法。

3.3.1 使用微软拼音简捷输入法输入汉字

微软拼音简捷输入法是 Windows 8 操作系统自带的输入法，简单易学、操作直观，用户能通过它较快地输入所需汉字，同时，该输入法提供了全拼输入、简拼输入和混拼输入 3 种输入方式，下面对这 3 种输入方式进行介绍。

- **全拼输入**：该方式输入汉字的精准率比较高，只需输入汉字的完整拼音，然后按空格键或数字键即可选择并输入内容。
- **简拼输入**：该方式对于输入词组较为有效，只需输入汉字的声母，然后按空格键或数字键即可选择并输入内容。
- **混拼输入**：该方式是以全拼和简拼的混合输入来完成汉字的输入。

实例 3-3 使用微软拼音简捷输入法的 3 种输入方式输入名句

下面结合微软拼音简捷输入法的全拼输入、简拼输入和混拼输入 3 种输入方式在记事本程序中输入名句“给我一个支点，我可以撬起整个地球。”

1. 在“开始”屏幕空白区域单击鼠标右键，在弹出的快捷工具栏中单击“所有应用”按钮，在打开的面板中单击“记事本”磁贴，即可启动记事本程序。
2. 按 Windows+空格键将输入法切换到微软拼音简捷输入法，在鼠标光标处输入“给我”的拼音“geiwo”，如图 3-14 所示。
3. 按数字键 1 或按空格键确认输入，接着使用简拼输入方式输入“一”和“个”的第一个字母“yg”，如图 3-15 所示。

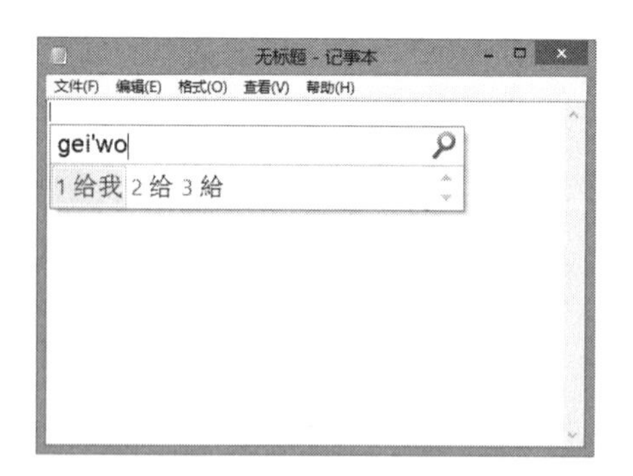

图 3-14 输入拼音编码

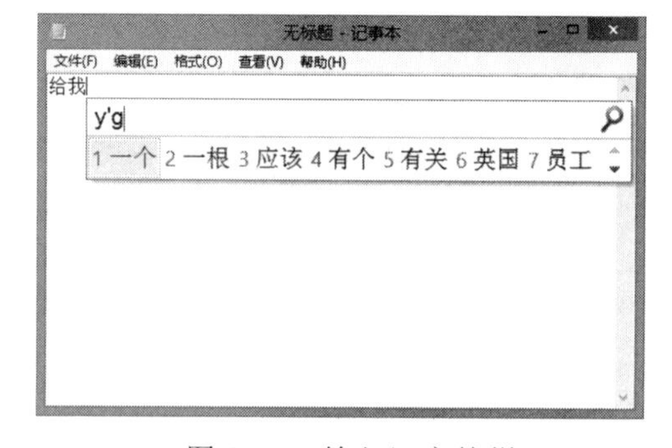

图 3-15 输入汉字简拼

4. 按空格键输入，然后使用混拼输入方式输入“支”的声母“zh”，“点”的全拼“dian”，如图 3-16 所示。

使用微软拼音简捷输入法进行输入时，按下字母键，再按 Enter 键，可直接输入字母。

5　按空格键输入，然后根据字词的特点，使用前面的方法输入“我可以撬起整个地球。”，效果如图 3-17 所示。

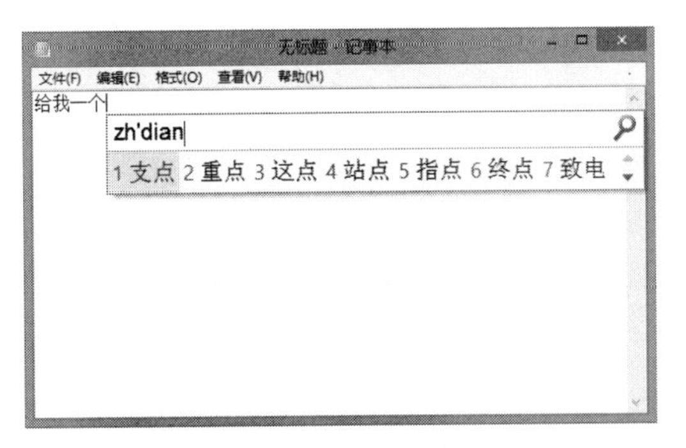

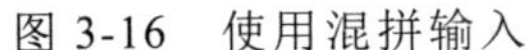
图 3-16　使用混拼输入

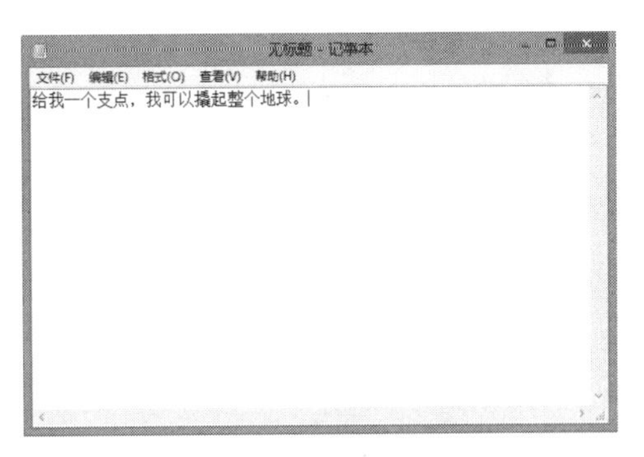

图 3-17　输入汉字的效果

3.3.2　使用搜狗拼音输入法输入文本

搜狗拼音输入法和微软简捷拼音输入法的使用方法类似，都是以汉字的拼音为编码输入的，但它的功能更强大，更智能化，输入速度更快。搜狗拼音输入法的主要输入特点介绍如下。

- **智能输入：**具备全拼输入、简拼输入、混拼输入等多种输入方式，并提供了模糊音输入方式，方便各种方言口音的用户输入使用。
- **英文网址：**支持在中文输入法模式下输入英文网址、邮箱等信息，如图 3-18 所示。
- **拆分输入：**生僻字可通过拆分输入来得到，如要输入“毳”，可输入“maomaomao”，如图 3-19 所示。

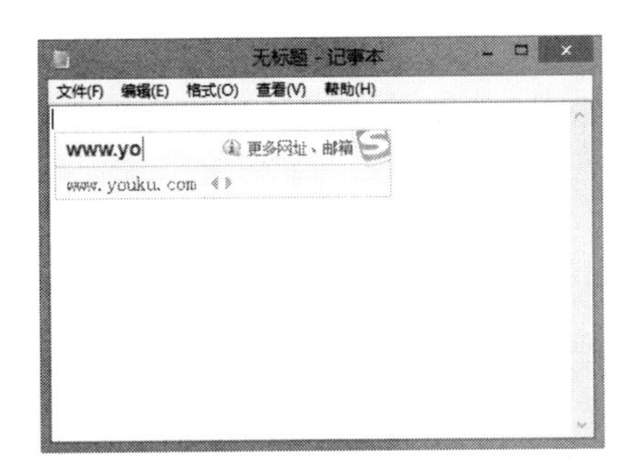

图 3-18　输入网址

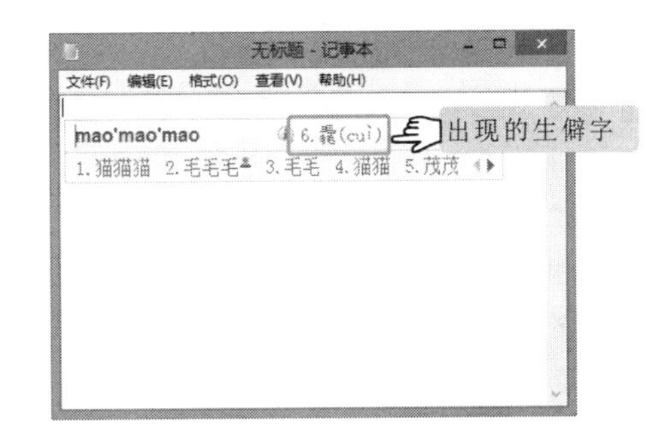

图 3-19　输入生僻字

- **快速组词：**该功能是指输入法可以将第一次输入的不常用的词组默认为词库中的词组，在以后输入时能够快速输出该词语，如图 3-20 所示。
- **拼音纠错：**搜狗拼音输入法具有拼音纠错功能，在输入文字时将更为流畅，如可自动将“nog”更改为“ong”，如图 3-21 所示。

输入拼音后，如果在选择框中没有列出需要的字词，这时可按 Page Down 键或单击选择框中的 ▼ 按钮，翻到下一页进行选择。

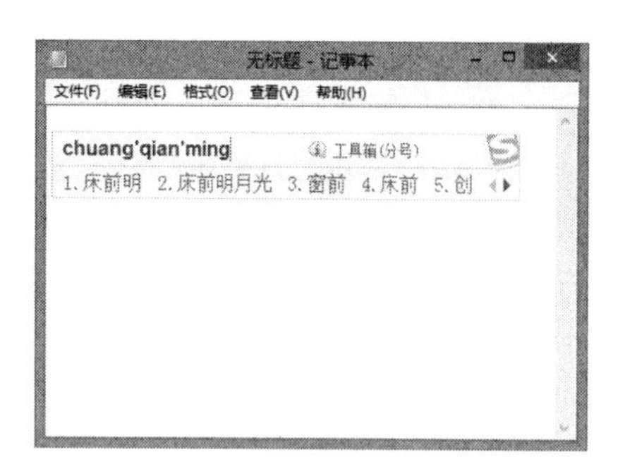

图 3-20　快速组词

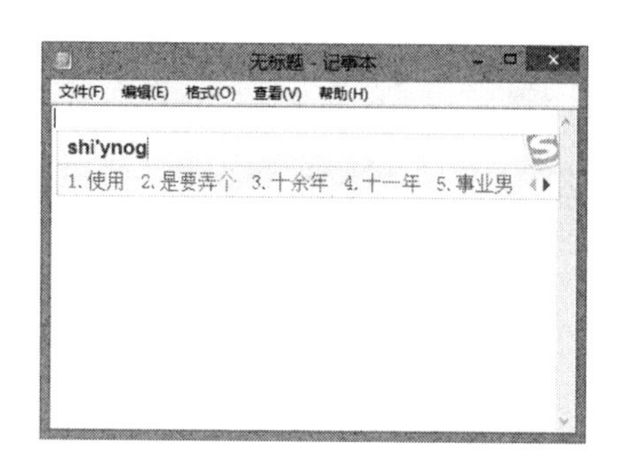

图 3-21　拼音纠错

3.4　使用五笔字型输入法输入汉字

五笔字型输入法是输入速度较快的输入法，它不受汉字读音的限制，是利用汉字的字型特征进行编码输入的。熟练使用五笔字型输入法可提高打字的速度和准确率。下面介绍五笔字型输入法的相关知识与使用方法。

3.4.1　五笔字型输入法基础知识

五笔字型输入法利用汉字的字型特征进行编码，在使用五笔字型输入法输入汉字时，要先将汉字拆分成字根，再输入由字根所在键位组成的编码。因此，要学会使用五笔输入法，首先必须了解字根、汉字笔画和汉字间的关系。

1．汉字的 3 个层次

在五笔字型输入法中，汉字可分为笔画、字根和汉字 3 个层次，各层次的作用分别介绍如下。

- **笔画**：笔画是书写汉字时不间断地一次写成的一个线段，即常说的横、竖、撇、捺和折，每个汉字都是由这 5 种笔画组成的。
- **字根**：字根是指由若干笔画复合交叉而形成的相对不变的结构，它是构成汉字的最基本的单位。
- **汉字**：在五笔字型中将字根按一定的位置关系组合起来就组成了汉字。

2．汉字的 5 种笔画

汉字的笔画有很多种，在五笔字型中为了操作更加简便，根据笔画的运笔方向，而不计其轻重长短，将汉字的诸多笔画归结为 5 种基本的笔画，即横（一）、竖（丨）、撇（丿）、捺（㇏）和折（乙），各笔画的特点分别介绍如下。

行家提醒

五笔字型是王永民教授发明的，有 86 版和 98 版两个版本，最常用的是 86 版，而且大多五笔输入法都是以 86 版为基准的。

- 横（一）：“横”是指运笔方向从左到右的笔画，如“大”、“不”等字中的水平线段都属于“横”笔画。需注意的是，提（㇀）笔画在五笔字型中也被视为“横”，如“珍”字中“王”的最后一笔即被视为“横”。
- 竖（丨）：“竖”是指运笔方向从上到下的笔画。需注意的是，竖左钩（亅）也被视为“竖”，如“刘”等字中的最后一笔都属于“竖”。
- 撇（丿）：“撇”是指从右上到左下的笔画，并且不同角度、长度的这种笔画都归为“撇”类。如“人”、“秀”、“衫”等字中所有“丿”笔画都属于“撇”。
- 捺（㇏）：“捺”是指从左上到右下的笔画。需注意的是，点“、”的书写顺序也是由左上到右下，因此也被视为“捺”，如“主”、“访”等字中所有的点“、”笔画都属于“捺”。
- 折（乙）：在五笔字型中，除竖钩“亅”外的所有带转折的笔画都属于“折”笔画，如“亿”、“沁”、“甩”、“忌”、“中”和“刀”等字中都带有“折”笔画。

在五笔字型中，为了方便记忆和排序，根据使用频率的高低，依次用 1、2、3、4、5 作为代号来代表 5 种笔画，如表 3-1 所示。

表 3-1　汉字的 5 种基本笔画及其代号

代　号	笔　画	笔 画 走 向	笔画的变形
1	横 一	左→右	㇀
2	竖 丨	上→下	亅
3	撇 丿	右上→左下	㇓
4	捺 ㇏	左上→右下	丶
5	折 乙	带转折	㇇ ㄥ ㇄ ㇆ ㇌ ㇖

3. 汉字的 3 种字型

在五笔字型中，根据构成汉字的字根之间的位置关系，可将汉字分为左右型、上下型和杂合型 3 种字型，分别用代码 1、2 和 3 来表示，如表 3-2 所示。

表 3-2　汉字的 3 种字型

字 型 代 号	字　型	图　示	例　字
1	左右		休　树　培　数
2	上下		李　喜　霜　染
3	杂合		包　过　图　闰　册　果

3.4.2　五笔字根的分布

在五笔字型中，字根是构成汉字的基本单位，五笔字型中的字根共有 130 多个，要想

学习五笔输入法的一般流程是“熟悉字根→学会拆字→判断末笔码→输入汉字”，所以首先应该掌握字根的分布规律，然后再通过口诀和练习来加强记忆。

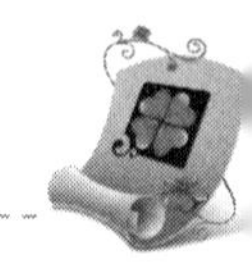

将汉字拆分为字根，就必须要知道字根在键盘上的分布情况，下面将进行详细讲解。

1. 字根的区和位

在五笔字型中，将键盘上除“Z”键外的 25 个字母键分为横、竖、撇、捺和折 5 个区，并依次用代码 1、2、3、4、5 表示区号，每个区均包括 5 个字母键，每个键称为 1 个位，依次用代码 1、2、3、4、5 表示，将每个键的区号作为第 1 个数字，位号作为第 2 个数字，组合起来就是“区位号”，这样每一个“区位号”便对应一个键位，如“C”键的区位号是“54”。5 个区在键盘上的分布如图 3-22 所示。

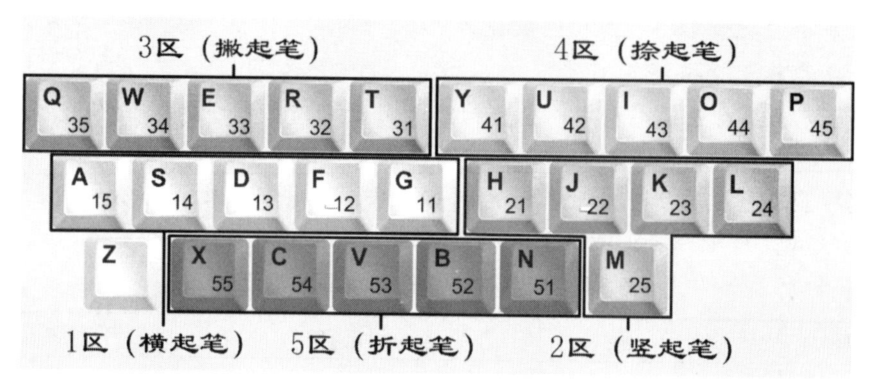

图 3-22　字根的区和位

2. 字根在键盘中的分布

字根在键盘中的分布是以字根的首笔画或次笔画代码属于哪一区作为依据，来将 130 多个字根按一定的规律分布在键盘上的 25 个字母键上，如图 3-23 所示。如字根“干”的首笔笔画是横，则它属于第 1 区，而字根“虫”的首笔笔画是竖，则它属于第 2 区。

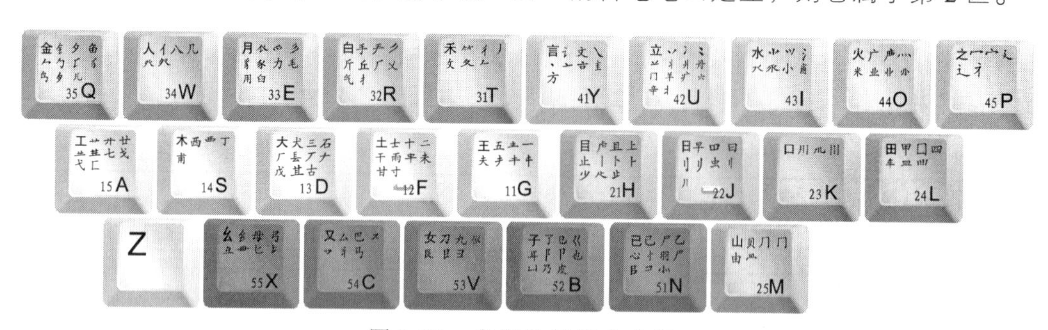

图 3-23　字根的键盘分布图

3. 字根的分布规律

每个五笔字根键位都包括键名字根、成字字根和一般字根 3 种类型，以及区位号和键位字母，如图 3-24 所示。每个字根键位上的首字根，也就是键名字根是一个独立汉字，在

如果想快速记忆字根，可以将 25 句字根口诀写在一张小便条上，随身携带，在闲暇时就拿出来看看，这样可快速熟记字根。

记忆时应先记住各键位上的首字根，其余是汉字的字根，称为成字字根，剩下的为一般字根，大部分是常见的一些偏旁部首。

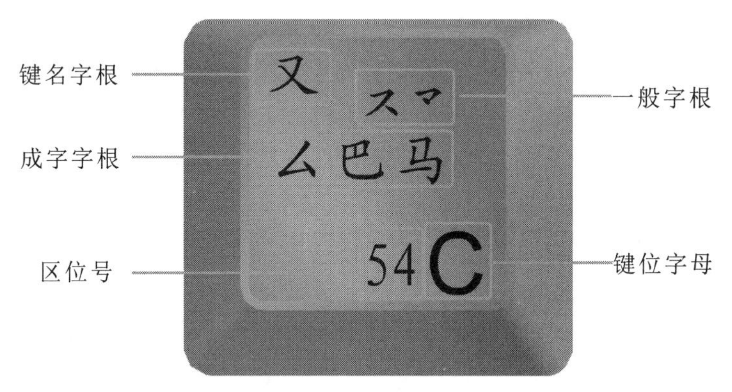

图 3-24　字根的分布

大部分字根在键盘上的分布具有以下几点规律。

- **区号与字根首笔画代号一致**：每个键位上所有字根的首笔代号与其区号是一致的，如 G 键上所有字根的第一笔都是"横"，"横"的代号为"1"，因此，在记忆字根时，可按字根的第一个笔画判断其位于哪个区。
- **字根的位号与第二笔代号一致**：字根的首笔代号大致决定了字根分布的区号，而根据第二笔代号则可判断出字根分布的位号，从而知道该字根位于哪个键位上。如 G 键上除了"五"外的其他字根的第二笔都是"横"，横的代号为"1"，因此位于 1 位，同时可以判断出这些字根的区位号为"11"，即位于 G 键上。
- **单笔画分布规律**：在五笔字型字根中，"一"、"丨"、"丿"、"㇏"、"乙"5 个单笔画也是字根，位于每个区的第一个键位上。双笔画位于每个区的第二位，如"二"、"刂"、"冫"字根分别位于 F、J 和 U 键上。
- **形态相似的字根分布规律**：五笔字型将一些与键名字根外形相近或相似的字根分配在同一键位上，如 F 键的键名汉字是"土"，其近似字根有"士"、"干"；P 键的键名汉字是"之"，其近似字根有"辶"、"廴"。

3.4.3　汉字的拆分原则

要想准确地拆分出所有的汉字，在拆分汉字前，还需要掌握汉字的拆分原则，但键名汉字和成字汉字除外。汉字的拆分原则主要包括以下几个。

- **"书写顺序"原则**：是指按照正确书写汉字的顺序将汉字拆分成字根。书写顺序包括从左到右、从上到下、从外到内，如"线"按从左到右拆分为"纟 戋"。
- **"取大优先"原则**：是指在拆分汉字时，取字根笔画数量多的部分作为字根，拆分后的字根数量应尽可能少，如"夫"应拆分为"二 人"，不能拆分为"一 大"。
- **"能散不连"原则**：是指在拆分汉字时若每个字根都不是单笔画，能拆分成散结构的字根就不要拆分成连结构的字根，如"知"字应拆分为"𠂉 大 口"，不能

有些字拆分出来可能会破坏书写顺序原则，如汉字"固"，在五笔字型输入法中应拆分为"口、古"。另外，在拆分汉字时，应将几种汉字的拆分原则互相配合使用，才能达到拆分正确的目的。

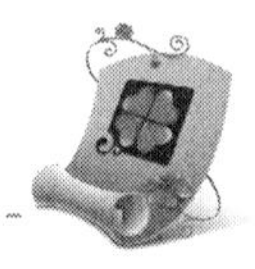

拆分为“𠂉 人 口”。

- **“能连不交”原则**：是指在拆分汉字时，能拆分成连结构的字根就不要拆分成交结构的字根，如“吞”字拆分为“一 大 口”，不能拆分为“二 人 口”。
- **“兼顾直观”原则**：是指在拆分时，为了使拆分出来的字根容易辨认，有时需要暂时牺牲“书写顺序”和“取大优先”原则，形成极个别的例外情况，如“圆”字拆分为“口 口 贝”，不能拆分为“冂 口 贝 一”。

3.4.4 用五笔字型输入法输入汉字

将汉字拆分为字根后即可输入汉字，使用五笔字型输入汉字的方法有多种。下面分别进行讲解。

1. 键内汉字的输入

键内汉字是指字根表中已有的汉字，主要包括键名字根汉字、成字字根汉字和单笔画3种，它们的输入方法与其他汉字不同，分别介绍如下。

- **输入键名字根汉字**：在五笔字根表中，字根口诀的第一个字称为键名汉字，其输入方法是：将键名汉字所在的键连续敲击4次便可输入相应的汉字，如“王”字的编码为“gggg”，“女”字的编码为“vvvv”。
- **输入成字字根汉字**：在五笔字型的字根中，除键名汉字外的其他字根若是一个完整的汉字，则这个字根称为成字字根汉字，其输入方法是：先“报户口”，即按该字根所在的键位，然后按其书写顺序，依次按首笔笔画、次笔笔画和末笔笔画所在的键位，若不足4码，则补按空格键。如表3-3所示为常见的成字字根汉字的输入。

表 3-3　常见成字字根汉字的输入

成字字根汉字	报 户 口	首 笔 笔 画	次 笔 笔 画	末 笔 笔 画	五 笔 编 码
巴	巴（C）	乙（N）	丨（H）	乙（N）	CNHN
辛	辛（U）	丶（Y）	一（G）	丨（H）	UYGH
九	九（V）	丿（T）	乙（N）		VTN+空格
雨	雨（F）	一（G）	丨（H）	丶（Y）	FGHY
几	几（M）	丿（T）	乙（N）		MTN+空格

- **输入单笔画**：在五笔字型中，横（一）、竖（丨）、撇（丿）、捺（㇏）、折（乙）分别位于键盘上的G、H、T、Y和N键上，这5种基本笔画称为单笔画，其输入方法是：首先连续按两次单笔画所在键位上的按键，再连续补按两次L键即可。5种单笔画的编码输入如表3-4所示。

如果不清楚某个键名汉字所在的键位，可先熟练背诵25句字根口诀，每个口诀的第一个字便是该键位的键名汉字，熟练之后就能快速地判断出键名汉字对应的编码。

表 3-4　5 种单笔画的输入

单　笔　画	第　一　码	第　二　码	第　三　码	第　四　码	五 笔 编 码
一	11（G）	11（H）	24（L）	24（L）	GGLL
丨	21（H）	21（H）	24（L）	24（L）	HHLL
丿	31（T）	31（T）	24（L）	24（L）	TTLL
丶	41（Y）	41（Y）	24（L）	24（L）	YYLL
乙	51（N）	51（N）	24（L）	24（L）	NNLL

2. 键外汉字的输入

键外汉字是指没有包含在五笔字型字根表中的汉字，即需要通过字根的组合才能输入的汉字。键外汉字的取码顺序和规则为：第一码取汉字的第一个字根，第二码取汉字的第二个字根，第三码取汉字的第三个字根，第四码则取该汉字的最后一个字根，如表 3-5 所示。如果拆分后不足 4 码可以添加末笔交叉识别码。

表 3-5　键外汉字的输入

汉　　字	第　一　码	第　二　码	第　三　码	第　四　码	五 笔 编 码
睹	目（H）	土（F）	丿（T）	日（J）	HFTJ
卖	十（F）	乙（N）	冫（U）	大（D）	FNUD
资	冫（U）	勹（Q）	人（W）	贝（M）	UQWM
吨	口（K）	一（G）	凵（B）	乙（N）	KGBN
擦	扌（R）	宀（P）	癶（W）	小（I）	RPWI
被	衤（P）	冫（U）	广（H）	又（C）	PUHC
澳	氵（I）	丿（T）	冂（M）	大（D）	ITMD

3. 简码的输入

简码是指在五笔全码的基础上省去最后一个或两个编码输入的汉字编码，再补按空格键输入，使用简码可以提高打字的速度。简码包括一级简码、二级简码和三级简码，表示分别只需要输入前 1、2 或 3 个编码就能输入某个汉字。下面分别进行介绍。

- **输入一级简码：**五笔字型将最常用的 25 个汉字设为一级简码（又称高频字），分布在键盘 5 个区中的 25 个键位上，其输入方法是：敲击一级简码所在的键位一次，然后再补按空格键，如要输入“要”字，只需按 S 键后再补按空格键，即可输入该字。
- **输入二级简码：**二级简码由单字全码的前两码组成，其输入方法是：先按前两个

在输入简码汉字时，应首先使用一级简码输入，然后依次使用二级简码、三级简码输入，如“我”字可以用这 3 种编码中的任何一种方式来输入，但使用一级简码输入最快。

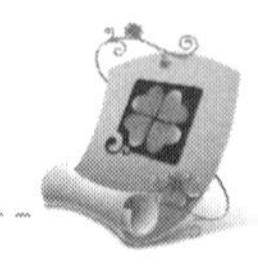

字根所在键位的按键，再按一下空格键。如“帮”字的全码应为 DTBH，但只需输入“DT”，再按空格键即可输入。

- **输入三级简码**：三级简码是由单字全码的前 3 码组成的，其输入方法是：先按前 3 个字根所在键位上的按键，再按一下空格键。如“茂”字全码应为 ADNT，但只需输入“ADN”，再加空格键便可输入。

4. 词组的输入

词组主要包括二字词组、三字词组、四字词组和多字词组，其输入方法介绍如下。

- **输入二字词组**：分别取第 1 个汉字和第 2 个汉字的前两个字根进行编码，共组成 4 码进行输入。如“电脑”取码字根为“日　乙　月　亠”，编码为“JNEY”；“北京”取码字根为“丬　匕　亠　口”，编码为“UXYI”。
- **输入三字词组**：三字词语由 3 个汉字组成，其输入方法是：先取三字词语的前两字的第 1 个字根，再取最后一个字的前两个字根，组成 4 码进行输入。如“奥运会”取码字根为“丿　二　人　二”，编码为“TFWF”。
- **四字词组的输入**：四字词语由 4 个汉字组成，其输入方法是：分别取 4 个字的第一个字根，共 4 码组成词组编码。如“电话号码”取码字根为“曰　讠　口　石”，编码为“JYKD”。
- **多字词组的输入**：多字词语由 5 个或 5 个以上汉字组合而成，其输入方法是：取词语的前 3 个汉字的第 1 个字根，再取词语最后一个字的第 1 个字根组成 4 码进行输入。如“全国各族人民”取码字根为“人　口　夂　尸”，编码为“WLTN”。

3.5 基础实例

本章基础实例将先在电脑中安装和设置王码五笔型输入法，然后分别使用微软拼音简捷输入法和五笔字型输入法输入一则日记，通过实例熟练掌握拼音输入法和五笔字型输入法的使用。

3.5.1 安装和设置王码五笔型输入法

本例将通过本章所学知识，在电脑中安装王码五笔型输入法，并添加到输入法列表中，然后将该输入法设置为默认输入法。

1. 操作思路

为更快完成本例的制作，并尽可能运用本章讲解的知识，现将本例的操作思路介绍如下。

五笔字型输入法中，二级简码较多，而且很多都是常使用的汉字，所以，要记住常用的二级简码。在记忆时，不要死记硬背，只要多练习，就能快速记住它们。

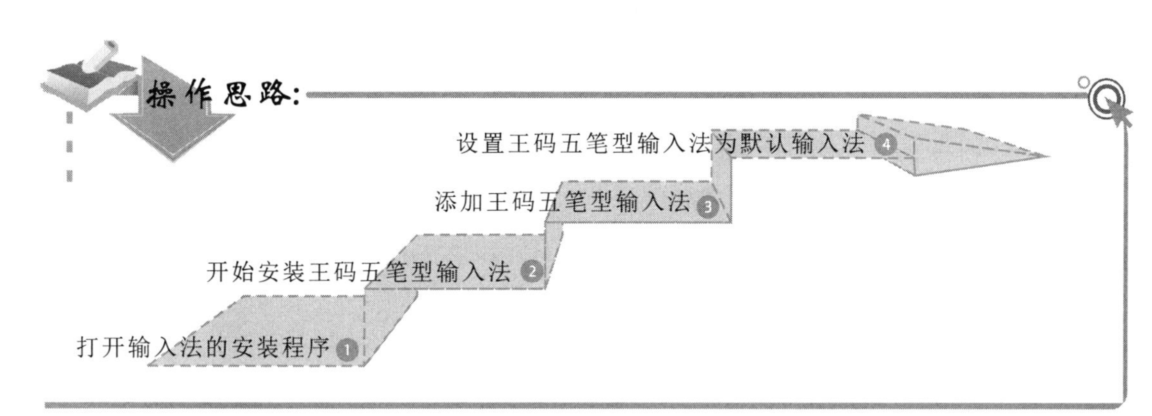

2．操作步骤

下面介绍安装、添加和设置王码五笔型输入法的方法，其操作步骤如下：

光盘\实例演示\第3章\安装和设置王码五笔型输入法

1 在电脑中找到王码五笔型输入法的安装程序，双击该程序，在打开的对话框中选中☑86版复选框，单击确定(O)按钮，如图3-25所示。

2 系统开始安装王码五笔型输入法，安装完成后单击确定(O)按钮即可。

3 在任务栏通知区域单击输入法图标，在弹出的面板中单击“语言首选项”超链接，在打开的“语言”窗口中单击“选项”超链接，在打开的窗口中单击“添加输入法”超链接。

4 在打开窗口的“添加输入法”列表框中选择“王码五笔型输入法86版”选项，单击添加按钮，如图3-26所示。

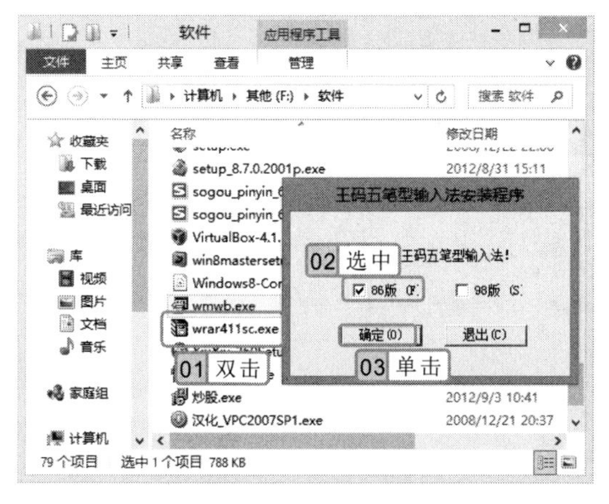

图3-25　安装五笔输入法

图3-26　添加输入法

5 返回“语言选项”窗口，单击保存按钮，然后返回“语言”窗口，在左侧单击

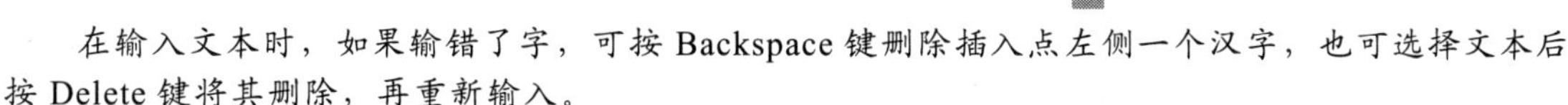
在输入文本时，如果输错了字，可按Backspace键删除插入点左侧一个汉字，也可选择文本后按Delete键将其删除，再重新输入。

"高级设置"超链接，如图 3-27 所示。

6 在打开窗口的"替代默认输入法"栏中的下拉列表框中选择"中文（简体，中国）-王码五笔型输入法 86 版"选项，如图 3-28 所示。

图 3-27 单击"高级设置"超链接

图 3-28 设置默认输入法

7 单击 保存 按钮，即可将选择的输入法设置为默认的输入法。

3.5.2 输入一则日记

本练习将结合微软拼音简捷输入法和王码五笔型输入法在记事本程序中输入一则日记，效果如图 3-29 所示。

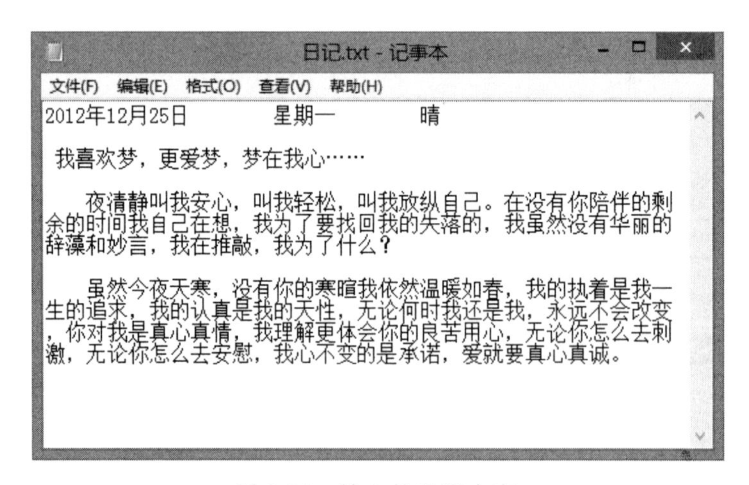

图 3-29 输入的日记内容

1. 操作思路

为更快完成本例的制作，并尽可能运用本章讲解的知识，现将本例的操作思路介绍

在记忆 25 个一级简码时，可以用 5 句口诀来快速记忆：一地在要工，上是中国同，和的有人我，主产不为这，民了发以经。

如下。

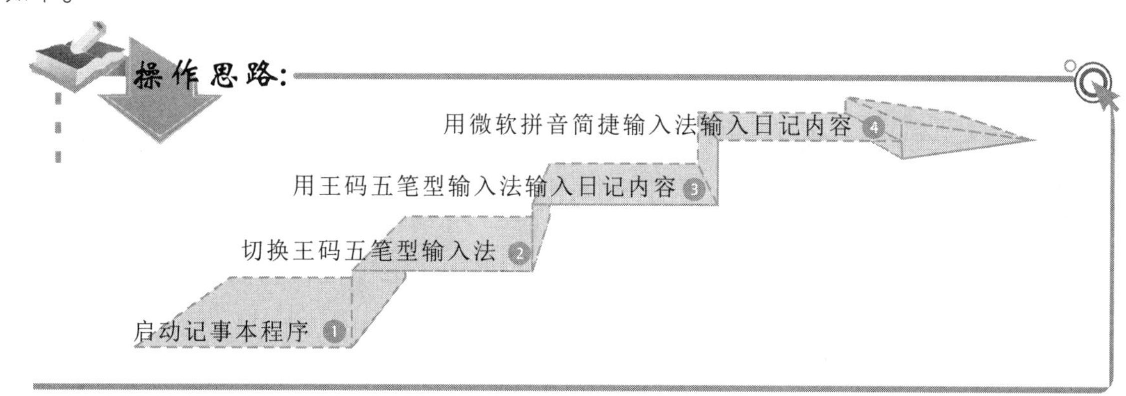

2. 操作步骤

下面使用微软拼音简捷输入法和王码五笔型输入法共同输入一则日记，其操作步骤如下：

参见光盘　光盘\效果\第 3 章\日记.txt
光盘\实例演示\第 3 章\输入“日记”

1. 启动记事本程序，按 Shift+Ctrl 键切换到王码五笔型输入法，按数字键输入年份“2012”。
2. “年”字的五笔编码为“RHFK”，当按下 R、H 键后在提示框中的第一位即出现“年”字，如图 3-30 所示，表示该字为二级简码，再补按空格键便可输入“年”。
3. 直接按相应的数字键输入“12”，“月”字为键名汉字，其五笔编码为“EEEE”，即按 4 次 E 键便可输入，如图 3-31 所示。

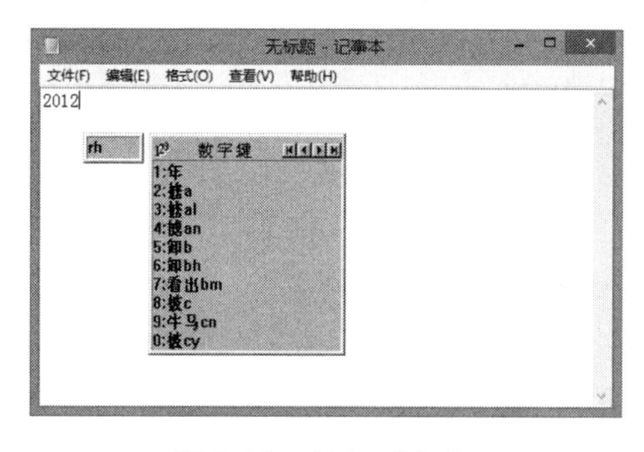

图 3-30　输入“年”

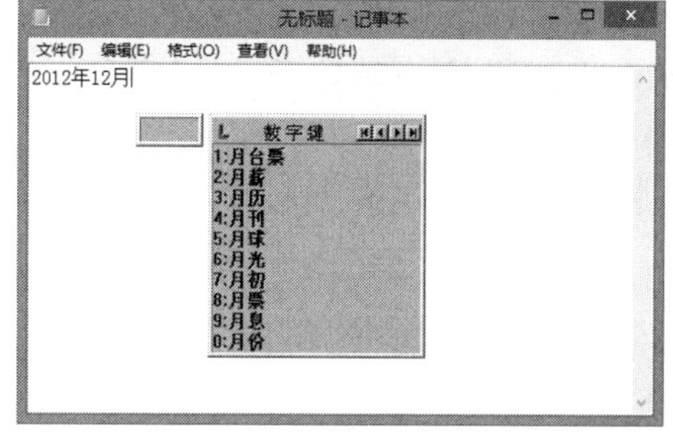

图 3-31　输入“月”

4. 输入数字“25”，再输入“日”字的五笔编码“JJJJ”，即按 4 次 J 键便可输入“日”字。
5. 连续按空格键输入几个空格，然后输入“星期一”词组，其五笔编码为“JAGG”，此时将弹出如图 3-32 所示的重码提示框，按数字键 2 便可输入。
6. 输入几个空格后，再输入“晴”字的五笔编码“JGE”，再按空格键便可输入，
7. 按 Shift+Ctrl 键切换到微软拼音简捷输入法，然后按两次 Enter 键换行。

使用五笔字型输入法打字时，其提示框中汉字右侧的字母表示其编码提示，在其汉字输入法状态条上单击鼠标右键，在弹出的快捷菜单中选择“设置”命令，可以进行相关输入法属性设置。

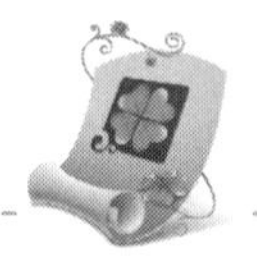

8 输入几个空格，输入“我”字的全拼编码“wo”，弹出选择框，如图 3-33 所示，按空格键即可输入。

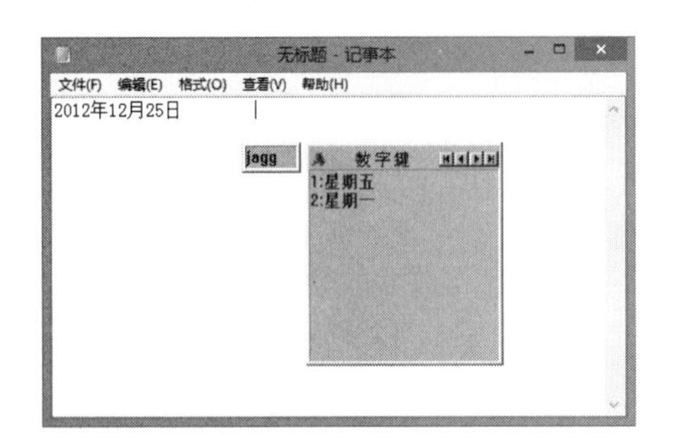

图 3-32　输入星期

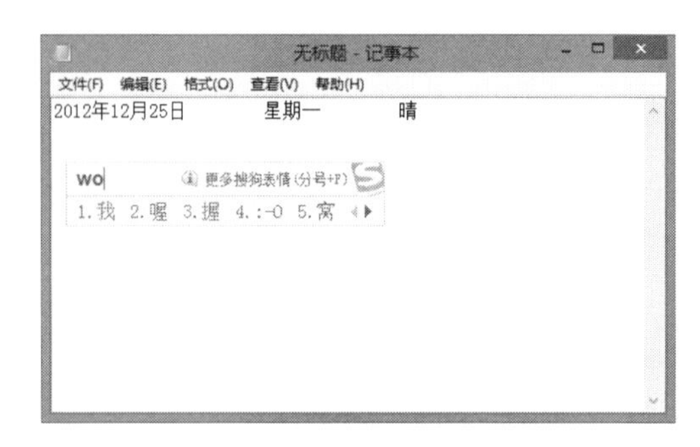

图 3-33　使用全拼输入

9 输入“喜欢”的简拼“xh”，弹出选择框，按空格键或数字键 1 即可输入该词组。

10 结合微软拼音简捷输入法的全拼、简拼和混拼输入方式，输入该日记后面的内容即可。

3.6 基础练习

本章主要介绍了汉字输入法的安装、添加、切换和删除等基础知识，以及微软拼音简捷输入法、搜狗拼音输入法和五笔字型输入法的使用，通过下面的练习可以进一步巩固这些输入法的使用。

3.6.1 使用拼音输入法输入“会议通知”

本练习将在记事本程序中使用搜狗拼音输入法输入一篇文章，效果如图 3-34 所示。

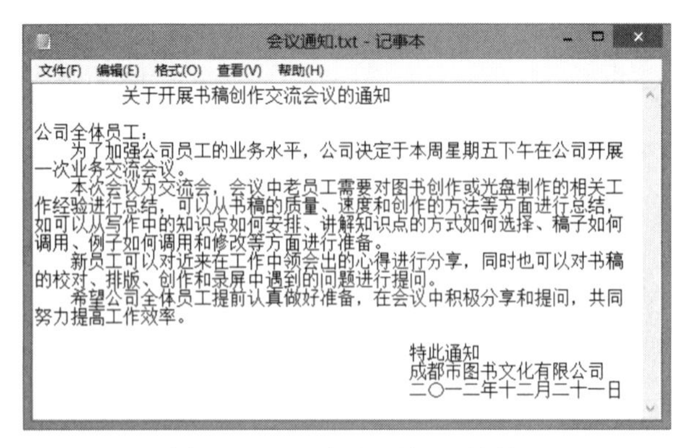

会议通知.txt - 记事本

文件(F) 编辑(E) 格式(O) 查看(V) 帮助(H)

关于开展书稿创作交流会议的通知

公司全体员工：

　　为了加强公司员工的业务水平，公司决定于本周星期五下午在公司开展一次业务交流会议。

　　本次会议为交流会，会议中老员工需要对图书创作或光盘制作的相关工作经验进行总结，可以从书稿的质量、速度和创作的方法等方面进行总结，如可以从写作中的知识点如何安排、讲解知识点的方式如何选择、稿子如何调用、例子如何调用和修改等方面进行准备。

　　新员工可以对近来在工作中领会出的心得进行分享，同时也可以对书稿的校对、排版、创作和录屏中遇到的问题进行提问。

　　希望公司全体员工提前认真做好准备，在会议中积极分享和提问，共同努力提高工作效率。

特此通知

成都市图书文化有限公司

二〇一二年十二月二十一日

图 3-34　“会议通知”效果

目前，五笔字型输入法的版本较多，如万能五笔、极品五笔、搜狗五笔、五笔加加等，其拆分与输入原则与本书介绍的 86 版五笔是一样的，读者可以选择其中一种进行使用。

参见光盘 光盘\效果\第 3 章\会议通知.txt
光盘\实例演示\第 3 章\输入“会议通知”

该练习的操作思路与关键提示如下。

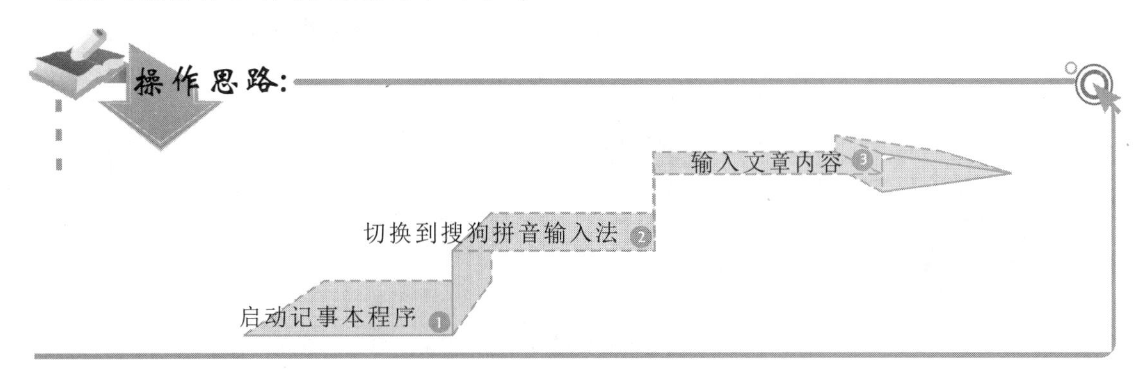

关键提示:

在使用搜狗拼音输入法输入文章内容时，可根据实际情况结合搜狗拼音输入法的特点灵活输入。

3.6.2 使用五笔字型输入法输入一首宋词

本练习将在记事本程序中使用五笔字型输入法输入宋词“念奴娇 赤壁怀古”，效果如图 3-35 所示。

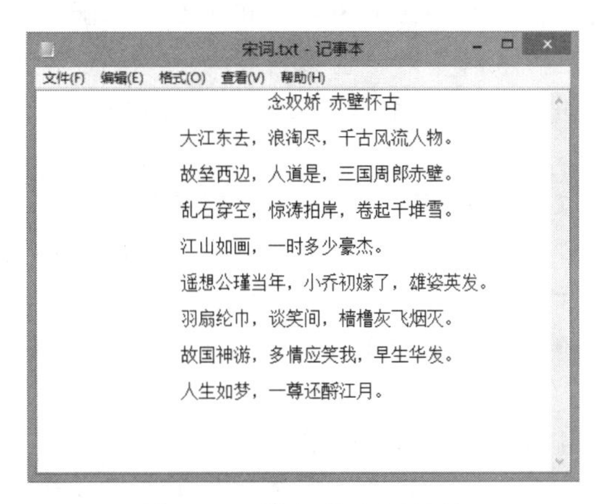

图 3-35 输入的宋词效果

参见光盘 光盘\效果\第 3 章\宋词.txt
光盘\实例演示\第 3 章\输入“宋词”

该练习的操作思路与关键提示如下。

本书中五笔编码使用的是大写字母，便于与键盘的字母键相对应，在输入时，切换到五笔字型输入法后直接按键盘上的键，其编码显示的为小写字母。

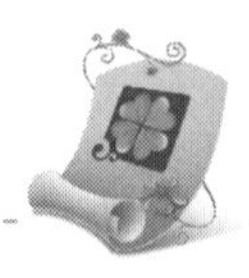

操作思路：

结合汉字的取码规则输入宋词内容 ❸

根据拆分原则对汉字进行拆分 ❷

启动记事本程序并切换到五笔字型输入法 ❶

关键提示：

在输入过程中，对汉字进行拆分时，一定要遵守汉字的拆分原则，但键名汉字和成字字根汉字除外。

3.7 知识问答

在使用拼音输入法和五笔字型输入法输入汉字的过程中，难免会遇到一些难题，如输入特殊拼音的字、词组等。下面将介绍使用输入法输入汉字的过程中常见的问题及解决方案。

问：使用拼音输入法时怎样才能输入“绿”和“女”字呢？

答：在使用拼音输入法输入汉字时，通常用字母“v”代替“ü”，如输入“绿”字，可以输入“lv”，在提示框中将显示该字，然后进行选择即可。

问：使用拼音输入法输入“彼岸”、“西安”这类拼音词组时，若输入“彼岸”的拼音“bian”，或输入“西安”的拼音“xian”，将得不到需要输入的词，怎么办？

答：此时需要使用音节切分符来输入，即在两个音节之间输入“’”。如输入“西安”的拼音时输入“xi’an”，在提示框中将显示该词，然后按空格键或数字键进行选择即可。

问：熟悉字根位置后就可以进行五笔打字了吗？

答：不是的。熟悉字根所在位置后不一定就会拆字，除了要熟悉字根所在位置外还必须会拆字，正确拆分后再分别取其前 3 码和最后 1 码作为编码进行输入，不足 4 码时补按空格键。

问：在五笔字型输入法中，对于不足 4 码的汉字，如何进行拆分和输入呢？

答：若一个汉字只有 2 个或 3 个字根而不足 4 码时，不能按照前面讲解的方法进行输

学会五笔打字后，一定要连续练几天，否则会容易忘记前面的字根和拆分原则，要坚持使用五笔聊天，遇到不能拆分的汉字就查字典。

入，而必须通过交叉识别码来完成。在输入不足3码的汉字时，其输入规则是先将汉字可拆分出的前几个字根组成编码，然后输入该汉字的交叉识别码。若添加识别码后还不足4码时，则补按空格键输入。

问：使用五笔字型输入法如何输入偏旁？

答：若某个字根是偏旁部首，可以按照成字字根汉字的输入方法进行输入，如偏旁“亻”的五笔编码为“WTH”，然后补按空格键即可。

知识关联 快速学会五笔字型

学习五笔字型的重点在于掌握字根的分布，并掌握拆分方法与取码规则，然后通过大量的练习来进一步熟悉和巩固字根的分布，可借助金山打字通等打字练习软件进行强化训练，每天花点时间进行练习，一般1周左右便可掌握。

操作提示

在五笔字型中，单个字输入会浪费大量的时间，打字速度也无法有效提高。在输入一句话、一段文字或者是一篇文章时，除了单个字输入外，还可以输入词语，以提高输入速度。

第4章

管理电脑中的资源

搜索电脑中的资源

文件的操作

文件夹的基础操作

文件管理基础知识

更改文件和文件夹视图方式

排序和分组查看文件和文件夹

本章导读

电脑相当于一个庞大的信息资料库，而信息和数据大都是以文件的形式保存在电脑中，因此，合理管理电脑中的文件和文件夹，可快速找到需要的信息。本章将详细介绍管理文件和文件夹的操作，包括认识、新建、选择、重命名、复制、移动、删除、还原文件和文件夹，以及更改文件和文件夹的视图方式、排序和分组、显示和隐藏、搜索文件等知识。

4.1 文件管理基础知识

在学习对文件和文件夹进行操作前，必须对文件和文件夹有一个基本的认识，如文件和文件夹的含义、在电脑中存储的位置等。下面就来认识一下硬盘分区、盘符、文件和文件夹。

4.1.1 认识硬盘分区与盘符

硬盘是电脑资源的主要存储场所，在使用电脑时，一般都会对硬盘进行分区，每个区中都有对应的盘符，所以，在对电脑资源进行管理前，必须先认识硬盘分区和盘符。下面分别进行介绍。

- **硬盘分区**：是指将硬盘划分为几个独立的区域，如图 4-1 所示。这样可以更加方便地存储和管理数据，格式化可使分区划分成可以用来存储数据的单位，因此，在安装系统时，就需要对硬盘进行分区和格式化。
- **盘符**：是 Windows 系统对磁盘存储设备的标识符。一般使用 26 个英文字符加上一个冒号“:”来标识，如“本地磁盘(C:)”，“C”就是该盘的盘符。

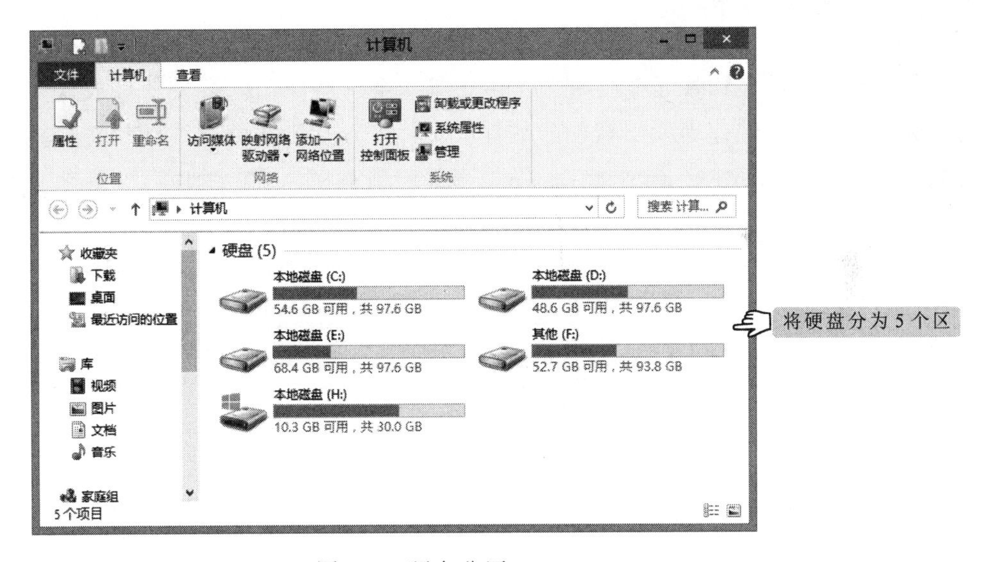

图 4-1 硬盘分区

4.1.2 认识文件

文件是指保存在电脑中的各种信息和数据，电脑中的文件包括很多类型，如文档、表格、图片、音乐、应用程序等。在默认情况下，文件在电脑中是以图标形式显示的，由文件图标、文件名称、分隔符、文件扩展名 4 部分组成，如图 4-2 所示。

在默认情况下，电脑窗口中的选项卡功能区是未显示的，若想将其显示出来，需要用户手动进行设置，在窗口的功能选项卡中双击即可将其对应的功能区显示出来，再次双击便可隐藏。

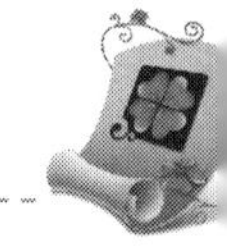

图 4-2　文件的组成

下面分别介绍文件各组成部分的作用。

- **文件图标**：用于表现当前文件的类型，由生成该文件的应用程序自动建立，根据文件类型的不同，文件的图标也各不相同。
- **文件名称**：用于标识当前文件的名称，用户也可以根据需要修改文件的名称。
- **分隔符和文件扩展名**：分隔符用于将文件名与扩展名分隔开，便于用户快速识别当前文件的名称及类型；文件扩展名一般表示该文件的类型。

4.1.3　认识文件夹

文件夹用于保存和管理电脑中的文件，其本身没有任何内容，却可放置多个文件和子文件夹，让用户能快速地找到需要的文件。文件夹一般由文件夹图标和文件夹名称两部分组成，在 Windows 8 中，通过文件夹图标可即时预览文件夹中的内容，如图 4-3 所示。

图 4-3　文件夹

4.2　文件和文件夹的基本操作

学习了文件与文件夹的基础知识后，还必须掌握文件与文件夹的基本操作，这些操作是管理好电脑中文件的前提，包括新建、重命名、复制、移动、删除、还原文件或文件夹等。

当电脑中文件过多时，可将大量的文件分类后保存在不同名称的文件夹中，不仅方便查找，还方便用户管理。

4.2.1 新建文件和文件夹

新建文件和文件夹是管理电脑资源的第一步。新建文件夹后，用户即可在其中创建相应的子文件夹和文件了。

实例 4-1 在 E 盘中新建“素材文档”文件夹和“文本文档”文件

下面在 E 盘中先通过“主页”/“新建”组新建一个名为“素材文档”的文件夹，然后在文件夹中新建一个“文本文档”文件。

1. 双击电脑桌面上的“计算机”图标，在打开的“计算机”窗口中双击 E 盘盘符，在打开的窗口中选择“主页”/“新建”组，单击“新建文件夹”按钮。
2. 系统在该盘中新建一个文件夹，且文件夹名呈可编辑状态，这里输入“素材文档”文本，如图 4-4 所示，然后按 Enter 键完成操作。
3. 双击该文件夹，在打开的窗口中选择“主页”/“新建”组，单击“新建项目”按钮，在弹出的下拉列表中选择新建的文件类型，这里选择“文本文档”选项，如图 4-5 所示。

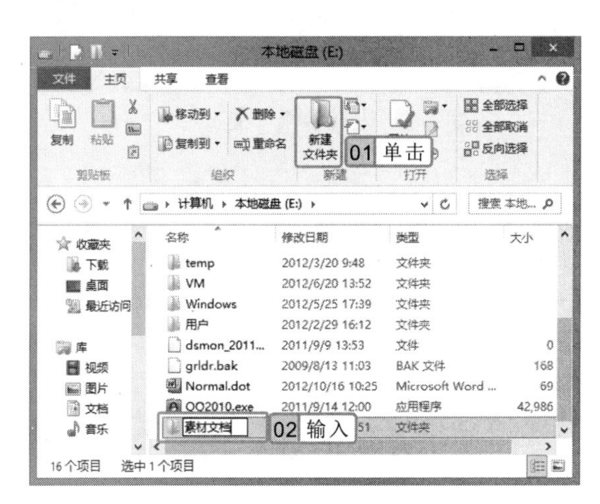

图 4-4 输入文件夹名称

图 4-5 选择“文本文档”选项

4. 系统将在文件夹中默认新建一个名为“新建文本文档”的文件，且文件名呈可编辑状态，此时可按照命名文件夹的方法命名新建的文件。

4.2.2 选择文件和文件夹

要对文件和文件夹进行操作，必须先对其进行选择，选中的文件和文件夹才能成为操作的对象。选择文件和文件夹的方法有以下几种。

- **选择单个文件或文件夹：**使用鼠标直接单击文件或文件夹图标即可将其选中，被选中的文件或文件夹的周围呈蓝色透明状显示。
- **选择多个相邻的文件和文件夹：**可在窗口空白处按住鼠标左键不放，并拖动鼠标

要在桌面和电脑窗口中新建文件或文件夹，可直接在其空白区域单击鼠标右键，在弹出的快捷菜单中选择“新建”命令，在弹出的子菜单中选择相应的命令，即可新建文件或文件夹。

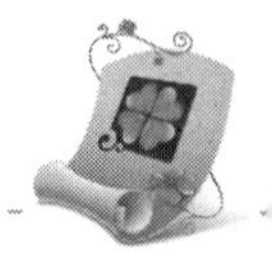

使出现的矩形框框选需要选择的多个对象，再释放鼠标即可，如图 4-6 所示。

- **选择多个连续的文件和文件夹**：用鼠标选择第一个对象，按住 Shift 键不放，单击最后一个对象，可选择两个对象中间的所有对象。
- **选择多个不连续的文件和文件夹**：按住 Ctrl 键不放，依次单击所要选择的文件或文件夹，可选择多个不连续的文件和文件夹，如图 4-7 所示。
- **选择所有文件和文件夹**：直接按 Ctrl+A 键，或单击“主页”/“选择”组中的“全部选择”按钮，可选择该窗口中的所有文件和文件夹。

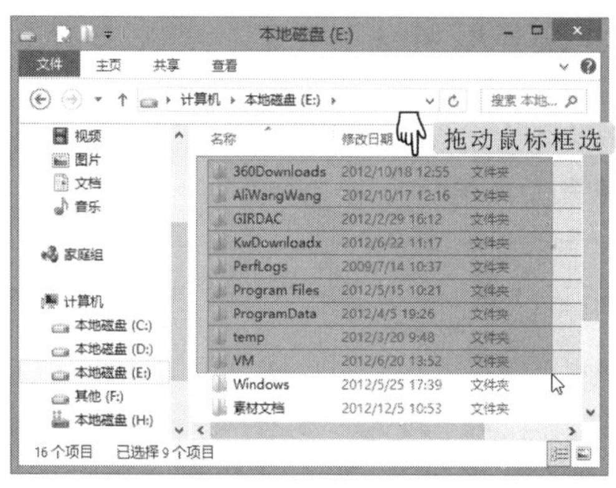

图 4-6　选择多个相邻文件夹

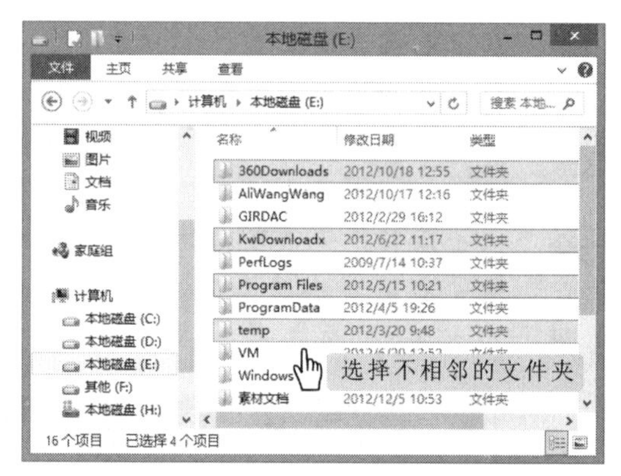

图 4-7　选择多个不连续文件夹

4.2.3　重命名文件和文件夹

在管理电脑中的文件和文件夹时，为了更好地体现出文件和文件夹中的内容，用户还可根据需要随时对文件和文件夹进行重命名操作。重命名文件和文件夹的方法是：选择需要重命名的文件或文件夹，选择“主页”/“组织”组，单击“重命名”按钮，此时文件夹或文件名称呈蓝底白字的可编辑状态，在其中输入新的名称，然后按 Enter 键，或用鼠标单击空白区域即可，如图 4-8 所示。

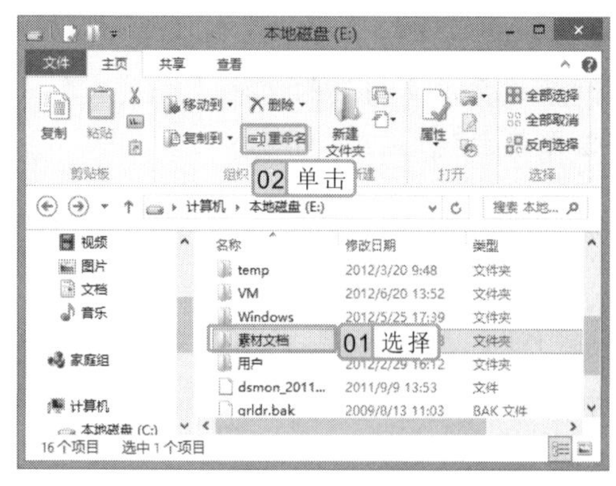

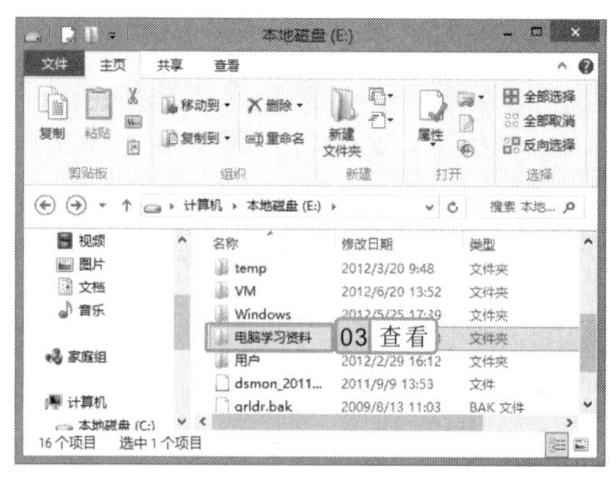

图 4-8　重命名文件夹

在同一文件夹中是不允许有相同的文件或文件夹名称的，当遇到两个名称相同的文件或文件夹时，就需要对其中一个文件或文件夹重命名。

4.2.4 复制文件和文件夹

在操作文件和文件夹时，需经常用到复制文件或文件夹的操作。复制操作是指在目标位置重新生成一个完全相同的文件或文件夹，原来位置的文件或文件夹仍然存在。复制文件或文件夹的常用方法有以下几种。

- **通过快捷菜单复制：** 在要复制的文件或文件夹上单击鼠标右键，在弹出的快捷菜单中选择“复制”命令，在目标文件夹的空白处单击鼠标右键，在弹出的快捷菜单中选择“粘贴”命令即可。
- **通过快捷键复制：** 选择要复制的文件或文件夹，按 Ctrl+C 键进行复制，在目标文件夹中按 Ctrl+V 键进行粘贴。
- **通过“主页”/“组织”组复制：** 选择要复制的文件或文件夹，选择“主页”/“组织”组，单击“复制到”按钮，在弹出的下拉列表中选择目标文件夹的位置，或选择“选择位置”选项，打开“复制项目”对话框，选择目标文件夹后，单击“复制(C)”按钮即可，如图 4-9 所示。

图 4-9 复制文件夹

4.2.5 移动文件和文件夹

移动文件和文件夹是指将文件或文件夹从一个文件夹内移动到另一个文件夹中。移动后，原位置的文件或文件夹将不再存在。

移动文件或文件夹的操作与复制操作类似，其方法是：选择需移动的文件或文件夹后，选择“主页”/“组织”组，单击“移动到”按钮，在弹出的下拉列表中选择目标文件夹的位置，或按 Ctrl+X 键，然后在打开的目标窗口中按 Ctrl+V 键即可。

在同一个窗口中，使用鼠标拖动文件或文件夹到某个文件夹图标上，释放鼠标后，被拖动的对象将移动到该文件夹中。若在移动过程中同时按住 Ctrl 键，则为复制文件或文件夹。

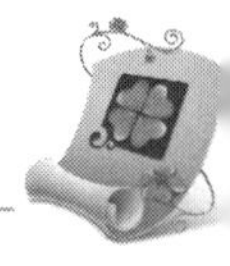

4.2.6 删除文件和文件夹

为了节约磁盘空间，存放更多的资源，可以将不需要的、重复的文件和文件夹删除。删除文件和文件夹的方法有以下几种：

- 选择要删除的文件或文件夹，直接按 Delete 键。
- 选择要删除的文件或文件夹，单击鼠标右键，在弹出的快捷菜单中选择“删除”命令，如图 4-10 所示。
- 选择要删除的文件或文件夹，选择“主页”/“组织”组，单击“删除”按钮可直接删除，也可单击该按钮后的下拉按钮，在弹出的下拉列表中选择“回收”或“永久删除”选项即可，如图 4-11 所示。

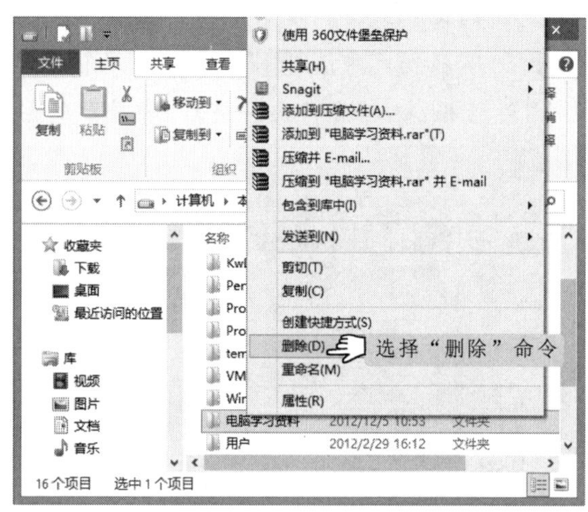

图 4-10　选择“删除”命令

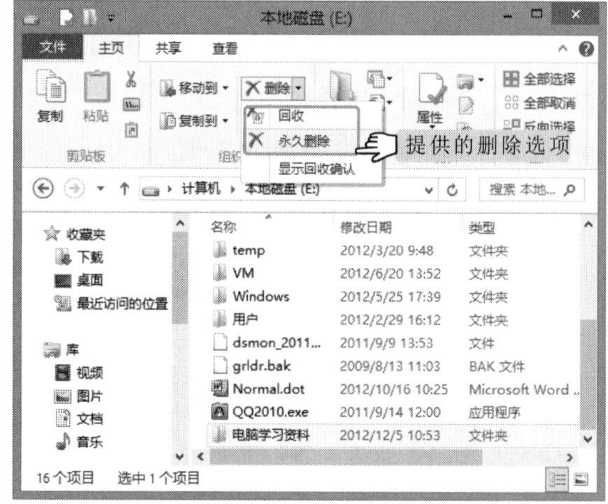

图 4-11　选择删除选项

在删除文件或文件夹时，默认情况下都是将删除的文件或文件夹放入回收站中，要想永久删除文件或文件夹，可在选择需删除的文件或文件夹后，按 Shift+Delete 键或在“删除”下拉列表框中选择“永久删除”选项，在打开的提示对话框中单击 是(Y) 按钮。

4.2.7 还原文件和文件夹

同时对电脑中的多个文件和文件夹进行删除操作时，有时会遇到将一些重要的文件或文件夹误删的情况，如果删除的文件或文件夹是被放入了回收站，那么通过还原操作，可将误删除的文件和文件夹还原。还原文件和文件夹的方法有以下几种。

- **通过快捷菜单还原**：双击桌面上的“回收站”图标，打开“回收站”窗口，选择需要还原的文件或文件夹，单击鼠标右键，在弹出的快捷菜单中选择“还原”命令，如图 4-12 所示，即可将文件或文件夹还原到原来的位置。

按 Shift+Delete 键删除的文件或文件夹将无法还原。

- **通过“管理”/“还原”组还原**：在“回收站”窗口中选择需要还原的文件或文件夹，选择“管理”/“还原”组，单击“还原选定的项目”按钮即可，如图4-13所示。

图4-12 选择“还原”命令

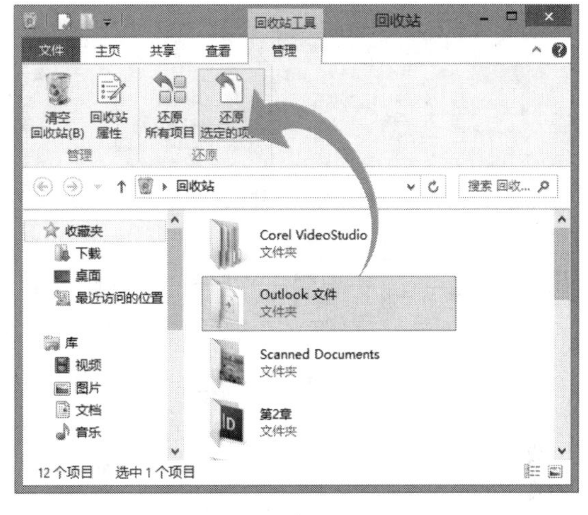

图4-13 单击“还原选定的项目”按钮

4.3 文件与文件夹的高级管理技巧

除了文件管理的一些基本操作外，用户还应掌握设置文件和文件夹的视图方式、排序和分组查看文件、搜索文件、隐藏和显示文件，以及查看文件或文件夹属性等操作。下面进行详细讲解。

4.3.1 改变文件和文件夹的视图方式

Windows 8中提供了8种文件和文件夹的视图显示方式，包括超大图标、大图标、中等图标、小图标、列表、详细信息、平铺和内容。为了便于查看和管理，用户可根据当前窗口中文件和文件夹的多少、文件的类型来改变当前窗口中文件和文件夹的视图方式。其方法是：在打开的窗口中选择“查看”/“布局”组，单击右侧的按钮，所有的视图方式将显示在该列表框中，然后选择相应的选项，窗口中的文件和文件夹即会以对应的方式显示。

各显示方式的作用和特点介绍如下。

- **超大图标、大图标、中等图标和小图标**：将文件夹所包含的图像显示在文件夹图标上，可以快速识别该文件夹的内容，常用于图片文件夹中，如图4-14所示为窗口中的文件或文件夹以大图标显示的效果。

在“回收站”窗口中选择“管理”/“还原”组，单击“还原所有项目”按钮，可将回收站中的所有文件和文件夹还原；单击“管理”组中的“清空回收站”按钮，可清空回收站。

- **列表**：通过列表的方式显示文件和文件夹中的内容。若文件夹中包含很多文件，则使用列表显示便于快速查找某个文件。
- **详细信息**：显示相关文件或文件夹的详细信息，包括名称、类型、大小和日期等，如图 4-15 所示。

图 4-14　大图标显示的效果

图 4-15　详细信息显示的效果

- **平铺**：以图标加文件信息的方式显示文件与文件夹，是查看文件或文件夹的常用方式，如图 4-16 所示。
- **内容**：将文件的创建日期、修改日期和大小等特征内容显示出来，方便进行查看和选择，如图 4-17 所示。

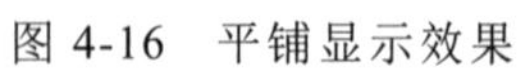

图 4-16　平铺显示效果

图 4-17　内容显示效果

4.3.2　对文件进行排序和分组查看

为了便于查看，可将文件和文件夹按照一定的规律进行排序或分组，这样在查看时可

Windows 8 中对窗口中的文件和文件夹提供了多种排序和分组查看的方式，用户可根据实际需要进行选择。

快速地定位到相应的位置并找到需要的文件。

实例 4-2 对文件夹中的文件进行重新排序和分组

下面将“3D 小人”文件夹中的文件先按大小进行排序，再按拍摄日期进行分组。

1. 打开需要排序和分组查看的文件夹“3D 小人”，选择“查看”/“当前视图”组，单击“排序方式”按钮，在弹出的下拉列表中选择“大小”选项，如图 4-18 所示。
2. 此时窗口中的所有图片文件将按从小到大的顺序显示，效果如图 4-19 所示。

图 4-18　选择排序选项

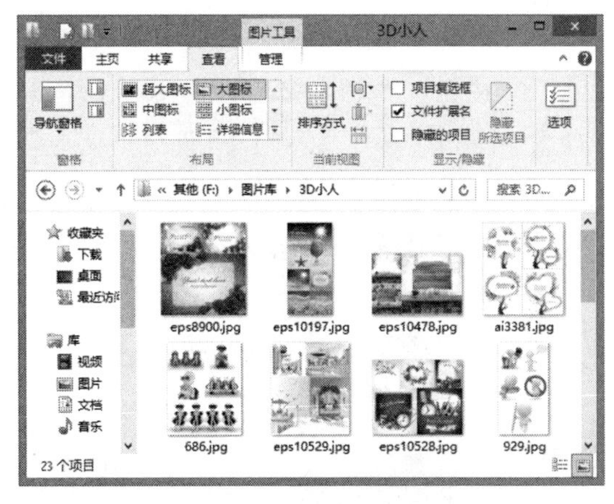

图 4-19　按大小进行排序的效果

3. 在“查看”/“当前视图”组中单击“分组依据”按钮，在弹出的下拉列表中选择“拍摄日期”选项，如图 4-20 所示。
4. 此时窗口中的所有图片文件将根据创建日期分成两组，并显示所有文件的大小范围，这样可以快速浏览符合条件的图片文件，效果如图 4-21 所示。

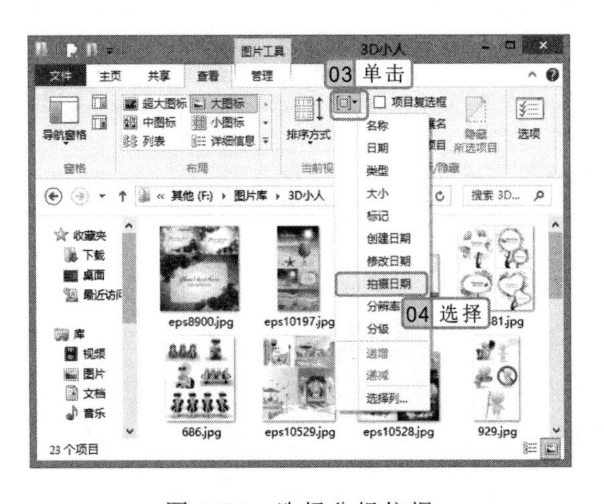

图 4-20　选择分组依据

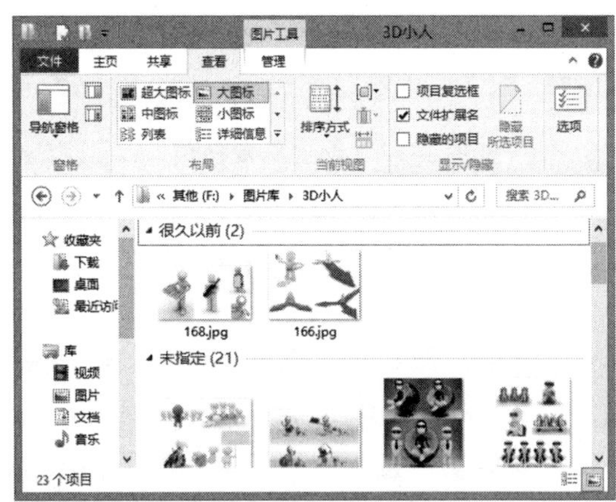

图 4-21　分组的结果

在窗口中的空白区域单击鼠标右键，在弹出的快捷菜单中选择“查看”或“分组依据”命令，在其子菜单中选择相应的选项也可对文件或文件夹进行排序和分组查看。

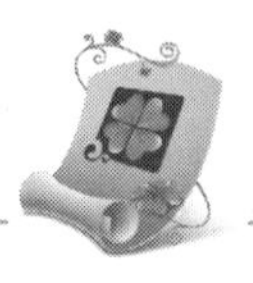

4.3.3 隐藏/显示文件和文件夹

对于电脑中重要的或比较私密的文件和文件夹，用户可以通过设置将其隐藏，待需要查看时，再将其显示出来，从而保证文件和文件夹的安全。

实例 4-3 隐藏和显示“个人照”文件夹

下面先将电脑中的“个人照”文件夹隐藏起来，待查看时，再将其显示出来。

1. 选择电脑中的“个人照”文件夹，选择“查看”/“显示/隐藏”组，单击“隐藏所选项目”按钮，打开“确认属性更改”对话框，选中 ◉ 仅将更改应用于此文件夹 单选按钮，如图 4-22 所示。
2. 单击 确定 按钮应用设置，此时，在文件夹所在的窗口中将看不到隐藏的文件夹“个人照”。
3. 在“查看”/“显示/隐藏”组中选中 ☑ 隐藏的项目 复选框，在该窗口中可看到被隐藏的文件夹将以稍浅的颜色显示，如图 4-23 所示。若想要以正常颜色显示，再次单击“隐藏所选项目”按钮即可。

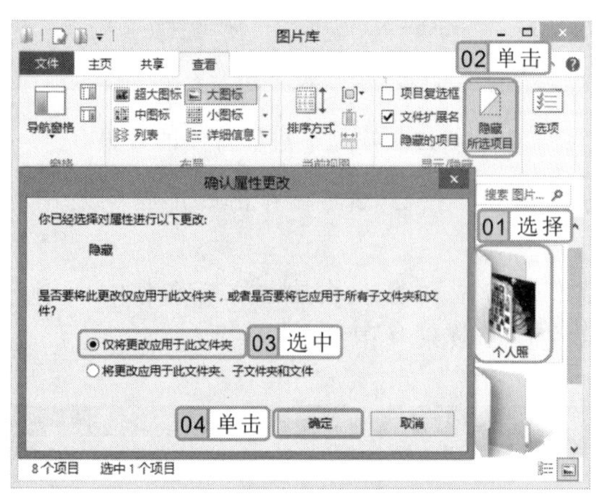

图 4-22 设置隐藏参数

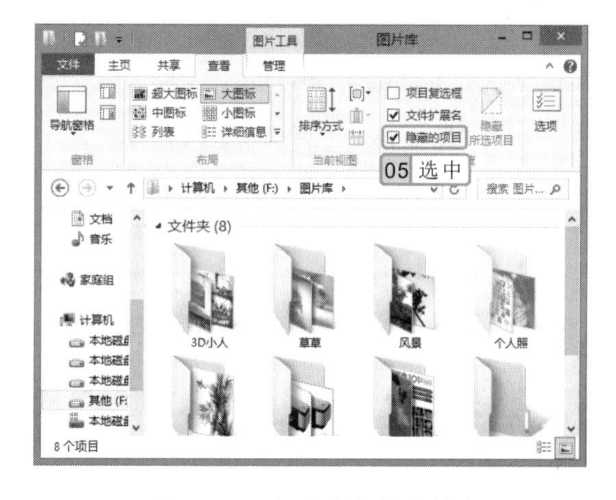

图 4-23 查看隐藏的文件夹

4.3.4 使用搜索功能查找文件

随着时间的推移，电脑中保存的资源会越来越多，如果忘记了某个文件或文件夹的保存位置，可以通过系统提供的搜索功能来快速查找需要的文件或文件夹。其方法是：在“计算机”窗口的“搜索”栏中输入需要搜索文件或文件夹的关键字，在打开的窗口中将显示搜索的结果，如图 4-24 所示为搜索的与“图片”相关的结果。

行家提醒

在搜索文件时，可以输入文件的扩展名进行搜索，如输入“docx”，便可以搜索出所有的 Word 文档文件。

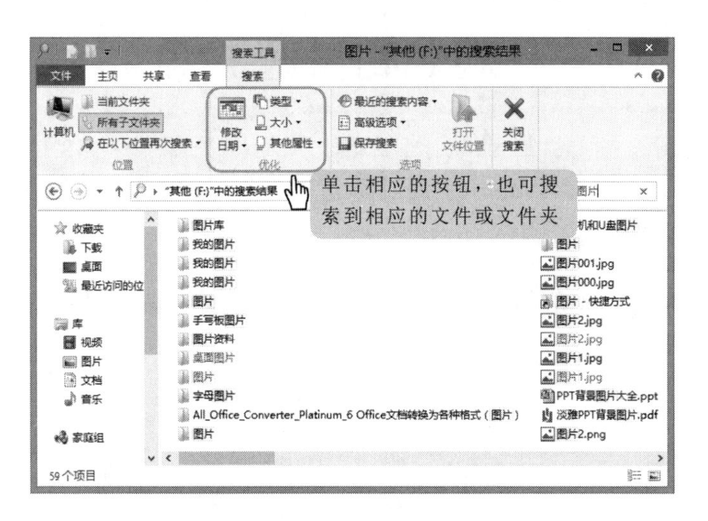

图 4-24　查看搜索的结果

4.3.5　查看文件和文件夹属性

每个文件和文件夹都有其各自的属性，其中包含该文件或文件夹的类型、位置、大小以及创建时间等详细信息，通过查看属性，有助于用户进一步了解该文件，为用户提供参考依据。查看文件和文件夹属性的方法是：在窗口中选择需要查看属性的文件或文件夹，选择“主页”/“打开”组，单击“属性”按钮，在弹出的下拉列表中选择“属性”选项，在打开的对话框中查看文件或文件夹的属性，如图 4-25 所示为打开的文件和文件夹的属性对话框。

图 4-25　查看文件和文件夹属性

在属性对话框中单击 高级(D)... 按钮，在打开的“高级属性”对话框中可对文件或文件夹的存档、索引、压缩和加密等属性进行设置，选中相应属性所对应的复选框可更改文件或文件夹的属性。

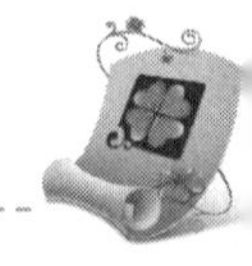

4.4　基础实例——规划和管理 F 盘

本例的主要目的是规划和管理“其他(F:)”盘中的文件和文件夹。先在磁盘中新建一个文件夹，通过移动、删除、重命名等操作管理文件和文件夹，然后设置文件和文件夹的视图方式并进行排序，效果如图 4-26 所示。

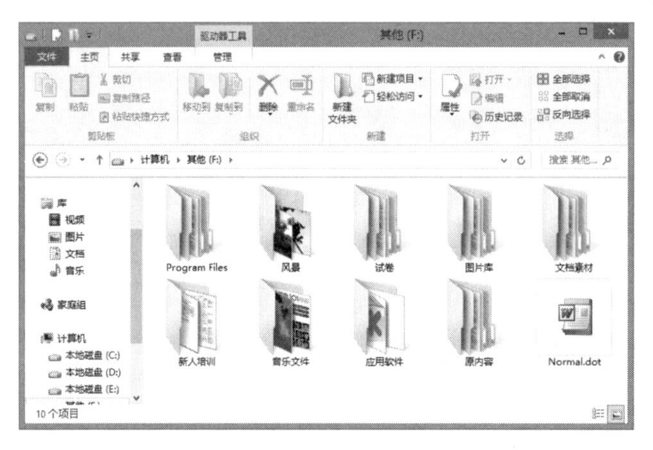

图 4-26　最终效果

4.4.1　操作思路

为更快完成本例的制作，并且尽可能运用本章讲解的知识，本例的操作思路如下。

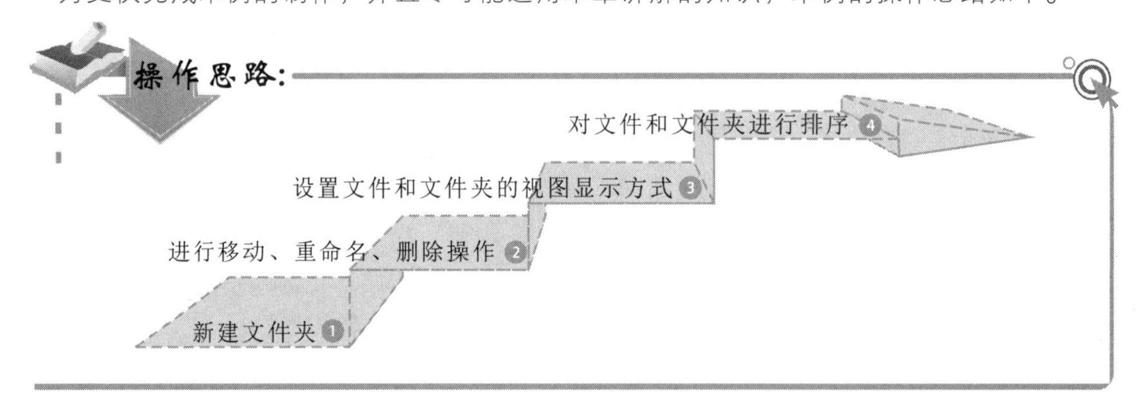

4.4.2　操作步骤

下面介绍对 F 盘中的文件和文件夹进行管理的具体方法，其操作步骤如下：

实例演示\第 4 章\规划和管理 F 盘

1　打开 F 盘，选择“主页”/“新建”组，单击“新建文件夹”按钮，在该盘中新

为文件重命名时注意不要更改其扩展名，因为改变其扩展名可能会导致不能正常打开该文件进行查看。

建一个文件夹，并输入其名称“应用软件”，完成后按 Enter 键。

2 按住 Shift 键在该盘中选择如图 4-27 所示的文件，然后在选择的文件上单击鼠标右键，在弹出的快捷菜单中选择“剪切”命令，如图 4-28 所示。

图 4-27　选择文件

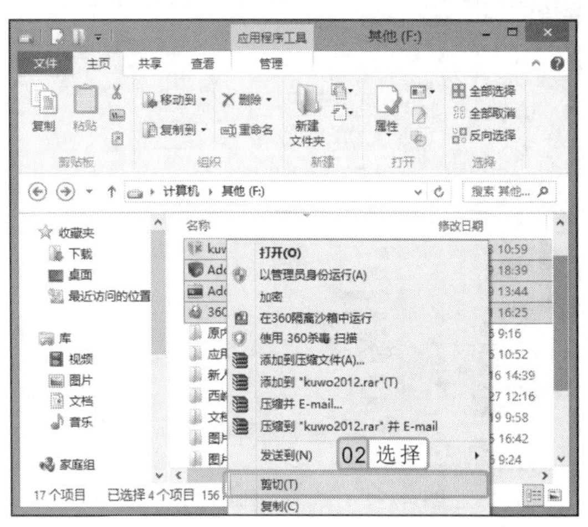

图 4-28　选择“剪切”命令

3 双击“应用软件”文件夹，在打开的窗口中单击鼠标右键，在弹出的快捷菜单中选择“粘贴”命令，粘贴复制的文件，如图 4-29 所示。

4 单击地址栏中的⊖按钮，返回 F 盘中，按住 Ctrl 键，选择“西岭雪山”和“打印机和 U 盘图片”文件夹，将鼠标指针移动到选择的文件夹上，按住鼠标左键不放拖动到“图片库”文件夹图标上释放鼠标，如图 4-30 所示。

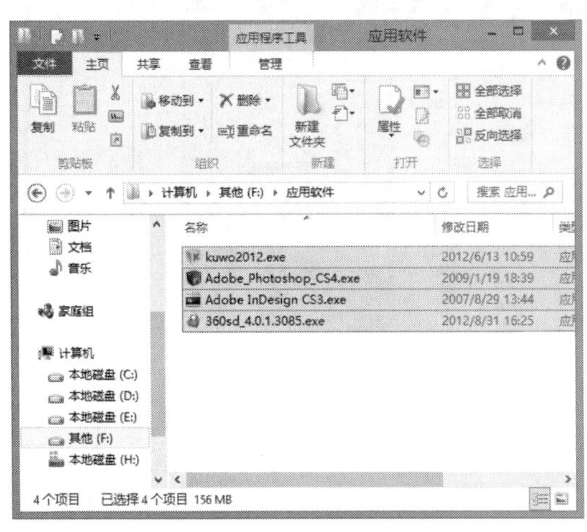

图 4-29　粘贴文件

图 4-30　移动文件夹

5 选择“图片”文件夹，在“主页”/“组织”组中单击“重命名”按钮，此时文件名呈可编辑状态，在其中输入“音乐文件”，然后按 Enter 键。

6 选择 PowerPoint 演示文稿文件，在“主页”/“组织”组中单击“删除”按钮右侧的▾按钮，在弹出的下拉列表中选择“永久删除”选项，如图 4-31 所示。

在窗口地址栏的列表框中显示了各磁盘及其中的文件夹信息，如“计算机 其他(F:) 应用软件”，用鼠标直接单击磁盘或文件夹名称，如“计算机”，即可打开“计算机”窗口。

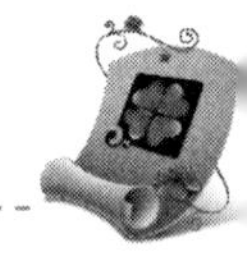

7 打开“删除文件”提示对话框，询问是否永久删除此文件，单击 是(Y) 按钮，如图 4-32 所示。

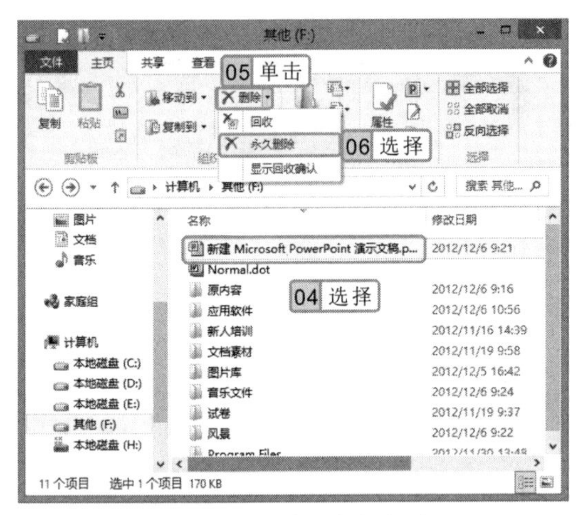

图 4-31　选择删除选项

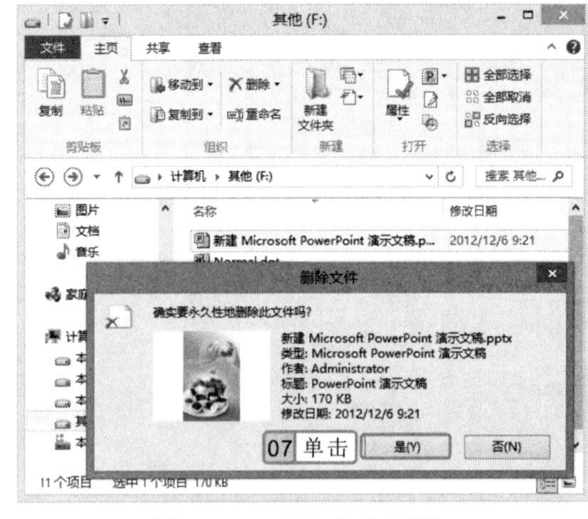

图 4-32　确认永久删除

8 在该盘空白区域单击鼠标右键，在弹出的快捷菜单中选择“查看”/“大图标”命令，如图 4-33 所示，以大图标显示文件和文件夹。

9 选择“查看”/“当前视图”组，单击“排序方式”按钮，在弹出的下拉列表中选择“类型”选项，如图 4-34 所示。

图 4-33　选择视图显示方式

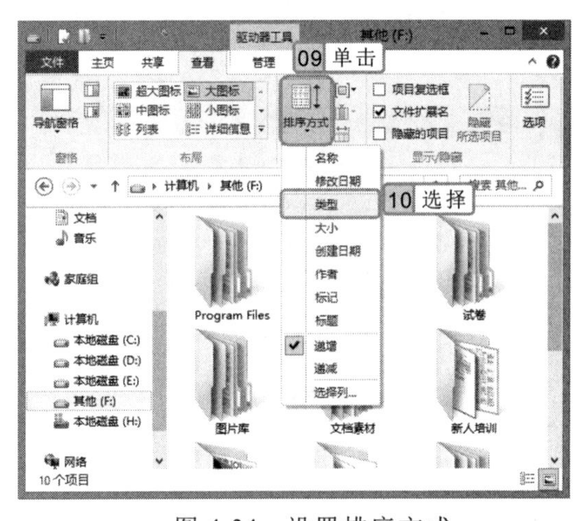

图 4-34　设置排序方式

4.5　基础练习

本章主要介绍了文件和文件夹的管理操作。下面通过两个练习来进一步巩固文件与文件夹的打开、新建、复制、移动、重命名、删除和搜索等操作知识。

在“主页”/“组织”组中的“删除”下拉列表中选择“删除”选项时，默认情况下不会打开提示对话框进行询问。

4.5.1　管理 E 盘中的文件和文件夹

本练习将对 E 盘中的文件和文件夹进行管理。先在 E 盘中创建一个名为“图片文档”的文件夹，然后通过复制、移动、重命名、删除等操作，对盘中相应的文件和文件夹进行分类整理，并放置到相应的文件夹中，最后再对磁盘中的文件和文件夹按“标记”方式进行分组查看，效果如图 4-35 所示。

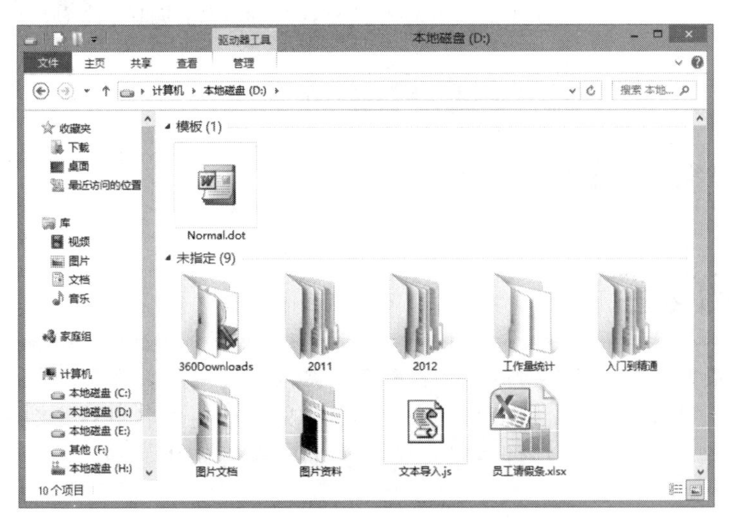

图 4-35　最终效果

实例演示\第 4 章\管理 E 盘中的文件和文件夹

该练习的操作思路如下。

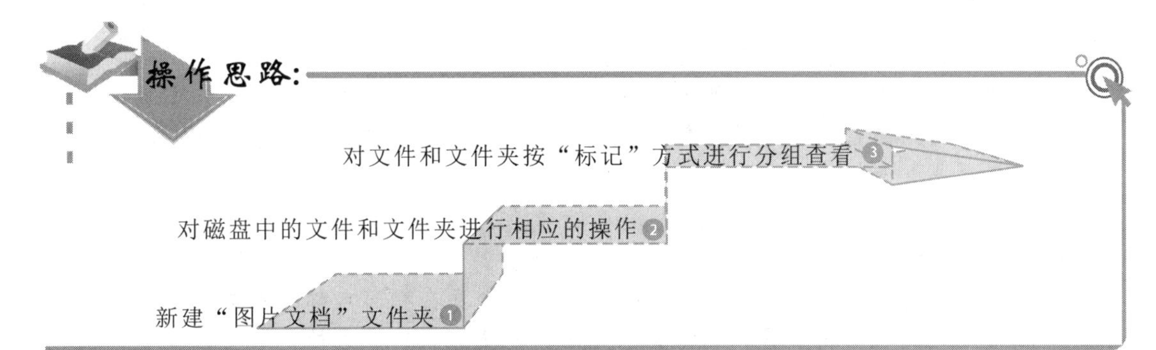

4.5.2　浏览和搜索电脑中的文件

本练习将通过“计算机”窗口查看各个磁盘下的文件内容，并设置以不同的视图方式进行查看，在查看过程中将不需要的文件删除，最后搜索电脑各磁盘中.xlsx 格式的文件。

在某窗口中复制文件时按住 Ctrl 键不放，然后按住鼠标左键不放，拖动要复制的文件至导航窗格中的目标文件夹上释放鼠标，也可完成复制操作。

参见光盘 实例演示\第 4 章\浏览和搜索电脑中的文件

该练习的操作思路如下。

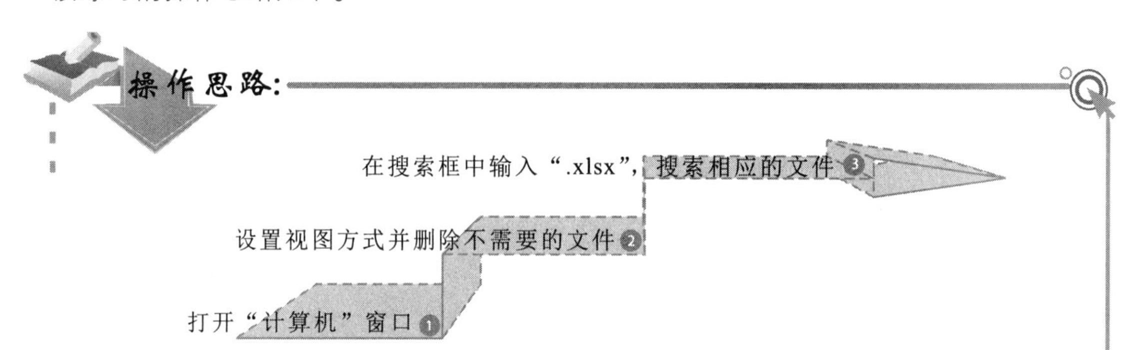

4.6 知识问答

在对电脑中的文件和文件夹进行管理的过程中，难免会遇到一些难题，如删除文件或文件夹时出错、不能对文件或文件名进行重命名等。下面将介绍管理文件和文件夹过程中常见的问题及解决方案。

问：在删除文件夹时弹出“删除文件或文件夹时出错”提示对话框，提示无法删除，怎么办？

答：这是因为该文件夹中某些文件正在使用中，所以不能删除，需要关闭相应的文件或退出相应的程序，再执行删除操作。

问：在查看文件时发现文件没有显示出扩展名，怎么办？

答：默认情况下，文件的扩展名是不显示的，但通过设置可将文件扩展名显示出来，其方法是：在打开的窗口中选择“查看”/“显示/隐藏”组，选中☑文件扩展名复选框，即可将文件的扩展名显示出来。

问：为什么有些文件夹和文件不能进行重命名？

答：出现这种情况应首先检查是否在同一窗口中存在相同名称的文件，然后检查该文件是否正处于使用状态，若是，则需关闭文件才能进行操作。另外，一些系统文件或文件夹也不能进行重命名操作。

问：管理文件时不习惯使用导航窗格，可以将它关闭吗？

答：可以。在打开的窗口中选择“查看”/“窗格”组，单击“导航窗格”按钮，在弹出的下拉列表中选择“导航窗格”选项，即可关闭导航窗格，若再次选择“导航窗格”选项则可显示该导航窗格。

在搜索文件或文件夹时，如记不清该文件的全名，可用星号（*）和问号（？）代替记不清的字符，其中“*”可代表一个或多个字符，“？”只能代表一个字符。

问：对于电脑中重要的文件或文件夹，可以为它们加密吗？

答：可以。在需要加密的文件或文件夹上单击鼠标右键，在弹出的快捷菜单中选择“属性”命令，在打开的对话框中单击 高级(D)... 按钮，打开“高级属性”对话框，选中 ☑加密内容以便保护数据(E) 复选框，单击 确定 按钮，在返回的属性对话框中单击 确定 按钮，在打开的“确认属性更改”对话框中保持默认设置，单击 确定 按钮，系统将对其中的所有文件和文件夹进行加密，并显示加密进度，加密完成后，该文件夹名称和其中的所有文件和文件夹名称都将呈绿色显示。

知识关联　管理文件和文件夹

文件和文件夹是电脑中数据存放和管理的载体，从某种程度上来说，用户操作电脑实际上是对这些文件和文件夹进行操作的过程，所以，要想管理好电脑中丰富的资源，就要牢牢掌握文件和文件夹的各种基本操作方法。

在文件或文件夹属性对话框中选中 ☑隐藏(H) 复选框后，单击 确定 按钮可隐藏该文件或文件夹。

第5章

Windows 附件工具的使用

绘制和编辑图形

使用计算器

自由截图

播放电脑中的媒体文件

在写字板中输入并编辑文本

保存和打开文档

本章导读

Windows 8 继承了 Windows 7 操作系统中提供的多种实用的附件功能，只要在电脑中安装了该操作系统，便可实现看电影、听音乐、编辑简单文档、画图、计算数据等操作。本章将详细介绍 Windows Media Player 媒体播放器、写字板、画图程序、计算器、截图工具和便笺等 Windows 8 操作系统自带的应用程序的操作方法。

5.1 使用 Windows Media Player

Windows Media Player 是 Windows 8 操作系统自带的一款多媒体播放器，不仅可以播放各种格式的音乐文件，还可以播放 VCD 和 DVD 电影。下面将进行具体讲解。

5.1.1 认识 Windows Media Player 工作界面

在“开始”屏幕空白区域单击鼠标右键，在弹出的快捷工具栏中单击“所有应用”按钮，在“应用”面板中单击 Windows Media Player 磁贴，即可启动 Windows Media Player 程序，打开如图 5-1 所示的工作界面，该工作界面主要由标题栏、工具栏、导航窗格、显示区、列表信息区和播放控制按钮区等部分组成。

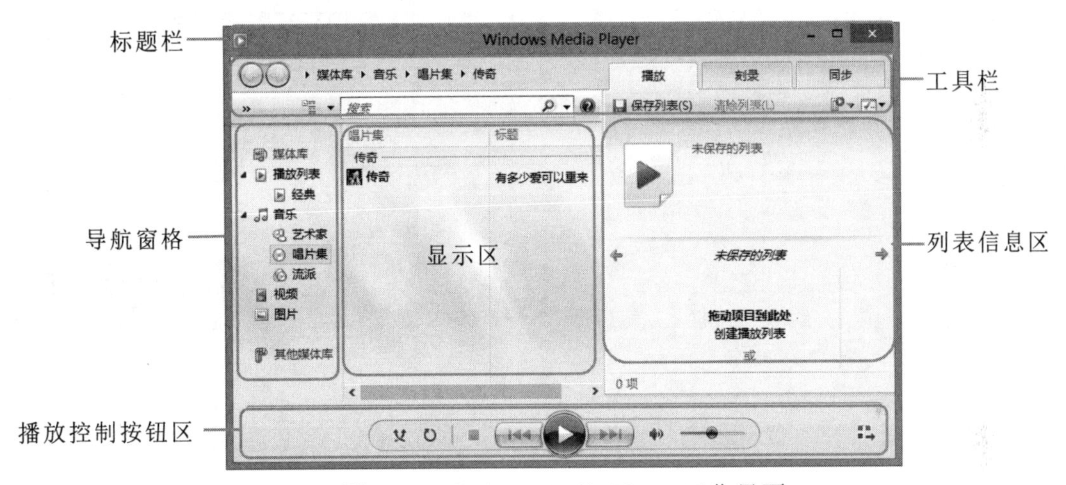

图 5-1　Windows Media Player 工作界面

该工作界面中各组成部分的作用介绍如下。

- **标题栏**：用于显示播放器的窗口名称。
- **工具栏**：其中包含各种工具按钮、切换按钮和下拉菜单，可用于当前窗口操作、窗口切换操作以及对文件的搜索操作等。
- **导航窗格**：用于切换显示媒体信息类别。
- **显示区**：用于显示当前媒体类别的详细信息，并对这些信息进行管理以及部分操作。
- **列表信息区**：用于显示播放对象的列表，双击不同的列表选项可切换到不同的播放内容。
- **播放控制按钮区**：用于控制音乐或电影播放的按钮集合，其用法和作用与生活中的录音机以及随身听等相似。

第一次使用 Windows Media Player 时，首先打开的是一个对话框，在对话框中选中 ◉推荐设置(R) 单选按钮，单击 完成(F) 按钮后才能启动 Windows Media Player。

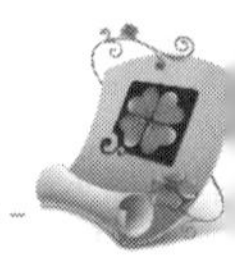

5.1.2 播放电脑中的媒体文件

使用 Windows Media Player 可以播放存储在电脑磁盘中的音乐和视频媒体文件，这对于无法上网的用户非常方便。

实例 5-1 播放电脑中保存的视频文件

下面使用 Windows Media Player 播放保存在 F 盘中的视频文件“神奇的九寨沟.wmv”。

1. 启动 Windows Media Player，打开其工作界面，在工具栏空白区域单击鼠标右键，在弹出的快捷菜单中选择“文件”/“打开”命令，如图 5-2 所示。
2. 在打开的“打开”对话框地址栏的下拉列表框中选择视频保存的位置，在中间列表框中选择需要打开的视频文件，这里选择“神奇的九寨沟.wmv”，单击 打开(O) 按钮，如图 5-3 所示。

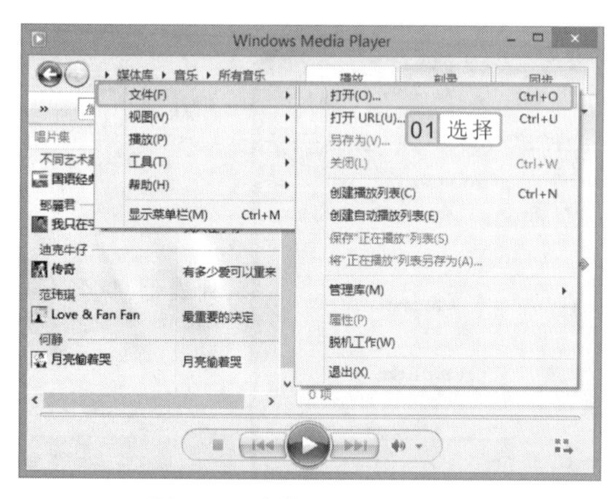

图 5-2 选择“打开”命令

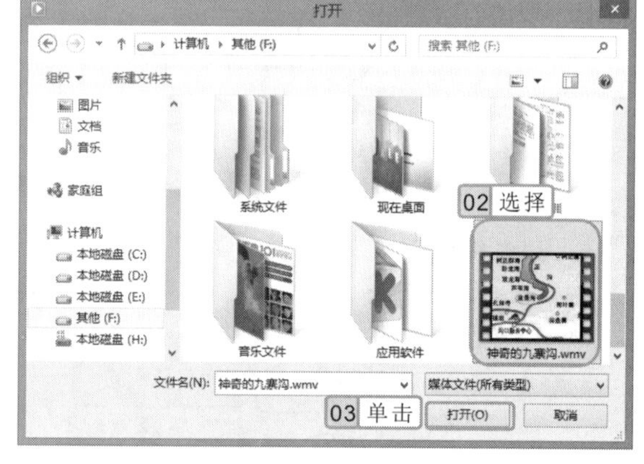

图 5-3 选择视频文件

3. 此时，Windows Media Player 开始播放视频文件，如图 5-4 所示。

图 5-4 播放视频

用户也可将保存在电脑中的音频和视频文件分别放到电脑媒体库的“音乐”和“视频”文件夹中，这样在 Windows Media Player 的媒体库中将会显示添加到电脑媒体库中的音频和视频文件。

5.1.3 播放 DVD/VCD 和音乐 CD

Windows Media Player 支持多种视频文件格式，如 VCD、DVD、.avi、.mov、.mpeg、.wmv 和.rm 等，利用它可以播放各种视频文件。

实例 5-2 播放 VCD 光盘中的“视频曲目 2”文件

下面使用 Windows Media Player 播放 VCD 光盘中的音乐。

1. 按主机箱上的光驱按钮，弹出电脑光驱，将光盘正确放入光驱后再次按下光驱关闭光驱。
2. 进入“开始”屏幕，在空白区域单击鼠标右键，在弹出的快捷工具栏中单击“所有应用”按钮。
3. 在打开的面板的“Windows 附件”栏中单击 Windows Media Player 磁贴，启动 Windows Media Player。
4. 在 Windows Media Player 工作界面的导航窗格中选择“未知 VCD(H:)”选项，在显示区中双击“视频曲目 2”选项，如图 5-5 所示。
5. Windows Media Player 将开始播放选择的曲目，如图 5-6 所示。

图 5-5 选择视频曲目

图 5-6 播放音乐

5.2 使用写字板

写字板是系统自带的文字编辑和排版工具，在该程序中可以实现文字输入与编辑、文字格式的设置和插入图片等操作。下面详细介绍使用写字板处理文字的方法。

使用 Windows Media Player 播放音乐或视频时，单击按钮可暂停播放，当其变为按钮时，单击可继续播放。

5.2.1 认识写字板

启动写字板与启动 Windows Media Player 程序的方法一样，在“应用”面板中的“Windows 附件”栏中单击“写字板”磁贴，即可启动写字板程序，打开如图 5-7 所示的工作界面，该工作界面由标题栏、功能区、标尺、文档编辑区和缩放栏 5 个部分组成。

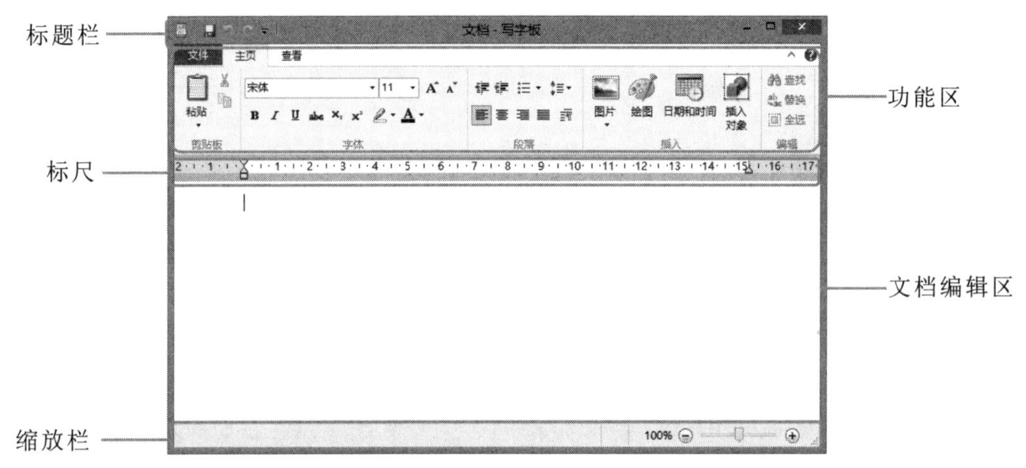

图 5-7 认识写字板工作界面

各组成部分的作用分别介绍如下。

- **标题栏**：用于显示当前文档的名称，其左侧显示了常用的“保存”按钮，“撤销”按钮和“恢复”按钮，右侧显示了控制窗口大小的“最小化”按钮、“最大化”按钮和“关闭”按钮。
- **功能区**：由文件按钮、“主页”选项卡和“查看”选项卡组成，单击文件按钮，在弹出的下拉菜单中选择相应命令可进行各种文档管理操作，包括新建、打开、保存、关闭等；“主页”选项卡中主要集合了各种文字编辑的选项；“查看”选项卡中则集合了查看文档的各种工具。
- **标尺**：用于显示文本的宽度和控制文字在文档编辑区中的缩进位置。
- **文档编辑区**：用于显示、输入和编辑文本，在该区域中有一个闪烁的竖线，此线即为文本插入点，通过它可定位输入和编辑文本的位置。
- **缩放栏**：右侧显示了当前文档编辑区的显示比例，拖动滑块可以调整显示比例。

5.2.2 输入并编辑文本

认识了写字板各组成部分的作用后，就可在其中输入文字了。若输入的文字格式不能满足用户的需要，还可对其进行编辑，如设置文本字体格式和段落格式等。下面将详细介绍在写字板中输入与编辑文本的方法。

写字板的使用方法与后面介绍的 Word 文字处理程序比较相似，Word 主要用于制作比较专业的各种办公文档，如报告、通知、简介等，而写字板主要用于记事和编辑简单的文档。

实例 5-3　输入并编辑古诗

下面在写字板程序中输入古诗“春望”，然后通过功能区对输入古诗的字体、字号、字体颜色和对齐方式等进行设置。

光盘\效果\第 5 章\古诗.rtf

1. 启动写字板程序，在文本插入点处输入标题“春望”，按多次空格键，然后输入诗人“杜甫”。
2. 按 Enter 键换行，在文本插入点处输入第一句“国破山河在，城春草木深。”，如图 5-8 所示。
3. 按 Enter 键换行，然后使用相同的方法，输入古诗的其他几句，效果如图 5-9 所示。

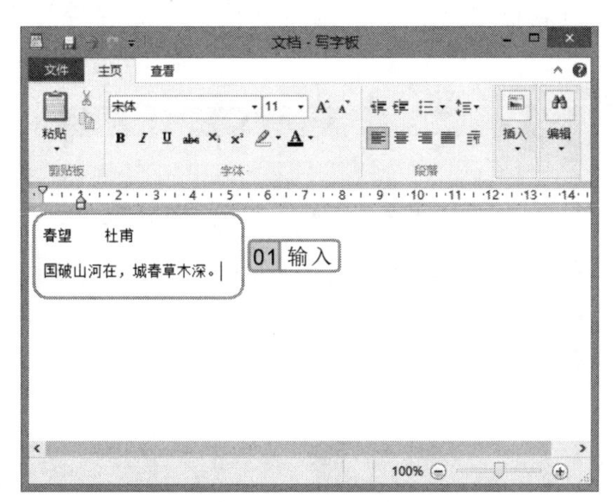

图 5-8　输入古诗第一句

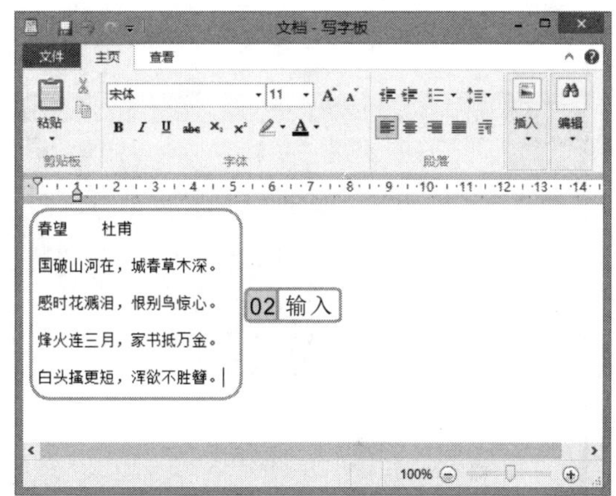

图 5-9　输入的古诗效果

4. 将文本插入点定位到“春”前面，拖动鼠标选择所有的文本后释放鼠标，选择“主页”/“段落”组，单击“居中”按钮，使所有文本居中显示在编辑区中，如图 5-10 所示。
5. 拖动鼠标选择标题，在“主页”/“字体”组中单击“字体”下拉列表框右侧的按钮，在弹出的下拉列表中选择“方正准圆简体”选项，如图 5-11 所示。
6. 选择文本“春望”，在“主页”/“字体”组中单击“字号”下拉列表框右侧的按钮，在弹出的下拉列表中选择“16”选项。
7. 选择除标题外的所有诗句，在“字号”下拉列表框中选择“12”选项，保持诗句的选择状态，在“主页”/“字体”组中单击“文本颜色”按钮 A 右侧的按钮，在弹出的下拉列表中选择“鲜紫”选项，如图 5-12 所示。

如果想快速选择某段文本，可将鼠标指针移至该段文本的开始处，连续单击 3 次，即可选择该段文本。

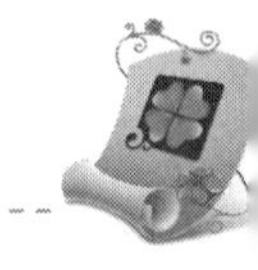

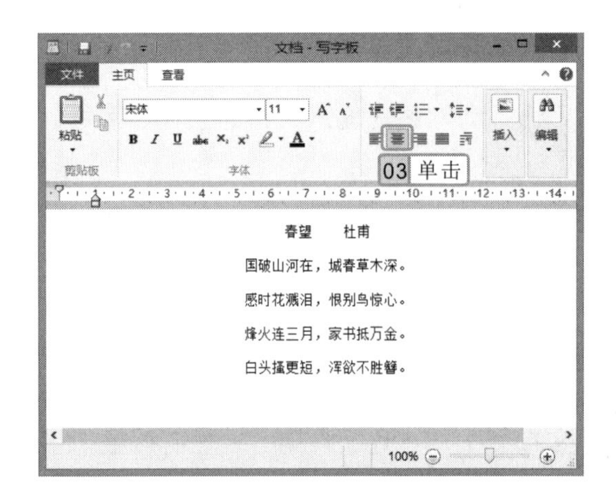

图 5-10　设置居中对齐

图 5-11　设置文本字体

8 选择标题文本，在“文本颜色”下拉列表框中选择“鲜红”选项，完成古诗的输入与编辑，其效果如图 5-13 所示。

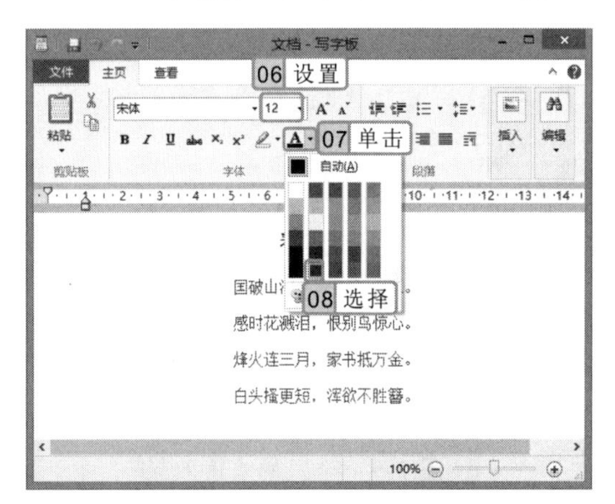

图 5-12　设置诗句文本颜色

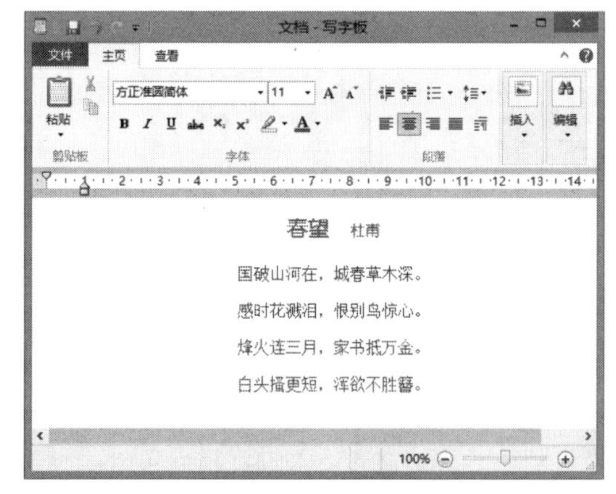

图 5-13　最终效果

5.2.3　保存和打开文档

文档编辑完成后可将其保存到电脑中，以便需要时打开查看，下面介绍保存和打开文档的方法。

1. 保存文档

在编辑文本的过程中，也需要对文档进行保存，以免丢失文档中的内容。保存文档的方法主要有以下几种：

- 在打开的文档中单击 文件 按钮，在弹出的下拉列表中选择“另存为”选项进行保存。

对于已保存过的文档，在编辑完成后执行保存操作，将直接保存在原位置，而不会打开“保存为”对话框。

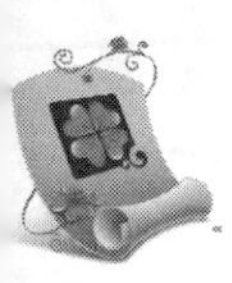

- 在打开的文档中单击标题栏中的“保存”按钮，或按 Ctrl+S 键进行保存。

若是第一次保存该文档，执行以上保存操作后，都将打开如图 5-14 所示的“保存为”对话框，在其中可通过地址栏或左侧的导航窗格选择文档的保存位置，在“文件名”文本框中可设置文档的保存名称，完成后单击 保存(S) 按钮即可。

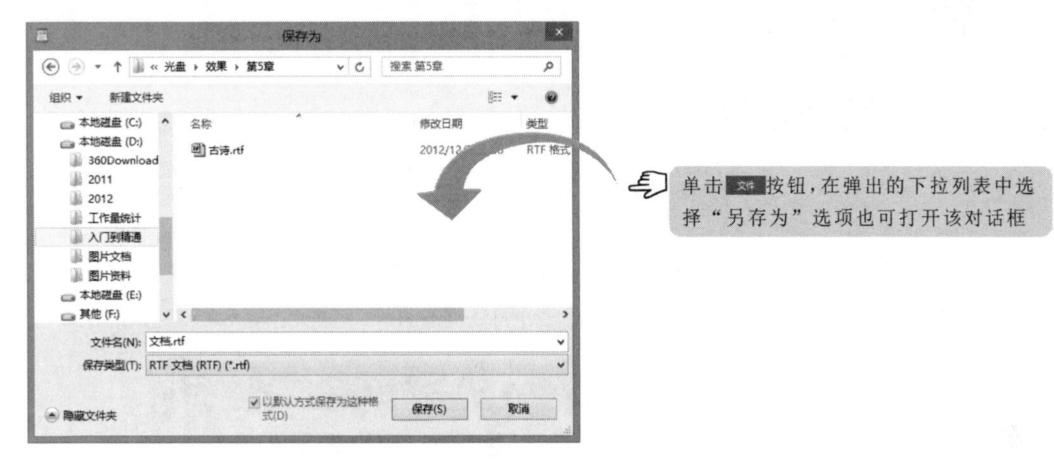

图 5-14　“保存为”对话框

2. 打开文档

要对由写字板程序制作的文档进行查看与编辑，都需要先打开该文档。打开文档的方法主要有以下两种。

- **通过快捷菜单打开**：在电脑中找到要打开文档所在的文件夹，选择需要打开的文档，并在其上单击鼠标右键，在弹出的快捷菜单中选择“打开方式”/“写字板”命令，如图 5-15 所示，即可启动写字板程序，并打开选择的文档。
- **通过对话框打开**：在写字板中单击 文件 按钮，在弹出的下拉列表中选择“打开”选项，在打开的对话框中选择要打开的文档，单击 打开(O) 按钮，如图 5-16 所示。

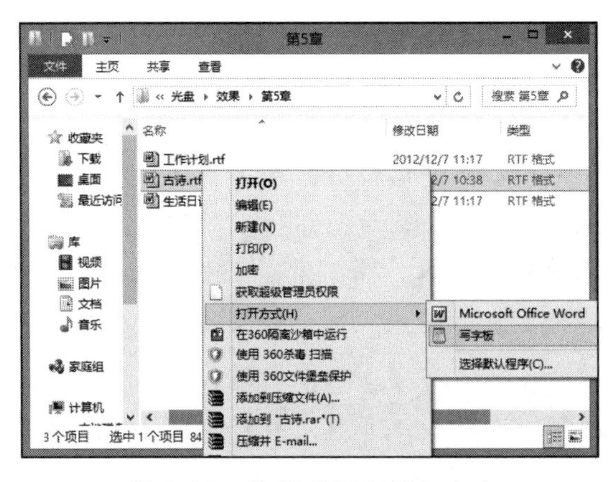

图 5-15　选择“写字板”命令

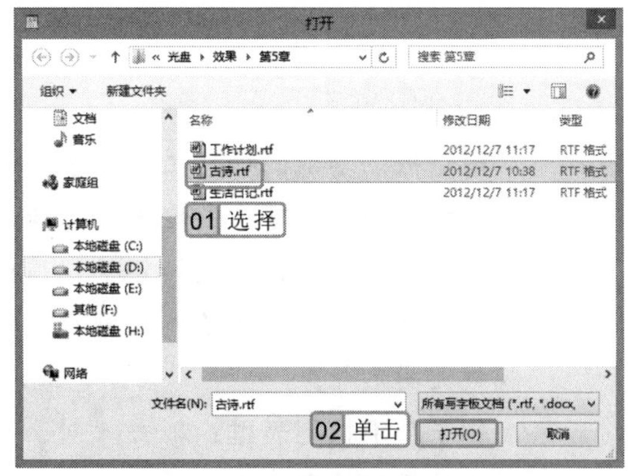

图 5-16　“打开”对话框

在电脑中找到需要打开的文档后，双击文档可打开该文档，但若电脑中的其他程序也能打开该格式的文档，双击文档后可能不是以写字板程序打开的，而是以其他程序打开的。

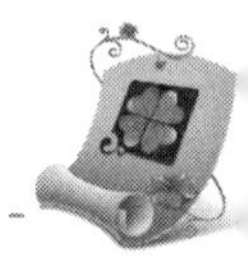

5.3 使用画图程序

系统自带的画图程序是电脑中最简单、最易学的绘画程序，使用它不仅可以绘制各种基本图形，而且可利用各种样式的笔刷，使绘制的图形更加生动。下面将介绍画图程序的使用方法。

5.3.1 认识画图程序

启动画图程序与启动写字板程序一样，在“应用”面板中的“Windows 附件”栏中单击“画图”磁贴应用，即可打开如图 5-17 所示的工作界面，该工作界面主要由标题栏、功能区、画布区域和状态栏 4 个部分组成。其中，标题栏的作用与写字板程序的标题栏作用相同；画布区域即为绘图区；状态栏可显示当前画布大小，并能控制画布显示比例。

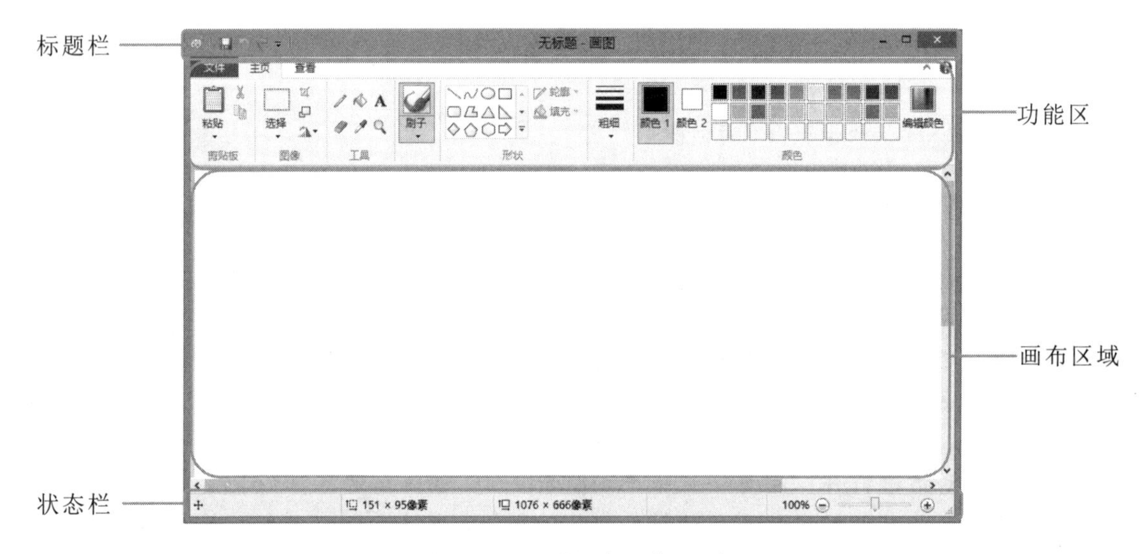

图 5-17　画图程序工作界面

使用画图程序时，主要是通过“主页”选项卡中的选项进行绘制和编辑的，该选项卡中各组的作用介绍如下。

- **“剪贴板”功能面板**：主要用于对选择的图形对象进行移动或复制操作。
- **“图像”功能面板**：主要用于选择、剪切、缩放、旋转和翻转图形对象。
- **“工具”功能面板**：包括铅笔、用颜色填充、文本、橡皮擦、颜色选取器和放大镜等工具，分别用于绘制任意线条、填充颜色、输入文本、擦除图形、吸取颜色和放大图形等。
- **“刷子”下拉列表框**：单击“刷子”按钮下方的 ▾ 按钮，在弹出的下拉列表中可选择各种笔刷样式。

若画图程序的窗口在打开时未呈最大化显示，有时不会显示完所有的工具按钮或其他设置选项，此时将窗口最大化即可显示。

- **“形状”功能面板**：在其中可选择各种需绘制的图形，并可对该图形的轮廓和填充样式进行设置。
- **“粗细”下拉列表框**：单击“粗细”按钮☰下方的 ▾ 按钮，在弹出的下拉列表中可选择绘图线条的粗细样式。
- **“颜色”功能面板**：在其中可选择绘制图形的颜色，其中“颜色 1”按钮■表示前景色，“颜色 2”按钮□表示背景色。

5.3.2 使用画图程序绘制和编辑图形

认识了画图程序工作界面中各部分的作用后，就可使用它绘制图形了，绘制好后，还可以对图形进行相应的编辑，使其更加美观。

实例 5-4 在画图程序中绘制显示器

下面将在画图程序中绘制电脑显示器，然后对绘制的图形进行编辑、美化。

参见光盘 光盘\效果\第 5 章\电脑显示器.rtf

1. 启动画图程序，在其工作界面“主页”选项卡中单击“形状”按钮下方的 ▾ 按钮，在弹出的下拉列表中选择需要绘制的形状，这里选择□选项，如图 5-18 所示。
2. 单击“粗细”按钮☰下方的 ▾ 按钮，在弹出的下拉列表中选择线条粗细样式，如图 5-19 所示。

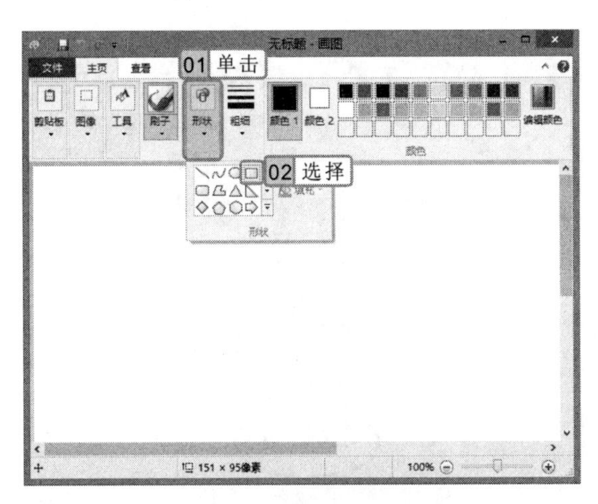

图 5-18 选择绘制的形状

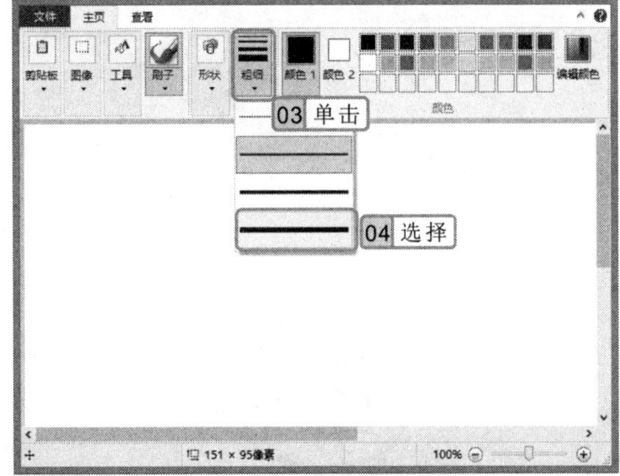

图 5-19 选择线条粗细样式

3. 将鼠标指针移动到绘图区，当鼠标指针变成 -¦- 形状时，按住鼠标左键不放进行拖动，绘制一个矩形，如图 5-20 所示。
4. 拖动鼠标在绘制的矩形下面再次绘制一个小矩形，接着在“形状”下拉列表中选

在绘制图形时可以设置图形的边框线和填充颜色，方法是在“颜色”组中分别单击“颜色 1”和“颜色 2”按钮，然后在调色板中选择轮廓线颜色和填充色。

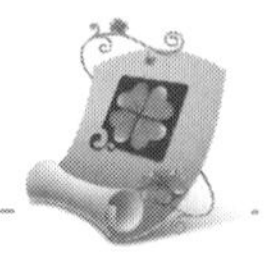

择◯选项，然后拖动鼠标再在绘图区中绘制一个椭圆形，效果如图 5-21 所示。

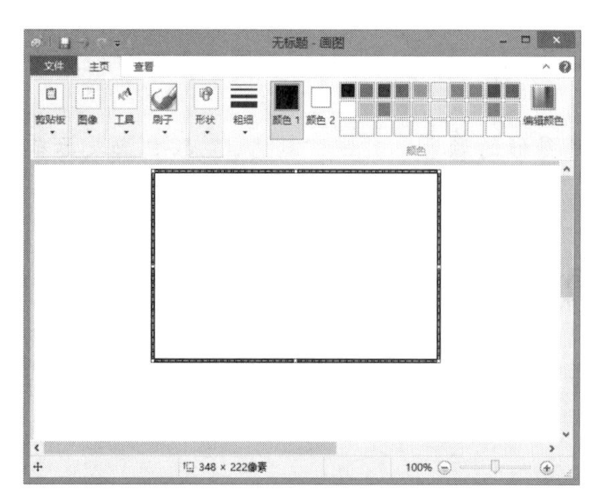

图 5-20 绘制矩形

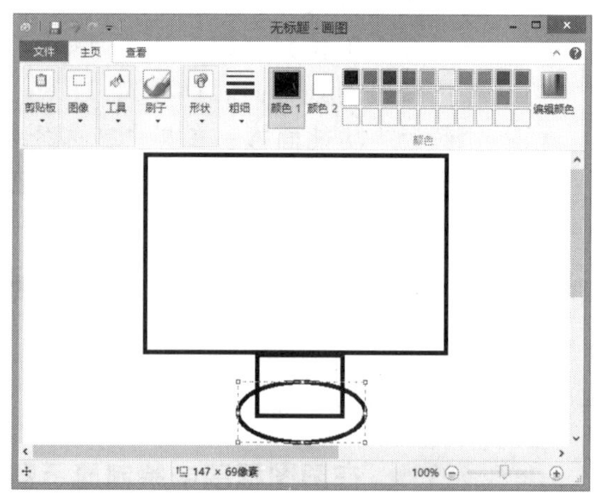

图 5-21 绘制椭圆形

5 保持椭圆的选择状态，将鼠标光标移动到椭圆形的控制点上进行拖动，合理调整椭圆的大小，然后单击“工具”按钮下方的 ▾ 按钮，在弹出的下拉列表中选择“橡皮擦”选项，如图 5-22 所示。

6 此时，鼠标指针变成□形状，拖动鼠标擦除矩形与椭圆重合的线条，然后先在“颜色”组中单击■色块，将前景色填充为“灰色-50%”，再在“工具”下拉列表框中选择“用颜色填充”选项。

7 此时，鼠标指针变成形状，将鼠标指针拖动到大矩形中单击，即可将矩形填充为灰色，如图 5-23 所示。

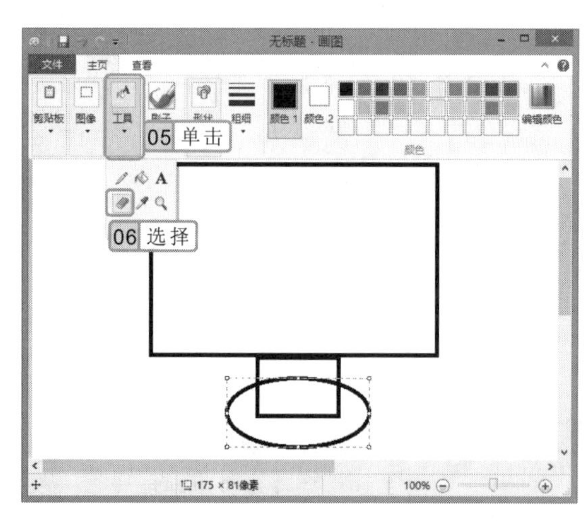

图 5-22 选择“橡皮擦”工具

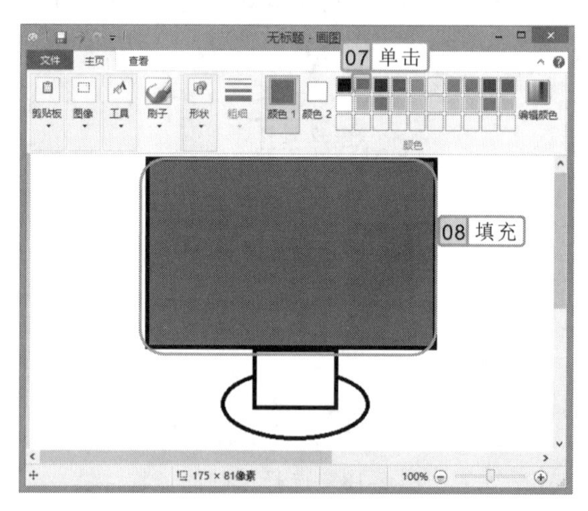

图 5-23 填充矩形颜色

8 使用相同的方法，将小矩形和椭圆形都填充为灰色，完成电脑显示器的绘制与编辑，其效果如图 5-24 所示。

在画图程序中，使用“文本”工具 A 可输入文本，并且还能对文本进行相应的编辑。

9　单击 文件 按钮，在弹出的下拉列表中选择“保存”选项，打开“保存为”对话框，在地址栏中设置保存位置，在“文件名”文本框中输入“电脑显示器.png”，单击 保存(S) 按钮进行保存，如图 5-25 所示。

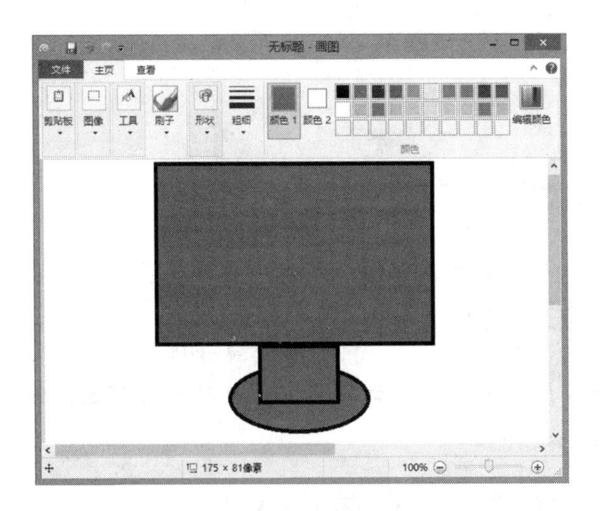

图 5-24　绘制与编辑后的效果

图 5-25　保存图形

5.4　使用其他辅助工具

Windows 8 操作系统还提供了计算器、截图工具、便笺等常用的辅助工具，这些辅助工具使用方法简单，功能也比较实用。下面进行详细讲解。

5.4.1　使用计算器

计算器程序提供了标准型、科学型、程序员和统计信息 4 种类型的计算器，使用不同类型的计算器，可以帮助用户快速计算各种类型的数据。下面分别对这 4 种类型计算器的作用进行介绍。

- **标准型计算器**：是计算器程序默认的计算方式，也是最常用的，通过它可以完成基本的加减乘除四则混合运算和数据存储等工作。标准型计算器与现实中计算器的使用方法基本相同，单击操作界面中相应的数字和运算符按钮即可计算出运算结果，如图 5-26 所示。
- **科学型计算器**：选择“查看”/“科学型”命令，可将标准型计算器转换为科学型计算器，在该窗口中可计算数学上的 sin、cos、tan 等三角函数，也可进行平方和平方根等复杂的计算，如图 5-27 所示。

启动计算器程序后，按 Alt+2 键可切换到科学型计算器；按 Alt+3 键可切换到程序员计算器；按 Alt+4 键可切换到统计信息计算器；按 Alt+1 键可切换到标准型计算器。

图 5-26　标准型计算器

图 5-27　科学型计算器

- **程序员计算器**：选择“查看”/“程序员”命令，可切换到程序员计算器窗口，在该窗口中可对数字进行进制转换等计算，如图 5-28 所示。
- **统计信息计算器**：选择“查看”/“统计信息”命令，可切换到统计信息计算器窗口，单击Add按钮，将需进行统计的数据同时输入到计算器中，然后利用其他按钮进行求和、求平均值等计算，如图 5-29 所示。

图 5-28　程序员计算器

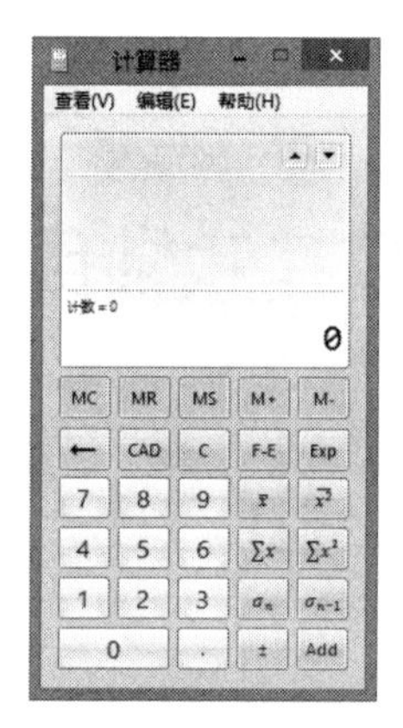

图 5-29　统计信息计算器

5.4.2　使用截图工具

截图工具是系统中非常实用的一个附件工具，使用它可快速、精确地将桌面上显示的图像截取下来并保存为图片文件，以便于在其他应用程序中使用。截图工具中提供了任意格式截图、矩形截图、窗口截图和全屏幕截图 4 种截图方式，它们的操作方法都相同，启动截图工具后，单击“新建”按钮右侧的按钮，在弹出的下拉列表中选择截图方式，然后拖动鼠标截取图片，并对截取的图片进行保存即可。

实例 5-5　将截取的图片以“矢量图”为名进行保存

下面使用矩形截图方式截取 Photoshop CS4 程序中打开的图片，并将其以“矢量图”为名保存在电脑中。

在“截图工具”窗口中，还可使用“笔”和“荧光笔”工具在截取的图片上写字或画图等。

光盘\效果\第 5 章\矢量图.png

1. 启动 Photoshop CS4 程序，并打开需要截取的图片，然后在“开始”屏幕空白区域单击鼠标右键，在弹出的快捷工具栏中单击“所有应用”按钮，在打开面板的“Windows 附件”栏中单击“截图工具”磁贴。
2. 打开“截图工具”窗口，单击“新建”按钮右侧的按钮，在弹出的下拉列表中选择“矩形截图”选项，如图 5-30 所示。
3. 此时，鼠标指针变成形状，将鼠标指针移到所需截图的位置，按住鼠标左键不放拖动鼠标，被选中的区域将呈白色半透明效果显示，选择框呈红色实线显示，如图 5-31 所示。

图 5-30 选择截图方式

图 5-31 拖动鼠标截图

4. 释放鼠标完成截图，打开“截图工具”窗口，显示截取的图形部分，如图 5-32 所示。
5. 单击按钮，打开“另存为”对话框，在地址栏中选择保存位置，在“文件名”下拉列表框中输入图片名称“矢量图”，在“保存类型”下拉列表框中选择保存图片文件的类型，单击 保存(S) 按钮即可，如图 5-33 所示。

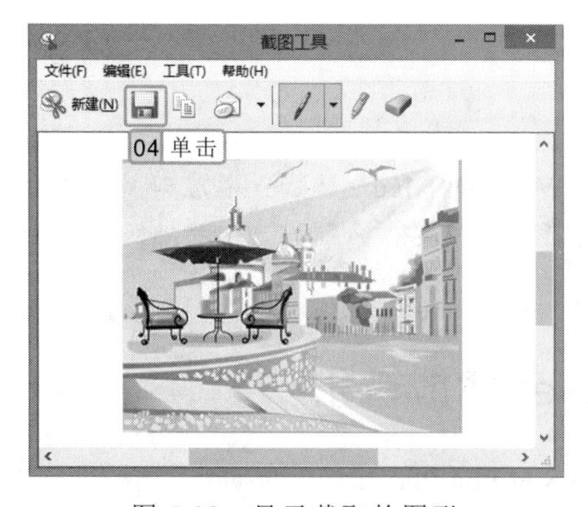

图 5-32 显示截取的图形

图 5-33 设置保存参数

选择截图方式后，若想取消截图，可单击“截图工具”窗口中的“取消”按钮。

5.4.3 使用便笺

使用 Windows 8 操作系统提供的便笺程序，可以将一些容易忘记的信息或事情记录下来，并显示在桌面上，起到提醒作用。在便笺中，用户不仅可以随时输入信息，还可将不需要的信息删除。

实例 5-6 在桌面创建便笺并输入信息

下面启动便笺程序，在便笺中输入要记录的信息，然后新建一个便笺，输入相应的信息，最后将不需要的便笺删除。

1. 在“开始”屏幕空白区域单击鼠标右键，在弹出的快捷工具栏中单击“所有应用”按钮，在打开面板的“Windows 附件”栏中单击“便笺”磁贴。
2. 启动便笺程序，即可在桌面右上角显示出便笺条，在文本插入点处输入便笺信息，如图 5-34 所示。
3. 按 Enter 键换行，在文本插入点继续输入其他便笺信息，然后单击便笺左上角的“新建便笺”按钮 +，新建一个便笺，并输入相应的便笺信息，如图 5-35 所示。
4. 选择新建的便笺，单击右上角的“删除便笺”按钮 ×，在打开的提示对话框中单击 是(Y) 按钮，删除便笺，如图 5-36 所示。

图 5-34 输入便笺内容

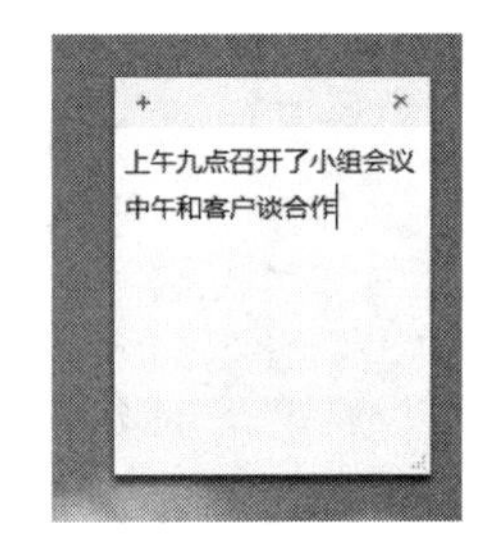

图 5-35 新建便笺并输入内容

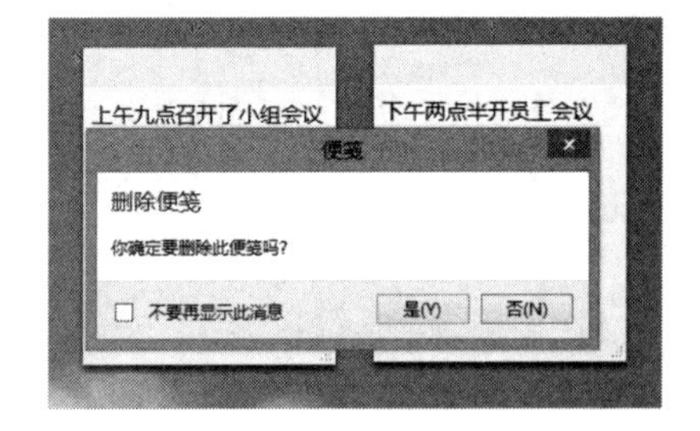

图 5-36 删除便笺

5.5 基础实例

本章的两个基础实例将分别使用 Windows Media Player 播放电脑中保存的音乐和使用写字板程序制作“图书借阅制度”文档，进一步熟练 Windows Media Player 和写字板的使用。

5.5.1 使用 Windows Media Player 播放音乐

本例将把保存在电脑中的音乐添加到 Windows Media Player 中，并进行播放。

关闭便笺程序后，桌面上显示的便笺信息也将被关闭，但再次启动便笺程序，记录在便笺中的信息也将再次显示在桌面。

1. 操作思路

为更快完成本例的制作，并尽可能运用本章所讲知识，现将本例的操作思路介绍如下。

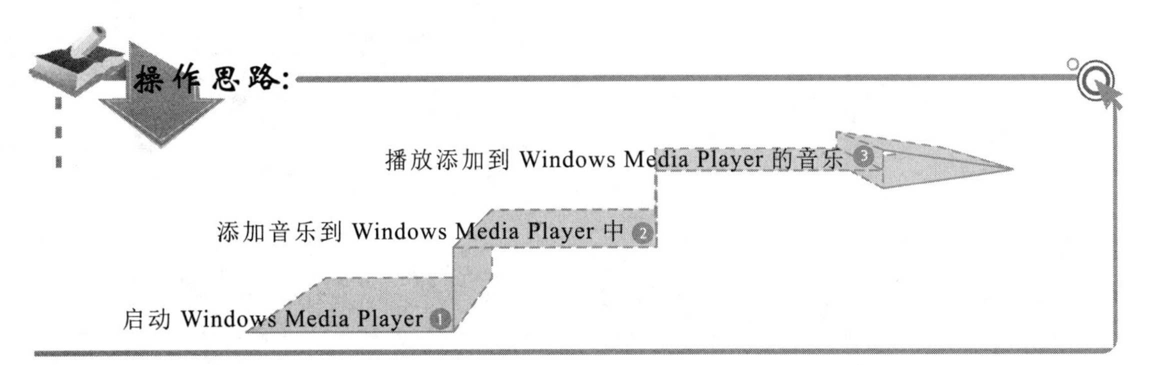

2. 操作步骤

下面在 Windows Media Player 中添加和播放音乐，其操作步骤如下：

光盘\实例演示\第 5 章\使用 Windows Media Player 播放音乐

1. 启动 Windows Media Player 程序，然后在 F 盘中找到并打开保存音乐的文件夹，按 Ctrl+A 键选择该文件夹中的所有文件，接着按 Ctrl+C 键进行复制。
2. 在窗口导航窗格中“库”选项的子选项中选择“音乐”选项，如图 5-37 所示。
3. 在打开的窗口空白区域单击鼠标右键，在弹出的快捷菜单中选择“粘贴”命令，将复制的音乐文件粘贴到音乐库中，然后关闭该窗口。
4. 切换到 Windows Media Player 程序，单击媒体库按钮后的▸按钮，在弹出的下拉列表中选择“音乐”选项，如图 5-38 所示。

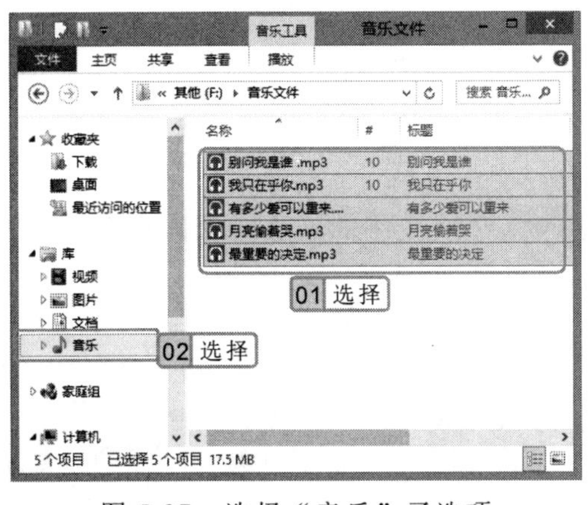

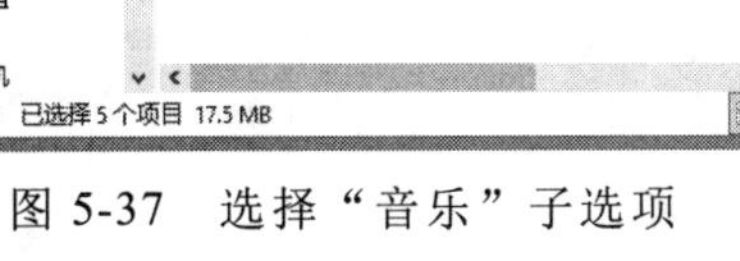

图 5-37　选择“音乐”子选项

图 5-38　选择“音乐”选项

5. 在窗口显示区的“主要视图”栏中双击“所有音乐”选项，如图 5-39 所示。
6. 在显示区中将显示添加到音乐库中的所有音乐文件，双击需要播放的音乐文件，

在 Windows Media Player 工作界面中选择需要搜索的类型后，在“搜索”文本框中输入关键字，也可进行搜索。

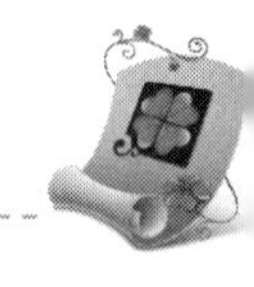

即可进行播放，如图 5-40 所示。

图 5-39　双击“所有音乐”选项

图 5-40　播放音乐

5.5.2　制作“图书借阅制度”文档

本例将利用写字板程序制作“图书借阅制度”文档，其中涉及文字的输入、字体和段落格式的设置以及文档的保存和退出等操作，最终效果如图 5-41 所示。

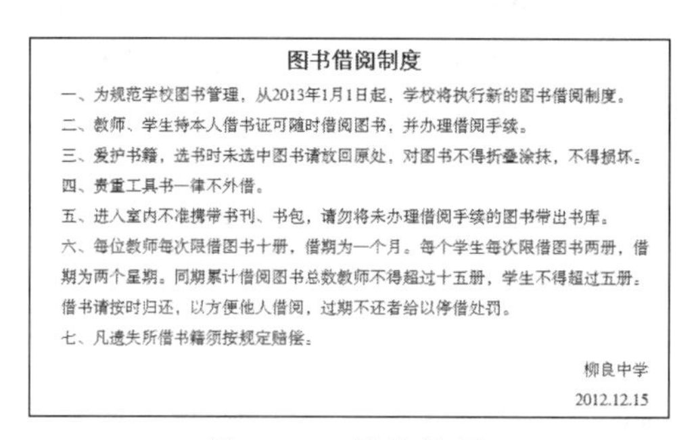

图书借阅制度

一、为规范学校图书管理，从2013年1月1日起，学校将执行新的图书借阅制度。

二、教师、学生持本人借书证可随时借阅图书，并办理借阅手续。

三、爱护书籍，选书时未选中图书请放回原处，对图书不得折叠涂抹，不得损坏。

四、贵重工具书一律不外借。

五、进入室内不准携带书刊、书包，请勿将未办理借阅手续的图书带出书库。

六、每位教师每次限借图书十册，借期为一个月。每个学生每次限借图书两册，借期为两个星期。同期累计借阅图书总数教师不得超过十五册，学生不得超过五册。借书请按时归还，以方便他人借阅，过期不还者给以停借处罚。

七、凡遗失所借书籍须按规定赔偿。

柳良中学

2012.12.15

图 5-41　最终效果

1. 操作思路

为更快完成本例的制作，并尽可能运用本章所讲知识，现将本例的操作思路介绍如下。

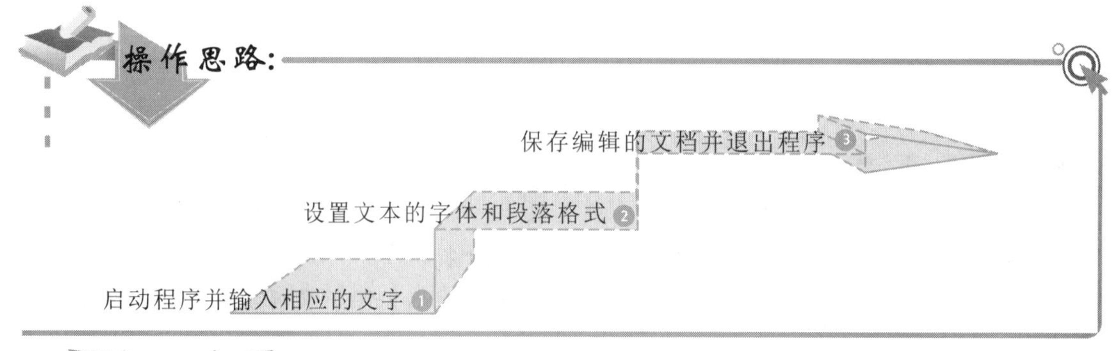

行家提醒

在使用 Windows Media Player 播放音乐或视频时，可通过拖动播放控制按钮区的滑块，自由调整视频或音乐的播放进度。

2．操作步骤

下面将在写字板程序中制作“图书借阅制度”文档，其操作步骤如下：

光盘\效果\第 5 章\图书借阅制度.rtf
光盘\实例演示\第 5 章\制作“图书借阅制度”文档

1. 启动写字板程序，切换到合适的输入法，在文本插入点处输入文档标题“图书借阅制度”，如图 5-42 所示。
2. 按 Enter 键换行，继续输入文档的其他内容，如图 5-43 所示。

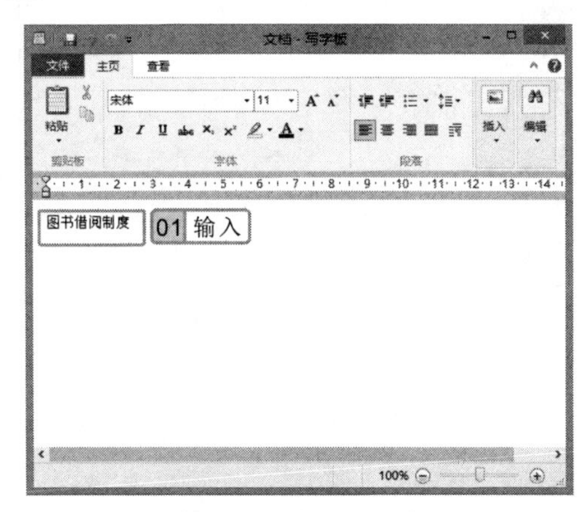

图 5-42　输入文档标题

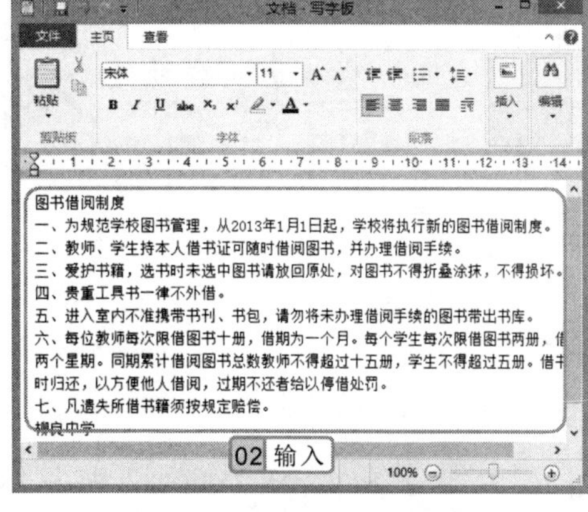

图 5-43　输入文档其他内容

3. 选择文档标题，在“字体”组中将其字体设置为“方正细等线简体”，字号设置为“16”，再单击“加粗”按钮 **B** 加粗文本，然后在“段落”组中单击“居中”按钮，使文本居中对齐，效果如图 5-44 所示。
4. 选择所有的正文文本，在“字体”组中将其字体设置为“方正书宋简体”，字号设置为“12”号，如图 5-45 所示。

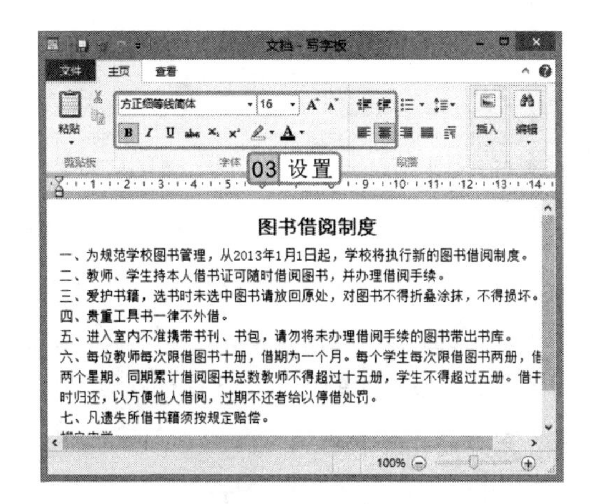

图 5-44　设置标题字体和段落格式

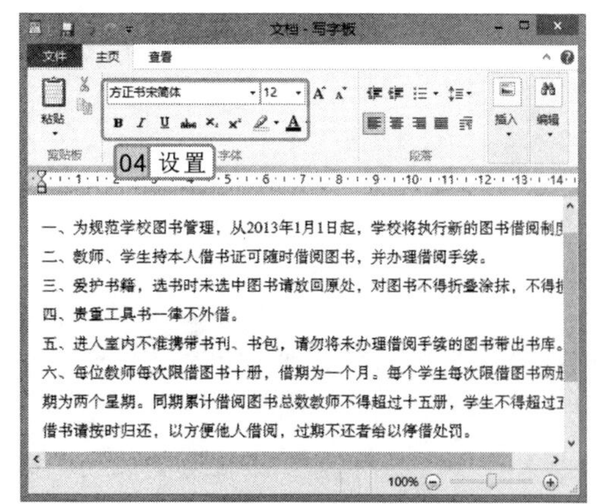

图 5-45　设置正文字体格式

在写字板程序中选择文本后，单击鼠标右键，在弹出的快捷菜单中选择“段落”命令，在打开的“段落”对话框中可设置段落缩进、段落间距以及段落对齐方式等。

5 选择落款文本，在“段落”组中单击“右对齐”按钮，使文本靠右对齐，如图 5-46 所示。

6 完成文档的编辑，单击 文件 按钮，在弹出的下拉列表中选择“另存为”选项，如图 5-47 所示。

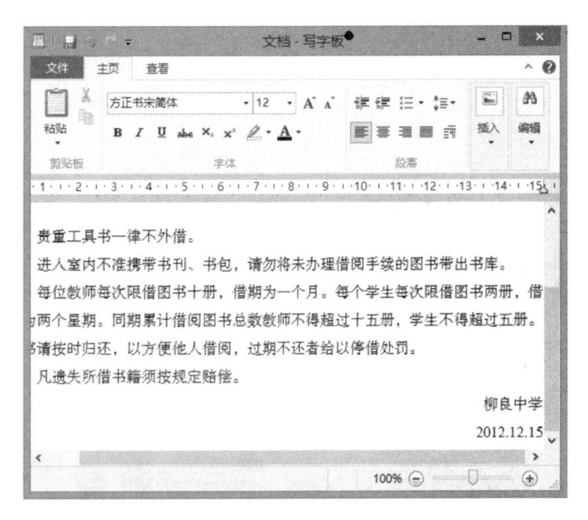

图 5-46　设置落款文本段落格式

图 5-47　选择“另存为”选项

7 打开“保存为”对话框，在地址栏中设置文档的保存位置，在“文件名”下拉列表框中输入“图书借阅制度”，单击 保存(S) 按钮，如图 5-48 所示。

8 此时，写字板标题栏中的标题将根据保存时设置的文件名而发生变化，效果如图 5-49 所示。

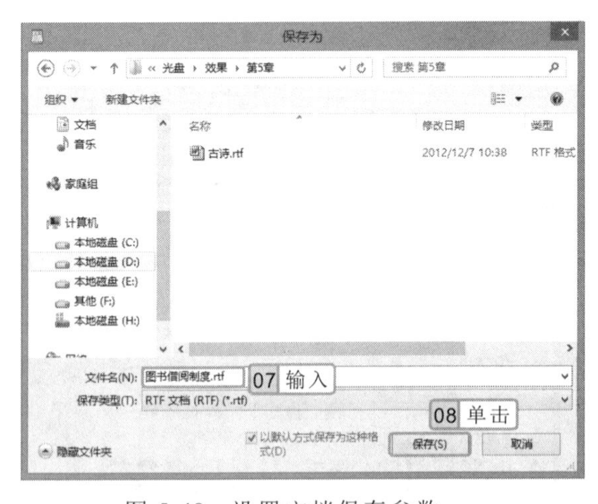

图 5-48　设置文档保存参数

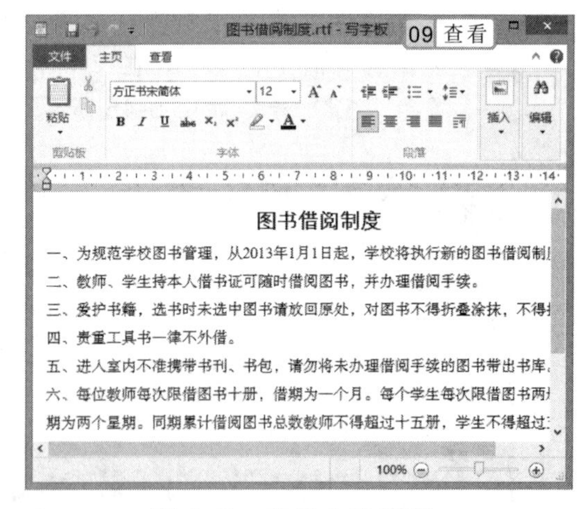

图 5-49　查看文档标题

9 单击文档标题栏右侧的“关闭”按钮 × 关闭文档，退出写字板程序。

在写字板程序中单击 文件 按钮，在弹出的下拉列表中选择“新建”选项，可新建一篇空白文档。

5.6　基础练习

本章主要介绍了 Windows 8 操作系统自带的一些附件功能，并讲解了常用附件的使用方法，下面将通过两个练习来巩固使用画图程序绘图和使用计算器计算数据的方法。

5.6.1　绘制“海上明月”

本练习将使用画图程序绘制如图 5-50 所示的“大海”风景画，绘制中主要运用了直线图形、椭圆工具、铅笔工具、填充工具、刷子工具和文字工具。

图 5-50　绘制的效果

光盘\效果\第 5 章\海上明月.png
光盘\实例演示\第 5 章\绘制“海上明月”

该练习的操作思路与关键提示如下。

用工具绘制圆和直线 1

用填充工具填充颜色 2

用铅笔工具绘制小船和添加文字 3

用刷子工具中的“喷枪”绘制海上的波光 4

打开画图程序，在“剪贴板”组中单击“粘贴”按钮下方的 ▾ 按钮，在弹出的下拉列表中选择“粘贴来源”选项，在打开的对话框中选择图片，单击打开(O)按钮可将其粘贴到绘图区中。

关键提示:

图形中的小船不是通过形状进行绘制的，而是使用铅笔工具绘制的，在为绘制的图形填充颜色时，需要注意应根据实际情况进行填色。

5.6.2 使用计算器计算本月开销

本练习将使用计算器程序计算个人本月生活与零用开销，通过练习进一步熟悉计算器程序的操作方法。

参见光盘 光盘\实例演示\第 5 章\使用计算器计算本月开销

该练习的操作思路如下。

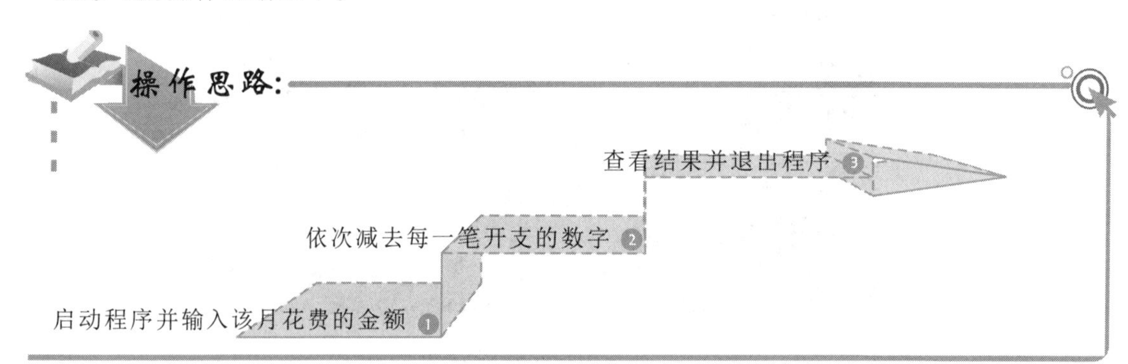

5.7 知识问答

在使用 Windows 8 自带的附件工具时，难免会遇到一些难题，如更改截图工具的笔墨颜色、快速替换错误文本等。下面将介绍使用附件工具过程中常见的问题及解决方案。

问：利用写字板程序制作文档后，发现其中一个词组输入错误，并且多次出现在文档中，有没有什么方法可以一次性更改完呢？

答：通过写字板程序提供的替换功能，可快速更改错误的文本。在写字板程序中选择“主页”/“编辑”组，单击“替换”按钮，打开“替换”对话框，在“查找内容”文本框中输入错误的文本，在“替换为”文本框中输入正确的文本，单击 全部替换(A) 按钮，可将文档中错误的文本全部替换为正确的文本。若单击 替换(R) 按钮，则只能替换当前查找的一处错误的文本。

行家提醒

在使用画图程序绘图时，若需移动某一图形对象的位置，可单击“主页”/“图像”组中的“选择”按钮，在弹出的下拉列表中选择相应选项，然后拖动鼠标框选需移动的图形并进行移动即可。

问：可不可以更改截图工具的笔墨颜色呢？

答：可以。启动截图工具程序后，在其窗口中单击“选项”按钮，打开“截图工具选项”对话框，在“所选内容”栏中的“笔墨颜色”下拉列表框中选择需要的颜色，单击确定按钮即可改变笔墨的颜色。

问：使用 Windows Media Player 能不能浏览电脑中保存的图片呢？

答：可以。将电脑中保存的图片放于电脑的图片库中，启动 Windows Media Player 程序，单击媒体库按钮后的▸按钮，在弹出的下拉列表中选择“图片”选项，在窗口显示区的“主要视图”栏中双击“所有图片”选项，在显示区中将显示添加到图片库中的所有图片文件，双击任意一张图片后，将在打开的界面中动态播放文件夹中的所有图片。

常见的音频格式介绍

常见的音频文件格式包括 CD、WAV、MP3 和 WMA 格式，这些格式的特点分别如下。

- **CD 格式**：是音质最好的一种音频文件格式。标准 CD 格式也就是 44.1KHz 的采样频率，速率 88K/秒，16 位量化位数，可以说 CD 音轨是近似无损的，因此它的声音是非常接近原声的。
- **WAV 格式**：此格式是 Microsoft 公司开发的一种无损音频文件格式，支持多种音频位数、采样频率和声道，是大多数音频软件都能识别的格式。
- **MP3 格式**：一种有损压缩的音频文件格式，具有高压缩率、高音质的特点，但文件较大。
- **WMA 格式**：此格式音频的音质与 MP3 格式相仿，但文件大小只有 MP3 格式的 1/2，是 Internet 应用较为普遍的音频文件格式之一。

启动计算器程序后，按键盘上的数字键和运算符对应的键位，也可在计算器中进行数据计算工作。

第6章

开启网络之门

连接网络

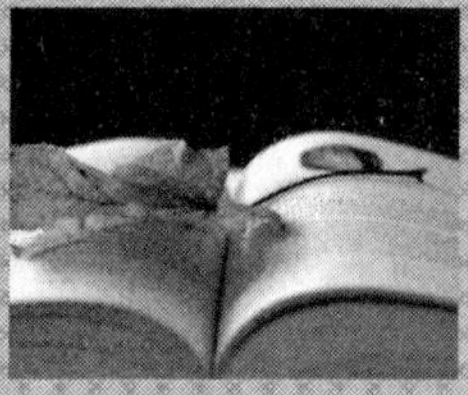

收藏网站

保存网络资源

IE浏览器的使用

使用搜索引擎搜索网络资源

下载网络资源

本章导读

掌握了电脑的基本操作后，就可使用电脑上网了。上网是指将电脑连入Internet，再利用浏览器获取网上资料，并享受各种网络服务的过程。无论是上网聊天、发邮件、查资料还是打游戏，都必须先掌握上网的基本操作。本章将具体介绍连入Internet、IE浏览器的使用、浏览网上信息以及搜索和下载网络资源等知识，使用户快速掌握使用电脑上网的一些基本操作。

6.1 连接网络

要想实现电脑上网，就必须将电脑连入 Internet，也就是联网。目前，连接网络的方法很多，主要有 ADSL 宽带连接上网和无线上网两种。下面分别进行介绍。

6.1.1 ADSL 宽带连接上网

ADSL 宽带上网是目前较为普遍的上网方式，电信、联通等提供的上网服务就属于 ADSL 宽带上网。它虽然通过电话线进行数据传输，但不会影响电话的接听与拨打，而且数据传输速率快，只需每月固定向 ISP 服务商交纳相应的费用，就可以全天在线。

要想实现 ADSL 上网，需到当地 ISP 营业厅办理 ADSL 开户手续，按标准交纳相关费用后，安装人员将上门安装，安装完成后，即可创建拨号连接并连接网络了。

实例 6-1 创建宽带拨号连接

下面将在电脑中创建一个名为“宽带连接”的网络连接方式，讲解使用 ADSL 拨号上网的方法。

1. 在桌面“网络”图标上单击鼠标右键，在弹出的快捷菜单中选择“属性”命令，打开“网络和共享中心”窗口，单击“更改网络设置”栏中的“设置新的连接或网络”超链接，如图 6-1 所示。
2. 在打开的“设置连接或网络”对话框中选择“连接到 Internet”选项，单击 下一步(N) 按钮，如图 6-2 所示。

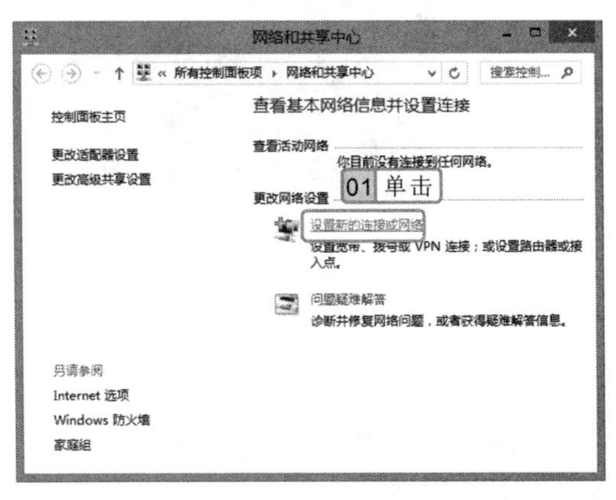

图 6-1 单击超链接

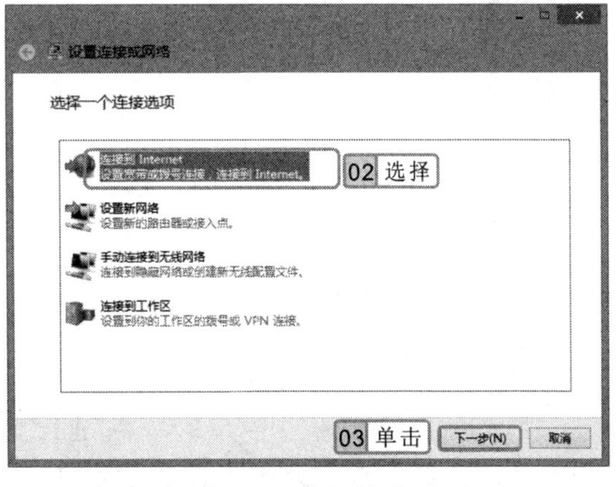

图 6-2 选择连接选项

3. 打开“连接到 Internet”对话框，选择“宽带（PPPoE）(R)”选项，在打开的对话框中输入用户申请 ADSL 时 ISP 提供商提供的用户名与密码，在下面的“连接名称”文本框中为该连接命名，如图 6-3 所示。

在桌面双击“控制面板”图标，在打开的“控制面板所有项”窗口中单击“网络和共享中心”超链接，也可打开“网络和共享中心”窗口。

4 单击 连接(C) 按钮，系统自动进行连接，如图 6-4 所示。连接创建成功后即可上网。

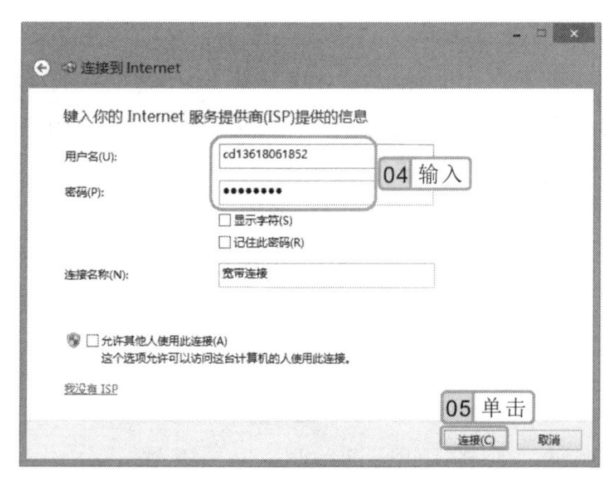

图 6-3　输入用户名和密码

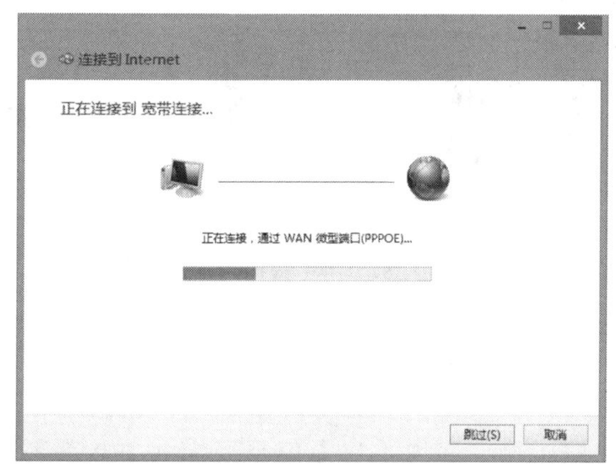

图 6-4　连接网络

需要注意的是，第一次接入 Internet，重新启动电脑后，需要输入账号信息进行连接。在"网络和共享中心"窗口中单击"更改适配器设置"超链接，在打开的"网络连接"窗口中显示了接入 Internet 时创建的"宽带连接"图标，如图 6-5 所示，双击该图标，在打开的面板中双击"宽带连接"选项，打开"网络身份验证"面板，在文本框中输入上网账号和密码，如图 6-6 所示，单击 确定 按钮即可连接 Internet 进行上网。

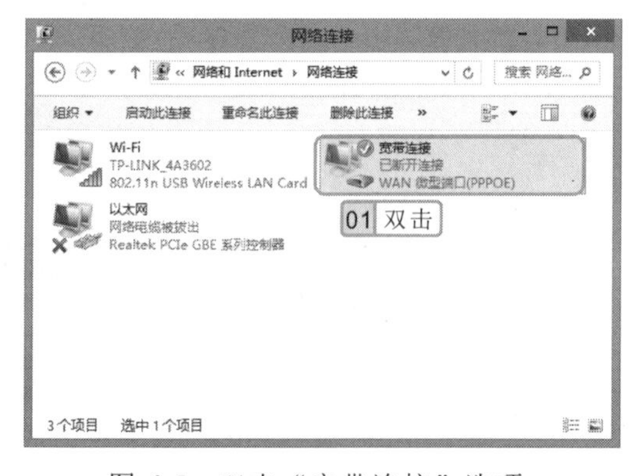

图 6-5　双击"宽带连接"选项

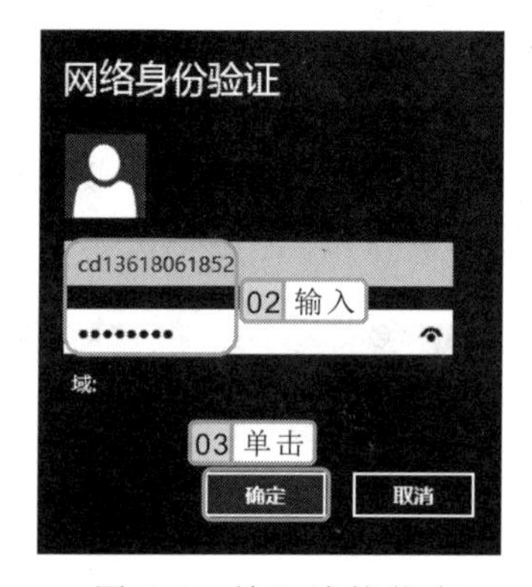

图 6-6　输入连接信息

6.1.2　无线上网

无线上网不需要通过传统的网线进行传输，它实质上是依靠无线传输介质来连入 Internet 的，如红外线和无线电波。该上网方式常用于笔记本电脑的网络连接。无线上网主要有以下几种方式。

- **通过无线网卡、无线路由器上网：**笔记本电脑一般都配置了无线网卡，通过无线路由器与其他电脑（一般为台式机）组成局域网，再连入 Internet，如图 6-7 所示为无线网卡和无线路由器。

行家提醒

使用 ADSL 宽带上网需要使用 Modem，也就是调制解调器，它是电脑与电话线之间进行信号转换的装置，通过调制解调器，即可使用电话线实现电脑之间的数据通信。

- **通过3G上网卡上网**：使用3G上网卡网速较快，但费用较高。目前有中国移动的TD-SCDMA、中国电信的CDMA2000以及中国联通的WCDMA 3种网络制式。
- **通过SIM卡上网**：将电脑蓝牙设备与手机连接，然后创建一个客户端登录程序，输入手机号码和密码，就可使用SIM卡上网了。使用该上网方式时，手机卡必须订购了GPRS流量包月套餐，若电脑没有蓝牙功能，需要购买一个蓝牙适配器。

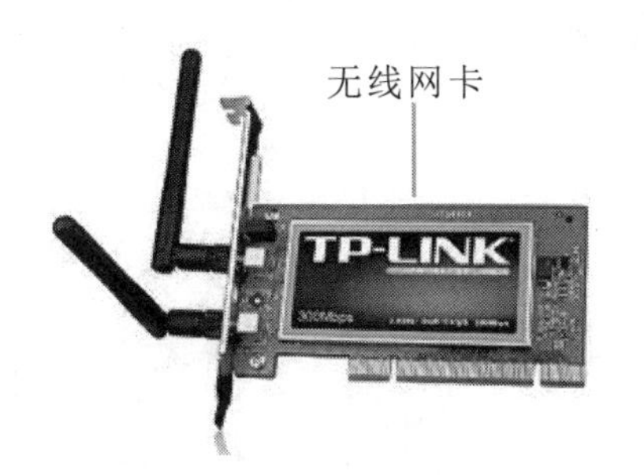

图6-7　无线网卡和无线路由器

6.2　IE浏览器的使用

将电脑连接到网络后，就可使用IE浏览器进行上网。但要想熟练使用IE浏览器上网，需要先掌握IE浏览器的相关知识，如启动与退出IE浏览器、认识IE浏览器工作界面各组成部分的作用等。下面分别进行介绍。

6.2.1　启动IE浏览器

Windows 8操作系统自带的IE浏览器为10.0版本，通过它即可进行上网。在使用IE浏览器之前，必须先启动它。启动IE浏览器的方法主要有以下两种。

- **通过"开始"屏幕启动**：切换到"开始"屏幕，单击Internet Explorer磁贴，即可启动IE浏览器，并以全屏方式显示，如图6-8所示。

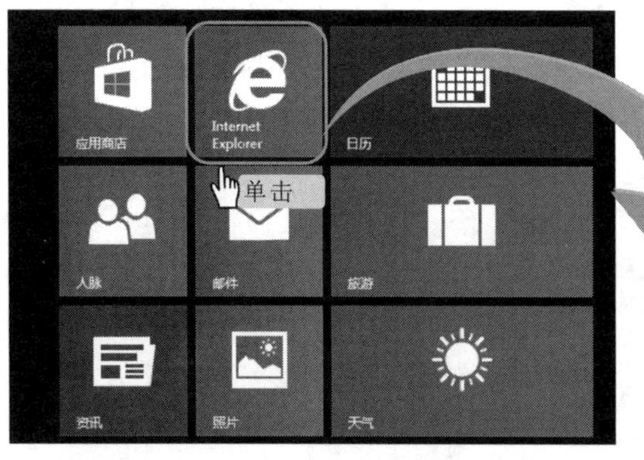

图6-8　启动浏览器

单击IE浏览器界面下方的"页面工具"按钮，在弹出的列表中选择"在桌面查看"选项，可切换到桌面显示。

- **通过快速启动区启动：**在桌面任务栏的快速启动区中单击图标即可快速启动 IE 浏览器。

6.2.2　认识 IE 浏览器工作界面

启动 IE 浏览器后，将打开其工作界面，可发现该工作界面比其他版本浏览器的工作界面更加简洁，主要由“后退/前进”按钮、地址栏、选项卡栏、工具栏、网页浏览区以及窗口控制按钮区等部分组成，如图 6-9 所示。

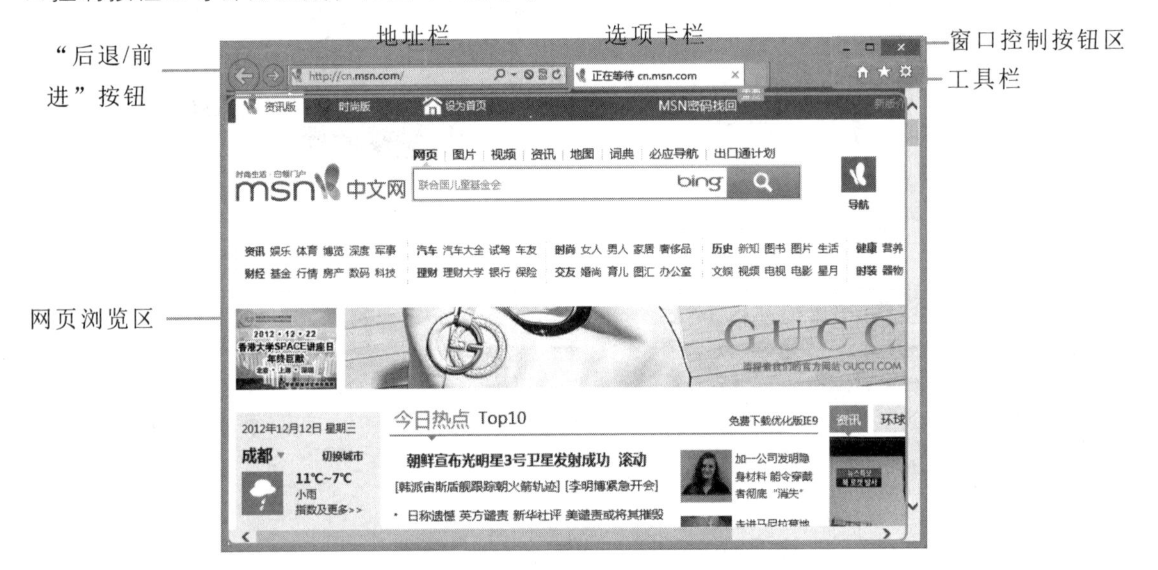

图 6-9　IE 10.0 浏览器工作界面

下面分别对 IE10.0 浏览器各组成部分进行介绍。

- **窗口控制按钮区：**与“计算机”窗口中的按钮作用相同，用于最小化、最大化/还原、关闭浏览器窗口，窗口控制按钮区包括“最小化”按钮、“最大化”按钮或“还原”按钮、“关闭”按钮。
- **“后退/前进”按钮：**用于返回或前进到某一步操作。单击“后退”按钮可快速返回到上一个浏览过的网页；单击“前进”按钮将返回到单击按钮之前的网页中。在未进行任何操作前，这两个按钮都呈灰色显示，即不可用。
- **地址栏：**用于显示当前所打开网页的地址，也就是网址。单击地址栏右边的“搜索”按钮，将弹出一个下拉列表，其中显示了输入过的网址，选择某个网址可快速打开相应的网页；单击“刷新”按钮，浏览器将重新从网上下载当前网页的内容。
- **选项卡栏：**可以使用户在单个浏览器窗口中查看多个站点，单击“新建选项卡”按钮，可新建选项卡，用于打开其他网页。当打开多个网页时，通过选择不同的选项卡可轻松地从一个站点切换到其他站点。

通过“开始”屏幕和快速启动区打开的 IE 10.0 浏览器的工作界面虽有所不同，但其作用和使用方法都基本相同。

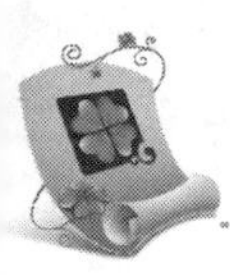

- **工具栏**：列出了浏览网页时最常用的工具按钮，通过单击相应的按钮可以快速对浏览器以及当前网页进行相应操作。
- **网页浏览区**：所有的网页信息都显示在网页浏览窗口中。网页中的元素主要包括文字、图片、声音和视频等。

6.2.3　退出 IE 浏览器

当不需要使用 IE 浏览器时，可退出 IE 浏览器，也就是关闭 IE 浏览器窗口。退出 IE 浏览器可通过以下几种方法：

- 单击 IE 浏览器窗口右上角的 × 按钮，或在窗口顶端空白区域单击鼠标右键，在弹出的快捷菜单中选择“关闭”命令，如图 6-10 所示。
- 在任务栏的浏览器图标 e 上单击鼠标右键，在弹出的快捷菜单中选择“关闭窗口”命令，如果浏览器中打开了多个选项卡，将打开提示对话框，单击 关闭所有选项卡(T) 按钮即可，如图 6-11 所示。

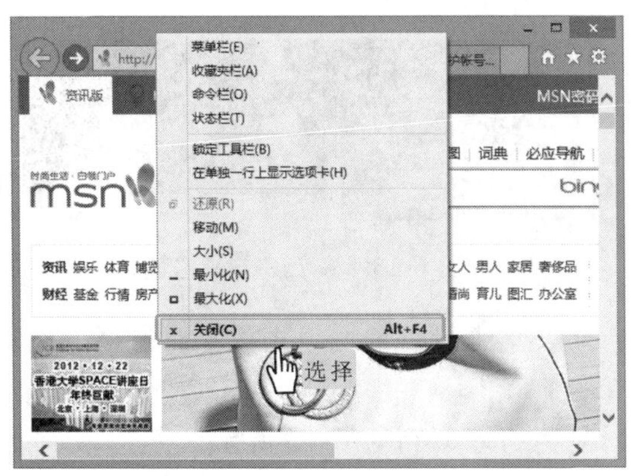

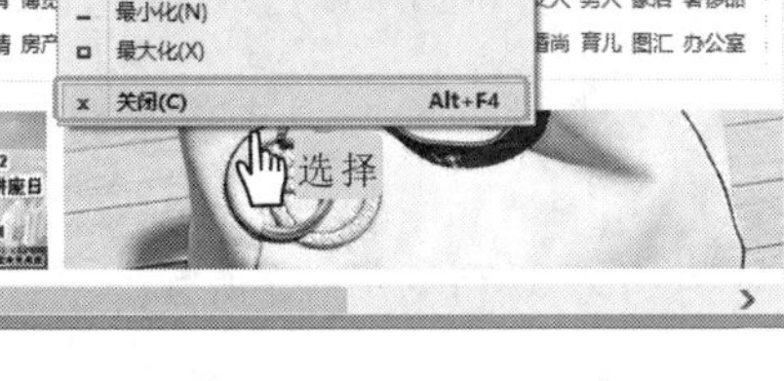

图 6-10　选择“关闭”命令

图 6-11　提示对话框

6.3　浏览网上信息

掌握 IE 浏览器各部分的作用后，就可使用 IE 浏览器上网，浏览网页中的信息了，而且在浏览信息时，不仅可将网页中有用的信息保存下来，还可将经常浏览的网站添加到收藏夹，方便下次浏览。

6.3.1　打开和浏览网页

启动 IE 浏览器后，默认打开 MSN 主页，要想浏览其他网站中的信息，需要在地址栏

操作提示

默认情况下，IE 10.0 浏览器的菜单栏、命令栏、收藏夹栏、状态栏等都未显示出来，在工具栏空白处单击鼠标右键，在弹出的快捷菜单中选择需要显示的部分即可将其显示出来。

中输入其他网站的网址，然后按 Enter 键便可在打开的网页中浏览相关的信息了。

实例 6-2 浏览网站中的体育新闻

下面将在 IE 浏览器地址栏中输入新浪网站网址“http://www.sina.com.cn”，在打开的新浪网中浏览体育新闻。

1. 启动 IE 浏览器，在地址栏中输入要访问的地址，这里输入“http://www.sina.com.cn”。
2. 输入完成后，按 Enter 键，稍等片刻即可打开新浪网站的主页面，单击网页上方的“体育”超链接，如图 6-12 所示。
3. 打开体育网首页，单击 NBA 超链接，如图 6-13 所示。

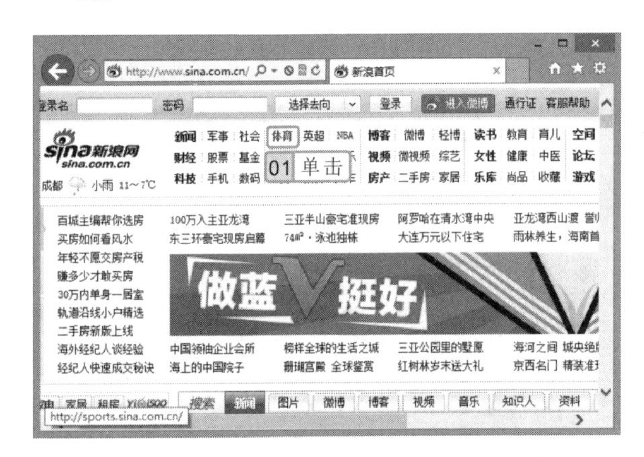

图 6-12 单击“体育”超链接

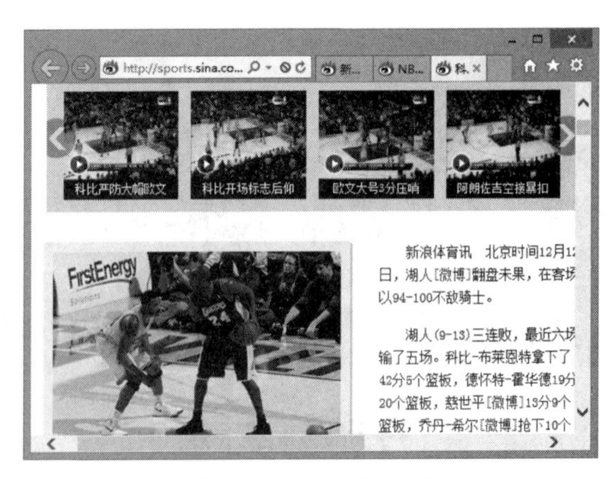

图 6-13 单击 NBA 超链接

4. 在打开的页面中选择需要浏览的体育新闻，单击对应的文本或图片超链接，这里单击如图 6-14 所示的文本超链接。
5. 在打开的页面中即可浏览所选新闻相对应的内容，如图 6-15 所示。

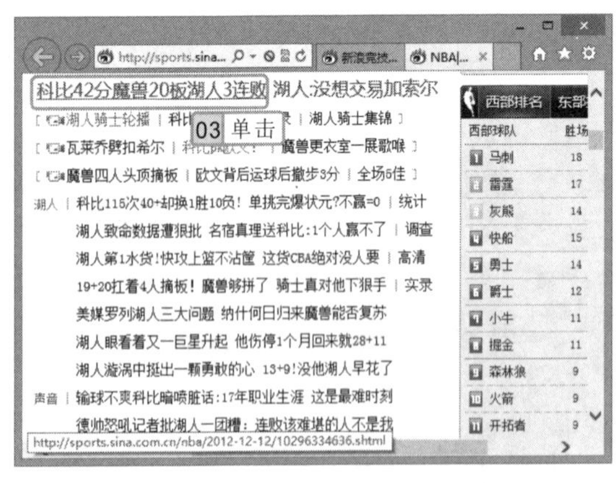

图 6-14 单击新闻文本超链接

图 6-15 浏览网页内容

每一个网站的网址都是唯一的，因此，要打开某个网站，必须知道该网站的网址，否则将不能打开网站，或打开错误网站。

6.3.2 保存网上资源

在上网时经常会遇到喜欢或所需的网页、文章和图片等资料，此时，可以将这些资料保存到电脑中，以便日后查看和使用。

1. 保存网页

保存网页是将整个网页中的图片、文字等信息以文件的形式保存到电脑中，方便随时查看该网页中的信息。

实例 6-3 保存站长之家网站首页

1. 启动 IE 浏览器，在地址栏中输入站长之家网站网址“http://www.chinaz.com”，按 Enter 键打开站长之家网站首页。
2. 在工具栏中单击⚙按钮，在弹出的下拉列表中选择“文件”/“另存为”选项，打开“保存网页”对话框，在地址栏中设置保存位置，其他设置保持默认不变，单击 保存(S) 按钮，如图 6-16 所示。
3. 在打开的“保存网页”对话框中可看到保存网页的进度，保存完成后，即可在保存位置查看保存的网页文件，如图 6-17 所示。

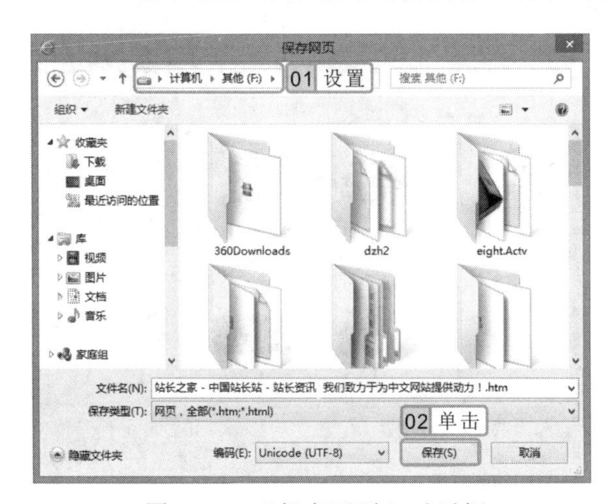

图 6-16 “保存网页”对话框

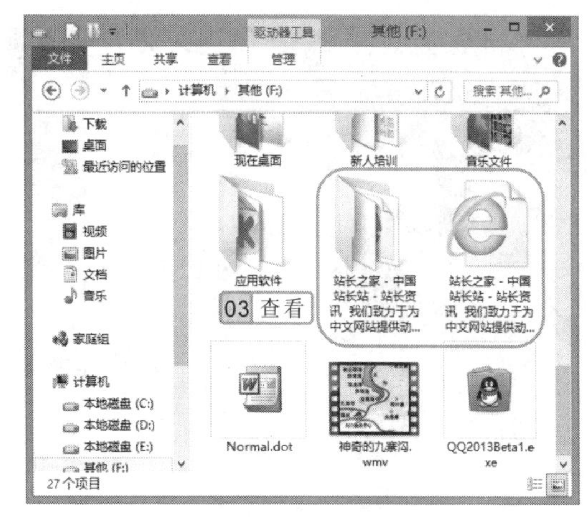

图 6-17 查看保存的网页

2. 保存网页中的文字

在浏览文学网站时，对于精美的语句或文章，用户也可将其保存在电脑中。其方法是：在网页中拖动鼠标选择需要保存的文字，单击鼠标右键，在弹出的快捷菜单中选择“复制”命令，切换到电脑中的文字编辑软件窗口，粘贴文字内容，如图 6-18 所示，然后保存文件即可。

要保存网页中的文字，也可通过快捷键来完成，选择文字后，按 Ctrl+C 键进行复制，切换到文字编辑软件窗口后，按 Ctrl+V 键进行粘贴即可。

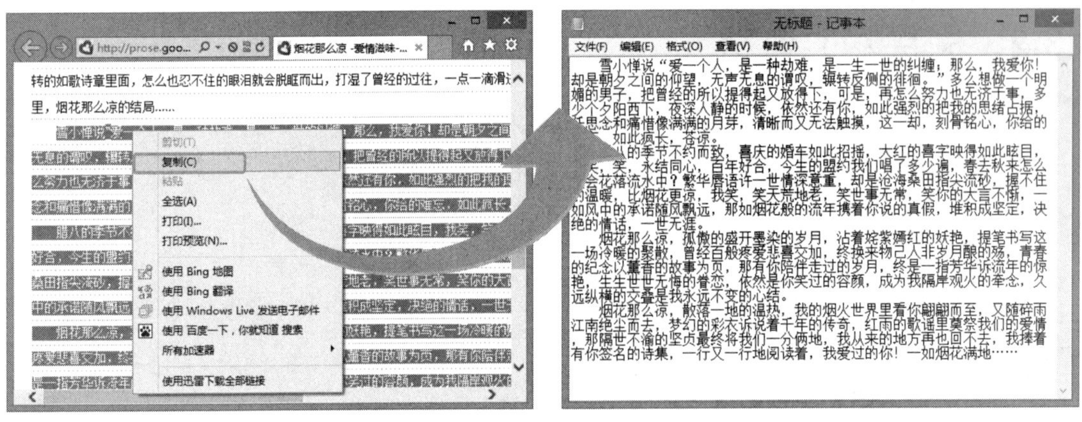

图 6-18　保存网页中的文字

3. 保存网页中的图片

很多网页中不仅有大量的文字内容，同时也包含很多精美的图片，用户也可将喜欢的图片保存到电脑中，方便在电脑中浏览欣赏或留待他用。其方法是：在网页中需要保存的图片上单击鼠标右键，在弹出的快捷菜单中选择“另存为”命令，在打开的对话框中设置保存位置、文件名和保存类型后，单击保存(S)按钮即可保存，如图 6-19 所示。

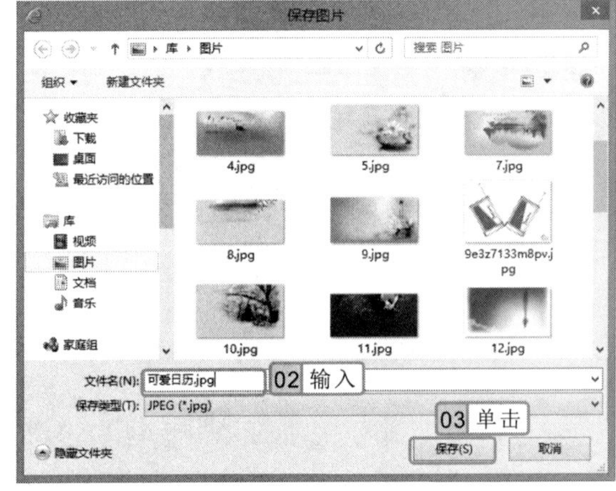

图 6-19　保存网页中的图片

6.3.3　收藏网页

对于经常浏览的网页，可以将其添加到收藏夹中，以便在需要时快速访问该网页。将网页添加到收藏夹，并不是将相关网页的内容保存到收藏夹中，而是将该网页的地址保存在收藏夹中，单击收藏夹中保存的相关网址即可打开相应的网页。

在网页中的图片上单击鼠标右键，在弹出的快捷菜单中选择“设置为背景”命令，即可将该图片设置为桌面背景。

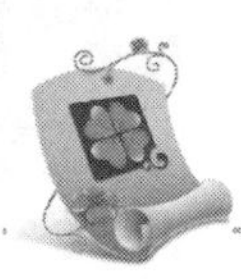

实例 6-4 将 PPT 宝藏网站添加到收藏夹

1. 在 IE 浏览器地址栏中输入“http://www.pptbz.com”，按 Enter 键打开 PPT 宝藏网站首页，单击工具栏中的★按钮，在弹出的面板中单击 添加到收藏夹 按钮，如图 6-20 所示。
2. 打开“添加收藏”对话框，在“名称”文本框中输入网页收藏名称，在“创建位置”下拉列表框中选择收藏的位置，单击 添加(A) 按钮，如图 6-21 所示。

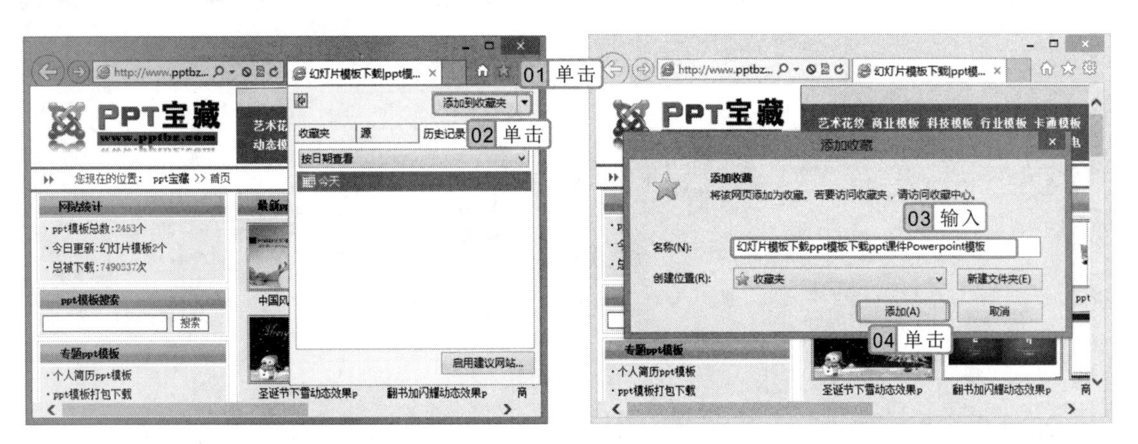

图 6-20 单击“添加到收藏夹”按钮 图 6-21 “添加收藏”对话框

3. 成功添加网页后，单击★按钮，在弹出的面板中选择“收藏夹”选项卡，在其中可看到添加到收藏夹的 PPT 宝藏网页，单击便可快速打开该网页。

6.4 搜索和下载网络资源

网络是存储信息的宝库，通过网络可快速搜索到各个方面的资源，并且还可以将搜索到的资料下载到电脑中进行使用和保存。下面将详细介绍搜索和下载网络资源的方法。

6.4.1 使用搜索引擎搜索网络资源

搜索资源是上网最常用的操作之一，但在网上搜索资源需要用到搜索引擎，搜索引擎是一些专门提供各类网站网址及各类资讯搜索服务的网站，比较常用的搜索引擎有百度（http://www.baidu.com）、谷歌（http://www.google.com）和雅虎（http://www.yahoo.cn）等。不同的搜索引擎提供的搜索方式会有所不同，但其操作方法都基本相同。

实例 6-5 使用百度搜索引擎搜索“红楼梦”并阅读

1. 在 IE 浏览器地址栏中输入百度搜索引擎的网址“http://www.baidu.com”，按

在“添加收藏”对话框中，单击 新建文件夹(E) 按钮，将新建一个文件夹，此时添加收藏的网页将默认收藏到该文件夹中，以便于用户分类收藏不同类型的网页。

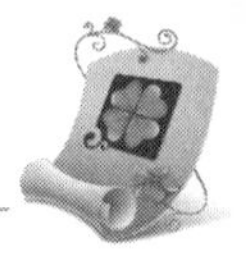

Enter 键。

2 打开百度首页，单击查询内容的类型超链接，这里单击“网页”超链接，在搜索文本框中输入“红楼梦”，单击 百度一下 按钮，如图 6-22 所示。

3 打开搜索结果页面，搜索到的内容将逐列显示在其中，单击其中一项超链接，这里单击如图 6-23 所示的超链接。

图 6-22　输入关键字

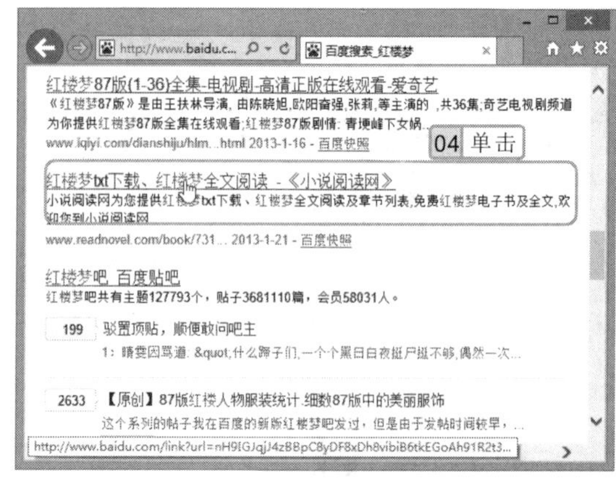

图 6-23　单击超链接

4 打开的网页中显示了该小说的相关章节，单击相应的章节超链接，这里单击如图 6-24 所示的超链接。

5 打开相应的网页，在其中可查看所选章节的内容，如图 6-25 所示。

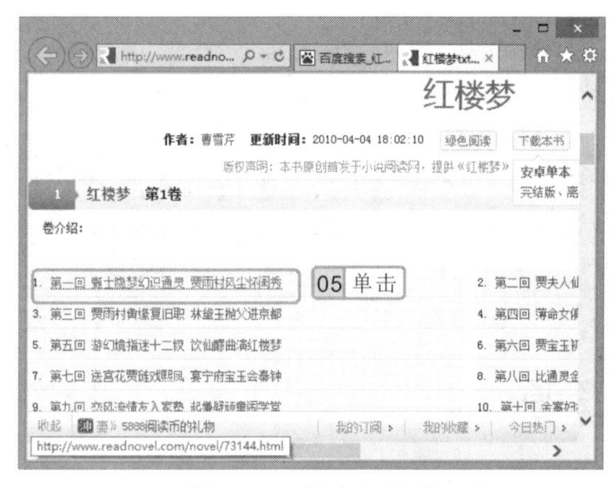

图 6-24　单击超链接

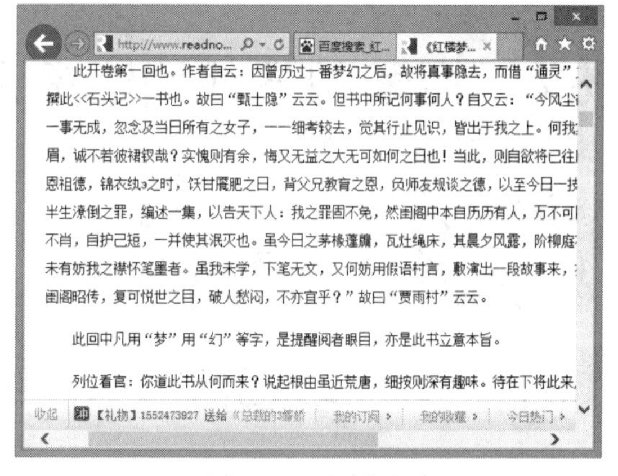

图 6-25　阅读内容

6.4.2　直接下载网络资源

在网上搜索到所需的资源后，可根据需要使用 IE 浏览器自带的下载功能将其下载到电脑中进行保存，以便下次使用。

百度搜索提供了新闻、网页、贴吧、知道、音乐、图片、视频和地图等分类搜索，其中的新闻、网页和图片等分类搜索几乎是各大搜索网站都具有的功能。

实例 6-6 使用 IE 下载功能下载 QQ 2013

1. 在 IE 浏览器地址栏中输入 QQ 官方网站网址“http://im.qq.com”，按 Enter 键，打开网站首页，选择“下载 QQ”选项。
2. 打开下载页面，在“Windows 版”栏中的 QQ2013 Beta1 选项后面单击“下载”超链接，在页面下方将打开下载对话框，如图 6-26 所示。
3. 单击 保存(S) 按钮，会自动将下载的资源保存到默认的位置，并开始进行下载，下载完成后，在下载对话框中将提示下载完成，如图 6-27 所示，单击 × 按钮即可关闭对话框。

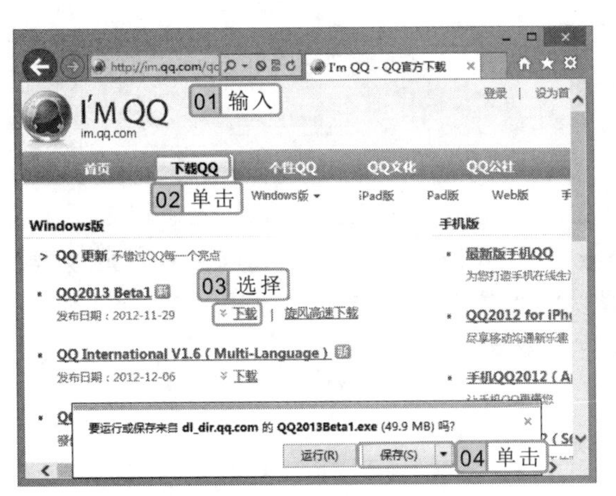

图 6-26 下载 QQ

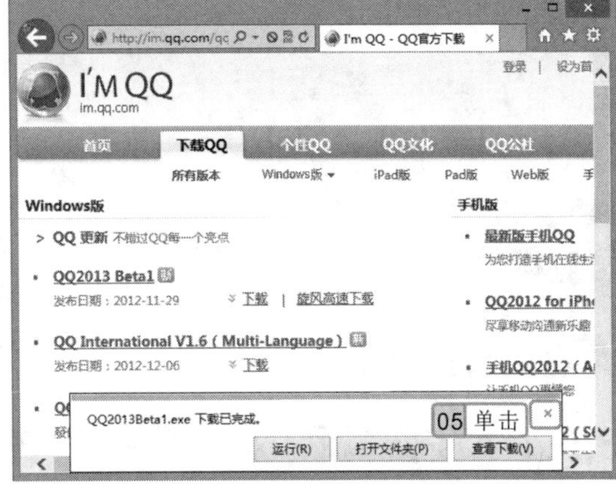

图 6-27 完成下载

6.4.3 使用软件下载网络资源

当要下载的文件较大时，用户可选择一些专门的下载软件进行下载，如迅雷、快车、电驴等（在使用这些软件前需要下载和安装，安装软件的方法将在第 7 章中进行讲解），不仅下载速度快，还支持断点下载，也就是若文件一次没有下载完，下次可以接着下载。

实例 6-7 使用迅雷下载酷我音乐

1. 在 IE 浏览器地址栏中输入酷我音乐软件的下载网址“http://mbox.kuwo.cn”，按 Enter 键，打开网站首页。
2. 在 2013beta版 按钮上单击鼠标右键，在弹出的快捷菜单中选择“使用迅雷下载”命令，打开“新建任务”对话框，单击“浏览”按钮，在打开的对话框中设置安装程序保存的位置，设置完成后单击 确定 按钮。
3. 返回“新建任务”对话框，单击 立即下载 按钮，如图 6-28 所示。
4. 打开迅雷 7 窗口并进行下载，下载完成后，选择“我的下载”窗格中的“已完成”选项，在中间窗格中可看到刚下载的软件，如图 6-29 所示。

在下载对话框中单击 运行(R) 按钮，可直接运行 QQ 的安装程序，单击 打开文件夹(P) 按钮，将打开保存下载文件的文件夹。

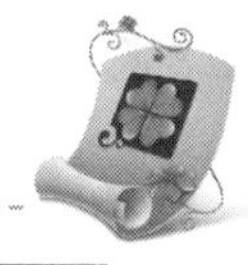

图 6-28　设置文件保存位置

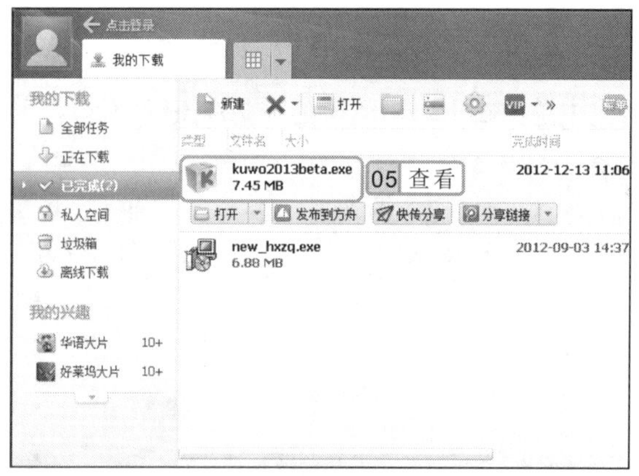

图 6-29　查看下载的文件

6.5 基础实例

本章基础实例将使用 IE 浏览器浏览搜狐网，然后通过百度搜索引擎搜索歌曲“以爱之名”，并使用迅雷软件将其下载到电脑中。通过实例进一步巩固 IE 浏览器的使用以及搜索并下载网络资源的方法。

6.5.1 在搜狐网浏览菜品食谱

本例将打开搜狐网，进入搜狐吃喝频道浏览美食菜谱信息，帮助读者进一步巩固 IE 浏览器的使用。

1. 操作思路

为更快完成本例的制作，并尽可能运用本章讲解的知识，本例的操作思路如下。

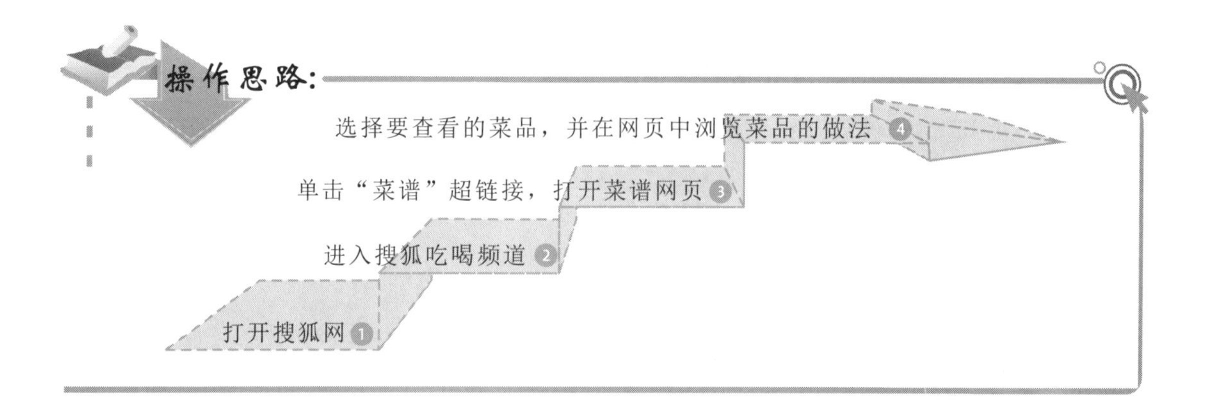

在使用迅雷下载资料时，在“新建任务”对话框中保持默认设置，那么下载的资料将默认保存到安装迅雷的磁盘下的 TDDOWNLOAD 文件夹中。

2. 操作步骤

下面讲解通过搜狐网浏览美食菜谱信息的方法，其操作步骤如下：

参见光盘 实例演示\第6章\在搜狐网浏览菜品食谱

1. 启动IE浏览器，在地址栏中输入“http://www.sohu.com”，按Enter键打开搜狐网，单击网页上方的“吃喝”超链接，如图6-30所示。
2. 在打开的网页上方的“食谱”栏中单击“菜谱”超链接，如图6-31所示。

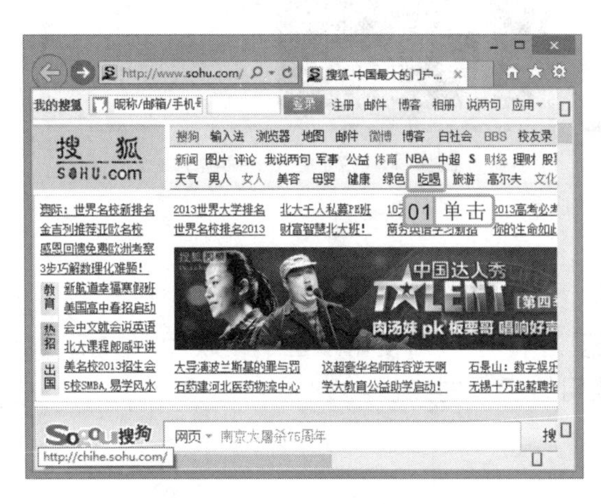

图6-30 单击“吃喝”超链接

图6-31 单击“菜谱”超链接

3. 在打开的网页中显示了多种美食菜品名称和图片，单击美食名称或图片超链接，这里单击如图6-32所示的美食图片超链接。
4. 在打开的网页中显示了该菜品的图片和制作该菜品需要的材料，如图6-33所示。

图6-32 单击图片超链接

图6-33 查看菜谱

5. 将鼠标光标移动到图片右边，会出现按钮，单击该按钮会切换到下一页，在该页中以图片加文字的形式显示了该菜品的做法，如图6-34所示。

操作提示

在搜狐吃喝网页上方单击不同的文本超链接，可打开不同的网页，而且每个网页中显示的内容也各不相同。

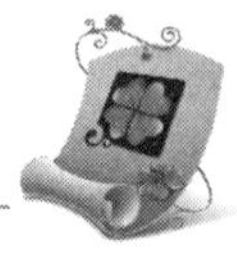

6 继续单击按钮，切换到下一页进行浏览，如图 6-35 所示。使用相同的方法继续浏览该菜品的制作方法。

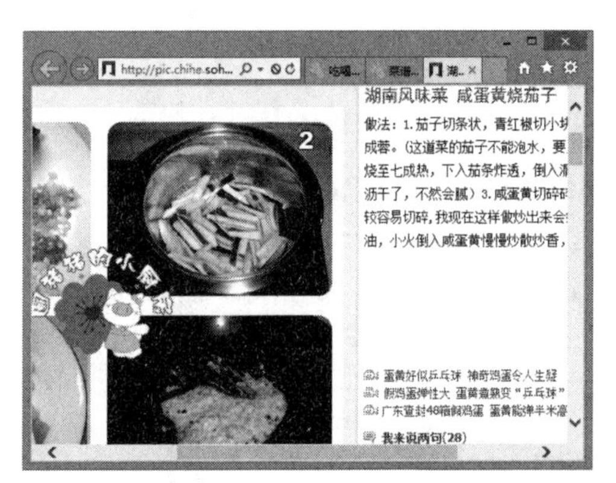

图 6-34　查看菜品制作方法

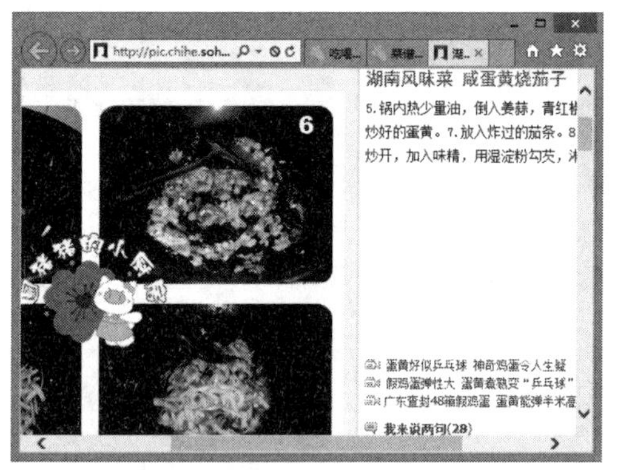

图 6-35　浏览下一页内容

6.5.2　搜索并下载歌曲

本例将通过百度搜索引擎搜索歌曲“以爱之名”，然后使用迅雷下载软件将其下载到电脑中进行保存，通过本实例巩固搜索与下载网络资源的知识。

1. 操作思路

为更快完成本例的制作，并尽可能运用本章所讲知识，现将本例的操作思路介绍如下。

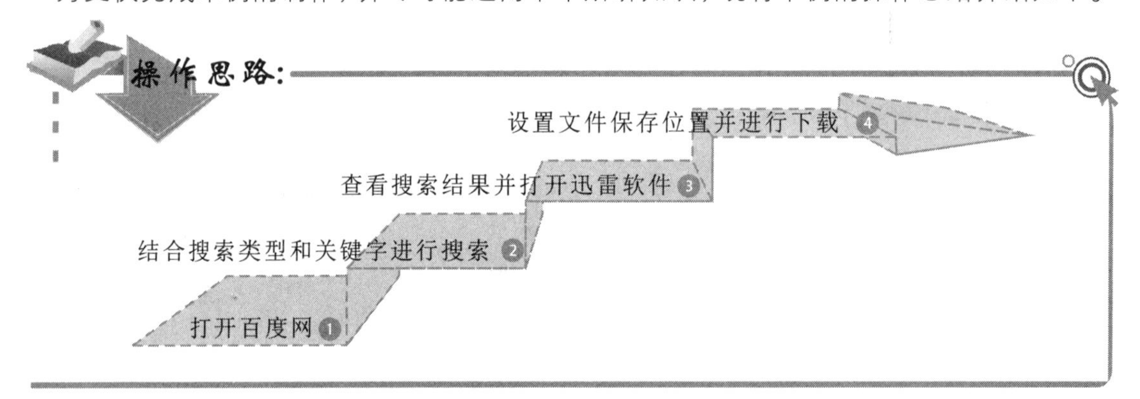

2. 操作步骤

下面通过百度搜索引擎搜索歌曲，然后通过迅雷下载软件将其下载并保存到电脑中，其操作步骤如下：

实例演示\第 6 章\搜索并下载歌曲

1 启动 IE 浏览器，在地址栏中输入“http://www.baidu.com”，按 Enter 键打开百度

在使用搜索引擎进行搜索时，输入的关键字越精确，搜索的结果也就越精确。

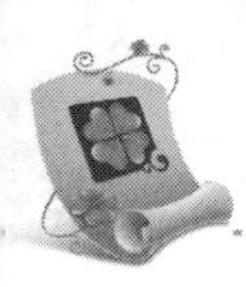

网首页，单击“音乐”超链接，在搜索文本框中输入关键字“以爱之名”，单击 百度一下 按钮，如图6-36所示。

2 在打开的页面中将显示搜索的结果，如图6-37所示。

图6-36　输入搜索关键字

图6-37　查看搜索结果

3 在需下载的歌曲名称后面单击“下载”按钮，在打开窗口中的“品质”栏中设置歌曲文件的质量，这里保持默认不变，选中 ◉ 标准品质 3.7M (mp3 128kbps) 单选按钮，如图6-38所示。

4 在 下载 按钮上单击鼠标右键，在弹出的快捷菜单中选择“使用迅雷下载”命令，打开“新建任务”对话框，单击“浏览”按钮，在打开的对话框中选择下载歌曲的保存位置，这里选择F盘中的“音乐文件”文件夹，如图6-39所示。

图6-38　设置文件下载质量

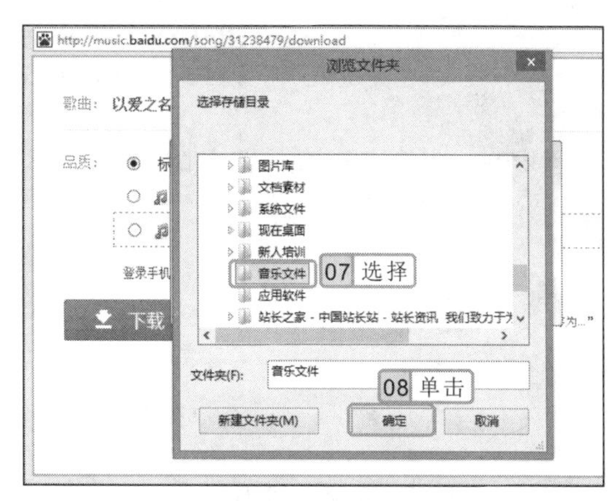

图6-39　设置下载保存位置

5 单击 确定 按钮，返回“新建任务”对话框，在文本框中将显示设置的保存路径，单击 立即下载 按钮。

6 系统自动启动迅雷软件并开始下载，下载完成后，选择“我的下载”窗格中的“已完成”选项，在中间窗格中可看到刚下载的歌曲文件，如图6-40所示。

7 选择下载的歌曲，单击 打开 按钮，可打开保存歌曲的文件夹，在其中可查看到

操作提示

在“浏览文件夹”对话框中单击 新建文件夹(M) 按钮，可在当前磁盘中新建一个文件夹，并且可对新建的文件夹进行重命名操作。

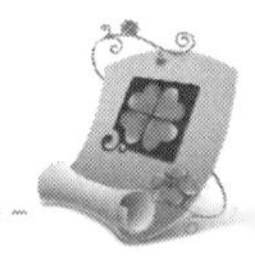

下载的歌曲，如图 6-41 所示。

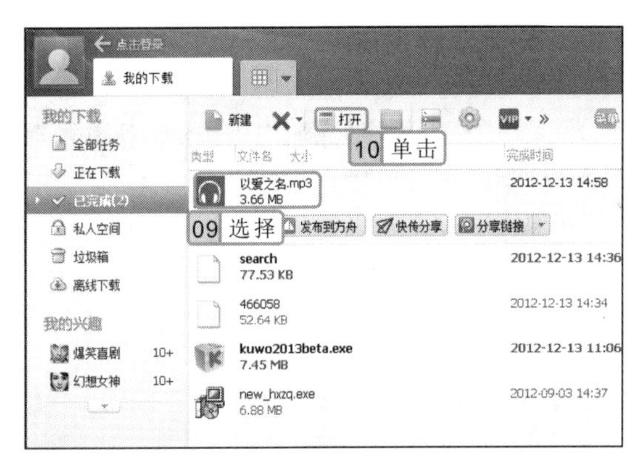

图 6-40　完成下载

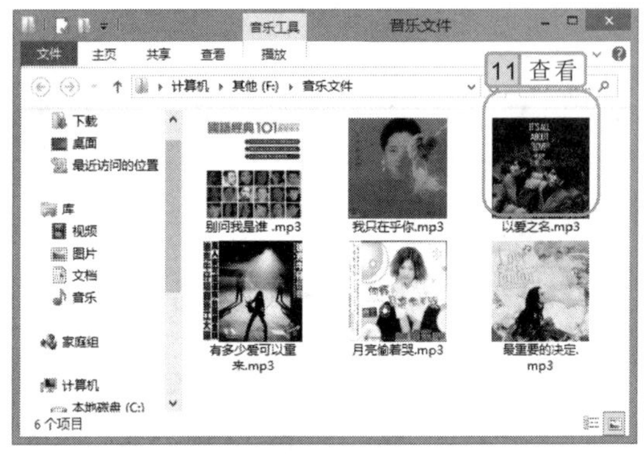

图 6-41　查看下载的歌曲

6.6　基础练习

本章主要介绍了电脑连入 Internet 的方法、IE 浏览器的使用方法、浏览网络信息以及搜索与下载网上资源的方法，通过下面的练习可以进一步巩固上网的基本操作。

6.6.1　在百度网站搜索并保存图片

本练习将在百度网（http://www.baidu.com）搜索与“笔记本电脑”相关的图片，在搜索结果中查看各种笔记本电脑的图片，并将喜欢的图片保存到本地电脑中。

实例演示\第 6 章\在百度网站搜索并保存图片

该练习的操作思路如下。

查看搜索到的图片，并对喜欢的图片进行保存 ❸

设置搜索类型并输入搜索的关键字“笔记本电脑” ❷

打开百度网首页 ❶

6.6.2　搜索并下载迅雷软件

本练习将通过百度搜索引擎搜索迅雷 7 的相关网页信息，然后打开一个提供下载的网

利用谷歌搜索引擎搜索图片时，可单击搜索图片按钮右侧的“高级”超链接，在打开的网页中对所搜索的信息进行相关设置后能更加准确地搜索到需要的资源。

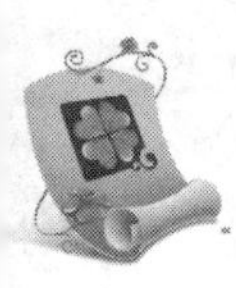

页，将迅雷 7 软件下载保存到电脑中。

实例演示\第 6 章\搜索并下载迅雷软件

该练习的操作思路如下。

设置下载保存位置后开始下载 ③

查看并选择所需选项，打开下载页面 ②

在百度网输入关键字进行搜索 ①

6.7 知识问答

在使用 IE 浏览器上网的过程中，难免会遇到一些难题，如设置下载文件的保存位置、设置网页中字体大小等。下面将介绍使用 IE 浏览器上网过程中常见的问题及解决方案。

问：使用 IE 浏览器自带的下载功能下载时，能不能重新设置下载资料的保存位置呢？

答：可以。在使用 IE 浏览器的下载功能下载资料时，在打开的下载对话框中单击 保存(S) 按钮右侧的 ▾ 按钮，在弹出的下拉列表中选择“另存为”选项，在打开的对话框中设置保存位置后，单击 保存(S) 按钮即可。

问：经常使用百度网，但每次启动 IE 浏览器后打开的却是其他网站，要输入网址才能进入，非常麻烦，能不能将常用的百度网设为默认打开的网站呢？

答：可以。在打开的网页中单击工具栏中的 ⚙ 按钮，在弹出的下拉列表中选择“Internet 选项”选项，在打开对话框“主页”栏中的文本框中输入“http://www.baidu.com”，单击 确定 按钮即可。

IE 10.0 浏览器

通过“开始”屏幕启动的 IE 10.0 浏览器，真正实现了全屏浏览，是充分利用 Windows 8 操作系统的优势而打造的，可瞬间完成网站的启动和加载，网络响应更加流畅，导航更加方便、简洁。而且 IE 10.0 浏览器采用行业领先的 SmartScreen 技术，有助于提高电脑和信息的网络安全性。

使用不同的搜索引擎将得到不同的搜索结果，这是因为各个搜索引擎所采用的搜索技术和信息处理方式不一样，因此，如果在某一搜索网站中得不到想要的结果，可以换一个网站试试。

第 7 章

轻松管理电脑软硬件

软件的分类

安装软件

卸载软件

常用的电脑外部设备

更新硬件设备的驱动程序

查看硬件设备属性

本章导读

电脑的功能之所以强大，是因为可以安装许多不同功能的软件和硬件设备，因此，要想合理地使用这些软件和硬件设备，对软件和硬件进行管理是必不可少的步骤。本章将主要讲解安装软件前需要做的一些准备工作、安装与卸载软件的方法、常用的电脑外部设备以及管理电脑硬件设备的方法。

7.1 安装软件前的准备

随着电脑技术的发展，在电脑中可安装的软件种类也越来越多，在电脑中安装软件之前，必须先了解软件的分类以及获取软件安装程序的方法。下面将进行详细的介绍。

7.1.1 软件的分类

在电脑中，软件通常可分为系统软件、应用软件和工具软件 3 类，下面分别对各类软件进行介绍。

- **系统软件：**负责管理电脑系统中各种独立的硬件，使它们可以协调工作。这类软件为电脑提供最基本的功能，是其他各类软件发挥功能的平台，Windows 系列的操作系统就是最常用的系统软件之一。
- **应用软件：**是为了某种特定的用途而开发的软件，此类软件的功能较强，需要经过一定的培训才能完全掌握，如常用的 Office 办公软件、Photoshop 图像处理软件、Flash 动画制作软件等。
- **工具软件：**是指体积小、功能单一、简单易学的所有软件，该类软件的功能虽然不如应用软件强，但其界面简单，易学易用，在对专业性要求不高的前提下，可以完全替代应用软件。常见的应用软件有酷我音乐播放器软件、迅雷下载软件、WinRAR 压缩软件、光影魔术手图像处理软件等。

7.1.2 获取软件的安装程序

用户要想使用软件，就需要先获取这些软件的安装程序，这样才能在电脑中进行安装。获取软件安装程序的方法主要有以下 3 种。

- **从软件销售单位购买：**购买正规的软件安装光盘，正版软件不但质量有保证，通常还能享受一些升级和技术支持，如果是财务、预算等专业软件，销售公司往往会对用户提供培训服务。
- **购买商品附送软件：**生产厂家为了促销，在用户购买软件或电脑方面的书籍时，有时会赠送一些软件。
- **网上下载安装程序：**在很多网站中，都提供了各种软件的下载服务，用户可以根据需要进行下载，如图 7-1 所示为微软 Windows 8 操作系统的官方网站，如图 7-2 所示为太平洋下载网站。

用户也可在百度、谷歌等搜索引擎中搜索需要的软件，然后进行下载。最好在软件的官方网站进行下载，这样安装的软件在功能和安全上才能得到保证。

图 7-1　Windows 8 官方网站

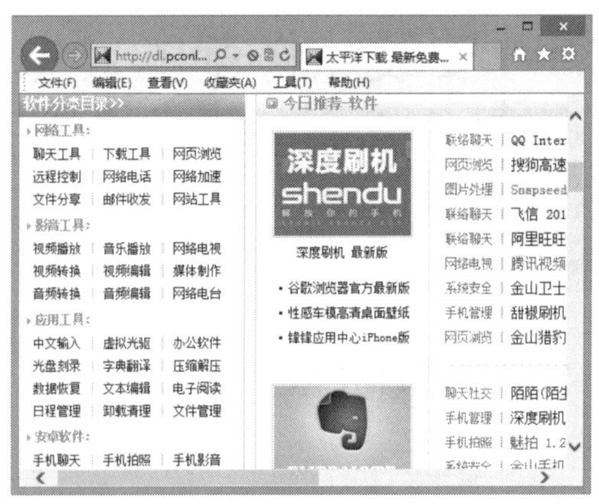

图 7-2　太平洋下载网站

7.2　安装与卸载软件

软件需要在电脑中正确安装后才能使用，如果电脑中安装的软件较多，会占用磁盘空间，影响电脑的运行速度，此时可将不需要的软件卸载，以释放磁盘空间。下面详细讲解安装与卸载软件的方法。

7.2.1　安装软件

安装软件是指将各种软件数据或文件安装到电脑中以便使用。做好安装前的准备工作后，即可运行软件的安装程序进行安装。

实例 7-1　安装腾讯 QQ

下面在电脑中运行“QQ 2013Bata1.exe”安装程序，安装腾讯 QQ 软件。

1. 从网上将“QQ2013Bata1”安装程序下载到电脑中，在电脑 F 盘的“软件”文件夹中双击安装程序文件“QQ2013Bata1.exe”，如图 7-3 所示。

2. 系统开始检查 QQ 2013 的安装环境，稍等一会儿，在打开的安装向导对话框中选中 ☑我已阅读并同意软件许可协议和青少年上网安全指引 复选框，单击 下一步(N) 按钮，如图 7-4 所示。

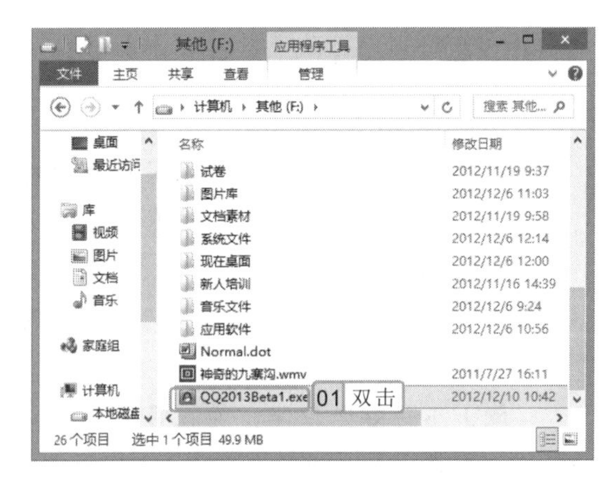

图 7-3　双击安装程序

行家提醒

在选择软件安装路径时尽量不要选择操作系统所在的磁盘分区，因为软件在使用时会产生许多临时文件和垃圾文件，占用操作系统所在磁盘分区的空间，导致电脑运行速度变慢。

3 打开“选项”对话框，取消选中“自定义安装选项”栏中的所有复选框，在“快捷方式选项”栏中选中☑桌面复选框，单击下一步(N)按钮，如图7-5所示。

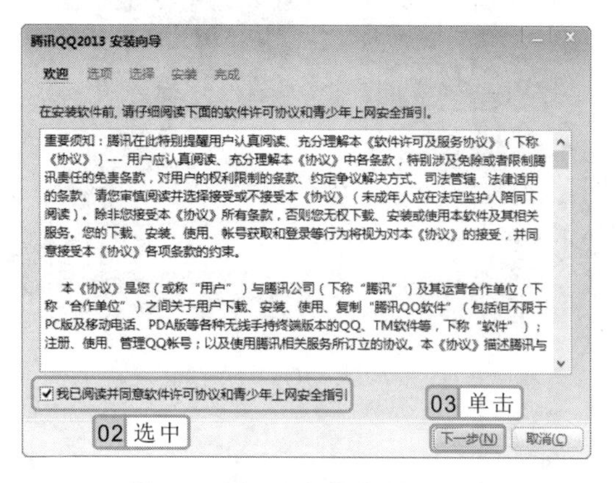

图 7-4 打开安装向导对话框

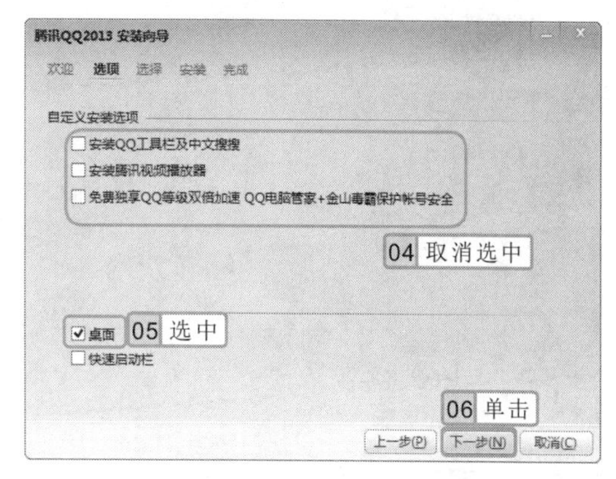

图 7-5 自定义安装选项

4 在打开的“选择”对话框中单击浏览(B)按钮，在打开的“浏览文件夹”对话框中选择软件安装的位置，然后单击确定按钮，如图7-6所示。

5 返回“选择”对话框中，单击安装(I)按钮，系统将开始安装该软件，并显示安装的进度，如图7-7所示。

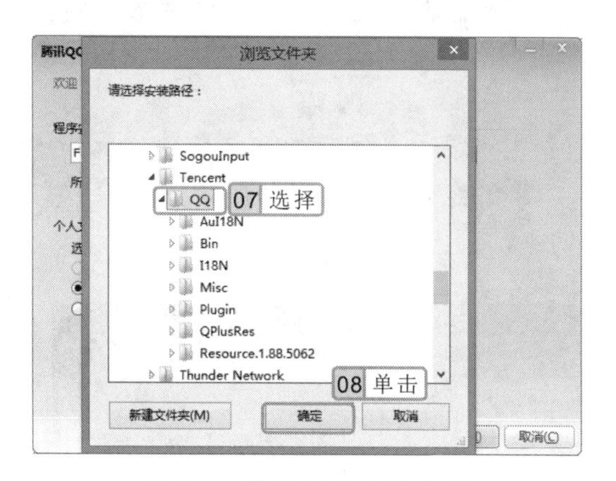

图 7-6 设置软件安装位置

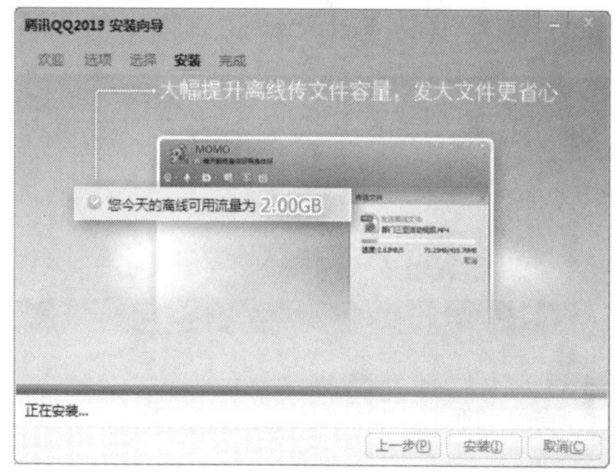

图 7-7 安装软件

6 安装完成后，打开“完成”对话框，在“安装完成”栏中默认选中了所有的复选框，用户可以根据需要选中所需的复选框，这里选中☑立即运行腾讯QQ2013复选框，单击完成(F)按钮，如图7-8所示。

7 稍等片刻后，将在电脑桌面上自动打开QQ 2013的登录界面，如图7-9所示。输入QQ账号和密码进行登录即可。

在出现安装进度条前，如果用户觉得设置有误，可以单击<上一步(P)按钮，返回上一个步骤重新进行设置。

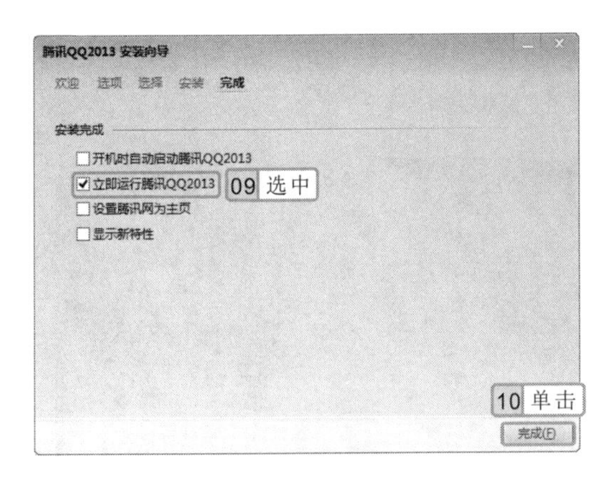

图 7-8 完成安装

图 7-9 QQ 登录界面

7.2.2 卸载软件

卸载软件是指将安装在电脑中的软件删除，以释放有限的磁盘空间，不同的软件，其卸载方法基本相同。下面进行详细讲解。

实例 7-2 卸载迅雷看看播放器和迅雷看看高清播放组件

下面通过控制面板卸载安装在电脑中的迅雷看看播放器和迅雷看看高清播放组件。

1. 双击桌面上的“控制面板”图标，打开“所有控制面板项”窗口，在其中单击“程序和功能”超链接，如图 7-10 所示。
2. 打开“程序和功能”窗口，在其中的列表框中显示了所有的安装软件，选择“迅雷看看播放器”选项，单击鼠标右键，在弹出的快捷菜单中选择“卸载/更改”命令，如图 7-11 所示。

图 7-10 单击超链接

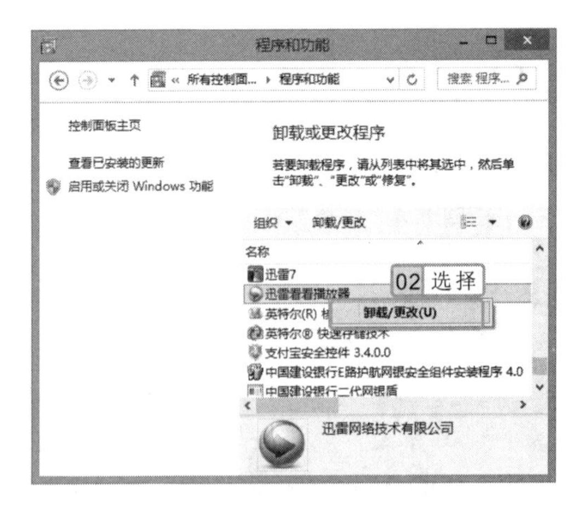

图 7-11 选择“卸载/更改”命令

行家提醒

一些软件在安装完成后需要重新启动电脑才能正常使用，此时用户可以根据打开的提示对话框立即进行重新启动的操作，也可以手动重启电脑使安装的软件生效。

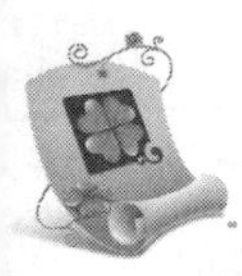

3 在打开的提示对话框中单击 是(Y) 按钮，再在打开的“迅雷看看播放器 卸载”窗口中选中 ☑同时卸载迅雷看看高清播放组件 和 ☑清空历史记录 复选框，单击 下一步(N) 按钮，如图 7-12 所示。

4 系统开始卸载迅雷看看播放器和迅雷看看高清播放组件，如图 7-13 所示。卸载完成后，关闭窗口即可。

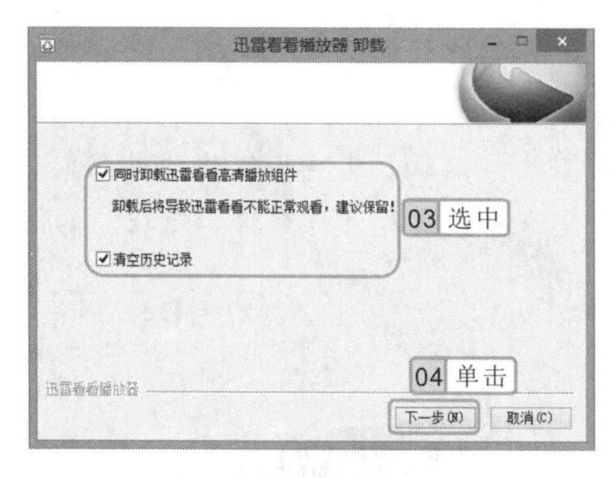

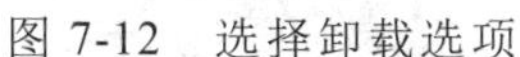

图 7-12　选择卸载选项

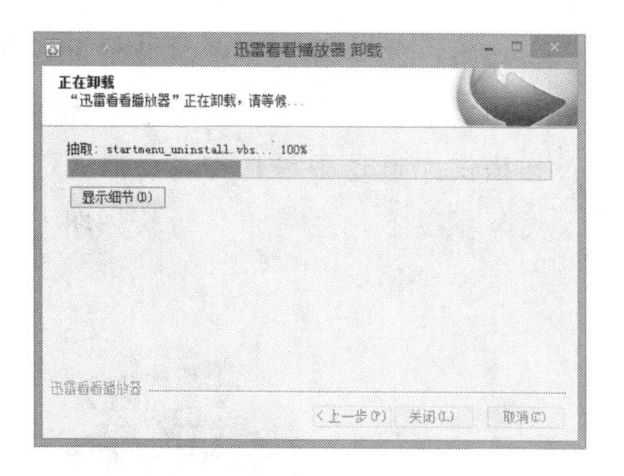

图 7-13　开始卸载软件

7.3　常用的电脑外部设备

目前，在电脑中能够兼容使用的外部设备很多，通过这些设备可以快速完成电脑原本无法完成的工作，根据安装方法的不同，可将设备分为即插即用设备和非即插即用设备两种。下面分别进行介绍。

7.3.1　即插即用设备

即插即用设备是指连接到电脑中后，不需要安装任何驱动程序就可直接使用的设备，常用的即插即用设备有 U 盘、移动硬盘和数码摄像机等，它们都属于便携式的数据存储设备，其使用功能大体相同，但外形和使用方法有所不同，如图 7-14 所示分别为 U 盘、数码相机、移动硬盘的外观。

图 7-14　各种移动存储器

卸载某些软件时，选择“卸载/更改”命令后会打开一个提示对话框，在其中单击 是(Y) 按钮后就会直接卸载，不需要再进行设置。

7.3.2 非即插即用设备

非即插即用设备是指连接到电脑中后，需要安装相应设备驱动程序后才能正常运行的设备，安装驱动程序的方法和安装软件基本相同，这里不再赘述。常用的非即插即用设备有打印机、扫描仪以及一体机等，分别介绍如下。

- **打印机**：在日常办公中，通过打印机可以方便地将电脑中的文档、图片等打印在纸张上面，如图 7-15 所示为打印机。
- **扫描仪**：通过扫描仪可以将照片、产品图片、报纸、文稿等转化为电脑能够识别的数字图像，再用相应的软件即可对这些照片、图片进行编辑和处理，如图 7-16 所示为扫描仪。

图 7-15　打印机

图 7-16　扫描仪

- **一体机**：集打印、复印、扫描、传真 4 种功能于一体，能满足办公中的绝大部分需求，在办公方面应用比较广泛。一体机主要是通过面板上的各个按钮来进行操作的，如图 7-17 所示为办公一体机。

图 7-17　办公一体机

在通过正规途径购买打印机和扫描仪等非即插即用设备时，都会附送一张与该设备配套的驱动程序光盘供用户安装驱动程序。

7.4 管理电脑硬件设备

在 Windows 8 中可直接查看电脑各硬件设备的基本信息，如处理器的速度和内存的容量等，并且还能通过“设备管理器”窗口查看硬件设备、更新硬件设备的驱动程序、禁用和启用硬件设备、卸载硬件设备等。下面分别进行介绍。

7.4.1 检测电脑硬件性能

在电脑“系统”窗口中可查看电脑硬件的基本性能信息，并能对电脑硬件的性能进行评分，以方便用户对硬件性能进行了解。检测电脑硬件性能的方法是：在桌面“计算机”图标上单击鼠标右键，在弹出的快捷菜单中选择“属性”命令，打开“系统”窗口，单击“系统”栏中的“Windows 体验指数”超链接，在打开的窗口中即可查看到电脑硬件性能的综合评分，如图 7-18 所示。

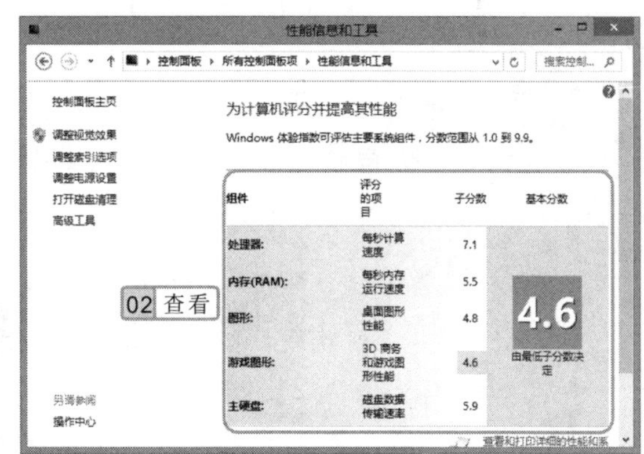

图 7-18　查看电脑硬件评分

7.4.2 查看硬件设备属性

通过“设备管理器”窗口可以查看详细的硬件设备属性，如处理器的运行状态、硬盘的驱动程序等属性。

实例 7-3　通过“设备管理器”查看鼠标属性

1. 打开“系统”窗口，在左侧单击“设备管理器”超链接，打开“设备管理器”窗口，双击“鼠标和其他指针设备”选项，在其子选项上单击鼠标右键，在弹出的快捷菜单中选择“属性”命令，如图 7-19 所示。
2. 在打开的对话框中默认选择“常规”选项卡，在其中可查看鼠标的运行状态，如图 7-20 所示。在其中选择不同的选项卡还可分类查看其具体属性。

在“系统”窗口左下方单击“性能信息和工具”超链接，也能打开“性能信息和工具”对话框。

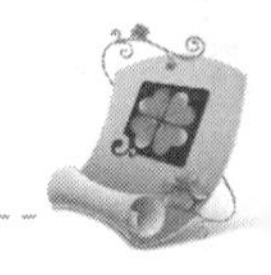

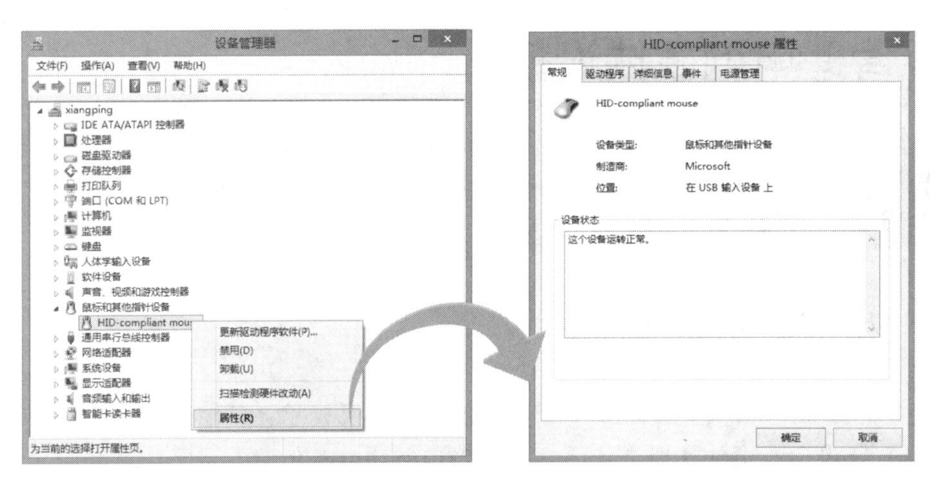

图 7-19　选择“属性”命令　　　　图 7-20　查看鼠标属性

7.4.3　更新硬件设备的驱动程序

如果一些硬件设备因其驱动程序文件丢失或版本过低造成设备无法正常使用时，用户就可以根据需要在“设备管理器”窗口中对硬件设备的驱动程序进行更新。

实例 7-4　更新键盘驱动程序

1. 打开“设备管理器”窗口，双击“键盘”选项，在其子选项“PS/2 标准键盘”上单击鼠标右键，在弹出的快捷菜单中选择“更新驱动程序软件”命令。
2. 在打开的对话框中选择一种搜索方式，这里选择“自动搜索更新的驱动程序软件”选项，如图 7-21 所示。
3. 此时系统将自动开始搜索并下载最新的驱动程序软件，下载完成后，将自动进行安装，完成后在打开的对话框中单击 关闭(C) 按钮，如图 7-22 所示。

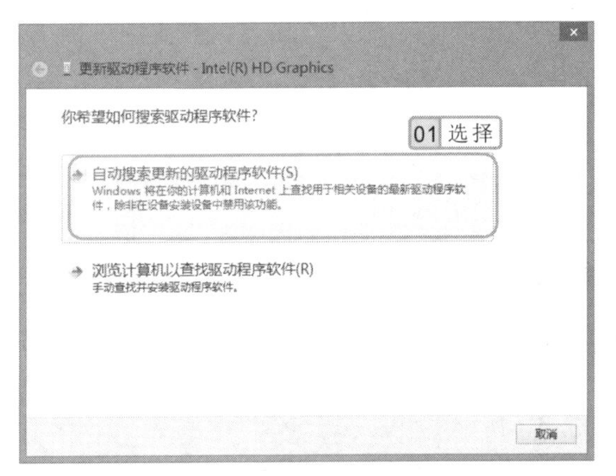

图 7-21　选择搜索方式

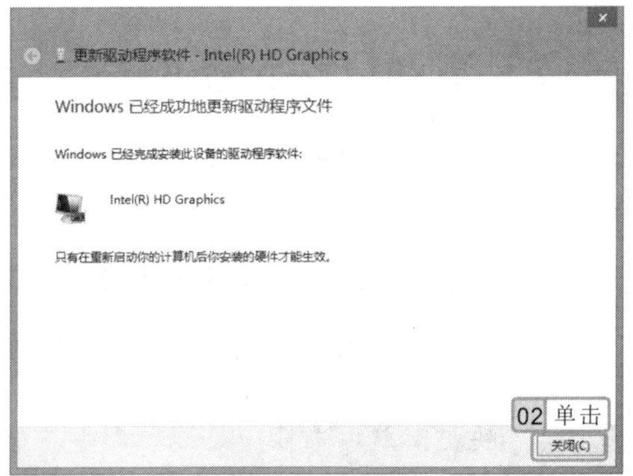

图 7-22　完成更新

行家提醒

在更新驱动程序时，若选择“自动搜索更新的驱动程序软件”选项，就需要联机进行搜索，所以，只能在联网的情况下才能进行。

打开提示对话框，单击 是(Y) 按钮重启电脑，即可完成更新硬件设备驱动程序的操作。

7.4.4　禁用和启用硬件设备

禁用电脑中的某个设备可释放分配给该设备的资源，从而提高电脑的性能。需要使用时，再对其进行启用即可。禁用和启用硬件设备的方法是：在“设备管理器”窗口中需要禁用或启用的硬件设备选项上单击鼠标右键，在弹出的快捷菜单中选择“禁用”命令，在打开的提示对话框中单击 是(Y) 按钮即可禁用设备，如图 7-23 所示；若选择“启用”命令，如图 7-24 所示，则被禁用的硬件设备将重新被启用。

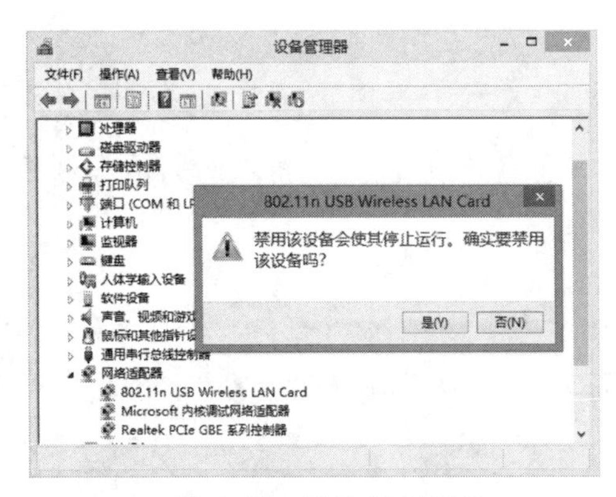

图 7-23　确认禁用设备

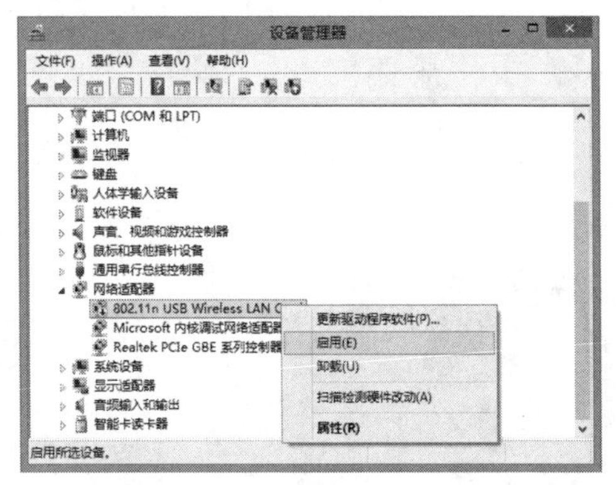

图 7-24　选择“启用”命令

7.4.5　卸载硬件设备

卸载硬件设备与禁用硬件设备不同，卸载后的硬件设备只有在重新进行连接并安装驱动程序后才能继续使用。其方法是：在“设备管理器”窗口中选择需要卸载的硬件设备，单击鼠标右键，在弹出的快捷菜单中选择“卸载”命令，打开“确认设备卸载”对话框，单击 确定 按钮，即可完成硬件设备的卸载，如图 7-25 所示。

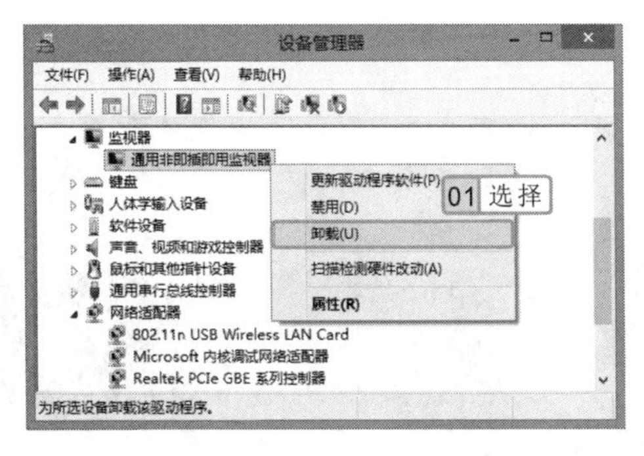

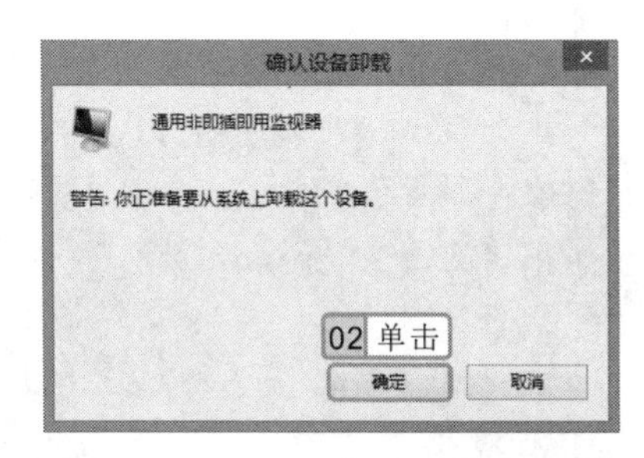

图 7-25　卸载硬件设备

“设备管理器”窗口中的处理器、硬盘等硬件设备没有“禁用”和“启用”命令，因为它们是电脑中最为关键的硬件设备，所以不能被禁用。

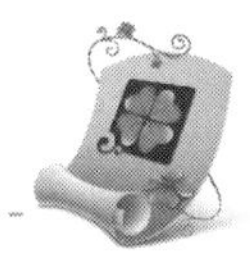

7.5 基础实例

本节基础实例将运用前面所讲的知识，在电脑中自定义安装 Office 2010 办公软件，然后在“设备管理器”窗口中对硬件设备进行管理，使硬件设备能够正常使用。

7.5.1 自定义安装 Office 2010 软件

本例将通过本章所学的知识，先获取 Office 2010 软件的安装程序，然后根据安装向导自定义安装 Office 2010 软件。

1. 操作思路

为更快完成本例的制作，并尽可能运用本章讲解的知识，现将本例的操作思路介绍如下。

2. 操作步骤

下面介绍安装 Office 2010 软件的方法，其操作步骤如下：

参见光盘　光盘\实例演示\第 7 章\自定义安装 Office 2010 软件

1. 将 Office 2010 安装光盘放入光驱中，然后打开光盘，在其中找到并双击 setup.exe 文件，打开“输入您的产品密钥”对话框，在其中的文本框中输入产品密钥，然后单击 继续(C) 按钮，如图 7-26 所示。
2. 打开“阅读 Microsoft 软件许可证条款”对话框，选中 ☑ 我接受此协议的条款(A) 复选框，单击 继续(C) 按钮。
3. 打开“选择所需的安装”对话框，单击 自定义(U) 按钮，可进行自定义安装设置，如图 7-27 所示。

行家提醒

在“选择所需的安装”对话框中单击 立即安装(I) 按钮可安装 Office 的全部组件，并默认将其安装到系统盘中。

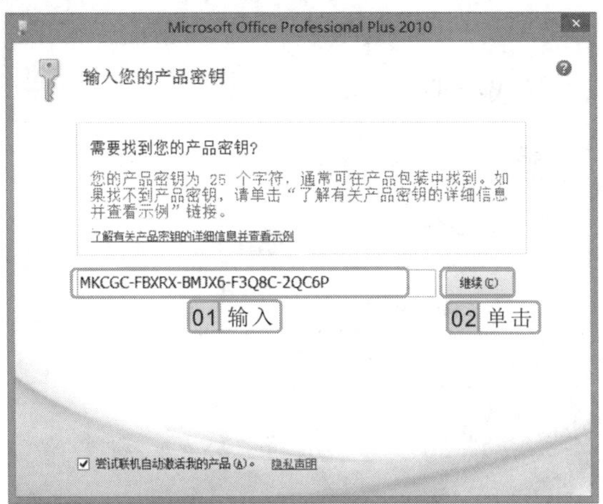

图 7-26 输入产品密钥

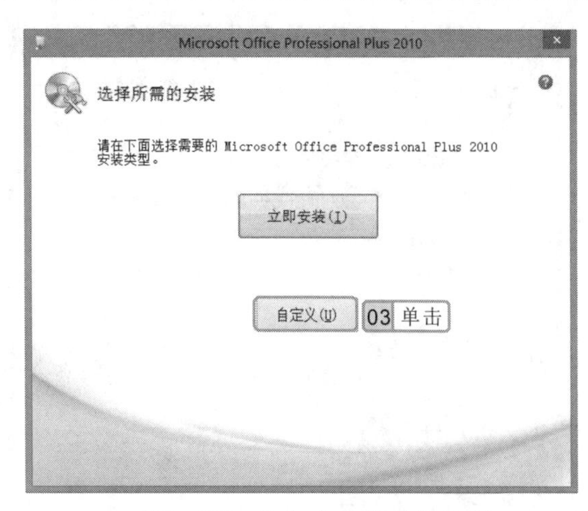

图 7-27 单击“自定义”按钮

4 若电脑中存在早期版本的 Office 程序，则可在打开对话框的“升级”选项卡中选中 ◉ 保留所有早期版本(K)。单选按钮，即保留早期版本的 Office 程序，如图 7-28 所示。

5 选择“安装选项”选项卡，在其列表框中不需安装的组件前单击下拉按钮▾，在弹出的下拉列表中选择“不可用”选项，该组件上将出现✕标识，即表示不安装该组件，如图 7-29 所示。

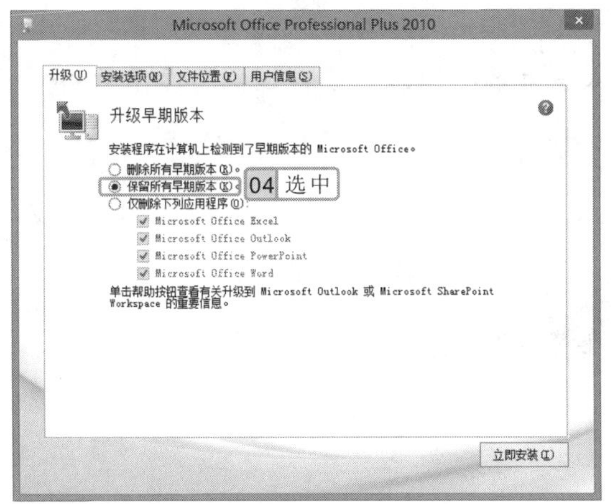

图 7-28 保留早期版本的 Office 软件

图 7-29 设置不安装的组件

6 选择“文件位置”选项卡，在其文本框中输入程序的安装位置“D:\program Files\Microsoft Office\”，单击 立即安装(I) 按钮，如图 7-30 所示。

7 软件将自动进行安装，并显示安装进程，完成后将打开“完成 Office 体验”对话框，单击 关闭(C) 按钮将其关闭，如图 7-31 所示。

8 安装成功后，即可进入“开始”屏幕启动和使用软件了。

在“选择文件位置”对话框中单击 浏览(B)... 按钮，在打开的对话框中可选择软件安装的位置。

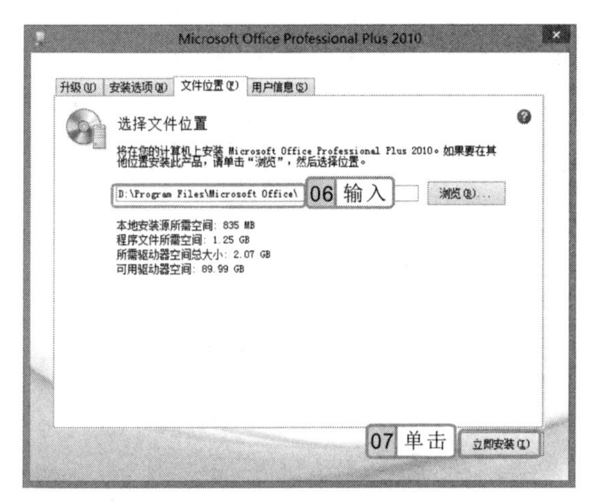

图 7-30　设置安装位置

图 7-31　完成安装

7.5.2　查看和更新硬件设备驱动程序

本例将在"设备管理器"窗口中查看连接的硬件设备的驱动程序属性，然后对该设备的驱动程序进行更新，以巩固管理硬件设备的知识。

1. 操作思路

为更快完成本例的制作，并尽可能运用本章讲解的知识，现将本例的操作思路介绍如下。

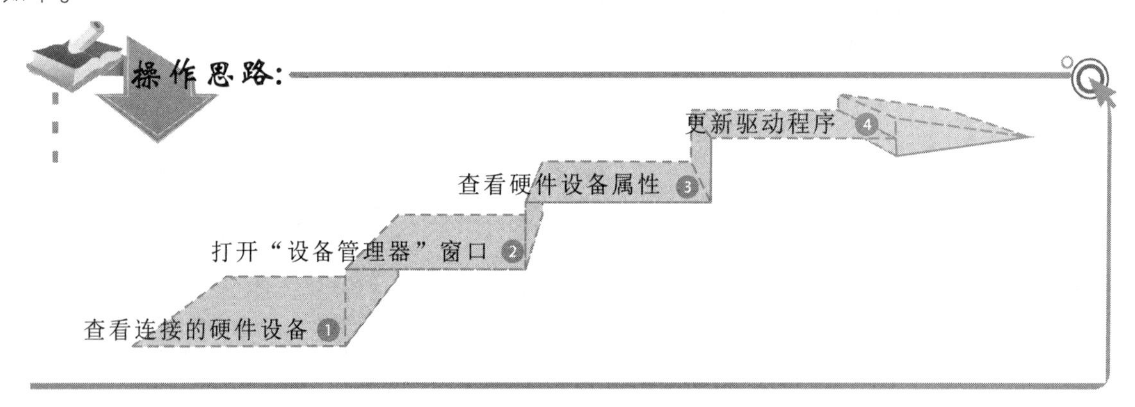

2. 操作步骤

下面介绍管理硬件设备的方法，其操作步骤如下：

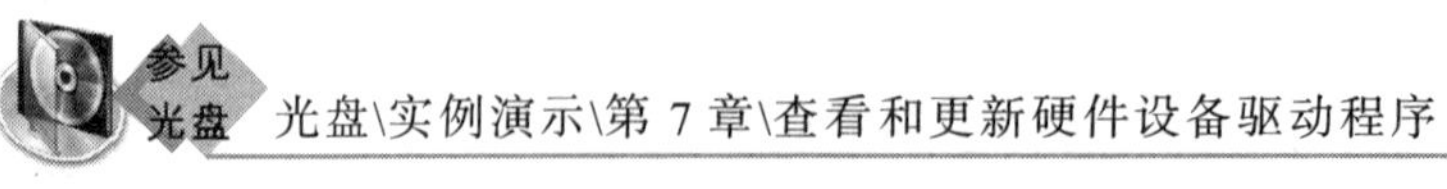

光盘\实例演示\第 7 章\查看和更新硬件设备驱动程序

1 将硬件设备"USB 视频设备"与电脑主机的 USB 接口连接，在桌面"计算机"

在"计算机"窗口中的空白区域单击鼠标右键，在弹出的快捷菜单中选择"属性"命令，也可打开"系统"窗口。

图标上单击鼠标右键，在弹出的快捷菜单中选择“属性”命令。

2 打开“系统”窗口，单击“设备管理器”超链接，打开“设备管理器”窗口，双击“图像设备”选项，在其子选项上单击鼠标右键，在弹出的快捷菜单中选择“属性”命令，如图7-32所示。

3 打开“USB 视频设备 属性”对话框，选择“驱动程序”选项卡，查看该驱动程序的相关信息，单击 更新驱动程序(P)... 按钮，如图7-33所示。

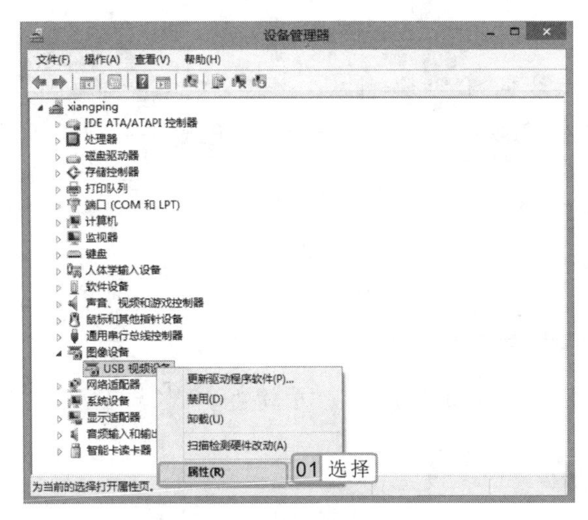

图7-32 选择“属性”命令

图7-33 查看驱动程序信息

4 在打开的对话框中选择“自动搜索更新的驱动程序软件”选项，系统开始联机搜索最新的驱动程序，如图7-34所示。

5 若搜索到新的驱动程序，系统将自动下载和安装选择的驱动程序，安装完成后，系统会在打开的对话框中提示已经安装了最新的驱动程序软件，如图7-35所示。

6 单击 关闭(C) 按钮关闭该对话框即可。

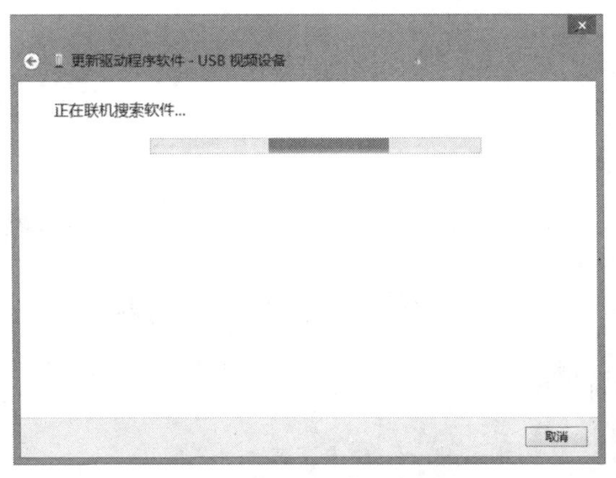

图7-34 联机搜索驱动程序

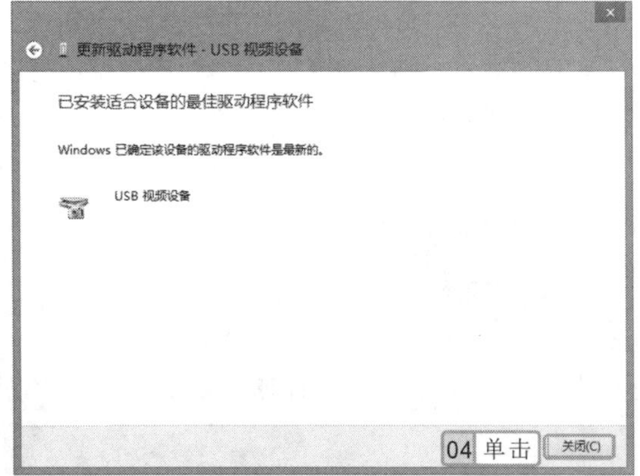

图7-35 成功安装最新的驱动程序

在“设备管理器”窗口中某选项前单击▷按钮，可展开该选项的其他子选项。

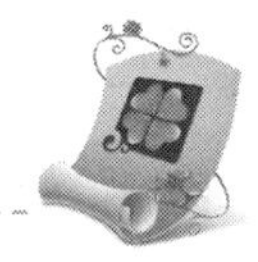

7.6 基础练习

本章主要讲解了对电脑中软件和硬件的管理知识。下面将通过两个练习进一步巩固管理软件和硬件的相关知识，让用户能快速解决管理软件和硬件过程中遇到的问题。

7.6.1 管理电脑中的软件

本练习将对电脑中的软件进行管理，首先通过“控制面板”查看电脑中已安装的软件，然后从网站上下载相关软件的安装程序进行安装，最后将电脑中不用的软件卸载。

参见光盘　光盘\实例演示\第 7 章\管理电脑中的软件

该练习的操作思路如下。

操作思路：

1. 查看电脑中安装的软件
2. 从网上下载安装程序进行安装
3. 卸载电脑中不用的软件

7.6.2 管理硬件设备

本练习将在“设备管理器”窗口中查看不能正常使用的硬件设备的相关信息，并尝试找出其不能正常使用的原因，最后对无法正常使用的硬件设备驱动程序进行更新。

参见光盘　光盘\实例演示\第 7 章\管理硬件设备

该练习的操作思路如下。

操作思路：

1. 查看无法正常使用的硬件设备
2. 在“设备管理器”窗口查看硬件设备属性
3. 更新驱动程序

行家提醒

驱动程序与其他应用程序有所不同，一旦安装在电脑中就会自动运行，无须对其进行设置等操作。

7.7 知识问答

在对电脑中的软件和硬件进行管理时，难免会遇到一些难题，如软件无法安装或安装后无法正常启动、非即插即用设备驱动程序的安装等。下面将介绍软件和硬件管理过程中常见的问题及解决方案。

问：为什么在安装某些软件时提示无法安装，或安装成功后，无法正常使用呢？

答：这可能是软件和系统不能兼容造成的，软件一般都是依托于操作系统来运行的，而不同的操作系统的具体设置会有所不同，所以在安装软件之前，需要首先查看该软件对当前电脑操作系统是否兼容。

问：非即插即用设备每次使用时都需要安装驱动程序吗？

答：不用，因为当电脑安装了非即插即用设备的驱动程序后，Windows 8 会自动将该驱动程序保存在系统盘的驱动程序文件夹中，当下次使用该设备时系统将自动调用该驱动程序以驱动该设备。

问：可以直接拔出即插即用型设备吗？

答：直接拔出即插即用型设备容易造成设备中存储的文件损坏，严重的可能会造成即插即用型设备无法被电脑识别，因此不建议直接拔出，可在任务栏通知区域单击即插即用型设备对应的图标，在弹出的下拉列表中选择弹出的选项，然后拔出设备即可。

查看软件对电脑硬件的要求

软件不仅对电脑系统有要求，不同的软件对电脑硬件的要求也不一样，如安装 Office 2010，Microsoft 公司推荐的最低硬件配置是 CPU 为 500MHz 处理器、内存为 256MB 和 2GB 的磁盘空间，只有达到这些要求的电脑才能正常安装和运行 Office 2010。因此，用户在安装软件前，需先查看该软件对电脑硬件的要求。

在“设备管理器”窗口中右击任意图标，在弹出的快捷菜单中选择“扫描检测硬件改动”命令，可以重新检测电脑所连接的所有硬件设备。

提高篇

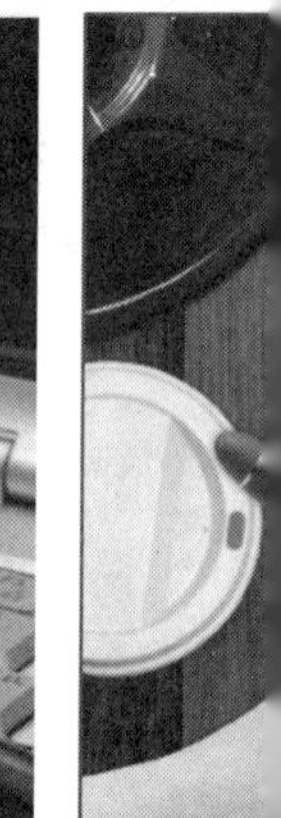

初学者要想丰富自己的电脑知识，不仅要掌握最基础的知识，还需要不断地学习更多、更深层次的电脑知识。Windows 8操作系统是最新一代的Windows系统，要想熟练地使用该系统，不仅需要掌握设置和管理系统的知识，还需要掌握Windows 8“开始”屏幕中各磁贴的操作方法。而Word和Excel是办公中最常用的两个软件，使用它们可帮助我们快速完成工作。通过网络，不仅可快速搜索到需要的资料，还可在线看视频、听歌、看小说和玩游戏等，甚至还可直接在网上管理自己的银行卡、购物、预订机票和酒店，方便人们的生活。

<<< IMPROVEMENT

提高篇

第 8 章

设置和管理 Windows 8

设置桌面背景

创建用户账户

创建图片密码

电脑系统设置

设置“开始”屏幕颜色和图案

设置锁屏图片

本章导读

Windows 8 是一个人性化的操作系统，在使用过程中不同的用户可以根据自己的喜好和需求对外观、主题和用户账户等进行个性化设置，使其符合自己的使用习惯，打造个性化的 Windows 8 使用环境。本章将详细介绍桌面背景、外观颜色和“开始”屏幕颜色、背景图案等外观属性的设置方法，以及用户账户、电脑声音、系统日期和时间等知识。

8.1　设置个性化外观

通过设置 Windows 8 的外观可以改变“开始”屏幕和桌面的视觉效果，包括设置桌面背景、窗口颜色和外观、屏幕保护程序、系统主题、“开始”屏幕颜色和背景图案等。下面进行具体讲解。

8.1.1　设置桌面背景

如果对默认的电脑桌面背景不满意，用户也可将自己喜欢的图片或照片设置为桌面背景，使其体现出个人风格。

实例 8-1　将保存的图片设置为桌面背景

下面通过“个性化”窗口将保存在图片库中的一张图片设置为桌面背景。

1. 在桌面空白区域单击鼠标右键，在弹出的快捷菜单中选择“个性化”命令，打开“个性化”窗口，单击窗口下方的“桌面背景”超链接，如图 8-1 所示。
2. 打开“桌面背景”窗口，在中间的列表框中提供了多种系统自带的背景图片供选择，这里单击“图片存储位置”下拉列表框右侧的 ∨ 按钮，在弹出的下拉列表中选择“我的图片”选项。
3. 在该窗口的中间列表框中将显示“我的图片”中的所有图片，且所有图片都呈选择状态，这里选择如图 8-2 所示的图片。

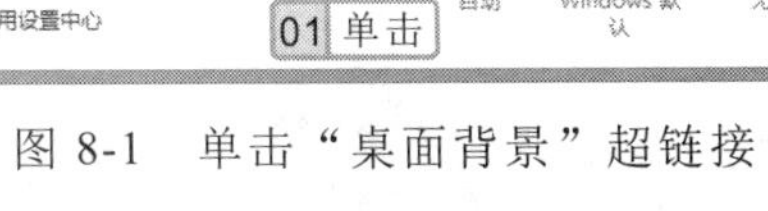
图 8-1　单击“桌面背景”超链接

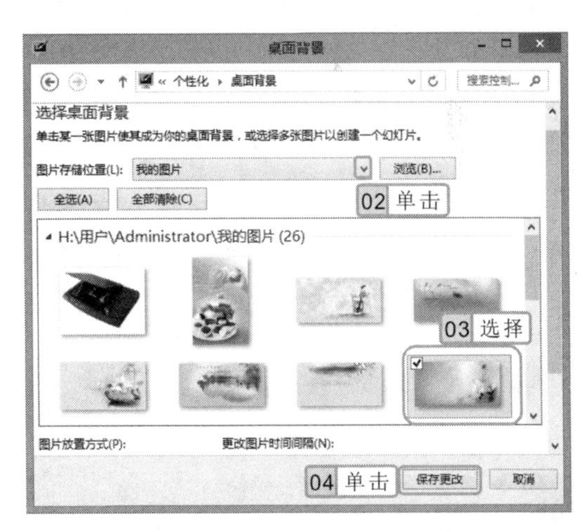

图 8-2　选择背景图片

4. 单击 保存更改 按钮返回“个性化”窗口，单击该窗口右上角的“关闭”按钮 × 关闭当前窗口。
5. 返回桌面，即可看到桌面背景应用了设置的图片，如图 8-3 所示。

操作提示

在“桌面背景”窗口中单击 浏览(B)... 按钮，在打开的“浏览文件夹”对话框中选择图片所保存的文件夹，单击 确定 按钮，该文件夹中的图片将显示在“桌面背景”窗口中的列表框中。

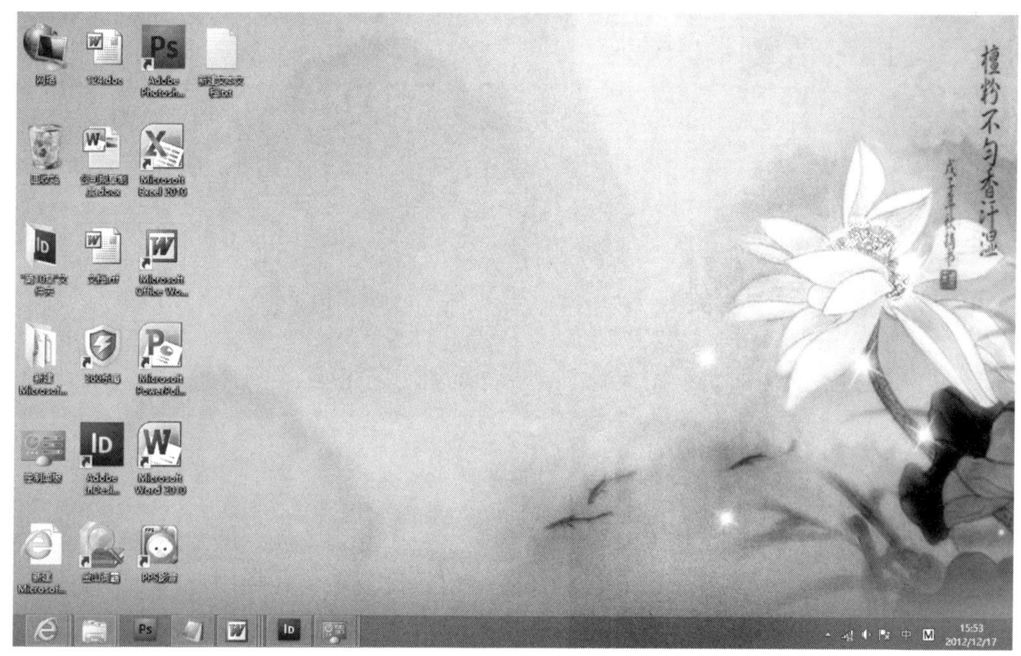

图 8-3　更改桌面背景后的效果

8.1.2　设置窗口颜色和外观

Windows 8 为窗口边框提供了丰富的颜色类型，用户可以自行对颜色进行更改，使电脑操作环境更加丰富多彩。

设置窗口颜色和外观的方法是：在“个性化”窗口中单击“窗口颜色”超链接，打开“颜色和外观”窗口，在其中可以选择窗口和对话框的颜色，如选择“颜色 5”选项，当前窗口的边框也将随之变化，单击保存修改按钮即可应用设置，如图 8-4 所示。

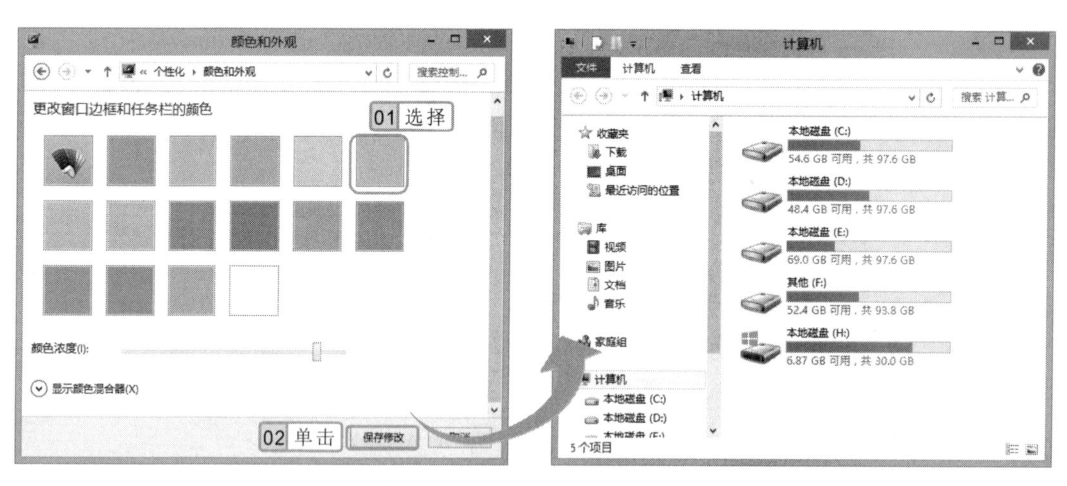

图 8-4　设置窗口颜色和外观

在“颜色和外观”窗口中选择颜色后，拖动“颜色浓度”滑块可自由调整颜色的深浅。单击“显示颜色混合器”文本前的⊙按钮，将显示该颜色的混合器，在其中可对混合颜色进行调整。

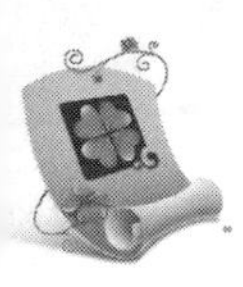

8.1.3 设置屏幕保护程序

通过对屏幕保护程序进行设置可以使屏幕暂停显示或以动画显示，避免图像或字符长时间显示在屏幕固定的位置上，从而起到保护显示器的目的。

设置屏幕保护程序的方法是：在“个性化”窗口中单击“屏幕保护程序”超链接，打开“屏幕保护程序设置”对话框，在“屏幕保护程序”栏的下拉列表框中选择所需的选项，在“等待”数值框中输入等待时间，该时间就是电脑在最后一次操作到显示屏幕保护程序的时间间隔，设置完成后单击确定按钮，如图 8-5 所示。

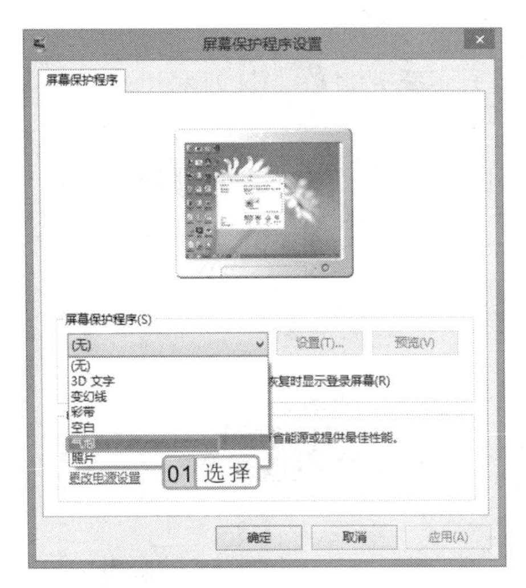

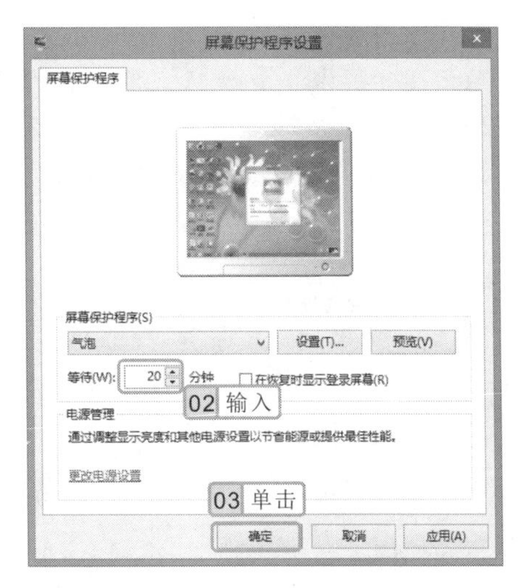

图 8-5　设置屏幕保护程序

8.1.4 设置系统主题

系统主题是将桌面的背景、屏幕保护程序以及窗口颜色和外观等设置集合在一起形成的一个整体风格，更改主题后，之前所有的设置，如桌面背景、窗口颜色和屏幕保护程序等都将随之发生改变。

设置系统主题的方法是：在桌面空白区域单击鼠标右键，在弹出的快捷菜单中选择“个性化”命令，打开“个性化”窗口，在其列表框中选择喜欢的主题，单击即可应用，如图 8-6 所示。

图 8-6　设置系统主题

若电脑已联网，在“个性化”窗口的列表框中单击“联机获取更多的主题”超链接，在打开的窗口中可查看更多的主题。

8.1.5　设置屏幕分辨率

屏幕分辨率是指电脑屏幕上显示像素的多少。分辨率越高，屏幕中的像素点和可显示的内容也就越多，但图像中显示的文字等对象也越小；分辨率越低，屏幕中的像素点就越少，且屏幕中显示的图标也就越大。

实例 8-2　设置电脑屏幕分辨率为 1280×960

1. 在桌面空白区域单击鼠标右键，在弹出的快捷菜单中选择“屏幕分辨率”命令，打开“屏幕分辨率”窗口。
2. 单击“分辨率”下拉列表框右侧的 ˅ 按钮，在弹出的下拉列表中用鼠标拖动滑块选择合适的分辨率，如图 8-7 所示。
3. 单击 确定 按钮，系统自动弹出提示对话框，单击 保存修改 按钮即可完成操作，如图 8-8 所示。

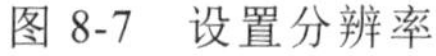

图 8-7　设置分辨率

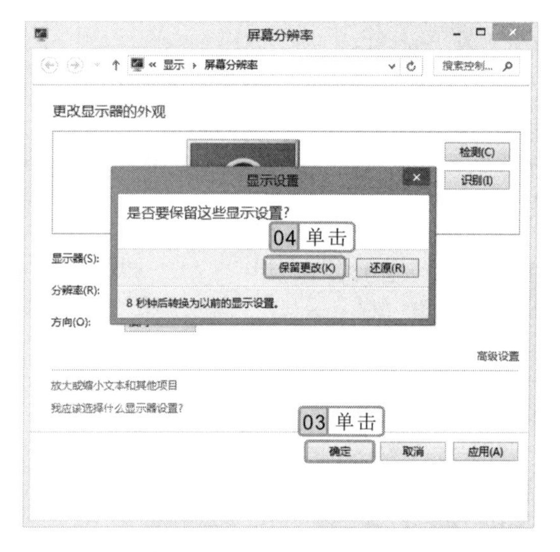

图 8-8　“显示设置”对话框

8.1.6　设置“开始”屏幕颜色和背景图案

在 Windows 8 操作系统中，不仅可对电脑桌面的外观进行设置，还可对“开始”屏幕的颜色和背景图案进行设置。

实例 8-3　自定义“开始”屏幕颜色和背景图案

下面通过“电脑设置”面板设置“开始”屏幕的颜色和背景图案。

1. 在“开始”屏幕的用户账户上单击，在弹出的面板中选择“更换用户头像”选项，

专家指导

不同型号和尺寸的显示器，其可以设置的分辨率大小选项可能不同，一般将其设置为推荐值便可。

在打开的界面右侧单击“‘开始’屏幕”文本链接，如图 8-9 所示。

2. 在打开的面板中显示了系统提供的“开始”屏幕颜色和背景图案，可根据自己的喜好选择，设置完成后，可预览设置效果，如图 8-10 所示。
3. 返回“开始”屏幕，即可查看设置后的最终效果。

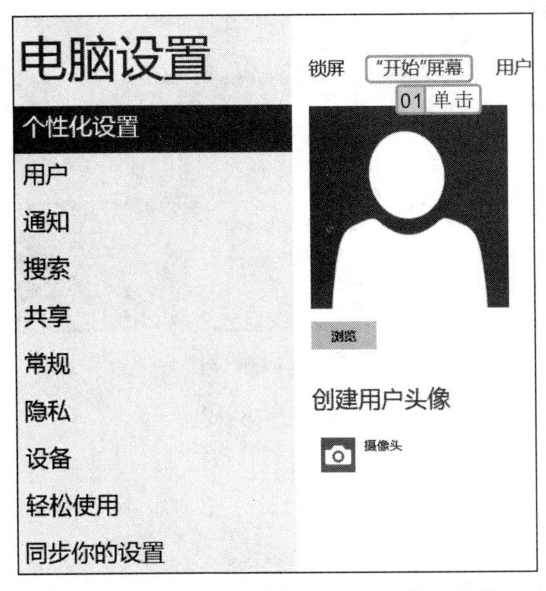

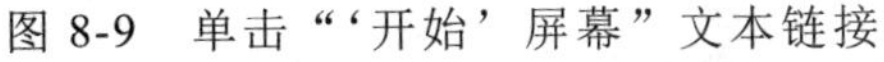
图 8-9　单击“‘开始’屏幕”文本链接

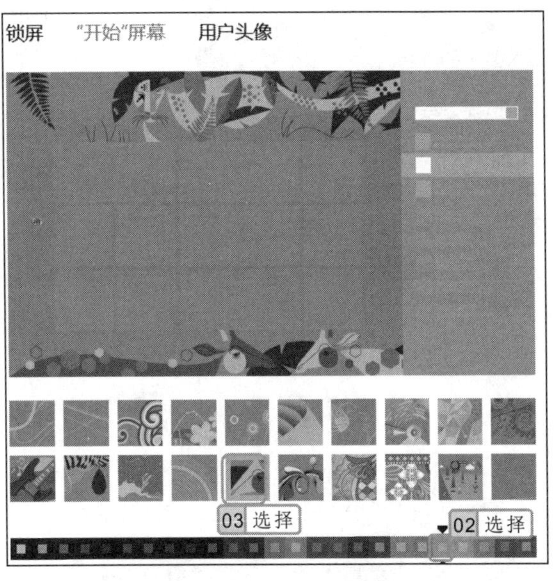

图 8-10　设置背景颜色和图案

8.1.7　设置锁屏图片

在使用 Windows 8 操作系统时，如果长时间不对电脑进行操作，系统会自动锁屏，并通过一张铺满整个屏幕的图片来对电脑屏幕进行保护，当需要使用电脑时，需要通过鼠标单击图片来解锁后才能进行操作。锁屏的图片并不是一成不变的，用户可根据自己的喜好来进行设置。

实例 8-4　将电脑中保存的图片设置为锁屏图片

1. 在“开始”屏幕中单击用户账户，在弹出的面板中选择“更改用户头像”选项，打开“电脑设置”面板，在右侧单击“锁屏”文本。
2. 在打开的面板中显示了系统提供的锁屏图片，直接单击即可设置，这里单击锁屏图片下方的 浏览 按钮，如图 8-11 所示。
3. 在打开的面板中显示了图片库中的图片，选择需要设置为锁屏的图片，这里选择如图 8-12 所示的图片。

在 Windows 8 中还可将保存在电脑任意位置的图片设置为锁屏图片，在“文件”面板中单击按钮，在弹出的下拉列表中选择图片位置，再在打开的面板中选择需要的图片，单击 选择图片 按钮即可。

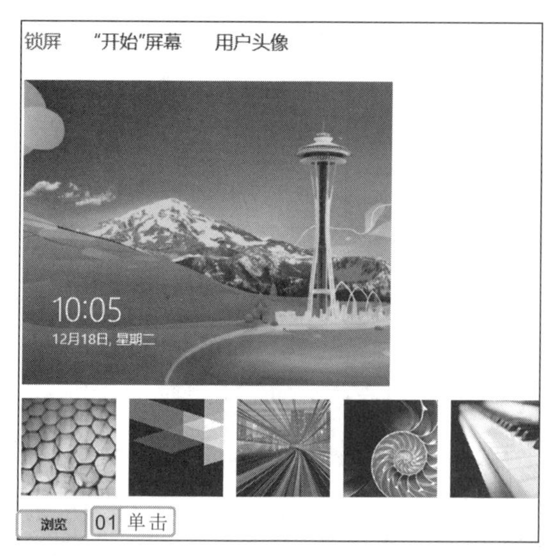

图 8-11 单击“浏览”按钮

图 8-12 选择锁屏图片

4 单击 选择图片 按钮，即可将选择的图片设置为锁屏图片，如图 8-13 所示。

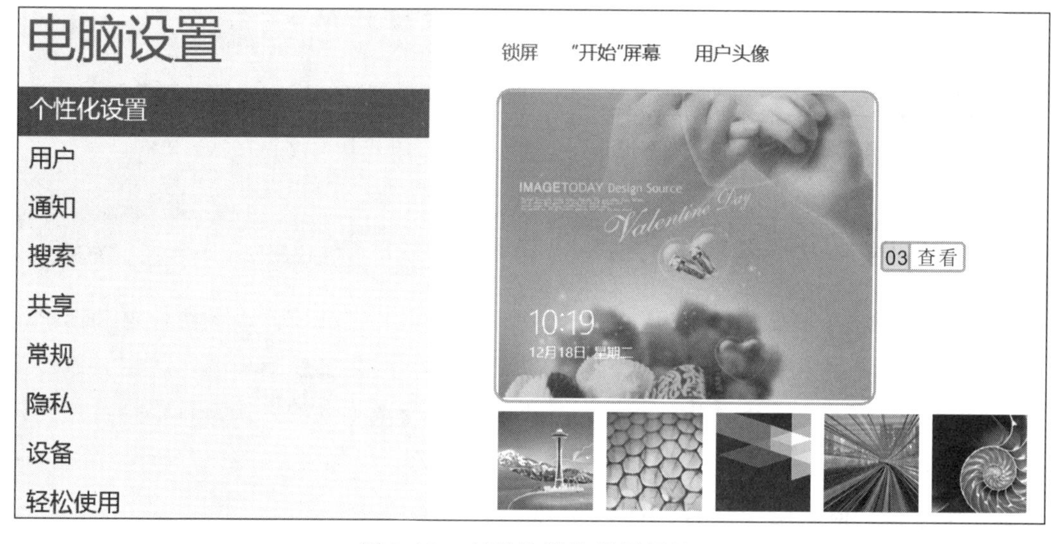

图 8-13 查看设置的锁屏图片

8.2 管理用户账户

Windows 8 操作系统中提供了多用户账户的功能，可以方便多人共用一台电脑，用户通过账户密码来有效地保护自己的资源，在不影响其他用户使用电脑的情况下，还可对电脑的使用环境进行设置。

在“电脑设置”面板中提供了很多其他有关电脑设置的选项，用户可对相关内容进行自定义设置。

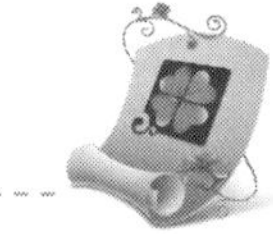

8.2.1 创建用户账户

在 Windows 8 系统中可创建的用户账户有 Microsoft 账户和本地账户，它们的作用和创建方法都基本相同，最大的区别是如果要打开“开始”屏幕中的“消息”、“邮件”等磁贴，必须登录 Microsoft 账户。

实例 8-5 创建 Microsoft 账户

下面将在 Windows 8 操作系统中通过已申请的邮箱地址（申请邮箱地址的方法将在 14 章中进行讲解）创建一个 Microsoft 账户。

1. 在“开始”屏幕中单击用户账户，在弹出的面板中选择“更改用户头像”选项，打开“电脑设置”面板，选择“用户”选项，在右边的“其他账户”栏中单击“添加用户”按钮 +，如图 8-14 所示。
2. 打开“添加用户”面板，将鼠标指针定位到“电子邮箱地址”文本框中，输入邮箱地址“abs113700@163.com”，然后单击 下一步 按钮，如图 8-15 所示。

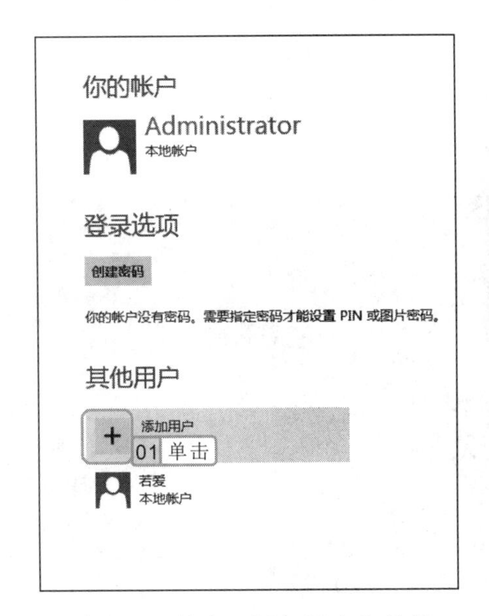

图 8-14　单击“添加用户”按钮

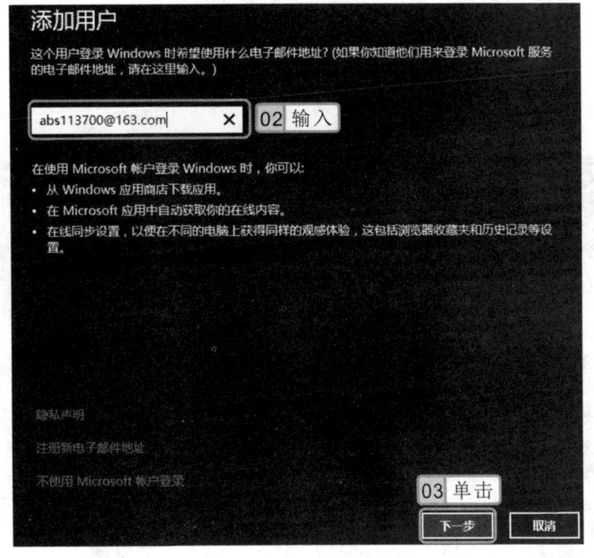

图 8-15　输入邮箱地址

3. 打开“设置 Microsoft 账户”面板，在“新密码”和“重新输入密码”文本框中输入该邮箱的密码，并在其他文本框中输入相应的信息，输入完成后单击 下一步 按钮，如图 8-16 所示。
4. 在打开的“添加安全信息”面板中填写相关的信息，填写完成后单击 下一步 按钮，如图 8-17 所示。
5. 在“完成”面板中填写生日、性别、验证码等信息，填写完成后单击 下一步 按钮，如图 8-18 所示。

操作提示

在“添加用户”面板中单击“不使用 Microsoft 账户登录”超链接，在打开的面板中单击 本地帐户 按钮，再在打开的“添加用户”面板根据提示进行操作，可在电脑中创建本地账户。

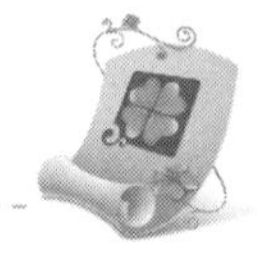

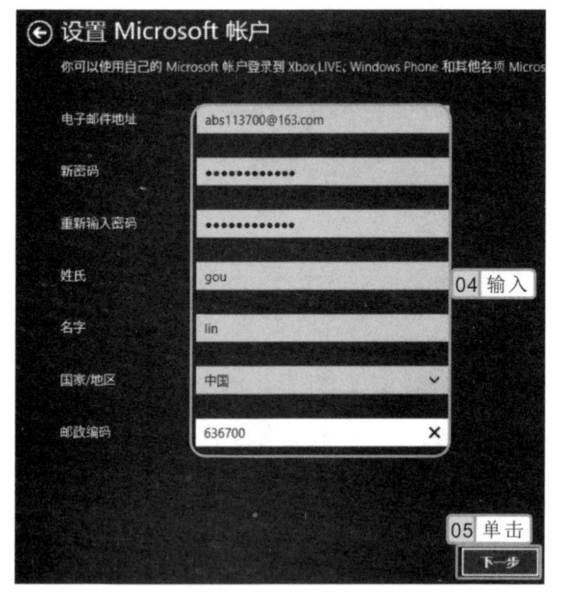

图 8-16 添加账户信息

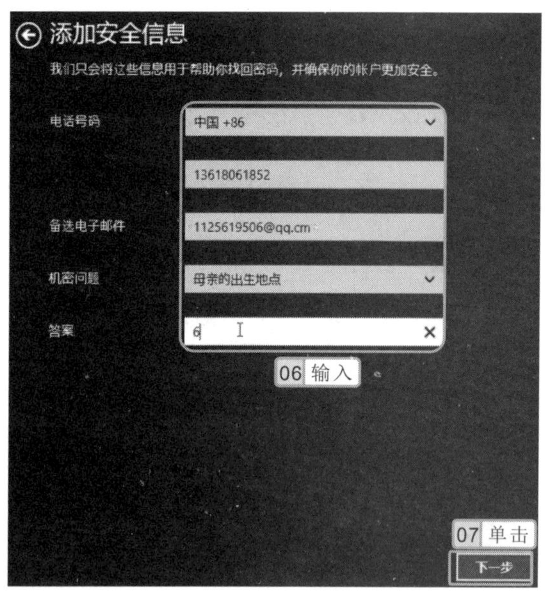

图 8-17 输入安全验证信息

6 稍等片刻，就会在打开的“添加用户”面板中显示添加的用户名称和邮箱，单击 完成 按钮，如图 8-19 所示。

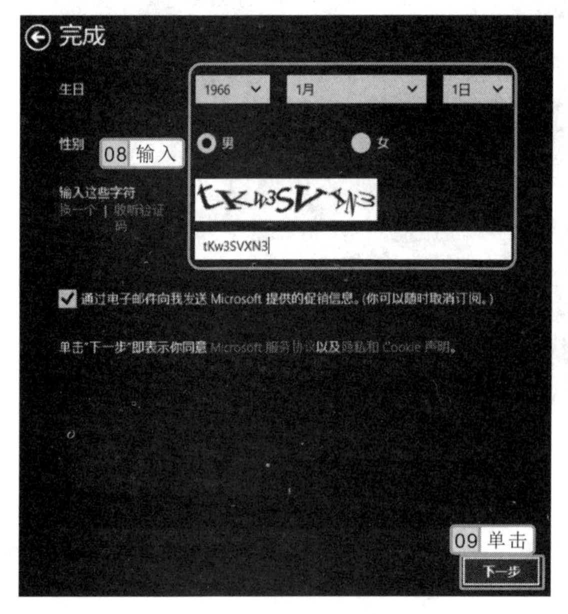

图 8-18 填写其他信息

图 8-19 完成用户的添加

7 返回“电脑设置”面板，在右侧的“其他用户”栏中可看到添加的新用户。

8 在“开始”屏幕用户账户上单击，在弹出的下拉列表中也显示了新添加的用户账户，选择新创建的账户“lin gou”，如图 8-20 所示。

专家指导

在 Windows 8 中，必须在联网的情况下才能添加 Microsoft 账户。

9 系统将自动切换到该账户的登录界面，在其中输入该账户的密码，单击→按钮即可登录，如图 8-21 所示。

图 8-20　选择用户

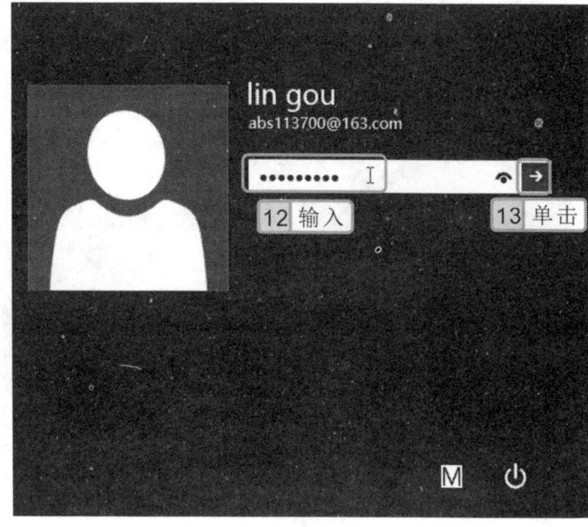

图 8-21　登录用户

8.2.2　更改账户密码

对于创建的用户账户，用户可以根据需要对其密码进行更改。更改账户密码的方法很简单，通过“用户账户”窗口即可进行更改。

实例 8-6　更改“若爱”用户账户的密码

1 在桌面上单击“控制面板”快捷方式图标，打开“所有控制面板项”窗口，在“大图标”显示方式下单击“用户账户”超链接，如图 8-22 所示。

2 打开“用户账户”窗口，单击“管理其他账户”超链接，如图 8-23 所示。

图 8-22　单击“用户账户”超链接

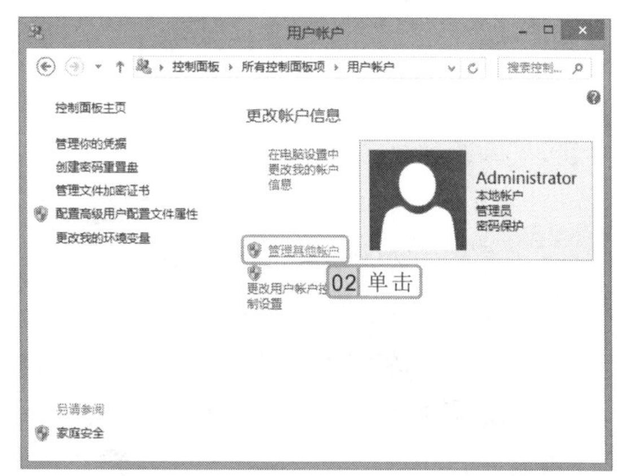

图 8-23　单击“管理其他账户”超链接

操作提示

要更改当前登录账户的密码，也可在“电脑设置”面板中选择“用户”选项，单击更改密码按钮，在打开的面板中输入旧密码，单击下一步按钮，再在打开的面板中输入新密码进行设置即可。

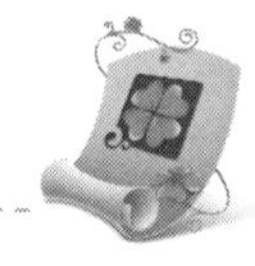

3. 打开“管理账户”窗口，在“选择要更改的用户”列表框中选择需要更改密码的用户，这里选择“若爱”选项，在打开的“更改账户”窗口中单击“更改密码”超链接，如图 8-24 所示。
4. 打开“更改密码”窗口，在“新密码”和“确认新密码”文本框中输入相同的密码，在“密码提示”文本框中输入密码提示信息，如“数字”，单击 更改密码 按钮，如图 8-25 所示。

图 8-24　单击“更改密码”超链接

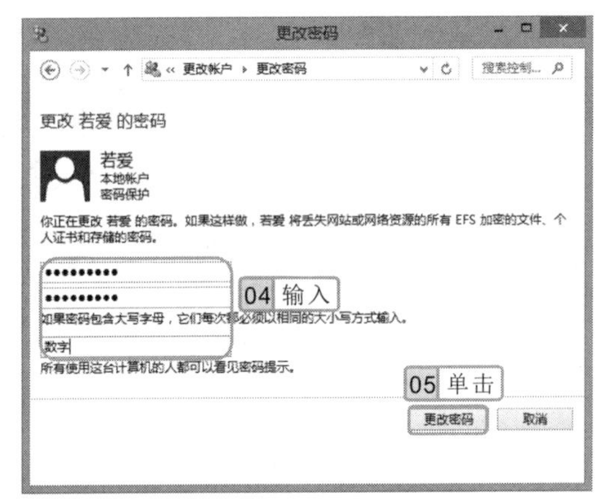

图 8-25　设置密码

8.2.3　创建图片密码

在 Windows 8 操作系统中，还可为用户账户创建图片密码，在启动电脑提示输入账户密码时，在图片上用鼠标画出设置的图片密码手势即可登录到该用户，这样不仅操作简单，而且方便记忆。

实例 8-7　为“若爱”用户账户创建图片密码

1. 在“开始”屏幕账户上单击，在弹出的面板中选择“更换用户头像”选项，在打开的面板左侧选择“用户”选项，在右侧的“登录选项”栏中单击 创建图片密码 按钮。
2. 在打开的“Windows 安全”窗口中输入该用户账户的密码，单击 确定 按钮，然后在打开的面板中单击 选择图片 按钮，如图 8-26 所示。
3. 在打开的面板中单击“文件”文本后的 ∨ 按钮，在弹出的下拉列表中选择用来创建图片密码的图片位置，这里选择“桌面”选项。
4. 在打开的面板中将显示保存在桌面的图片，选择需要创建图片密码的图片，单击 打开 按钮，如图 8-27 所示。
5. 在打开的面板中单击 使用这张图片 按钮，再在打开的面板图片上用鼠标画出 3 种容易记忆的手势，如图 8-28 所示。

在设置图片密码手势过程中，若需更改密码手势，可单击 重新开始 按钮，重新进行设置。

图 8-26　单击"选择图片"按钮

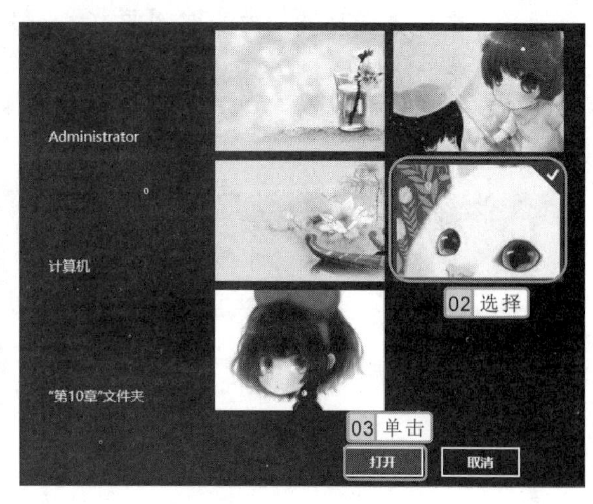

图 8-27　选择图片

6 第一遍手势绘制完成后，在打开的面板中再按照第一遍绘制手势的顺序和方向绘制一遍进行确认。

7 确认完成后，将在打开的面板中提示创建图片密码成功，如图 8-29 所示，单击 完成 按钮完成图片密码的创建。

图 8-28　设置图片密码手势

图 8-29　成功创建图片密码

8.2.4　更改账户类型

安装系统时创建的账户属于管理员账户，而新创建的账户类型都是标准账户。如果想将新创建的用户账户更改为管理员，那就必须对账户的类型进行更改。

实例 8-8　将标准账户更改为管理员账户

1 打开"用户账户"窗口，单击"管理其他账户"超链接，在打开的窗口中选择需

操作提示

登录到设置图片密码的用户账户后，在"电脑设置"面板中选择"用户"选项，在右侧单击 更改图片密码 按钮，可根据提示更改设置的图片密码；单击 删除 按钮，可删除设置的图片密码。

要更改账户类型的账户，再在打开的窗口中单击“更改账户类型”超链接，如图 8-30 所示。

2 打开“更改账户类型”窗口，选中 ◉管理员(A) 单选按钮，单击 更改帐户类型 按钮，如图 8-31 所示。

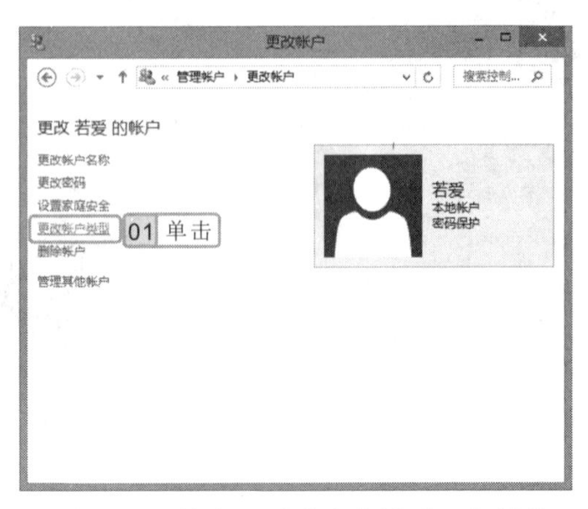

图 8-30　单击“更改账户类型”超链接

图 8-31　设置新的账户类型

3 返回“用户账户”窗口，在账户头像右侧即可看到该账户的类型已变为管理员。

8.2.5　删除用户账户

当创建的账户不再需要时可将其删除，同创建用户账户一样，只有以管理员类型的账户登录系统后才有权限删除用户账户。删除 Microsoft 账户和本地账户的方法一样，在“管理账户”窗口中选择需要删除的用户账户，在“更改账户”窗口中单击“删除账户”超链接，在打开的“删除账户”窗口中单击 删除文件 按钮，再在打开的“确认删除”窗口中单击 删除帐户 按钮即可，如图 8-32 所示。

图 8-32　删除用户账户

在 Windows 8 操作系统中，系统默认的 Administrator 账户和 Guest 账户是不能删除的。

8.3 启用来宾账户和家长监控

要想保护电脑的安全和对未成年人使用电脑进行管理，可以启用来宾账户和开启家庭安全功能，这样可以有效地控制他人对电脑进行一些操作。下面详细讲解启用来宾账户和设置家长监控的方法。

8.3.1 启用来宾账户

启用来宾账户可有效地保护电脑的安全，默认状态下，来宾账户是关闭的，用户需要以管理员的身份登录到电脑中才可以使用。

实例 8-9 开启和进入来宾账户

1. 以管理员账户登录到电脑，打开“用户账户”窗口，单击“管理其他账户”超链接，在打开的“管理账户”窗口中选择 Guest 来宾账户选项，打开“启用来宾账户”窗口，单击 启用 按钮，如图 8-33 所示。
2. 此时，Guest 来宾账户为启用状态，按 Windows 键切换到“开始”屏幕，在用户账户上单击，在弹出的面板中选择 Guest 选项，如图 8-34 所示。

图 8-33　启用来宾账户

图 8-34　选择 Guest 选项

3. 系统将自动切换到该账户的欢迎界面，如图 8-35 所示，并开始 Windows 系统的准备工作。
4. 准备完成后，即可进入到 Guest 来宾账户的“开始”屏幕，在其中可看到操作电脑最基本的几个磁贴，如图 8-36 所示。

若用户不再需要使用来宾账户登录系统时，可及时将其关闭，先以管理员账户登录到系统，在“管理账户”窗口中选择 Guest 来宾账户，在打开的窗口中单击“关闭来宾账户”超链接即可。

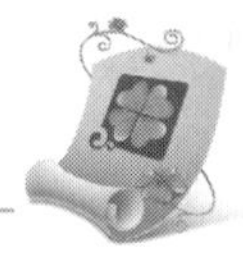

图 8-35 登录到欢迎界面　　图 8-36 来宾账户的“开始”屏幕

8.3.2 设置家庭安全

设置家庭安全的作用是在家庭中限制某些人员使用电脑的权限，包括限制该账户的使用时间、游戏分级和类型以及只允许使用指定的应用程序等。默认状态下，家庭安全是未被启用的，在以管理员身份登录系统后便可启用家庭安全，然后针对某个标准用户设置家长控制的内容。

实例 8-10 启用和设置“nuj”账户的家庭安全

1. 在“用户账户”窗口中单击“管理其他账户”超链接，在打开的“管理账户”窗口中单击“设置家庭安全”超链接，如图 8-37 所示。
2. 打开“家庭安全”窗口，选择需要启用家长控制的账户选项，这里选择 nuj 账户，如图 8-38 所示。

图 8-37 单击“设置家庭安全”超链接

图 8-38 选择 nuj 账户

专家指导

在“管理账户”窗口中单击“在电脑设置中添加新用户”超链接，可根据提示新创建一个本地用户。

3　打开“用户设置”窗口，选中 ◉启用，应用当前设置 单选按钮启用家长控制，在窗口下方单击“时间限制”超链接，如图 8-39 所示。

4　打开该账户的“时间限制”窗口，单击“设置限用时段”超链接。

5　打开“限用时段”窗口，选中 ◉ nuj 只能在我允许的时间范围内使用电脑 单选按钮，在其中拖动鼠标对当前用户使用电脑的时间进行设置，单击白色方块使其变成蓝色，表示该时间限制使用，白色方块表示该时间可以使用，如图 8-40 所示。

图 8-39　单击“时间限制”超链接

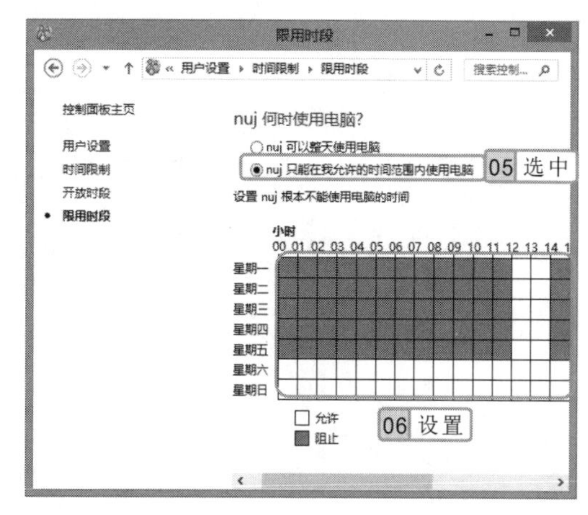

图 8-40　设置时间限制

6　单击窗口左侧的“用户设置”超链接，返回“用户设置”窗口，单击“Windows 应用商店和游戏限制”超链接。

7　在打开的对话框中选中 ◉ nuj 只能使用我允许的游戏和 Windows 应用商店应用 单选按钮，然后单击“设置游戏和 Windows 应用商店分级”超链接，如图 8-41 所示。

8　打开“分级级别”窗口，选中 ◉阻止未分级的游戏 单选按钮，在“nuj 适合哪种级别”栏中选中“10 岁（含）以上”选项前的单选按钮，如图 8-42 所示。

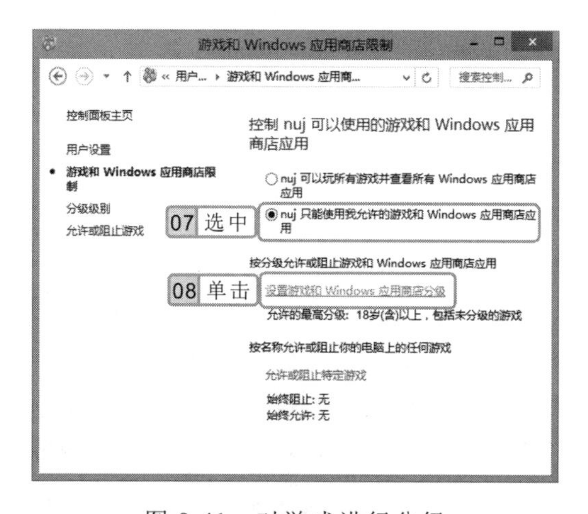

图 8-41　对游戏进行分级

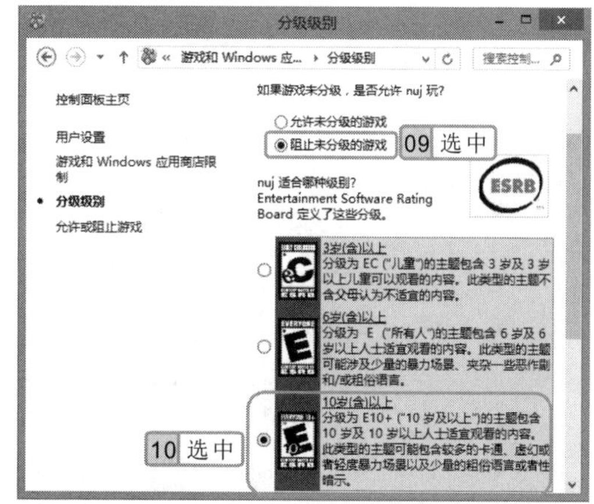

图 8-42　设置游戏限制

在“用户设置”窗口中单击“网站筛选”超链接，在打开的窗口中可根据提示对允许访问的网站进行设置。

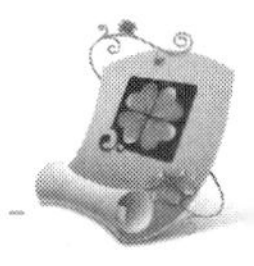

9 返回“用户设置”窗口，单击“应用设置”超链接，打开“应用限制”窗口，选中 ◉ nuj 只能使用我允许的应用 单选按钮，在“选择可以使用的应用”列表框中选中允许使用程序对应的复选框，这里选中 ☑ QQMusic.exe 和 ☑ PPStream.exe 复选框，如图 8-43 所示。

10 返回“用户设置”窗口，此时，在该窗口右侧的“当前设置”栏中即可看到设置的效果，如图 8-44 所示。

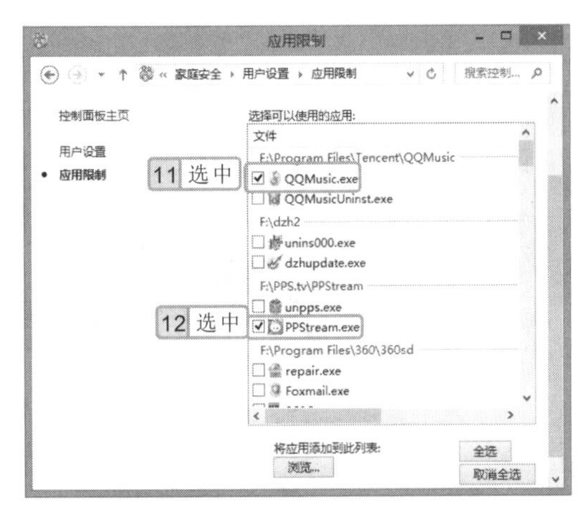

图 8-43　设置允许使用的程序

图 8-44　查看设置后的效果

8.4 电脑系统设置

在 Windows 8 中，还可对电脑系统的声音、系统日期和时间以及鼠标属性等进行设置，使其更符合用户使用电脑的需求和习惯。下面详细讲解对声音、日期和时间等进行设置的方法。

8.4.1 设置电脑声音

在使用电脑听音乐、看电影时，用户可根据需要对电脑的声音进行设置，除了可通过输出设备，如音响、耳机等进行调节外，还可在电脑中进行设置。常用的设置电脑声音的方法有以下两种。

- **直接设置**：单击任务栏上的“声音”图标，打开控制音量的面板，使用鼠标拖动或单击其中的滑块，即可调节输出音量的大小。
- **通过音量合成器进行设置**：单击任务栏上的“声音”图标，打开控制音量的面板，单击“合成器”超链接，在打开的“音量合成器-扬声器”对话框中显示了此时输出声音的设备与应用程序等，在“设备”栏中可通过拖动音量滑块来调节输出音量的大小，同时“应用程序”栏中的音量也会随之变化，如图 8-45 所示，然后单击 × 按钮关闭该对话框，完成音量的设置。

如果需单独对应用程序的声音进行调整，在打开的“音量合成器-扬声器”对话框的“应用程序”栏中拖动鼠标进行调整即可。

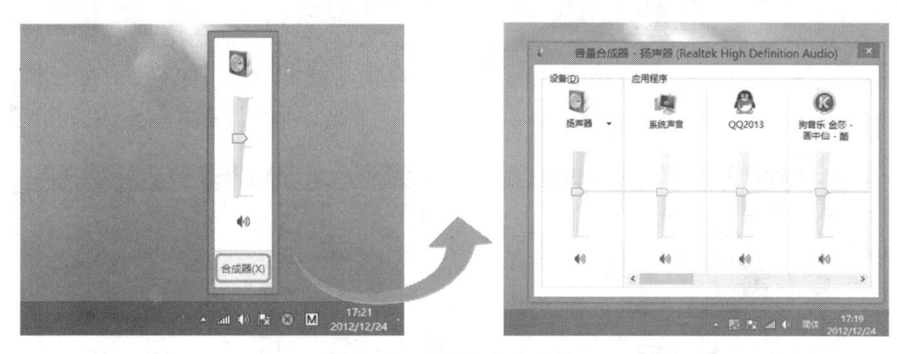

图 8-45 设置电脑声音

8.4.2 设置系统日期和时间

启动电脑后，任务栏的通知区域中将显示当前系统的日期和时间，用户可根据实际日期和时间，及时对电脑的日期和时间进行设置。

实例 8-11 更改当前系统的日期和时间

1. 在任务栏通知区域显示的日期和时间上单击，在打开的面板中单击“更改日期和时间设置”超链接，打开“日期和时间”对话框，选择“日期和时间”选项卡，单击 更改日期和时间(D)... 按钮，如图 8-46 所示。
2. 打开“日期和时间设置”对话框，在“日期”列表中选择当前的日期，在“时间”数值框中输入当前的时间，单击 确定 按钮，如图 8-47 所示。
3. 返回桌面，即可看到通知区域中的时间已更改。

图 8-46 “日期和时间”对话框

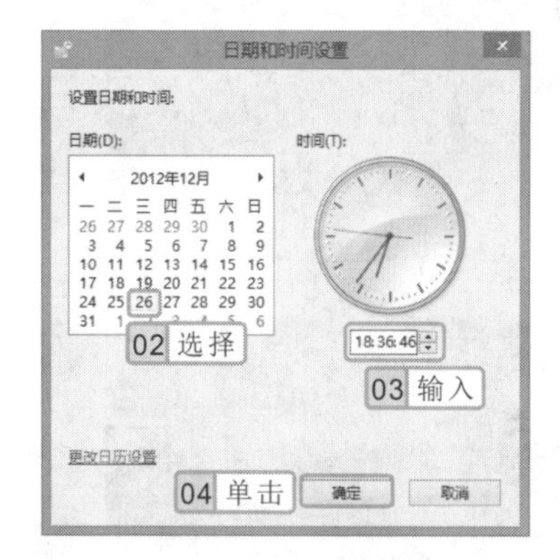

图 8-47 设置日期和时间

8.4.3 设置鼠标指针

为了满足不同用户的使用需求，在 Windows 8 操作系统中允许对鼠标指针的外观进行

在“日期和时间”对话框的“附加时钟”选项卡中，可通过附加时钟设置一个其他地区的时间，这对于需联系国外朋友或客户的用户来说有很大的帮助。

设置。其方法是：在“个性化”窗口中单击“更改鼠标指针”超链接，打开“鼠标 属性”对话框，在“方案”下拉列表框中选择系统自带的某个鼠标指针方案后，在“自定义”列表框中的指针都将随之发生变化，如图 8-48 所示，单击 确定 按钮应用设置即可。

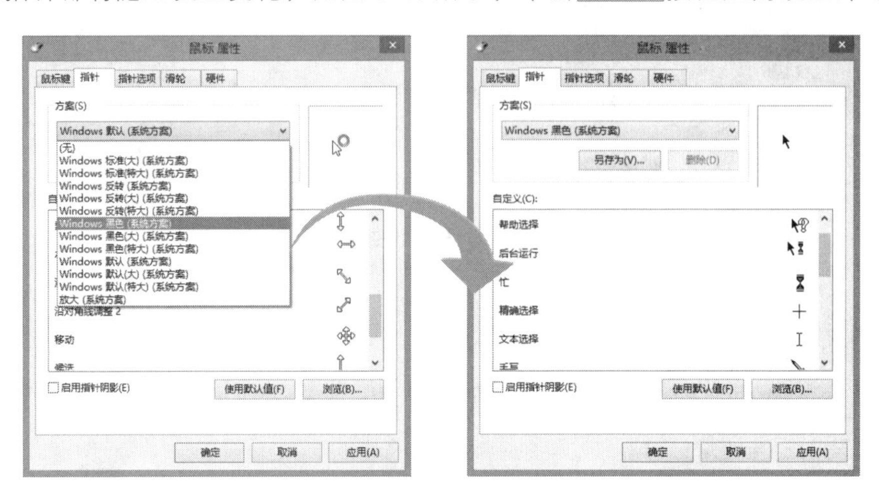

图 8-48 设置鼠标指针

8.5 提高实例——创建用户账户并设置个性化使用环境

本实例将在电脑中创建一个本地用户账户，然后登录到该账户，为其“开始”屏幕和系统桌面设置个性化的使用环境，如图 8-49 所示为设置的“开始”屏幕和系统桌面效果。

图 8-49 “开始”屏幕和系统桌面效果

专家指导

在设置鼠标指针时也可对某一状态下的鼠标指针形状进行单独更改。同时，除了系统自带的指针外，也可从网上下载更多漂亮的鼠标指针。

8.5.1 操作思路

为更快完成本例的制作，并尽可能运用本章所讲知识，现将本例的操作思路介绍如下。

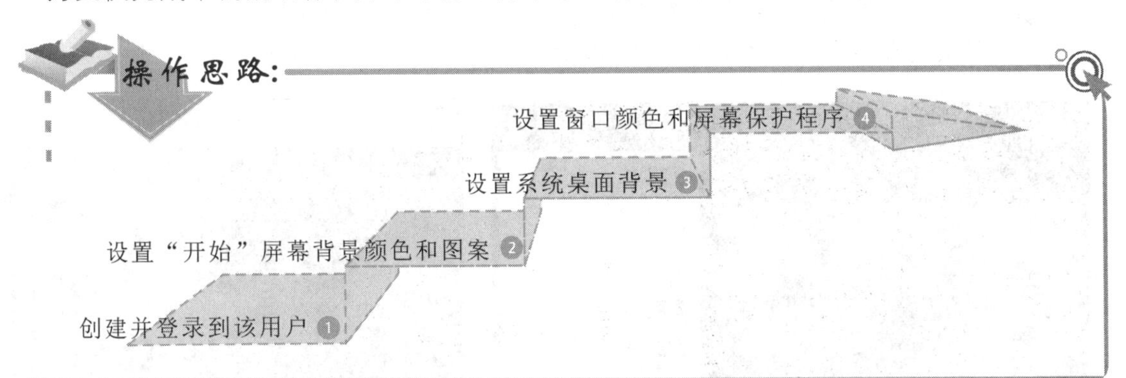

8.5.2 操作步骤

下面介绍创建本地用户账户和设置个性化使用环境的方法，其操作步骤如下：

1. 以管理员账户登录系统，在“开始”屏幕用户账户上单击，在弹出的面板中选择“更改用户头像”选项，在打开的面板左侧选择“用户”选项，在右侧单击“添加用户”按钮 + 。
2. 在打开的“添加用户”面板中单击“不使用 Microsoft 账户登录”超链接，再在打开的面板中单击 本地帐户 按钮，如图 8-50 所示。
3. 在打开的面板中填写用户名、密码、密码提示等内容，如图 8-51 所示。

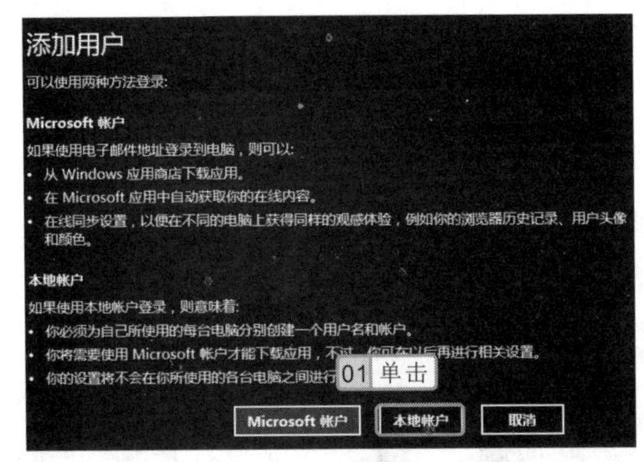

图 8-50 单击“本地账户”按钮

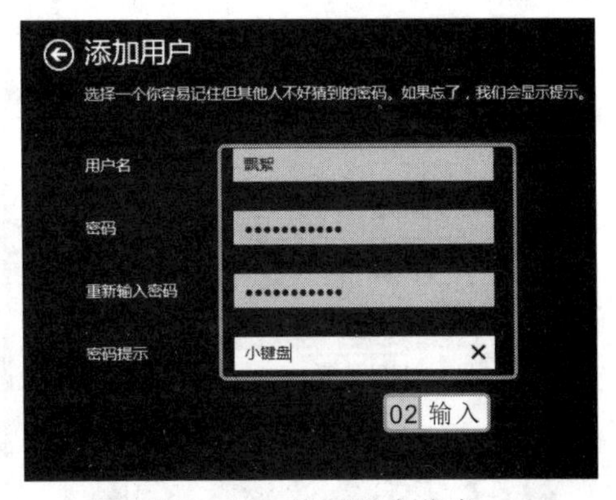

图 8-51 填写用户信息

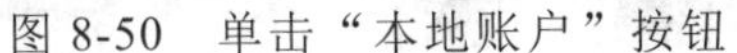

4. 输入完成后单击 下一步 按钮，再在打开的面板中单击 完成 按钮完成用户的添加。
5. 在“开始”屏幕单击用户账户，在弹出的面板中选择新创建的用户“飘絮”，进入

在“添加用户”面板中单击 Microsoft 帐户 按钮，在打开的面板中根据提示也可创建 Microsoft 账户。

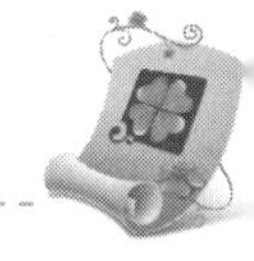

到该用户登录界面，在文本框中输入用户账户密码，单击➔按钮登录。

6. 准备就绪后，将自动进入到“开始”屏幕，在用户账户上单击，在弹出的面板中选择“更改用户头像”选项，如图 8-52 所示。
7. 打开“电脑设置”面板，在右侧上方单击“‘开始’ 屏幕”，然后选择“开始”屏幕的背景颜色和图案，如图 8-53 所示。

图 8-52　选择“更改用户头像”选项

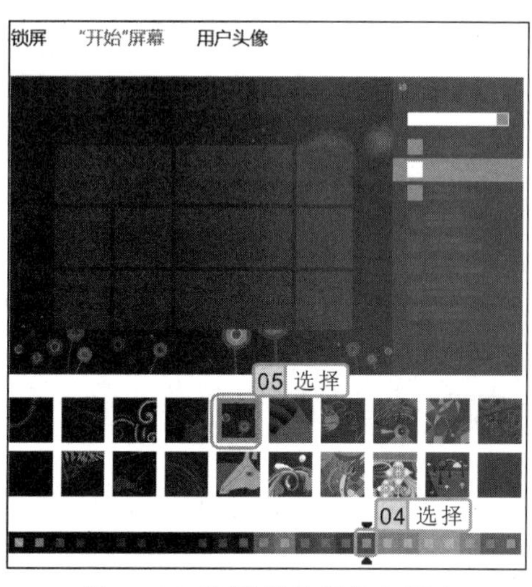

图 8-53　设置背景颜色和图案

8. 按 Windows 键返回到“开始”屏幕即可查看到设置后的效果，单击“桌面”磁贴，切换到电脑系统桌面。
9. 在桌面空白区域单击鼠标右键，在弹出的快捷菜单中选择“个性化”命令，在打开的窗口中单击“桌面背景”超链接，打开“桌面背景”窗口，在“图片存储位置”下拉列表框中选择“我的图片”选项，如图 8-54 所示。
10. 在中间列表框中将显示“我的图片”文件夹中的所有图片，选择需要的图片，如图 8-55 所示。

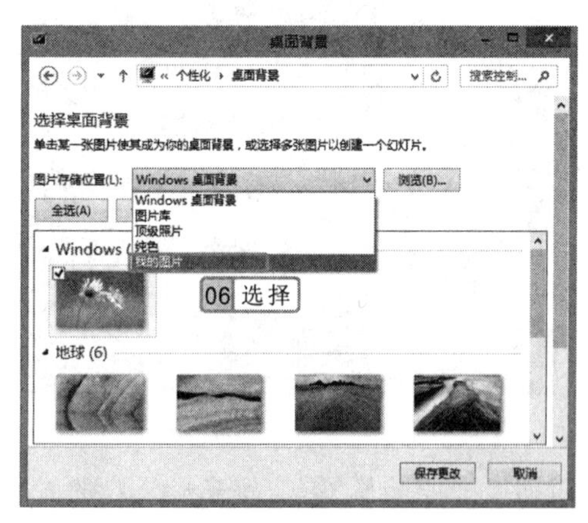

图 8-54　选择“我的图片”选项

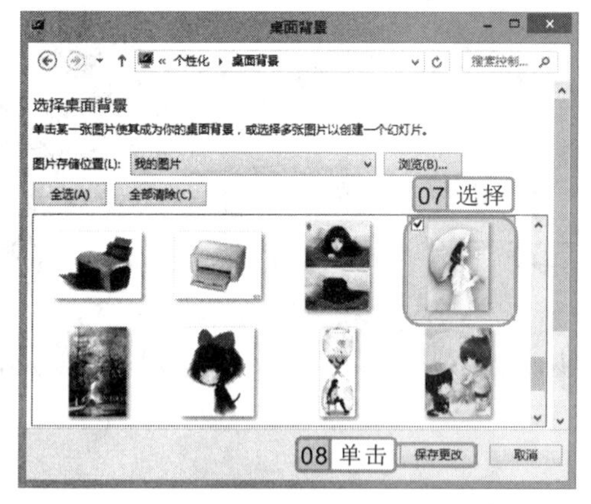

图 8-55　选择图片

除了可将电脑中保存的图片设置为桌面背景外，还可以从网上搜索并下载，或使用 Photoshop 等图像处理软件自行设计制作。

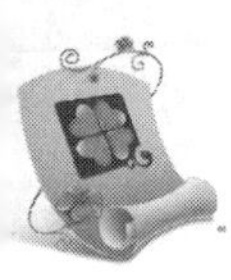

11 在“个性化”窗口中单击“颜色”超链接，在打开的“颜色和外观”窗口中选择“颜色 12”选项。

12 单击“隐藏颜色混合器”前面的⌄按钮，显示出隐藏的颜色混合器，然后使用鼠标分别拖动“色调”、“饱和度”以及“亮度”对应的滑块，对其进行调整，如图 8-56 所示。

13 单击 保存修改 按钮，返回“个性化”窗口，单击“屏幕保护程序”超链接，在打开对话框的“屏幕保护程序”下拉列表框中选择“气泡”选项，在“等待”数值框中输入“10”，单击 确定 按钮，如图 8-57 所示。

14 返回“个性化”窗口，单击右上角的 × 按钮，关闭窗口，返回系统桌面即可查看到设置后的效果。

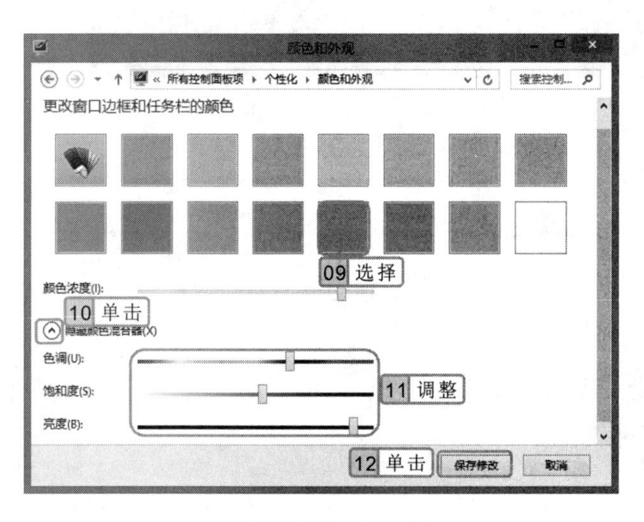

图 8-56　设置窗口颜色

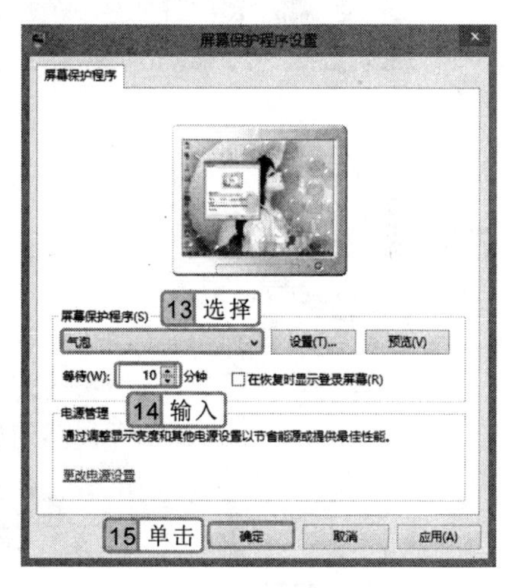

图 8-57　设置屏幕保护程序

8.6　提高练习

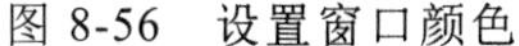

本章主要介绍了 Windows 8 外观、用户账户以及电脑系统的设置。下面将通过练习进一步巩固桌面主题、屏幕分辨率和用户账户的设置等操作。

8.6.1　设置桌面主题和屏幕分辨率

本练习将以管理员账户登录到系统，为系统桌面应用系统自带的主题，然后将屏幕分辨率设置为 1280×800，效果如图 8-58 所示。

光盘\实例演示\第 8 章\设置桌面主题和屏幕分辨率

在“屏幕保护程序设置”对话框中设置好屏幕保护程序后，单击 预览(V) 按钮，即可在桌面预览设置的效果。

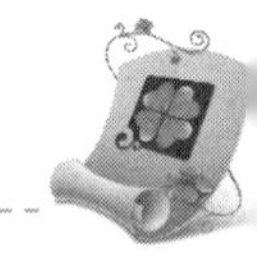

图 8-58 设置后的效果

该练习的操作思路如下。

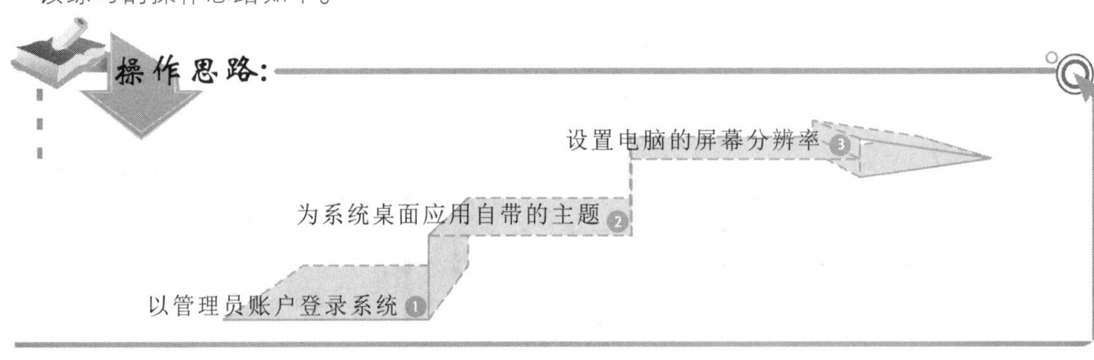

8.6.2 管理电脑中的用户账户

本练习将在电脑中创建一个名为“zfg”的 Microsoft 账户，并为账户创建图片密码，然后对电脑中的所有账户进行管理，使电脑只保留新建的 Microsoft 账户、管理员账户。

参见光盘 光盘\实例演示\第 8 章\管理电脑中的用户账户

该练习的操作思路如下。

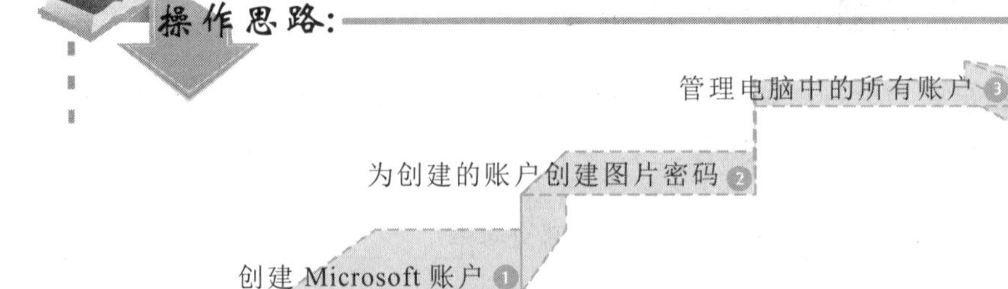

专家指导

在创建 Microsoft 账户时，若没有邮箱地址，在“添加用户”面板中单击“注册新电子邮箱地址”超链接，在打开的面板中即可根据提示注册一个邮箱地址，并创建账户。

8.7 知识问答

在对电脑外观和用户账户进行设置时，难免会遇到一些难题，如主题的保存、桌面图标的更改、用户头像的设置等。下面将介绍设置电脑外观和用户账户过程中常见的问题及解决方案。

问：可以将自己设置的各种外观元素保存为主题吗？

答：可以。首先按照自己的喜好设置桌面背景、系统声音、屏幕保护程序以及窗口颜色和外观等元素，然后单击“个性化”窗口“我的主题”栏中的“保存主题”超链接，在打开的“将主题另存为”对话框中输入主题的名称，然后单击 保存 按钮即可。

问：桌面的主题和背景都可以进行更改，那么，桌面上的图标样式能不能进行更改呢？

答：可以。在桌面空白区域单击鼠标右键，在弹出的快捷菜单中选择“个性化”命令，在打开的窗口中单击“更改桌面图标”超链接，打开“桌面图标设置”对话框，在中间的列表框中选择需要更改的选项，单击 更改图标(H)... 按钮，在打开的对话框中选择所需的图标选项，单击 确定 按钮即可。

问：创建用户后，用户头像都是默认的，能不能将自己喜欢的图片设置为用户头像呢？

答：可以，但只能对当前登录用户的头像进行更改。其方法是：在“开始”屏幕用户账户上单击，在弹出的面板中选择“更换用户头像”选项，在打开的面板中单击“用户头像”文本，然后单击 浏览 按钮，在打开的面板中选择图片的位置及需设置为头像的图片，然后单击 选择图像 按钮即可。

知识关联　认识不同的账户类型

在 Windows 8 操作系统中的用户账户可以分为管理员账户、标准用户账户和来宾账户 3 种类型。管理员账户在所有账户类型中权限最大，可以访问电脑中的所有文件，可对其他用户账户进行更改，对操作系统进行安全设置、安装软件和添加硬件等；标准用户账户允许使用电脑的大多数功能，如果要进行更改可能影响到其他用户账户或者操作系统安全等操作时，则需要通过管理员账户的许可；来宾账户主要为该台电脑上没有固定账户的用户使用，它允许来宾使用电脑，但是不能访问个人账户文件夹，不能安装软件和硬件，不能创建密码和更改设置。

在“管理账户”窗口中选择需要更改账户名的账户，在打开的窗口中单击“更改账户名称”超链接，再在打开的窗口中输入新的账户名称，单击 更改名称 按钮即可更改该账户名。

第 9 章

Windows 8 磁贴的应用

使用相机照相

播放视频

查看天气

使用磁贴查询旅游信息

使用磁贴查看每日焦点新闻

查看财经新闻

本章导读

Windows 8“开始”屏幕自带的磁贴很多，且每个磁贴的作用也各不相同，通过它们不仅可以休闲娱乐，还可查询日常生活信息和各种新闻资讯。本章将具体讲解使用磁贴浏览图片、播放视频、照相、阅读电子书、查询天气、查询旅游信息以及查看各种新闻资讯等知识，使用户快速掌握“开始”屏幕磁贴的使用方法。

9.1 使用磁贴娱乐生活

“开始”屏幕中的磁贴功能非常丰富，用户可根据自己的需要开启相应的磁贴进行使用。下面讲解“阅读器”、“照片”、“音乐”、“视频”、“相机”等娱乐磁贴的使用方法。

9.1.1 阅读电子书

从网上下载的文档资料或小说，很多都是以 PDF 格式进行保存的，这时就需要使用支持 PDF 格式的阅读器才能进行阅读。在 Windows 8 中，“开始”屏幕自带的“阅读器”磁贴就支持 PDF 和 XPS 格式，这为用户阅读电子书带来了很大的方便。

实例 9-1 阅读 PDF 格式的电子书

下面使用“阅读器”磁贴阅读保存在桌面的“电力线路施工及验收规范”文档。

1. 在“开始”屏幕单击“阅读器”磁贴，打开“阅读器”面板，选择“浏览”选项，如图 9-1 所示。
2. 打开“文件”面板，单击 按钮，在弹出的下拉列表中选择“桌面”选项，在该面板中将显示桌面的文档和信息，选择需要阅读的文档，这里选择“电力线路施工及验收规范”文档，如图 9-2 所示。

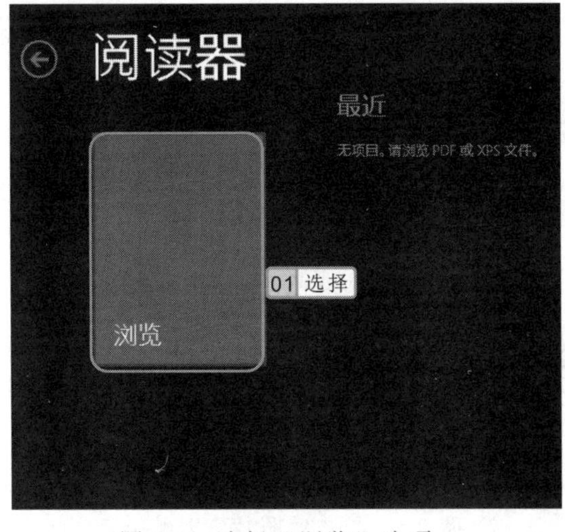

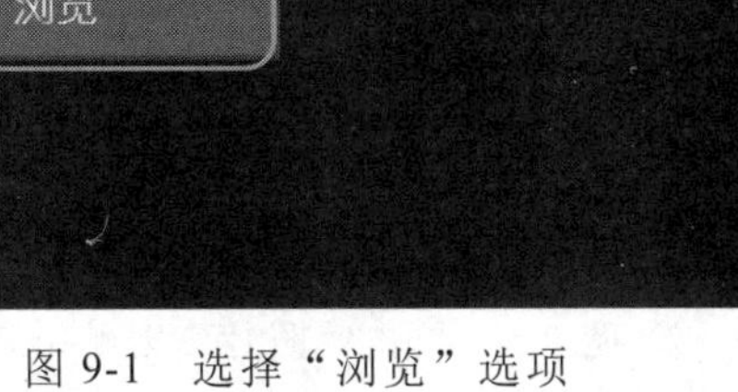

图 9-1　选择“浏览”选项

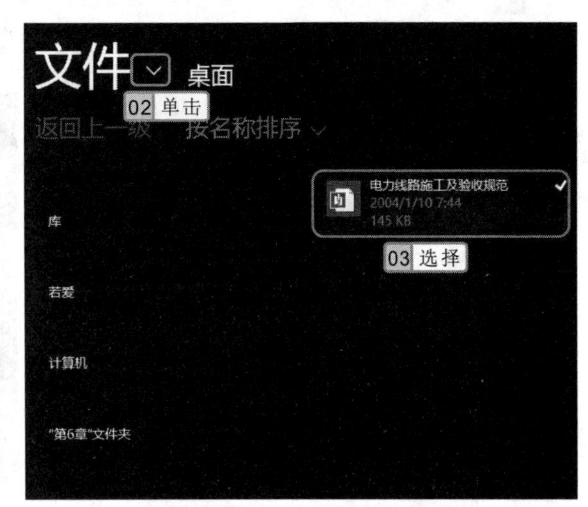

图 9-2　选择阅读的文档

3. 单击 打开 按钮，在打开的面板中即可从文档第 1 页进行浏览，拖动右侧的滚动条或滚动鼠标滚轮，即可依次查看文档每页的内容，如图 9-3 所示。

操作提示

在阅读面板的右下角有+和-两个按钮，单击+按钮可放大显示该面板中的文字内容；单击-按钮可缩小显示该面板中的文字内容。

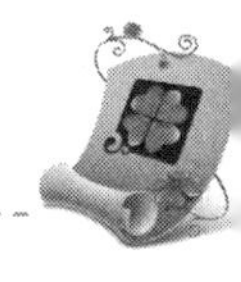

国家技术监督局 中华人民共和国建设部 1992－12－16 联合发布 1993-07-01实施

第一章 总则

第 1.0.1 条 为保证 35kV 及以下架空电力线路的施工质量，促进工程施工技术水平的提高，确保电力线路安全运行，制定本规范。

第 1.0.2 条 本规范适用于 35kV 及以下架空电力线路新建工程的施工及验收。

35kV 及以下架空电力线路的大档距及铁塔安装工程的施工及验收，应按现行国家标准《110～500kV 架空电力线路施工及验收规范》的有关规定执行。

有特殊要求的 35kV 及以下架空电力线路安装工程，尚应符合有关专业规范的规定。

第 1.0.3 条 架空电力线路的安装应按已批准的设计进行施工。

第 1.0.4 条 采用的设备、器材及材料应符合国家现行技术标准的规定，并应有合格证件。设备应有铭牌。

当采用无正式标准的新型原材料及器材时，安装前应经技术鉴定或试验，证明质量合格后方可使用。

第 1.0.5 条 采用新技术、新工艺，应制订不低于本规范水平的质量标准或工艺要求。

第 1.0.6 条 架空电力线路的施工及验收，除按本规范执行外，尚应符合国家现行的有关标准规范的规定。

图 9-3 阅读文档内容

9.1.2 浏览图片

“照片”磁贴是 Windows 8 内置的专门用于浏览图片的磁贴，与专业的图片浏览器相比，其操作更加简单。但在使用“照片”磁贴浏览图片前，需要先将图片添加到固定的位置后才能进行查看。

实例 9-2 使用“照片”磁贴浏览图片库中的图片

1. 将需要查看的图片或照片添加到库中的“图片”文件夹中，如图 9-4 所示。
2. 按 Windows 键，切换到“开始”屏幕，单击“照片”磁贴，如图 9-5 所示。

图 9-4 添加图片到图片库

图 9-5 单击“照片”磁贴

3. 在打开的“照片”面板中选择“图片库”选项，如图 9-6 所示。
4. 打开“图片库”面板，添加到“图片”文件夹中的图片都显示在该面板中，拖动下方的滚动条或滚动鼠标滚轮，即可依次查看每张图片的效果，如图 9-7 所示。

在“图片库”面板中单击需浏览的图片，可全屏显示单击的图片。在查看图片时，单击右下角的按钮将以缩略图的方式显示“图片库”中的所有图片，单击按钮可放大当前浏览的图片。

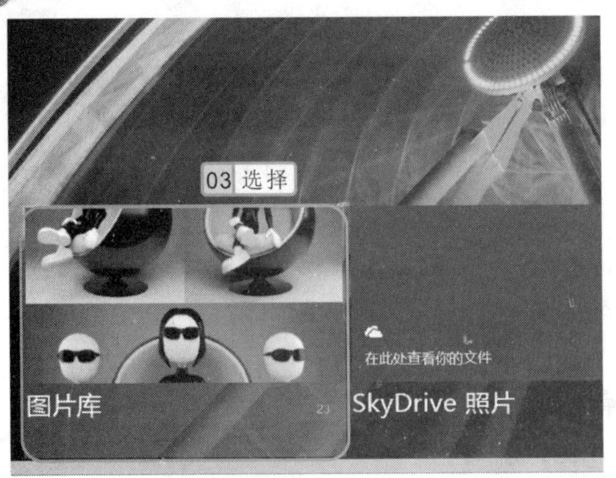

图 9-6　选择“图片库”选项　　　　图 9-7　浏览图片

9.1.3　播放音乐

使用“音乐”磁贴播放音乐和使用“照片”磁贴浏览图片的方法类似，将音乐添加到音乐库中后，在“开始”屏幕单击“音乐”磁贴，在打开的面板中将显示添加的音乐，在需要播放的音乐上单击鼠标右键，即可播放歌曲，并可在弹出的快捷工具栏中对歌曲进行管理，如图 9-8 所示。

图 9-8　“音乐”面板

下面介绍快捷工具栏中常用按钮的作用。

- “已选择播放”按钮：选择歌曲后，单击该按钮可播放选择的歌曲。
- “添加到‘正在播放’”按钮：选择歌曲后，单击该按钮可添加到正在播放的

操作提示

在弹出的快捷工具栏中单击正在播放的歌曲，在打开的面板中将播放该歌曲并可调整该歌曲的播放进度，如果该歌曲有图片信息，图片将铺满整个面板。

列表中。

- "添加到播放列表"按钮：选择歌曲后，单击该按钮，可将该歌曲添加到播放列表中。
- "无序播放"按钮：单击该按钮，面板中的歌曲将不按照排列顺序播放，而是随机播放。
- "重复"按钮：选择歌曲后，单击该按钮可重复播放选择的歌曲。
- "上一个"按钮和"下一个"按钮：单击"上一个"按钮，将返回到上一首歌曲；单击"下一个"按钮，将切换到下一首歌曲。
- "播放"按钮和"暂停"按钮：单击"播放"按钮，开始播放选择的歌曲；单击"暂停"按钮，暂停当前正在播放的歌曲。

9.1.4　播放视频

使用"视频"磁贴播放电脑中的视频也非常简单。将需要播放的视频添加到视频库中，在"开始"屏幕中单击"视频"磁贴，在打开的"视频"面板中将显示视频库中的视频，选择需要播放的视频，在打开的面板中即可全屏播放视频，如图 9-9 所示。

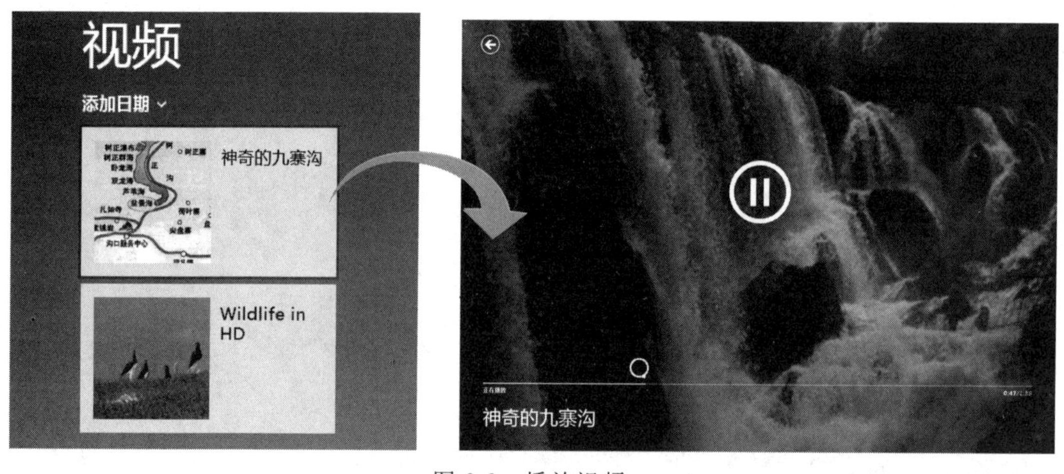

图 9-9　播放视频

9.1.5　使用相机照相

在电脑中安装摄像头后，使用"开始"屏幕自带的"相机"磁贴，即可自由拍照，摄像头像素越高，拍摄的照片也就越清晰。

实例 9-3　使用"相机"磁贴照相

1. 在"开始"屏幕中单击"相机"磁贴，在打开的面板中单击 允许 按钮，再在打开的面板中单击"相机选项"按钮，在弹出的面板的"照片分别率"下拉列表

在播放视频的面板中单击按钮，可返回到"视频"面板；单击按钮可暂停播放视频。

框中设置照片分辨率，这里保持默认设置，然后开启视频防抖的功能，如图 9-10 所示。

2 单击“更多”超链接，在弹出的“更多选项”面板中拖动滑块设置亮度和对比度，在“闪烁”下拉列表框中设置闪烁值，如图 9-11 所示。

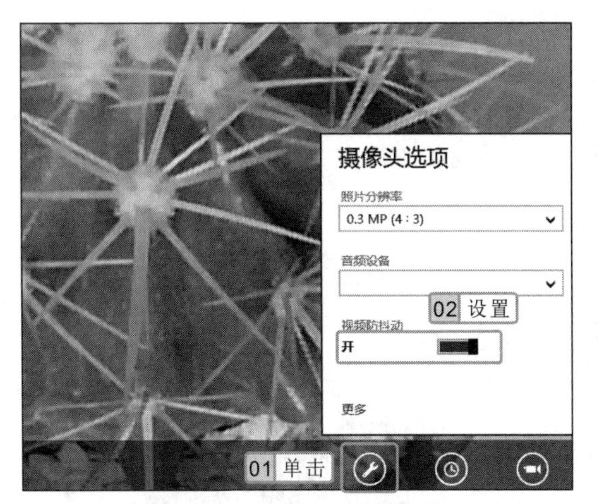

图 9-10 设置摄像头选项

图 9-11 设置亮度、对比度和闪烁值

3 调整好照片的效果后，单击即可照相，拍摄照片后，系统会自动在图片库中新建一个“本机照片”文件夹，并将拍摄的照片保存在其中，如图 9-12 所示。

4 双击打开“本机照片”文件夹，在其中显示了拍摄的照片，如图 9-13 所示。

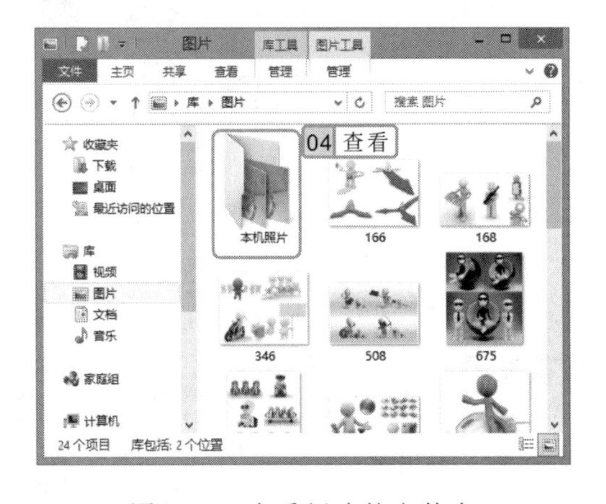

图 9-12 查看新建的文件夹

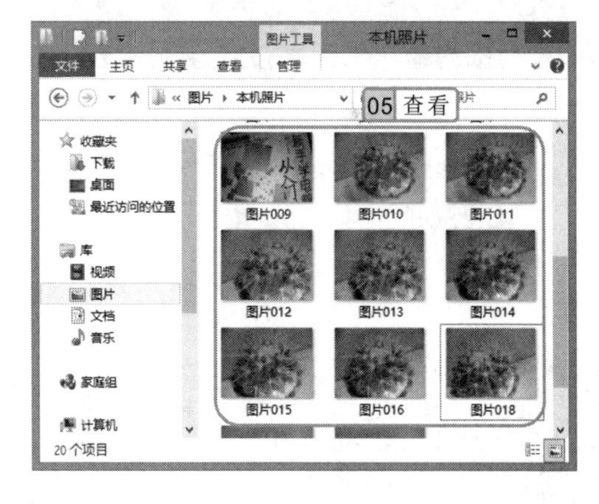

图 9-13 查看拍摄的照片

9.2 使用磁贴查询日常生活信息

使用“开始”屏幕中的磁贴不仅可以休闲娱乐，在联网的情况下，还可查询日常生活信息，如城市天气和旅游信息等。下面就详细介绍使用磁贴查询日常生活信息的方法。

双击“本机照片”文件夹中的任意一张图片，即可打开“照片”磁贴，并能在打开的面板中查看该照片。

9.2.1 查询城市天气

使用“开始”屏幕中的“天气”磁贴，可查询各城市的天气情况，其操作简单，给用户外出带来了很大的便利。

实例 9-4 查询重庆未来几天天气

1. 在“开始”屏幕中单击“天气”磁贴，在打开的面板中显示了最近查询的天气页面，在面板上方单击鼠标右键，在弹出的面板中选择“地点”选项，如图 9-14 所示。
2. 在打开的“地点收藏夹”面板中选择“添加”选项，如图 9-15 所示。

图 9-14　选择“地点”选项

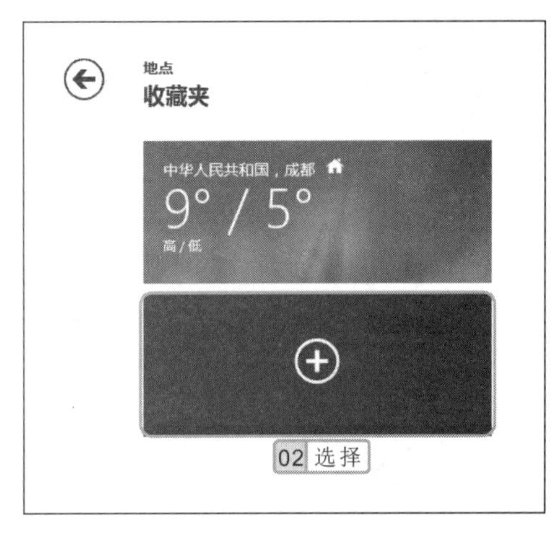

图 9-15　选择“添加”选项

3. 在弹出的面板的“输入位置”文本框中输入“重庆”，选择下方弹出的选项，单击 添加 按钮，如图 9-16 所示。
4. 返回到“地点收藏夹”面板中，添加的地点显示在该面板中，选择“重庆”选项，在打开的面板中将显示重庆的天气情况，如图 9-17 所示。

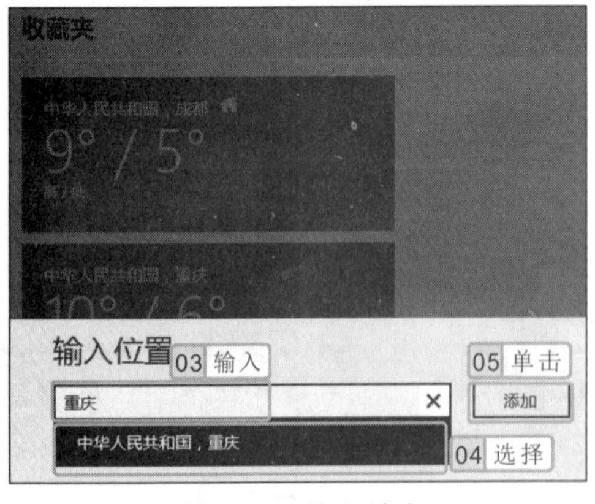

图 9-16　输入城市

图 9-17　查询的天气结果

专家指导

在第一次使用“天气”磁贴查看天气时，将要求用户输入要查询的城市名称，再次打开时，就会直接打开第一次查询地点的天气页面并默认为主页。

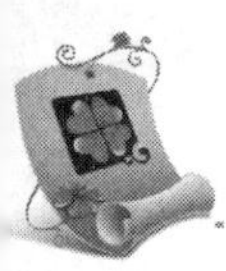

9.2.2　查询旅游信息

很多用户都喜欢到各大旅游网站了解旅游的相关信息，其实，通过“开始”屏幕中的“旅游”磁贴，同样可以详细了解全国或世界各国的一些旅游景点、旅游城市的全景图以及详细信息等。打开“旅游”磁贴的方法与打开其他磁贴基本相同，单击“旅游”磁贴，在打开的“必应 BING 旅游”面板下方使用鼠标拖动滑块即可对相应内容进行查看，如图 9-18 所示。

图 9-18　“必应 BING 旅游”面板

9.3　使用磁贴查询各种资讯

很多用户都是通过新闻网站来浏览新闻的，其实，在 Windows 8 的“开始”屏幕中就提供了查看每日焦点新闻、体育新闻、财经新闻的磁贴，通过它们可全屏浏览新闻，而且操作简单，非常实用。

9.3.1　查看每日焦点新闻

通过磁贴查询每日的焦点新闻非常方便。在“开始”屏幕中单击“资讯”磁贴，在打开的“必应 BING 每日焦点”面板中显示了当天各类新闻中的焦点新闻，如国内、国际、娱乐、财经、体育、教育、军事和科技等新闻，单击相应的资讯，在打开的面板中即可进行更详细的浏览，如图 9-19 所示。

在“必应 BING 旅游”面板中单击相应的图片，在打开的面板中可查看相应的旅游信息。

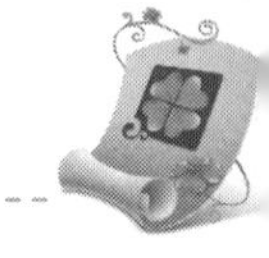

图 9-19　查看焦点新闻

9.3.2　查看体育新闻

通过“体育”磁贴不仅能直接查看最新的体育资讯，还能快速地进入精选的体育网站查看更多的体育资讯。

1. 查看最新的体育资讯

单击“体育”磁贴，在打开的“必应 BING 体育”面板中滚动鼠标滚轮，在“资讯”栏中即可查看到当天最新的一些体育资讯，如图 9-20 所示。单击需要查看的新闻，在打开的面板中即可查看该条新闻的详细内容。

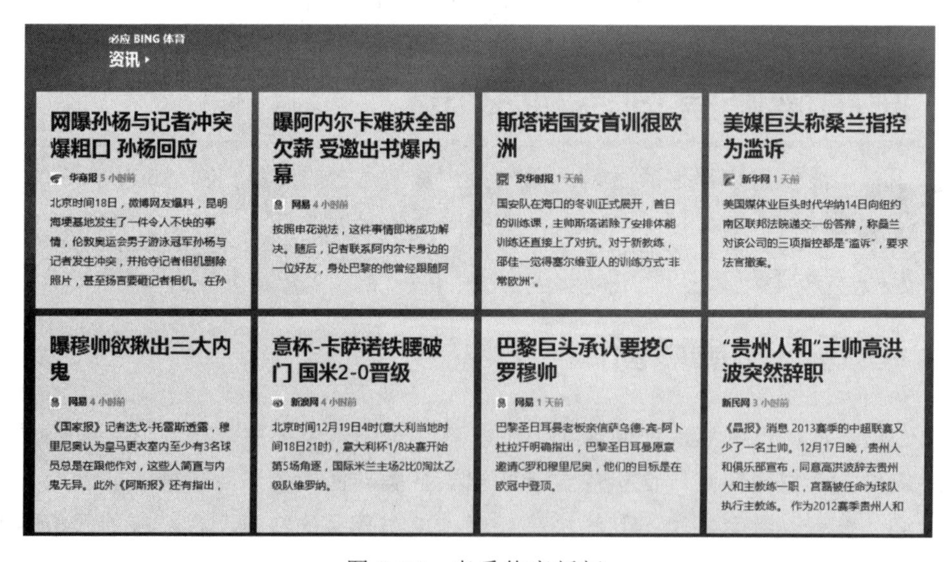

图 9-20　查看体育新闻

单击“资讯”后面的▶按钮，在打开的面板中将显示更多的体育新闻。

2．进入体育网站查看

通过“体育”磁贴也可快速打开专业的体育网站，其方法是在打开的“必应 BING 体育”面板中单击鼠标右键，在弹出的面板中选择“精选网站”选项，在打开的面板中选择需要进入的网站，在打开的网页中显示了该网站的体育新闻，如图 9-21 所示。单击需要查看新闻的文本或图片超链接，在打开的网页中即可查看该条新闻的详细内容。

图 9-21　在体育网站查看新闻

9.3.3　查看财经新闻

通过“财经”磁贴可以快速查看股票指数的最新情况、部分集团的股票情况以及市场股票动态等财经资讯，其查看的方法与查看体育资讯类似。单击“财经”磁贴，在打开的面板中显示了财经的相关新闻，单击相应的新闻超链接，在打开的面板中即可查看新闻的详细内容，如图 9-22 所示。

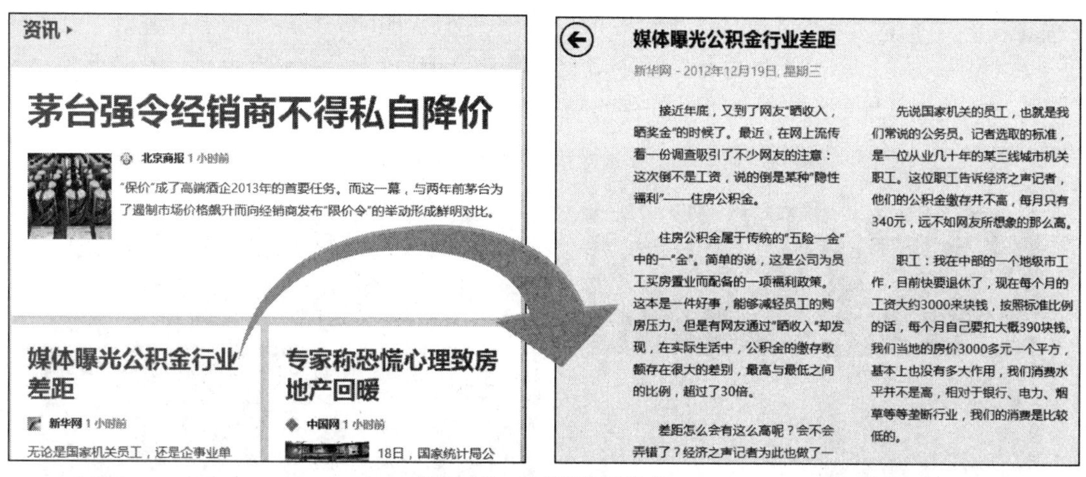

图 9-22　查看财经新闻

在“必应 BING 体育”面板中单击鼠标右键，在弹出的面板中列出了一些体育联赛，如 NBA、英超联赛、英甲联赛等，选择相应的选项，在打开的面板中可查看联赛的排名、赛程等情况。

9.4 提高实例——查询旅游信息

本实例将通过“旅游”磁贴查询马来西亚吉隆坡的旅游信息，如旅游景点、航班、酒店等。通过本实例的操作，使用户进一步掌握使用磁贴查询信息的方法。

9.4.1 操作思路

为更快完成本例的制作，并尽可能运用本章所讲知识，现将本例的操作思路介绍如下。

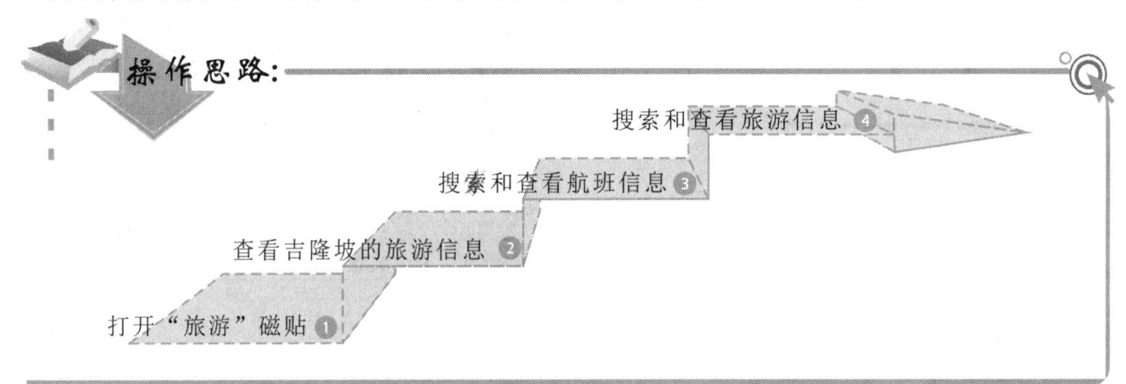

9.4.2 操作步骤

下面介绍使用“旅游”磁贴查询旅游信息的方法，其操作步骤如下：

光盘\实例演示\第 9 章\查询旅游信息

1 在“开始”屏幕单击“旅游”磁贴，打开“必应 BING 旅游”面板，拖动下边的滚动条显示出“精选目的地”栏，选择“更多”选项，如图 9-23 所示。在打开的“目的地”面板中单击 ▾ 按钮，在弹出的下拉列表中选择“亚洲”选项，如图 9-24 所示。

图 9-23 选择“更多”选项

图 9-24 选择“亚洲”选项

单击“精选目的地”文本后面的 ▾ 按钮，在打开的面板中将显示更多精选的旅游目的地。

2 在打开的亚洲热门旅行线路面板中拖动下面的滚动条查看旅游地，选择“马来西亚吉隆坡”选项，如图 9-25 所示。

3 打开“马来西亚吉隆玻”面板，在该面板中显示了关于吉隆坡的一些旅游信息，如图片、旅游景点、酒店等信息，滚动鼠标滚轮进行查看，如图 9-26 所示。

图 9-25　选择“马来西亚吉隆坡”选项

马来西亚吉隆坡
旅游景点

Frommer's 推荐	旅游景点
Badan Warisan and Rumah P...	历史遗址
Berjaya Times Square Theme...	主题公园
Islamic Arts Museum	博物馆
Jamek Mosque (Masjid Jamek)	宗教场所
National Museum (Muzim Ne...	博物馆
Central Market	市场
Petaling Street	附近区域

图 9-26　查看旅游信息

4 查看完成后，在面板中单击鼠标右键，在弹出的面板中选择“航班”选项，如图 9-27 所示。

5 在打开的“航班”面板的“始发地”文本框中输入“北京”，在弹出的列表中选择“北京-首都机场”选项，然后在“目的地”文本框中输入“吉隆坡”，在弹出的列表中选择“吉隆坡,马来西亚-吉隆坡国际机场”选项，单击“获取航班时刻表”按钮，如图 9-28 所示。

图 9-27　选择“航班”选项

图 9-28　查询航班信息

操作提示

在面板中单击鼠标右键，在弹出的面板中选择“精选网站”选项，在打开的面板中列出了多个旅游网站，选择相应的选项，即可打开相应的旅游网站。

6 在打开的面板中显示了北京到吉隆坡的航班班次以及飞行时间等信息，如图 9-29 所示。

北京 (PEK)至吉隆坡，MY (KUL)

航空公司：全部显示 ▾　经停：全部显示 ▾　班期：全部显示 ▾

航空公司 ▲	航班	飞行时间	经停	班期
AirAsia X Sdn. B...	PEK 2:30 → KUL 8:55	6 小时 25 分钟	–	周一 周二 周四 周五 周六
CATHAY PACIFIC	PEK 8:00 → KUL 16:45	8 小时 45 分钟	1 个经停站	周一 周二 周三 周四 周五 周六 周日
CATHAY PACIFIC	PEK 9:30 → KUL 18:20	8 小时 50 分钟	1 个经停站	周一 周二 周三 周四 周五 周六 周日
CATHAY PACIFIC	PEK 9:30 → KUL 19:55	10 小时 25 分钟	1 个经停站	周一 周二 周三 周四 周五 周六 周日
CATHAY PACIFIC	PEK 10:00 → KUL 19:55	9 小时 55 分钟	1 个经停站	周一 周二 周三 周四 周五 周六

图 9-29　查看搜索到的航班信息

7 查看完成后，单击鼠标右键，在弹出的面板中选择“酒店”选项，打开“酒店”面板，在“城市”文本框中输入“吉隆坡，马来西亚”，单击“搜索酒店”按钮，如图 9-30 所示。

图 9-30　输入城市名称

8 在打开的“酒店目录”面板中显示了搜索到的酒店，并列出了酒店名称、价格、等级以及娱乐设施等信息，如图 9-31 所示。

在输入关键字查询航班和酒店信息时，输入的关键字必须要精确，否则将无法搜索到与关键字相关的信息。

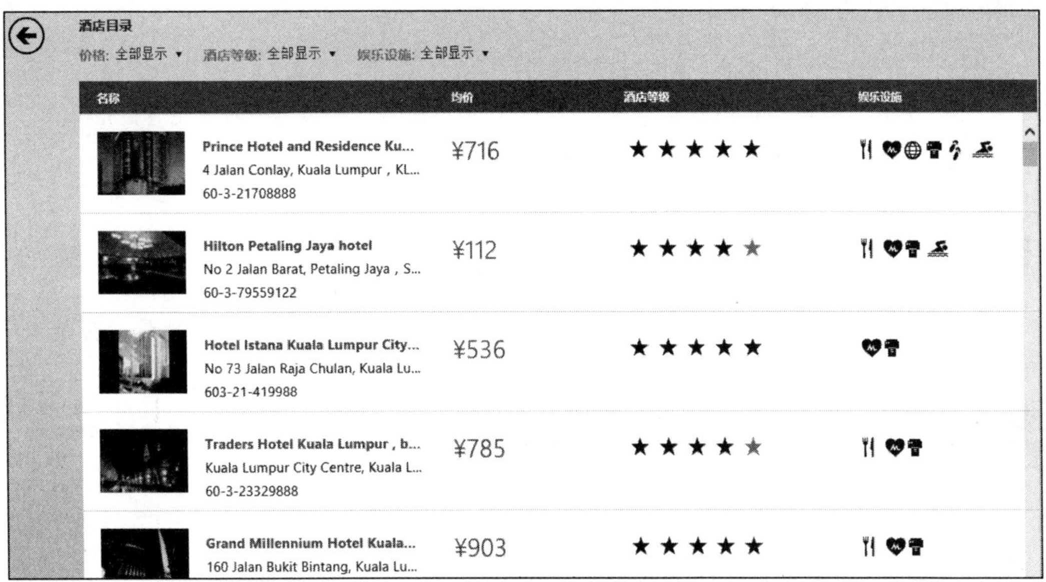

图 9-31 查看搜索到的酒店

9.5 提高练习

本章主要介绍了使用“开始”屏幕中的磁贴休闲娱乐以及查询日常生活信息和各种新闻资讯的方法。下面将通过两个练习进一步巩固磁贴的使用，使用户应用起来更加得心应手。

9.5.1 拍照并浏览图片

本练习将使用“开始”屏幕中的“相机”磁贴拍摄照片，然后再使用“照片”磁贴浏览拍摄的照片。

光盘\实例演示\第 9 章\拍照并浏览图片

该练习的操作思路与关键提示如下。

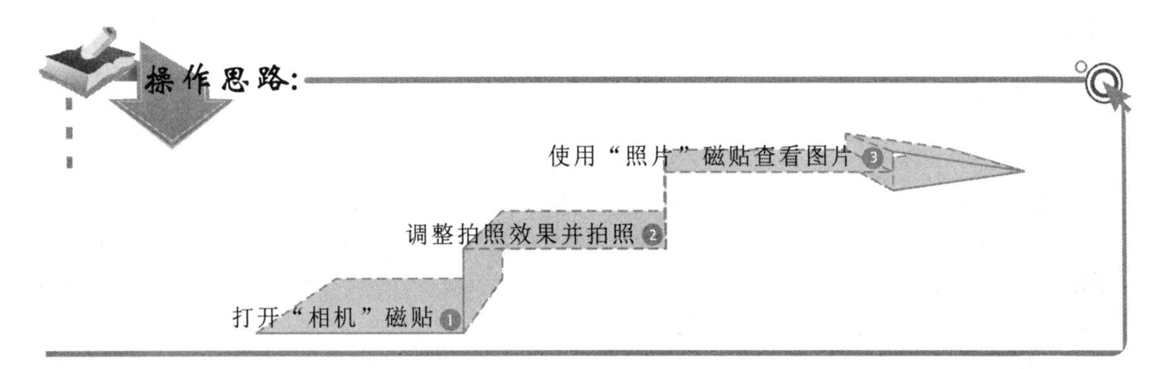

在浏览图片时，在“图片库”面板中的图片上单击鼠标右键，在弹出的快捷工具栏中单击“幻灯片放映”按钮，可以以幻灯片的方式自动播放图片。

关键提示:

在使用“相机”磁贴进行拍照前，必须先调整好拍摄的角度，然后根据需要调整亮度和对比度等，这样拍摄出来的效果才更好。

9.5.2 查看财经市场动态

本练习将通过“财经”磁贴打开“必应 BING 财经”面板，在其中查看“宏昌电子”的市场动态。

参见光盘 光盘\实例演示\第 9 章\查看财经市场动态

该练习的操作思路与关键提示如下。

操作思路:

① 打开“财经”磁贴

② 在“市场动态”栏中选择“宏昌电子”选项

③ 在打开的面板中查看相关的信息

关键提示:

在查看相关信息的面板中注意滚动鼠标滚轮或使用鼠标拖动面板下方的滚动条进行查看。

9.6 知识问答

在使用磁贴查询信息的过程中，难免会遇到一些难题，例如怎么播放音乐库外的音乐文件、查询全球天气等。下面将介绍使用磁贴过程中常见的问题及解决方案。

问：使用“音乐”磁贴能播放保存在电脑其他位置的音乐文件吗？

答：可以。在“开始”屏幕中单击“音乐”磁贴，在打开的界面中单击“播放所有音乐”按钮，在弹出的快捷工具栏中单击“打开文件”按钮，然后在打开的面板中单击按钮，在弹出的下拉列表中选择音乐文件保存的位置，再在打开的面板中单击鼠标右键，选择要播放的音乐文件，单击 打开 按钮即可。

专家指导

在使用“音乐”磁贴播放音乐时，在打开的面板中最好将显示的所有音乐文件进行分类管理，以便于快速选择需要的音乐。

问：使用“天气”磁贴可以查询其他国家的天气情况吗？

答：当然可以。在“开始”屏幕中单击“天气”磁贴，在打开的面板中单击鼠标右键，在弹出的面板中选择“世界天气”选项，打开“世界天气”面板，在其中单击要查看天气国家所在的洲，在打开的面板右侧显示了该洲包含的所有国家，选择要查看天气的国家，在打开的面板中即可查看该国家当天和未来两天的天气情况。

问：在“开始”屏幕中，有些磁贴是以静态显示的，有些磁贴则是以动态显示的，这是怎么回事？

答：这是手动设置了磁贴的显示方式，若不想磁贴以动态形式显示，可在动态显示的磁贴上单击鼠标右键，在弹出的快捷工具栏中单击“关闭动态磁贴”按钮即可；若想将静态的磁贴设置为动态显示，选择磁贴后，在弹出的快捷工具栏中单击“启用动态磁贴”按钮即可。

知识关联　磁贴的相关知识

Microsoft 公司发布的 Windows 8 操作系统，拥有全新的 Metro 界面，其中排列的方块状图标即是磁贴，英文名称是 Tile。磁贴一般包含文本和图像两部分，文本一般用于说明磁贴的名称，图像一般是指磁贴的徽标。

Windows 8 磁贴最大的优点是，用户体验度非常好，它可以为应用程序提供全屏的界面，无论是在外观上，还是在应用上，都有了非常大的改善。

如果在“地点收藏夹”面板中显示的城市天气查询选项较多，可以将用处不大的选项删除。在要删除的选项上单击鼠标右键，在弹出的快捷菜单中选择“删除”命令即可。

第10章

使用Word 2010制作文档

本章导读

Word 2010 是 Office 2010 的组件之一，它是一款功能强大的文字处理软件，通过它可以制作和编辑公文、宣传单、公司简介、合同、投标书、培训通知和邀请函等。本章将详细讲解 Word 2010 的工作界面、基本操作、文本的输入和编辑、文本的格式设置以及文档的打印等知识。

10.1 认识 Word 2010 工作界面

Word 2010 制作和编辑文档的功能虽然强大，但在使用 Word 2010 制作文档前，还需要对其工作界面有一定的认识。下面就来详细了解 Word 2010 的工作界面。

启动 Word 2010 后，即可查看其工作界面，如图 10-1 所示，主要由快速访问工具栏、标题栏、“帮助”按钮、功能选项卡、功能区、文档编辑区、状态栏和视图栏等部分组成。

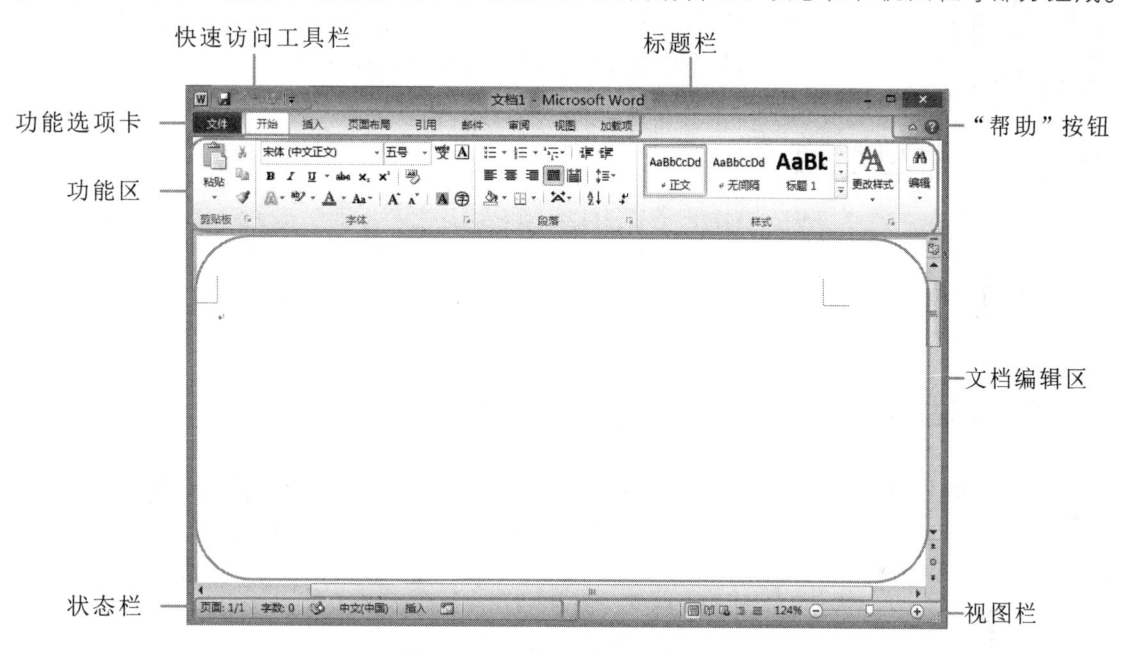

图 10-1 Word 2010 工作界面

下面分别介绍各部分的作用。

- **快速访问工具栏**：用于存放操作频繁的快捷操作按钮，单击快速访问工具栏右侧的▾按钮，在弹出的下拉列表中可将频繁使用的工具添加到快速访问工具栏中。
- **标题栏**：用于显示正在操作的文档的名称和程序的名称等信息，其右侧有 3 个窗口控制按钮，分别是“最小化”按钮、“最大化”按钮和“关闭”按钮，单击相应的按钮可执行相应的操作。
- **“帮助”按钮**：单击该按钮可打开相应组件的帮助窗格，在其中可查找到用户需要的帮助信息。
- **功能选项卡和功能区**：功能选项卡与功能区是对应的关系。选择某个选项卡即可打开相应的功能区，在功能区中有许多自动适应窗口大小的面板，在其中为用户提供了常用的命令按钮或列表框。部分面板右下角会有“功能扩展”按钮，单击该按钮将打开相关的对话框或任务窗格，在其中可进行更详细的设置。
- **文档编辑区**：文档编辑区是 Word 中最重要的部分，所有关于文本编辑的操作都

Word 2010 提供了页面视图、阅读版式视图、Web 版式视图、大纲视图和普通视图 5 种视图模式，在视图栏左侧单击不同的按钮，即可切换到相应的视图模式。

将在该区域中完成，文档编辑区中闪烁的光标为文本插入点，用于定位文本的输入位置。

- **状态栏和视图栏：** 都位于操作界面的底部。状态栏主要用于显示与当前工作有关的信息；视图栏主要用于切换文档的视图版式和设置文档的显示比例。

10.2　Word 2010 基本操作

要在 Word 2010 中进行文档的编辑操作，首先要新建文档，完成文档编辑或在操作的过程中还需要随时对文档进行保存。下面介绍 Word 2010 的基本操作，包括文档的新建、保存、打开和关闭操作。

10.2.1　新建文档

启动 Word 2010 后，系统将自动新建一个名为“文档 1”的空白文档，用户可直接使用该文档。如果新建的文档不能满足需要，用户还可根据需要再新建文档。新建文档主要分为新建空白文档和使用模板新建文档，下面分别进行介绍。

1．新建空白文档

启动 Word 2010 后，直接按 Ctrl+N 键，或单击“文件”按钮 文件 ，在弹出的下拉列表中选择“新建”选项，在打开的“可用模板”栏中双击“空白文档”选项，如图 10-2 所示，即可新建空白文档。

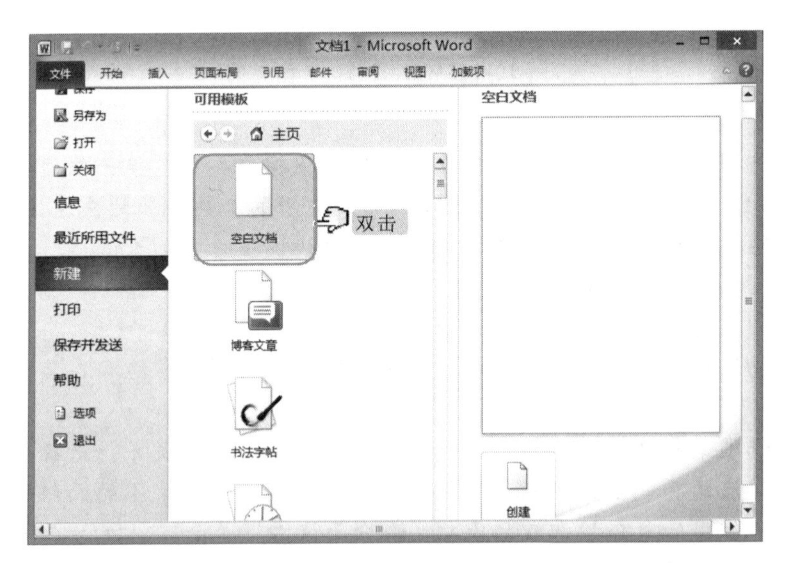

图 10-2　新建空白文档

在“可用模板”栏中选择需要的选项后，单击右侧窗格中的“创建”按钮也可新建文档。

2. 新建基于模板的文档

为了提高工作效率，可以使用 Word 2010 提供的文档模板，如信函、报告和简历等，快速新建出有样式和内容的文档。

启动 Word 2010，单击“文件”按钮文件，在弹出的下拉列表中选择“新建”选项，在打开页面的“可用模板”栏中选择“样本模板”选项，再在打开的页面中双击需要的选项，即可新建一个基于该模板的文档，如图 10-3 所示。

图 10-3　基于模板新建文档

10.2.2　保存文档

制作和编辑好文档后，可以通过 Word 的保存功能将其存储到电脑中，便于以后打开和编辑使用，若不保存，编辑的文档内容将会丢失。保存文档的方法有以下两种。

- **直接保存文档**：单击“文件”按钮文件，在弹出的下拉列表中选择“保存”选项，或单击快速访问工具栏中的“保存”按钮即可。
- **另存为文档**：单击“文件”按钮文件，在弹出的下拉列表中选择“另存为”选项，在打开的“另存为”对话框中选择文档的保存位置并输入文档名称，然后单击保存(S)按钮即可。

10.2.3　打开文档

若要对电脑中保存的文档进行编辑，首先需要将其打开，打开文档的常用方法有以下几种：

- 在电脑中找到需要打开的文档并双击，如图 10-4 所示，即可启动 Word 2010，同时打开文档。
- 启动 Word 2010 后，单击“文件”按钮文件，在弹出的下拉列表中选择“打开”选项，在打开的“打开”对话框中选择需要打开的文档，单击打开(O)按钮，如图 10-5 所示。

保存文档时，若是第一次进行保存，将会打开“另存为”对话框，需要在其中设置保存位置和名称，设置完成后，单击保存(S)按钮。

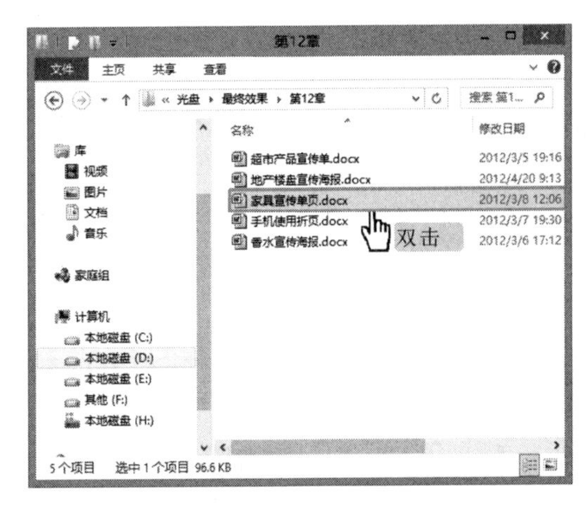

图 10-4　双击文档打开

图 10-5　"打开"对话框

- 启动 Word 2010 后，找到电脑中保存的需要打开的文档，将鼠标指针移动到文档上，按住鼠标左键不放，将其拖动到 Word 2010 工作界面的标题栏空白区域中，如图 10-6 所示，然后释放鼠标即可打开拖动的文档。

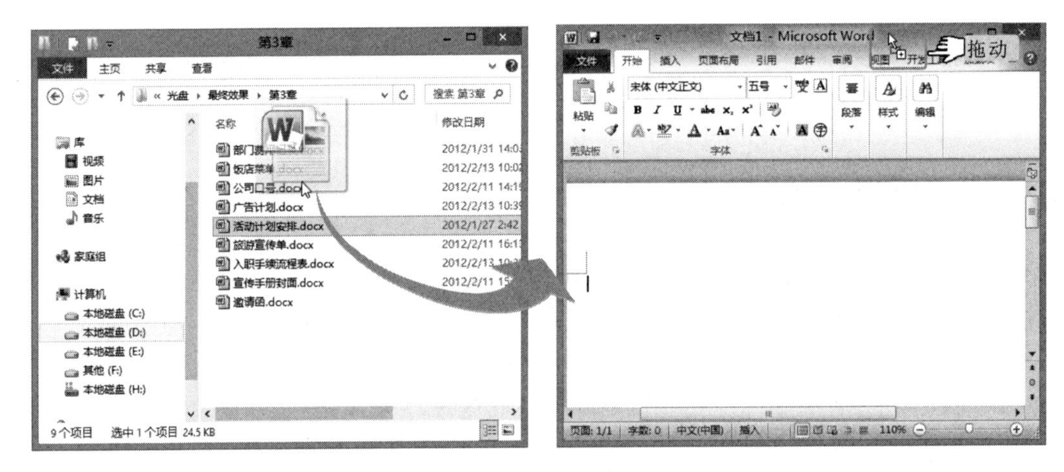

图 10-6　拖动打开文档

10.2.4　关闭文档

制作和编辑完文档，并对文档进行保存后，即可关闭相应的文档，关闭文档的方法有以下几种：

- 单击 Word 2010 工作界面标题栏上的"关闭"按钮 × 。
- 单击"文件"按钮 文件 ，在弹出的下拉列表中选择"关闭"选项。
- 在标题栏空白处单击鼠标右键，在弹出的快捷菜单中选择"关闭"命令。
- 在 Word 2010 工作界面中按 Alt+F4 键。

专家指导

若在 Word 2010 组中只打开了一个文档，那么在关闭文档时，将会自动退出 Word 2010 程序。

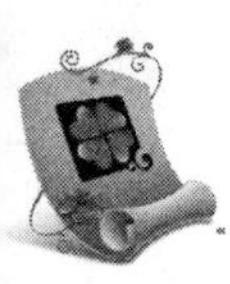

10.3　输入文本

新建文档后，即可在文档中输入相应的内容了。在 Word 2010 中，输入文本包括输入普通文本和特殊符号、插入日期和时间等。下面分别进行详细介绍。

10.3.1　输入普通文本和特殊符号

为文档输入文本和特殊符号是制作文档最基础的操作。在文档中输入文本后，为了使文档更具条理性，用户可为文档添加特殊符号。下面分别讲解输入普通文本和特殊符号的方法。

1. 输入普通文本

普通文本一般使用键盘就能输入，如汉字、字母和数字等。新建文档后，将鼠标光标定位到需输入文本的位置，然后切换到用户熟悉的输入法，再结合键盘即可输入所需的文本。

2. 输入特殊符号

在制作和编辑文档的过程中，经常需要输入一些特殊的符号，如%、@等。有些符号能够通过键盘直接输入，但有些却不能，如货币符号、版权符号等，这时就可通过插入特殊符号的方法来输入。

实例 10-1 插入🖂和☎特殊符号

下面将在“通知.docx”文档中，通过“符号”对话框插入🖂和☎特殊符号。

参见光盘

光盘\素材\第 10 章\通知.docx
光盘\效果\第 10 章\通知.docx

1. 打开“通知”文档，将鼠标光标定位到电子邮箱文本的前面。选择“插入”/“符号”组，单击“符号”按钮Ω，在弹出的下拉列表中选择“其他符号”选项。
2. 打开“符号”对话框，默认选择“符号”选项卡，在“字体”下拉列表框中选择 Wingdings 选项，在选择列表中选择🖂符号，单击按钮，如图 10-7 所示。
3. 此时选择的符号将插入到文档中，单击 关闭 按钮关闭对话框。
4. 将鼠标光标定位到电话文本前面，使用相同的方法，在“符号”对话框中选择☎符号，并将其插入到文档中，最终效果如图 10-8 所示。

在“符号”对话框中选择“特殊字符”选项卡，在其列表框中将显示一些常用的字符符号、名称以及快捷键。

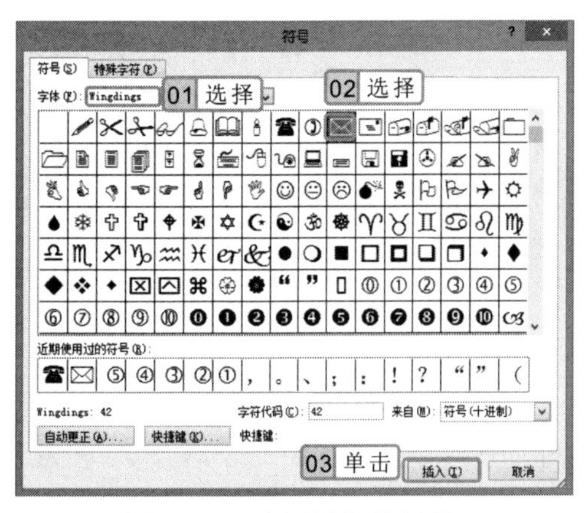

图 10-7　选择插入的符号

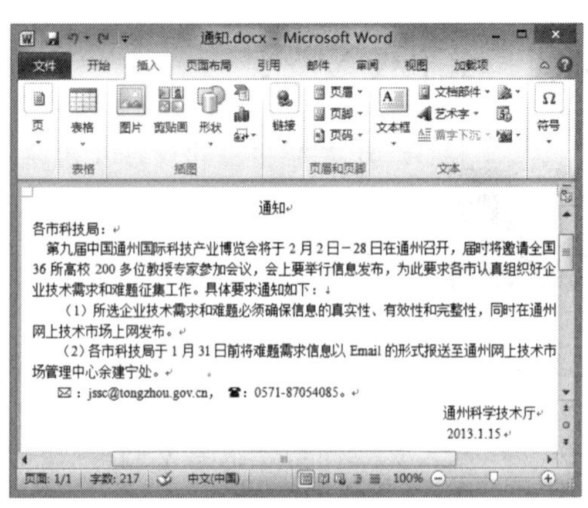

图 10-8　查看文档效果

10.3.2　输入日期和时间

在制作文档时经常需要输入日期和时间，因日期和时间的格式较多，若手动输入很可能会出错。为了避免这一情况，可使用插入系统当前日期和时间的方法来输入。

实例 10-2　插入系统当前的日期

下面将在“图书借阅制度.docx”文档末尾插入系统当前的日期。

光盘\素材\第 10 章\图书借阅制度.docx
光盘\效果\第 10 章\图书借阅制度.docx

1. 打开“图书借阅制度”文档，将鼠标光标定位到文档末尾，选择“插入”/“文本”组，单击“日期和时间”按钮。
2. 打开“日期和时间”对话框，在“语言（国家/地区）”下拉列表框中选择“中文（中国）”选项，在“可用格式”列表框中选择如图 10-9 所示的日期格式。
3. 单击 确定 按钮，返回到文档编辑区，即可发现选择的日期格式已插入到文档中，如图 10-10 所示。

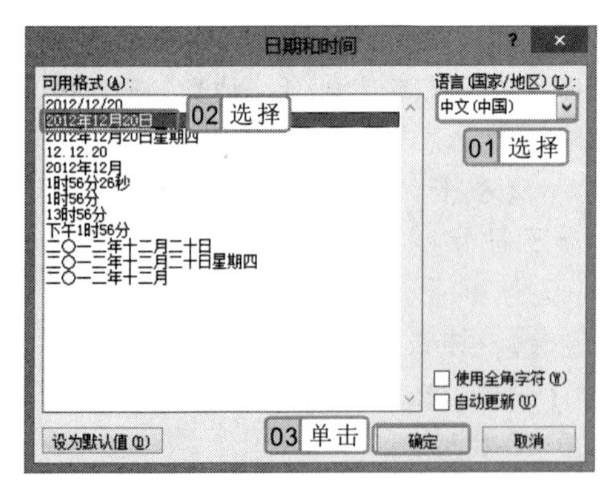

图 10-9　选择日期格式

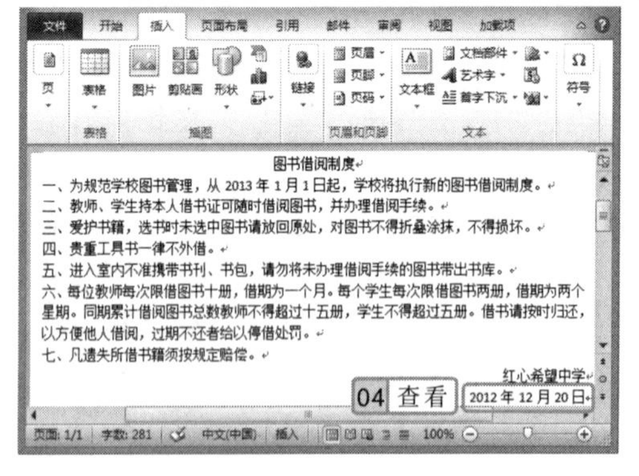

图 10-10　查看效果

在“符号”对话框中的“字体”下拉列表框中选择其他选项，在对话框的列表框中将显示相应的内容。

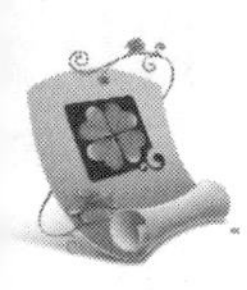

10.4 编辑文本

在文档中输入文本后，还需要对其进行编辑，使文档的内容更加完善。编辑文本包括选择、移动、复制、修改、删除、查找和替换文本等操作。下面分别进行介绍。

10.4.1 选择文本

选择文本是编辑文本的前提，被选择的文本才能成为编辑的对象。选择文本的方法很多，常用的有以下几种。

- **选择单字或词组：**将鼠标指针定位到文本中，双击可选择光标所在位置的词语，若无词语则选择单个文字。
- **选择连续的文本：**将鼠标指针定位到需要选择文本的起始位置或末尾，向左右或上下拖动鼠标可选择鼠标光标经过的文本。
- **选择不连续的文本：**先选择一部分文本，再按住 Ctrl 键不放的同时选择其他文本，可选择不连续的文本，如图 10-11 所示。
- **选择单行文本：**将鼠标指针移到该行左侧的空白区域，当指针变成反箭头形状⇗时单击，即可选择该行文本，如图 10-12 所示。

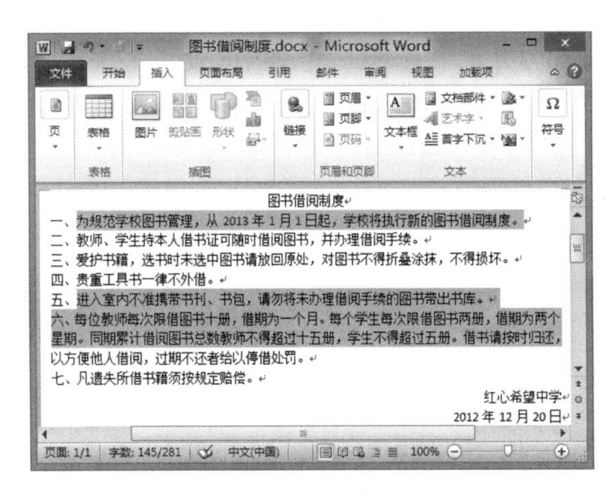

图 10-11　选择不连续文本

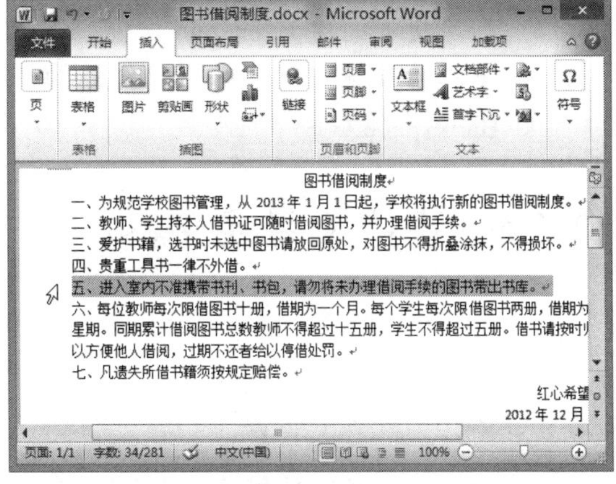

图 10-12　选择整行文件

- **选择整篇文档：**将鼠标指针定位到文档任意位置，按 Ctrl+A 键，或将鼠标指针移动到需要选择文本的左侧，连续单击 3 次可选择整篇文档。
- **选择一段文本：**将鼠标指针移到段落左侧的空白区域，当指针变为⇗形状时双击，或在该段文本的段首按住鼠标左键不放，并拖动鼠标到段末后释放鼠标，也可在该段文本中任意位置连续单击 3 次。

将鼠标指针定位到所选文本形成的矩形框的任意一角，然后按住 Alt 键不放，拖动鼠标到矩形框的对角处释放鼠标，所选文本呈蓝底黑字显示。

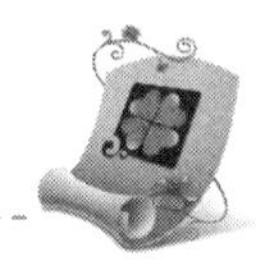

10.4.2　移动和复制文本

在制作和编辑文档的过程中，经常需要输入相同的文本内容或对文本位置进行相应的调整，这就需要对文本进行移动和复制操作，方法分别介绍如下。

- **移动文本**：选择需要移动的文本，按住鼠标左键不放，将其拖动到目标位置后释放鼠标即可。
- **复制文本**：选择需复制的文本，按 Ctrl+C 键，然后将鼠标指针定位到目标位置，按 Ctrl+V 键；或选择文本后，在移动文本的过程中按住 Ctrl 键不放进行拖动，到目标位置释放鼠标即可。

10.4.3　修改和删除文本

在编辑文档时，若输入了错误的文本内容，可对其进行修改，修改文本的方式主要有插入漏输入的文本和改写错误的文本。另外，对于不再需要的文本，还可将其删除。下面分别进行介绍。

- **插入文本**：当文档中出现漏输入的情况时，即可使用插入功能进行修改。其方法是将文本插入点定位到需要插入文本的位置，然后输入相应的文本即可。
- **改写文本**：改写文本是指对输入错误的文本进行更改，其方法是选择输入错误的文本，然后输入正确的文本即可。
- **删除文本**：按 Backspace 键可删除鼠标光标左侧的文本；按 Delete 键可删除鼠标光标右侧的文本。若想删除大段文字，可先选择需要进行删除的文本，再按 Backspace 键。

10.4.4　查找和替换文本

若发现某个字或某词组在文档中多次出现，并且全部都输入错误，可使用 Word 2010 提供的查找和替换功能，快速查找出其在文档中的位置，并进行更改，这样不仅能提高效率，还能避免再次输入错误。

实例 10-3　查找并替换“社稷”文本

下面将在“公司简介.docx”文档中，先查找输入错误的“社稷”文本，然后通过替换功能将其替换为“设计”文本。

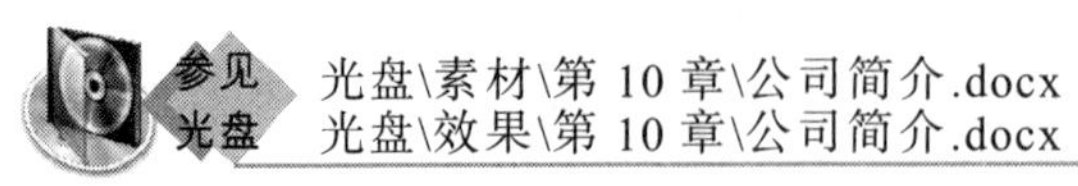

光盘\素材\第 10 章\公司简介.docx
光盘\效果\第 10 章\公司简介.docx

1 打开“公司简介.docx”文档，选择“开始”/“编辑”组，单击“查找”按钮，

移动文本也可使用快捷键，选择要移动的文本后，按 Ctrl+X 键，然后将鼠标指针定位到目标位置，按 Ctrl+V 键即可。

在文档左侧打开“导航”窗格，在其中的文本框中输入要查找的文本“社稷”，如图 10-13 所示。

2. 选择“开始”/“编辑”组，单击“替换”按钮，在“替换为”文本框中输入正确的文本“设计”，单击 全部替换(A) 按钮，如图 10-14 所示。

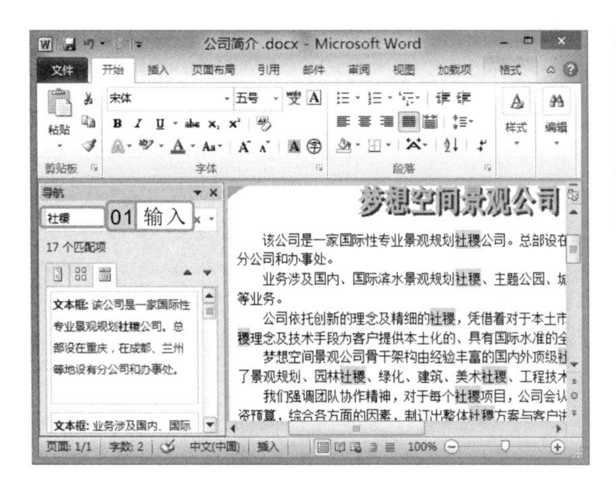

图 10-13　查找文本

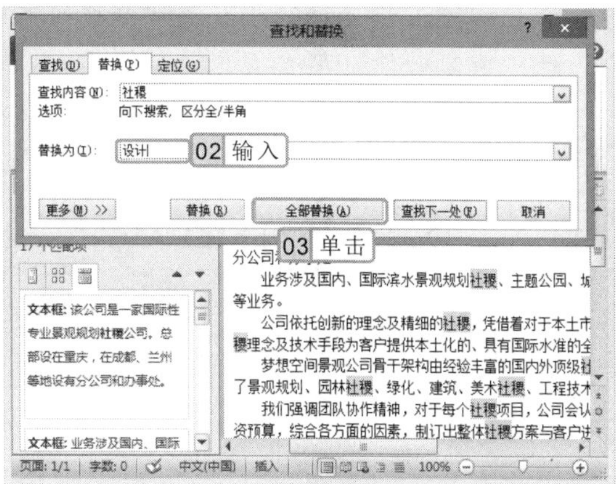

图 10-14　替换文本

3. 在打开的提示对话框中单击 是(Y) 按钮，如图 10-15 所示。再在打开的提示对话框中单击 确定 按钮。

4. 返回“查找和替换”对话框，单击右上角的 × 按钮，返回文档编辑区，即可查看替换文本后的效果，如图 10-16 所示。

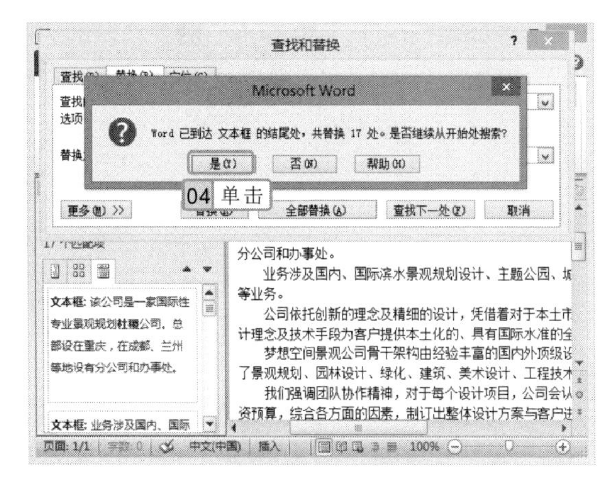

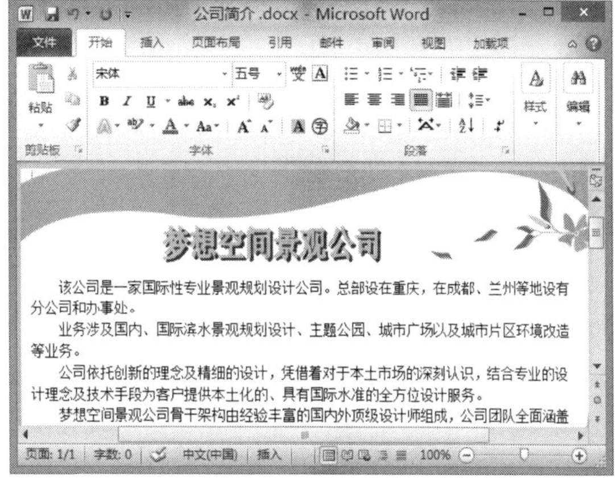

图 10-15　确认替换

图 10-16　查看效果

10.4.5　撤销和恢复操作

Word 能够自动记录所执行过的操作，如果在编辑文档的过程中不小心执行了某些错误

在“查找和替换”对话框中单击 替换(R) 按钮，一次只能替换一处查找的文本；单击 更多(M) >> 按钮，在展开的“搜索选项”栏和“替换”栏中可对要查找和替换的内容进行更详细的设置。

操作，可通过撤销功能将错误的操作撤销。若误撤销了某些操作，在没有进行其他操作之前，还可通过恢复功能将撤销的操作恢复。下面对撤销和恢复的方法进行介绍。

- **撤销操作**：单击快速访问工具栏上的“撤销”按钮可撤销上一次的操作，连续单击该按钮可撤销最近执行过的多次操作。也可单击“撤销”按钮右侧的按钮，在弹出的下拉列表中选择要撤销的操作即可。
- **恢复操作**：单击快速访问工具栏上的“恢复”按钮可恢复上一次的撤销操作，连续单击该按钮可恢复最近执行过的多次撤销操作。

10.5 设置文本格式

Word 中输入的文本，其字体格式和段落格式都是默认的，要想突出文档的重点内容，增强文档的可读性，还需要对文档的字体格式和段落格式等进行详细的设置。

10.5.1 设置字体格式

字体格式是指文档中输入的文本的字体、字号和颜色等参数，对不同的文本设置不同的格式，可使文档更美观，重点更突出。字体格式可通过“字体”组、“字体”对话框和浮动工具栏 3 种方式来进行设置，但其设置方法都基本相同。

实例 10-4 设置文档中文本的字体格式

下面将在“求职信.docx”文档中通过“字体”组和“字体”对话框对文本的字体、字号、颜色以及其他效果进行设置。

参见光盘
光盘\素材\第 10 章\求职信.docx
光盘\效果\第 10 章\求职信.docx

1. 打开“求职信.docx”文档，选择文档标题，选择“开始”/“字体”组，单击“字体”列表框右侧的按钮，在弹出的下拉列表中选择“方正准圆简体”选项，如图 10-17 所示。
2. 单击“字号”列表框右侧的按钮，在弹出的下拉列表中选择“小三”选项，保持标题的选择状态，单击“字体颜色”按钮A，在弹出的下拉列表中选择“深蓝”选项，如图 10-18 所示。
3. 选择正文第一段文本，将其字体设置为“黑体”，字号设置为“小四”，然后按住 Ctrl 键，选择★符号后面的文本，单击“字体”组右下角的“功能扩展”按钮，打开“字体”对话框。

专家指导

在文档编辑区中单击鼠标右键，在弹出的快捷菜单中选择“字体”命令，也可打开“字体”对话框。

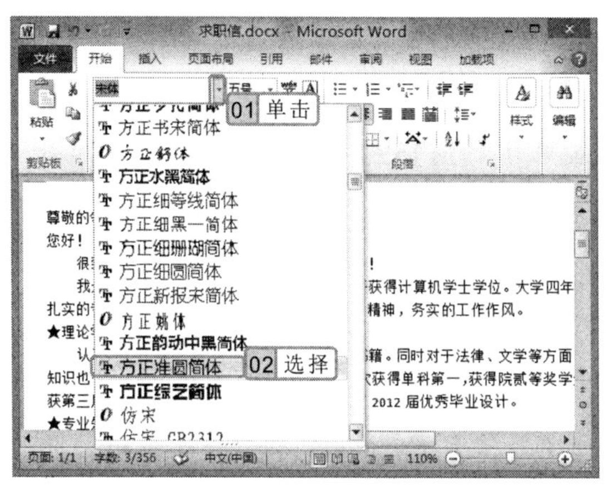

图 10-17　设置标题字体

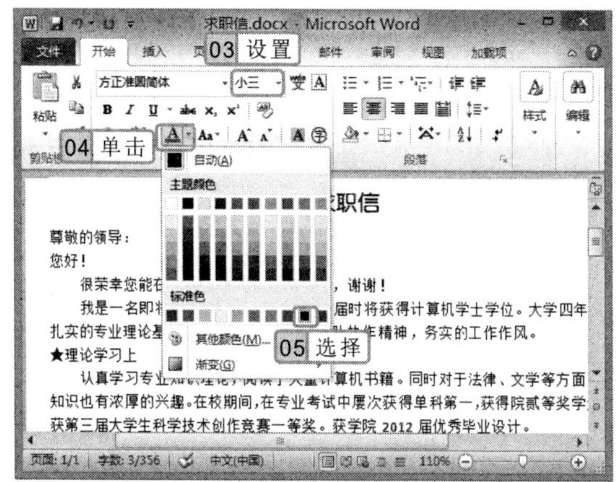

图 10-18　设置字体颜色

4　默认选择“字体”选项卡，在“中文字体”下拉列表框中选择“微软雅黑”选项，在“字形”列表框中选择“倾斜”选项，在“字号”列表框中选择“小四”选项，如图 10-19 所示。

5　单击 确定 按钮，返回文档编辑区，即可查看设置字体格式后的效果，如图 10-20 所示。

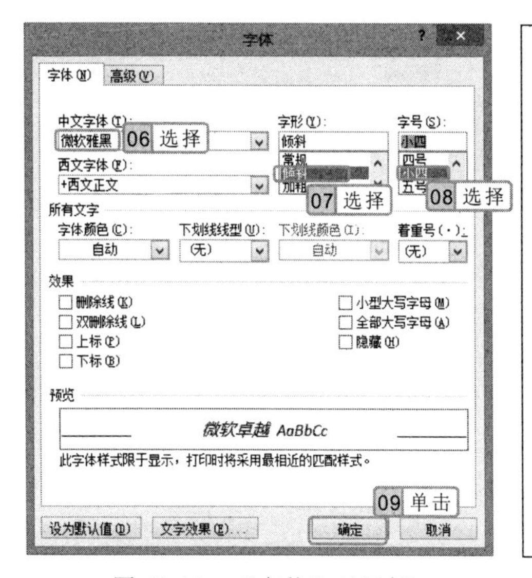

图 10-19　“字体”对话框

求职信

尊敬的领导：

您好！

很荣幸您能在百忙之中翻阅我的求职信，谢谢！

我是一名即将毕业的计算机系本科生，届时将获得计算机学士学位。大学四年，奠定了扎实的专业理论基础，良好的组织能力，团队协作精神，务实的工作作风。

★*理论学习上*

认真学习专业知识理论，阅读了大量计算机书籍。同时对于法律、文学等方面的非专业知识也有浓厚的兴趣。在校期间，在专业考试中屡次获得单科第一，获得院贰等奖学金一次。获第三届大学生科学技术创作竞赛一等奖。获学院 2012 届优秀毕业设计。

★*专业知识上*

精通 Visual Basic、SQL Server、ASP。熟练使用 Linux、Windows 9x/Me/NT/2000/XP 等操作系统。熟练使用 Office、WPS 办公自动化软件。

★*社会实践上*

四年的大学生活，我对自己严格要求，注重能力的培养，尤其是实践动手能力更是我的强项。

手捧菲薄求职之书，心怀自信诚挚之念，我期待着能为成为贵公司的一员！

此致

敬礼！

求职者：灵鑫

图 10-20　查看设置后的效果

10.5.2　设置段落格式

用户可以根据实际需要为文档段落设置对齐方式、段间距、行间距和缩进方式等，从

选择需要设置字体格式的文本后，将出现一个透明的工具栏，将鼠标指针移动到工具栏上，在其中单击相应的按钮或选择相应的选项，即可对选择的文本进行对应的操作。

而使文档的版式清晰、美观并便于阅读。设置段落格式的方法与设置字体格式的方法相似，也可通过浮动工具栏、“段落”组和“段落”对话框进行设置。

实例 10-5　通过不同的方法设置文档中文本的段落格式

下面将在“九寨沟旅游指南.docx”文档中通过“段落”组、“段落”对话框和浮动工具栏对文本的段落对齐方式、段落间距以及段落缩进等进行设置。

光盘\素材\第 10 章\九寨沟旅游指南.docx
光盘\效果\第 10 章\九寨沟旅游指南.docx

1. 打开“九寨沟旅游指南.docx”文档，选择文档标题，在出现的浮动工具栏上单击“居中”按钮≡，如图 10-21 所示，使标题文本位于所在行的中间位置。
2. 选择除标题和落款外的所有文本，单击鼠标右键，在弹出的快捷菜单中选择“段落”命令，打开“段落”对话框。
3. 默认选择“缩进和间距”选项卡，在“缩进”栏的“特殊格式”下拉列表框中选择“首行缩进”选项，并保持其磅值默认不变。
4. 在“间距”栏的“行距”下拉列表框中选择“多倍行距”选项，在其后的“设置值”数值框中输入“1.2”，单击 确定 按钮，如图 10-22 所示。

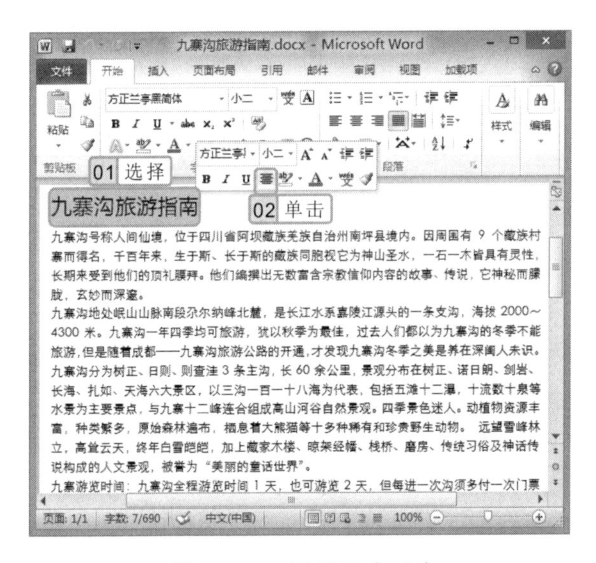

图 10-21　设置居中对齐

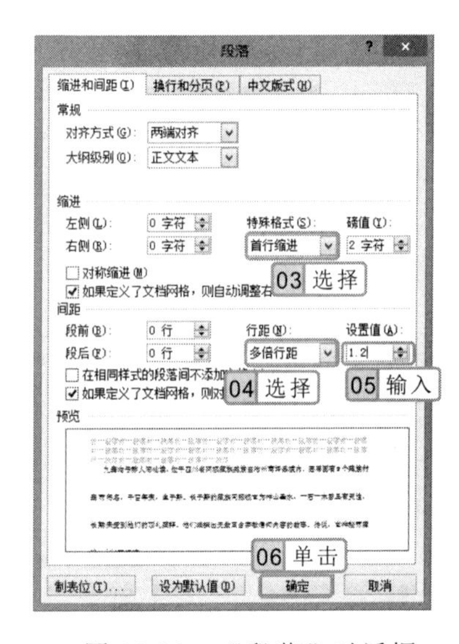

图 10-22　“段落”对话框

5. 返回文档编辑区后，即可查看设置的效果，如图 10-23 所示。
6. 选择文档落款，选择“开始”/“段落”组，单击“右对齐”按钮≡，使落款与文档右侧边缘对齐。
7. 完成文档的设置，返回文档编辑区，即可看到设置段落格式后的效果，如图 10-24

在“字体”对话框的“预览”栏中可查看文本设置格式后的效果，该效果是随着设置同步改变的，用户可以根据效果来设置符合要求的格式。

所示。

九寨沟旅游指南

九寨沟号称人间仙境，位于四川省阿坝藏族羌族自治州南坪县境内。因周围有 9 个藏族村寨而得名，千百年来，生于斯、长于斯的藏族同胞视它为神山圣水，一石一木皆具有灵性，长期来受到他们的顶礼膜拜。他们编撰出无数富含宗教信仰内容的故事、传说，它神秘而朦胧，玄妙而深邃。

九寨沟地处岷山山脉南段尕尔纳峰北麓，是长江水系嘉陵江源头的一条支沟，海拔 2000～4300 米。九寨沟一年四季均可旅游，犹以秋季为最佳，过去人们都以为九寨沟的冬季不能旅游，但是随着成都——九寨沟旅游公路的开通，才发现九寨沟冬季之美是养在深闺人未识。

九寨沟分为树正、日则、则查洼 3 条主沟，长 60 余公里，景观分布在树正、诺日朗、剑岩、长海、扎如、天海六大景区，以三沟一百一十八海为代表，包括五滩十二瀑，十流数十泉等水景为主要景点，与九寨十二峰连合组成高山河谷自然景观。四季景色迷人。动植物资源丰富，种类繁多，原始森林遍布，栖息着大熊猫等十多种稀有和珍贵野生动物。 远望雪峰林立，高耸云天，终年白雪皑皑，加上藏家木楼、晾架经幡、栈桥、磨房、传统习俗及神话传说构成的人文景观，被誉为“美丽的童话世界”。

九寨游览时间：九寨沟全程游览时间 1 天，也可游览 2 天，但每进一次沟须多付一次门票和观光车费，如果您住在沟内藏民修的旅馆内，则可不必多购买门票,只是条件比较差，门票是：春、夏、秋三季时为三百元，含观光车费。冬季为一百五十元(含观光车费)，观光车采取一次购票的办法，在沟内有效，出沟再进就无效，保险费 3 元。

九寨沟旅游最火爆时间：10 月国庆节，春节等重大节假日。九寨沟的传统旺季是每年 7～10 月。

报名电话：(028) 7777050
报名地址：北苑街 1 段 238 号中国青年旅行社

图 10-23　设置段落缩进和间距后的效果

九寨沟旅游指南

九寨沟号称人间仙境，位于四川省阿坝藏族羌族自治州南坪县境内。因周围有 9 个藏族村寨而得名，千百年来，生于斯、长于斯的藏族同胞视它为神山圣水，一石一木皆具有灵性，长期来受到他们的顶礼膜拜。他们编撰出无数富含宗教信仰内容的故事、传说，它神秘而朦胧，玄妙而深邃。

九寨沟地处岷山山脉南段尕尔纳峰北麓，是长江水系嘉陵江源头的一条支沟，海拔 2000～4300 米。九寨沟一年四季均可旅游，犹以秋季为最佳，过去人们都以为九寨沟的冬季不能旅游，但是随着成都——九寨沟旅游公路的开通，才发现九寨沟冬季之美是养在深闺人未识。

九寨沟分为树正、日则、则查洼 3 条主沟，长 60 余公里，景观分布在树正、诺日朗、剑岩、长海、扎如、天海六大景区，以三沟一百一十八海为代表，包括五滩十二瀑，十流数十泉等水景为主要景点，与九寨十二峰连合组成高山河谷自然景观。四季景色迷人。动植物资源丰富，种类繁多，原始森林遍布，栖息着大熊猫等十多种稀有和珍贵野生动物。 远望雪峰林立，高耸云天，终年白雪皑皑，加上藏家木楼、晾架经幡、栈桥、磨房、传统习俗及神话传说构成的人文景观，被誉为“美丽的童话世界”。

九寨游览时间：九寨沟全程游览时间 1 天，也可游览 2 天，但每进一次沟须多付一次门票和观光车费，如果您住在沟内藏民修的旅馆内，则可不必多购买门票,只是条件比较差，门票是：春、夏、秋三季时为三百元，含观光车费。冬季为一百五十元(含观光车费)，观光车采取一次购票的办法，在沟内有效，出沟再进就无效，保险费 3 元。

九寨沟旅游最火爆时间：10 月国庆节，春节等重大节假日。九寨沟的传统旺季是每年 7～10 月。

报名电话：(028) 7777050
报名地址：北苑街 1 段 238 号中国青年旅行社

图 10-24　最终效果

10.5.3　设置项目符号和编号

在编辑文档时，为了使文档重点突出，要点一目了然，便于阅读和理解，可以在重要的段落文本前面添加项目符号和编号。下面分别介绍设置项目符号、编号和多级列表的方法。

1. 设置项目符号

为文档中的内容添加项目符号，可便于阅读和浏览。项目符号主要用于一些并列的、没有先后顺序的段落文本前。在 Word 2010 中添加项目符号的方法有 3 种，包括添加现有的项目符号、添加自定义的项目符号以及添加图片项目符号，下面分别进行介绍。

- **添加现有的项目符号**：在“开始”/“段落”组中单击“项目符号”按钮☰右侧的▾按钮，在弹出的下拉列表框的“项目符号库”栏中选择需要的项目符号即可，如图 10-25 所示。
- **添加自定义的项目符号**：在“段落”组中单击“项目符号”按钮☰右侧的▾按钮，在弹出的下拉列表中选择“定义新项目符号”选项，打开“定义新项目符号”对话框，单击 符号(S)... 按钮，在打开的对话框中选择需要的项目符号即可，如图 10-26 所示。

选择需要设置项目符号的段落后，单击鼠标右键，在弹出的快捷菜单中选择“项目符号”命令，在其子菜单中选择需要的项目符号样式即可。

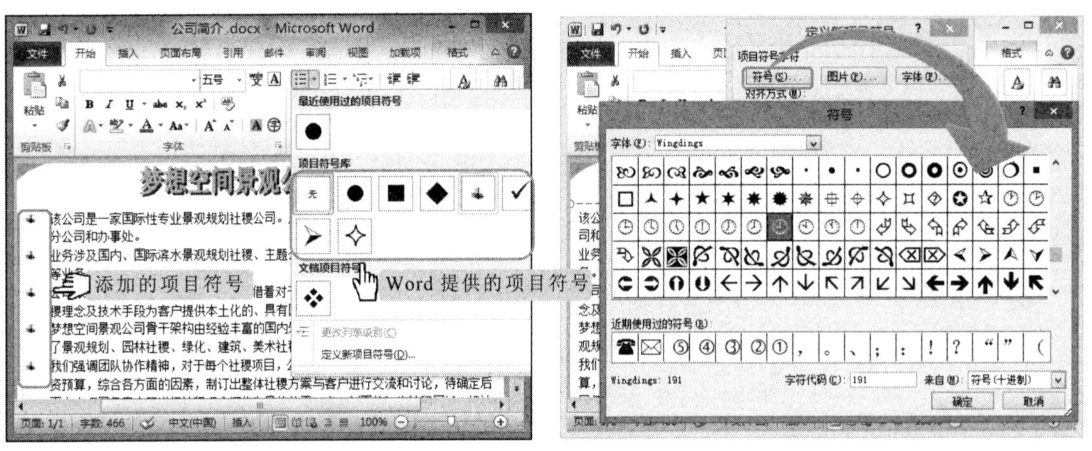

图 10-25　添加现有的项目符号　　　　图 10-26　添加自定义的项目符号

- 添加图片项目符号：在“定义新项目符号”对话框中单击 图片(P)... 按钮，打开“图片项目符号”对话框，在其列表框中可直接选择需要的图片项目符号，也可在“搜索文字”文本框中输入关键字，单击 搜索(G) 按钮，搜索需要的图片项目符号，如图 10-27 所示为添加图片项目符号的效果。

图 10-27　添加图片项目符号的效果

2．设置编号

编号主要用于操作步骤、论文中的主要论点和合同条款等。在 Word 2010 中提供了多种编号样式，用户可以根据需要进行选择。在 Word 中设置编号与设置项目符号的方法类似，在“段落”组中单击“编号”按钮 右侧的 按钮，在弹出的下拉列表框的“编号库”栏中选择需要的编号样式即可，如图 10-28 所示。

在“编号”下拉列表中选择“定义新编号格式”选项，在打开的“定义新编号格式”对话框中选择编号样式后，单击 字体(F)... 按钮，在打开的“字体”对话框中可设置编号的字体格式。

图 10-28　添加编号

3. 设置多级列表

为了使长文档的结构更明显，层次更清晰，可以为文档设置多级列表。使用多级列表在展示同级文档内容时，还可表示下一级文档内容。

实例 10-6 设置和修改多级列表

下面将在“护肤产品简介.docx”文档中为段落文本设置多级列表，并根据实际情况对多级列表进行更改。

光盘\素材\第 10 章\护肤产品简介.docx
光盘\效果\第 10 章\护肤产品简介.docx

1. 打开“护肤产品简介.docx”文档，选择需要设置多级列表的段落，这里选择除第一段外的所有段落。
2. 选择“开始”/“段落”组，单击“多级列表”按钮右侧的按钮，在弹出的下拉列表中选择如图 10-29 所示的多级列表样式。
3. 在每段文本前将插入数字编号，即文档的第二级列表，如图 10-30 所示。

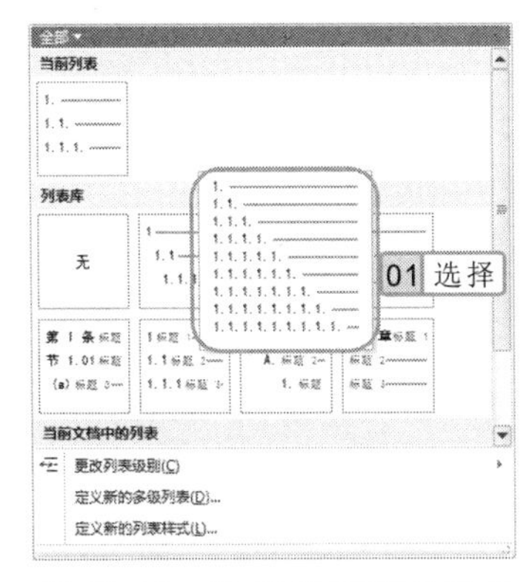

图 10-29　选择多级列表样式

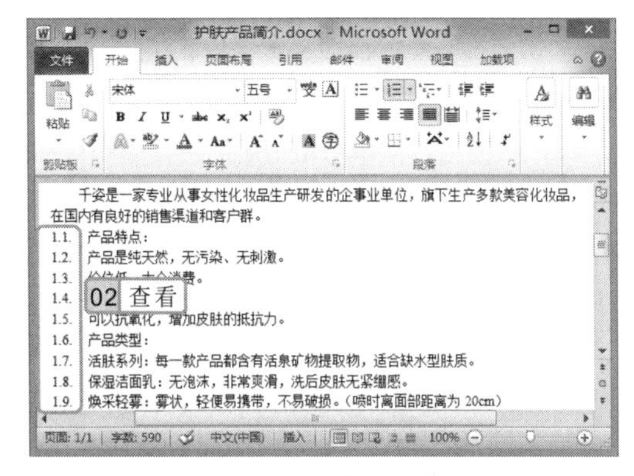

图 10-30　查看设置的多级列表

操作提示

在“多级列表”下拉列表框中选择“定义新的多级列表”选项，在打开的“定义新的多级列表”对话框中可对列表级别、编号格式以及位置等进行详细的设置。

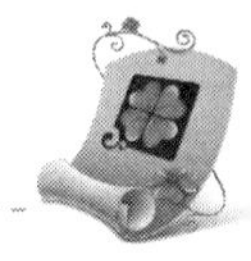

4 选择需设置为第一级列表的文本，在“段落”组中单击“多级列表”按钮右侧的按钮，在弹出的下拉列表中选择“更改列表级别”选项，在其子列表中选择“1 级”选项，如图 10-31 所示。

5 使用相同的方法设置三级列表，设置完成后的效果如图 10-32 所示。

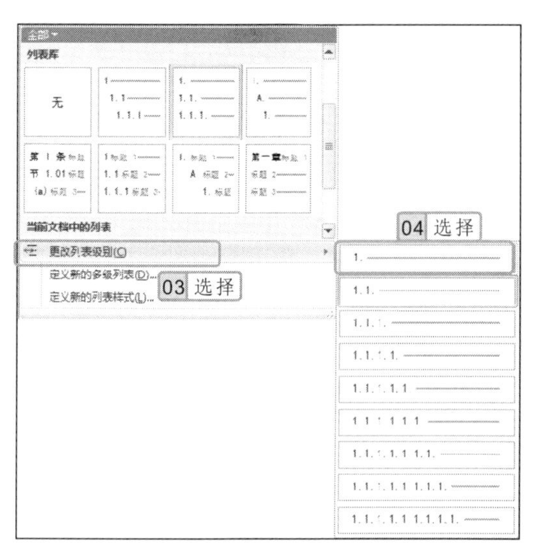

图 10-31　设置一级列表

护肤产品简介

千姿是一家专业从事女性化妆品生产研发的企事业单位，旗下生产多款美容化妆品，在国内有良好的销售渠道和客户群。

1. 产品特点：
1.1. 产品是纯天然，无污染、无刺激。
1.2. 价位低、大众消费。
1.3. 针对性广。
1.4. 可以抗氧化，增加皮肤的抵抗力。
2. 产品类型：
2.1. 活肤系列：每一款产品都含有活泉矿物提取物，适合缺水型肤质。
2.1.1. 保湿洁面乳：无泡沫，非常爽滑，洗后皮肤无紧绷感。
2.1.2. 焕采轻雾：雾状，轻便易携带，不易破损。（喷时离面部距离为 20cm）
2.1.3. 水润保湿霜：清爽不油腻，间于露于霜之间。
2.1.4. 焕采眼晶莹露：清爽，透明啫喱状，不仅可以用作眼霜，还可以用作眼膜。
2.2. 控油系列：每一款产品都含有茶树提取液，其作用有消炎、杀菌、镇静肌肤、缓解肌肤压力，适合油型肤质及混合型偏油肤质。
2.2.1. 茶树控油洁面啫喱：高泡型洁面品，油型及偏油型肌肤适用
2.2.2. 茶树控油调理露：平衡油脂分泌，补充水分。（建议与毛孔紧致调理露配合使用，白天用）
2.2.3. 毛孔精致调理露：收缩毛孔，（毛孔粗大处使用，用后 30 分钟才能使用其它护肤品）
2.3. 美白系列：适合色素沉着及肤色较黄，有斑的人群。使用后皮肤白皙透亮。
2.3.1. 亮白洁面乳：低泡型洁面品，滋润有光泽。
2.3.2. 柔白亮肤水：含有海藻、珍珠提取液。
2.3.3. 亮白乳液：长期使用皮肤白皙有光泽。
2.3.4. 特润白玉霜：适合干性及成熟肤质。
2.3.5. 柔白亮肤霜：有美白的效果。

图 10-32　最终效果

10.5.4　设置页眉和页脚

文档的页眉和页脚分别位于文档的最上方和最下方，在编辑文档时，通过 Word 的页眉/页脚功能，可以在页眉和页脚中插入文本或图形，如页码、公司徽标、日期和作者名等。在文档中插入页眉和页脚不但能美化页面，还能起到方便读者阅读的作用。

实例 10-7 为文档添加页眉和页脚

下面将为“培训流程.docx”文档的页眉添加公司名称，为文档页脚添加公司地址。

参见光盘　光盘\素材\第 10 章\培训流程.docx
光盘\效果\第 10 章\培训流程.docx

1 打开“培训流程.docx”文档，在页眉上双击，进入“页眉/页脚”编辑状态，选择“设计”/“页眉和页脚”组，单击“页眉”按钮，在弹出的列表框中选择“瓷砖型”选项，如图 10-33 所示。

2 在页眉标题框中输入“四川鸿科安荣有限公司”，在年份框中输入“2012”，如图 10-34 所示。

3 在“页眉和页脚”组中单击“页脚”按钮，在弹出的列表框中选择页脚的样式，这里选择“瓷砖型”选项，如图 10-35 所示。

专家指导

设置多级列表后，并不是所有的文档都默认从第一级开始编号，可能是从第二级或第三级开始编号，这就需要用户对级别进行更改。

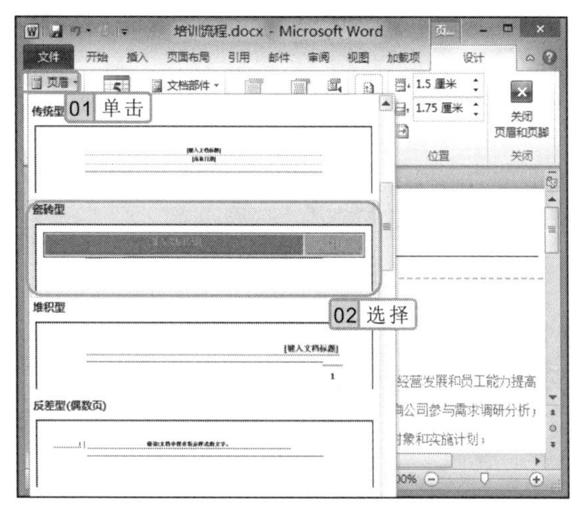

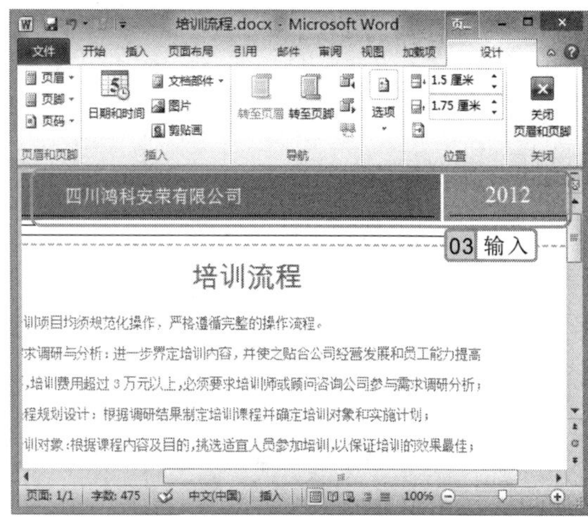

图 10-33　选择页眉样式　　　　图 10-34　输入页眉内容

4 在页脚地址框中输入“四川省成都市高新区兴业园 5 号”，然后将鼠标光标定位到页码“1”后面，按 Backspace 键删除，其效果如图 10-36 所示。

5 选择“设计”/“关闭”组，单击“关闭页眉和页脚”按钮，退出页眉/页脚的编辑状态。

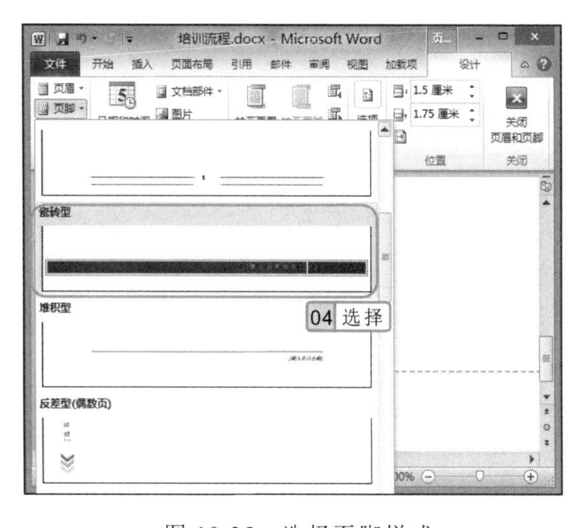

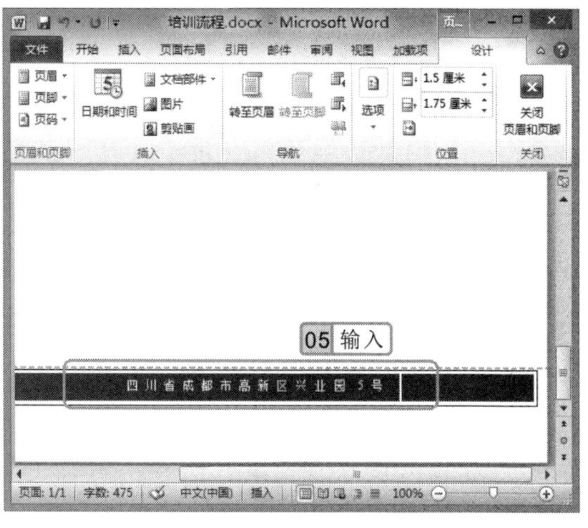

图 10-35　选择页脚样式　　　　图 10-36　输入页脚内容

10.6　打印文档

当编辑和制作好文档后，为了便于查阅和提交，还可将其打印在纸上，但在打印前，需要先预览文档打印在纸张上的效果，若在预览过程中发现文档出错，可进行更改后再打印。

设置完页眉/页脚后，在文档除页眉/页脚外的其他区域中双击，也可退出页眉/页脚的编辑状态。

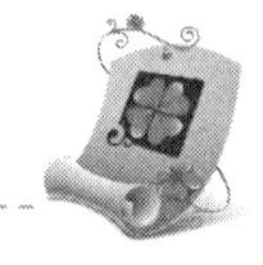

在预览打印效果后，若没发现错误，即可通过打印设置来满足不同用户、不同场合的打印需要。打印文档的方法是：单击“文件”按钮 文件 ，在弹出的下拉列表中选择“打印”选项，打开如图 10-37 所示的页面，在右边的预览区域中将显示文档的打印效果，左边为打印的相关设置。

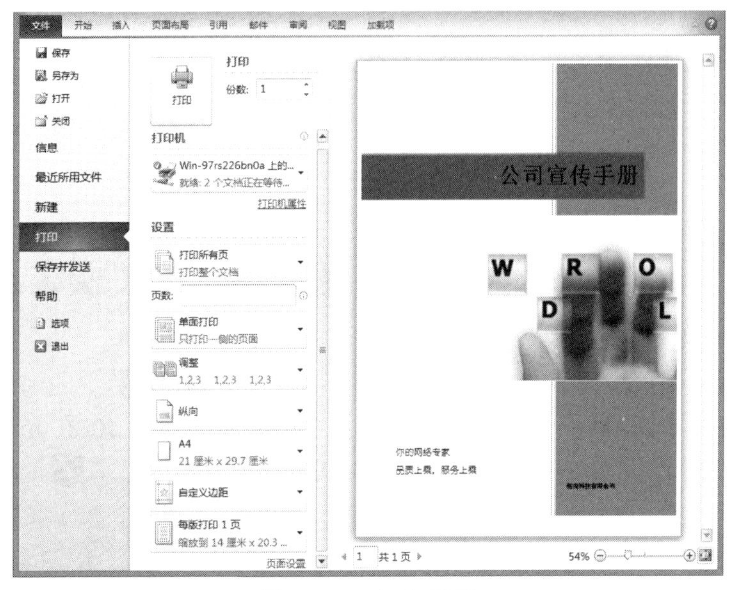

图 10-37　打印页面

各软件的打印设置都有所不同，常见的设置选项介绍如下。

- **“份数”数值框**：用于设置一个文档的打印份数。
- **“打印机”下拉列表**：用于设置打印文档的打印机。
- **“页数”文本框**：用于设置打印的页数范围。断页之间用逗号分隔，如“1,3”；连页之间用横线连接，如“4-8”。
- **“边距”下拉列表框**：用于设置打印时文档边缘与纸张的上下、左右边距。设置后预览区域文件边距将立刻根据设置进行改变。
- **“纸张大小”下拉列表框**：根据打印机中的纸张大小进行选择，设置后预览区域的纸张大小将立刻根据设置进行改变。
- **“纸张方向”下拉列表框**：用于设置文件的打印方向，设置后预览区域的纸张方向同样会根据设置进行改变。

10.7　提高实例——制作“糖酒会宣传方案”文档

本实例将全新制作一篇文档，首先在新建的空白文档中输入文档所有的内容，然后为相同级别的文本设置相同的格式，并为文档中的文本添加项目符号和编号，最后为文档添加页脚，最终效果如图 10-38 所示。

当预览的文档有很多页时，可在页面底部单击“下一页”按钮 ▶ 或“上一页”按钮 ◀ 进行预览，也可直接滚动鼠标滚轮进行切换。

糖酒博览会宣传方案

一、　宣传要求

本次总体宣传工作要向纵深发展，达到以下几个方面：

- 在全国乃至全世界的相关行业产生积极广泛的社会影响，促进此次活动成功举办，为以后的后继举办打好基础。
- 树立和完善“糖酒博览会”的品牌形象。
- 依靠媒体的推广力量，加大酒文化的普及，使得参与企业得到广泛的社会效益和经济效益。
- 提升此次活动的所有参与单位的社会形象和影响力。

二、　宣传策略

- 分阶段、分重点地进行宣传。
- 全方位、立体式宣传：电视、广播、报刊杂志、网络、海报等。
- 注意突出重点，树立文化形象。

三、　宣传与媒介形式

- 电视台：充分利用主办单位和参与单位的有力条件，扩大宣传效果。
- 报纸：在发布新闻消息的基础上，选择有影响力的报纸开辟活动专栏、专版，进行深入报道。
- 网络：与国内、国际大型门户网站联手，对活动进行深度报道，共同营造网络热点。
- 广播：选定热播栏目，与听众互动，吸引大众的参与；
- 在商场、城区主要路段发布户外广告、张贴海报。

四、　新闻发布会的具体安排

一）第一次新闻发布会

时间：2013 年 3 月 26 日　会展中心礼堂

内容：对本次活动进行整体介绍，宣布招展信息等

目的：向社会各界企业传递信息，对活动进行整体宣传

二）第二次新闻发布会

时间：2013 年 5 月　　家园国际酒店

内容：宣布博览会进程，分赛区进展状况等

目的：向社会各界传递信息，对活动进行整体宣传

三）第三次新闻发布会

时间：2013 年 7 月　　锦江宾馆

内容：宣布博览会进程，及各项活动进展状况

目的：向社会各界传递信息，对活动进行整体宣传

主办单位：中国糖酒业发展研究所　　地址：成都市人民南路 168 号

联系方式：028-12345678　　联系人：冯先生、张先生

图 10-38　最终效果

10.7.1　行业分析

本例制作的“糖酒会宣传方案.docx”属于宣传推广文稿，其主要目的是实现对产品的推广，使参与的企业获得广泛的社会效益和经济效益。

根据推广内容的不同，可以将宣传推广分为活动宣传推广、产品宣传推广等，虽然它们的内容不同，但其目的都是相同的。宣传推广的内容主要包括以下几个方面。

- **选择与确定宣传对象**：在制作宣传推广方案时，首先要知道宣传的对象，这样才能明确宣传的方法。
- **明确宣传的目的**：在制作宣传推广方案时，也要明确宣传的主要目的，这样才能更好地进行宣传，达到宣传的目的。
- **确定宣传媒体**：如今，在宣传某产品或某大型活动时，纸质宣传已不是最主要的宣传手段，媒体宣传才是最主要的，但媒体宣传的类型又有很多，所以，在对产品进行推广前，需要确定宣传的媒体，如电视、新闻或广播等。

新产品的宣传工作涉及面非常广，所以需要企业内外各部门与各机构的通力合作，并不是一方就能完成的。

10.7.2　操作思路

为更快完成本例的制作，并尽可能运用本章讲解的知识，现将本例的操作思路介绍如下。

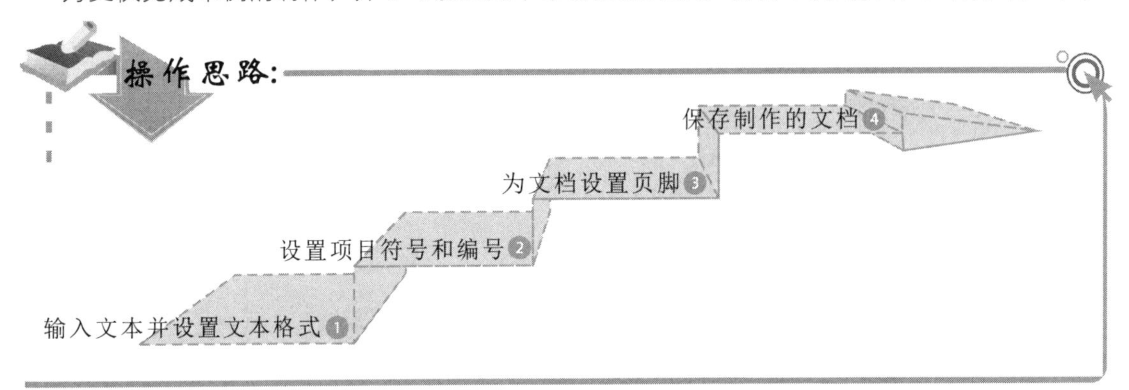

10.7.3　操作步骤

下面介绍制作“糖酒会宣传方案”的方法，其操作步骤如下：

光盘\实例演示\第 10 章\制作“糖酒会宣传方案”

1. 启动 Word 2010，在文档中输入相应的内容，选择标题文本，在“字体”组中将其字体设置为“方正准圆简体”，字号设置为“小二”，单击“文本效果”按钮 A，在弹出的下拉列表中选择如图 10-39 所示的选项。
2. 单击“段落”组中的“居中”按钮，然后选择“宣传要求”、“宣传策略”、“宣传与媒介方式”和“新闻发布会的具体要求”文本，将其字体设置为“黑体”，字号设置为“四号”，效果如图 10-40 所示。

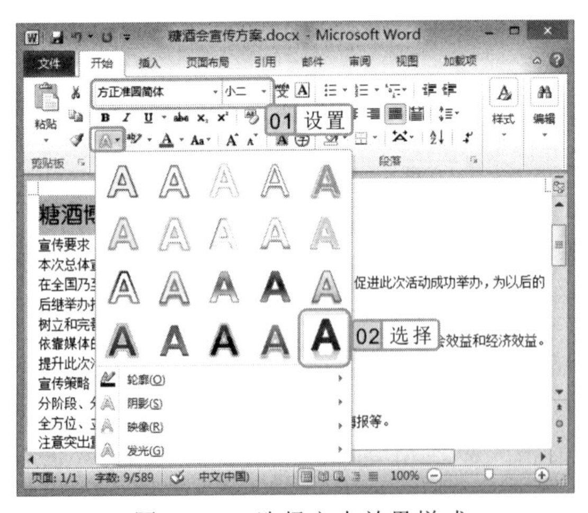

图 10-39　选择文本效果样式

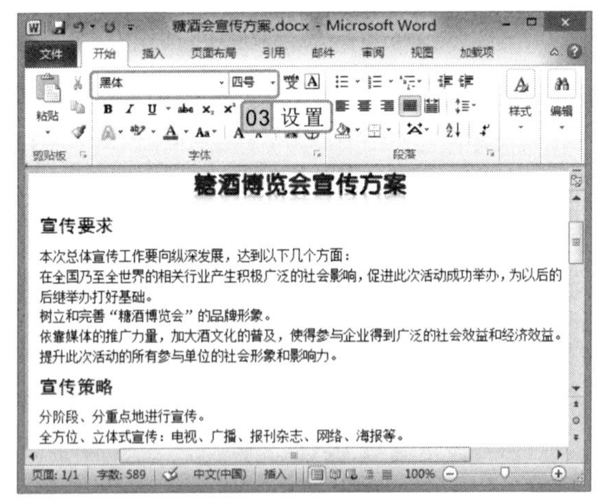

图 10-40　设置字体格式

在“字体”组中单击A按钮，可为选择的文本添加灰色的底纹；单击按钮右侧的按钮，在弹出的下拉列表中选择相应的选项，可为选择的文本添加相应的底纹，以突出显示文本。

3 选择除标题外的所有文本，在“段落”组中单击“行和段落间距”按钮，在弹出的下拉列表中选择“1.1.5”选项，如图 10-41 所示。

4 选择需要设置项目符号的文本，在“段落”组中单击“项目符号”按钮右侧的按钮，在弹出的下拉列表的“项目符号库”栏中选择◆选项，如图 10-42 所示。

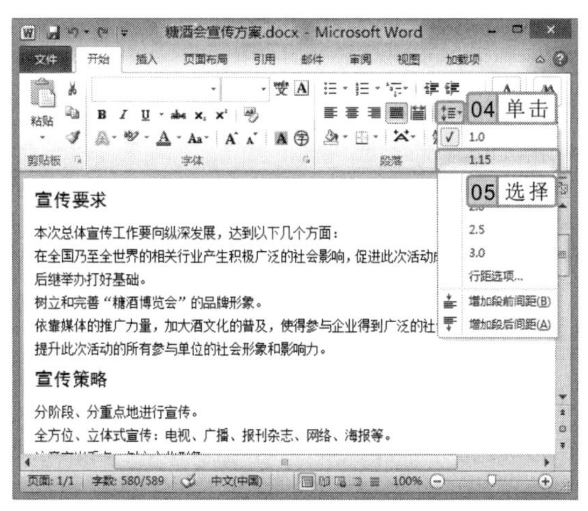

图 10-41　设置段落间距

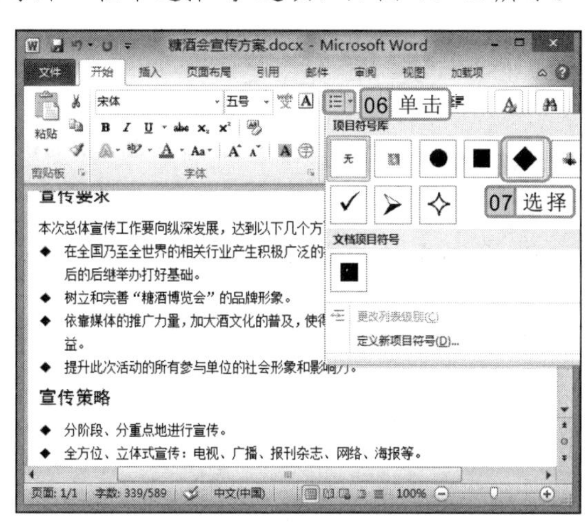

图 10-42　选择项目符号样式

5 再次选择“宣传要求”、“宣传策略”、“宣传与媒介方式”和“新闻发布会的具体要求”文本，单击“段落”组中“编号”按钮右侧的按钮，在弹出的下拉列表中选择如图 10-43 所示的编号样式。

6 选择“第一次新闻发布会”、“第二次新闻发布会”、“第三次新闻发布会”文本，在“编号”下拉列表的“文档编号格式”栏中选择选项。

7 在文档页眉处双击，进入页眉/页脚编辑状态，将鼠标光标定位到页脚处，然后输入如图 10-44 所示的内容。

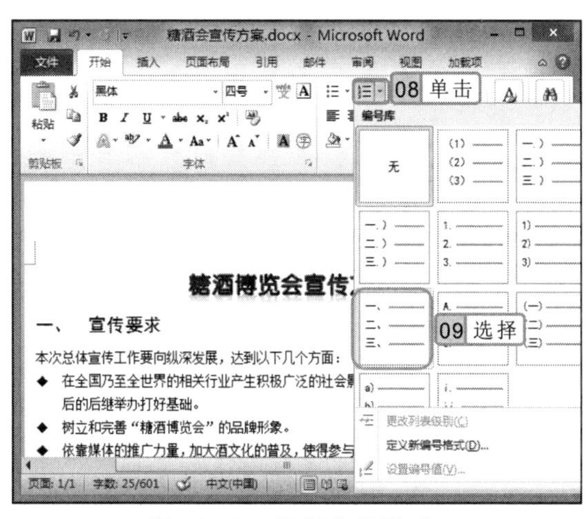

图 10-43　选择编号样式

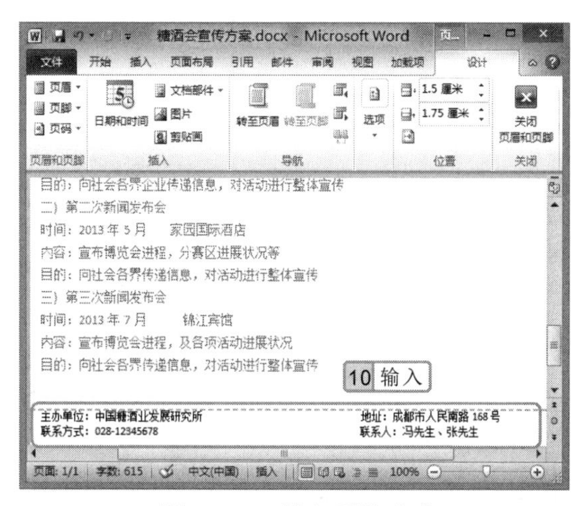

图 10-44　输入页脚内容

在“页眉和页脚”组中单击“页码”按钮，在弹出的下拉列表中也可选择页码的样式，但在插入页码后，原先页眉或页脚中的文字将被页码取代。

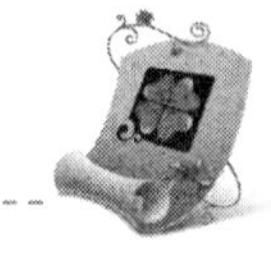

8　在文档其他位置双击，退出页眉/页脚编辑状态，然后单击 文件 按钮，在弹出的下拉列表中选择“另存为”选项，打开“另存为”对话框。

9　在其中设置文件的保存位置和保存文件名，完成后，单击 保存(S) 按钮即可对制作好的文档进行保存，完成本例的制作。

10.8　提高练习

本章主要介绍了 Word 2010 的基本操作、文本的输入与编辑、字体和段落格式的设置、项目符号和编号的设置、页眉/页脚的设置以及文档打印等。下面将通过两个练习进一步巩固本章讲解的知识。

10.8.1　制作“试用合同”文档

本练习将使用 Word 2010 制作一份“试用合同”，练习在 Word 2010 中输入文本、选择文本、修改文本、查找和替换文本、设置字体和段落格式以及设置编号等知识，最终效果如图 10-45 所示。

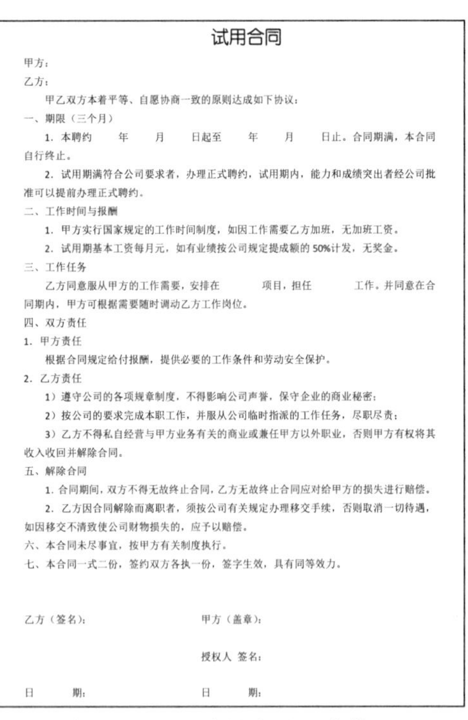

试用合同

甲方：

乙方：

甲乙双方本着平等、自愿协商一致的原则达成如下协议：

一、期限（三个月）

1．本聘约　　年　　月　　日起至　　年　　月　　日止。合同期满，本合同自行终止。

2．试用期满符合公司要求者，办理正式聘约，试用期内，能力和成绩突出者经公司批准可以提前办理正式聘约。

二、工作时间与报酬

1．甲方实行国家规定的工作时间制度，如因工作需要乙方加班，无加班工资。

2．试用期基本工资每月元，如有业绩按公司规定提成额的 50%计发，无奖金。

三、工作任务

乙方同意服从甲方的工作需要，安排在　　　项目，担任　　　工作。并同意在合同期内，甲方可根据需要随时调动乙方工作岗位。

四、双方责任

1．甲方责任

根据合同规定给付报酬，提供必要的工作条件和劳动安全保护。

2．乙方责任

1）遵守公司的各项规章制度，不得影响公司声誉，保守企业的商业秘密；

2）按公司的要求完成本职工作，并服从公司临时指派的工作任务，尽职尽责；

3）乙方不得私自经营与甲方业务有关的商业或兼任甲方以外职业，否则甲方有权将其收入收回并解除合同。

五、解除合同

1．合同期间，双方不得无故终止合同，乙方无故终止合同应对给甲方的损失进行赔偿。

2．乙方因合同解除而离职者，须按公司有关规定办理移交手续，否则取消一切待遇，如因移交不清致使公司财物损失的，应予以赔偿。

六、本合同未尽事宜，按甲方有关制度执行。

七、本合同一式二份，签约双方各执一份，签字生效，具有同等效力。

乙方（签名）：　　　　甲方（盖章）：

授权人 签名：

日　　期：　　　　日　　期：

图 10-45　“试用合同”文档

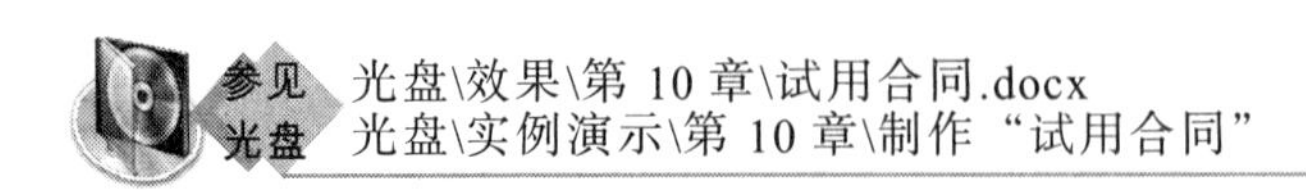

参见光盘　光盘\效果\第 10 章\试用合同.docx
光盘\实例演示\第 10 章\制作“试用合同”

若将文本插入点定位于文档的空白处，然后单击“字体”组中相应的按钮进行相应的设置，以后输入的文本将全部随着设置变化。如要取消设置可单击对应的按钮。

该练习的操作思路与关键提示如下。

操作思路：

输入试用合同内容 ❶

根据需要对输入的文本进行编辑 ❷

设置文本字体格式和段落格式 ❸

保存制作好的文档 ❹

关键提示：

在为文档设置字体格式和段落格式时，只需要对文本的字体、字号以及段落间距等进行设置，不需要进行过多的设置。

10.8.2 编辑“考试通知”文档

本练习将编辑“考试通知”文档，涉及选择文本、设置文本字体格式和段落格式以及为段落设置项目符号和编号等知识，最终效果如图 10-46 所示。

关于计算机知识及操作考试的通知

各门店：

为减少公司计算机设备因人为操作而产生故障，以致造成不必要的损失，促进员工计算机操作水平的提高，总经办网络管理员已在公司网站上发布相关培训资料两月有余。为考评员工对计算机理论及操作知识的掌握程度，拟开展计算机操作考试。

- 考试时间：2013 年 6 月 28 日（星期五）下午 16：00
- 考试地点：公司会议室
- 考试内容：

a) 计算机理论及操作

b) 计算机常见故障及排除方法

c) 计算机设备及硬件日常维护

- 考试方式：笔试（40 分钟）和上机操作（60 分钟）

请各位店长和组长务必准时参加！

四川健康大药房连锁有限责任公司
2013 年 6 月 20 日

图 10-46 “考试通知”文档

参见光盘

光盘\素材\第 10 章\考试通知.docx
光盘\效果\第 10 章\考试通知.docx
光盘\实例演示\第 10 章\编辑“考试通知”

输入日期时可以直接输入当前具体日期，如输入“2010”时，系统会提示按 Enter 键即可插入当前日期。

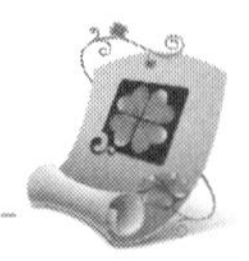

该练习的操作思路如下。

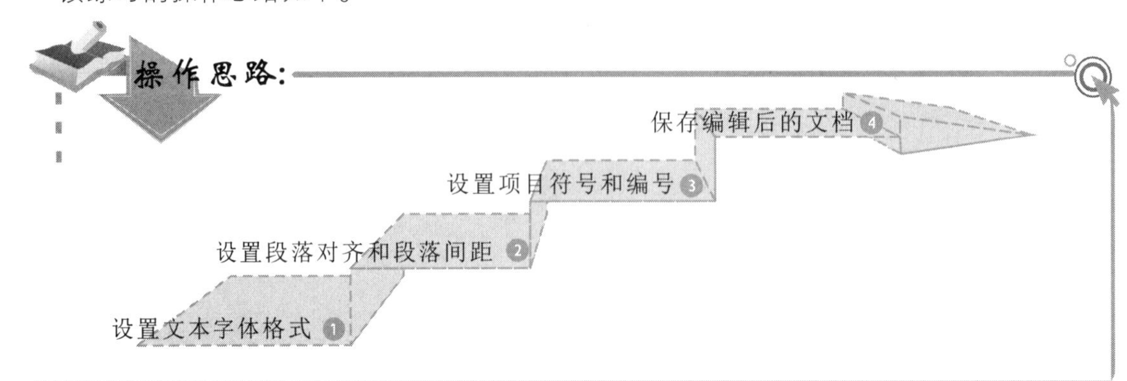

10.9　知识问答

在制作和编辑文档的过程中，难免会遇到一些难题，如怎么避免丢失文档、如何输入生僻字和比较复杂的字等。下面将介绍制作和编辑文档过程中常见的问题及解决方案。

问：我制作的文档还没来得及保存，就因为突然断电丢失了制作的文档，遇到这种情况，有没有什么方法可以避免丢失文档呀？

答：有。对文档设置自动保存后，当遇到停电、电脑死机等意外情况时，重新启动电脑并打开 Word 文档，即可将自动保存的内容恢复。设置自动保存的方法是：单击 文件 按钮，在弹出的下拉列表中选择“选项”选项，打开“Word 选项”对话框，在左侧的列表框中选择“保存”选项，在右侧窗格的“保存文档”栏中选中 ☑ 保存自动恢复信息时间间隔(A) 复选框，在其后的数值框中输入每次进行自动保存的时间间隔，再单击 确定 按钮即可。

问：在制作和编辑文档的过程中，若遇到生僻字或比较复杂的字应怎么输入呢？

答：将文本插入点定位到需要输入生僻字的位置，选择“插入”/“符号”组，单击“符号”按钮Ω，在弹出的下拉列表中选择“其他符号”选项，打开“符号”对话框，在“字体”下拉列表框中选择“(普通文本)”选项，在“子集”下拉列表框中选择“CJK 统一汉字”选项，在显示生僻字的列表框中选择输入的汉字，单击 插入(I) 按钮，即可将所选生僻字插入到文档中。

问：在长文档中，可不可以为文档首页、奇数页和偶数页创建不同的页眉/页脚呢？

答：当然可以。进入页眉/页脚的编辑状态后，将同时激活“设计”选项卡，然后在“选项”组中选中 ☑ 首页不同 和 ☑ 奇偶页不同 复选框即可。

问：在 Word 中进行文本编辑时，如果已输入序号，按 Enter 键后将自动在下一行生成序号，怎样才能不自动生成序号，而是手动输入序号呢？

在 Word 中输入一些内容后，按 Alt+Enter 键可将刚才输入的内容重复地输入到其文本后，而且该方法也适用于复制、粘贴后的重复粘贴。

答：在 Word 2010 中，单击 文件 按钮，在弹出的下拉列表中选择“选项”选项，打开“Word 选项”对话框，在左侧的列表框中选择“校对”选项，单击 自动更正选项(A)... 按钮，然后在打开的对话框中选择“键入时自动套用格式”选项卡，在“键入时自动应用”栏中取消选中 □自动项目符号列表 和 □自动编号列表 复选框即可手动输入序号。

问：有没有什么方法可快速为文本设置相同的格式？

答：当然有。选择设置好格式的文本，选择“开始”/“剪贴板”组，单击“格式刷”按钮 ，此时鼠标光标变成 形状，拖动鼠标选择需要设置相同格式的文本即可。若连续单击“格式刷”按钮 ，即可多次为文本复制设置的格式，再次单击该按钮可取消格式的复制操作。

知识关联 无格式粘贴

在制作和编辑文档时，经常需要从其他文档或网页复制文本，但若直接粘贴在文档中，会将复制文本的格式也一起复制过来，若不需要文本的格式，只需要纯文本，可使用无格式粘贴。选择“开始”/“剪贴板”组，单击“粘贴”按钮 下方的 ▾ 按钮，在弹出的下拉列表中选择“选择性粘贴”选项，打开“选择性粘贴”对话框，在“形式”列表框中选择“无格式文本”选项，单击 确定 按钮即可。

在“选择性粘贴”对话框的“形式”下拉列表框中提供了多个选项，选项不同的选项，即可以不同的形式粘贴复制的对象。

第11章

添加对象美化文档

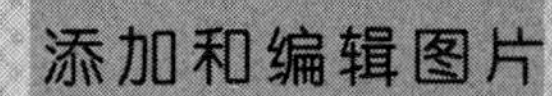

添加文本

添加和编辑形状

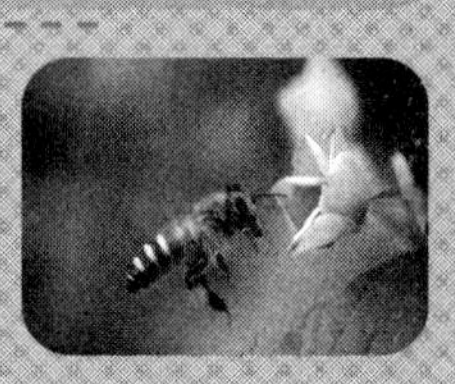

添加、编辑、美化SmartArt图形

添加、美化表格和图表

本章导读

文本框、图片、形状、艺术字、SmartArt 图形、表格以及图表等对象的应用在文档编辑中具有举足轻重的地位，使用恰当能使文档图文并茂，更加美观。本章将详细介绍这些对象的添加、编辑和美化等知识。

11.1 添加文本框

文本框在 Word 中是一种特殊的文档版式，主要用于放置一些特殊的文本、图片等对象，插入在文本框中的对象也不会影响文本框外的其他内容，使用文本框不仅可方便排版，还可增强文档的美观性和阅读性。

11.1.1 插入文本框

在 Word 2010 中不仅可以插入有样式的文本框，还可以通过手动绘制需要的文本框样式。下面分别对插入有样式的文本框和手动绘制文本框的方法进行详细介绍。

1. 插入有样式的文本框

在 Word 2010 中提供了许多有样式的文本框，如简单文本框、瓷砖型提要栏和大括号型引述等，通过插入这些有样式的文本框，可快速制作出漂亮的文档。插入的方法是：在打开的文档中选择“插入”/“文本”组，单击“文本框”按钮，在弹出的列表框中列出了自带的文本框样式，选择需要的文本框样式，将其插入到文档中，如图 11-1 所示。在文本框中单击提示输入内容的区域，输入需要的文本内容即可。

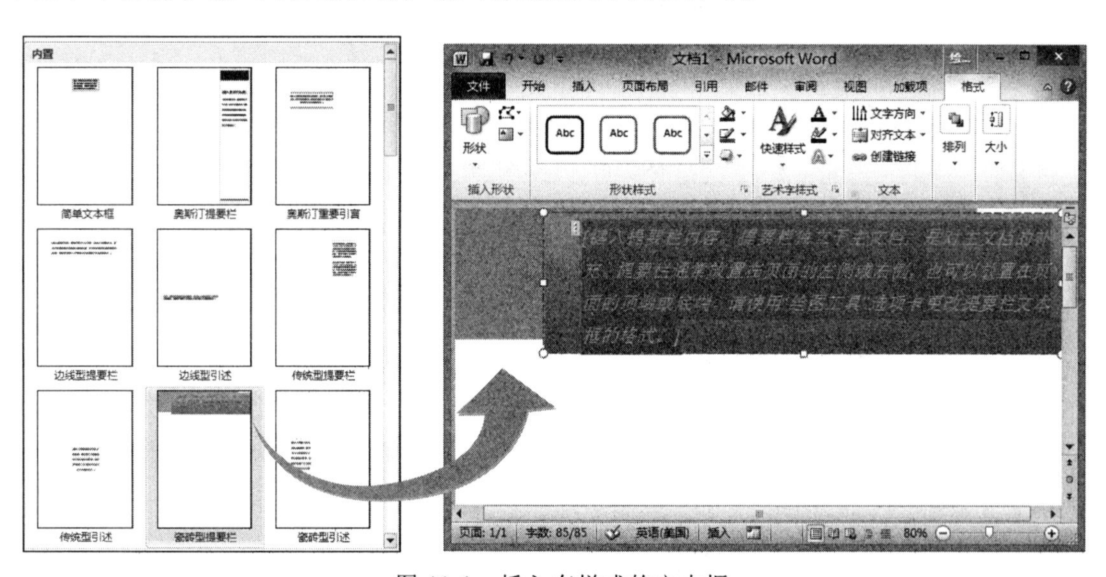

图 11-1　插入有样式的文本框

2. 手动绘制文本框

在 Word 2010 中除了可插入内置的有样式的文本框外，还可手动绘制需要的文本框。其方法是：在打开的文档中选择“插入”/“文本”组，单击“文本框”按钮，在弹出的列表框中选择“绘制文本框”选项，此时鼠标光标变成＋形状，在需要绘制的起始位置单

操作提示

单击“文本框”按钮，在弹出的列表框中选择“绘制竖排文本框”选项，当鼠标光标变成＋形状时，拖动鼠标可绘制竖排文本框。

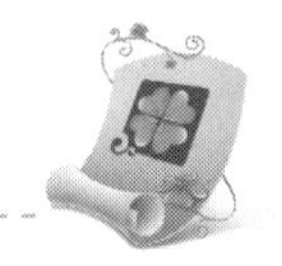

击并按住鼠标左键不放进行拖动，在结束位置释放鼠标即可完成对文本框的绘制，如图 11-2 所示。

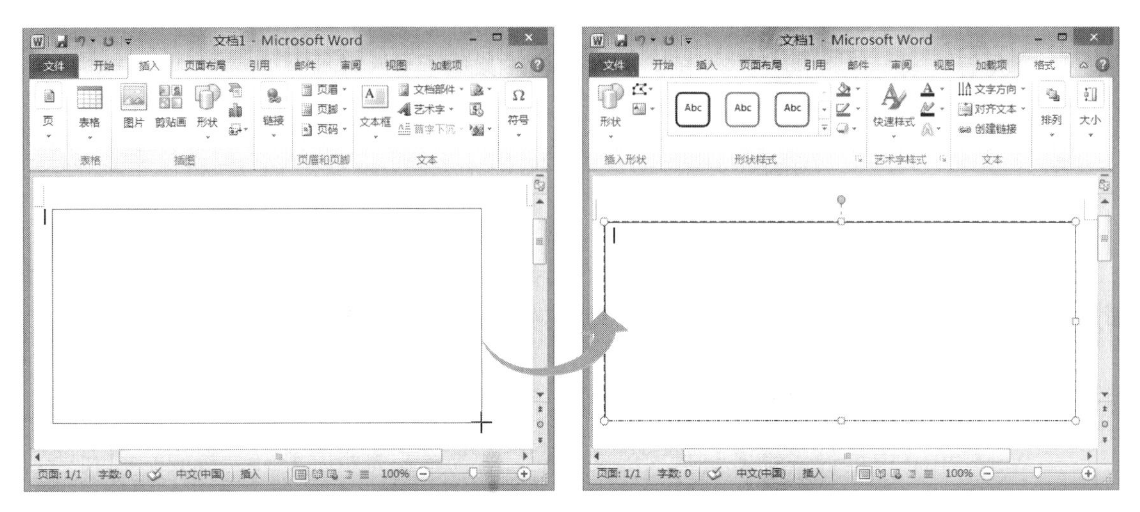

图 11-2　手动绘制文本框

11.1.2　编辑文本框

在文档中绘制文本框后，将自动激活“格式”选项卡，在该选项卡中，用户可根据需要对绘制的文本框进行编辑。

实例 11-1　通过“格式”选项卡编辑文本框

下面将在“化妆品宣传.docx”文档中，通过“格式”选项卡对文本框样式、轮廓以及填充色等进行设置。

参见光盘　光盘\素材\第 11 章\化妆品宣传.docx
光盘\效果\第 11 章\化妆品宣传.docx

1. 打开“化妆品宣传”文档，选择插入的文本框，选择“格式”/“形状样式”组，单击“形状轮廓”按钮右侧的▾按钮，在弹出的下拉列表中选择“标准色”栏中的“深蓝”选项。
2. 再次单击“形状轮廓”按钮右侧的▾按钮，在弹出的下拉列表中选择“粗细/2.25 磅”选项，如图 11-3 所示。
3. 单击“形状填充”按钮右侧的▾按钮，在弹出的下拉列表的“主题颜色”栏中选择“蓝色，强调文字颜色 1，深色 50%”选项，如图 11-4 所示。
4. 保持形状的选择状态，单击“形状效果”按钮右侧的▾按钮，在弹出的下拉列表中选择“预设”选项，在弹出的子列表框中选择“预设”栏中的“预设 5”选项，如图 11-5 所示。

专家指导

绘制的文本框和竖排文本框外形都是一样的，只是其输入文本的方向不一样，文本框中的文本是水平排列的，而竖排文本框中的文本是垂直排列的。

图 11-3　设置文本框边框颜色和粗细

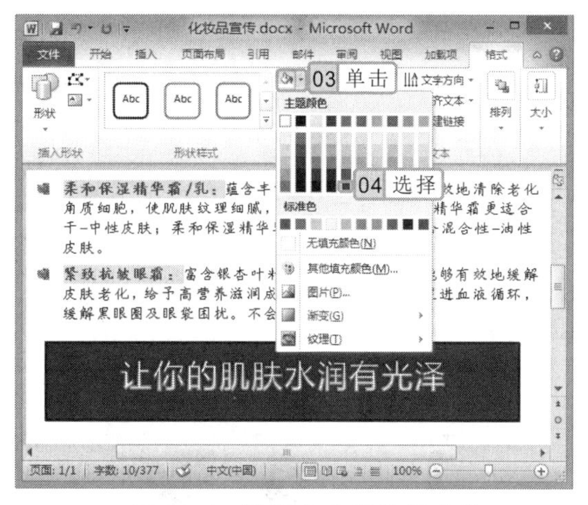

图 11-4　设置文本框的填充色

5　返回文档编辑区，即可查看到编辑文本框后的效果，如图 11-6 所示。

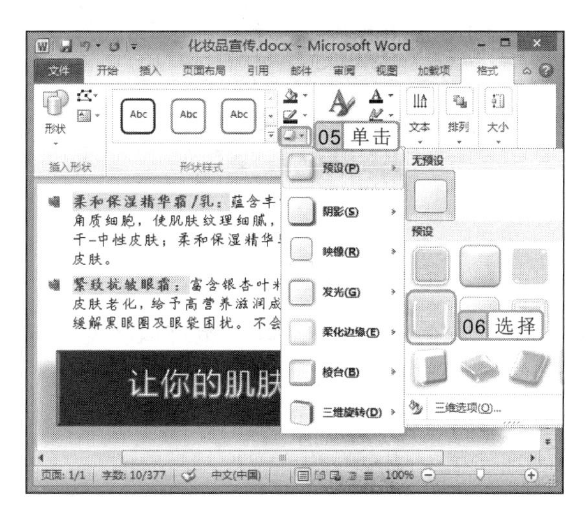

图 11-5　设置文本框效果

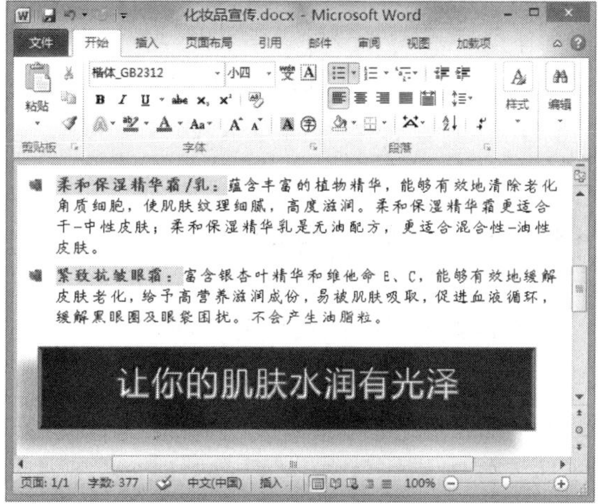

图 11-6　查看最终效果

11.2　添加图片

若 Word 文档中所有的内容都是文字，看起来不仅枯燥，而且阅读也不方便，为了更好地表达文档内容，增强文档的美观性，还可在文档中的适当位置添加一些图片，使文档内容更丰富。

11.2.1　插入剪贴画

Word 2010 剪辑管理器中提供了大量的剪贴画供用户使用，使用这些剪贴画可以增强

选择插入的文本框，在“形状样式”组中单击按钮，在弹出的列表框中列出了多种形状样式，选择需要的样式，可直接为选择的文本框应用该样式。

文档的趣味性。插入剪贴画的方法是：在打开的文档中将鼠标指针定位到需插入剪贴画的位置，选择“插入”/“插图”组，单击“剪贴画”按钮，在打开的“剪贴画”任务窗格的“搜索文字”文本框中输入剪贴画的关键字，单击搜索按钮，在下方的列表框中将显示搜索到的剪贴画，如图 11-7 所示。选择需要的剪贴画，单击即可将其插入到文档中，如图 11-8 所示。

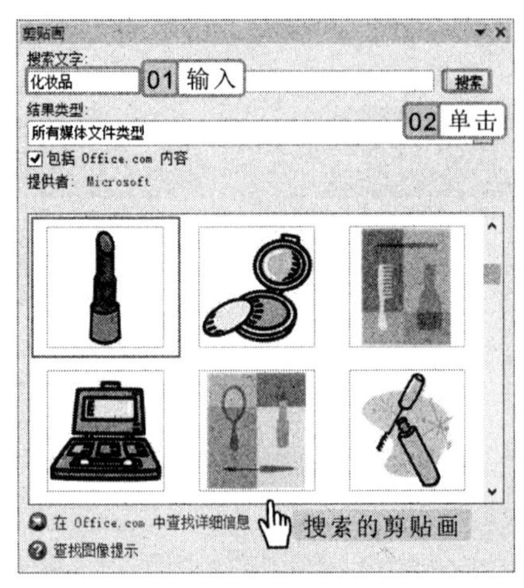

图 11-7　搜索剪贴画

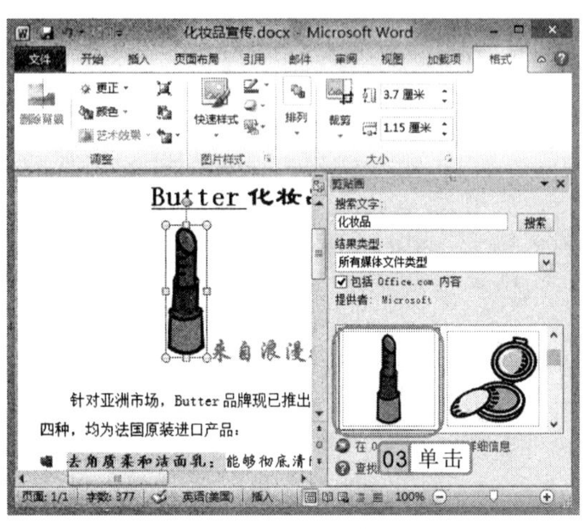

图 11-8　插入剪贴画

11.2.2　插入图片

剪辑库中提供的剪贴画是有限的，如果没有找到比较满意的剪贴画，也可以在文档中插入电脑中已有的图片。其方法是：在打开的文档中将鼠标指针定位到需插入图片的位置，选择“插入”/“插图”组，单击“图片”按钮，在打开的“插入图片”对话框中选择需要插入的图片，单击插入(S)按钮即可，如图 11-9 所示。

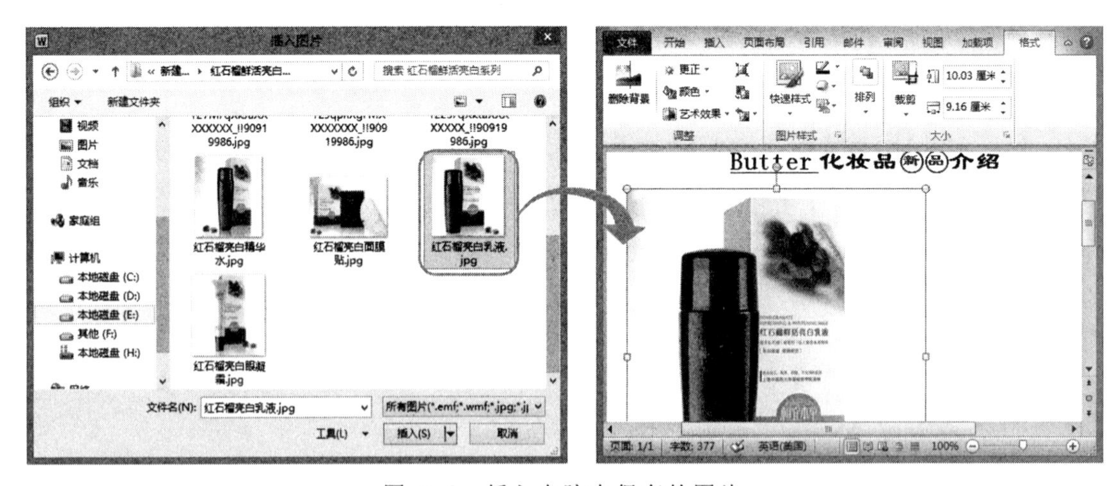

图 11-9　插入电脑中保存的图片

专家指导

在“剪贴画”任务窗格中直接单击搜索按钮，将在下方的列表框中显示剪辑管理器中提供的多种剪贴画，选择需要的剪贴画插入即可。

11.2.3 编辑图片和剪贴画

插入的图片和剪贴画可能某些方面还不能满足用户需要，这就需要对插入的图片和剪贴画进行编辑。编辑剪贴画和图片的方法一样，都是通过“格式”选项卡完成的。

实例 11-2 美化插入的图片

下面将在“梦想空间景观公司.docx”文档中，通过“格式”选项卡对插入图片的大小、排列方式、旋转角度、图片效果以及亮度和对比度等进行设置。

参见光盘 光盘\素材\第 11 章\梦想空间景观公司.docx
光盘\效果\第 11 章\梦想空间景观公司.docx

1. 打开“梦想空间景观公司”文档，选择插入的图片，选择“格式”/“排列”组，单击“自动换行”按钮，在弹出的下拉列表中选择“衬于文字下方”选项，如图 11-10 所示。
2. 在“排列”组中单击“旋转”按钮，在弹出的下拉列表中选择“水平翻转”选项，如图 11-11 所示。

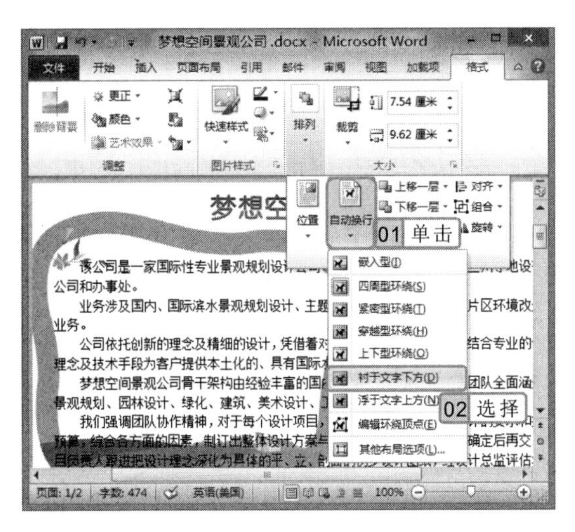

图 11-10 设置图片格式

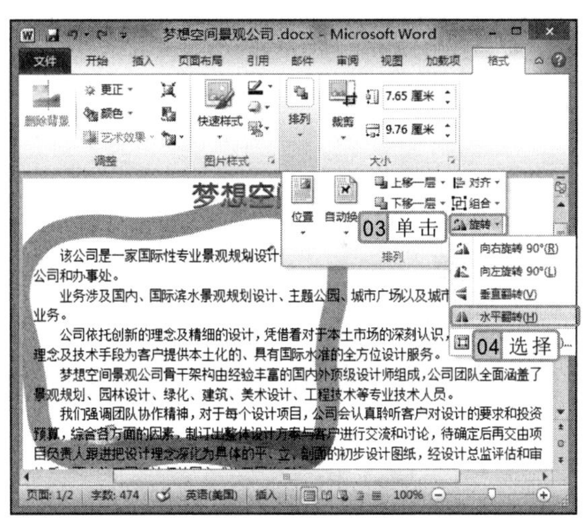

图 11-11 设置旋转角度

3. 将鼠标光标移动到图片上，当鼠标光标变成形状时，按住鼠标左键不放，将图片拖动到文档文字内容下方。
4. 再将鼠标光标移动到图片右上角，当鼠标光标变成形状时，按住鼠标左键不放向右上角拖动，使文档的所有文字包含在图片内，如图 11-12 所示。
5. 选择图片，选择“格式”/“图片样式”组，单击“快速样式”按钮，在弹出的列表框中选择“柔滑边缘矩形”选项，如图 11-13 所示。

操作提示

选择插入的图片，选择“格式”/“大小”组，在“高度”和“宽度”数值框中输入相应的值，可根据输入的数值来调整图片的大小。

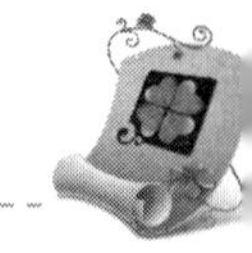

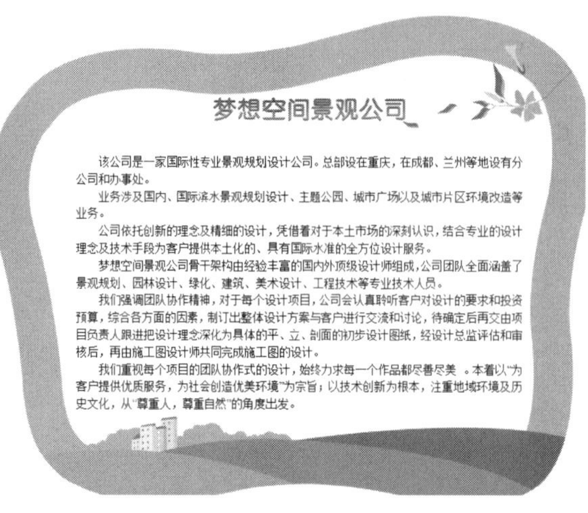

图 11-12　调整图片大小

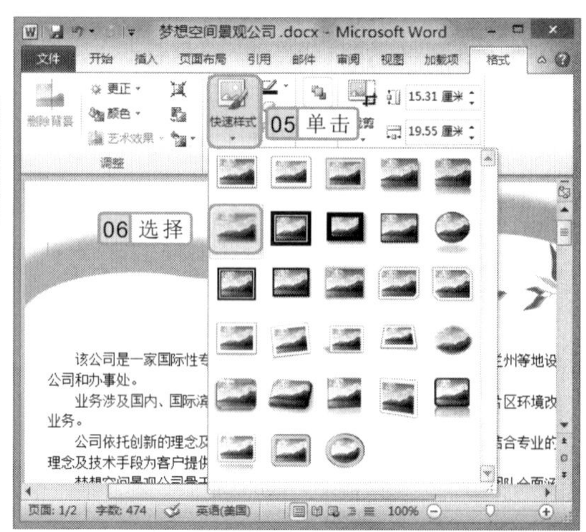

图 11-13　选择图片样式

6. 选择“格式”/“调整”组，单击“更正”按钮，在弹出的下拉列表中选择如图 11-14 所示的选项。
7. 返回文档编辑区，即可查看到图片编辑后的效果，如图 11-15 所示。

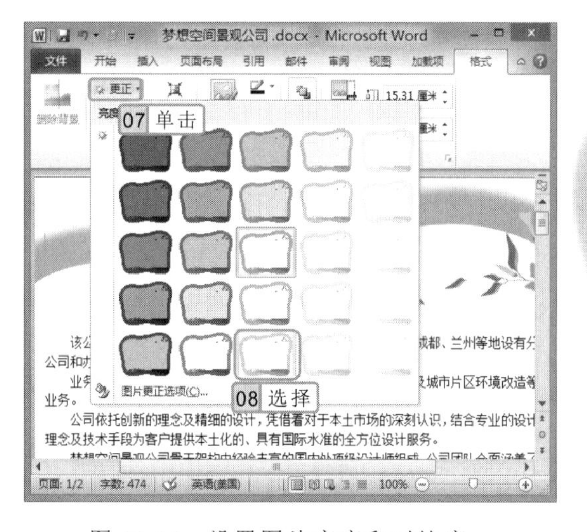

图 11-14　设置图片亮度和对比度

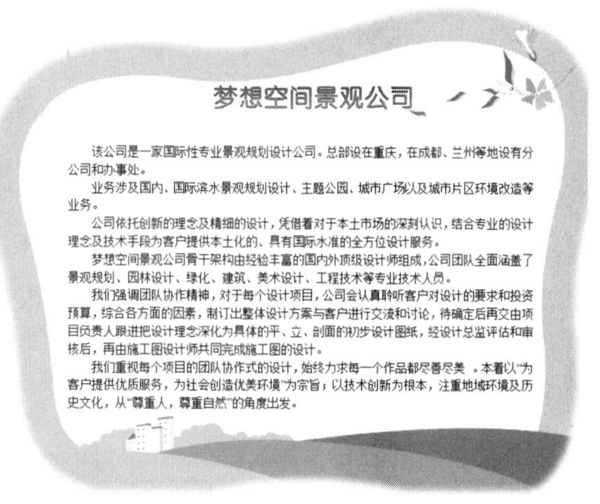

图 11-15　查看最终效果

11.3　添加形状

在 Word 2010 中，不但可以插入图片和剪贴画，还可以在文档中自行绘制各种形状，如线条、正方形、椭圆形和星形等，绘制后通过对其进行填充、添加阴影和添加文字等操作，可以制作出漂亮的图形效果。

右击选择的图片，在弹出的快捷菜单中选择“设置图片格式”命令，打开“设置图片格式”对话框，在其中可对图片的填充效果、颜色和大小等进行设置。

11.3.1 插入形状

在 Word 2010 中提供了各种规则图形、箭头、标注和流程图等形状图形，在纯文本文档中适当地插入一些形状，可以使文档内容更形象、具体。在文档中插入形状的方法是：选择“插入”/“插图”组，单击“形状”按钮，在弹出的下拉列表中选择需要绘制的形状，此时鼠标光标变成+形状，在文档编辑区中拖动鼠标进行绘制即可，如图 11-16 所示为绘制的笑脸效果。

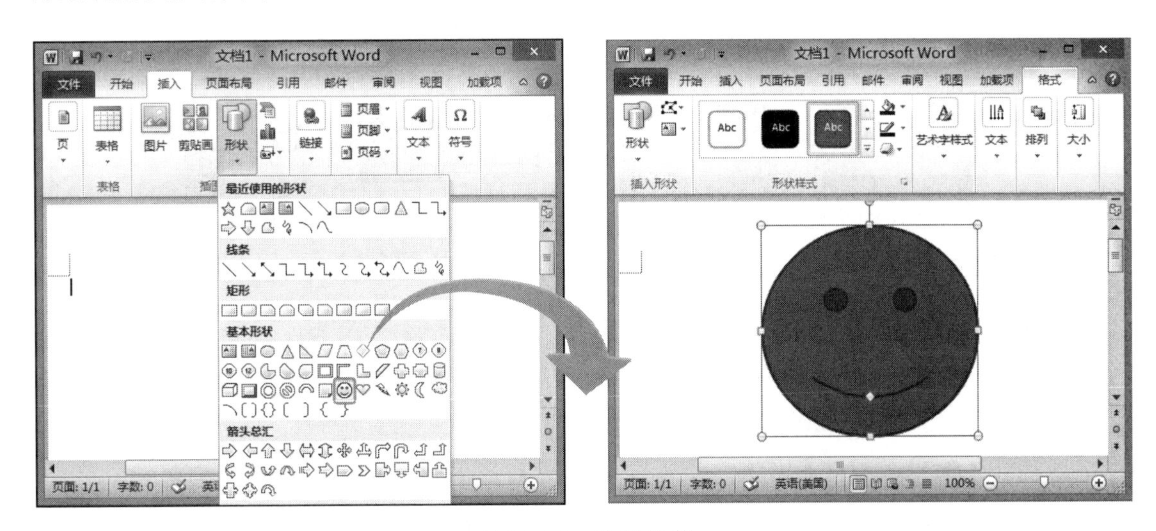

图 11-16 绘制形状

11.3.2 编辑形状

在绘制的形状中不仅可输入文本，还可通过“格式”选项卡对形状的大小、线条样式、颜色以及填充效果等进行编辑，编辑形状的操作与编辑文本框类似。

实例 11-3 编辑绘制的右箭头标注形状

下面在“公司活动节目单.docx”文档中编辑右箭头标注形状。首先在绘制的 3 个形状中输入相应的内容，然后对形状的大小、形状样式以及填充效果等进行设置。

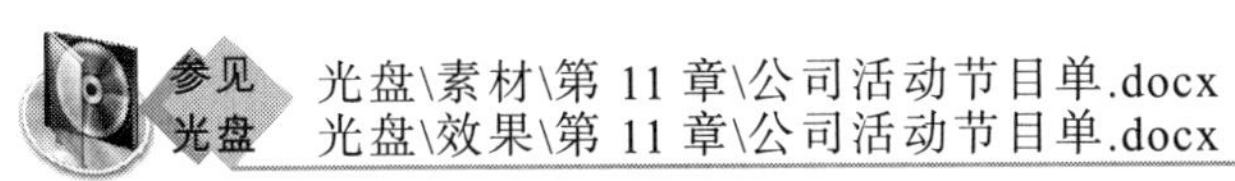

参见光盘 光盘\素材\第 11 章\公司活动节目单.docx
光盘\效果\第 11 章\公司活动节目单.docx

1. 打开“公司活动节目单”文档，选择绘制的第 1 个形状并右击，在弹出的快捷菜单中选择“编辑文本”命令，此时鼠标光标将定位到形状中，输入“董事长致开幕词”文本，如图 11-17 所示。
2. 使用相同的方法在第 2 个形状中输入“节目表演”文本，在第 3 个形状中输入“总

操作提示

在文档中选择绘制的形状后，可切换到合适的输入法输入相应的文本。

经理致闭幕词”文本。

3. 选择第 1 个形状，将鼠标光标移动到形状的控制点上，使用调整图片大小的方法调整形状的大小，效果如图 11-18 所示。
4. 然后使用相同的方法调整其他形状的大小，并注意调整各形状的位置。

图 11-17　输入文本

图 11-18　调整形状大小

5. 同时选择文档中的 3 个形状，选择“格式”/“形状样式”组，单击按钮，在弹出的下拉列表中选择“彩色轮廓-橙色，强调颜色”选项，如图 11-19 所示。
6. 在“形状样式”组中单击“形状填充”按钮右侧的按钮，在弹出的下拉列表的“主题颜色”栏中选择“橙色，强调文字颜色 6，淡色 80%”选项。
7. 返回文档编辑区，即可看到形状编辑后的效果，如图 11-20 所示。

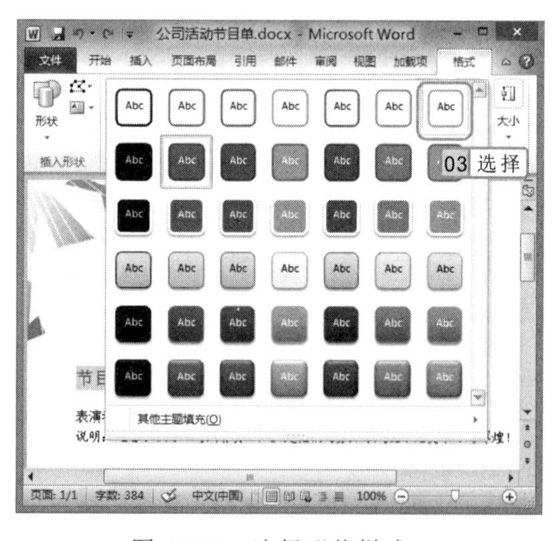

图 11-19　选择形状样式

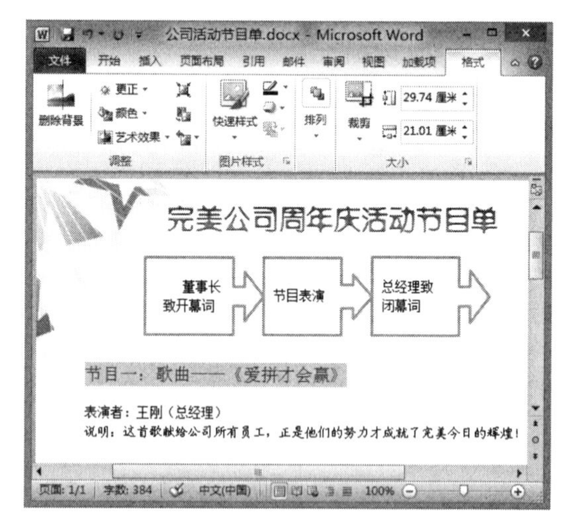

图 11-20　查看最终效果

选择形状后，可看到形状上的控制点有白色和黄色两种，拖动白色的控制点可调整形状整体的大小；拖动黄色的控制点可调整形状局部的大小。

11.4 添加艺术字

在 Word 中还可以添加具有艺术效果的艺术字，增强文字的感染力。艺术字一般应用于文档标题或文档中需要突出显示的文本。下面详细介绍在文档中插入和编辑艺术字的方法。

11.4.1 插入艺术字

在 Word 2010 中插入艺术字的方法很简单，选择“插入”/“文本”组，单击“艺术字”按钮，在弹出的下拉列表中列出了多种艺术字样式，选择需要的艺术字样式，然后在文档中将出现一个文本框，选择文本框中的文本“请在此放置您的文字”，输入需要的文本即可，如图 11-21 所示。

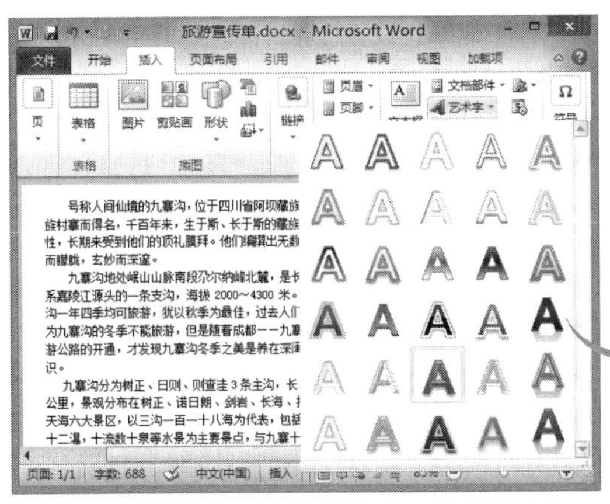

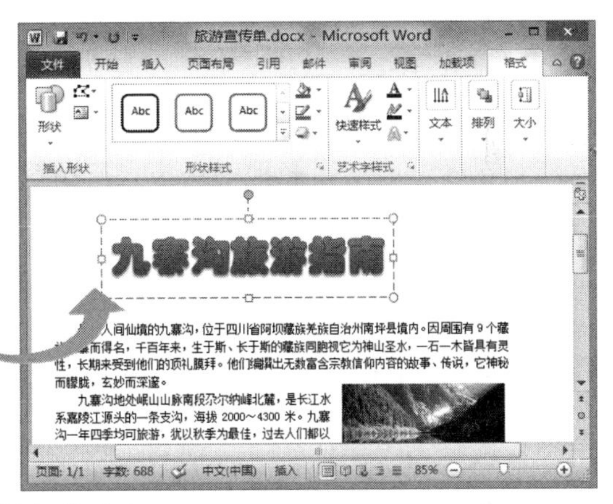

图 11-21 插入艺术字

11.4.2 编辑艺术字

若插入的艺术字不符合要求，用户可以根据文章内容，通过“艺术字样式”组对插入的艺术字进行编辑，包括设置艺术字样式、填充色、轮廓颜色以及文本效果等。

实例 11-4 对文档标题进行编辑

下面在“旅游宣传单.docx”文档中，对插入的艺术字的填充色和文本效果进行编辑。

参见光盘

光盘\素材\第 11 章\旅游宣传单.docx
光盘\效果\第 11 章\旅游宣传单.docx

1. 打开“旅游宣传单”文档，选择艺术字，选择“格式”/“艺术字样式”组，单击“文本填充”按钮 A 右侧的 ▾ 按钮，在弹出的下拉列表中选择“标准色”栏中的“橙色”选项，如图 11-22 所示。

操作提示

选择插入的艺术字，选择“格式”/“文本”组，单击“文字方向”按钮，在弹出的下拉列表中选择相应的选项，可设置艺术字的方向。

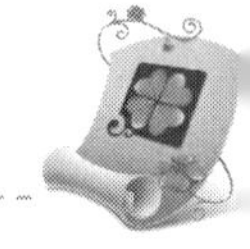

2 单击“文本效果”按钮右侧的按钮，在弹出的下拉列表中选择“发光”选项，在弹出的子列表框中选择“橙色，18pt，强调文字颜色 6”选项，如图 11-23 所示。

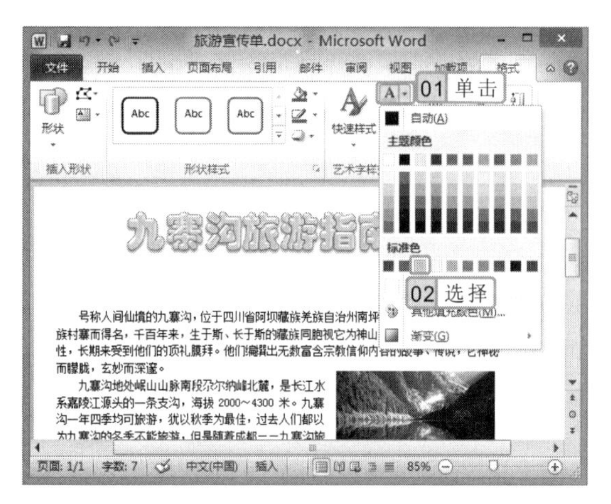

图 11-22　选择填充色

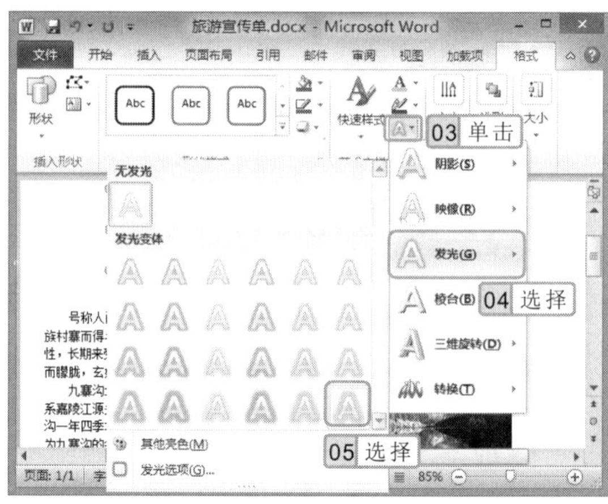

图 11-23　选择艺术字发光选项

3 单击“文本效果”按钮右侧的按钮，在弹出的下拉列表中选择“转换”选项，在弹出的子列表框中选择“弯曲”栏中的“停止”选项，如图 11-24 所示。

4 返回文档编辑区，即可查看到艺术字编辑后的效果，如图 11-25 所示。

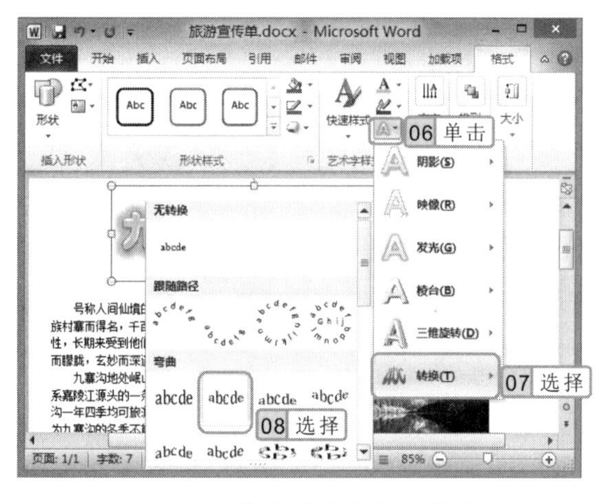

图 11-24　选择艺术字转换效果

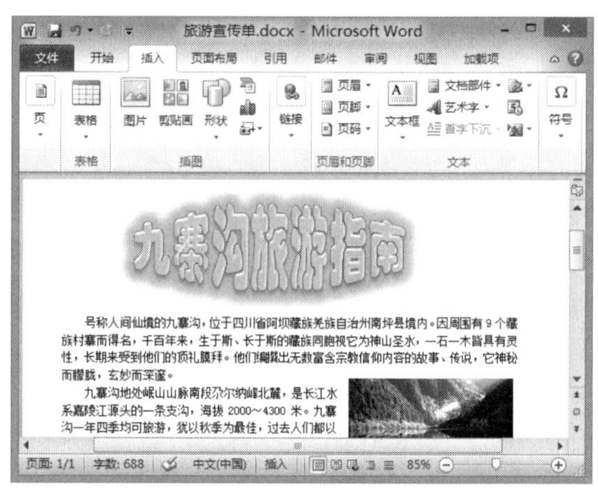

图 11-25　查看艺术字效果

11.5　添加 SmartArt 图形

使用 Word 2010 中提供的 SmartArt 图形功能也可创建专业的插图，特别是在制作公司组织结构图、产品生产流程图和采购流程图等图形时，能将各层次结构之间的关系表述得清晰明了。

专家指导

艺术字是一种特殊的图形，因此插入艺术字后可以像编辑图片那样调整其大小和位置等。除了可以更改艺术字的形状外，还可对艺术字的轮廓色进行修改。

11.5.1　插入 SmartArt 图形

Word 中提供了多种类型的 SmartArt 图形，如流程、层次结构、循环和关系等，用户可根据需要选择图形类型。其方法是：选择“插入”/“插图”组，单击 SmartArt 按钮，打开“选择 SmartArt 图形”对话框，在左侧选择图形的类型，在中间的列表框中选择需要的图形，单击确定按钮即可在文档中插入 SmartArt 图形，如图 11-26 所示。

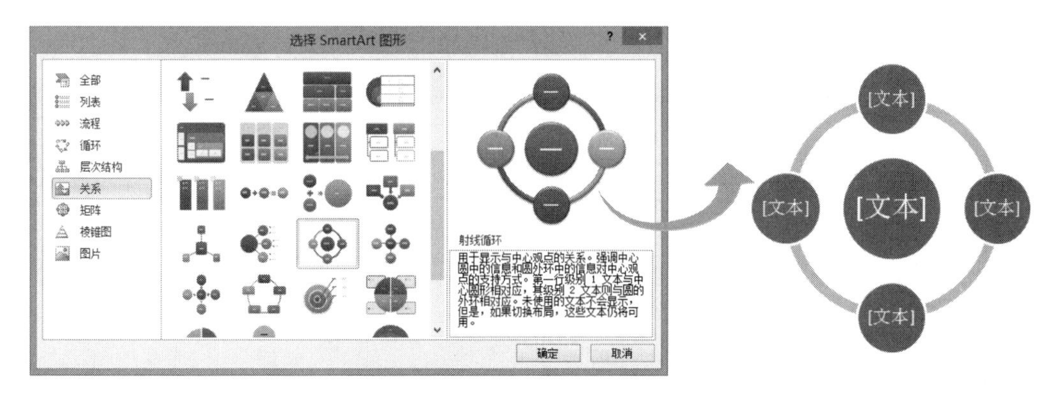

图 11-26　插入 SmartArt 图形

11.5.2　编辑 SmartArt 图形

插入的 SmartArt 图形需要经过一定的编辑和修改才能符合最终的要求，例如对文本的编辑、形状的添加、图形样式和颜色的更改等。

实例 11-5　编辑组织结构图

下面在“公司组织结构图.docx”文档中编辑 SmartArt 图形，首先在插入的 SmartArt 图形中再添加 3 个形状，并在各形状中输入相应的文本，然后对 SmartArt 图形的样式和颜色进行设置。

光盘\素材\第 11 章\公司组织结构图.docx
光盘\效果\第 11 章\公司组织结构图.docx

1. 打开“公司组织结构图”文档，选择插入的 SmartArt 图形中的第 3 个形状，然后选择“设计”/“创建图形”组，单击“添加形状”按钮右侧的按钮，在弹出的下拉列表中选择“在后面添加形状”选项。
2. 将在选择的形状后面添加一个形状，再选择第 3 个形状，使用相同的方法在该形状下方添加两个形状，如图 11-27 所示。
3. 选择 SmartArt 图形中的第 1 个形状，单击并在其中输入文本，然后使用相同的方法在其他形状中输入相应的文本，如图 11-28 所示。
4. 选择“设计”/“SmartArt 样式”组，单击“快速样式”按钮，在弹出的下拉

在文档中插入 SmartArt 图形后，若觉得 SmartArt 图形不符合要求，可选择“设计”/“布局”组，单击按钮，在弹出的下拉列表中可重新选择 SmartArt 图形的布局。

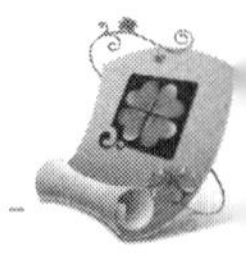

列表中选择“强烈效果”选项，如图 11-29 所示。

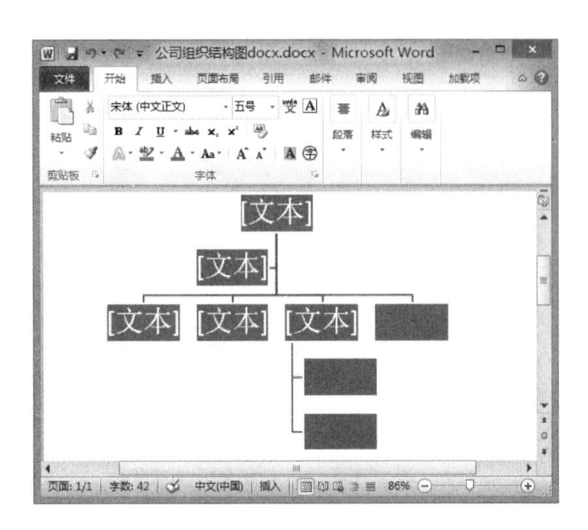

图 11-27　添加形状

图 11-28　输入文本

5 在“SmartArt 样式”组中单击“更改颜色”按钮，在弹出的下拉列表中选择“彩色”栏中的“彩色-强调文字颜色”选项，完成 SmartArt 的编辑，其最终效果如图 11-30 所示。

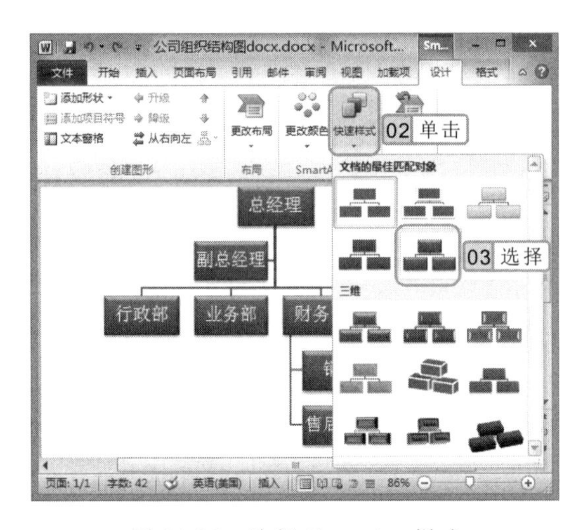

图 11-29　选择 SmartArt 样式

图 11-30　查看最终效果

11.6　添加表格和图表

在日常办公中，经常需要用到一些表格和图表，Word 2010 为了满足用户的需求，提供了插入并编辑表格和图表的功能，通过该功能可快速插入和制作出专业的表格和图表。

编辑好插入的 SmartArt 图形后，若觉得效果达不到要求，可选择“设计”/“重置”组，单击“重置图形”按钮，使 SmartArt 图形恢复到未设置效果前的样子。

11.6.1　添加表格

在 Word 2010 中添加表格的方法很多，常用的有以下几种。

- **拖动鼠标插入**：打开文档并将鼠标光标定位到需要插入表格的位置，选择“插入”/“表格”组，单击“表格”按钮，在弹出的下拉列表“插入表格”栏中拖动鼠标选择所需的行列数，即可快速在文档中插入相应的行数和列数的表格。
- **手动绘制表格**：选择“插入”/“表格”组，单击“表格”按钮，在弹出的下拉列表中选择“绘制表格”选项，将鼠标指针移到需要绘制表格的位置，当鼠标指针变成形状时在编辑区中拖动鼠标进行绘制即可，如图 11-31 所示。
- **通过对话框插入**：将光标插入点定位到需插入表格处，选择“插入”/“表格”组，单击“表格”按钮，在弹出的下拉列表中选择“插入表格”选项，打开“插入表格”对话框，在“列数”和“行数”数值框中输入相应的数值，单击 确定 按钮，如图 11-32 所示。

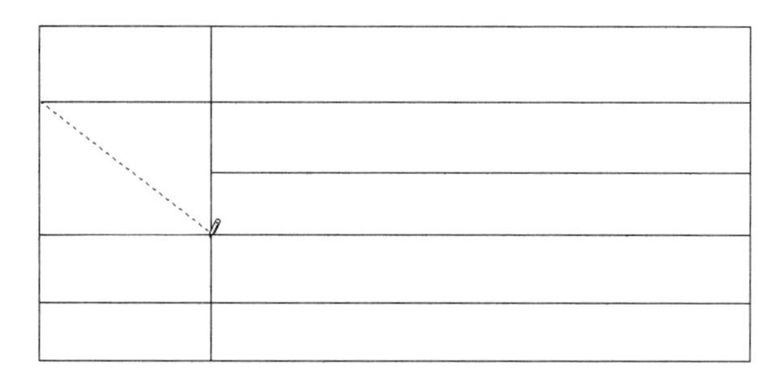

图 11-31　手动绘制表格

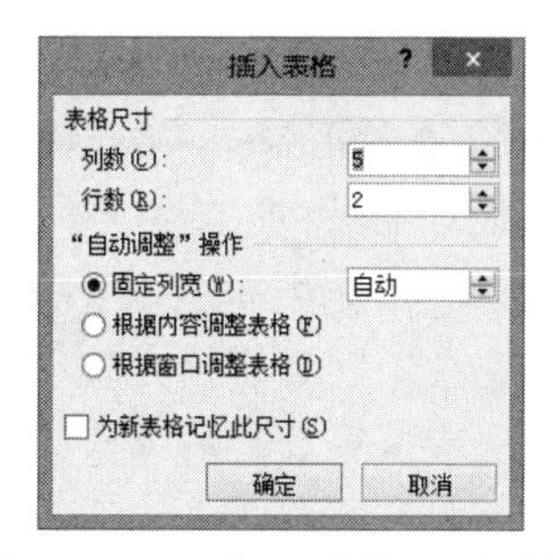

图 11-32　“插入表格”对话框

11.6.2　编辑和美化表格

在 Word 2010 中插入表格后，将同时激活“设计”和“布局”选项卡，通过这两个选项卡可对插入的表格进行编辑和美化操作，包括输入文本内容、调整行高和列宽、插入与删除行或列、合并与拆分单元格、添加边框和底纹以及应用表格样式等。

实例 11-6　编辑美化文档中的表格

下面在“差旅费报销单.docx”文档中编辑美化表格。首先为表格输入相应的内容，再调整表格列宽、添加列和删除行，然后对单元格进行合并与拆分操作，最后为表格应用样式并设置边框。

光盘\素材\第 11 章\差旅费报销单.docx
光盘\效果\第 11 章\差旅费报销单.docx

1. 打开“差旅费报销单”文档，选择插入的表格，将鼠标光标定位到第一个单元格中，并输入文本内容，然后使用相同的方法为其他需要输入文本的单元格输入相应的文本内容，如图 11-33 所示。

在“插入表格”对话框中选中 根据内容调整表格(F) 单选按钮，插入表格的单元格会根据内容的多少自动调整列宽。

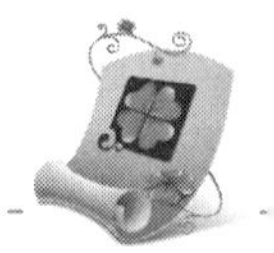

2 将鼠标光标移动到第 1 列和第 2 列之间的竖线上，当其变成形状时，向左拖动鼠标调整到合适列宽释放鼠标。

3 选择表格最后一列，选择“布局”/“行和列”组，单击“在右侧插入”按钮，在当前选择的单元格右侧位置即可插入一列，且呈选中状态，如图 11-34 所示。

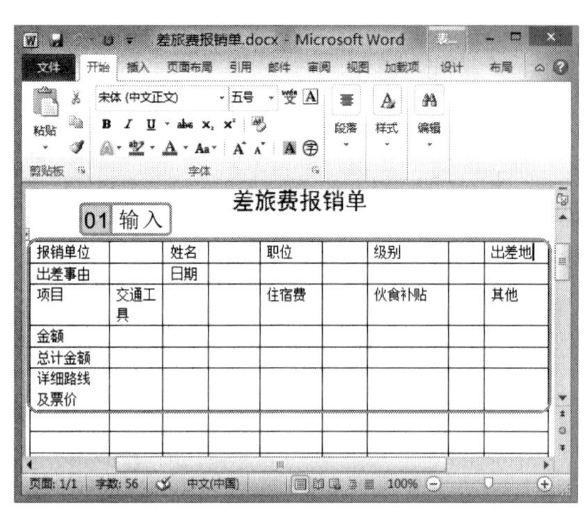

图 11-33 输入表格内容

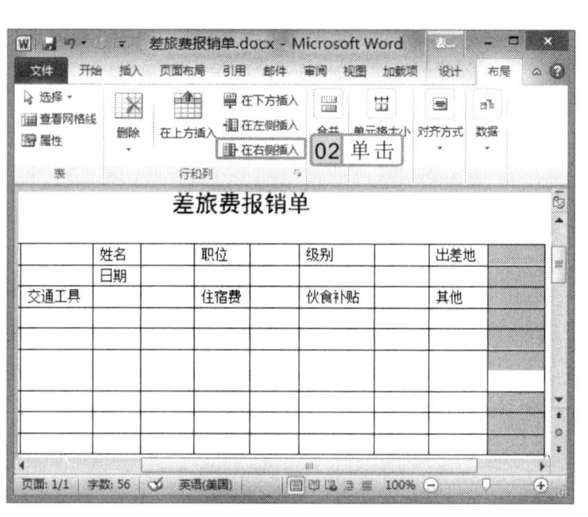

图 11-34 插入列

4 选择第 7 行和第 8 行单元格，选择“布局”/“行和列”组，单击“删除”按钮，在弹出的下拉列表中选择“删除行”选项，如图 11-35 所示。

5 选择第 2 行的 4～10 列，选择“布局”/“合并”组，单击“合并单元格”按钮，然后选择“交通工具”文本所在的单元格，单击“合并单元格”按钮，保持单元格的选中状态，在“合并”组中单击“拆分单元格”按钮。

6 打开“拆分单元格”对话框，在“列数”和“行数”数值框中分别输入“3”和“2”，单击 确定 按钮，如图 11-36 所示。

图 11-35 删除行

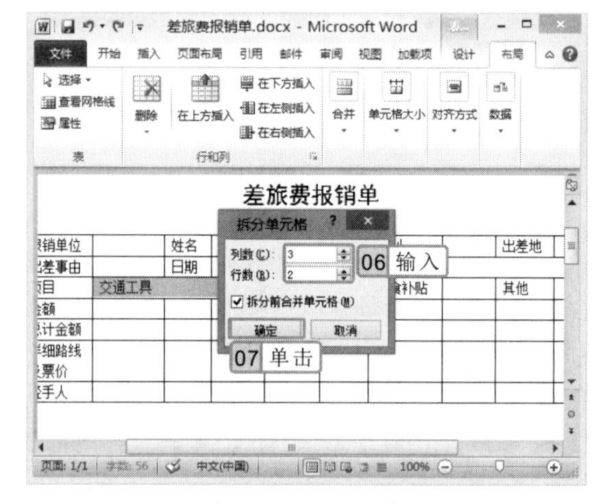

图 11-36 拆分单元格

7 选择拆分的第 1 行的 3 个单元格，单击鼠标右键，在弹出的快捷菜单中选择“合并

专家指导

将鼠标光标移动到表格上，在表格右上角将显示按钮，单击该按钮，可快速选择整个表格。

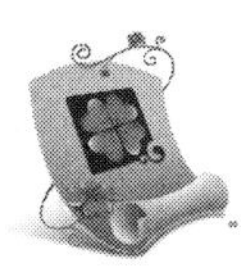

单元格”命令合并单元格，并对该单元格下方的 3 个单元格的列宽进行适当调整。

8. 选择“交通工具”单元格，选择“布局”/“对齐方式”组，在其列表框中单击“水平居中”按钮，如图 11-37 所示。

9. 选择整个表格，选择“设计”/“表格样式”组，单击按钮，在弹出的下拉列表中选择“中等深浅网格 1-强调文字颜色 2”选项，如图 11-38 所示。

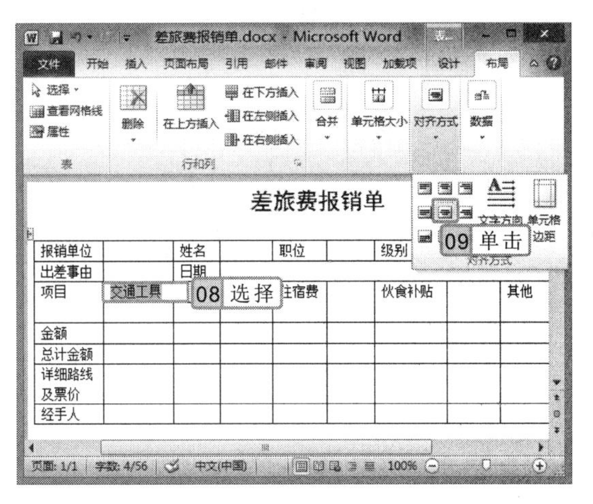

图 11-37　设置对齐方式

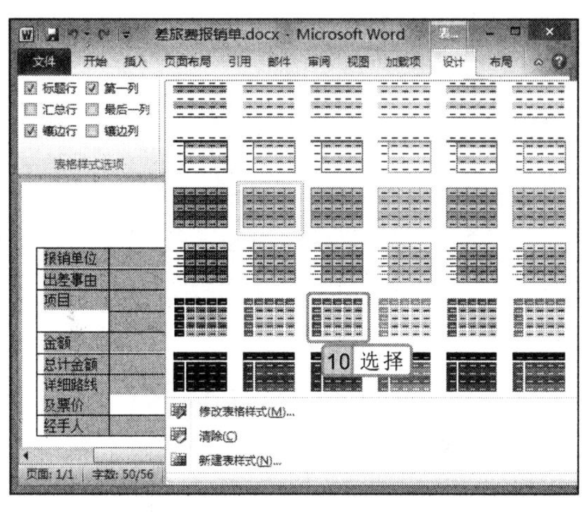

图 11-38　选择表格样式

10. 选择“设计”/“绘图边框”组，单击“笔样式”列表框右侧的按钮，在弹出的下拉列表中选择————选项，如图 11-39 所示。

11. 在“绘图边框”组中单击“笔颜色”按钮右侧的按钮，在弹出的下拉列表中选择“标准色”栏中的“深红”选项，如图 11-40 所示。

图 11-39　选择笔样式

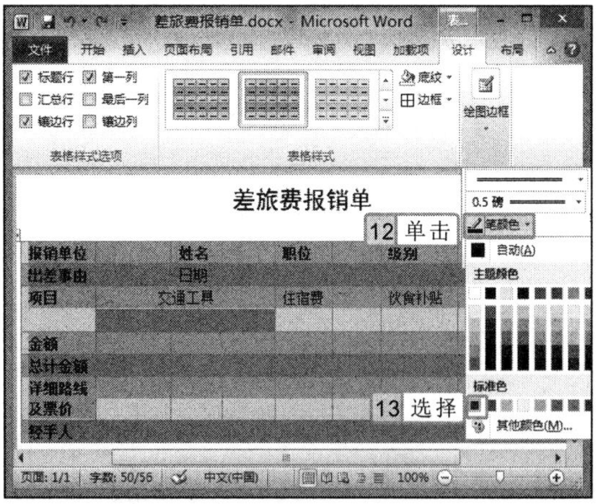

图 11-40　设置笔颜色

12. 选择“设计”/“表格样式”组，单击“边框”按钮右侧的按钮，在弹出的下拉列表中选择“所有框线”选项，如图 11-41 所示。

13. 此时表格边框线变为选择的样式，其最终效果如图 11-42 所示。

选择整个表格，选择“布局”/“数据”组，单击“转换为文本”按钮，打开“表格转换成”对话框，保持默认设置，单击 确定 按钮可将表格转换为纯文本。

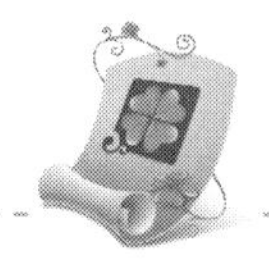

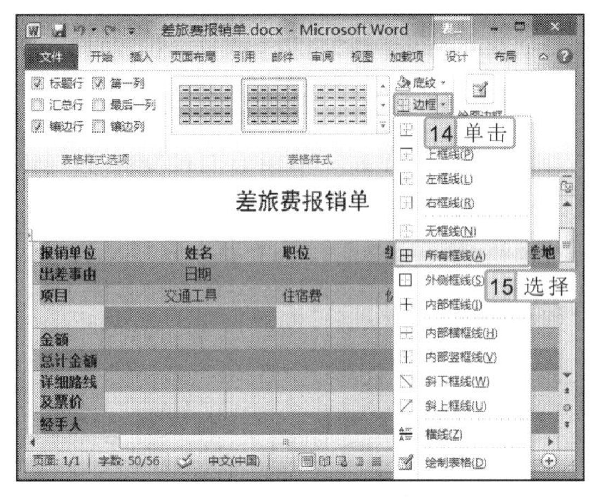

图 11-41　应用设置的边框　　　　图 11-42　查看最终效果

11.6.3　添加和美化图表

图表是一种用图像比例表现数值大小的图形，使用图表可以更直观地反映数值间的对应关系。在 Word 2010 中不仅可插入图表，还可对图表进行美化操作。

实例 11-7 制作“销售统计图表”

下面在打开的空白文档中添加一个图表，然后对图表的布局和图表样式进行设置。

参见光盘　光盘\效果\第 11 章\销售统计图表.docx

1. 在打开的空白文档中选择“插入”/“插图”组，单击“图表”按钮，打开“插入图表”对话框，在左侧选择“柱形图”选项，在右侧列表框中选择“簇状圆柱表”选项，单击 确定 按钮，如图 11-43 所示。
2. 在文档中插入图表的同时，将启动 Excel 2010，在表格中输入图表的数据，如图 11-44 所示。完成后单击窗口右上角的 × 按钮关闭窗口，即可得到需要的图表。

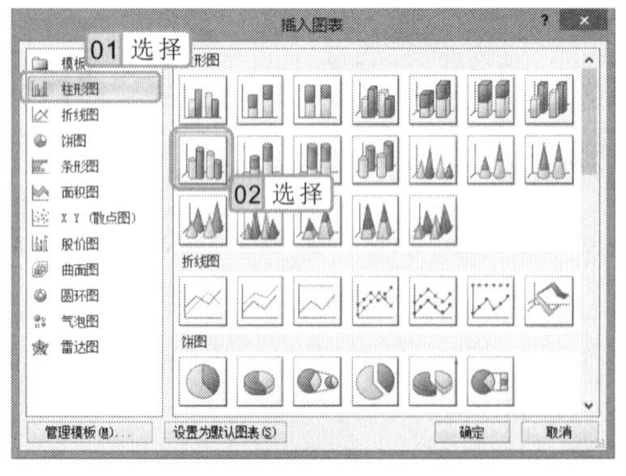

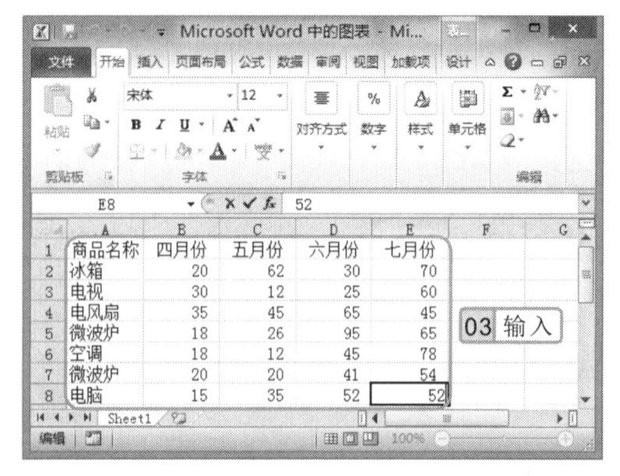

图 11-43　选择图表类型　　　　图 11-44　输入图表数据

专家指导

图表是随着数据的变化而变化的，若发现图表中的某个数据输入错误，选择“设计”/“布局”组，单击“编辑数据”按钮，即可在打开的窗口中对错误的数据进行更改。

3. 选择插入的图表，选择“设计”/“图表布局”组，单击“快速布局”按钮，在弹出的下拉列表中选择“布局 4”选项，如图 11-45 所示。
4. 选择“设计”/“图表样式”组，单击“快速样式”按钮，在弹出的下拉列表中选择“样式 42”选项，返回文档编辑区，然后对文档以“销售统计图表”为名进行保存，其最终效果如图 11-46 所示。

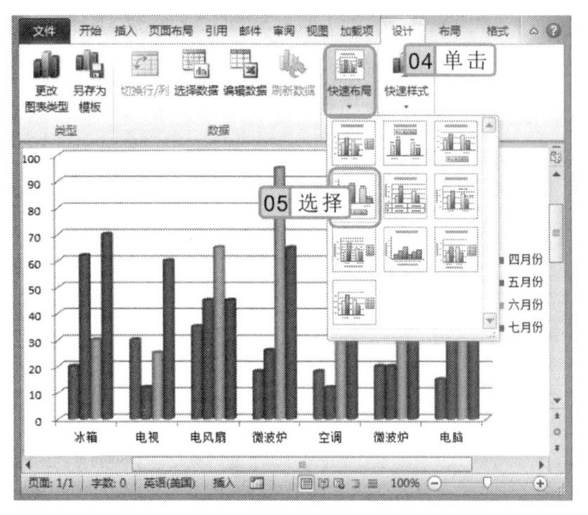

图 11-45　选择图表布局类型

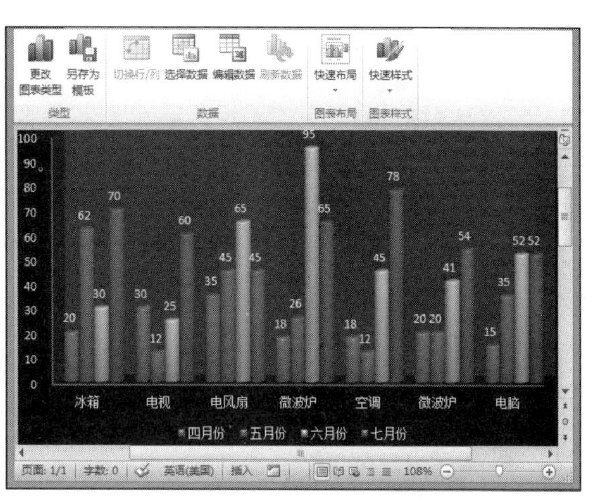

图 11-46　查看最终效果

11.7　提高实例——制作“公司简介”文档

本实例将通过在新建的空白文档中插入文本框、艺术字、图片、形状、SmartArt 图形以及表格等多种对象来制作“公司简介”文档，并通过编辑和美化对象来达到美化文档的目的，其最终效果如图 11-47 所示。

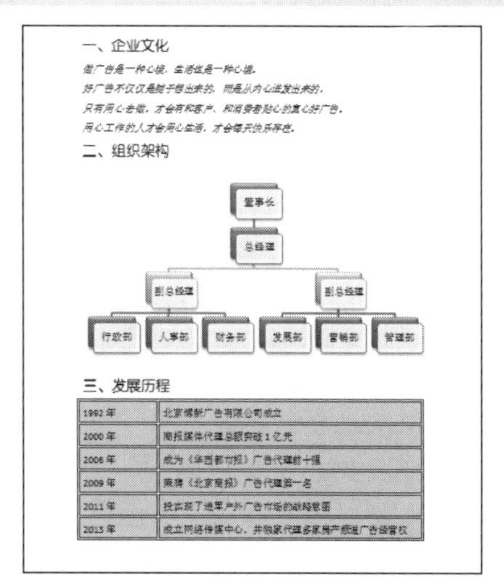

图 11-47　最终效果

如果想快速选择图表中的某一部分，选择“布局”/“当前所选内容”组，在该组的下拉列表中显示图表的所有组成部分，选择相应的选项，即可选择对应的部分。

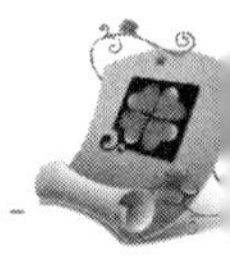

11.7.1 行业分析

制作“公司简介”文档就是对公司进行介绍，让公司员工和客户快速了解公司的基本情况，起到宣传公司的目的。

根据不同的公司和宣传目的，其内容也会有所区别，但总体来说，公司简介一般包括以下几方面内容。

- **公司概况**：包括公司的成立时间、规模、性质以及技术力量等。
- **公司发展历程**：公司的发展过程，以及在发展过程中取得的成绩、荣誉等。
- **公司文化**：公司发展的目标、宗旨、理念以及使命等。
- **公司组织结构**：介绍公司的领导机构。

11.7.2 操作思路

为更快完成本例的制作，并尽可能运用本章讲解的知识，本例的操作思路如下。

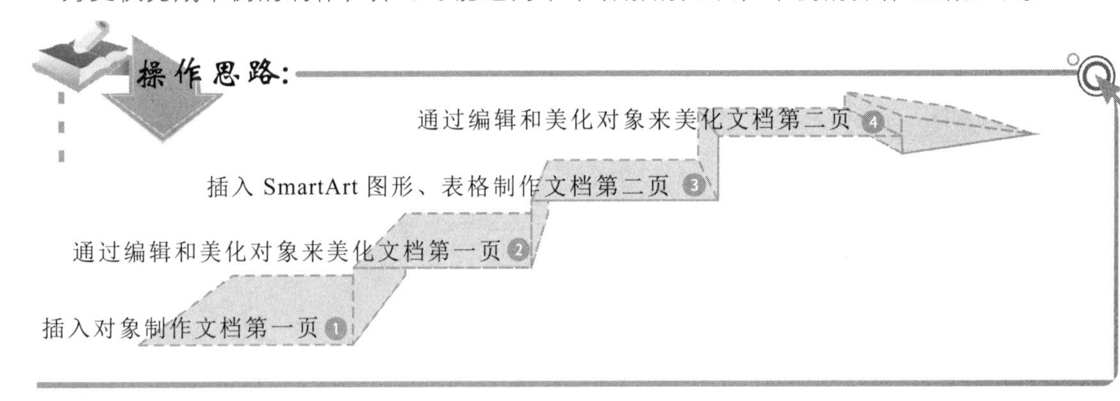

11.7.3 操作步骤

下面介绍制作“公司简介”的方法，其操作步骤如下：

光盘\素材\第 11 章\公司简介.docx
光盘\效果\第 11 章\公司简介.docx
光盘\实例演示\第 11 章\制作“公司简介”

1. 打开“公司简介”文档，选择“插入”/“文本”组，单击“艺术字”按钮，在弹出的下拉列表中选择“渐变填充-紫色，强调文字颜色 4，映像”选项。
2. 在文档编辑区中出现的文本框中输入标题“博新广告：媒体整合专家”，并在“字体”组中将其字体设置为“方正准圆简体”。
3. 取消标题的选择状态，选择“插入”/“插图”组，单击“形状”按钮，在弹出的下拉列表中选择“圆角矩形”选项，此时鼠标光标变成十形状，在需要绘制形状的位置按住鼠标左键不放，拖动鼠标绘制形状，如图 11-48 所示。

在插入有样式的文本框时，无论文本插入点在何处，系统都将其插入到默认的位置，若要移动其位置，可直接使用鼠标拖动。

4. 在“文本”组中单击“文本框”按钮，在弹出的下拉列表中选择“绘制文本框”选项，此时鼠标光标变成十形状，拖动鼠标在文档编辑区中绘制文本框，绘制完成后释放鼠标，在文本框中输入相应的内容，如图 11-49 所示。

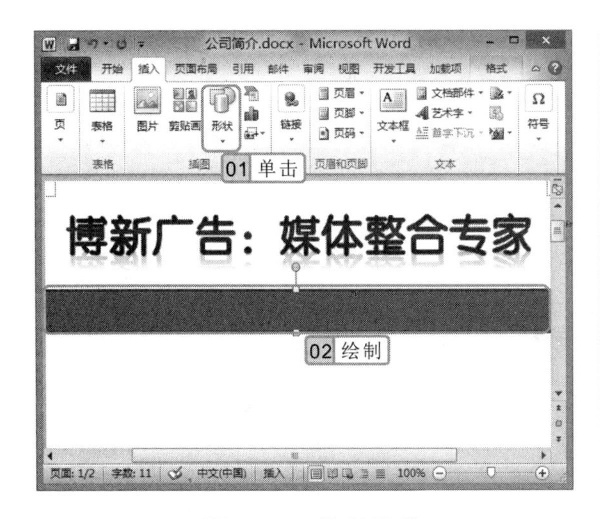

图 11-48　绘制形状

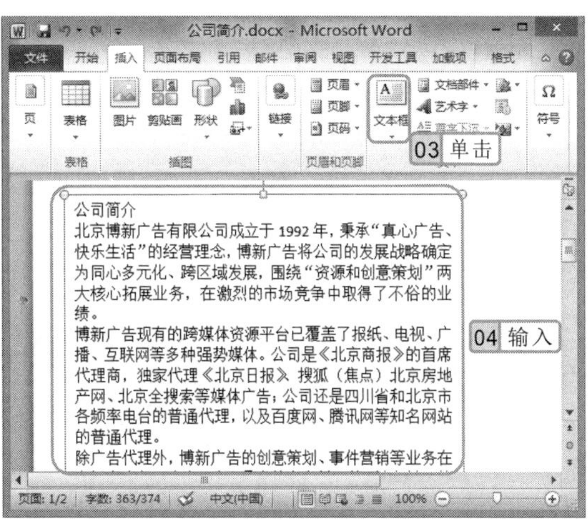

图 11-49　在文本框中输入文本

5. 在“插图”组中单击“图片”按钮，打开“插入图片”对话框，选择插入图片保存的位置，在中间的列表框中选择要插入的图片“1.jpg”、“2.jpg”、“3.jpg”，单击 插入(S) 按钮，如图 11-50 所示。

6. 选择插入的图片，将图片调整到合适的大小，然后选择“格式”/“排列”组，单击“自动换行”按钮，在弹出的下拉列表中选择“浮于文字上方”选项，并合理调整图片的排列位置。

7. 选择文档标题，选择“格式”/“艺术字样式”组，单击“文本效果”按钮，在弹出的下拉列表中选择“映像”/“无”选项，再在该下拉列表中选择“转换”/“停止”选项，效果如图 11-51 所示。

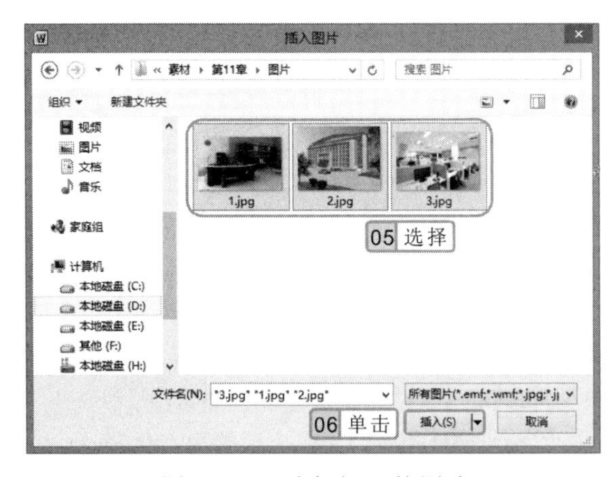

图 11-50　选择插入的图片

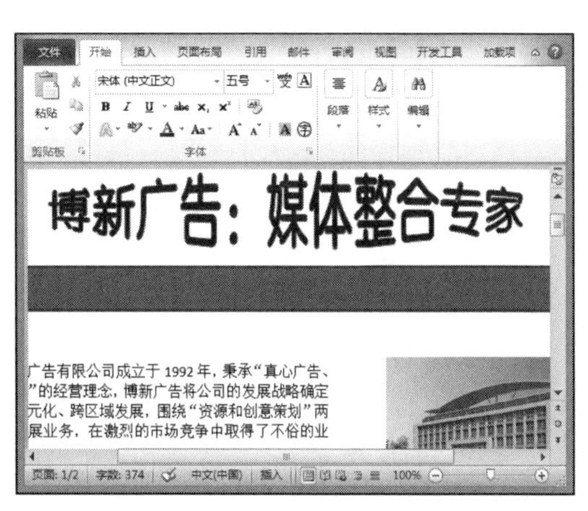

图 11-51　编辑艺术字

在电脑中选择需要插入到文档中的图片后，按住鼠标左键不放，将其拖动到打开的文档中，再释放鼠标，也可将选择的图片插入到文档中。

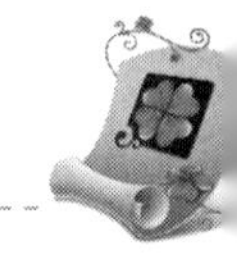

8 选择绘制的形状，选择“格式”/“形状样式”组，单击“形状轮廓”按钮，在弹出的下拉列表中选择“无”选项。然后单击“形状填充”按钮，在弹出的下拉列表中选择如图 11-52 所示的选项。

9 选择绘制的形状，按住 Shift+Ctrl 键不放，复制一个形状，并将其拖动到文档下方，然后释放鼠标。

10 选择文本框中的“公司简介”文本，将其字体设置为“方正准圆简体”，字号设置为“二号”，段落对齐方式为“居中”。然后选择文本框中的所有文本，在“段落”组中单击按钮，在弹出的下拉列表中选择“1.5”选项。

11 选择 3 张图片，选择“格式”/“图片样式”组，单击“图片效果”按钮，在弹出的下拉列表中选择“柔化边缘”/“5 磅”选项，如图 11-53 所示。

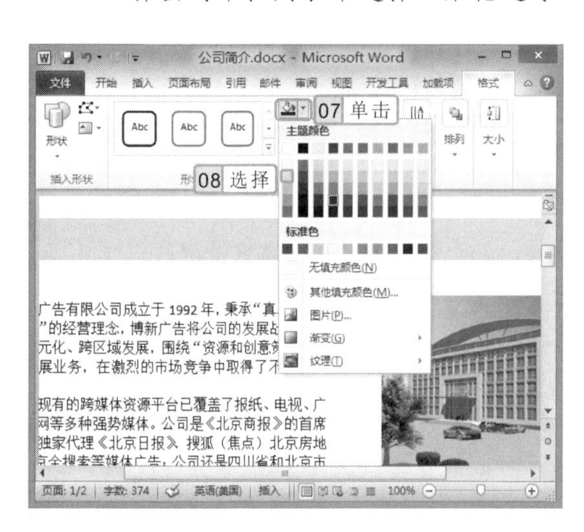

图 11-52　设置形状填充色

图 11-53　设置图片效果

12 将鼠标光标定位到文档第二页中，输入相应的文本内容，并设置文本的字体格式和段落格式。

13 将鼠标光标定位到“组织架构”文本后，按 Enter 键分段，然后在“插图”组中单击 SmartArt 按钮，打开“选择 SmartArt 图形”对话框，在左侧选择“层次结构”选项，在中间的列表框中选择“层次结构”选项，单击 确定 按钮，如图 11-54 所示。

14 在插入的 SmartArt 图形各形状中输入相应的文本，选择“总经理”形状，单击鼠标右键，在弹出的快捷菜单中选择“添加形状”/“在上方添加形状”命令，在该形状上方添加一个形状。

15 使用相同的方法在“人事部”形状后面添加一个形状，在“发展部”形状后面添加两个形状，然后在添加的形状中输入相应的内容，效果如图 11-55 所示。

16 选择 SmartArt 图形，选择“设计”/“SmartArt 样式”组，在其中的列表框中选择“强烈效果”选项，单击“更改颜色”按钮，在弹出的下拉列表中选择“彩

在 Word 2010 中可插入 WMF、JPG、TIF、BMP 和 PNG 等多种格式的图片。

色-强调文字颜色”选项，如图 11-56 所示。

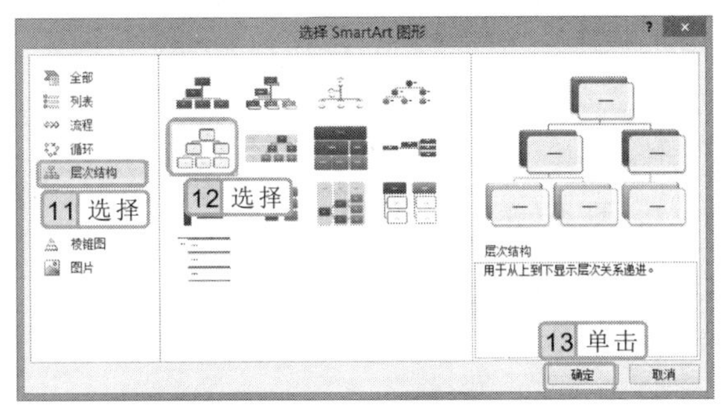

图 11-54　选择 SmartArt 图形

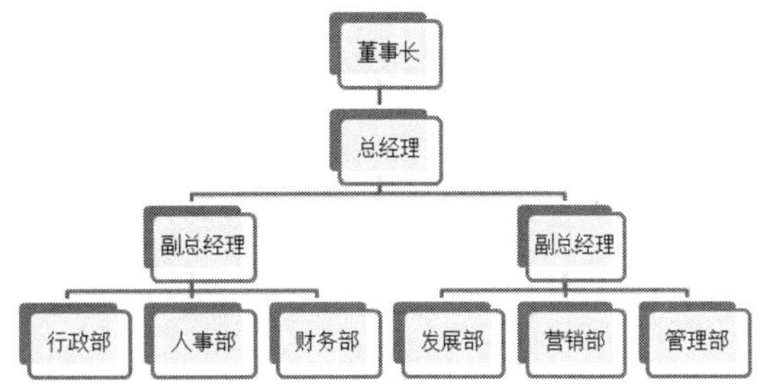

图 11-55　制作的 SmartArt 图形效果

17 将鼠标光标定位到“发展历程”文本后面，按 Enter 键分段，选择“插入”/“表格”组，单击“表格”按钮，在弹出的下拉列表中拖动鼠标选择插入表格的行数和列数，如图 11-57 所示。

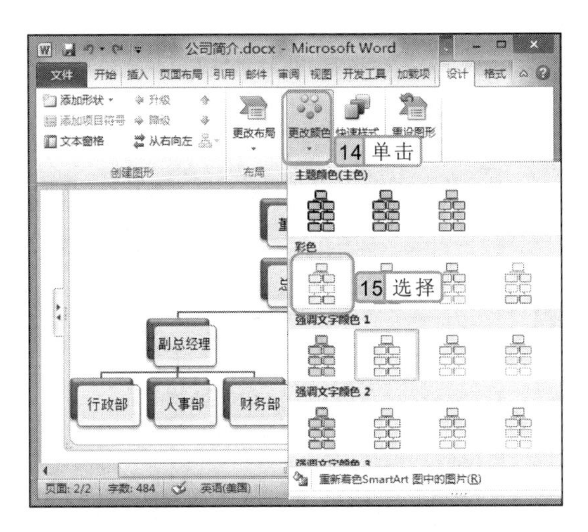

图 11-56　设置 SmartArt 图形

图 11-57　选择插入表格的行数和列数

18 在插入的表格中输入相应的内容，然后将鼠标光标移动到两列单元格之间的分隔线上，当鼠标光标变成+||+形状时，向左拖动鼠标，调整单元格的列宽，调整到合适位置后释放鼠标即可。

19 选择表格内容，将其字号设置为“小四”，然后单击鼠标右键，在弹出的快捷菜单中选择“表格属性”命令，打开“表格属性”对话框。

20 选择“行”选项卡，在“尺寸”栏中选中 ☑指定高度(S): 复选框，在其后的数值框中输入“0.9 厘米”，如图 11-58 所示。

21 选择“单元格”选项卡，在“垂直对齐方式”栏中选择“居中”选项，单击 确定 按钮，如图 11-59 所示。

22 选择表格，选择“设计”/“绘制边框”组，在“笔样式”下拉列表框中选择

插入 SmartArt 图形后，选择“设计”/“创建图形”组，单击“文本窗格”按钮，打开“在此处键入文字”对话框，在其中输入相应的内容，SmartArt 图形各形状中也会随之添加。

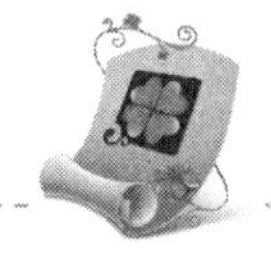

“══════”选项，在“笔画粗细”下拉列表中选择“0.75”选项，单击“笔颜色”按钮右侧的▾按钮，在弹出的下拉列表中选择“深蓝”选项。

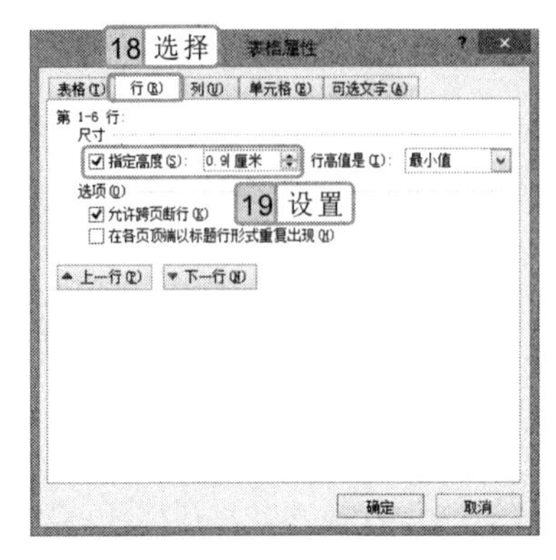

图 11-58　设置行高

图 11-59　设置对齐方式

23 在“表格样式”组中单击“边框”按钮右侧的▾按钮，在弹出的下拉列表中选择“所有框线”选项，如图 11-60 所示。

24 单击“底纹”按钮右侧的▾按钮，在弹出的下拉列表中选择如图 11-61 所示的选项，完成本例的制作。

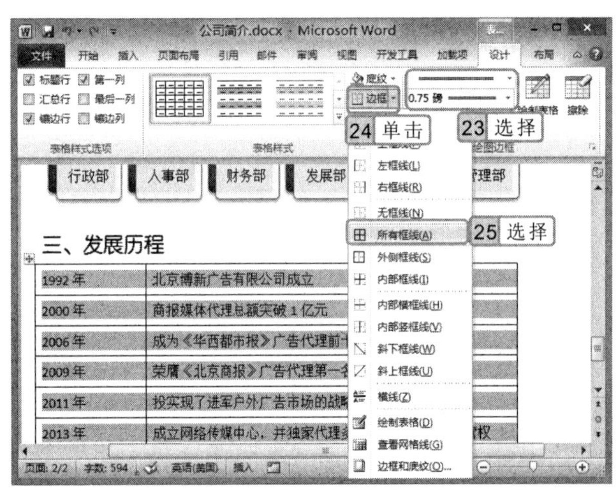

图 11-60　设置表格边框线

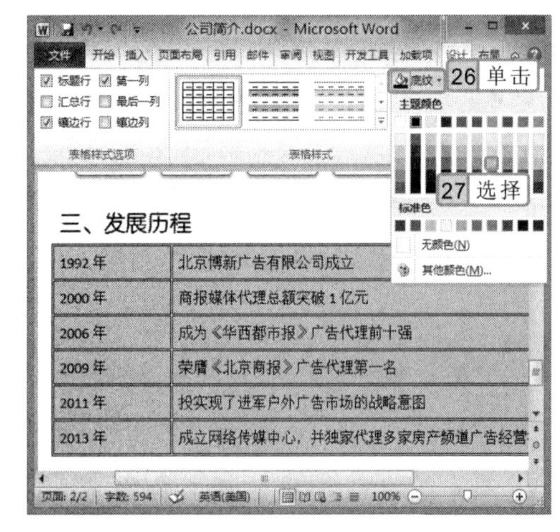

图 11-61　设置表格底纹

11.8　提高练习

本章主要介绍了在 Word 2010 中添加和编辑艺术字、文本框、形状、图片、SmartArt 图形、表格以及图表等对象的知识。下面将通过两个练习进一步巩固本章讲解的知识。

在制作表格时，首先应对要添加到表格的内容有所了解，这样才能快速地确定绘制表格的行数和列数。

11.8.1 完善“推广方案”文档

本练习将在“推广方案.docx”文档中插入艺术字、SmartArt 图形以及表格，并对艺术字、SmartArt 图形以及表格的样式、颜色等进行设置，其效果如图 11-62 所示。

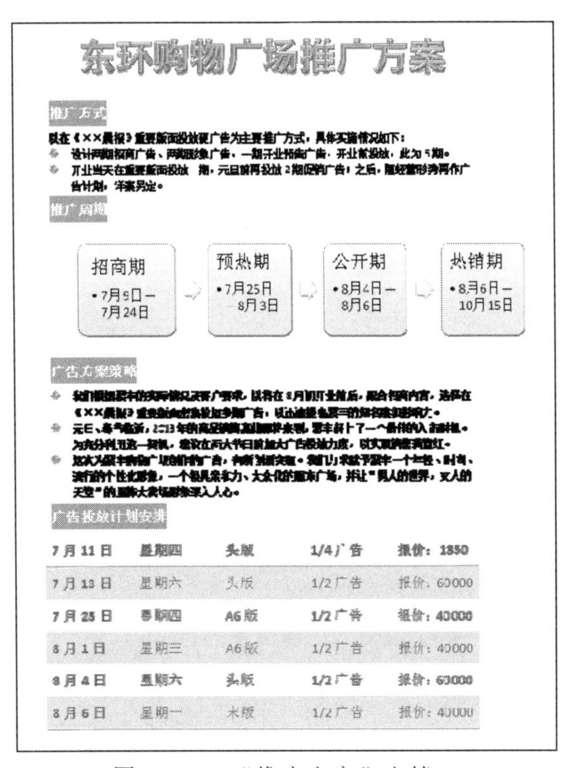

东环购物广场推广方案

推广方式

拟在《××晨报》重要版面投放硬广告为主要推广方式，具体实施情况如下：

- 设计两期招商广告、两期形象广告、一期开业预告广告，开业前投放，此为 5 期。
- 开业当天在重要版面投放 期，元旦前再投放 2 期促销广告；之后，随经营形势再作广告计划，详案另定。

推广周期

招商期 •7月9日—7月24日 → 预热期 •7月25日—8月3日 → 公开期 •8月4日—8月6日 → 热销期 •8月6日—10月15日

广告方案策略

- [illegible]
- [illegible]
- [illegible]

广告投放计划安排

7 月 11 日	星期四	头版	1/4 广告	报价：1350
7 月 13 日	星期六	头版	1/2 广告	报价：60000
7 月 25 日	星期四	A6 版	1/2 广告	报价：40000
8 月 1 日	星期三	A6 版	1/2 广告	报价：40000
8 月 4 日	星期六	头版	1/2 广告	报价：60000
8 月 6 日	星期一	木版	1/2 广告	报价：40000

图 11-62 “推广方案”文档

光盘\素材\第 11 章\推广方案.docx
光盘\效果\第 11 章\推广方案.docx
光盘\实例演示\第 11 章\完善“推广方案”

该练习的操作思路如下。

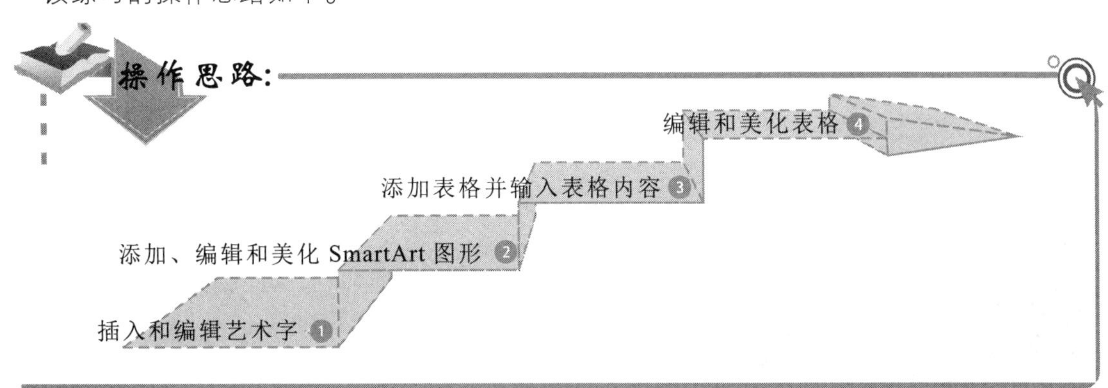

在插入 SmartArt 图形后，如果“添加形状”按钮呈灰色显示，则表示该 SmartArt 图形不可用。

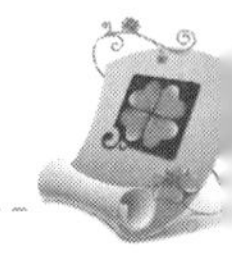

11.8.2 编辑“市场调查报告”文档

本练习将在“市场调查报告”文档的第 3 页中插入图表，并对图表的布局、样式等进行编辑和美化，其最终效果如图 11-63 所示。

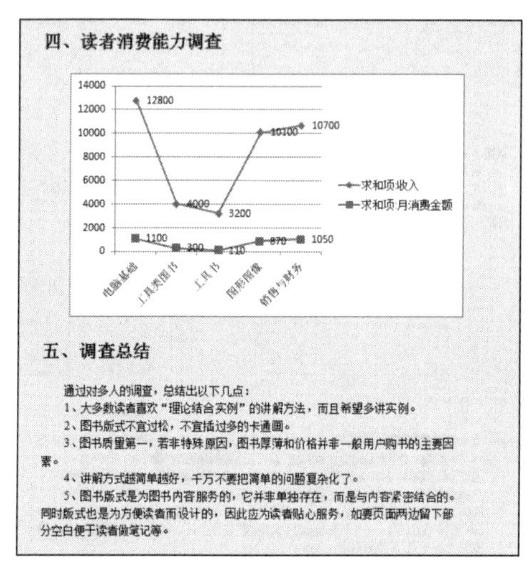

四、读者消费能力调查

五、调查总结

通过对多人的调查，总结出以下几点：

1、大多数读者喜欢“理论结合实例”的讲解方法，而且希望多讲实例。

2、图书版式不宜过松，不宜插过多的卡通画。

3、图书质量第一，若非特殊原因，图书厚薄和价格并非一般用户购书的主要因素。

4、讲解方式越简单越好，千万不要把简单的问题复杂化了。

5、图书版式是为图书内容服务的，它并非单独存在，而是与内容紧密结合的。同时版式也是为方便读者而设计的，因此应为读者贴心服务，如要页面两边留下部分空白便于读者做笔记等。

图 11-63 “市场调查报告”文档

参见光盘

光盘\素材\第 11 章\市场调查报告.docx
光盘\效果\第 11 章\市场调查报告.docx
光盘\实例演示\第 11 章\编辑“市场调查报告”

该练习的操作思路如下。

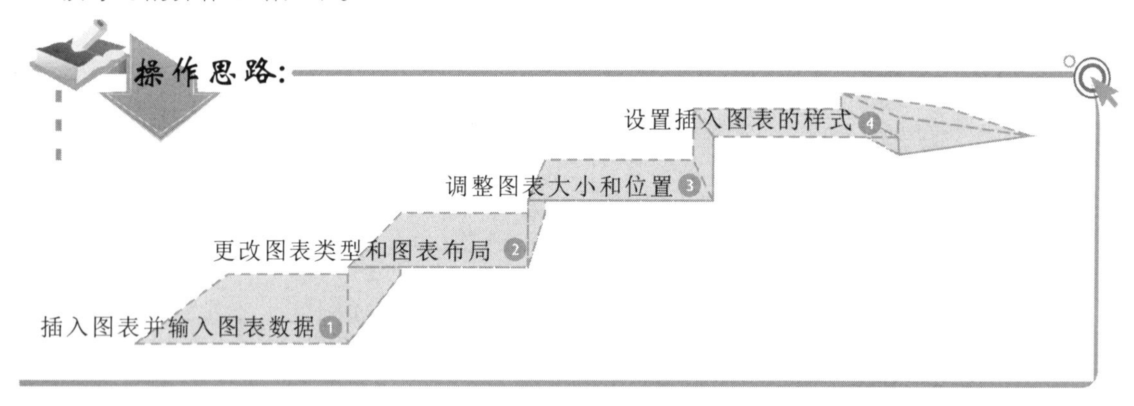

11.9 知识问答

在 Word 2010 中添加各种对象来美化文档的过程中，难免会遇到一些难题，例如更改绘制的形状、将图片裁剪为各种形状等。下面将介绍添加对象美化文档过程中常见的问题及解决方案。

当鼠标光标停留在创建的任何类型的图表上时，会出现提示信息，显示图表类型的名称和适用范围。

问：能不能对文档中插入的形状进行更改呢？

答：当然能。在文档中选择需要更改的形状，选择“格式”/“插入形状”组，单击“编辑形状”按钮，在弹出的下拉列表中选择“更改形状”选项，在弹出的子列表框中选择需要的形状即可进行更改，而且更改的形状中将保持原形状的内容不变。

问：在文档中插入 SmartArt 图形后，有时需对 SmartArt 图形中各形状的排列顺序进行调整，但要如何进行调整呢？

答：很简单，选择 SmartArt 图形中需要调整顺序的形状，选择“设计”/“创建图形”组，单击“升级”按钮可使选择的形状上升一个级别；单击“降级”按钮，可下降一个级别。

问：在 Word 2010 中插入图片后，在“裁剪”下拉列表框中有一个“裁剪为形状”选项，有什么作用？

答：选择插入的图片，选择“格式”/“大小”组，单击“裁剪”按钮下方的按钮，在弹出的下拉列表中选择“裁剪为形状”选项，在弹出的子选项中选择相应的形状，即可将图片裁剪为选择的形状样式。

问：为了更好地排列图片和为图片添加说明性文字，能不能将图片转化为 SmartArt 图形呢？

答：可以。选择需要转化为 SmartArt 图形的图片，选择“格式”/“图片样式”组，单击“图片版式”按钮，在弹出的下拉列表中选择相应的版式，即可将图片转化为 SmartArt 图形，然后在“文本”提示处输入相应的说明文本即可。

知识关联 选择多个图形对象

在 Word 2010 中，若要一次选择多个不相邻的图形对象，通过结合 Ctrl 键和鼠标选择，经常容易错选或误选。若是通过选择窗格一次选择多个不相邻的图形对象，不仅选择的准确率高，而且还能提高效率。其方法是：选择某个图形对象后，选择“格式”/“排列”组，单击“选择窗格”按钮，打开选择窗格，其中列出了文档中的所有图形对象，选择需要的图形对象即可。

选择插入错误的图片，选择“格式”/“调整”组，单击“更改图片”按钮，在打开的“插入图片”对话框中选择正确的图片插入即可替换错误的图片。

第12章 ●●●

使用Excel 2010制作表格

输入表格数据

编辑表格数据

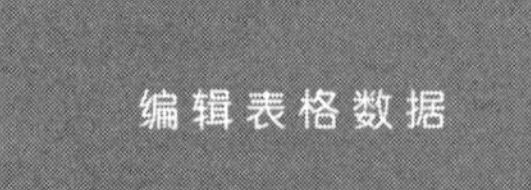

设置单元格格式

认识Excel 2010工作界面

本章导读

Excel 2010是一个功能强大的电子表格处理软件，广泛应用于财务、金融、审计和统计等众多领域，可帮助用户轻松地计算、分析和管理数据。本章将详细介绍制作Excel表格的相关操作，包括数据的输入、数据的编辑、调整单元格行高和列宽、设置单元格格式等操作。

12.1 认识 Excel 2010 工作界面

在使用 Excel 2010 制作表格前，需要先认识 Excel 2010 的工作界面。Excel 2010 的工作界面与前面介绍的 Word 2010 有许多相似之处，但也有许多差异。

Excel 与 Word 操作界面最大的区别便是编辑区。Excel 编辑区由名称框、行号、列标、编辑栏、切换工作条和单元格等部分组成，如图 12-1 所示。

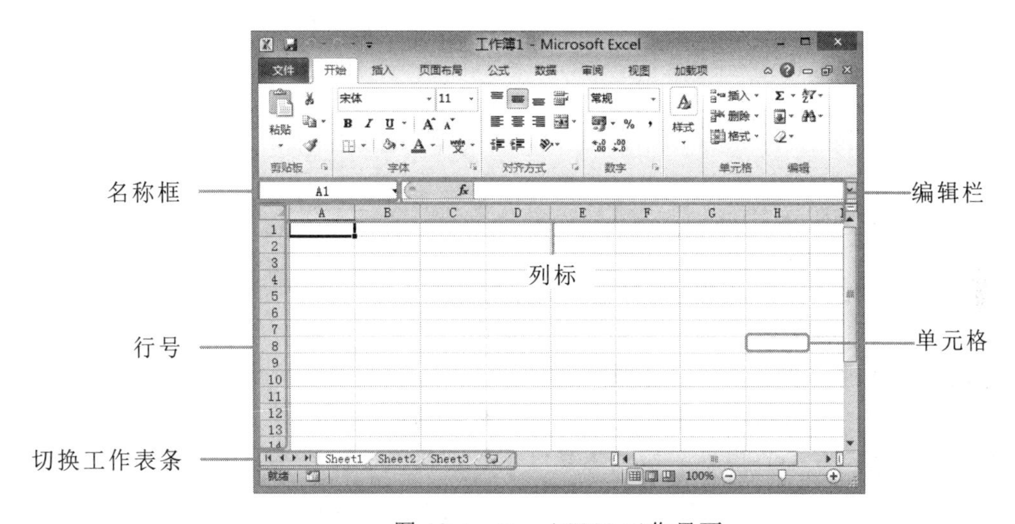

图 12-1　Excel 2010 工作界面

下面对 Excel 2010 特有部分的作用进行介绍。

- **名称框**：用于显示当前选择的单元格、图表项和绘图对象等的名称。
- **编辑栏**：用于输入或编辑数据、公式、图表等对象。编辑栏包括“取消输入”按钮 ×、“确定输入”按钮 ✓、“插入函数”按钮 fx 以及右侧的编辑框，只有在编辑框中进行数据的输入和编辑时，× 按钮和 ✓ 按钮才会显示。
- **行号和列标**：行号和列标用于标识单元格的位置，每行用一个阿拉伯数字表示，以行号的方式显示在工作表编辑区的左侧，每列用一个英文字母表示，以列标的形式分布在工作表编辑区的上端。行号和列标共同标识单元格，如 A2 表示第 A 列第 2 行的单元格。
- **单元格**：单元格是 Excel 工作界面中的矩形小方格，它是组成 Excel 表格的基本单位，用户输入的所有内容都将存储和显示在单元格内。
- **切换工作表条**：切换工作表条包括滚动条、工作表标签和“插入工作表”按钮。拖动滚动条可选择需要显示的工作表；单击某工作表标签可以切换到对应的工作表。单击“插入工作表”按钮，可为工作簿添加新的工作表。

Excel 2010 工作界面左上角有一个快速访问工具栏，其中包括一些经常使用的按钮。系统默认显示的是“保存”按钮、“撤销”按钮和“恢复”按钮。

12.2　Excel 2010 基本操作

在 Excel 中包括工作簿、工作表和单元格 3 种对象。要想熟练使用 Excel 处理数据，就必须要掌握这 3 种对象的基本操作。下面将进行详细介绍。

12.2.1　工作簿的操作

在 Excel 中，工作簿是用来存储并处理数据文件的，其基本操作主要包括新建、保存和打开工作簿等，与 Word 文档的基本操作类似，下面将分别进行介绍。

1. 新建工作簿

在 Excel 2010 中可新建空白工作簿或通过模板新建具有一定格式和内容的工作簿，其新建的方法介绍如下。

- **新建空白工作簿：** 启动 Excel 2010，单击文件按钮，在弹出的列表中选择“新建”选项，在打开页面的“可用模板”栏中双击“空白工作簿”选项即可。
- **通过模板新建工作簿：** 单击文件按钮，在弹出的列表中选择“新建”选项，在打开页面的“可用模板”栏中选择“样本模板”选项，在打开的页面中显示了提供的模板，双击需要的模板即可新建有内容的工作簿，如图 12-2 所示。

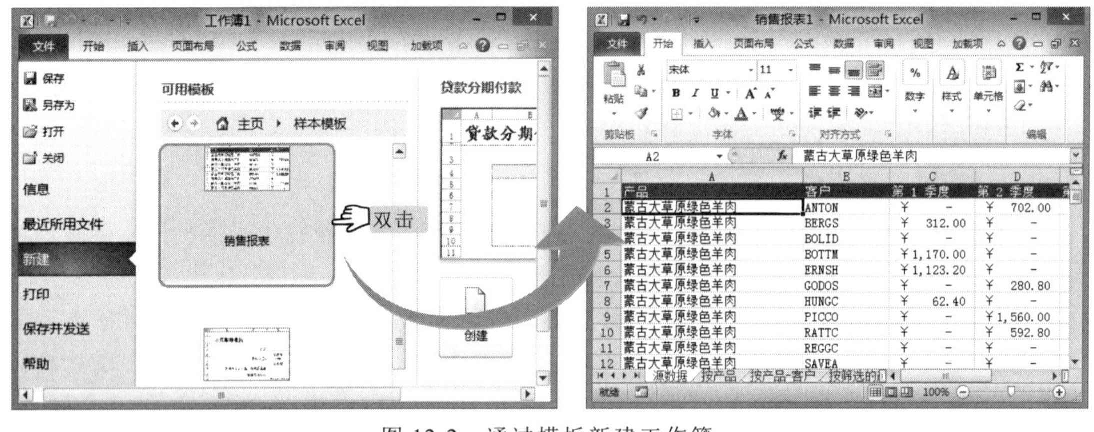

图 12-2　通过模板新建工作簿

2. 保存工作簿

新建工作簿后，为了避免重要数据或信息丢失，应及时对其进行保存。其方法是：单击文件按钮，在弹出的列表中选择“保存”或“另存为”选项，打开“另存为”对话框，通过地址栏和导航窗格设置工作簿保存的位置，在“文件名”文本框中输入保存时的名称，单击保存(S)按钮，如图 12-3 所示。

专家指导

若是第一次保存工作簿，选择“保存”选项会打开“另存为”对话框；若是对已经保存过的工作簿再次进行保存，选择“保存”选项后会直接保存，不会打开“另存为”对话框。

3. 打开工作簿

当查看或编辑电脑中已有的工作簿时，首先应将其打开。打开工作簿的方法和打开 Word 文档的方法基本相同，单击文件按钮，在弹出的列表中选择“打开”选项，打开“打开”对话框，在地址栏或导航窗格中选择工作簿保存的位置，选择需要打开的工作簿，单击打开(O)按钮即可，如图 12-4 所示。

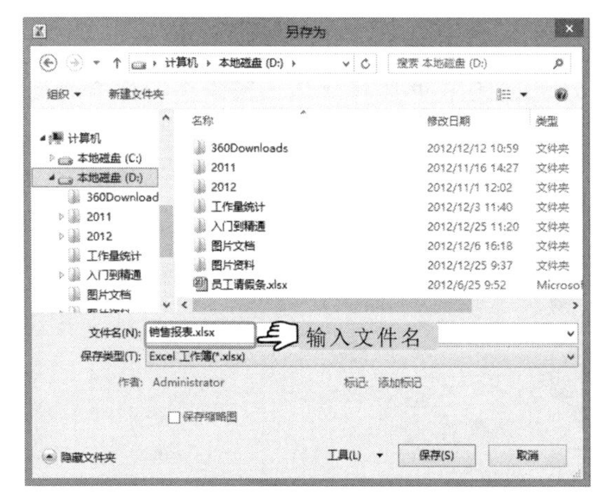

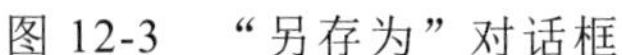
图 12-3 “另存为”对话框

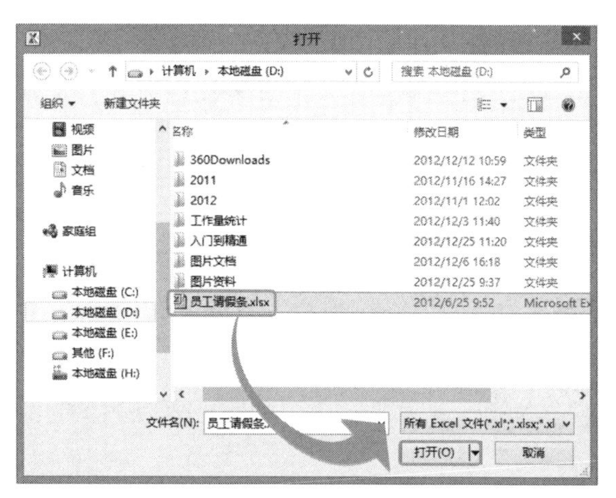

图 12-4 “打开”对话框

12.2.2 工作表的操作

工作表用于组织和管理各种相关的数据信息，在对工作表进行组织和管理前，还需要掌握工作表的一些基本操作，包括选择、新建、重命名、移动、复制、隐藏和删除等。下面进行详细介绍。

1. 选择工作表

要想对工作表进行编辑，首先需要选择工作表，选择工作表是通过切换工作表条来完成的。利用切换工作表条选择工作表的方法有如下几种。

- **选择一张工作表**：在切换工作表条中直接单击所需选择的工作表标签。
- **选择多张连续的工作表**：先单击所要选择的第一张工作表的标签，然后按住 Shift 键的同时，单击最后一张工作表标签，即可选择这两张工作表之间的所有工作表。
- **选择多张不连续的工作表**：按住 Ctrl 键，在切换工作表条中依次单击需要选择的工作表标签。
- **选择工作簿中全部工作表**：在切换工作表条中的任意一个工作表标签上单击鼠标右键，在弹出的快捷菜单中选择“选定全部工作表”命令。

找到要打开工作簿的保存位置，选择需要打开的工作簿并双击，即可在启动 Excel 2010 的同时打开工作簿。

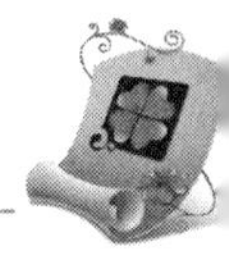

2. 新建工作表

新建的工作簿中默认只有 3 张工作表，当实际工作中需要更多的工作表时，可随时在工作簿中新建工作表。常用的新建工作表的方法有如下几种：

- 单击工作表标签后的“插入工作表”按钮，可在所有工作表后新建一张工作表。
- 选择“开始”/“单元格”组，单击“插入”按钮右侧的按钮，在弹出的下拉列表中选择“插入工作表”选项，如图 12-5 所示，即可在当前工作表之前新建一张工作表。
- 在工作表标签上单击鼠标右键，在弹出的快捷菜单中选择“插入”命令，打开“插入”对话框，选择“常用”选项卡并在其中选择“工作表”选项，单击 确定 按钮，如图 12-6 所示。

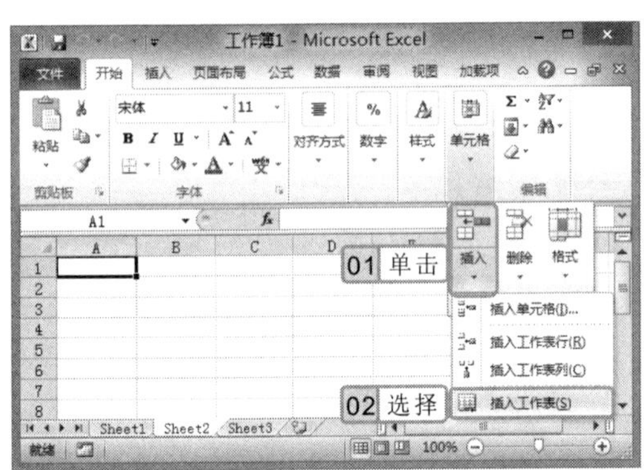
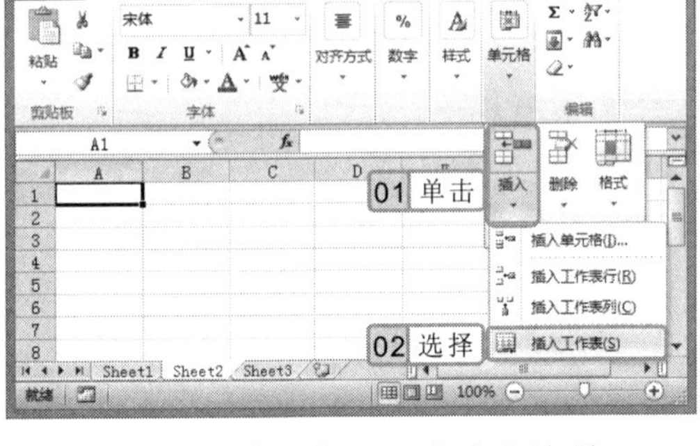

图 12-5　选择“插入工作表”选项

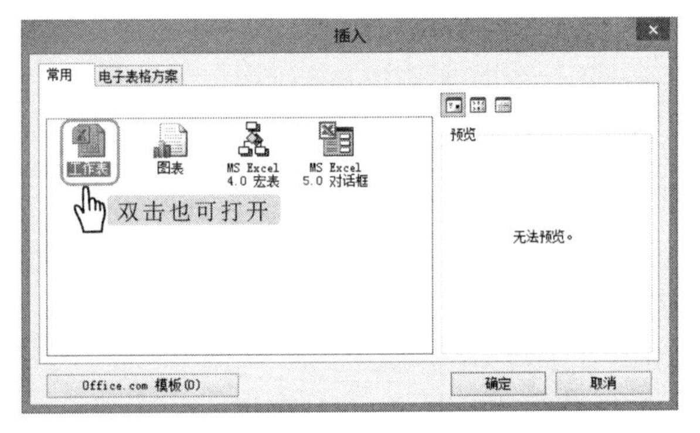

图 12-6　“插入”对话框

3. 重命名工作表

在实际办公过程中，为了让工作表更易区分，可对工作表进行重命名操作。重命名工作表的方法是：选择需要重命名的工作表标签，单击鼠标右键，在弹出的快捷菜单中选择“重命名”命令，此时工作表名称呈可编辑状态，输入新的工作表名称，然后按 Enter 键或单击其他位置完成重命名操作。

4. 移动和复制工作表

在编辑工作簿的过程中，有时需要对工作表进行移动或复制操作。移动和复制工作表的操作比较类似，在工作表标签上按住鼠标左键横向拖动，同时鼠标的左端会显示一个▼符号，拖动时▼符号所处的位置即为工作表要移动到的位置，如图 12-7 所示，按住 Ctrl 键拖动工作表标签，则可执行复制操作。

另外，也可在工作表标签上单击鼠标右键，在弹出的快捷菜单中选择“移动或复制”命令，在打开的对话框中选择需要移动到的位置，单击 确定 按钮执行移动操作，如需复制工作表，则在对话框中选中 ☑建立副本(C) 复选框，如图 12-8 所示。

专家指导

双击需要重命名的工作表标签，输入新的工作表名称，然后按 Enter 键或单击其他位置也可完成重命名操作。

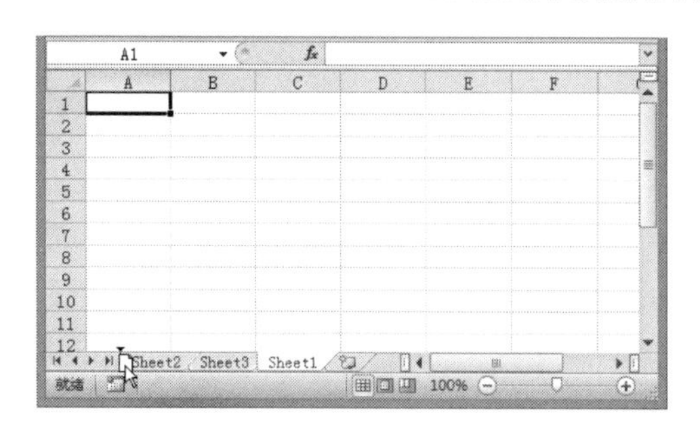

图 12-7　通过鼠标移动工作表

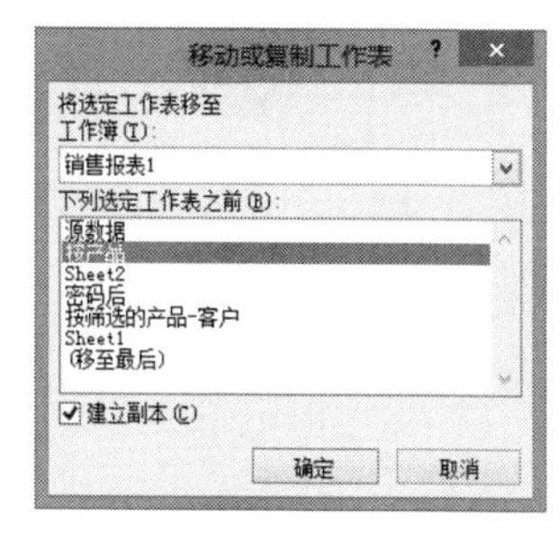

图 12-8　“移动或复制工作表”对话框

5. 隐藏和显示工作表

为了防止 Excel 表格中某些重要数据被泄露，用户可将重要的工作表隐藏起来，使其他用户查看不到工作表中的数据，待需要时再将其显示。下面对隐藏和显示工作表的方法进行介绍。

- **隐藏工作表**：选择需要隐藏的工作表，选择“开始”/“单元格”组，单击“格式”按钮，在弹出的下拉列表中选择“隐藏和取消隐藏”/“隐藏工作表”选项，如图 12-9 所示，即可隐藏选择的工作表。
- **显示工作表**：选择“开始”/“单元格”组，单击“格式”按钮，在弹出的下拉列表中选择“隐藏和取消隐藏”/“取消隐藏工作表”选项，打开“取消隐藏”对话框，在“取消隐藏工作表”列表框中选择需显示的工作表，单击 确定 按钮，如图 12-10 所示，即可将工作表显示出来。

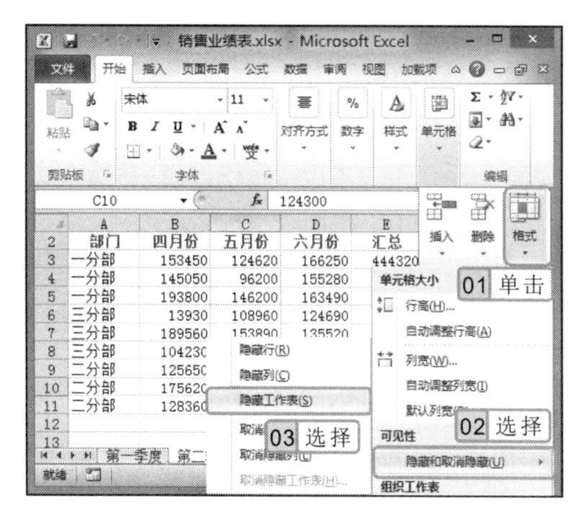

图 12-9　选择“隐藏工作表”选项

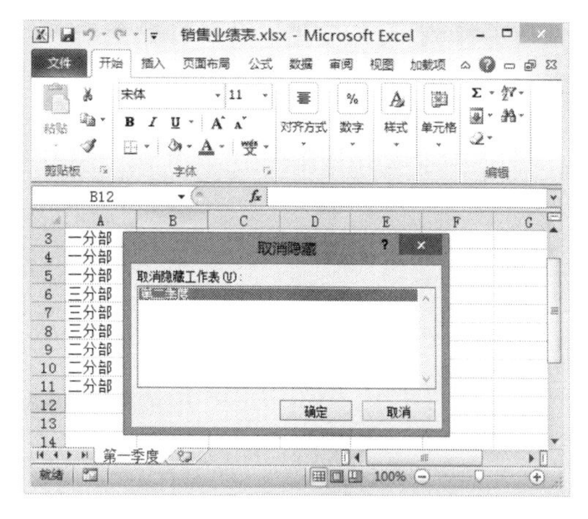

图 12-10　“取消隐藏”对话框

6. 删除工作表

为了更好地管理工作簿，对于一些不需要的工作表可将其删除。其方法是：在需要删除的工作表标签上单击鼠标右键，在弹出的快捷菜单中选择“删除”命令。

在工作表标签上单击鼠标右键，在弹出的快捷菜单中选择“隐藏”命令，可隐藏当前工作表；选择“取消隐藏”命令，将打开“取消隐藏”对话框，选择需要显示的工作表即可显示。

12.2.3　单元格的操作

单元格是 Excel 中最重要的组成元素，在制作表格的过程中，经常需要对单元格进行各种操作，包括选择、插入、合并、拆分、移动、复制以及删除等。下面分别对其操作方法进行讲解。

1. 选择单元格

要编辑单元格就需先选择单元格，根据不同的实际需要，选择单元格的情况也各不相同，下面将选择单元格的几种常见方法介绍如下。

- **选择单个单元格**：在需选择的单元格上单击。
- **选择连续的多个单元格**：选择单元格后按住鼠标左键不放，拖动到目标单元格；也可选择单元格后按住 Shift 键不放，再单击目标单元格，即选择连续的多个单元格。
- **选择不连续的单元格**：按住 Ctrl 键不放，单击需要选择的单元格即可。
- **选择整行或整列单元格**：将鼠标光标移至需选择的行或列所在的行号或列标上，当鼠标光标变为➡或⬇形状时单击即可。
- **选择工作表中的所有单元格**：单击编辑区左上角的◢图标可选择所有单元格。

2. 插入单元格

在对工作表进行编辑时，若在已输入完成的单元格中发现漏输了一个或多个单元格的数据，可在工作表中插入单元格进行补充输入。插入单元格的方法是：选择需插入单元格相邻的单元格，选择“开始”/“单元格”组，单击“插入”按钮，在弹出的下拉列表中选择“插入单元格”选项，打开“插入”对话框，在其中列出了单元格的插入方式，选择需要的单元格插入方式后，单击确定按钮即可在工作表中插入单元格，如图 12-11 所示。

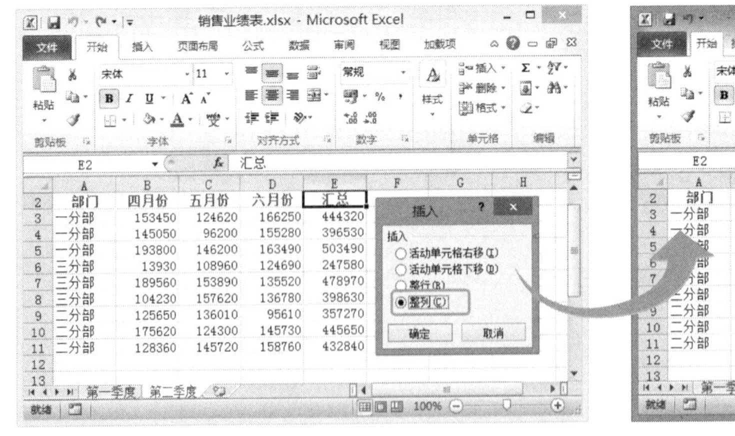

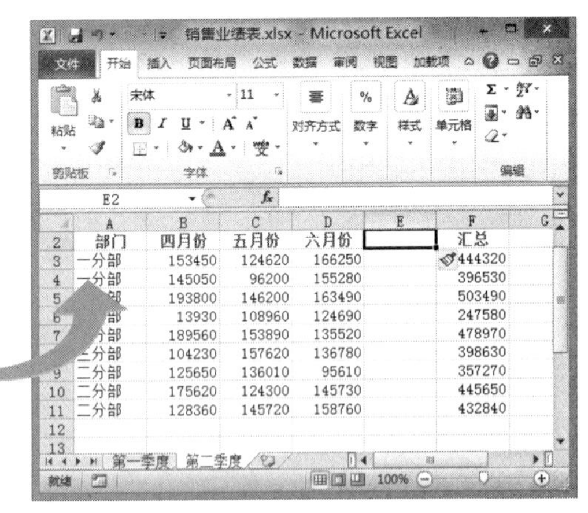

图 12-11　插入单元格

在按住 Ctrl 键的同时单击所需的行号或列标，则可同时选择多个不连续的行或列。

3. 调整单元格行高和列宽

在单元格中输入了较多内容后，其数据可能会显示不完全，这时可通过改变单元格的行高和列宽使其显示。常用的改变行高或列宽的方法有以下几种。

- **自动调整**：选择要调整的单元格或单元格区域，选择“开始”/“单元格”组，单击“格式”按钮，在弹出的下拉列表中选择“自动调整行高”或“自动调整列宽”选项，可根据单元格中的内容自动调整行高或列宽。
- **手动调整**：将鼠标光标移动到要调整的行号或列标间的分隔线上，当鼠标光标变成或形状时，按住鼠标左键不放进行拖动，到达适合的位置时释放鼠标即可，如图 12-12 所示。

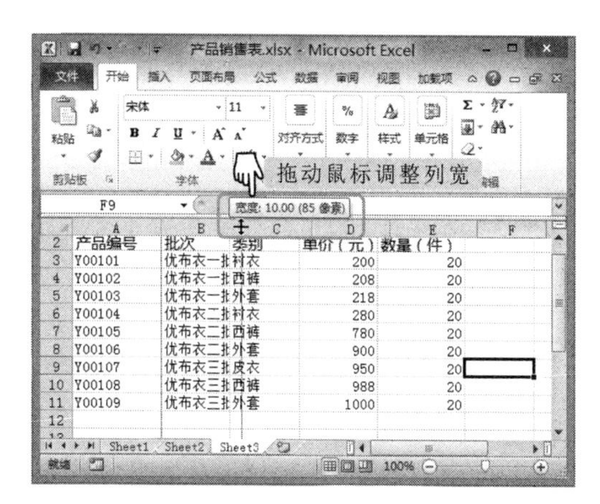

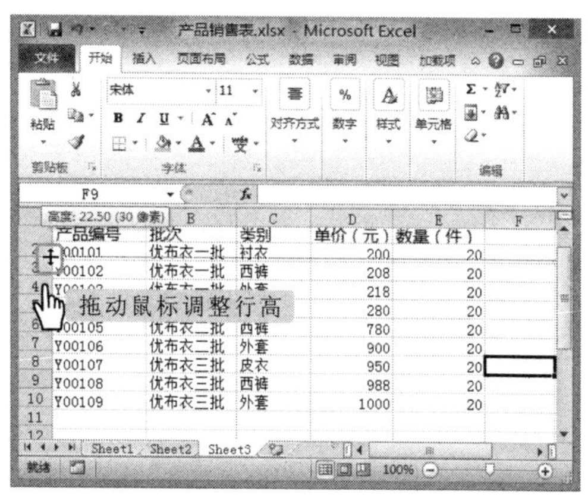

图 12-12　拖动鼠标调整行高和列宽

- **使用对话框调整**：选择需要调整行高或列宽的单元格，选择“开始”/“单元格”组，单击“格式”按钮，在弹出的下拉列表中选择“行高”或“列宽”选项，可在打开的对话框中设置精确的高度或宽度，如图 12-13 所示为通过对话框设置列宽的效果。

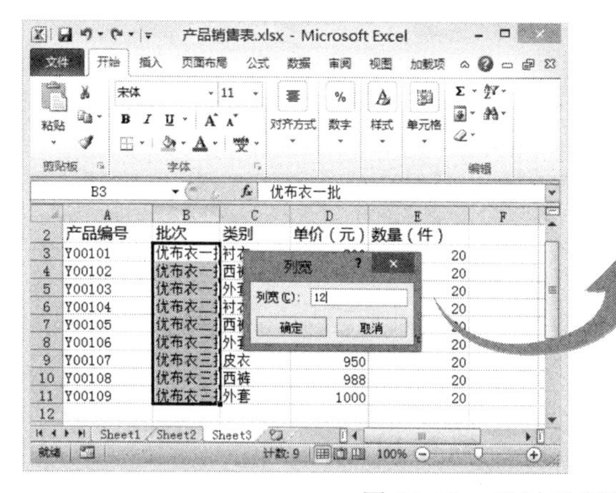

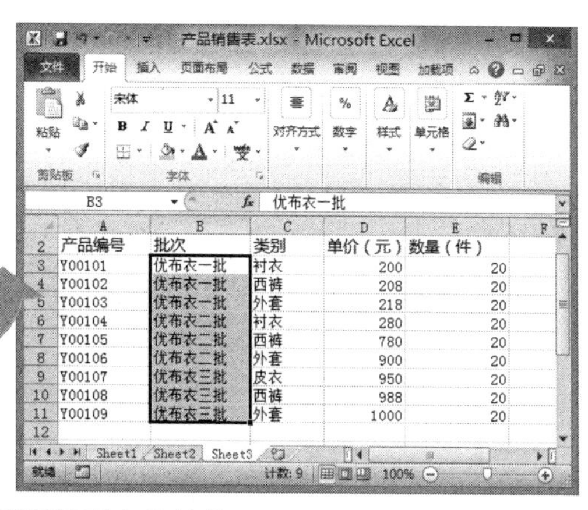

图 12-13　通过对话框调整列宽的效果

将鼠标光标定位到单元格的行号或列标上并在其上单击鼠标右键，在弹出的快捷菜单中选择“行高”或“列宽”命令，可在打开的“行高”或“列宽”对话框中调整行高和列宽。

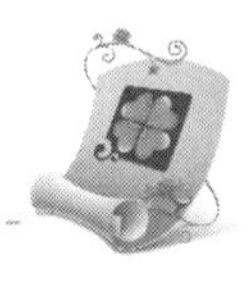

4．合并与拆分单元格

为了使制作的表格更加专业和美观，往往需要将多个单元格合并成一个单元格或将合并后的一个单元格拆分成多个单元格，例如制作工作表标题时需合并单元格，修改工作表时需折分单元格。下面分别介绍合并与拆分单元格的方法。

- **合并单元格：**在工作表中选择需合并的多个单元格，选择“开始”/“对齐方式”组，单击“合并后居中”按钮右侧的按钮，在弹出的下拉列表中选择合并单元格的方式即可完成合并，如选择“合并后居中”选项，如图 12-14 所示，合并后的效果如图 12-15 所示。

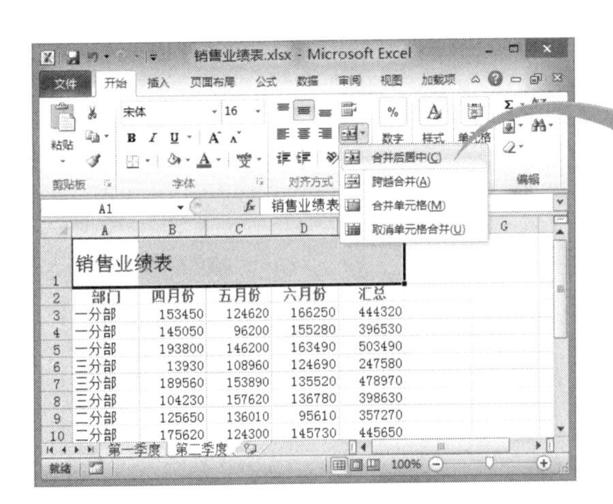

图 12-14　选择“合并后居中”选项

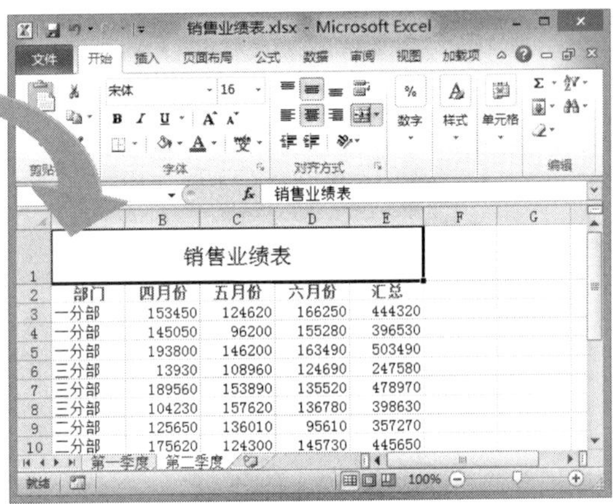

图 12-15　合并后的效果

- **拆分单元格：**选择合并后的单元格，选择“开始”/“对齐方式”组，直接单击“合并后居中”按钮，或单击“合并后居中”按钮右侧的按钮，在弹出的下拉列表中选择“取消单元格合并”选项。

5．移动与复制单元格

当需要在工作表中输入相同的单元格内容时，可通过移动或复制单元格来实现。其方法是：选择需要移动或复制的单元格，单击鼠标右键，在弹出的快捷菜单中选择“剪切”或“复制”命令，在目标单元格上单击鼠标右键，在弹出的快捷菜单中选择“粘贴”命令完成操作。

6．删除单元格

在编辑表格的过程中，可根据实际情况删除多余的单元格。删除单元格的方法与插入单元格类似，选择需要删除的单元格，选择“开始”/“单元格”组，单击“删除”按钮，在弹出的下拉列表中选择“删除单元格”选项，在打开的“删除”对话框中选择删除单元格的方式，如选中◉整行(R)单选按钮，单击 确定 按钮即可，如图 12-16 所示。

选择某个含有数据的单元格，按 Ctrl+X 键或选择“开始”/“剪贴板”组，单击“剪切”按钮，然后在目标单元格中按 Ctrl+V 键即可实现数据的移动操作。

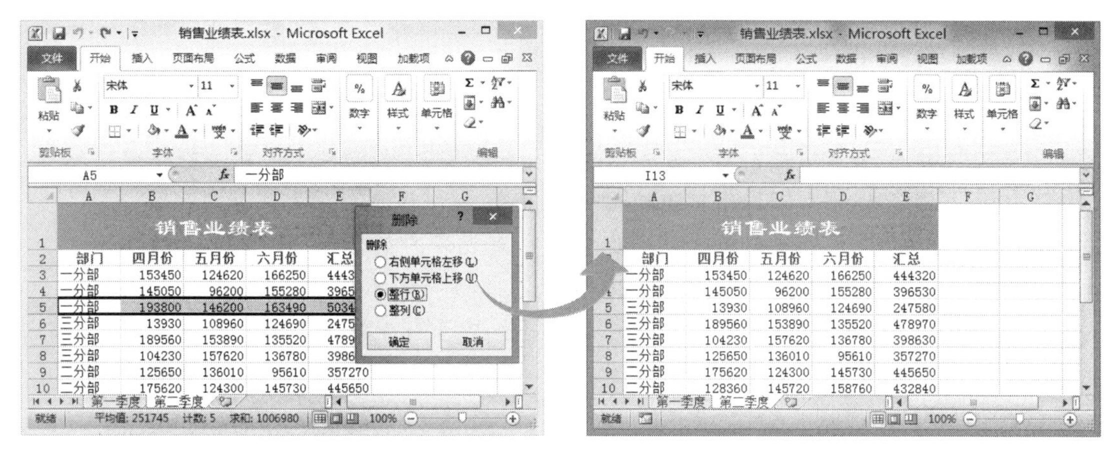

图 12-16 删除整行单元格

12.3 输入表格数据

在 Excel 2010 中输入数据是使用 Excel 2010 编辑和管理数据的前提。输入数据通常分为手动输入数据和快速填充数据两种方式。下面分别进行介绍。

12.3.1 手动输入数据

新建工作簿后，需要在表格中输入相应的数据，在 Excel 中常用的手动输入数据的方法有以下两种。

- **在单元格中输入**：双击需要输入数据的单元格，将文本插入点定位到其中，再输入所需数据即可。
- **在编辑栏中输入**：选择需输入数据的单元格，然后将鼠标光标移到编辑栏处并单击，将文本插入点定位到编辑栏中输入数据，再按 Enter 键确认输入。

12.3.2 快速填充数据

当需要在表格中输入相同数据或有规律的数据时，使用 Excel 2010 提供的快速填充数据功能，可实现数据的快速填充，提高工作效率。

实例 12-1 填充相同和有规律的数据

下面将在“产品销售表.xlsx”工作簿中，使用快速填充功能在 A3:A11 单元格中填充有规律的数据，在 E3:E11 单元格中填充相同的数据。

在 Excel 中输入文本后，默认的对齐方式是左对齐，字体是宋体，字号为 11 号，而输入数字之后，默认的对齐方式则是右对齐。

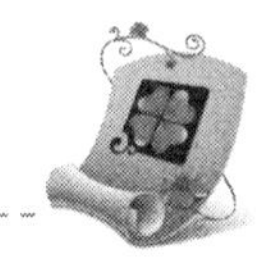

参见光盘 光盘\素材\第 12 章\产品销售表.xlsx
光盘\效果\第 12 章\产品销售表.xlsx

1. 打开“产品销售表”工作簿，在 A3 单元格中输入 Y00101，并重新选择 A3 单元格，将鼠标光标移至 A3 单元格右下角的控制柄处，当其变为 **+** 形状时，按住鼠标左键不放并向下拖动至 A11 单元格。
2. 释放鼠标，即可根据数据特点自动填充有规律的数据，如图 12-17 所示。
3. 在 E3 单元格中输入“20”，并选择该单元格，将鼠标光标移至 E3 单元格右下角的控制柄处，当其变为 **+** 形状时，按住鼠标左键不放并向下拖动至所需位置，这里拖至 E11 单元格，释放鼠标，即可自动填充相同的数据，如图 12-18 所示。

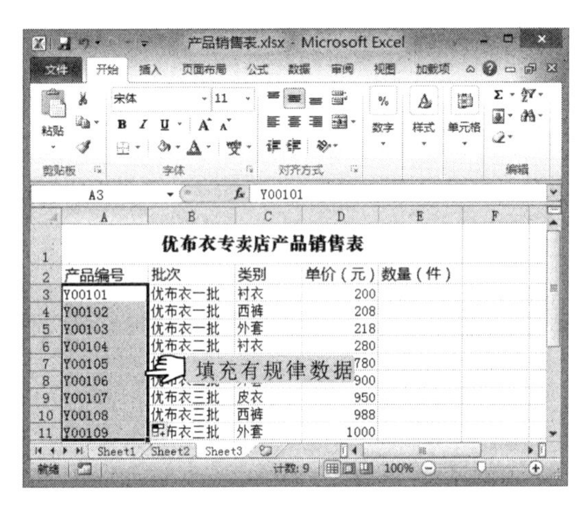

图 12-17　填充有规律的数据

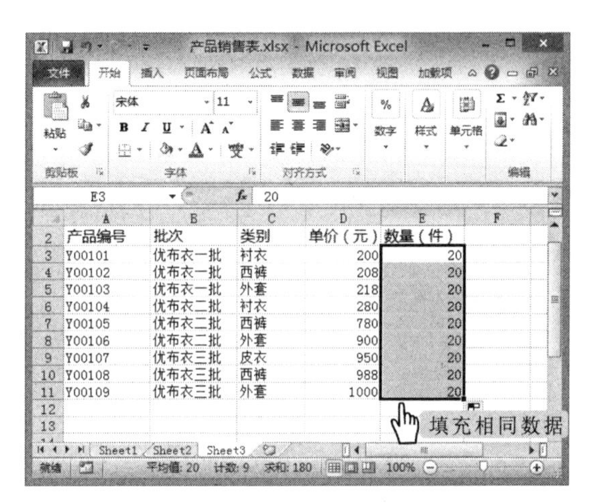

图 12-18　填充相同的数据

12.4　编辑表格数据

在单元格中输入数据后，可以根据实际情况随时进行编辑和修改。下面将详细介绍关于编辑表格数据的各种方法，包括修改、查找和替换数据等。

12.4.1　修改数据

输入数据时难免会出现错误，此时需要及时进行修改。与输入数据的方法类似，修改数据也可通过在单元格中修改和在编辑栏中修改两种方法，下面分别进行介绍。

- **在单元格中修改**：当需要对某个单元格中的全部数据进行修改时，只需选择该单元格，然后重新输入正确的数据，再按 Enter 键即可快速完成修改。
- **在编辑栏中修改**：选择需修改数据的单元格，将文本插入点定位到编辑栏中，拖动鼠标选择需要修改的数据，或者直接将插入点定位到需添加数据的位置，然后输入正确的数据并按 Enter 键完成修改。

若想填充有规律的数据，但因输入数字自身的特点，填充的是相同数据，这时可单击数据后的按钮，在弹出的下拉列表中选中 填充序列(S) 单选按钮，可将相同的数据填充为有规律的数据。

12.4.2 查找和替换数据

在 Excel 中查找和替换数据的方法与在 Word 中查找和替换文本的方法类似，下面分别进行介绍。

- **查找数据**：选择“开始”/“编辑”组，单击“查找和选择”按钮，在弹出的下拉列表中选择“查找”选项，打开“查找和替换”对话框，在“查找”选项卡中的“查找内容”文本框中输入需要查找的数据，如图 12-19 所示，单击 查找下一个(F) 按钮即可找到表格中相同的数据。
- **替换数据**：选择“开始”/“编辑”组，单击“查找和选择”按钮，在弹出的下拉列表中选择“替换”选项，打开“查找和替换”对话框，在“替换”选项卡中的“查找内容”文本框中输入要查找的数据，在“替换为”文本框中输入正确的数据，如图 12-20 所示，单击 全部替换(A) 按钮即可找到表格中相应文本并全部替换。

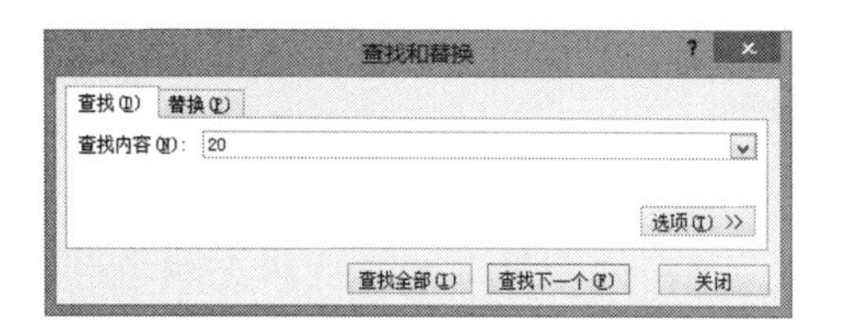

图 12-19 查找数据

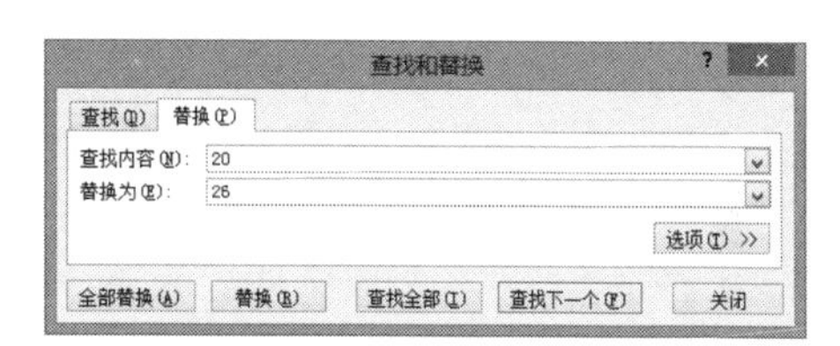

图 12-20 替换数据

12.5 设置单元格格式

在制作完表格后，为了使工作表中的数据更加清晰明了、美观实用，通常需要对单元格中的内容进行格式方面的设置和调整。下面将介绍美化单元格格式的方法。

12.5.1 设置字体格式和对齐方式

适当为单元格中的数据设置不同的字体格式和对齐方式，不仅可使工作表更加美观和专业，还能使表格中的数据更加清晰明了，便于查看。与 Word 中的设置一样，文本的字体、字号、颜色以及倾斜、加粗和下划线等可通过“开始”/“字体”组进行设置；而对齐方式及缩进可在“开始”/“对齐方式”组中进行设置。设置的方法也与 Word 中基本相同，这里不再赘述。

12.5.2 设置边框和底纹

在 Excel 中，默认在打印时不会将单元格之间的边框打印出来，如果要将单元格和数

单击“对齐方式”组右下角的“功能扩展”按钮，打开“设置单元格格式”对话框，选择“对齐”选项卡，在其中可设置文本的对齐方式。

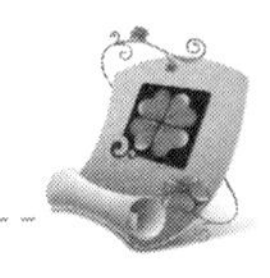

据一起打印出来，必须先为单元格设置边框样式，另外还可以为单元格或单元格区域设置底纹，使表格变得更加美观。

实例 12-2 为表格添加边框和底纹

下面将在“员工档案表.xlsx”工作簿中，为工作表设置相同的边框效果，并为标题、表头和表格内容设置不同的底纹。

参见光盘　光盘\素材\第 12 章\员工档案表.xlsx
光盘\效果\第 12 章\员工档案表.xlsx

1. 打开“员工档案表”工作簿，选择 A1:G15 单元格区域，选择“开始”/“字体”组，单击“边框”按钮右侧的按钮，在弹出的下拉列表中选择“其他边框”选项。
2. 打开“设置单元格格式”对话框，选择“边框”选项卡，在“样式”列表框中选择“———”选项，在“颜色”下拉列表框中选择“深蓝，文字 2，淡色 40%”选项，在“预置”栏中单击“外边框”按钮和“内部”按钮，然后单击 确定 按钮，如图 12-21 所示。
3. 选择 A1 单元格，选择“开始”/“字体”组，单击“填充颜色”按钮右侧的按钮，在弹出的下拉列表中选择“浅绿”选项。
4. 选择 A2:G2 单元格区域，选择“开始”/“字体”组，单击“填充颜色”按钮右侧的按钮，在弹出的下拉列表中选择“橄榄色，强调文字颜色 3，淡色 60%”选项，如图 12-22 所示。

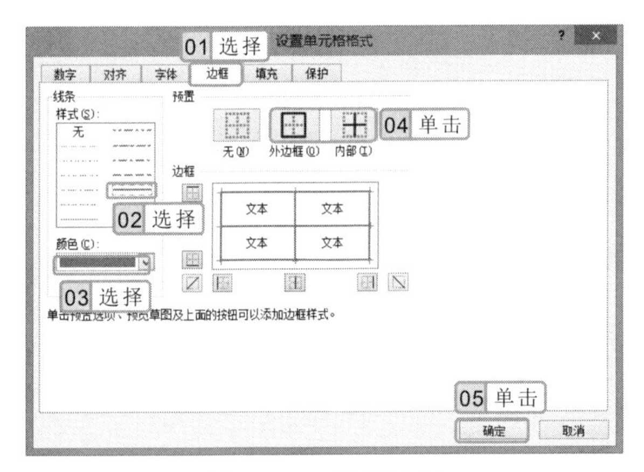

图 12-21　设置边框

图 12-22　填充单元格颜色

5. 选择 A3:G15 单元格区域，单击鼠标右键，在弹出的快捷菜单中选择“设置单元格格式”命令，在打开的对话框中选择“填充”选项卡，在“背景色”栏中选择第 2 行的第 7 种颜色。
6. 在对话框右侧的“图案样式”下拉列表框中选择“6.25%灰色”选项，在“图案颜色”下拉列表框中选择“紫色”选项，如图 12-23 所示。
7. 单击 确定 按钮，返回工作表，即可查看到设置边框和底纹后的效果，如图 12-24 所示。

在“填充颜色”下拉列表框中选择“其他颜色”选项，打开“颜色”对话框，在其中可选择更多的颜色填充单元格。

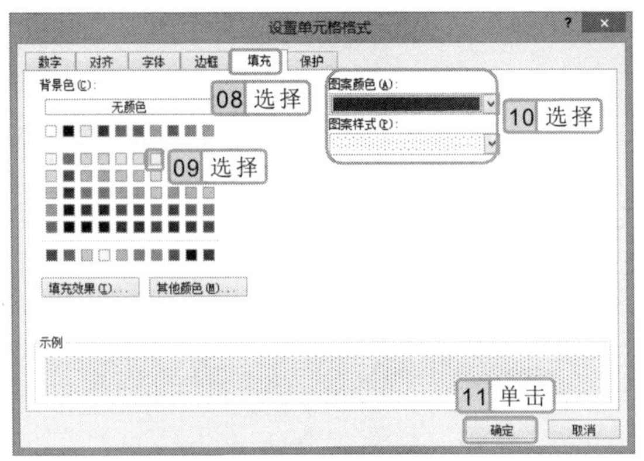

图 12-23　设置单元格填充效果

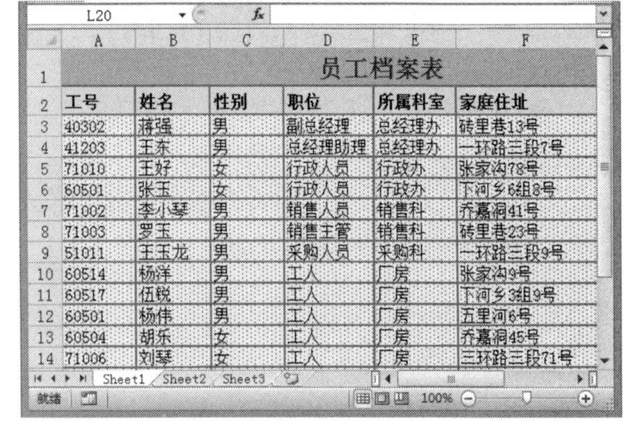

图 12-24　查看最终效果

12.5.3　设置数字格式

当需要在某个单元格中输入特殊类型的数字，如日期、时间和货币等时，可通过“设置单元格格式”对话框来设置数字格式。

实例 12-3 为单元格设置货币类型数据

下面将在“部门工资表.xlsx”工作簿中，将 D3:G13 单元格区域中的数据设置为显示 1 位小数的货币类型数据。

参见光盘　光盘\素材\第 12 章\部门工资表.xlsx
光盘\效果\第 12 章\部门工资表.xlsx

1. 打开“部门工资表”工作簿，选择 D3:G13 单元格区域，打开“设置单元格格式”对话框，选择“数字”选项卡，在“分类”列表框中选择“货币”选项，在“小数位数”数值框中输入“1”，在“货币符号”下拉列表框中选择“￥”符号，在“负数”列表框中选择带负号的选项，如图 12-25 所示。
2. 单击 确定 按钮，所选单元格的数据类型将显示为货币类型，如图 12-26 所示。

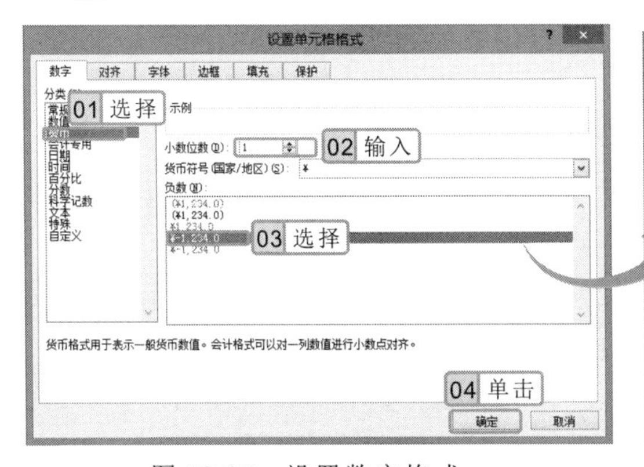

图 12-25　设置数字格式

图 12-26　查看最终效果

操作提示

选择需要设置数字格式的单元格或单元格区域，选择“开始”/“数字”组，在其中的下拉列表框中选择需要的数字格式选项或在该组中单击相应的按钮可设置相应的数字类型。

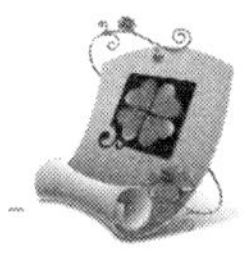

12.5.4 套用单元格样式

使用 Excel 2010 提供的单元格样式，可快速为某个单元格或单元格区域应用合适的样式，这样不仅可提高工作效率，还可使工作表更加专业。其方法是：选择需要应用样式的单元格或单元格区域，选择“开始”/“样式”组，单击“单元格样式”按钮，在弹出的下拉列表中选择一种样式即可，如图 12-27 所示。

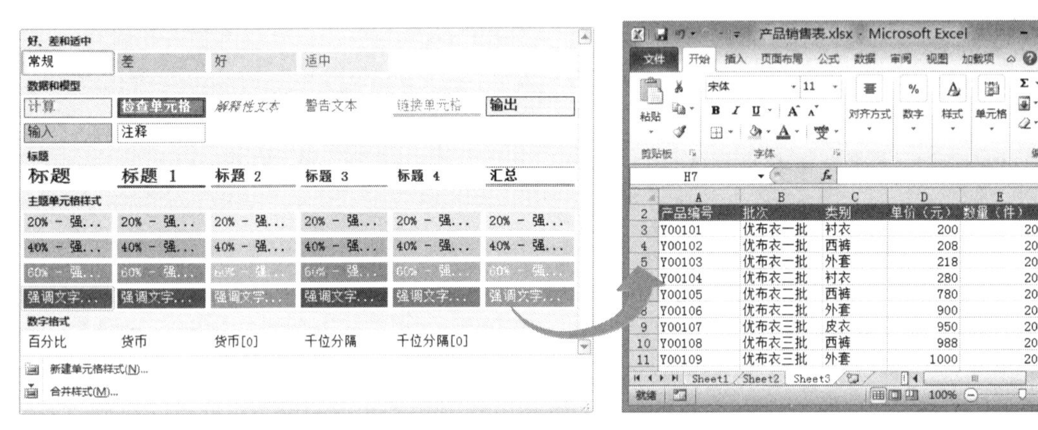

图 12-27 套用单元格样式

12.5.5 设置条件格式

条件格式是指当单元格中的某个数据满足设定的条件时，则应用该条件对应的格式，从而使单元格中不同数据呈现不同的显示方式。

实例 12-4 为不同的数据设置不同的条件格式

下面将在“超市销售记录表.xlsx”工作簿中，为“单价”列的数据应用“数据条”条件格式，为“销售量”列的数据应用“突出显示单元格规则”条件格式，为“销售额”列的数据应用“色阶”条件格式。

参见光盘

光盘\素材\第 12 章\超市销售记录表.xlsx
光盘\效果\第 12 章\超市销售记录表.xlsx

1. 打开“超市销售记录表”工作簿，选择 C3:C14 单元格区域，选择“开始”/“样式”组，单击“条件格式”按钮，在弹出的下拉列表中选择“数据条”选项，在弹出的子列表框中选择“红色数据条”选项，如图 12-28 所示。
2. 选择 D3:D14 单元格区域，单击“条件格式”按钮，在弹出的下拉列表中选择“突出显示单元格规则”/“大于”选项。
3. 打开“大于”对话框，在文本框中输入“500”，在“设置为”下拉列表框中选择“浅色填充色深红色文本”选项，单击 确定 按钮，如图 12-29 所示。

专家指导

在“单元格样式”下拉列表框中选择“新建单元格样式”选项，可在打开的“样式”对话框中自定义单元格样式。

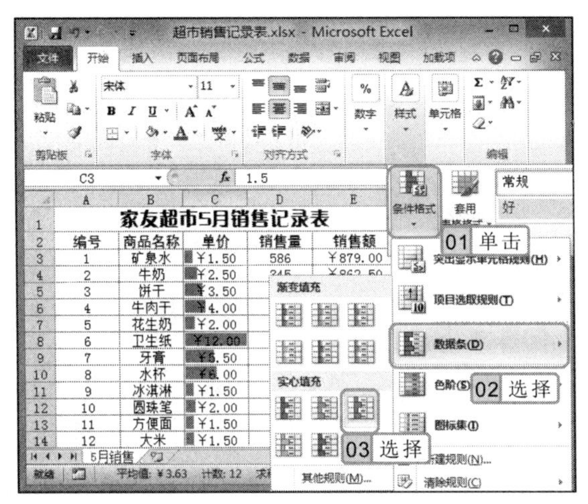

图 12-28　选择“数据条”选项

图 12-29　设置条件格式

4 选择 E3:E14 单元格区域，单击“条件格式”按钮，在弹出的下拉列表中选择“色阶”/“绿-黄-红色阶”选项，如图 12-30 所示。

5 返回编辑区，即可看到设置条件格式后的效果，如图 12-31 所示。

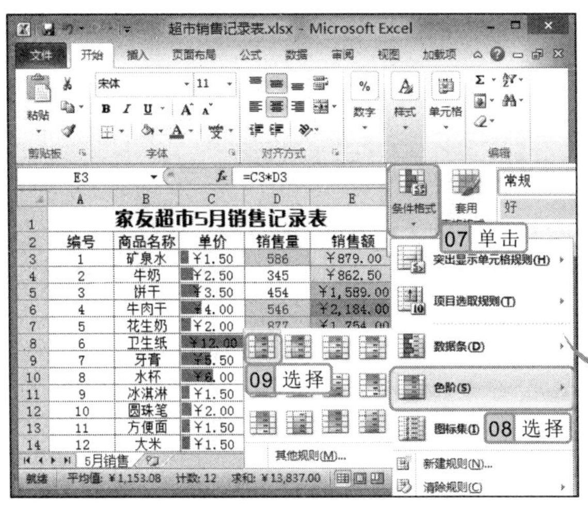
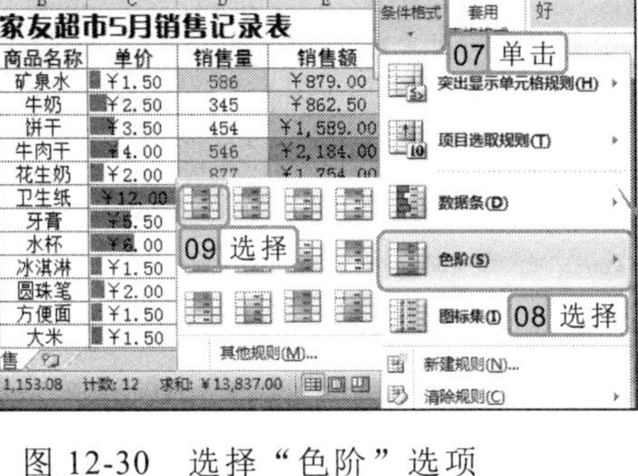

图 12-30　选择“色阶”选项

图 12-31　查看最终效果

12.5.6　套用表格样式

Excel 2010 中提供了多种表格样式，套用提供的表格样式，可快速达到美化表格的目的，使制作的表格更专业。

实例 12-5　快速套用提供的表格样式

下面将在“员工信息.xlsx”工作簿中，为表头和表内容应用表格提供的样式。

选择“突出显示单元格规则”/“其他规则”选项，打开“新建格式规则”对话框，在其中可新建更为详细的条件格式。

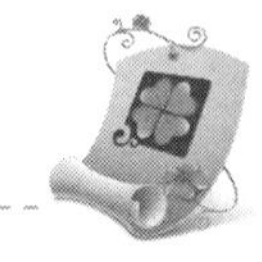

光盘\素材\第 12 章\员工信息.xlsx
光盘\效果\第 12 章\员工信息.xlsx

1. 打开“员工信息”工作簿，选择 A2:F19 单元格区域，选择“开始”/“样式”组，单击“套用表格格式”按钮，在弹出的下拉列表中选择“表样式浅色 11”选项。
2. 在打开的“套用表格式”对话框中单击 确定 按钮，如图 12-32 所示。完成后的效果如图 12-33 所示。

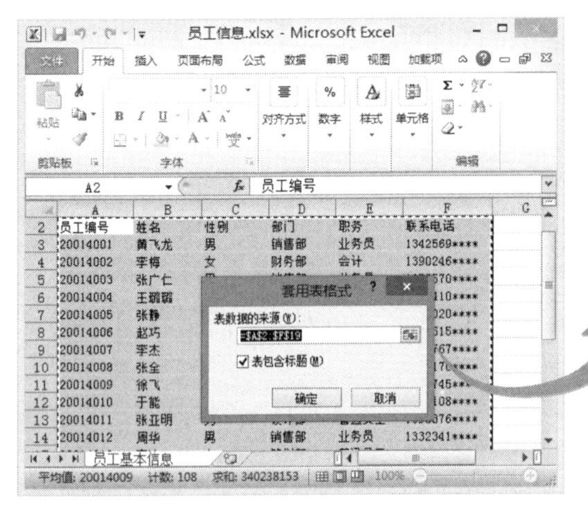

图 12-32　确定套用表格样式的区域

图 12-33　查看最终效果

12.6　提高实例——制作“房地产信息表”

本实例将通过在空白文档中输入数据、插入单元格、合并单元格、设置字体格式、设置对齐方式、设置数字格式以及套用表格样式等操作来制作“房地产信息表”，其效果如图 12-34 所示。

房地产信息表							
编号	地段	项目名称	开发商	产品类型	总户数	面积	销售价
1	一环路	彼岸邻居	新地房地产有限公司	小高层	466	40-75	¥9,800.0
2		世纪新城	艳丽股份有限公司	电梯公寓	931	80-160	¥10,100.0
3		南方大厦	龙湖房地产有限公司	商铺	591	56-140	¥9,600.0
4		名江岸	平安实业有限公司	小高层	1639	96-138	¥8,900.0
5		京都半岛	朝阳房地产有限公司	电梯	1143	40-200	¥11,000.0
6		七里阳光	国欣房地产有限公司	小高层	2100	50-160	¥8,750.0
7		金城港湾	通续房地产有限公司	电梯	537	92-154	¥9,300.0
8	二环路	时代天骄	万里房地产有限公司	电梯公寓	300	90-140	¥8,350.0
9		东河丽景	泰宝房地产有限公司	商铺	1309	67-220	¥8,700.0
10		芙蓉小镇	成志房地产有限公司	小高层	1244	130-230	¥7,800.0
11		东城尚品	东方房地产有限公司	小高层	1386	50-180	¥8,200.0
12		千居阁	盛力房地产有限公司	电梯	2459	55-170	¥7,400.0
13		东科城市花园	天地房地产有限公司	电梯公寓	498	55-137	¥7,500.0
14		贵香居	创思房地产有限公司	小高层	318	98-102	¥8,600.0
15		花样年华	华信房地产有限公司	电梯公寓	1476	50-93	¥7,750.0
16		魅力城	开元房地产有限公司	电梯公寓	1140	60-175	¥8,050.0
17	三环路	美林湾	都华房地产有限公司	电梯公寓	1198	123-180	¥5,700.0
18		南山新城	名阳房地产有限公司	小高层	600	127-330	¥6,300.0
19		城市家园	银河房地产有限公司	电梯	1310	48-118	¥6,199.0
20		现代城市	大树房地产有限公司	小高层	1266	75-115	¥5,990.0

图 12-34　“房地产信息表”最终效果

在“套用表格式”对话框“表数据的来源”文本框中也可对选择的单元格区域重新进行设置。

12.6.1 行业分析

本例制作的“房地产信息表”属于信息统计表的一种，通过它可使客户和决策者快速了解公司房地产的各个项目、开发商等相关信息。房地产是房产和地产的合称，又被称为不动产，是按土地用途和房屋用途来进行分类的。在制作该类表格时，首先要明确制作的目的，这样才能达到需要的效果。

12.6.2 操作思路

为更快完成本例的制作，并尽可能运用本章讲解的知识，本例的操作思路如下。

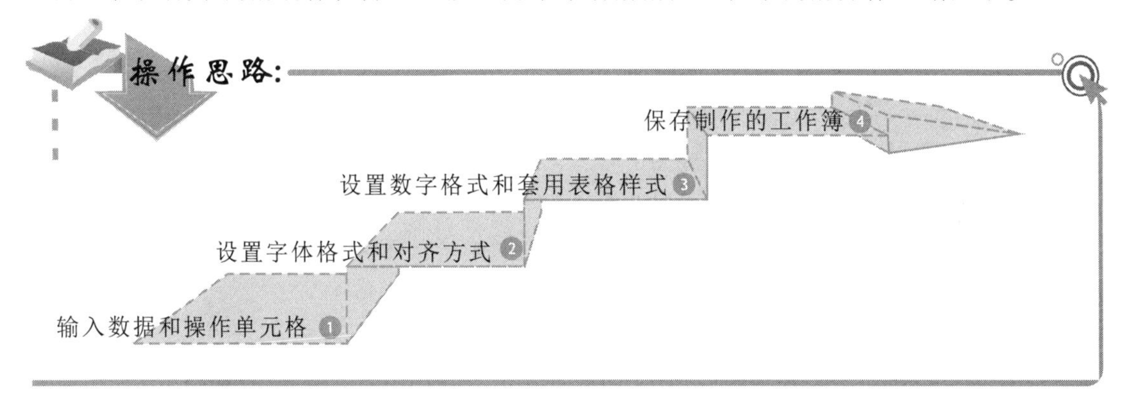

12.6.3 操作步骤

下面介绍制作“房地产信息表”的方法，其操作步骤如下：

光盘\效果\第 12 章\房地产信息表.xlsx
光盘\实例演示\第 12 章\制作“房地产信息表”

1. 启动 Excel 2010，在新建的空白工作簿中选择 A1 单元格，输入标题“房地产信息表”，接着在 A2:G2 单元格区域中依次输入表头内容。
2. 在 A3 单元格中输入“1”，将鼠标光标移动到单元格右下角，当鼠标光标变成✚形状时，按住鼠标左键不放，拖动到 A22 单元格后释放鼠标，将在 A4:A22 单元格中填充相同的数据。
3. 单击出现按钮，在弹出的下拉列表中选中 填充序列(S) 单选按钮，如图 12-35 所示，为单元格区域填充有规律的数据。
4. 使用输入数据的方法在 B3:G20 单元格区域各单元格中输入相应的数据，然后将鼠标光标移动到 C 列和 D 列之间的分隔线上，当鼠标光标变成✚形状时，向右拖动鼠标，调整单元格列宽，拖动到合适位置，释放鼠标即可。
5. 使用相同的方法调整其他单元格的列宽，调整完成后选择 A1:G1 单元格区域，选

在 Excel 2010 工作界面中按 Ctrl+N 键可新建一个空白工作簿。

择“开始”/“对齐方式”组，单击“合并后居中”按钮。

6. 选择 B2 单元格，单击鼠标右键，在弹出的快捷菜单中选择“插入”命令，打开“插入”对话框，选中◉整列(C)单选按钮，单击 确定 按钮，如图 12-36 所示。

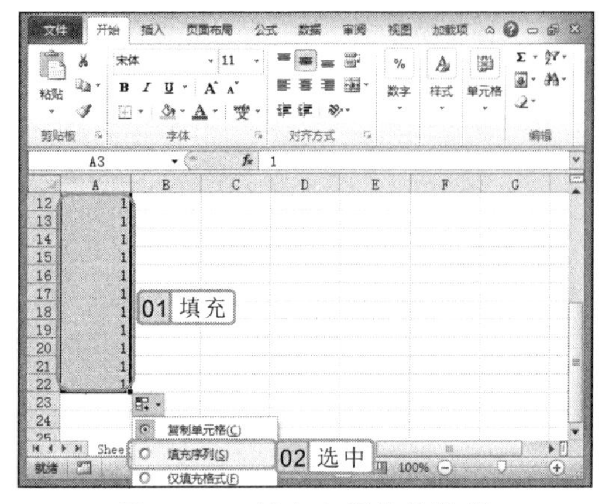

图 12-35　填充有规律的数据

图 12-36　插入单元格

7. 在选择的单元格前插入一列，在该列单元格中输入相应的数据，然后选择 B2:B7 单元格区域，单击“合并后居中”按钮合并，然后使用相同的方法合并 B8:B16 和 B17:B22 单元格区域。

8. 选择标题，将字体设置为“华文细黑”，字号设置为“18”，单击“填充颜色”按钮右侧的▾按钮，在弹出的下拉列表中选择如图 12-37 所示的选项。

9. 选择 A2:H2 单元格区域，单击“加粗”按钮 **B** 加粗文本，然后选择 A2:H22 单元格区域，在“对齐方式”组中单击“居中”按钮，效果如图 12-38 所示。

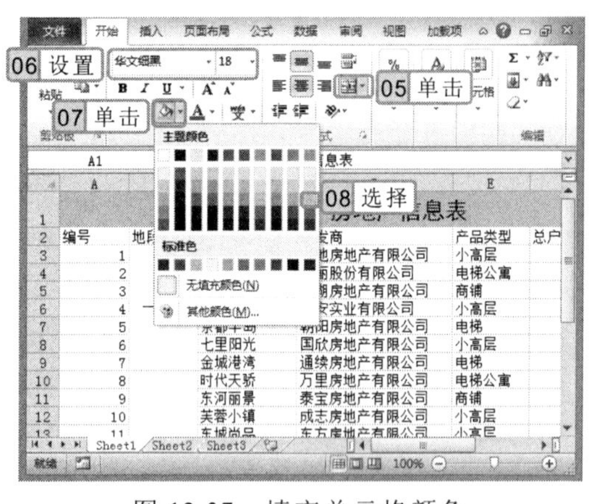

图 12-37　填充单元格颜色

图 12-38　设置对齐方式

10. 选择 H2:H22 单元格区域，单击鼠标右键，在弹出的快捷菜单中选择“设置单元格格式”命令，打开“设置单元格格式”对话框，选择“数字”选项卡。

11. 在“分类”列表框中选择“货币”选项，在“小数位数”数值框中输入“1”，在“货币符号”下拉列表框中选择“￥”符号，在“负数”列表框中选择“￥1,234.0”

专家指导

选择表格中某列单元格，选择“开始”/“单元格”组，单击“插入”按钮，在弹出的下拉列表中选择“插入工作表列”选项，即可在选择的列左侧新插入一列单元格。

选项，单击 确定 按钮，如图 12-39 所示。

12 选择 A2:H22 单元格区域，选择“开始”/“样式”组，单击“套用表格格式”按钮，在弹出的下拉列表中选择“表样式浅色 21”选项，在打开的对话框中单击 确定 按钮即可。

13 单击 文件 按钮，在弹出的下拉列表中选择“保存”选项，打开“另存为”对话框，设置工作簿的保存位置，在“文件名”文本框中输入“房地产信息表”，单击 保存(S) 按钮，如图 12-40 所示。

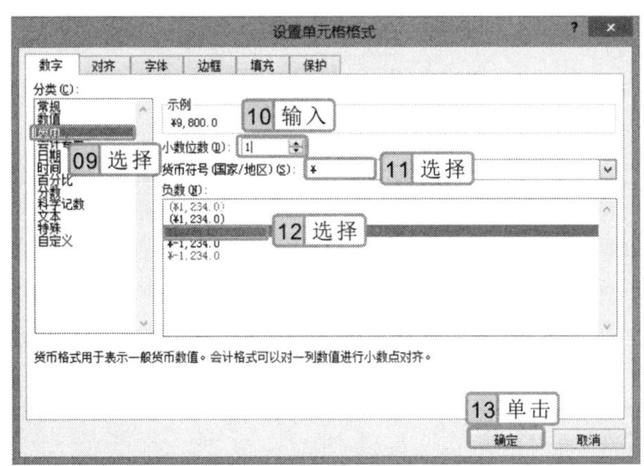

图 12-39　设置数字格式

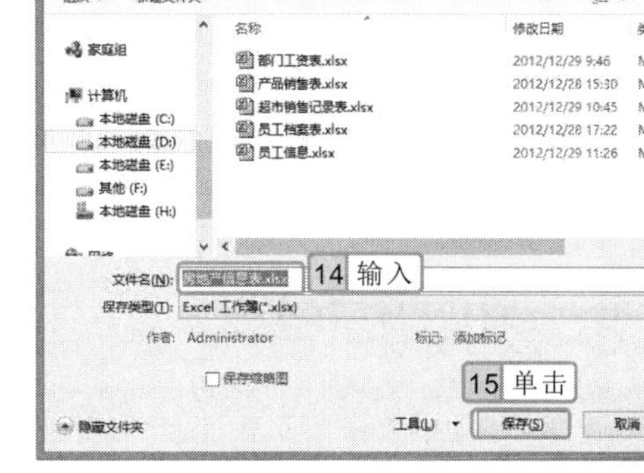

图 12-40　保存工作簿

12.7 提高练习——制作“员工通讯录”

本章主要介绍了在 Excel 中操作单元格、输入和编辑数据以及设置单元格格式等知识，下面将练习制作“员工通讯录”，其效果如图 12-41 所示。通过该练习进一步巩固使用 Excel 2010 制作表格的方法。

	A	B	C	D	E
1	员工通讯录				
2	姓名	职位	联系电话	邮件地址	入职时间
3	汪秋月	美工	135684…	wangqiu@126.com	2008/10/15
4	周峰	PHP程序员	158741…	wangfeng@126.com	2008/6/20
5	许茂	美工	132574…	xumao@126.com	2009/1/20
6	王军华	.net程序员	136874…	wangyui@126.com	2008/6/30
7	李焱	销售员	135406…	liyan@126.com	2007/3/9
8	王昭林	客服人员	136987…	wangshao@126.com	2007/9/3
9	郑宗友	销售员	189745…	zhengzg@126.com	2009/10/7
10	朱小林	PHP程序员	159687…	zhulin@126.com	2009/3/7
11	萧林	维修人员	1865326…	linzi@126.com	2010/8/9
12	五峰	销售员	1568745…	wufeng@126.com	2010/7/6
13	成雪	.net程序员	1871548…	chengxue@126.com	2010/9/5

Sheet1 Sheet2 Sheet3

图 12-41　“员工通讯录”工作簿

参见光盘 光盘\效果\第 12 章\员工通讯录.xlsx
光盘\实例演示\第 12 章\制作“员工通讯录”

该练习的操作思路与关键提示如下。

在“另存为”对话框的“保存类型”项一般都保持默认设置，若用户有特殊要求，可在“保存类型”下拉列表框中选择需要的保存类型。

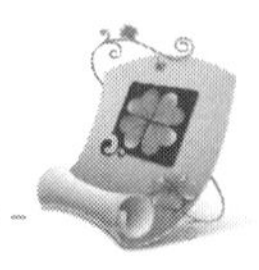

保存制作的工作簿 ④

设置数字格式和套用表格样式 ③

设置字体格式和对齐方式 ②

输入数据和操作单元格 ①

关键提示:

表格中每个单元格的行高和列宽都是相同的，其行高为“15”，列宽为“16”，且表格的边框和底纹不是添加的，而是设置单元格格式后的效果。

12.8 知识问答

在使用 Excel 2010 制作表格的过程中，难免会遇到一些难题，如隐藏列和行、新建表格样式、清除表格格式等。下面将介绍制作表格过程中常见的问题及解决方案。

问：在 Excel 2010 中，除了可以隐藏工作表外，还可以隐藏工作表中的某一行或某一列吗？

答：可以。先选择需隐藏的行或列，选择“开始”/“单元格”组，单击“格式”按钮，在弹出的下拉列表中选择“隐藏和取消隐藏”/“隐藏行”或“隐藏和取消隐藏”/“隐藏列”选项即可。若想将隐藏的行或列显示出来，则可将鼠标光标移至行号或列标上，当鼠标光标变为➡或⬇形状时，单击鼠标右键，在弹出的快捷菜单中选择“取消隐藏”命令即可。

问：为了提高速度，我想在他人制作好的表格基础上进行修改，但想自己设置表格的格式，有没有什么方法清除原来的格式呢？

答：有。选择需要清除格式的单元格或单元格区域，选择“开始”/“编辑”组，单击“清除”按钮，在弹出的下拉列表中选择“清除格式”选项，即可清除选择单元格或单元格区域的格式。在下拉列表中选择其他选项，可清除内容、批注以及超链接等。

问：如果 Excel 2010 内置的表格格式不能满足需要，能不能自己新建表格样式呢？

答：可以。选择“开始”/“样式”组，单击“套用表格样式”按钮，在弹出的下拉列表中选择“新建表样式”选项，在打开的对话框中输入样式名称，并在“表元素”列表

在“清除”下拉列表框中选择“全部清除”选项，不仅可清除单元格内的数据，还可清除单元格的格式等。

框中选择不同的元素，单击 格式(F) 按钮，在打开的对话框中设置其字体、边框和底纹等，逐一设置完各表元素后单击 确定 按钮即可。

问：为表格套用表格样式后，会在套用表格样式的第 1 行的每个单元格中增加一个按钮，如何才能清除这个按钮呢？

答：选择有按钮的单元格，选择“设计”/“工具”组，单击“转换为区域”按钮即可清除每个单元格中的按钮。

问：对于制作好的表格，可不可以以图片的形式将其复制到其他工作表或工作簿中呢？

答：可以。打开工作簿，选择需要复制的单元格或单元格区域，选择“开始”/“剪贴板”组，单击“复制”按钮右侧的按钮，在弹出的下拉列表中选择“复制为图片”选项，在需要粘贴的位置按 Ctrl+V 键或单击鼠标右键，在弹出的快捷菜单中选择“粘贴”命令，即可以图片的形式将其粘贴到工作簿或工作表中。

工作簿、工作表和单元格三者之间的关系

Excel 工作簿，其实就是一个 Excel 文件，是由一个或多个工作表构成的，而工作表则由单元格构成。单元格是工作表中最基本的存储和处理数据的单元，每一张工作表中有 256×65536 个单元格，单元格是 Excel 表格中最小的单元。因此，工作簿、工作表和单元格之间是包含与被包含的关系。

要在粘贴单元格时选择特定选项，可单击“粘贴”按钮下方的按钮，然后在弹出的下拉列表中选择所需选项，如“粘贴公式”、“粘贴值”等。

第13章

计算和管理表格数据

数据排序

使用公式计算

使用函数计算数据

筛选和分类汇总数据

插入图表分析数据

编辑和美化图表

本章导读

Excel 2010作为一个强大的表格处理工具，其主要功能不是数据的输入和美化，而是数据的计算。对数据进行计算是进行数据分析和管理的前提。本章主要介绍使用公式和函数计算数据，对数据进行排序、筛选和分类汇总以及使用图表分析数据等知识。

13.1 计算数据

Excel 2010 具有强大的数据计算、分析和管理功能，通过这些功能可以完成实际工作中绝大部分的数据计算与管理操作。下面首先介绍利用公式和函数计算数据的方法。

13.1.1 使用公式计算

使用公式计算数据是初学 Excel 计算首要选择的方式，输入公式时，可以在编辑栏或单元格中输入，也可以结合键盘和鼠标来输入参与计算的单元格地址。

计算学生成绩总分

下面将在“学生成绩表.xlsx”工作簿中，使用不同的方法输入公式，计算表格中“总分”列的数据。

参见光盘
光盘\素材\第 13 章\学生成绩表.xlsx
光盘\效果\第 13 章\学生成绩表.xlsx

1. 打开“学生成绩表”工作簿，选择 G3 单元格，直接在单元格中输入“=C3+D3+E3+F3”，如图 13-1 所示。输入完后按 Enter 键确认，单元格中将显示计算结果。
2. 此时光标将自动跳转到 G4 单元格，单击编辑栏的文本框，在其中输入“=C4+D4+E4+F4”，如图 13-2 所示，按 Enter 键确认并计算出结果。

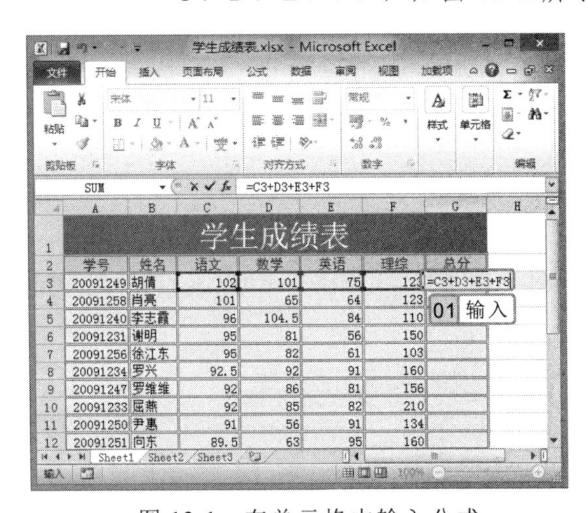

图 13-1 在单元格中输入公式

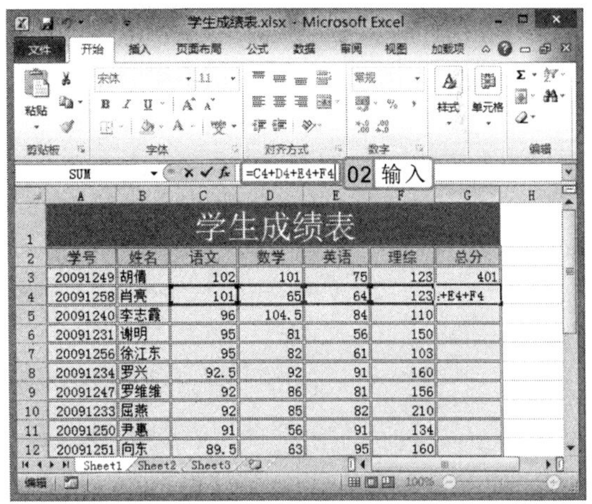

图 13-2 在编辑栏中输入公式

3. 此时光标将自动跳转到 G5 单元格，在其中输入“=”号，然后使用鼠标单击 C5 单元格，输入“+”号，再单击 D5 单元格，依次输入“+”号，再单击 E5 和 F5 单元格，如图 13-3 所示。

通过复制公式也可计算其他单元格的数据。其方法是：选择已计算的单元格，将鼠标光标移动到右下角，当变成+形状时按住鼠标左键不放进行拖动，释放鼠标即可复制公式，并计算出结果。

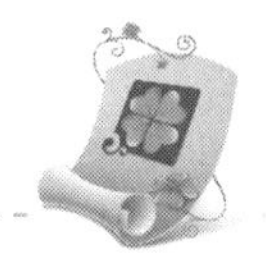

4 完成后按 Enter 键确认，然后使用前面输入公式的方法，计算“总分”列中其他未计算的数据，最终效果如图 13-4 所示。

图 13-3 结合鼠标和键盘输入公式

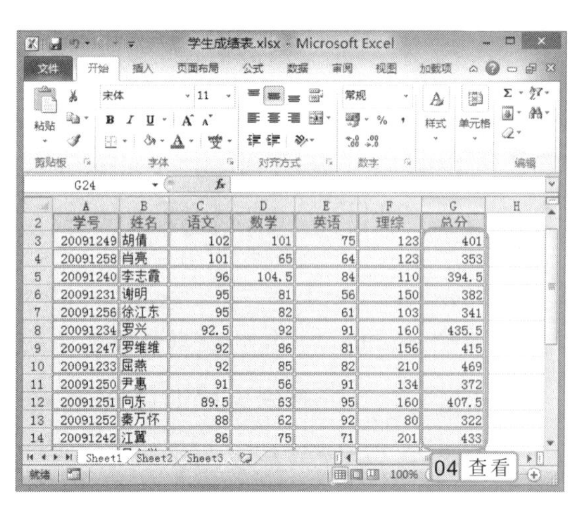

图 13-4 最终效果

13.1.2 使用函数计算

函数是预先定义好的公式，常用于执行复杂计算，主要由等号“=”、函数名称和参数 3 部分组成。Excel 中提供的函数类型很多，但最常用的函数有求和函数、平均值函数、最大值函数以及最小值函数等，且使用方法都类似。

实例 13-2 计算学生成绩每科平均分

下面将在“学生成绩表 1.xlsx”工作簿中，使用平均值函数计算表格中“平均分”列的数据。

参见光盘 光盘\素材\第 13 章\学生成绩表 1.xlsx
光盘\效果\第 13 章\学生成绩表 1.xlsx

1 打开“学生成绩表 1”工作簿，选择 H3 单元格，选择“公式”/“函数库”组，单击“插入函数”按钮 *fx*。

2 打开“插入函数”对话框，在“或选择类别”下拉列表框中选择“常用函数”选项，在“选择函数”列表框中选择 AVERAGE 选项，单击 确定 按钮，如图 13-5 所示。

3 打开“函数参数”对话框，单击右侧的按钮，缩小“函数参数”对话框，在工作表编辑区中拖动鼠标选择参与计算的单元格区域 C3:F3，如图 13-6 所示。

4 单击缩小对话框右侧的按钮，返回“函数参数”对话框，单击 确定 按钮。

当发现输入的公式有误需要对其进行修改时，可以先选择单元格，再单击编辑栏的文本框，修改其中的参数即可；也可直接双击单元格，当单元格中显示出公式时进行修改。

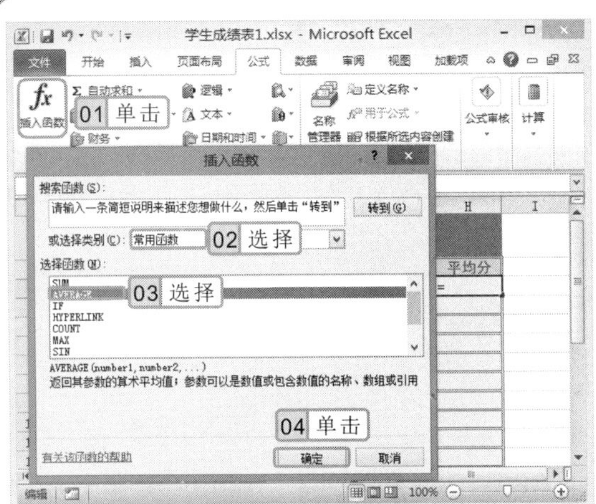

图 13-5　选择函数选项

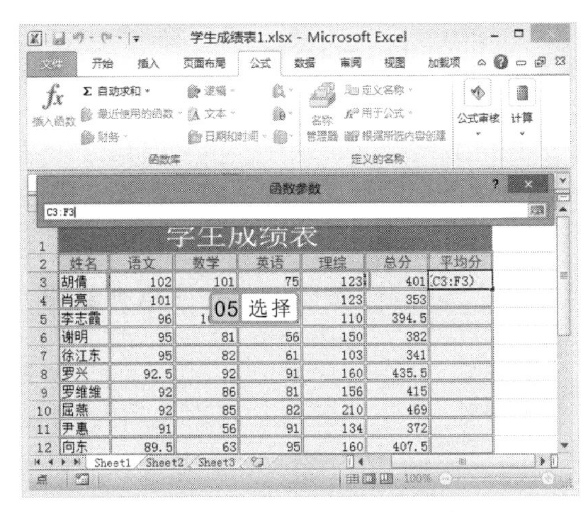

图 13-6　选择单元格区域

5　返回工作表编辑区，此时可看到 H3 单元格中已显示了计算的平均值结果，如图 13-7 所示。

6　使用相同的方法计算“平均分”列其他单元格的平均值，计算完成后的效果如图 13-8 所示。

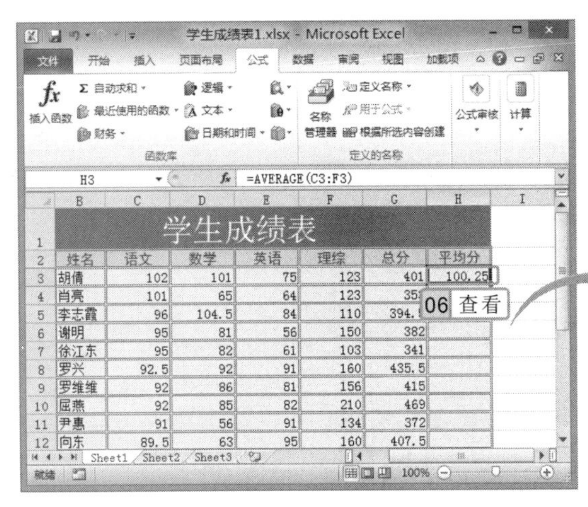

图 13-7　查看计算的 H3 单元格的平均值

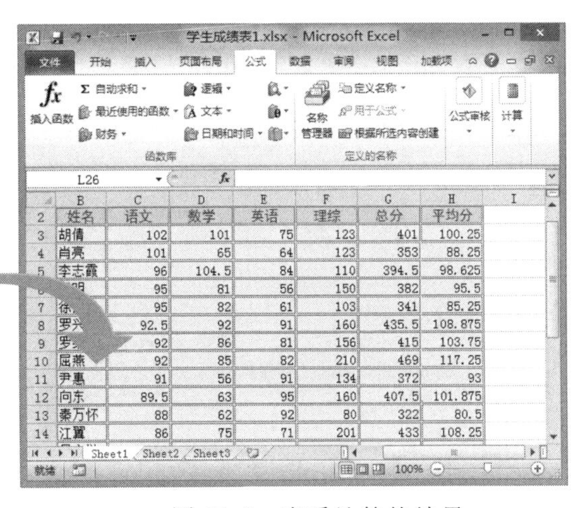

图 13-8　查看计算的结果

13.2　管理数据

Excel 2010 不仅拥有计算数据的功能，还可对工作表中的数据进行排序、筛选和分类汇总等各种管理操作，以满足实际工作中的需求。下面将详细介绍管理数据的相关知识。

在“函数参数”对话框的 Number1 文本框中可直接输入需求平均值的单元格区域，单击 确定 按钮即可计算出结果。

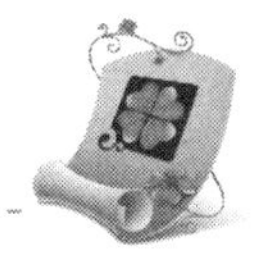

13.2.1 数据排序

通过数据排序可以让表格中的数据一目了然，并且按照指定的顺序进行排列，如将数据按从高到低的顺序排列、将名称按字母顺序排列等，方便用户快速找到自己需要的数据和信息。

实例 13-3 按照汇总升序排列数据

参见光盘 光盘\素材\第 13 章\员工销售业绩表.xlsx
光盘\效果\第 13 章\员工销售业绩表.xlsx

1. 打开“员工销售业绩表”工作簿，选择 A2:E16 单元格区域，选择“数据”/“排序和筛选”组，单击“排序”按钮。
2. 打开“排序”对话框，在“主关键字”下拉列表框中选择排序的主要条件，这里选择“汇总”选项，在“排序依据”下拉列表框中选择“数值”选项，在“次序”下拉列表框中选择“升序”选项，单击 确定 按钮，如图 13-9 所示。
3. 返回工作表编辑区，即可看到按汇总的多少进行升序排列的效果，如图 13-10 所示。

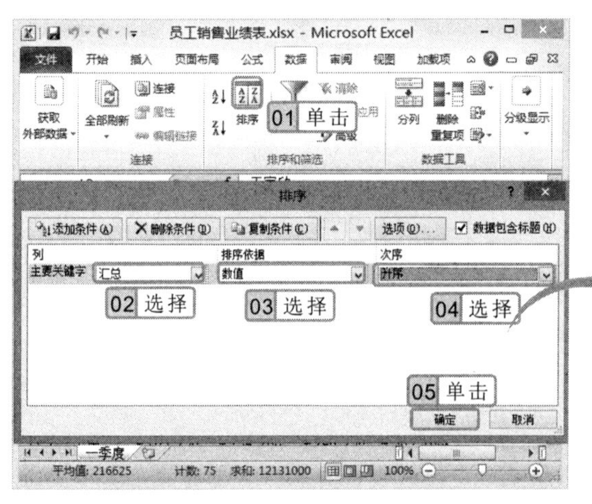

图 13-9 设置排序条件

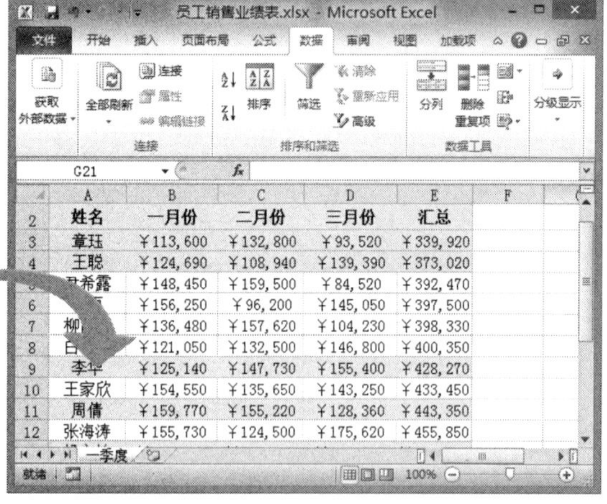

图 13-10 查看排序后的效果

13.2.2 筛选数据

使用 Excel 2010 中提供的数据筛选功能，可从大量数据的工作表中快速查找出符合某个条件的数据。

实例 13-4 筛选出每月平均值大于或等于 500 的数据

参见光盘 光盘\素材\第 13 章\汽车年销售量统计表.xlsx
光盘\效果\第 13 章\汽车年销售量统计表.xlsx

专家指导

选择某个包含数据的单元格，在“排序和筛选”组中单击“升序”按钮或“降序”按钮，可快速对所选单元格所在列进行排序管理。

1. 打开“汽车年销售量统计表”工作簿，选择任意一个单元格，选择“数据”/“排序和筛选”组，单击“筛选”按钮，工作表中各列类型名称后面将出现按钮。
2. 单击按钮，在弹出的下拉列表中选择“数字筛选”/“大于或等于”选项，打开“自定义自动筛选方式”对话框，在列表框中输入“500”，单击确定按钮，如图 13-11 所示。
3. 在工作表编辑区中即可显示出符合筛选条件的数据记录，如图 13-12 所示。

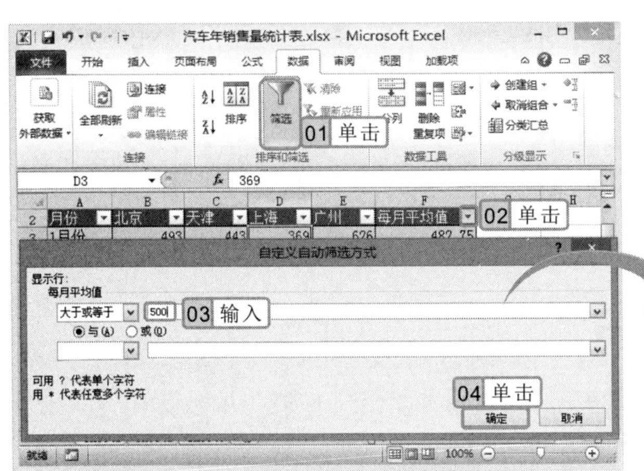

图 13-11　设置筛选方式

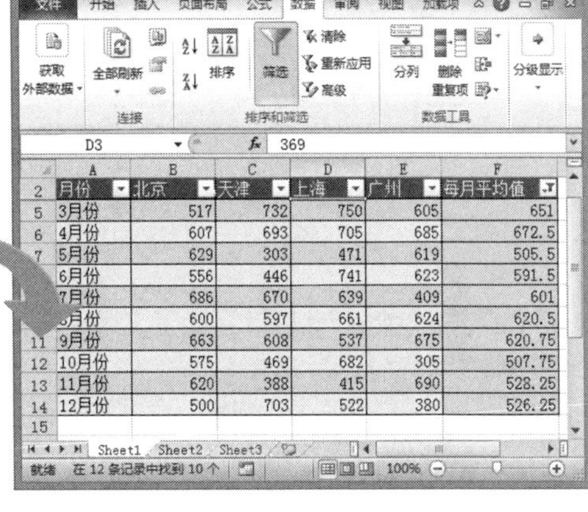

图 13-12　查看筛选后的效果

13.2.3　分类汇总数据

使用 Excel 2010 提供的分类汇总功能可以将表格的内容按某种性质进行分类，将性质相同的汇总到一起，使表格的结构更加清晰，方便用户查找和使用数据。

实例 13-5　按基本工资进行分类汇总

光盘\素材\第 13 章\人事档案表.xlsx
光盘\效果\第 13 章\人事档案表.xlsx

1. 打开“人事档案表”工作簿，将表格数据按“基本工资”进行降序排列，然后选择 A3:H13 单元格区域，再选择“数据”/“分级显示”组，单击“分类汇总”按钮。
2. 打开“分类汇总”对话框，在“分类字段”下拉列表框中选择“职称”选项，在“汇总方式”下拉列表框中选择“计数”选项，在“选定汇总项”列表框中选中☑基本工资复选框，如图 13-13 所示。
3. 单击确定按钮，返回工作表编辑区，可看到所选数据已按基本工资进行了分

对工作表中的数据进行筛选后，作为筛选依据列的类型名称右侧的按钮此时将变为按钮。将鼠标光标移至该按钮上，稍作停留后会自动显示筛选条件。

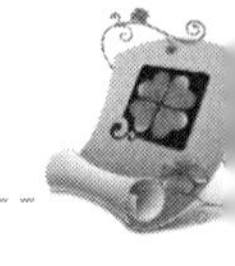

类汇总显示，并对“职称”进行了计数，效果如图 13-14 所示。

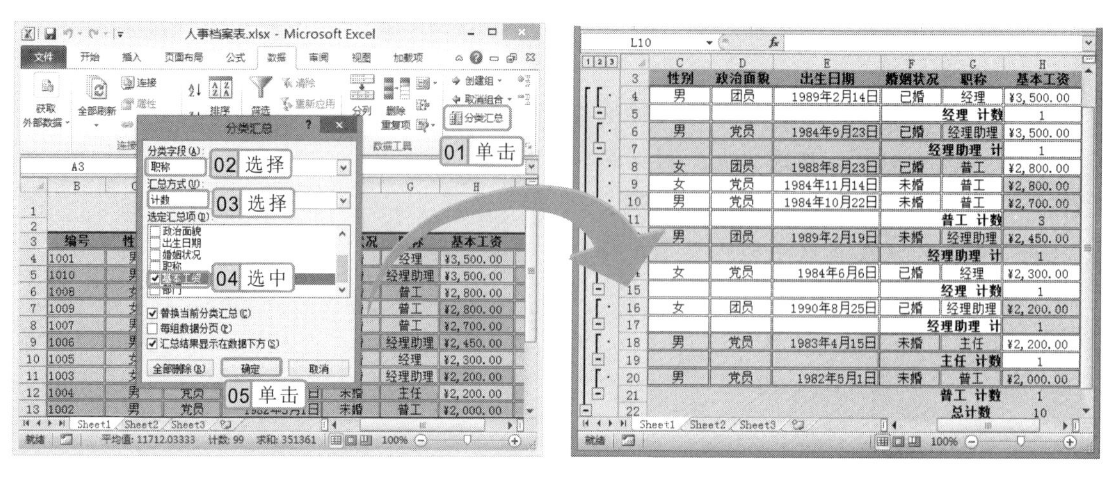

图 13-13　设置分类汇总　　　　图 13-14　查看分类汇总后的效果

13.3　使用图表分析数据

在 Excel 中，可通过创建图表，更直观地表现工作表中的数据内容，让用户更清楚地了解各项数据的大小以及变化情况，以便对数据进行对比和分析。下面将介绍使用图表分析数据的相关知识。

13.3.1　创建图表

使用图表分析表格数据前，需要先创建图表，在 Excel 2010 中创建图表，一般都是在工作表中现有数据的基础上进行的，创建的图表将根据指定的数据内容显示相应的图表信息。

创建三维柱形图图表

下面将根据“图书销量汇总表.xlsx”工作簿中的数据内容创建一个三维柱形图图表。

参见光盘　光盘\素材\第 13 章\图书销量汇总表.xlsx
光盘\效果\第 13 章\图书销量汇总表.xlsx

1. 打开“图书销量汇总表”工作簿，选择要创建图表的数据，这里选择 A2:E9 单元格区域。
2. 选择“插入”/“图表”组，单击“柱形图”按钮，在弹出的下拉列表中选择“三维簇状柱形图”选项，如图 13-15 所示。
3. 此时将在工作表中创建一个基于所选数据的三维柱形图，效果如图 13-16 所示。

在执行分类汇总操作前，应先对需要分类汇总的关键字进行排序操作，然后再对关键字对应的数据进行分类汇总。

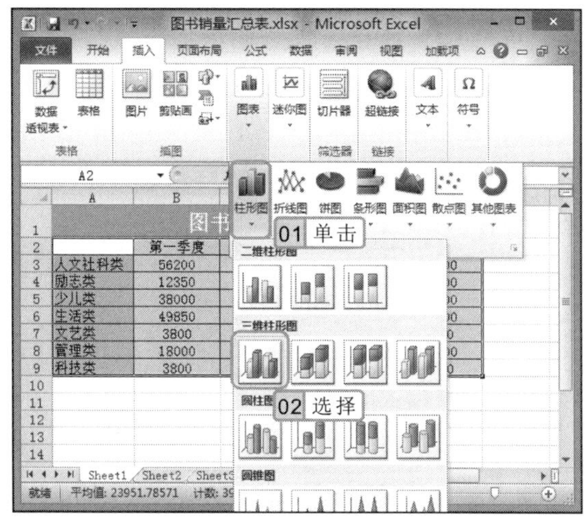
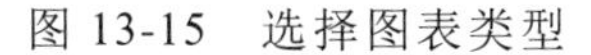

图 13-15 选择图表类型

图 13-16 查看创建的图表

13.3.2 编辑图表

在工作表中创建的图表并不一定能满足用户的需要，用户还可根据需要对图表进行编辑操作，包括调整图表位置和大小、修改图表数据以及更改图表类型等。下面分别进行详细介绍。

1. 调整图表位置和大小

插入的图表是浮于工作表中的，它可能会挡住工作表中的数据，使内容不能完全显示，不利于数据的查看，这时就需要对图表的位置和大小进行调整，其方法分别介绍如下。

- **调整图表位置**：将鼠标指针移动到图表上，当其变成形状时，按住鼠标左键不放，将其拖动到合适位置释放鼠标即可。
- **调整图表大小**：选择图表，将鼠标指针移动到图表四角或四边的中间位置，当其变成双向箭头时，拖动鼠标光标即可调整图表的大小。

2. 修改图表数据

图表中的数据和工作表中的数据是动态相连的，若发现图表中的数据有误，只需在工作表对应的单元格中进行修改，此时，图表也会随之发生变化。

3. 更改图表类型

Excel 2010 中提供了多种类型的图表，如果创建的图表不能清楚地表达出数据的含义，可直接更改图表的类型，不需要删除图表重新创建。更改图表类型的方法是：选择图表后，

选择图表绘图区，将鼠标指针移动到绘图区四边或四角上，当其变成双向箭头时，拖动鼠标可调整绘图区的大小。

选择“设计”/“类型”组，单击“更改图表类型”按钮，打开“更改图表类型”对话框，在其列表框中选择恰当的图表类型后，单击确定按钮即可更改图表的类型，如图 13-17 所示。

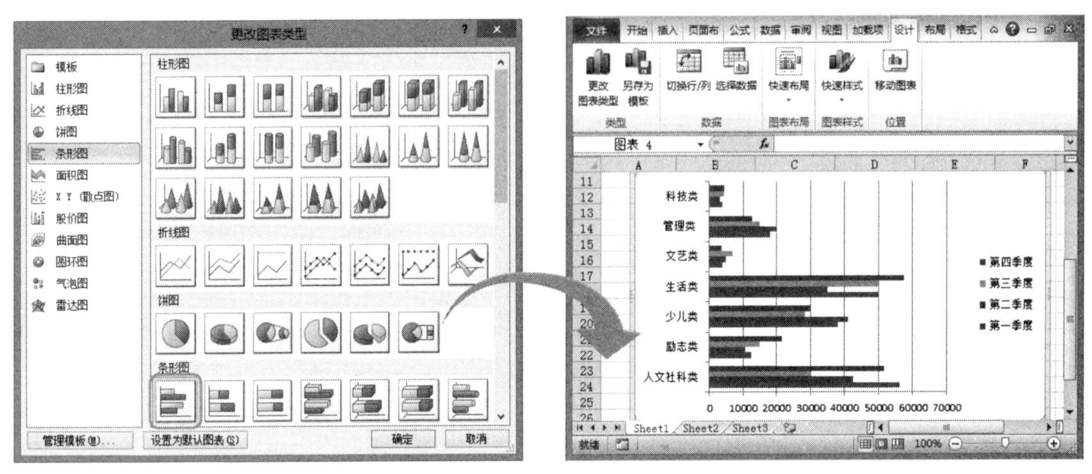

图 13-17　更改图表类型

13.3.3　美化图表

在工作表中插入图表后，其样式和外观都是默认的，用户可根据需要对图表各个部分的样式和格式进行设置和美化，从而使图表更加美观，结构更加清晰。

实例 13-7　美化三维柱形图图表

下面将在“图书销量汇总表 1.xlsx”工作簿中，通过设置图表标题格式、图表区格式、网格线格式、坐标轴格式等来美化图表。

参见光盘　光盘\素材\第 13 章\图书销量汇总表 1.xlsx
光盘\效果\第 13 章\图书销量汇总表 1.xlsx

1. 打开“图书销量汇总表 1”工作簿，选择图表，选择“布局”/“标签”组，单击“图表标题”按钮，在弹出的下拉列表中选择“其他标题选项”选项。
2. 打开“设置图表标题格式”对话框，在左侧选择“填充”选项，在右侧选中  单选按钮，单击按钮，在弹出的下拉列表中选择如图 13-18 所示的选项。
3. 单击关闭按钮，返回工作表编辑区，将鼠标光标放在“图表标题”文本框中双击，将其修改为“图书销量汇总”，选择输入的文本，在“字体”组中将其字体颜色设置为“白色”，然后选择绘图区调整大小，使图表标题位于绘图区上方，其效果如图 13-19 所示。
4. 选择图表，选择“布局”/“当前所选内容”组，在其下拉列表中选择“图表区”选项，在图表区中单击鼠标右键，在弹出的快捷菜单中选择“设置图表区域”命令。

专家指导

图表一般由图表标题、网格线、数值轴、分类轴、图例和数据系列等部分组成。另外，整个图表区域称为图表区，中间的数据显示区域称为绘图区。

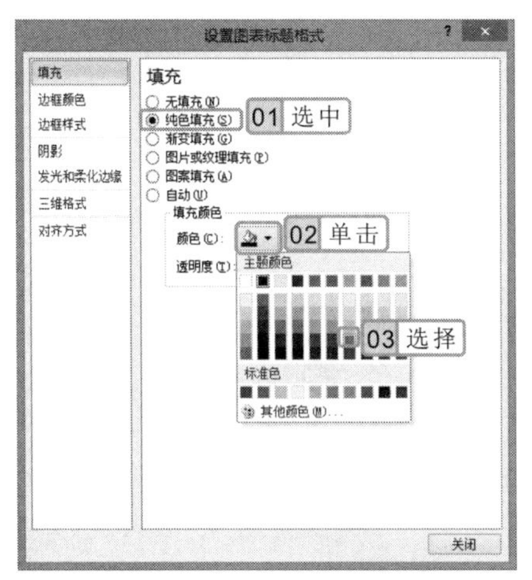

图 13-18　设置标题填充色

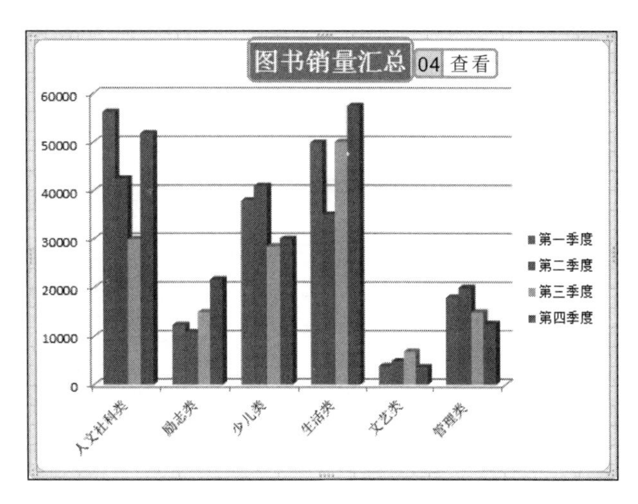

图 13-19　查看设置的标题效果

5 打开“设置图表区格式”对话框，选择“填充”选项，在右侧选中 ◉ 渐变填充(G) 单选按钮，单击“预设颜色”按钮，在弹出的下拉列表中选择“薄雾浓云”选项，如图 13-20 所示。

6 单击 关闭 按钮，返回工作表编辑区，选择纵坐标轴，单击鼠标右键，在弹出的快捷菜单中选择“设置坐标轴格式”命令，打开“设置坐标轴格式”对话框。

7 在右侧选中“主要刻度单位”后的 ◉ 固定(I) 单选按钮，在其后的文本框中修改数值为“15000.0”，如图 13-21 所示。

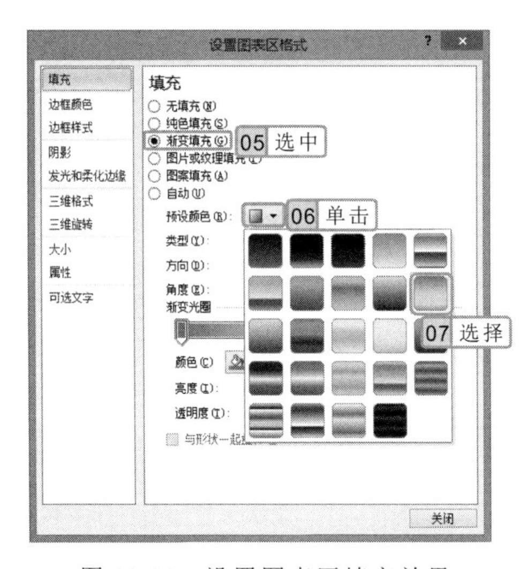

图 13-20　设置图表区填充效果

图 13-21　设置纵坐标轴刻度

8 选择“线条颜色”选项，在右侧选中 ◉ 实线(S) 单选按钮，单击“颜色”按钮，在弹出的下拉列表中选择“红色”选项，如图 13-22 所示。

9 使用相同的方法设置横坐标的颜色为红色，然后在“坐标轴”组中单击“网格线”

选择图表网格线，在其上单击鼠标右键，在弹出的快捷菜单中选择“设置网格线格式”命令，也可打开“设置网格线格式”对话框。

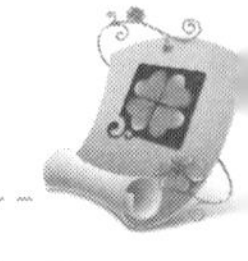

按钮，在弹出的下拉列表中选择“主要横网格线”/“其他主要纵网格线选项”选项，打开“设置网格线格式”对话框。

10 选择“线条颜色”选项，在右侧选中 实线(S) 单选按钮，单击“颜色”按钮，在弹出的下拉列表中选择“紫色”选项，单击 关闭 按钮关闭对话框。

11 返回工作表编辑区，即可看到对图表进行美化后的效果，如图 13-23 所示。

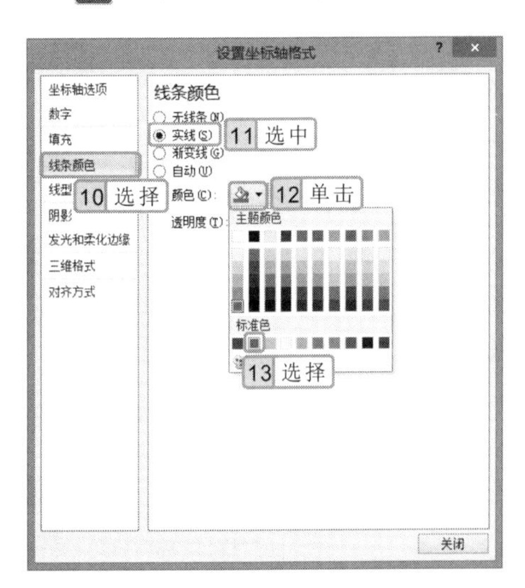

图 13-22　设置坐标轴格式

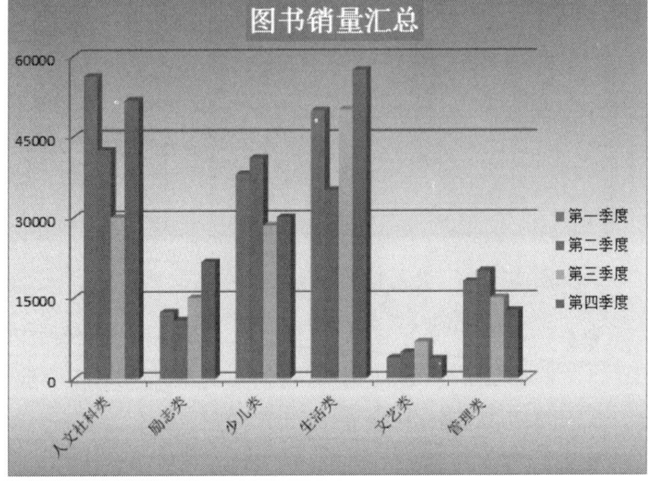

图 13-23　查看最终效果

13.4　提高实例——计算和分析“空调销量表”

本实例将对“空调销量表”工作簿中的数据进行计算，并根据销售总计来降序排列表格数据，然后利用图表将表格中的数据直观地展示出来，让用户进一步掌握使用公式、函数及图表分析数据的方法，如图 13-24 所示。

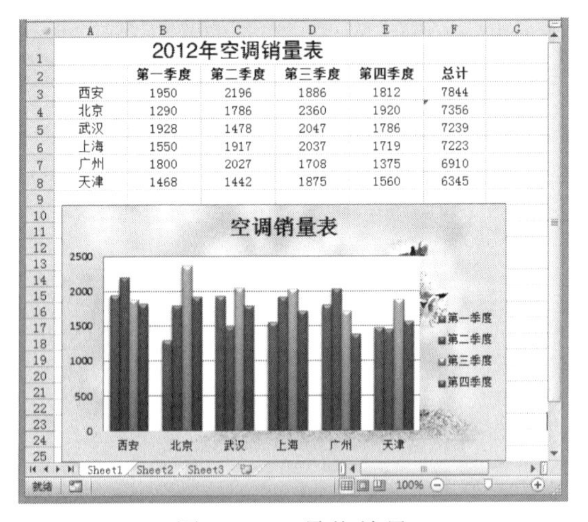

2012年空调销量表

	第一季度	第二季度	第三季度	第四季度	总计
西安	1950	2196	1886	1812	7844
北京	1290	1786	2360	1920	7356
武汉	1928	1478	2047	1786	7239
上海	1550	1917	2037	1719	7223
广州	1800	2027	1708	1375	6910
天津	1468	1442	1875	1560	6345

图 13-24　最终效果

图表中各部分的大小和位置都是可以自由调整的，调整的方法和调整图表大小和位置的方法相同，选择相应的部分，拖动鼠标进行调整即可。

13.4.1 行业分析

本例制作的“空调销量表”属于销售统计表的一种，它通过统计产品的销售情况，来协助公司高层制定相应的发展策略，找到公司发展的突破口。销量表用于统计一定范围内产品的销售情况，一般每一行或某一部分为一个产品的销售情况，即统计的目的是“产品”。通过产品的销售情况，为公司后期的产品销售区域、进货方式和生产方式提供依据。

在销量表中输入基本的销售数据等信息后，根据公司的需要，均需进行相应的计算、排序以及使用图表分析产品销量等。在计算时注意理清各项数据的作用，以及数据与数据之间的关系，从而为输入正确的公式和使用合适的函数提供有利的条件。

13.4.2 操作思路

为更快完成本例的制作，并尽可能运用本章讲解的知识，本例的操作思路如下。

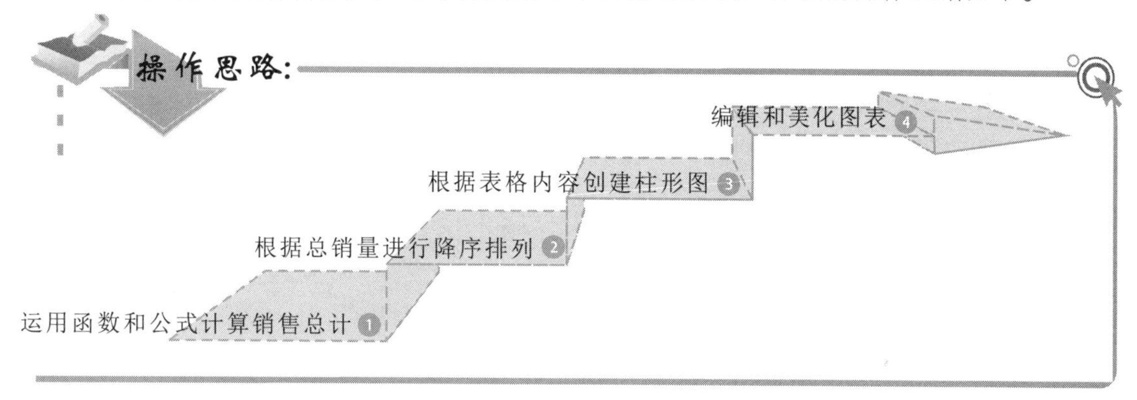

13.4.3 操作步骤

下面介绍计算和分析空调销售量的方法，其操作步骤如下：

光盘\素材\第13章\空调销量表.xlsx
光盘\效果\第13章\空调销量表.xlsx
光盘\实例演示\第13章\计算和分析“空调销量表”

1. 打开“空调销量表”工作簿，双击F3单元格，此时，鼠标光标将定位到该单元格中，输入公式“=B3+C3+D3+E3”，按Enter键确认并计算出结果。
2. 选择F4单元格，选择“公式”/“函数库”组，单击“插入函数”按钮 *fx*，打开“插入函数”对话框。
3. 在“或选择类别”下拉列表框中选择“常用函数”选项，在“选择函数”列表框中选择SUM选项，单击 确定 按钮，如图13-25所示。
4. 打开“函数参数”对话框，在Number1文本框中输入需计算的单元格区域“B4:E4”，单击 确定 按钮，如图13-26所示。

选择需要计算的单元格区域，在“函数库”组中单击“自动求和”按钮Σ，在弹出的下拉列表中选择相应的选项，可立刻计算出结果。

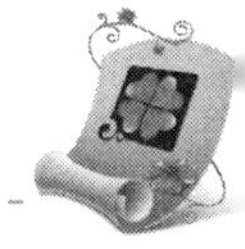

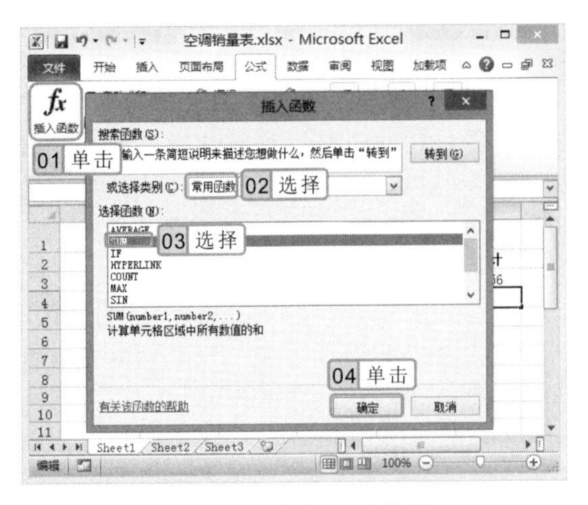

图 13-25　选择函数类型

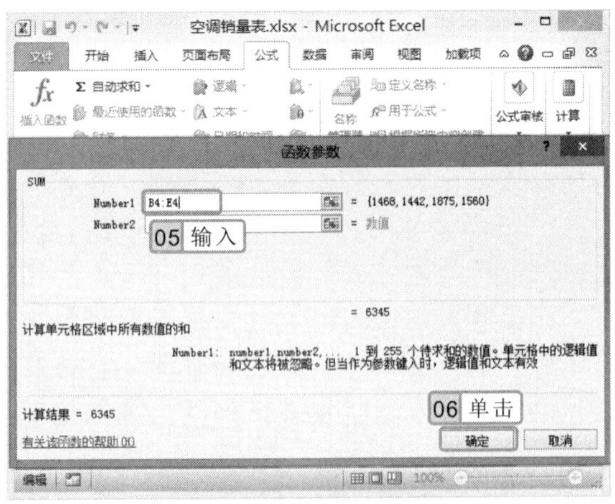

图 13-26　输入需计算的单元格区域

5. 将鼠标光标移动到选择的 F4 单元格右下角，当鼠标光标变成✚形状时，按住鼠标左键不放拖动到 F8 单元格，释放鼠标即可复制函数，并计算出结果，如图 13-27 所示。
6. 选择 A3:F8 单元格区域，选择"数据"/"排序和筛选"组，单击"排序"按钮，打开"排序"对话框，在"主要关键字"下拉列表框中选择"总计"选项，在"次序"下拉列表框中选择"降序"选项，单击 确定 按钮，如图 13-28 所示。

图 13-27　复制函数计算数据

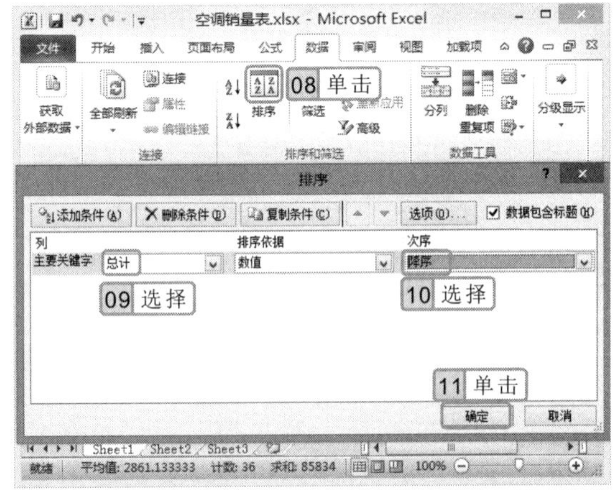

图 13-28　设置排序条件

7. 选择 A2:E8 单元格区域，选择"插入"/"图表"组，单击"柱形图"按钮，在弹出的下拉列表中选择"簇状柱形图"选项，如图 13-29 所示。
8. 此时可根据选择的内容在工作表中创建图表。选择图表，将鼠标光标移动到图表上，当其变成✥形状时，按住鼠标左键不放将其拖动到表格下方再释放鼠标，如图 13-30 所示。
9. 选择图表，选择"设计"/"图表布局"组，单击"快速布局"按钮，在弹出的下拉列表中选择"布局 1"选项，如图 13-31 所示。

在"函数库"组中列出了各种类型的函数，如财务、逻辑、日期和时间、文本以及数学和三角函数等，用户可根据需要进行选择。

图 13-29　选择图表类型

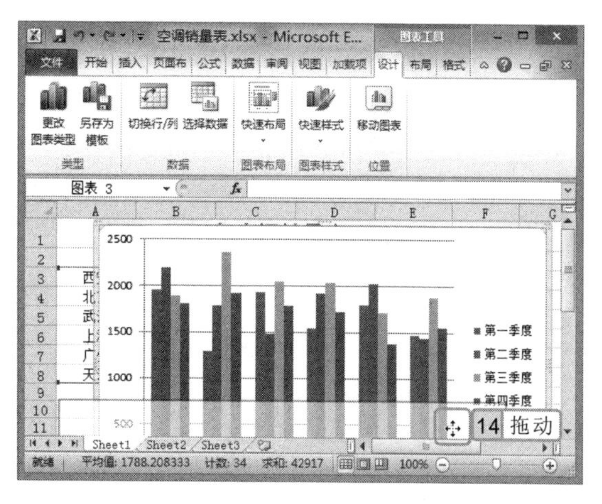

图 13-30　调整图表位置

10 选择"图表标题"文本，重新输入"空调销量表"文本，然后选择图表，选择"设计"/"图表样式"组，单击"快速样式"按钮，在弹出的下拉列表中选择"样式 26"选项，如图 13-32 所示。

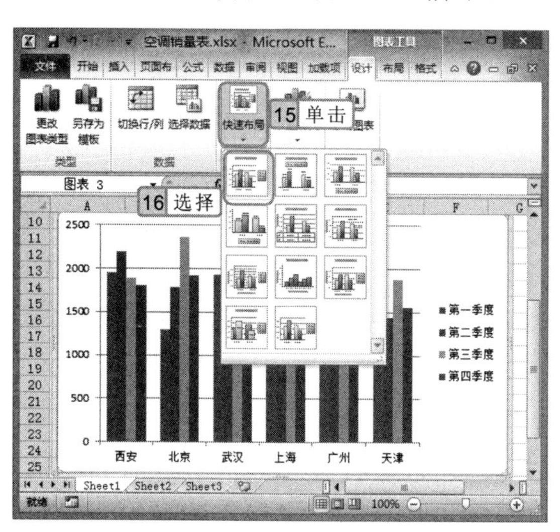

图 13-31　选择图表布局

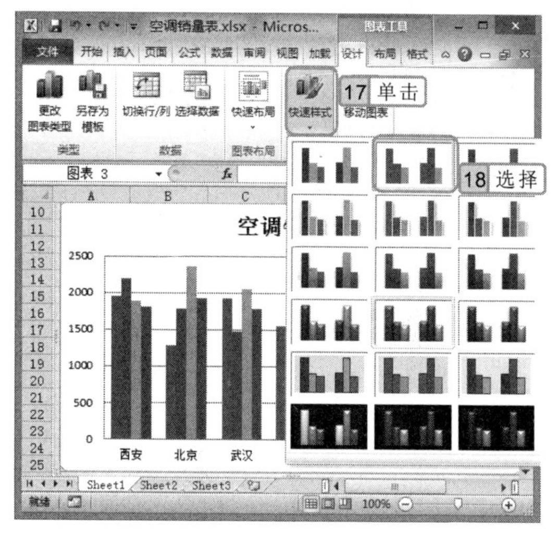

图 13-32　选择图表样式

11 选择图表区，单击鼠标右键，在弹出的快捷菜单中选择"设置图表区格式"命令，打开"设置图表区格式"对话框。

12 在左侧选择"填充"选项，在右侧选中 ◉ 图片或纹理填充(P) 单选按钮，在"插入自"栏中单击 文件(F)... 按钮，如图 13-33 所示。

13 打开"插入图片"对话框，选择插入图片保存的位置，在列表框中选择需要插入的图片，这里选择"3.jpg"选项，单击 插入(S) 按钮，如图 13-34 所示。

14 返回"设置图表区格式"对话框，单击 关闭 按钮关闭对话框，返回工作表编辑区即可查看效果，完成本例的制作。

在"设置图表区格式"对话框中选中 ◉ 图片或纹理填充(P) 单选按钮后，在"纹理"栏中单击按钮，在弹出的下拉列表中提供了多种图案，用户可根据情况选择需要的图案来填充图表区。

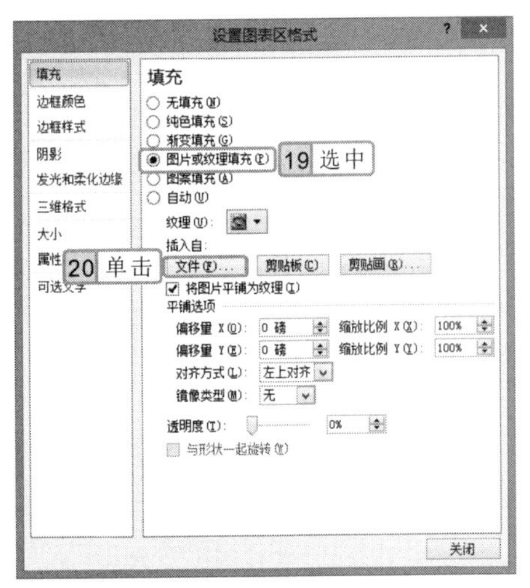

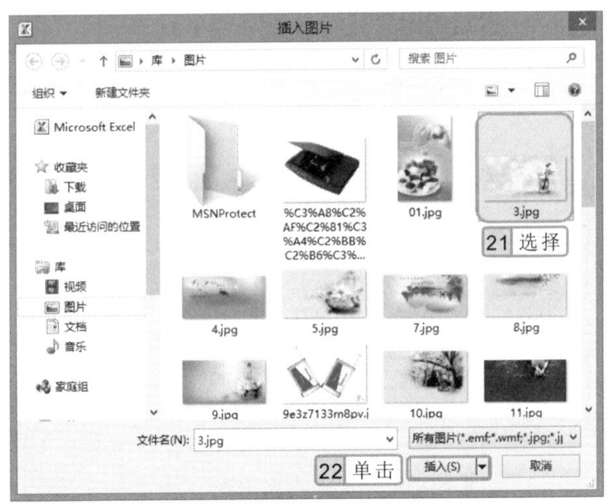

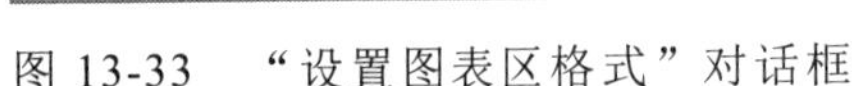

图 13-33　“设置图表区格式”对话框

图 13-34　选择插入的图片

13.5　提高练习

本章主要介绍了 Excel 中数据的计算、排序、筛选和分类汇总，以及使用图表分析数据的方法。下面将通过两个练习进一步巩固本章所学的相关知识。

13.5.1　管理“汽车报价表”工作簿

本练习将管理“汽车报价表”工作簿，在其中先将表格中的数据按品牌进行升序排列，然后再按品牌的车型进行分类汇总，效果如图 13-35 所示。

汽车报价表

品牌	车型	型号	颜色	市场价（万元）	代理商
本田	小型车	1.5L MT舒适版	黄色、银色	8.9	安雅
本田	小型车	1.5L AT舒适版	黄色、粉色	9.8	安雅
本田	小型车	1.5L MT豪华版	黄色、银色	10.42	安雅
本田	小型车	1.5L AT豪华版	粉色、银色	11.42	安雅
本田 计数	4				
奔驰	SUV	C200K时尚型	黑色	32.5	致远
奔驰	SUV	230 时尚型	黑色	49.8	致远
奔驰	SUV	280 时尚型	银色、黑色	61.8	致远
奔驰	SUV	280 个性运动版	黑色、银色	63.8	致远
奔驰	SUV	350 时间型	黑色	74.8	致远
奔驰 计数	5				
标志	紧凑型车	1.6手动舒适版	蓝色、白色	10.6	程鹏
标志	紧凑型车	2.0手动舒适版	蓝色、白色	11.98	程鹏
标志	紧凑型车	1.6自动舒适版	蓝色、白色	11.98	程鹏
标志	紧凑型车	2.0自动舒适版	蓝色、白色	13.3	程鹏
标志 计数	4				
奥迪	中型车	新奥迪A4L	银色	30	东达
奥迪	中型车	A4L 2.0 TFSI 标准型	银色	30.98	东达
奥迪	中型车	A4L 2.1 TFSI 舒适型	银色	33	东达
奥迪	中型车	A4L 2.0 TFSI 技术型	银色	36.7	东达
奥迪	中型车	A4L 2.2 TFSI 豪华型	银色	40	东达
奥迪 计数	5				
总计数	18				

图 13-35　“汽车报价表”工作簿

专家指导

对数据进行分类汇总后，单击窗口左侧的1、2、3、+或−等按钮，可控制分类汇总的显示内容。

参见光盘

光盘\素材\第 13 章\汽车报价表.xlsx
光盘\效果\第 13 章\汽车报价表.xlsx
光盘\实例演示\第 13 章\管理“汽车报价表”

该练习的操作思路与关键提示如下。

操作思路:

1. 打开“汽车报价表”工作簿
2. 将表格数据按品牌进行升序排列
3. 按品牌的车型进行分类汇总

关键提示:

在“分类汇总”对话框的“分类字段”下拉列表框中选择“品牌”选项，在“汇总方式”下拉列表框中选择“计数”选项，在“选定汇总项”列表框中选中☑车型复选框。

13.5.2　计算和分析“销售情况表”

本练习将计算和使用图表分析“销售情况表”工作簿，主要包括输入公式、创建图表和美化图表等，最终效果如图 13-36 所示。

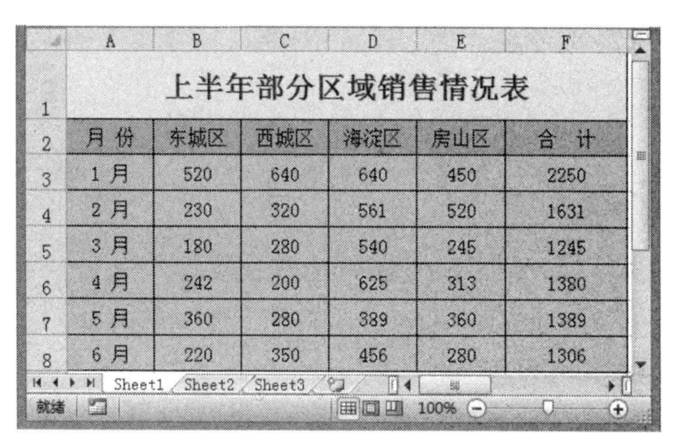

上半年部分区域销售情况表					
月 份	东城区	西城区	海淀区	房山区	合 计
1 月	520	640	640	450	2250
2 月	230	320	561	520	1631
3 月	180	280	540	245	1245
4 月	242	200	625	313	1380
5 月	360	280	389	360	1389
6 月	220	350	456	280	1306

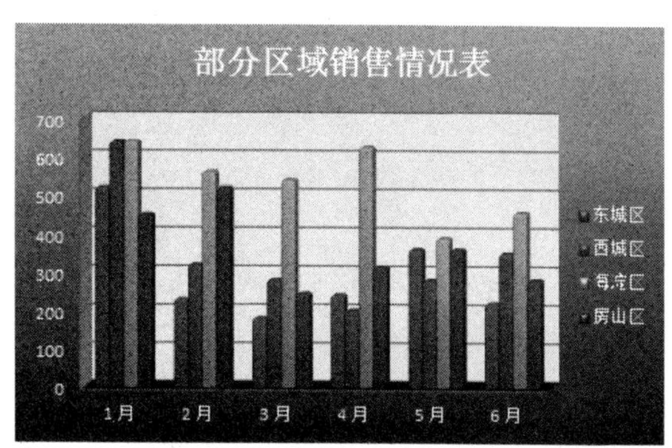

图 13-36　“销售情况表”工作簿

参见光盘

光盘\素材\第 13 章\销售情况表.xlsx
光盘\效果\第 13 章\销售情况表.xlsx
光盘\实例演示\第 13 章\计算和分析“销售情况表”

该练习的操作思路与关键提示如下。

操作提示

若是对相邻的单元格进行求和、求平均值、计算最大值以及最小值时，在“函数参数”对话框的 Number1 文本框中会自动显示需计算的单元格区域。

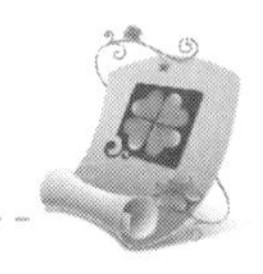

操作思路：

1. 使用公式计算“合计”列
2. 根据图表内容创建柱形图图表
3. 为图表应用布局和图表样式，再设置图表区和背景墙

关键提示：

设置背景墙是通过“设置背景墙格式”对话框填充纯色，其设置方法和设置图表区填充色的方法类似。

13.6　知识问答

在使用公式和函数计算数据的过程中，难免会遇到一些难题，如怎样在单元格中将公式显示出来、不能复制公式等。下面将介绍利用公式和函数计算数据过程中常见的问题及解决方案。

问：默认情况下，单元格中显示的是公式的计算结果，那么能不能将单元格中的公式显示出来呢？

答：可以。选择“公式”/“公式审核”组，单击“显示公式”按钮，此时所有包含公式的单元格中将显示公式，而不显示公式的计算结果。

问：在对表格数据进行排序时，如果当前使用的关键字下出现相同的数据，这时该怎么办呢？

答：这时可使用多列数据的组合排序。选择表格数据的任意单元格，在“排序和筛选”组中单击“排序”按钮，打开“排序”对话框，分别在“主要关键字”、“排序依据”和“次序”下拉列表框中选择相应的选项后，单击添加条件(A)按钮，在出现的“次要关键字”、“排序依据”和“次序”下拉列表框中分别选择相应的选项，单击确定按钮即可。

问：想知道某一部分数据的总和，但是在 Excel 表格中又不想以单元格的形式表现出来，是不是只能通过公式或函数计算后，再将其删除呢？

答：不是的，可以在状态栏中快速查看。选择需求和的单元格区域，在状态栏中将显示这些数据的总和、平均值和最大值等。用户可根据实际情况选择状态栏中显示的数据类型，其方法是：在状态栏上单击鼠标右键，在弹出的快捷菜单中选择“平均值”、“计数”、

专家指导

当输入公式后，单击编辑栏中的“输入”按钮✔，同样可以计算出结果。

"数值计数"、"最大值"、"最小值"或"求和"命令。

问：对表格进行分类汇总是为了查看某些信息。查看完成后，如何将创建的分类汇总删除呢？

答：选择分类汇总范围表格的任意单元格，选择"数据"/"分级显示"组，单击"分类汇总"按钮，在打开的对话框中单击 全部删除(R) 按钮，即可将分类汇总删除。

知识关联　常用的图表类型

Excel 2010 提供了多种类型的图表，包括柱形图、折线图、饼图和条形图等，每种图表都有其优点，适用于不同的场合，各种类型图表的特点分别介绍如下。

- **柱形图**：用于显示数据变化或数据之间比较的图表。柱形图包括二维柱形图、三维柱形图、圆柱图、圆锥图和棱锥图 5 种形式。
- **折线图**：主要用于以时间间隔显示数据的变化趋势，强调的是时间性和变动率，而非动量，折线图包括二维折线图和三维折线图两种类型。
- **饼图**：用于显示数据系列中的项目和该项目数值总和的比例关系。如果同时选择了几个系列，则只显示其中的一个系列。
- **条形图**：用来描绘各项目之间数据差别情况的图形，其形状类似于柱形图旋转 90° 后的效果。
- **面积图**：用于显示每个数值的变化量，强调数据随时间变化的幅度。通过显示数值的总和，还能直观地表现出整体和部分的关系。
- **散点图**：用于显示一个或多个数据系列在某种条件下的变化趋势。

Excel 2010 中还包括股价图、曲面图、圆环图、气泡图和雷达图 5 种形式的图表。

第14章

网上娱乐无处不在

网上玩游戏

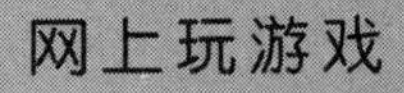

阅读电子书

网上看视频、听音乐

收发电子邮件

使用QQ与好友进行在线交流

通过QQ圈子查找好友

本章导读

通过网络，不仅可搜索和下载各种网上资源，还可与亲朋好友进行在线交流，也可在线看视频、电子书和玩游戏等。本章将详细讲解使用电脑进行网上娱乐的操作方法，主要包括使用 QQ 聊天、通过 QQ 圈子查找好友、收发电子邮件、网上视听、在线读书阅报和网上玩游戏等内容。

14.1 使用 QQ 交流

网络中有很多在线聊天软件，而目前使用较为广泛的软件是腾讯 QQ，通过它不仅可实现信息即时收发，还可使用视频和语音聊天，方便且易学易用，深受用户青睐。下面就介绍使用 QQ 进行在线聊天的方法。

14.1.1 申请和登录 QQ

在腾讯官方网站（http://im.qq.com）下载并安装 QQ 软件后，还需先申请一个 QQ 账号，申请成功后，在登录界面输入 QQ 账号和密码即可登录。

实例 14-1 通过 QQ 登录界面申请和登录 QQ

1. 双击桌面上的 QQ 图标，启动 QQ 聊天软件，在打开的 QQ 登录对话框中单击“注册账号”超链接。
2. 打开 QQ 申请网页，根据提示填写相应的信息，填写完成后单击 立即注册 按钮，如图 14-1 所示。
3. 在打开的获取 QQ 号码界面中，系统提示 QQ 号码申请成功，并以红色数字显示出申请的 QQ 号码，如图 14-2 所示。

图 14-1 填写基本信息

图 14-2 申请成功

4. 关闭窗口，在 QQ 登录界面的文本框中输入申请的 QQ 账号和密码，单击 登录 按钮即可登录 QQ。

14.1.2 添加 QQ 好友

成功登录 QQ 后，要想与好友进行在线聊天，还需要将好友添加到自己的 QQ 列表中。

在填写 QQ 信息的页面中将默认选中 同时开通QQ空间 复选框，表示在申请 QQ 账号的同时，也将申请开通 QQ 空间，若不想开通 QQ 空间，取消选中该复选框即可。

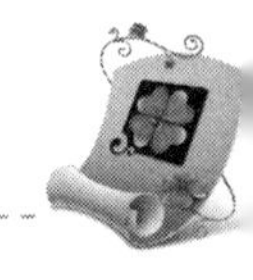

实例 14-2 添加 QQ 账号为“337128874”的好友

1. 在 QQ 的工作界面底部单击“查找”按钮，打开“查找联系人”对话框，在“查找”文本框中输入“337128874”，单击查找按钮。
2. 稍等片刻，对话框下方的列表框中将显示查找的结果，然后单击“加为好友”按钮，在打开对话框的“请输入验证信息”文本框中输入“有缘人”，单击下一步按钮，如图 14-3 所示。
3. 在打开对话框的“备注姓名”文本框中输入好友的名字或易记的名称，单击“分组”列表框右侧的按钮，在弹出的下拉列表中选择“朋友”选项，然后单击下一步按钮，如图 14-4 所示。

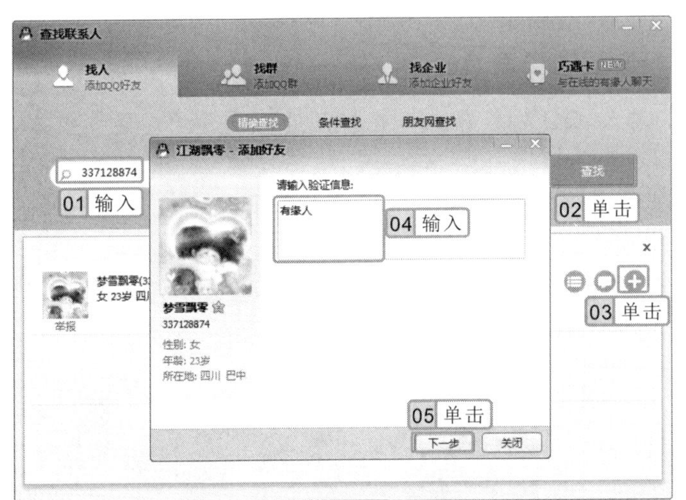

图 14-3 输入验证信息

图 14-4 设置备注姓名和分组

4. 在打开的对话框中显示了添加好友的发送信息，单击完成按钮。
5. 待对方收到发送的验证信息并通过验证后，任务栏上的 QQ 图标会变成不停闪烁的图标，单击该图标，在打开的对话框中单击完成按钮，如图 14-5 所示。即可在 QQ 工作界面中查看到添加的好友头像，如图 14-6 所示。

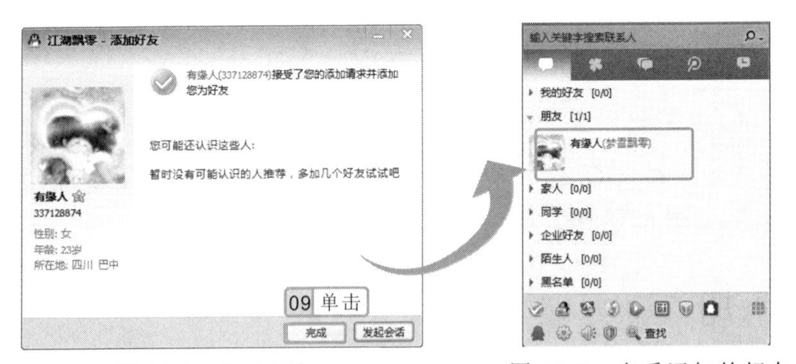

图 14-5 完成添加　　图 14-6 查看添加的好友

专家指导

在“查找联系人”对话框中单击条件查找按钮，可根据地理位置、年龄等各种条件查找需要添加的 QQ 好友。

14.1.3　使用 QQ 进行交流

成功添加 QQ 好友后，即可与任何地方的好友进行在线聊天了，聊天的方式有文字聊天、视频聊天和语音聊天 3 种。下面分别进行介绍。

1. 文字聊天

文字聊天是最常用的一种聊天方式，在 QQ 工作界面中双击需要聊天的好友的头像，在打开的聊天窗口的下方输入要发送的信息，单击 发送(S) 按钮即可将该文字消息发送给对方，如图 14-7 所示。当好友回复消息后，聊天窗口上方将自动显示好友回复的消息，如图 14-8 所示。

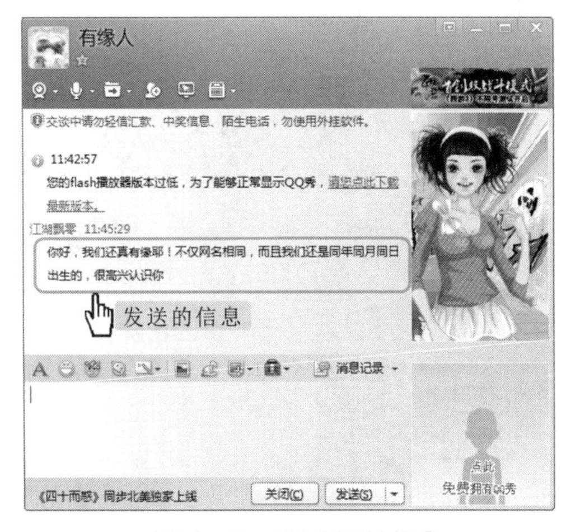

图 14-7　发送聊天信息

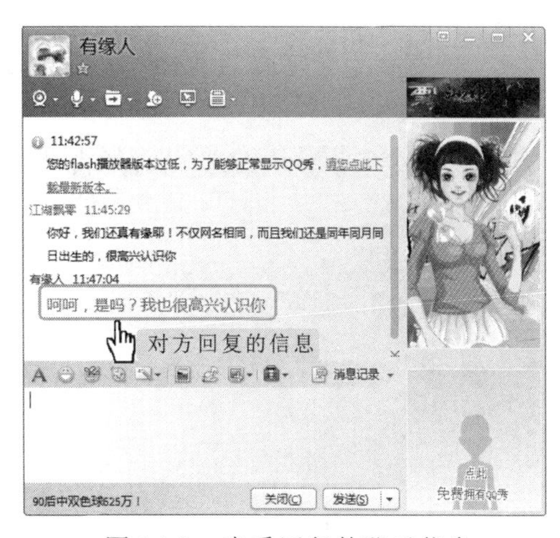

图 14-8　查看回复的聊天信息

2. 视频和语音聊天

使用 QQ 还可采用语音和视频方式与对方进行交流，但前提是电脑中必须安装摄像头和麦克风。进行语音和视频聊天的方法是：打开聊天窗口，单击窗口上方的“开始语音会话”按钮或“开始视频会话”按钮，向对方发起语音会话或视频会话邀请，待对方同意接受后，即可与好友进行视频和语音聊天，如图 14-9 所示为进行视频聊天的窗口。

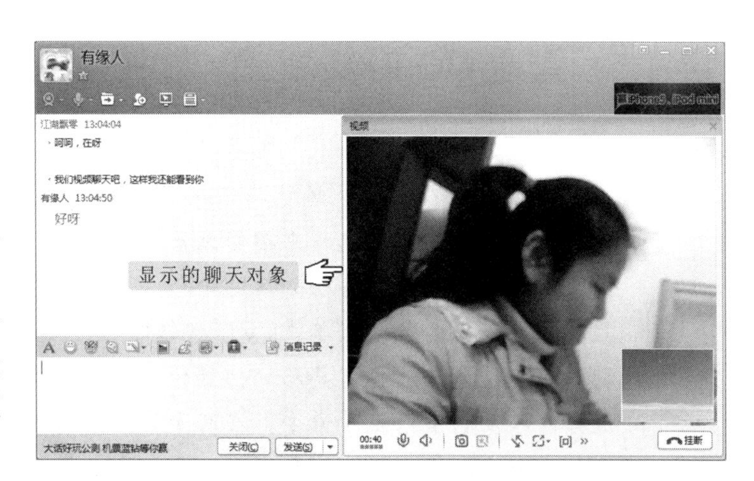

图 14-9　视频聊天窗口

操作提示

在聊天窗口的工具栏中单击“选择表情”按钮，在打开的列表框中可选择要发送给好友的表情，单击 发送(S) 按钮即可发送给好友。

14.1.4 传输和接收文件

腾讯 QQ 除提供聊天功能外，还提供了传输和接收图片、音乐和文档等文件的功能，不仅操作简单，而且传输速度较快，非常实用。

实例 14-3 向朋友"有缘人"传送一张自拍照

下面将保存在电脑中的"自拍.jpg"图片文件通过 QQ 传送给 QQ 好友"有缘人"。

1. 打开与好友聊天的窗口，单击窗口上方的"传送文件"按钮，打开"打开"对话框，在"查找范围"中选择需要传送文件的位置，在下方的列表中选择需要发送的文件，这里选择"自拍.jpg"，单击打开(O)按钮，如图 14-10 所示。
2. 系统自动弹出发送文件请求，等待好友同意接收后，开始传送文件，完成后在聊天窗口中即可看到文件已发送成功的提示信息，如图 14-11 所示。

图 14-10　选择发送的文件

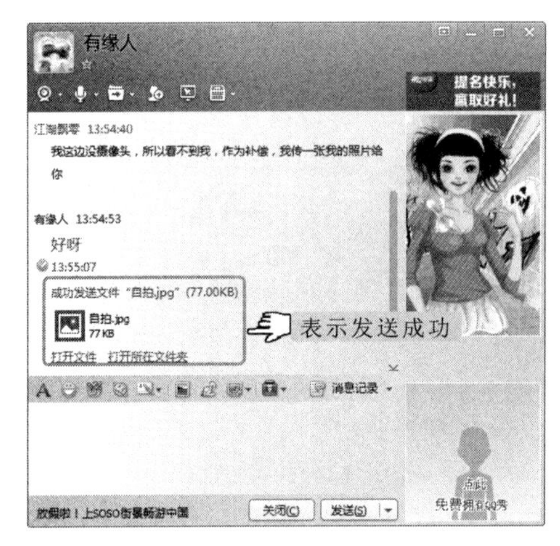

图 14-11　已成功发送

14.1.5 管理 QQ 好友

对于添加的 QQ 好友，用户还可根据需要对其进行管理，例如修改好友备注姓名、移动好友位置以及删除好友等。下面分别对其方法进行介绍。

- **修改好友备注姓名：** 选择需要修改备注姓名的好友，单击鼠标右键，在弹出的快捷菜单中选择"修改备注姓名"命令，在打开对话框的"请输入备注姓名"文本框中输入好友的姓名，单击确定按钮即可。
- **移动好友位置：** 选择需要移动位置的好友，单击鼠标右键，在弹出的快捷菜单中选择"移动联系人至"命令，在其子菜单中选择需要移动的位置即可。
- **删除好友：** 选择需要删除的 QQ 好友，单击鼠标右键，在弹出的快捷菜单中选择

接收文件时，在聊天窗口右侧的"传送文件"对话框中单击"接收"超链接，可将文件保存到设置的位置；单击"另存为"超链接，可自行设置文件的保存位置。

“删除好友”命令，在打开的对话框中单击确定(O)按钮即可。

14.2 通过 QQ 圈子查找好友

QQ 圈子是腾讯 QQ 提供的功能之一，通过它可找到 QQ 好友列表以外的好友，并自动将查找的好友分为多个圈子，用户可通过圈子添加好友、发起会话以及查看资料等。下面详细介绍 QQ 圈子的相关知识。

14.2.1 开通 QQ 圈子

若想体验 QQ 圈子功能，需要安装较新的 QQ 版本，如 QQ 2012 或 QQ 2013，安装完成后，通过网页就能开通 QQ 圈子。

实例 14-4 通过网页开通 QQ 号为“2324137971”的圈子

1. 在 IE 浏览器地址栏中输入“http://quan.qq.com”，按 Enter 键打开圈子网页，单击页面右上角的“登录”超链接，在打开的“账号登录”对话框的文本框中输入要开通圈子的 QQ 账号和密码，单击登录按钮，如图 14-12 所示。
2. 登录成功后，在页面中单击获取体验权限按钮，在打开的对话框中将提示已获得圈子体验权限。
3. 重新登录 QQ 后，在 QQ 工作界面的底部将显示“圈子”按钮，单击该按钮，在打开的页面中单击生成我的圈子按钮，如图 14-13 所示。

图 14-12　输入账号登录

图 14-13　单击“生成我的圈子”按钮

4. 开始生成圈子，稍等片刻，在打开的窗口中即可看到根据好友的多少生成的圈子，如图 14-14 所示。

操作提示

在 QQ 登录界面输入 QQ 账号和密码后，选中☑记住密码复选框将自动记忆 QQ 密码，下次登录时，在 QQ 账号下拉列表中选择需要登录的 QQ 账号后，“密码”文本框中将显示相应的密码。

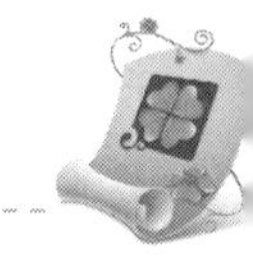

图 14-14　生成的圈子

14.2.2　在圈子中添加好友

开通 QQ 圈子后，QQ 列表中的好友都将分组显示在 QQ 圈子中，对于未添加的认识的好友，用户可直接在 QQ 圈子中将其添加到 QQ 好友列表中。其方法是：在打开的 QQ 圈子窗口左侧选择要添加好友所在的分组，在右侧上方选择“好友”选项卡，在下方列表框中显示该组中所有的圈子好友，将鼠标指针移动到需要添加的好友上，将出现加好友和会话按钮，如图 14-15 所示。单击加好友按钮，在打开的对话框中输入验证信息，单击下一步按钮，然后按照添加好友的方法进行添加即可。

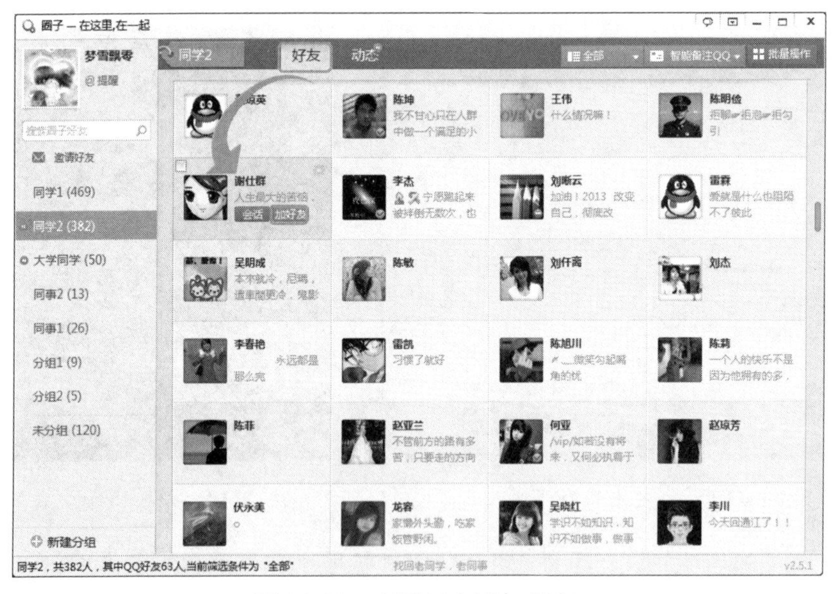

图 14-15　在圈子中添加好友

将鼠标指针移动到需要添加的好友上，在出现的按钮中单击会话按钮，可直接打开与好友聊天的窗口。

14.2.3 邀请好友添加圈子

对于未添加圈子的好友，用户可邀请对方添加，这样可通过好友查找到更多的好友。邀请好友添加圈子的方法是：在圈子窗口左侧单击“邀请好友”按钮，在打开的对话框中显示了可邀请好友的分组，选中需要邀请好友分组前面的复选框，如图 14-16 所示。单击邀请按钮，在对话框中将显示邀请信息，如图 14-17 所示。查看完成后，单击×按钮关闭对话框即可。

图 14-16 选择邀请好友的分组

图 14-17 查看邀请信息

14.2.4 在圈子中发布信息

在 QQ 圈子中，还可发布自己每天的心情、照片以及喜欢的音乐等，供其他圈子好友浏览。

实例 14-5 在 QQ 圈子中同时发布文字内容和照片

1. 打开 QQ 圈子窗口，选择“动态”选项卡，在文本框中输入要发表的内容，这里输入“两个人的世界”，单击“照片”按钮，在弹出的面板中单击本地上传按钮，如图 14-18 所示。
2. 打开“添加照片”对话框，在左侧选择需要添加照片的位置，这里选择“图片收藏”选项，在右侧的列表框中将显示该文件夹中的所有照片，按住 Ctrl 键不放依次单击要选择上传的照片，如图 14-19 所示。
3. 单击确定按钮，系统开始上传照片并显示上传进度。上传完成后，照片将显示在列表框中，如图 14-20 所示。

单击“音乐”按钮，在弹出面板的“添加音乐”文本框中输入歌名或歌手名，单击搜索按钮，在列表框中将显示搜索的结果，单击添加按钮＋添加歌曲，单击发布按钮即可。

图 14-18 单击“本地上传”按钮

图 14-19 选择上传的照片

4 单击 发布 按钮，发表的内容和照片都将显示在该选项卡下方的列表框中，QQ 圈子中的好友都能查看到，如图 14-21 所示。

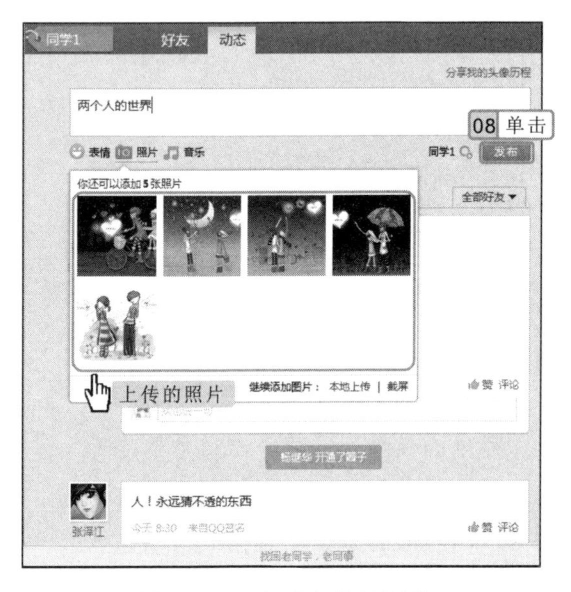

图 14-20 查看上传的照片

图 14-21 发布成功

14.3 收发电子邮件

电子邮件也称 E-mail，是一种通过网络实现信息传送和接收的现代化通信工具，不仅可以传送文本，还可以传送图像、声音、视频等多种类型的文件。下面介绍电子邮箱的使用方法。

专家指导

成功上传照片后，也可将照片删除，其方法是：将鼠标指针移动到需要删除的图片上，将出现 按钮，单击该按钮即可删除该照片。

14.3.1 注册电子邮箱

电子邮箱是管理、接收、发送和存储电子邮件的场所，所以，在发送电子邮件前，还需要先申请一个属于自己的电子邮箱地址。

实例 14-6 在网易网页中注册一个邮箱地址

1. 启动 IE 浏览器，在地址栏中输入“http://email.163.com”，打开网易邮箱网页，单击“立即注册”超链接。
2. 在打开网页的“邮箱地址”文本框中输入用户名“jianghupiaoling88”，即@符号前的用户账号。在“密码”和“确认密码”文本框中输入一致的账号密码，在“验证码”文本框中输入相应的验证码，如图 14-22 所示。
3. 单击按钮，在打开的页面中将提示邮箱已注册成功，如图 14-23 所示。

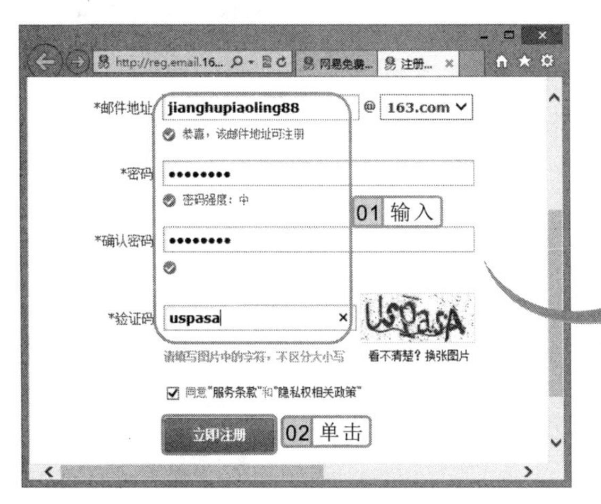

图 14-22 输入申请信息

图 14-23 邮箱注册成功

14.3.2 登录并发送电子邮件

成功注册电子邮箱后，即可登录到邮箱撰写并发送电子邮件了。在撰写电子邮件时，需要知道对方的电子邮箱地址，这样双方才能通过电子邮件进行信息的交流。

实例 14-7 向邮箱好友发送邮件

下面先登录到邮箱，然后撰写邮件内容，并发送给邮箱地址为“2324137971@qq.com”的好友。

1. 打开网易邮箱网页，在“用户名”和“密码”文本框中输入邮箱地址和注册邮箱时输入的密码，输入完成后单击 登录 按钮，如图 14-24 所示。
2. 稍等片刻后，即可打开该邮箱地址的邮箱界面，在左侧单击 写信 按钮，打开写信

操作提示

在邮箱注册成功页面中单击提示信息，即可登录到自己刚申请的邮箱界面。

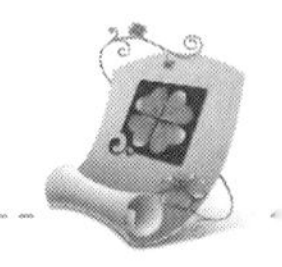

界面，在“收件人”文本框中输入对方的邮箱地址“2324137971@qq.com”，在“主题”文本框中输入“想你”，在其下的文本框中输入电子邮件的内容，然后单击发送按钮，如图 14-25 所示。

图 14-24　输入邮箱地址和密码

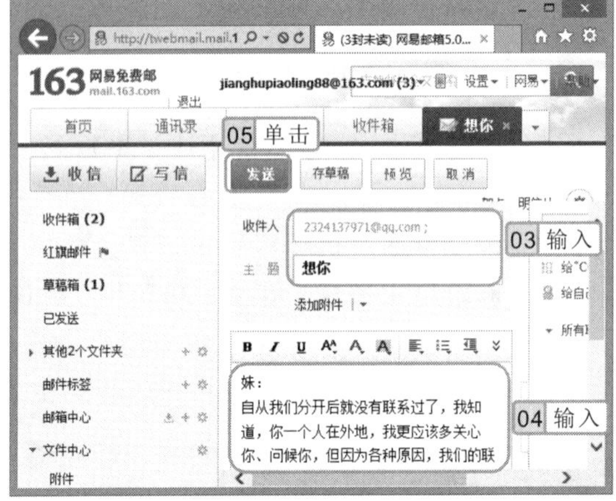

图 14-25　撰写邮件

3 稍等片刻后，在打开的邮箱界面中会显示邮件已发送成功的提示信息。

14.3.3　接收并阅读电子邮件

电子邮箱会自动接收他人发送的电子邮件，只需登录到邮箱并选择要查看的电子邮件即可进行查看。其方法是：在打开的邮箱界面左侧选择“收件箱”选项，在打开的收件箱界面可看到未阅读电子邮件的名称列表，单击相应的电子邮件名称，便可打开该电子邮件进行阅读，如图 14-26 所示。

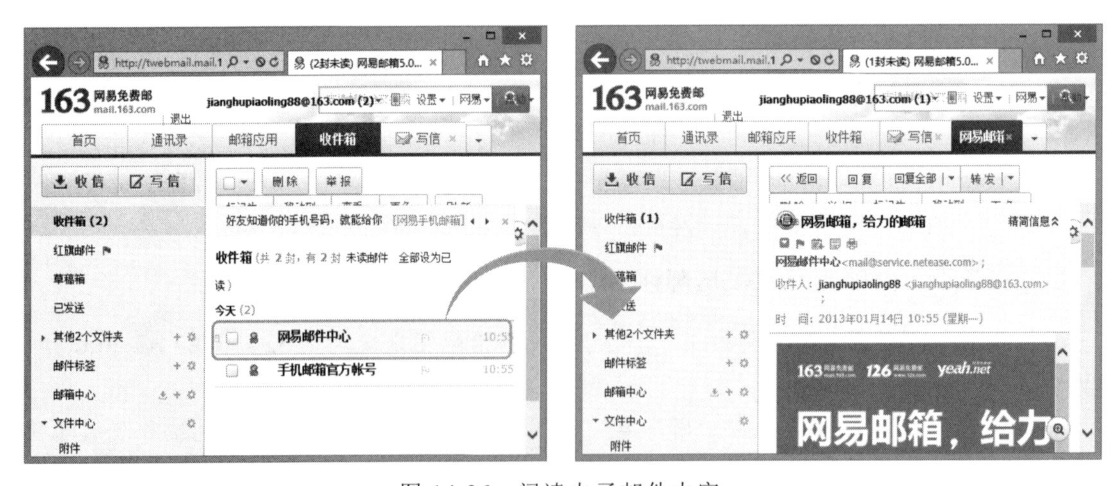

图 14-26　阅读电子邮件内容

对于接收到的电子邮件，系统会存放在“收件箱”文件夹中，若该文件夹中有未阅读的电子邮件，会在文件夹名称后显示出未读邮件的数量，以提醒用户及时阅读。

14.4　网上视听新享受

在 Internet 中听音乐、看视频已成为人们日常生活中不可缺少的一种休闲方式。在工作或学习之余，适当地听歌、看视频可以缓解压力，放松心情。下面将介绍实现这些操作的方法。

14.4.1　网上看视频

在网络中，很多视频网站都提供了在线观看的服务，且大部分网站的视频都能免费观看，常用的视频网站有优酷网（http://www.youku.com）、土豆网（http://www.tudou.com）、乐视网（http://www.letv.com）和百度视频（http://video.baidu.com）等，在各网站中观看视频的方法都基本相同。

实例 14-8　在优酷网中观看电视剧“山河恋”

1. 在 IE 浏览器地址栏中输入“http://www.youku.com”，按 Enter 键打开优酷网首页，选择“电视剧”选项卡，在文本框中输入要看的电影或电视剧名称，这里输入“山河恋”，单击 搜库 按钮，如图 14-27 所示。
2. 在打开的网页中显示了搜索的结果和电视剧的集数，单击需要看的集数，这里单击 1 按钮，如图 14-28 所示。

图 14-27　搜索要观看的电视剧

图 14-28　单击要观看的集数

3. 在打开的网页中开始缓冲观看的视频，缓冲完成后将开始播放视频，即可进行观看，如图 14-29 所示。

视频网站中的视频都是分类显示的，如果不知道要观看什么视频，可直接在视频网站首页进行查找。

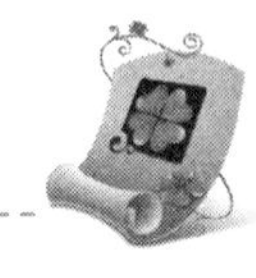

图 14-29　观看视频

14.4.2　网上听音乐

网上听音乐的方法和看视频的方法类似，都需要先找到提供该项服务的相应网站，然后根据网页分类向导来查找想听的音乐。

实例 14-9　在百度音乐中听新歌“为了遇见你”

1. 在 IE 浏览器地址栏中输入“http://www.baidu.com”，按 Enter 键打开百度网，单击“音乐”超链接，打开百度音乐首页，在“新歌”栏中将显示最近发布的新歌，在“为了遇见你”歌曲名后面单击 ▶ 按钮，如图 14-30 所示。
2. 在打开的网页中将播放该歌曲，并在中间列表框中显示歌名、歌手以及专辑等信息，在右侧列表框中将显示该首歌的歌词，如图 14-31 所示。

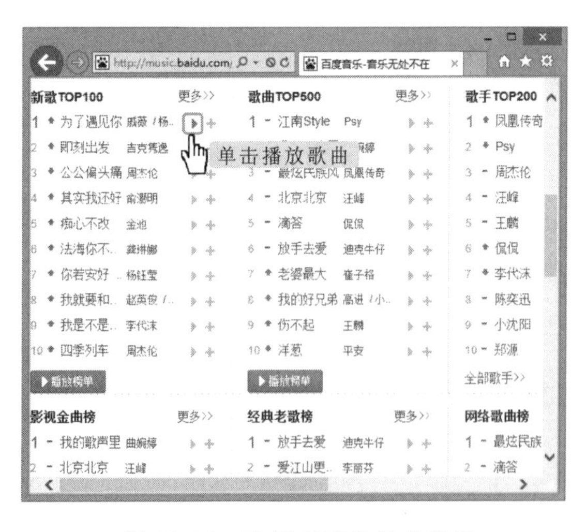

图 14-30　选择需要播放的音乐　　　图 14-31　开始播放音乐

专家指导

在百度音乐首页的搜索文本框中输入歌名或歌手名，单击 百度一下 按钮，打开搜索结果网页，在需要播放的歌曲后面单击 ▶ 按钮也可进行播放。

14.5 在线读书阅报

在 Internet 中不仅可以听歌、看视频，还能在线免费看小说、报纸和杂志等，不仅方便，而且更新速度快。下面介绍在网上看小说、报纸以及杂志的操作方法。

14.5.1 在线看小说

网上有很多提供在线看电子书籍服务的网站，如起点（http://www.qidian.com）、天涯在线书库（http://www.tianyabook.com）和红袖（http://www.hongxiu.com）等，且每个网站中包含了多种类型的书籍，如古典文学、现代文学、历史、科幻和军事等，用户可随时进行搜索阅读。

实例 14-10 在天涯在线书库中看古典文学《红楼梦》

1. 在 IE 浏览器地址栏中输入“http://www.tianyabook.com”，按 Enter 键打开天涯书库网首页，在下方的列表框中单击“古典文学”超链接，如图 14-32 所示。
2. 在打开的网页中显示了书库中提供的古典文学书籍的名称，在“古典小说”列表框中单击“红楼梦”超链接，如图 14-33 所示。

图 14-32　单击“古典文学”超链接

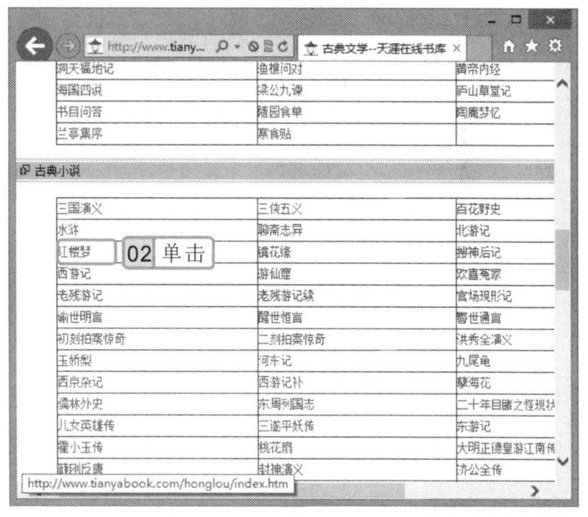

图 14-33　单击“红楼梦”超链接

3. 在打开的页面中显示了该作品的所有章节，单击第一章节的文本超链接，如图 14-34 所示。
4. 在打开的页面中即可开始阅读相关的内容，如图 14-35 所示。

天涯在线书库中没有提供搜索功能，所以不能通过书名或作者姓名进行搜索，只能通过首页提供的作者姓名或书籍类别来进行查找。

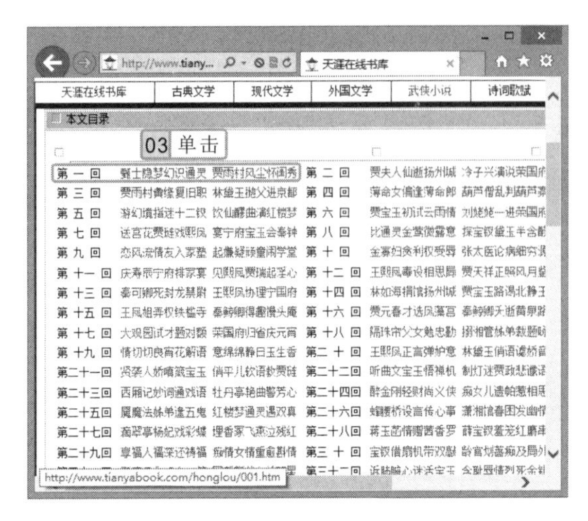

图 14-34　选择需要阅读的章节

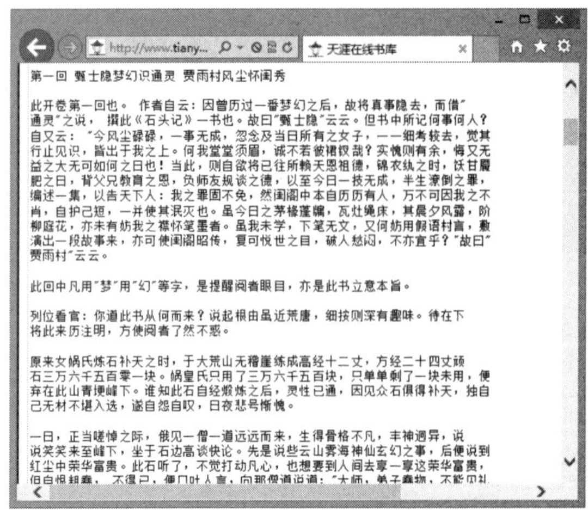

图 14-35　开始阅读

14.5.2　在线阅读报纸

现在网上提供了电子版报纸，通过相应的网站可免费阅读。其方法是：打开可免费阅读报纸的网站，如打开 ABBAO 网站（http://www.abbao.cn），在网站首页按字母排列顺序显示报刊内容，将鼠标指针移动到需要阅读的报纸上并单击，如图 14-36 所示。在打开的网页中单击需要阅读的版面，在打开的网页中即可阅读该版面中的内容，如图 14-37 所示。

图 14-36　单击需要阅读的报纸

图 14-37　阅读报纸内容

14.5.3　在线看杂志

在网上看杂志与看小说和报纸的方法类似，主要是通过关键字进行搜索，或单击相应的超链接和按钮来完成的。

如果不知道可以在线阅读的电子报的网站，可直接在百度首页的搜索文本框中输入需要阅读的报纸名称和关键字，单击 百度一下 按钮，在打开的搜索结果中单击相应的超链接，即可在打开的网页中进行阅读。

实例 14-11 在电子杂志网站阅读《21 世纪营销》杂志

1. 在 IE 浏览器地址栏中输入“http://www.zcom.com”，按 Enter 键打开 ZCOM 电子杂志网首页。
2. 将鼠标指针移动到“全部杂志分类”栏的“商业财经”超链接上，在弹出的列表中将显示该分类中的杂志名称，单击“21 世纪营销”超链接，如图 14-38 所示。
3. 在打开的网页中显示了最新一期的《21 世纪营销》杂志，单击立即阅读按钮，如图 14-39 所示。

图 14-38 单击“21 世纪营销”超链接

图 14-39 单击“立即阅读”按钮

4. 在打开的网页中单击在线阅读按钮，如图 14-40 所示。
5. 在打开的网页中通过单击 上一页 PAGE UP 或 下一页 PAGE DOWN 按钮浏览杂志的内容，如图 14-41 所示。

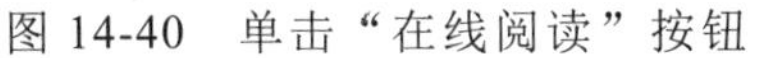

图 14-40 单击“在线阅读”按钮

图 14-41 阅读杂志内容

操作提示

在阅读杂志内容的页面中单击封面按钮，可快速返回到杂志的封面；单击免费下载按钮，在打开的对话框中设置保存路径，可将其下载至电脑中。

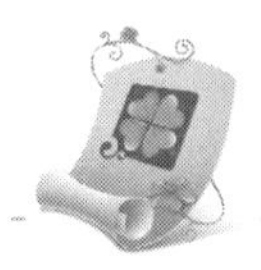

14.6　网上玩游戏

在网上不仅可通过看视频、听音乐来放松自己，也可通过玩游戏来达到娱乐、休闲的目的。在网上玩游戏主要分为玩 QQ 游戏和玩网页游戏。下面分别介绍其操作方法。

14.6.1　玩 QQ 游戏

QQ 游戏由腾讯公司开发，以休闲游戏为主，其用户群较为广泛。QQ 游戏需在游戏大厅中进行。因此，需要将 QQ 游戏大厅程序安装到电脑中，并登录到 QQ 游戏大厅安装喜欢的 QQ 游戏后才能玩。

实例 14-12　安装并玩五子棋游戏

下面使用 QQ 账号登录到 QQ 游戏大厅，然后通过关键字搜索需要安装的游戏“五子棋”，安装完成后与网友一起玩五子棋游戏。

1. 成功安装 QQ 游戏大厅后，在桌面上双击图标，打开“QQ 游戏 2012”对话框，在“账号”和“密码”文本框中输入 QQ 账号和密码，单击 登录 按钮登录到 QQ 游戏大厅。
2. 在搜索文本框中输入“五子棋”，单击按钮，在窗口右侧将显示搜索的结果，单击 添加游戏 按钮，如图 14-42 所示。
3. 在打开的对话框中将下载并安装五子棋游戏，安装完成后，该游戏将显示在 QQ 游戏窗口“我的游戏”栏中，选择“五子棋”选项，在打开的“五子棋”窗口中单击展开五子棋游戏项目各游戏区，这里单击展开“五子棋（无禁手二区）”。
4. 在展开的游戏区列表中双击其中任一房间号，这里双击“五子棋 8”房间号，如图 14-43 所示。

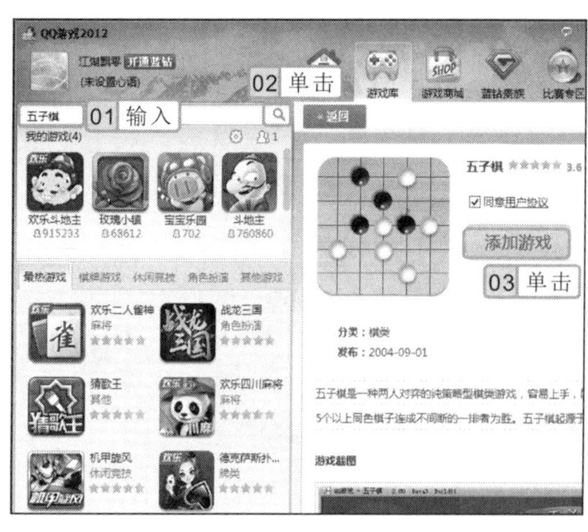

图 14-42　添加游戏

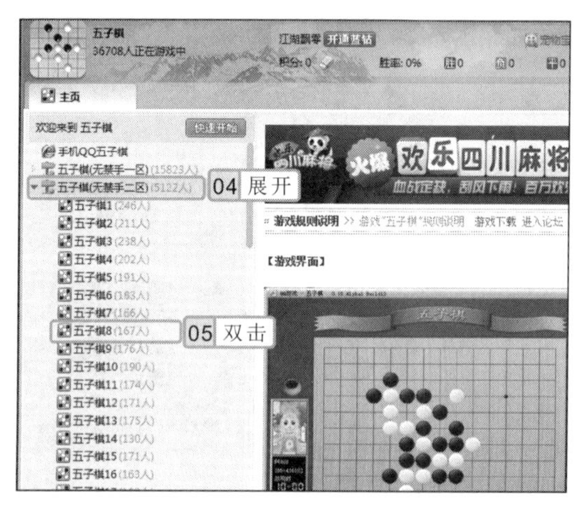

图 14-43　选择游戏房间

将五子棋添加到“我的游戏”栏中后，窗口右侧的 添加游戏 按钮将变成 开始游戏 按钮，单击该按钮可快速进入游戏。

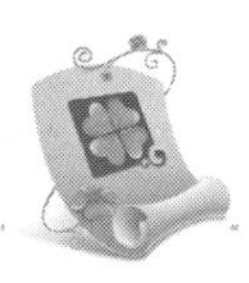

5 在打开的窗口左侧找一个空座位并单击选择座位，进入游戏页面，单击下方的“开始”超链接开始游戏。

6 游戏开始黑子先行，当鼠标指针变为形状后，在棋盘适合的位置单击摆放棋子，如图 14-44 所示。

7 当其中任一方的黑或白 5 颗棋子先在横、竖或斜线上连续成一条直线即可获胜，且该局游戏结束，如图 14-45 所示。

8 单击下方的“开始”超链接可继续游戏，若想退出游戏，单击游戏界面右上方的“关闭”按钮即可。

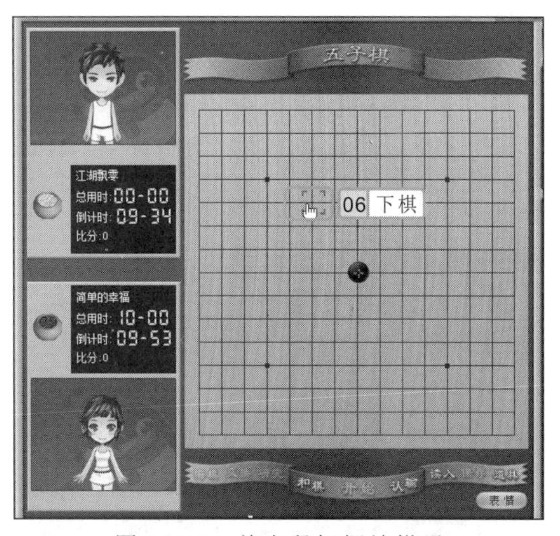

图 14-44 单击鼠标摆放棋子

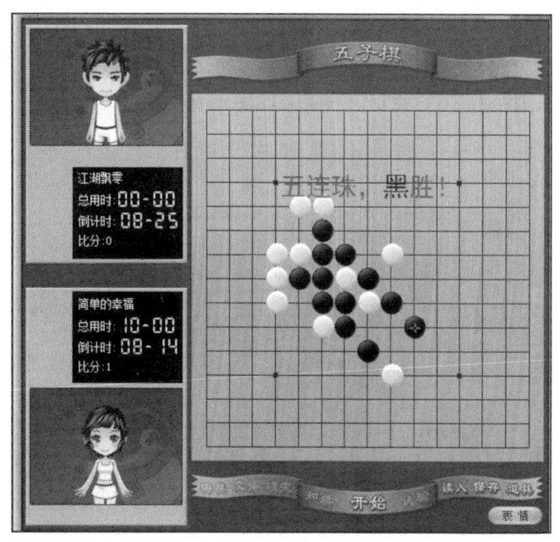

图 14-45 游戏结束

14.6.2 玩网页游戏

现在很多游戏网页中提供了益智、体育、棋牌和冒险等多种类型的游戏，不仅简单易学，还能娱乐身心，受到很多用户的青睐。网页中各种各样的游戏虽然很多，但其操作方法都类似，只要掌握了游戏规则，就能轻松玩耍。

实例 14-13 在 4399 游戏网页中玩水果连连看

1 在 IE 浏览器地址栏中输入“http://www.4399.com”，按 Enter 键打开 4399 游戏网首页。

2 在搜索文本框中输入需要玩的游戏名称，这里输入“水果连连看”，单击搜索按钮，如图 14-46 所示。

3 在打开的页面右侧将显示搜索到的水果连连看游戏，并默认以点击率高低进行排列，单击“4399 水果连连看”超链接，如图 14-47 所示。

操作提示

在下五子棋的过程中，单击页面下方的“认输”超链接，表示自愿放弃下棋机会，直接认输结束本局。

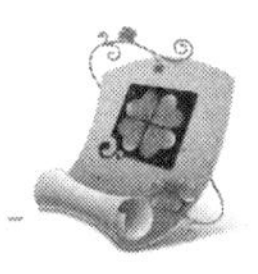

图 14-46　搜索游戏

图 14-47　单击超链接

4 在打开的页面中显示了 4399 水果连连看游戏的相关信息和游戏规则，阅读完游戏规则后单击开始游戏按钮，如图 14-48 所示。

5 在打开的页面中开始连接和缓冲游戏，缓冲完成后，在页面中将显示该游戏，单击开始游戏按钮开始游戏，如图 14-49 所示。

图 14-48　阅读游戏规则

图 14-49　开始游戏

6 在打开的游戏页面中查找两个花色相同的方块，并使用鼠标单击，如果中间没有其他方块的阻挡，即可成功消除，如图 14-50 所示。

7 使用相同的方法继续游戏，使页面中的方块在规定时间内完全消除，即可过关，如图 14-51 所示。

8 单击“恭喜，过关”文本所在的位置，即可进入到下一关，继续游戏。

网友较喜欢的在线游戏网页有 7k7k 小游戏（http://www.7k7k.com）、百度游戏（http://youxi.baidu.com）、007 小游戏（http://www.yx007.com）等。

图 14-50　开始游戏

图 14-51　成功过关

14.7　提高实例——边聊天边听歌

本实例将登录到 QQ，对 QQ 好友进行管理，然后使用 QQ 与好友进行交流，得出要在网上搜索的歌曲名，最后在网上搜索并播放歌曲。通过本实例，熟练掌握使用 QQ 聊天和网上听歌的方法。

14.7.1　操作思路

为更快完成本例的制作，并尽可能运用本章讲解的知识，本例的操作思路如下。

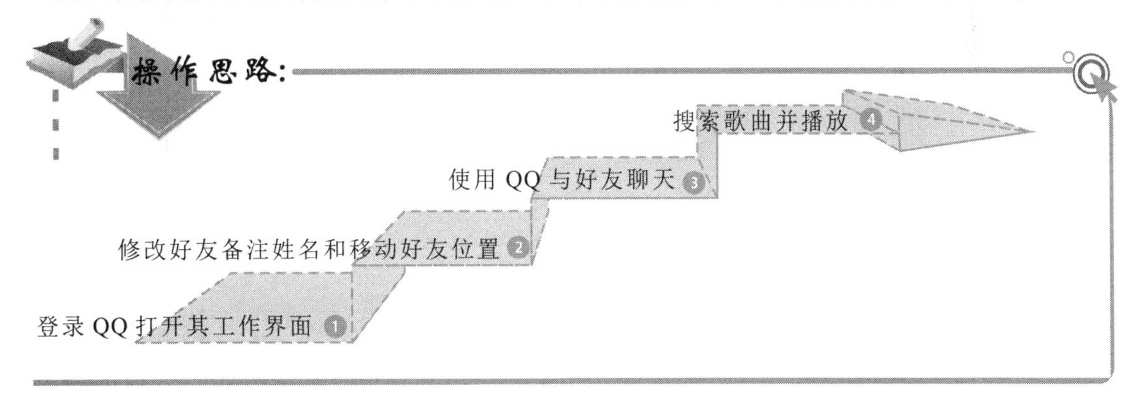

14.7.2　操作步骤

下面介绍边聊天边听音乐的方法，其操作步骤如下：

在游戏页面中单击提示按钮，系统会自动提示可连接消除的方块；单击暂停按钮可暂停游戏，再次单击该按钮，可继续游戏。

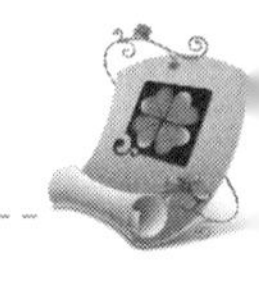

参见光盘　光盘\实例演示\第 14 章\边聊天边听歌

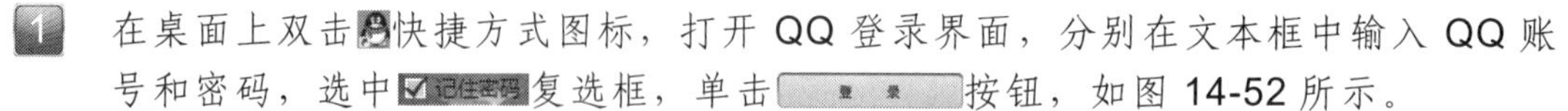

1. 在桌面上双击快捷方式图标，打开 QQ 登录界面，分别在文本框中输入 QQ 账号和密码，选中记住密码复选框，单击登录按钮，如图 14-52 所示。
2. 登录 QQ 并打开其工作界面，在“金城所致”好友头像上单击鼠标右键，在弹出的快捷菜单中选择“修改备注姓名”命令，如图 14-53 所示。

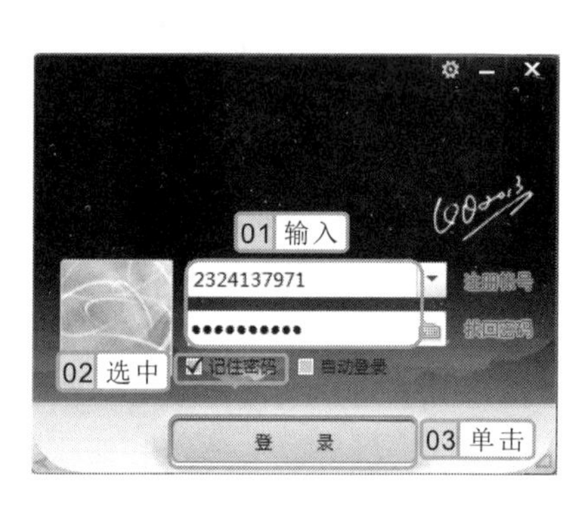

图 14-52　QQ 登录界面

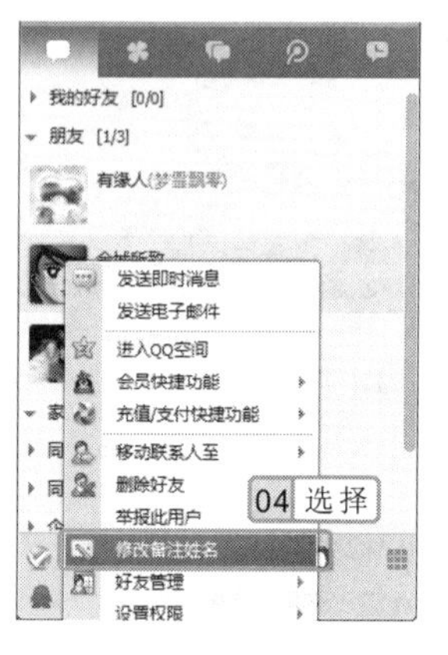

图 14-53　选择“修改备注姓名”命令

3. 打开“修改备注姓名”对话框，在“请输入备注姓名”文本框中输入“秦明”，单击确定按钮，如图 14-54 所示。
4. 返回 QQ 工作界面，即可看到好友的备注姓名已发生变化，再在该好友头像上单击鼠标右键，在弹出的快捷菜单中选择“移动联系人至”/“同事”命令，如图 14-55 所示。

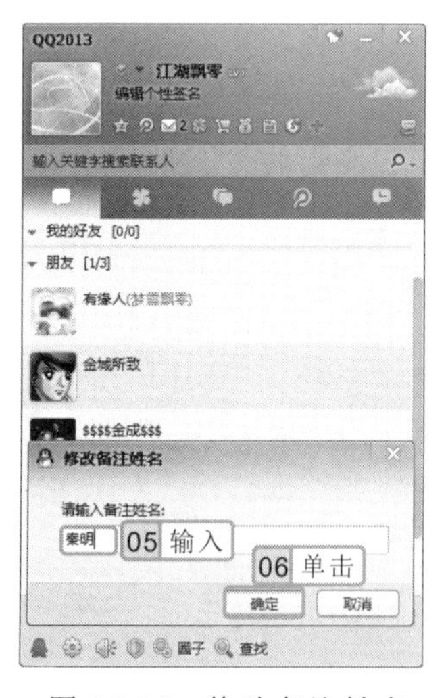

图 14-54　修改备注姓名

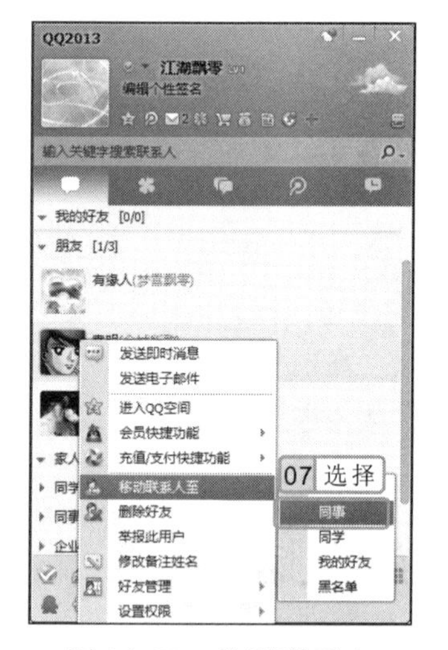

图 14-55　移至联系人

5. 在“朋友”栏中双击“有缘人”好友头像，打开与好友的聊天窗口，将鼠标光标

专家指导

在表情列表框中默认显示的表情都是比较常用且经典的。在表情列表框中还提供了一些生活中的表情，用户可根据需要进行选用。

定位到窗口下方的文本框中，单击按钮，在弹出的列表框中选择“扮鬼脸”选项，如图 14-56 所示。

6. 选择的表情将添加到鼠标光标所在的位置，然后在表情后面输入文字信息，单击发送(S)按钮，如图 14-57 所示。

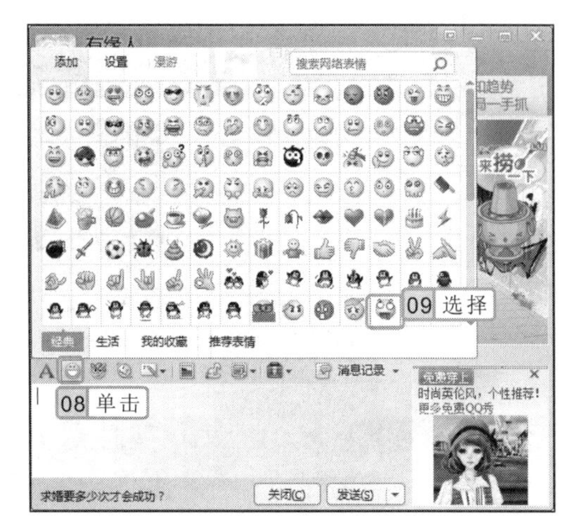

图 14-56　选择表情

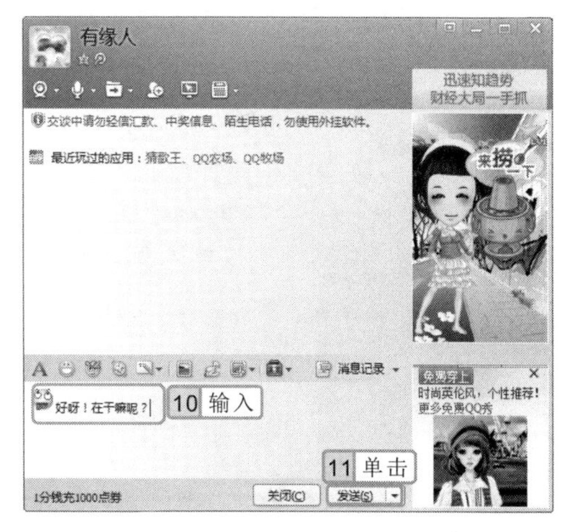

图 14-57　输入聊天内容

7. 待对方回复信息后，在聊天窗口上方的列表框中将显示回复的信息，然后继续在下方的文本框中输入回复的聊天信息并发送，如图 14-58 所示。

8. 启动 IE 浏览器，在地址栏中输入“http://www.baidu.com”，按 Enter 键打开百度网首页，单击“音乐”超链接。

9. 打开百度音乐页面，在搜索文本框中输入“防空洞”，单击百度一下按钮，如图 14-59 所示。

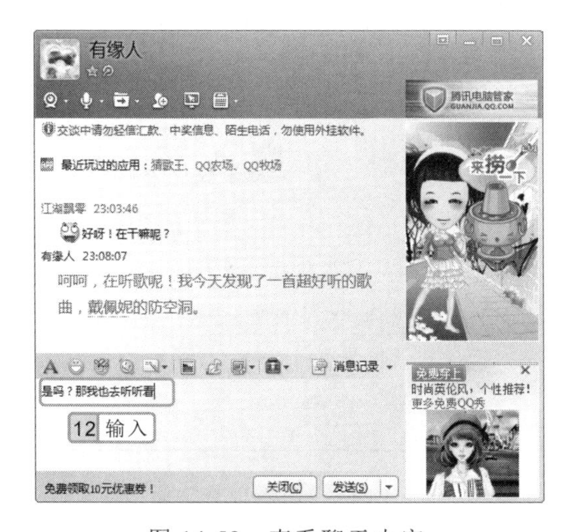

图 14-58　查看聊天内容

图 14-59　输入关键字

在聊天窗口中单击按钮，在打开的对话框中选择需要发送的图片，单击打开(O)按钮，选择的图片将在窗口下方的文本框中显示，单击发送(S)按钮，即可直接将图片发送给好友。

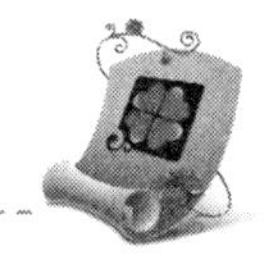

10 在打开的页面中显示了搜索的结果，在需要播放的音乐后面单击▶按钮，如图 14-60 所示。

11 此时该歌曲将添加到百度音乐盒中，同时系统会自动播放，如图 14-61 所示。

图 14-60 选择要播放的歌曲　　图 14-61 播放歌曲

12 切换到与好友聊天的窗口，在下方的文本框中输入聊天信息，并发送给好友，如图 14-62 所示。

13 待好友回复后，在聊天窗口上方查看好友回复的信息，可继续与好友聊天，在聊天过程中，单击窗口中的“消息记录”按钮，在窗口右侧可查看与好友的聊天记录，如图 14-63 所示。

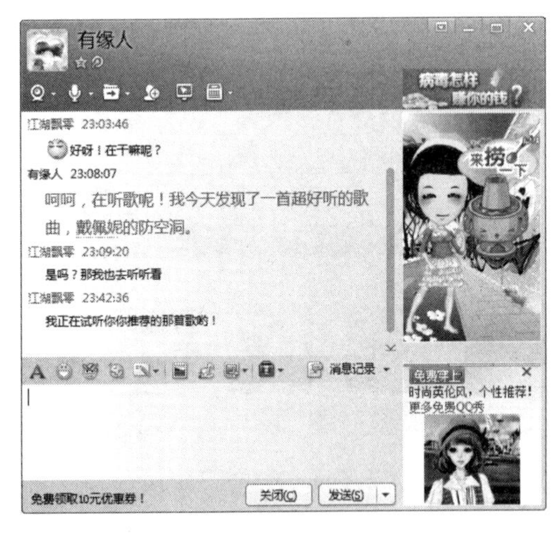

图 14-62 查看发送的聊天信息

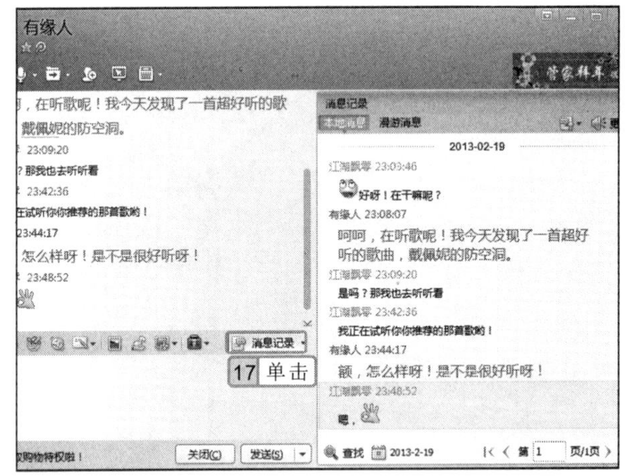

图 14-63 查看消息记录

14 聊天结束后，单击聊天窗口右上角的 ✕ 按钮，即可关闭聊天窗口。

在聊天过程中，可将窗口最小化，这样不会影响其他操作，当对方回复信息后，任务栏中对应的任务按钮颜色将发生变化。

14.8 提高练习

本章主要介绍了使用 QQ 与好友交流、通过 QQ 圈子查找好友、收发电子邮件以及网上看视频、听音乐、玩游戏等相关知识。下面将通过两个练习进一步巩固本章讲解的知识。

14.8.1 在凤凰网中阅读小说和周刊

本练习将在凤凰网（http://www.ifeng.com）中阅读小说和周刊，通过该练习，使用户掌握在同一个网站中阅读小说和杂志的方法。

光盘\实例演示\第 14 章\在凤凰网中阅读小说和周刊

该练习的操作思路如下。

1. 打开凤凰网首页
2. 单击“读书”超链接打开凤凰读书页面
3. 打开小说页面，选择小说并进行阅读
4. 打开书评周刊页面，选择期刊进行阅读

关键提示:

在凤凰读书页面中单击“图书”栏中的“小说”超链接，可打开小说页面；在“产品”栏中单击“读药周刊”超链接，可打开书评周刊页面。

14.8.2 与网友一起玩中国象棋

本练习将在 QQ 游戏中与网友一起玩中国象棋，通过练习掌握登录游戏界面、安装游戏和选择房间、桌位等相关知识。

光盘\实例演示\第 14 章\与网友一起玩中国象棋

该练习的操作思路与关键提示如下。

在象棋游戏界面中单击“开始”按钮后，系统将打开“时间设置”对话框，在各文本框中设置好时间后，单击确定按钮。

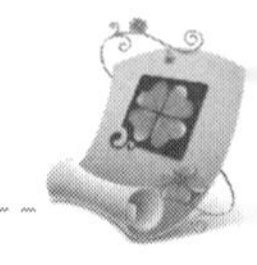

操作思路：

关键提示：

如果对游戏的玩法不清楚，在打开游戏时可查看其右侧的游戏介绍，里面具体讲解了游戏的规则、得分等级和各棋子的走法说明等。

14.9 知识问答

在使用 QQ 交流、收发电子邮件、网上读书和玩游戏的过程中，难免会遇到一些问题，例如发送文件夹、与好友一起玩游戏等。下面将介绍在网上娱乐的过程中常见的问题及解决方案。

问：可以直接向好友发送文件，那能不能发送包含多个文件的文件夹呢？

答：可以。其发送方法和发送文件类似，在聊天窗口单击“传送文件”按钮右侧的按钮，在弹出的下拉列表框中选择“发送文件夹”选项，打开“浏览文件夹”对话框，选择需要传送的文件，单击确定按钮，即可向好友传送文件夹。

问：通过邮箱能不能向好友发送文件或文件夹呢？

答：可以。方法是在写信界面的“主题”文本框下方单击“添加附件”超链接，在打开的“选择要加载的文件”对话框中选择要发送的文件或文件夹，单击打开(O)按钮，系统开始上传文件或文件夹，上传成功并撰写好邮件后，单击发送按钮发送邮件即可。

问：长时间在电脑上看小说，对眼睛伤害很大，可不可以用耳朵来听小说呢？

答：提供有声小说的网站就可实现用耳朵来听小说。其方法是打开提供有声小说的网站首页，如听中国网（http://www.tingchina.com），单击顶部的“有声小说”超链接，依次在打开的网页中选择需要听的小说和需要听的小说章节，在打开的页面中即可收听。

问：在 QQ 游戏大厅中能不能与 QQ 好友一起玩呢？

答：当然可以。其方法是首先打开 QQ 工作界面，然后选择想要邀请的好友并双击其

在邮箱中添加附件后，如果添加的附件过大，系统会提示建议使用超大附件进行传送。

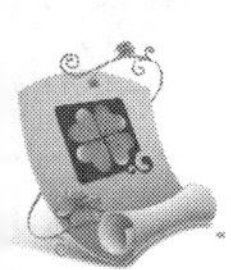

头像，打开聊天窗口。在上方的功能按钮中单击“更多功能”按钮右侧的按钮，在弹出的下拉列表中选择“一起玩游戏”选项，再在其子列表中选择想要玩的游戏，待对方接受了邀请后，登录QQ游戏大厅并找到游戏桌位，待好友进入后即可一起玩游戏。

知识关联 聊天软件介绍

网络中的聊天软件除了QQ外，常用的还有MSN和飞信。下面对这两款软件进行简单介绍。

- **MSN**：与腾讯QQ一样，是一款即时通信软件，其功能也与QQ类似，但它们最大的区别就是腾讯QQ是通过申请的QQ账号登录的，而MSN是通过申请一个邮箱地址作为登录账号的。
- **飞信**：该软件除具备聊天软件的基本功能外，还可以通过电脑、手机和WAP等多种终端登录，实现电脑和手机间的无缝互通，保证用户永不离线的状态。此外，飞信还提供了好友手机短信免费互发、语音群聊超低资费、手机和电脑间的文件互传等很多实用的功能，更能满足用户的各种需求。

操作提示

在QQ好友头像上单击鼠标右键，在弹出的快捷菜单中选择“一起玩游戏”命令，再在弹出的子菜单中选择需要玩的游戏，也可和好友一起玩游戏。

第15章

时尚网络生活

开通网上银行

网上团购

网上轻松购物

网上预订机票和酒店

网上缴费和转账

网上查询各种信息

本章导读

通过网络不仅可娱乐放松，还可查询各种信息或进行网上预订和购物，真正实现足不出户，便能轻松解决事情。本章将详细讲解网上查询信息、网上缴费和转账、网上预订、网上购物和团购等相关操作，使用户快速掌握使用电脑实现网上生活的方法。

15.1 网上查询信息

在网上不仅可以进行聊天，还可以根据需要查询一些日常生活信息，如公交线路、当地天气情况以及列车时刻表等。下面将详细介绍在网上查询这些信息的方法。

15.1.1 查询公交线路

外出时，如果不知道怎么乘车，可先在网上查询出发地至目的地的线路或公交车次，这样不仅可清晰地看到各个地方的详细位置，还可快速查询到公交线路。

实例 15-1 查询蜀蓉路到新会展中心的公交线路

下面将在搜狗地图上查询蜀蓉路到新会展中心的公交线路。

1. 在 IE 浏览器地址栏中输入“http://map.sogou.com”，按 Enter 键打开所在城市的搜狗地图，在左侧窗格中选择“公交”选项卡，在“从”文本框中输入“蜀蓉路”，在“到”文本框中输入“新会展中心”，如图 15-1 所示。
2. 单击 搜索 按钮，在下方将显示较快捷的乘车线路，右侧则显示相关的地理信息，这里在左侧窗格中选择“少换乘”选项卡，在下方的列表框中将显示换乘次数较少的公交线路，如图 15-2 所示。

图 15-1 输入查询的线路

图 15-2 查询公交线路

15.1.2 查询城市天气情况

为了出行更便利，外出旅游或出差前，可先查询旅游景点或出差城市未来几天的天气

操作提示

在搜狗地图首页的左侧窗格中选择“自驾”选项卡，输入起点和终点后，单击 搜索 按钮，在下方的列表框中将显示自驾或打车的路线。

情况。网上提供天气查询的网站很多，如中国天气网（http://www.weather.com.cn）、新浪天气网（http://weather.news.sina.com.cn）和气象网（http://www.qixiangwang.cn）等，在这些网站上可随时查到最新的天气情况。

实例 15-2 在新浪天气网查询西安未来几天的天气

1. 在 IE 浏览器地址栏中输入“http://weather.news.sina.com.cn”，按 Enter 键打开新浪天气首页，在搜索文本框中输入“西安”，如图 15-3 所示。
2. 单击搜索按钮，在打开的网页中即可查询到西安当天以及未来几天的天气情况，如图 15-4 所示。

图 15-3　输入查询天气的城市名称

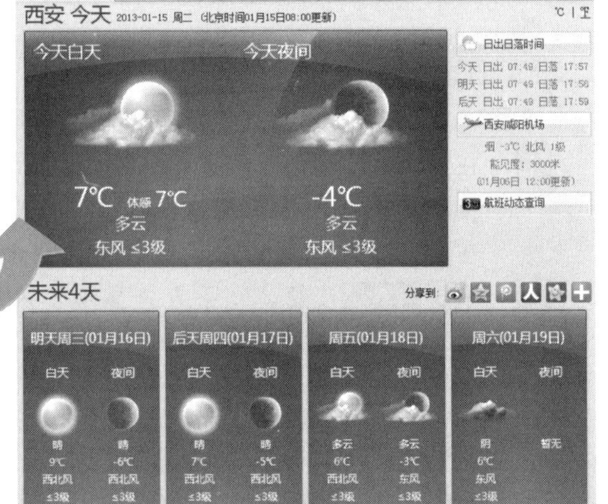

图 15-4　查看查询结果

15.1.3　查询列车时刻表

在网上还可方便地查询到各个地方的火车时刻表，其方法与查询公交线路和城市天气的方法相同。

实例 15-3 在铁路客户服务中心查询成都到巴中的列车时刻表

1. 在 IE 浏览器地址栏中输入“http://www.12306.cn”，按 Enter 键打开铁路客户服务中心首页，单击旅客列车时刻表查询按钮，在打开的窗口中单击“列车时刻表查询”超链接。
2. 在下方的“出发地”文本框中输入“成都”，在“目的地”文本框中输入“巴中”，单击查询按钮，如图 15-5 所示。
3. 在打开的网页中即可查看到成都到巴中的火车时刻表，如图 15-6 所示。

可查询列车时刻表的网站还有去哪儿网（http://train.qunar.com）、中国铁路网（http://train.tielu.org）等。

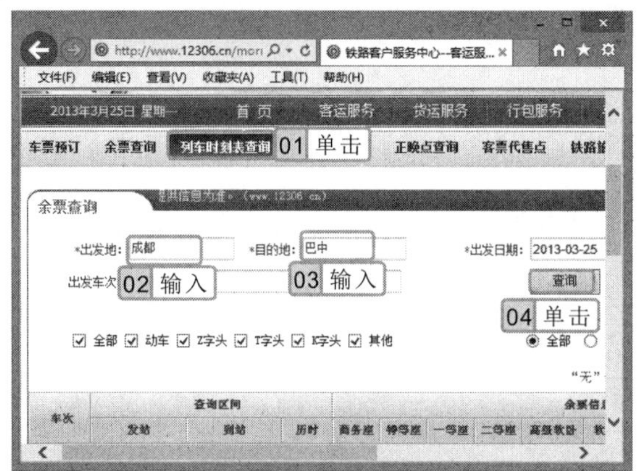

图 15-5　输入火车站点

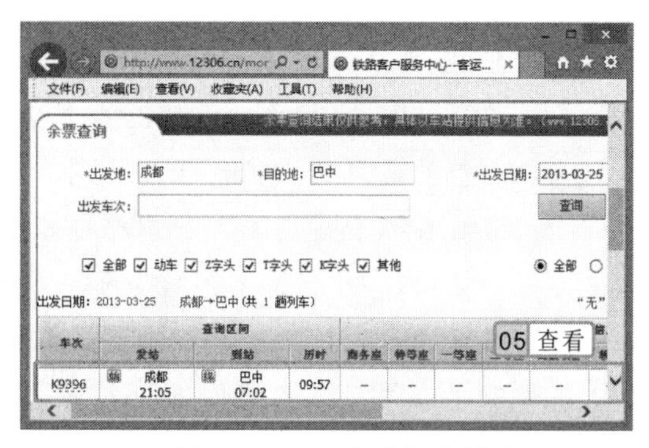

图 15-6　查看列车时刻表

15.2　网上交费和转账

随着网络的普及，很多人都会选择在网上充话费、转账，这样不仅方便，而且省时。但通过网络充话费、转账，需要先开通银行卡的网上银行功能。下面将详细介绍开通网上银行、交纳手机话费以及转账等相关操作方法。

15.2.1　开通网上银行

虽然每个银行的开通方式有所差异，但开通网上银行的流程基本上是相同的，用户只需携带本人有效身份证和银行卡前往银行营业网点，到柜台填写相关协议书，申请开通网上银行业务，工作人员审核填写资料无误后，即可开通网上银行服务，并获取电子银行口令卡或 U 盾，如图 15-7 所示为开通网上银行的流程。

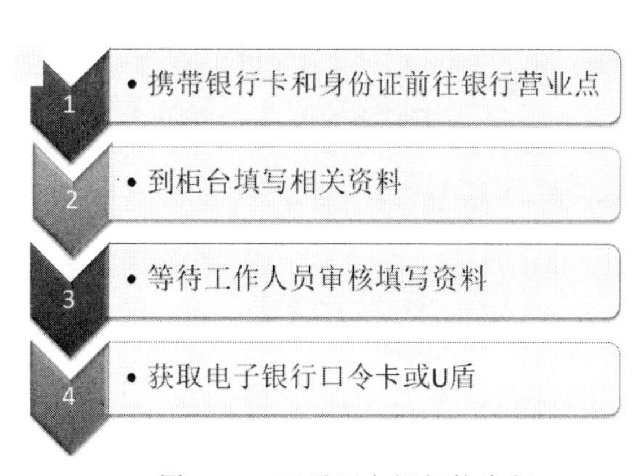

图 15-7　开通网上银行的流程

15.2.2　登录网上银行查询账户余额

为了保证网上银行的安全性，开通网上银行后，需要先在网上银行登录首页下载网上银行客户端软件，并将其安装在电脑中，然后即可使用账户名和密码登录网上系统，查看银行账户余额以及其他信息。

登录中国建设银行首页（http://www.ccb.com），在 个人网上银行登录 按钮下方单击“下载中心”超链接，在打开的网页中根据 U 盾下载对应的安全控件并进行安装即可。

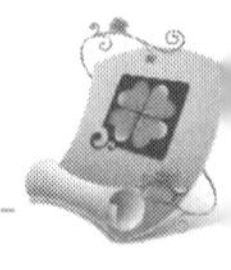

实例 15-4　登录网上银行查询账户余额

1. 在 IE 浏览器地址栏中输入“http://www.ccb.com”，按 Enter 键打开中国建设银行首页，单击 个人网上银行登录 按钮。
2. 在打开网页的“证件号码或用户昵称”文本框中输入身份证号码或银行账户用户名，在“登录密码”文本框中输入登录密码，在“附加码”文本框中输入其后的验证码，单击 登录 按钮，如图 15-8 所示。
3. 打开“个人网上银行”网页，默认选择“我的账户”选项卡，在“账户查询”栏中单击用户账号前面的 ⊞ 按钮，在展开的选项中即可查看账户余额，如图 15-9 所示。

图 15-8　输入账户登录信息

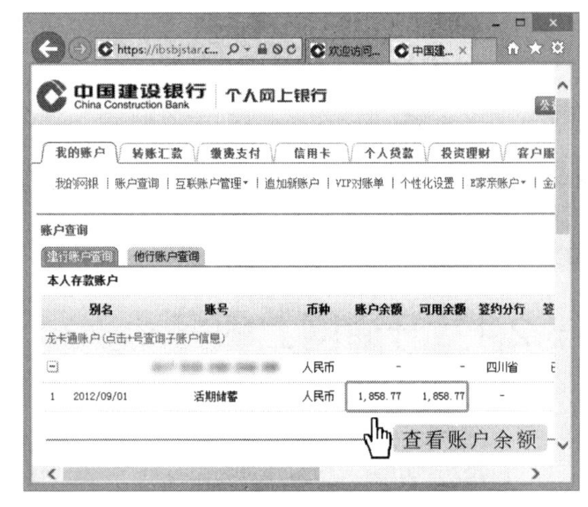

图 15-9　查询账户余额

15.2.3　代交家庭费用

通过网上银行还可代交手机费、家庭水电气费以及其他日常费用，其代交的方法都基本相同。

实例 15-5　使用中国建设银行卡代交手机话费

1. 登录到中国建设银行“个人网上银行”页面，将 U 盾与电脑正确连接，然后选择“缴费支付”选项卡，单击“全国手机充值”超链接。
2. 在打开页面的“手机号”和“确认手机号”文本框中输入需要交费的手机号码，在“面值”栏中选中 ◉ 50 单选按钮，单击 下一步 按钮，如图 15-10 所示。
3. 在打开的页面中确认充值信息，然后单击 确认 按钮。在打开对话框的“请输入网银盾密码”文本框中输入设置的网银盾密码，单击 确定 按钮，如图 15-11 所示。

对于不同的网上银行，在交费过程中会有所不同，但基本方法都是类似的，只需按照相应的步骤进行操作即可。

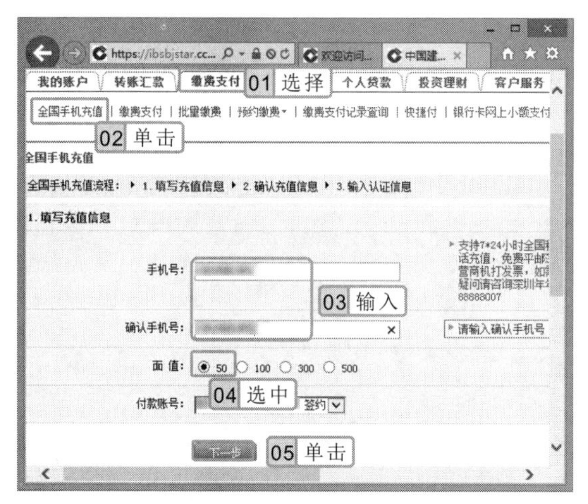

图 15-10　填写充值信息

图 15-11　输入网银盾密码

4　根据打开对话框的提示查看网银盾屏幕上显示的信息是否正确，确认无误后按所持网银盾上的“确认”按钮，如图 15-12 所示。

5　在打开的页面中提示手机充值成功，并显示交易信息，如图 15-13 所示。

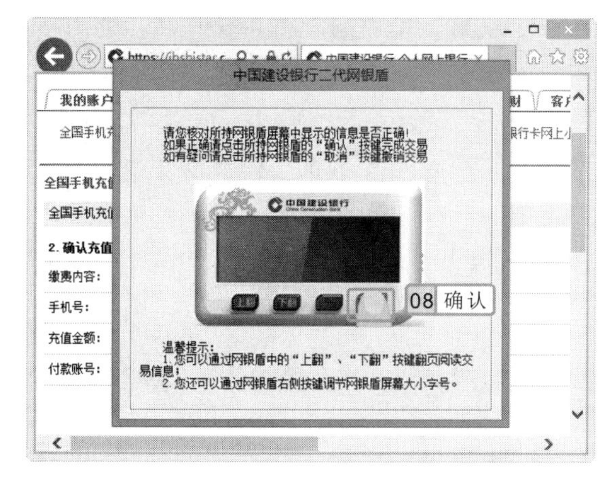

图 15-12　确定交易信息

图 15-13　交易成功

15.2.4　向其他账户转账

通过网上银行还可向其他账户转账，网上银行转账主要分为本行转账和跨行转账两种，但其基本操作方法都相同。

实例 15-6　使用中国建设银行账户向本行其他账户转账 1000 元

1　登录到中国建设银行“个人网上银行”页面，将 U 盾与电脑正确连接，然后选择

在确认充值信息时，若发现输入的电话号码有误，可单击 上一步 按钮，返回到填写充值信息页面，对手机号码进行修改即可。

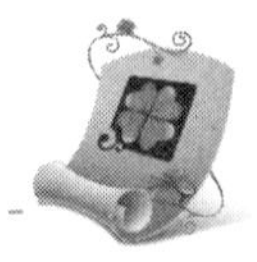

"转账汇款"选项卡，单击"活期转账汇款"超链接，如图 15-14 所示。

2. 在打开页面的"请选择付款的账户"栏中选择付款账户，这里保持默认不变，在该页面的"请填写收款账户信息"和"请填写转账金额及相关信息"栏中根据提示填写相关的信息，填写完成后单击 下一步 按钮，如图 15-15 所示。

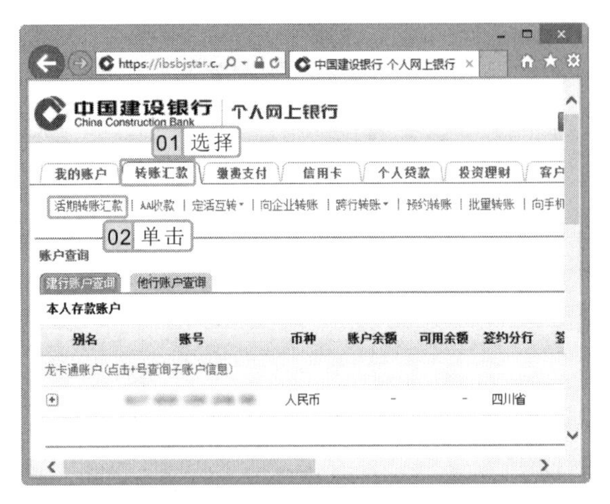

图 15-14　单击"活期转账汇款"超链接

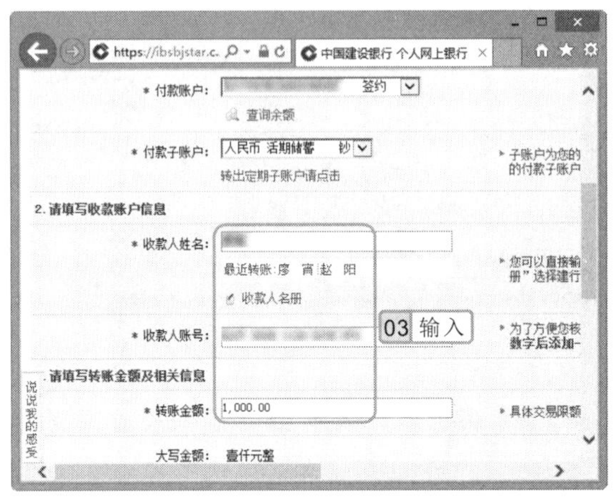

图 15-15　填写转账相关信息

3. 在打开的页面中确认转账汇款信息，确认无误后，单击 确认 按钮，然后在打开对话框的"请输入网银盾密码"文本框中输入设置的网银盾密码，单击 确定 按钮，如图 15-16 所示。

4. 根据打开对话框的提示查看网银盾屏幕上显示的信息是否正确，确认无误后按所持网银盾上的"确认"按钮。

5. 在打开的页面中提示转账交易成功，并在页面下方显示交易信息，如图 15-17 所示。

图 15-16　确定交易信息

图 15-17　交易成功

专家指导

在使用网上银行的过程中，如果长时间不进行操作，再次操作时，将提示重新登录，即需要重新输入证件号、密码以及验证码。

15.3 网上预订

在 Internet 中不但可以进行网络交流，还可以进行网上预订，如预订机票和酒店等，让用户足不出户即可享受到各种服务。下面将分别介绍网上预订机票和酒店的操作方法。

15.3.1 网上订机票

网上预订机票不仅可以节约时间，而且可以更为主动地选择最适合自己的飞机航班。提供机票预订服务的网站很多，且操作方法也都类似。

实例 15-7 在艺龙旅行网中预订成都到上海的机票

1. 启动 IE 浏览器，在地址栏中输入艺龙旅行网的网址“http://www.elong.com”，按 Enter 键打开网站首页。
2. 在页面左侧的窗格中选择“机票预订”选项卡，选中◉国内机票单选按钮，在“航班类型”下拉列表框中选择“单程”选项。
3. 在“出发城市”和“到达城市”文本框中分别输入“成都”和“上海”，单击“出发日期”文本框中的▦图标，在弹出的列表框中选择日期，在“舱位等级”下拉列表框中选择“经济舱”选项，单击 搜索 按钮，如图 15-18 所示。
4. 在打开的页面中将显示所有符合要求的航班信息，在符合要求的航班后面单击 预订 按钮，如图 15-19 所示。

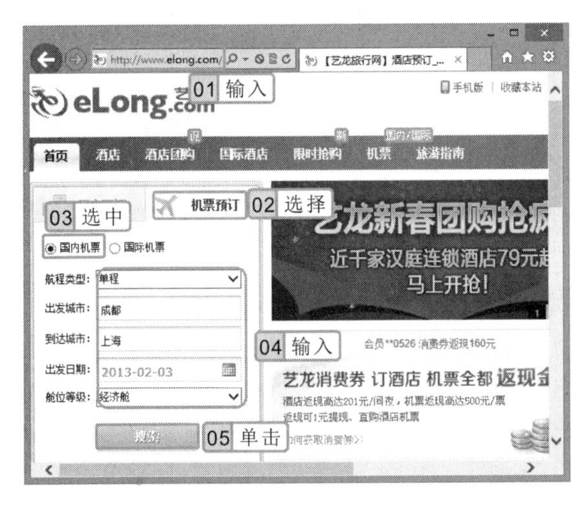

图 15-18 设置搜索条件

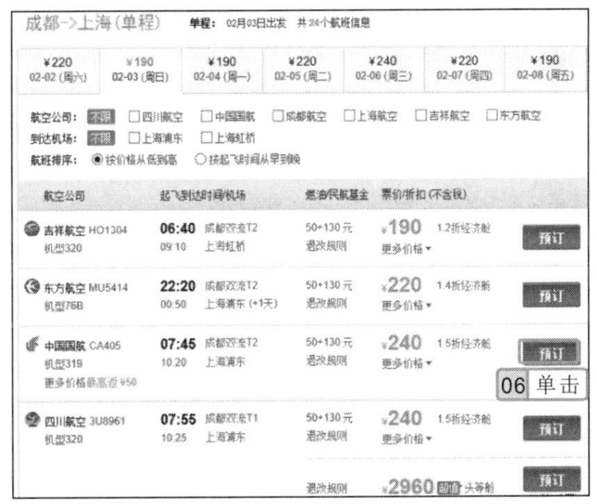

图 15-19 预订机票

5. 在打开网页的“填写预订信息”栏中填写乘客信息，如证件号码和联系方式等，在“支付方式”栏中选中◉网上银行单选按钮，在展开的列表框中选择开通网银的网

在预订机票页面中可设置预订的时间、航空公司和到达的机场等信息，设置完成后，可重新进行搜索。

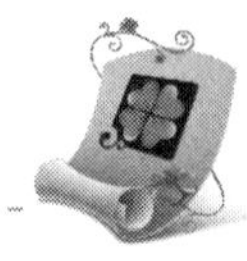

上银行，这里选中 单选按钮，单击 按钮，如图 15-20 所示。

6 在打开的“核对订单”网页中核对填写的预订信息，确认无误后，选中 ☑ 已核实以上机票和保险信息，乘机人(即被保险人)同意购买且认可保险金额，并已阅读保险条款的全部内容。复选框，单击 核对无误，提交订单 按钮，如图 15-21 所示。

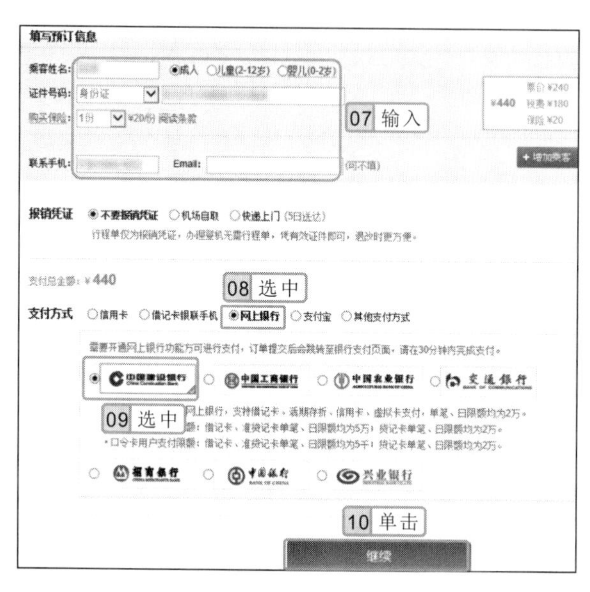

图 15-20　填写预订信息

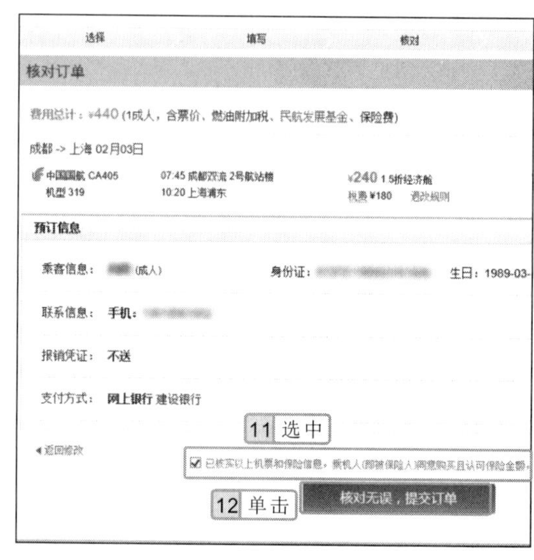

图 15-21　确定预订信息

7 在打开的网页中单击 确认，去支付 按钮，打开建设银行的登录页面，在文本框中输入相应的信息，单击 下一步 按钮，如图 15-22 所示。

8 将 U 盾与电脑连接，然后在打开的网页中单击 支付 按钮，如图 15-23 所示。然后根据提示支付费用，完成支付后即可完成机票的预订。

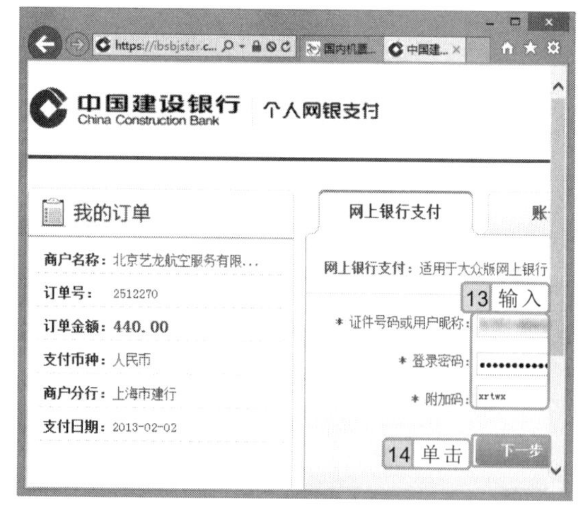

图 15-22　登录网上银行

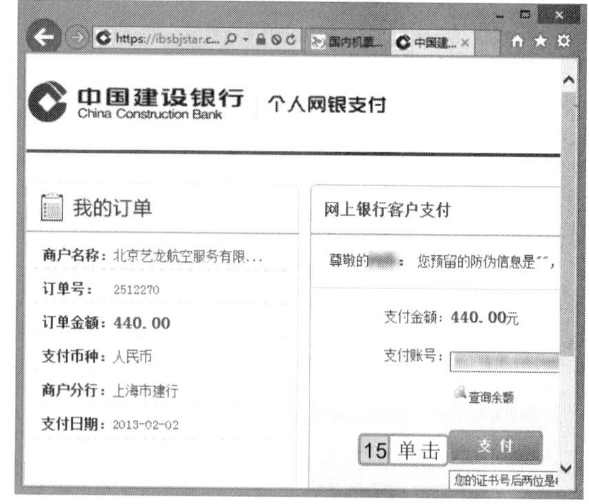

图 15-23　单击“支付”按钮支付

在有些网站预订机票，会要求用户注册为会员，其方法与注册 QQ 账号的方法类似。

15.3.2 网上订酒店

网上预订酒店与网上预订机票的操作方法大致相同，只需在相应的网站中对城市名称、酒店名称、入住时间与离开时间以及价格范围等条件进行设置，来选择符合自己要求的酒店，即可进行预订操作。如图 15-24 所示为在艺龙旅行网中预订酒店的网页信息。

图 15-24 预订酒店

15.4 网上轻松购物

网上购物是一种既省时又省力的新型购物方式，网络中提供了许多购物网站，如淘宝网、拍拍网和京东商城等，且购物的方法都类似。本节将以在淘宝网上购物为例介绍网上购物的方法。

15.4.1 注册淘宝会员

在购物网站中可免费浏览各种商品信息，若要在购物网站中购买商品以及浏览，就需要注册成该网站的会员后，才能进行相应的操作。

实例 15-8 在淘宝网中注册会员

1. 在 IE 地址栏中输入网址“http://www.taobao.com”，按 Enter 键打开淘宝网首页，单击“免费注册”超链接。
2. 打开“填写账户信息”页面，依次填写“账户名”、“登录密码”、“确认密码”和“验证码”，然后单击同意协议并注册按钮，如图 15-25 所示。
3. 在打开的“验证账户信息”页面中单击“使用邮箱验证”超链接，在打开的页面中的“您的电子邮箱”文本框中输入未注册过的电子邮箱地址，单击提交按钮，

在淘宝上购物前，必须先注册为淘宝会员，才能付款购买物品。

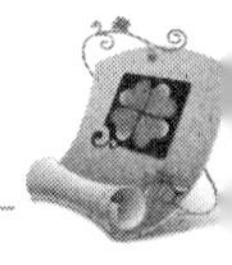

如图 15-26 所示。

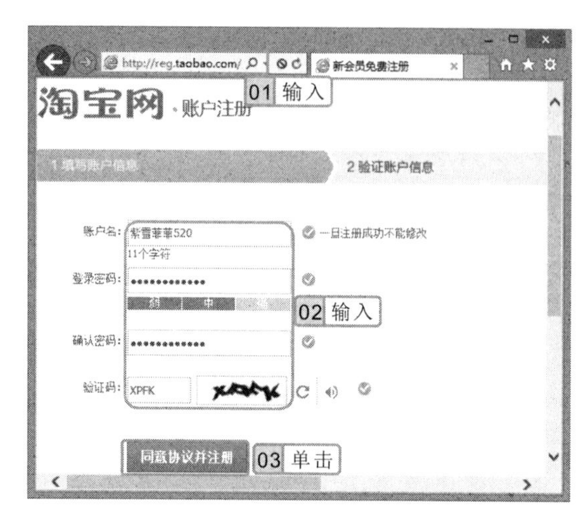

图 15-25　填写账户注册信息

图 15-26　输入邮箱地址

4. 打开“手机验证”对话框，在“您的手机号码”文本框中输入注册的手机号，单击提交按钮，如图 15-27 所示。
5. 在打开的对话框中确认填写的手机号码，并输入发送到手机的验证码，然后单击验证按钮，如图 15-28 所示。

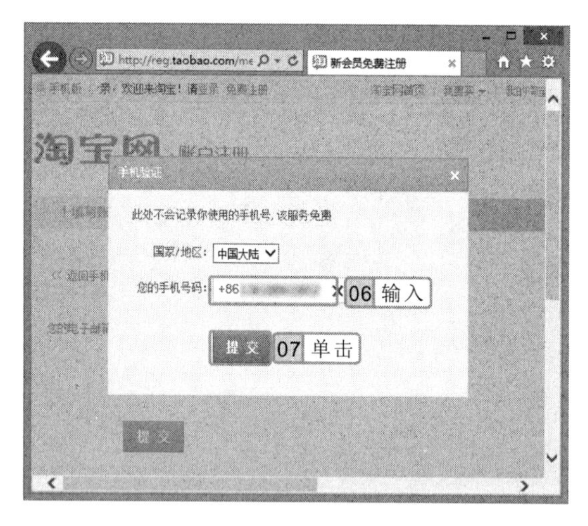

图 15-27　输入手机号码

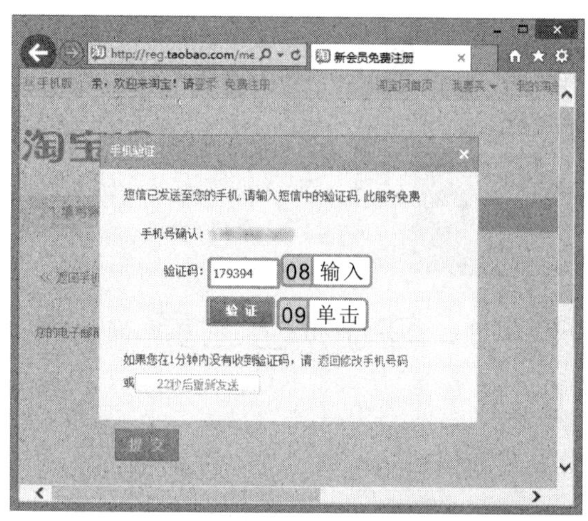

图 15-28　输入验证码

6. 在打开的页面中显示了注册的电子邮箱地址，单击去邮箱激活账户按钮，在打开的邮箱登录页面中输入邮箱地址和密码，并登录到该邮箱。
7. 在打开的页面中单击“收件箱”超链接，在其页面右侧单击“淘宝网”超链接，打开淘宝网发送的邮件，单击完成注册按钮，如图 15-29 所示。
8. 系统自动跳转到淘宝网，并提示用户注册成功，如图 15-30 所示。

在“验证账户信息”页面中也可以直接输入电话号码进行注册，但输入的电话号码必须是未在淘宝网中注册的手机号码。

图 15-29　单击“完成注册”按钮

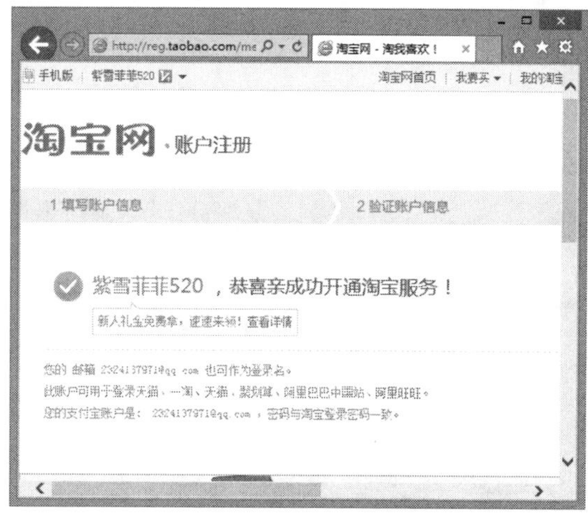

图 15-30　注册成功

15.4.2　选定商品并购买

注册成为网站会员并登录后，即可在网站中选择需要的商品进行购买，购买成功后，网店店主会把已购买成功的商品通过快递或其他方式寄送到您填写的收件地址。

实例 15-9　在淘宝网中搜索并购买 U 盘

1. 打开淘宝网首页并登录到用户账户，在搜索框上方单击“宝贝”超链接，在搜索框中输入需要购买的商品，这里输入“U 盘”，如图 15-31 所示。
2. 单击 搜索 按钮，在打开的页面中将显示搜索的结果，单击需要购买商品对应的图片或文本超链接，这里单击如图 15-32 所示的文本超链接。

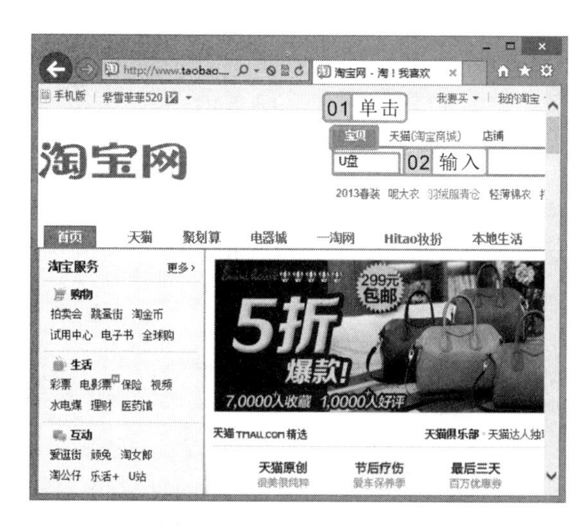

图 15-31　输入商品关键字

图 15-32　单击超链接

成功注册会员后，系统会自动跳转到淘宝网并登录用户账户，下次登录时，可直接在淘宝网首页单击“登录”超链接，在打开的页面中输入用户名和密码，单击 登录 按钮即可。

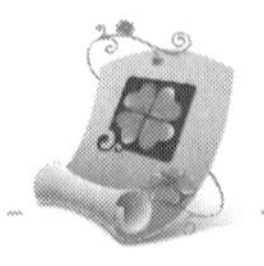

3. 在打开的页面中查看购买商品的详细信息，确定要购买后单击立刻购买按钮，如图 15-33 所示。
4. 打开“确认订单信息”页面，在其中根据提示填写个人的详细地址和联系方式，再单击确定按钮，如图 15-34 所示。

图 15-33　查看商品信息

图 15-34　填写订单信息

5. 在打开的页面中显示了填写的信息，确认订单信息，单击提交订单按钮，如图 15-35 所示。
6. 在打开的支付宝页面“付款方式”栏中选择付款方式，这里在“网上银行”栏中选中“中国建设银行”单选按钮，然后单击页面下方的下一步按钮，如图 15-36 所示。

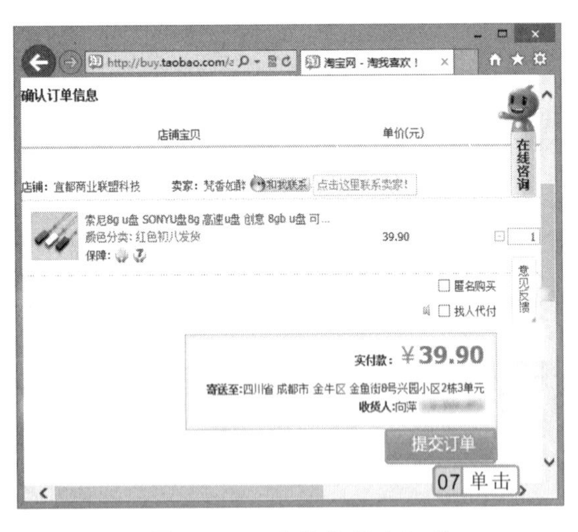

图 15-35　确认并提交订单

图 15-36　选择支付方式

7. 在打开的页面中单击登录到网上银行付款按钮，再在打开的页面中输入证件号码和密码等信息，登录到网上银行，并连接 U 盾。

若购买的商品是鞋子、衣服和旅游箱等涉及尺码和颜色的商品，在查看商品信息页面中将显示提供的尺码和颜色，用户可自行选择。

8. 在打开的页面中显示了网上银行支付信息，单击 支付 按钮，在打开的对话框中输入网银盾密码，单击 确定 按钮，如图 15-37 所示。
9. 根据对话框的提示查看网银盾屏幕上显示的信息是否正确，确认无误后按所持网银盾上的“确认”按钮。在打开的页面中将提示付款成功，如图 15-38 所示。

图 15-37　输入网银盾密码

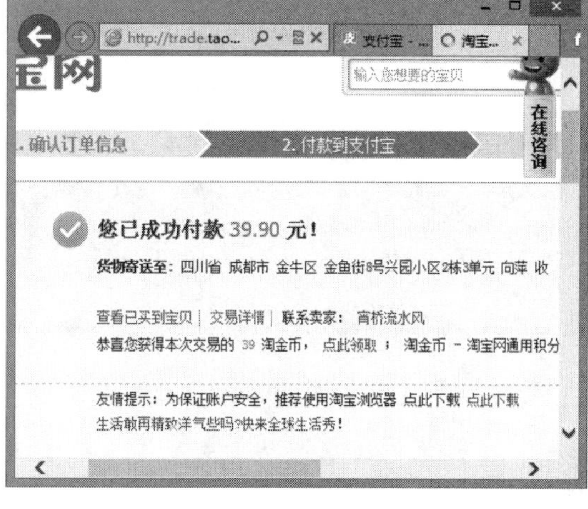

图 15-38　提示成功付款

15.5　网上团购

团购是一种团体购物的方式，通过消费者自行组团或专业团购网站等形式，以最优惠的价格买到满意的商品。与在淘宝网中购买商品的方法类似，团购时也必须注册会员账号。下面介绍团购的相关知识。

15.5.1　常用的团购网站

团购一般需通过提供团购服务的网站进行。常见的团购网站有美团网、拉手网、糯米网等。下面分别对这些团购网站进行介绍。

- **美团网**：是 2010 年 3 月份成立的团购网站，该网站始终遵循“消费者第一、商家第二、美团第三”的原则，而且美团网的售后服务有保障，若团购券过期还能包退，在业内广受用户好评，如图 15-39 所示为成都美团网首页。
- **拉手网**：是中国内地最大的团购网站之一，开通团购服务的城市和可团购的商品都较多，而且拉手券过期 7 天后，将对未消费用户的拉手券进行自动退款，如图 15-40 所示为成都拉手网首页。

在网上银行客户支付页面中单击“查询余额”超链接，可打开查看银行卡中的余额的页面。

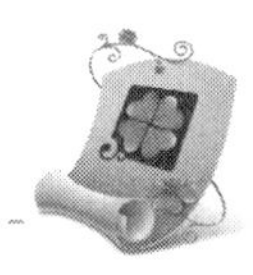

图 15-39　成都美团网首页

图 15-40　成都拉手网首页

- 糯米网：该网站主要定位于本地精品生活指南，对商家提供的服务和商品的性价比要求较高。而且该团购网站的分类与其他团购网站有所区别，为广大用户提供便利，如图 15-41 所示为成都糯米网首页。

图 15-41　成都糯米网首页

百度团购网（http://tuan.baidu.com）是一个团购导航网站，在该网站中列出了多个常用的团购网站，单击相应的超链接，即可打开相应的团购网首页。

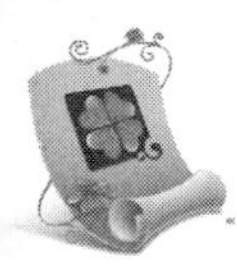

15.5.2 团购商品

打开团购网站，注册成为该团购网站会员并登录后，就可以选择商品进行团购了。

实例 15-10 在成都美团网中团购 KTV

1. 打开成都美团网首页，在“热门”栏中单击 KTV 按钮，在打开页面的“区域”栏中选择搜索的区域，这里选择“金牛区”，在页面下方将显示搜索的结果，在需要团购的商品后面单击 抢购 按钮，如图 15-42 所示。
2. 在打开的页面中将显示相关的信息，确认团购后，单击 抢购 按钮，如图 15-43 所示。

图 15-42 选择需要团购的商品

图 15-43 单击“抢购”按钮

3. 在打开的页面中查看购买信息和填写购买数量，单击 确认订单 按钮，如图 15-44 所示。
4. 在“选择支付方式”栏中选中 ◉ 中国建设银行 单选按钮，单击 进行支付 按钮，如图 15-45 所示。

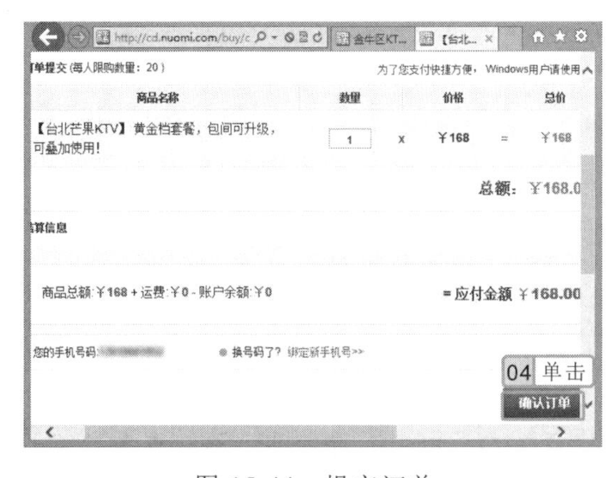

图 15-44 提交订单

图 15-45 选择支付方式

操作提示

将鼠标指针移动到“价格”列表框上，在弹出的下拉列表中将列出多个区域的价位，选择相应的选项，可搜索出相应价位的团购商品。

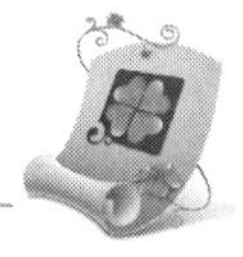

5 在打开的页面中输入网上银行登录证件号、密码以及验证码后登录到网上银行进行支付即可。

15.6　提高实例——在当当网上购买图书

本实例将运用在网上注册会员、搜索商品和购买商品等知识，在当当网上购买一本图书。通过本实例的操作，使用户进一步掌握在购物网站中购物的方法。

15.6.1　操作思路

为更快完成本例的制作，并尽可能运用本章讲解的知识，本例的操作思路如下。

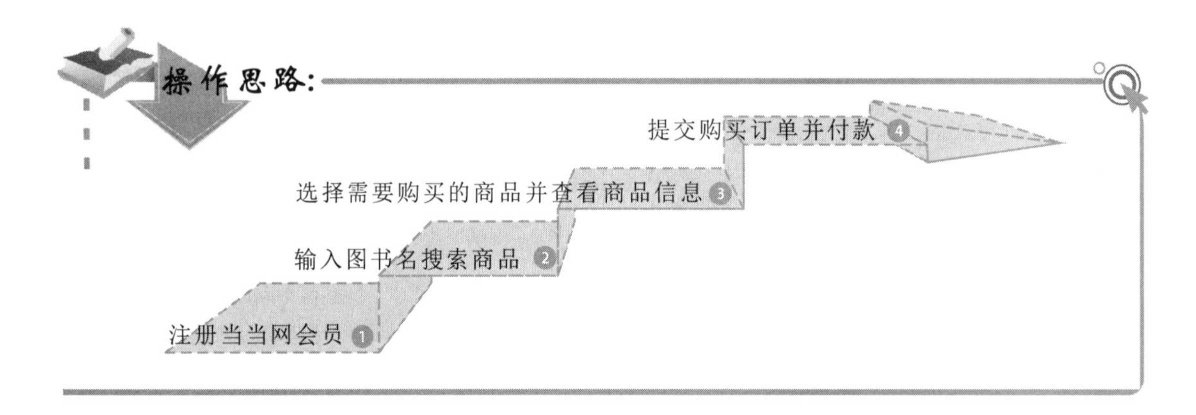

15.6.2　操作步骤

下面介绍在当当网上购买图书的方法，其操作步骤如下：

光盘\实例演示\第 15 章\在当当网上购买图书

1 启动 IE 浏览器，在地址栏中输入“http://www.dangdang.com”，按 Enter 键打开当当网首页。

2 在页面顶部单击“免费注册”超链接，打开“注册新用户”页面，在对应的文本框中填写相应的注册信息，填写完成后，单击注册按钮，如图 15-46 所示。

3 在打开的页面中将提示注册成功信息，然后返回当当网首页，即可看到注册的用户已登录。

4 单击“图书”超链接，在打开页面的搜索文本框中输入要购买的图书名称，这里输入“说话的魅力”，如图 15-47 所示。

在注册新用户时，如果没有验证邮箱，那么在用户成功登录后，将在登录的用户后面显示“邮箱未验证”，单击“邮箱未验证”超链接，可登录到邮箱进行验证。

图 15-46　注册用户

图 15-47　输入关键字

5 单击搜索按钮，在打开的页面中将显示搜索到的相关商品，单击需要购买商品对应的文本或图片超链接，这里单击如图 15-48 所示的文本超链接。

6 在打开的页面中查看图书的详细信息，确定要购买后，单击购 买按钮，如图 15-49 所示。

图 15-48　单击文本超链接

图 15-49　查看图书详细信息

7 将购买的书籍成功添加到购物车，在打开的页面中单击去购物车结算按钮，打开“我的购物车”页面，在其中可以查看需要购买图书的信息，单击右下方的结 算按钮，如图 15-50 所示。

8 打开“确认订单信息”页面，在其中根据提示填写相应的信息，完成后单击确认收货人信息按钮，如图 15-51 所示。

将购买的商品成功添加到购物车后，在打开的页面中单击继续购物按钮，可返回到前一个网页，继续购物。

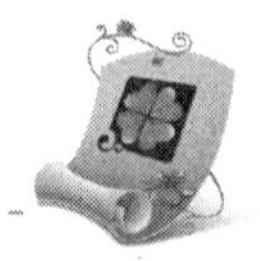

图 15-50　单击“结算”按钮

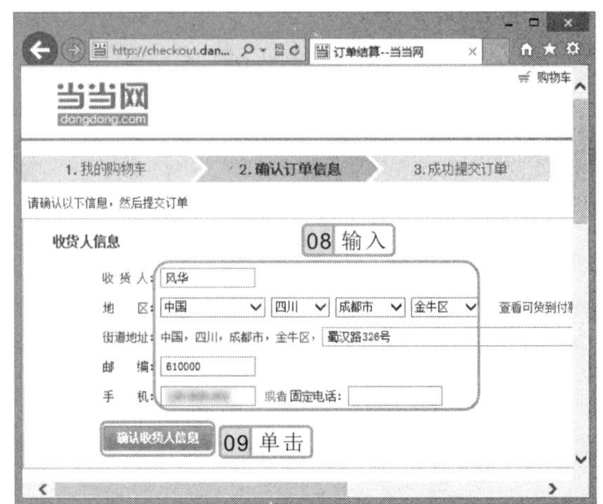

图 15-51　填写订单信息

9 在打开页面的“送货方式”栏中选中 ◉普通快递送货上门（支持货到付款）单选按钮，在“送货上门时间”下拉列表框中选择“周一至周五”选项，单击 确认送货方式 按钮，如图 15-52 所示。

10 在打开页面的“付款方式”栏中选择付款方式，这里选中 ◉ 网上支付 按钮，单击 确认付款方式 按钮，如图 15-53 所示。

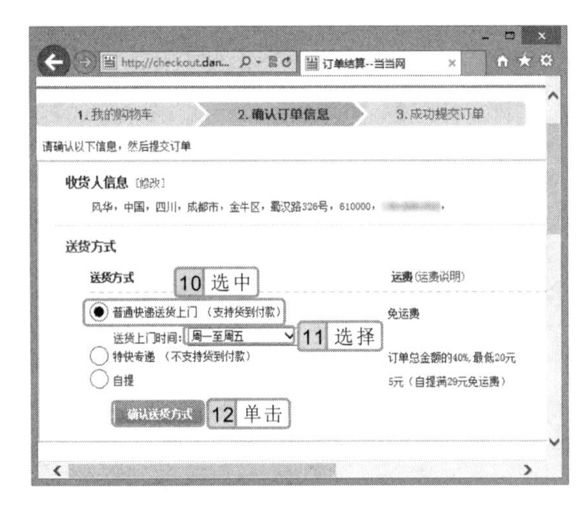

图 15-52　选择送货方式

图 15-53　选择支付方式

11 在打开页面的“商品清单”栏中查看需购买的图书是否正确，然后在“发票抬头”后面选中 ◉个人单选按钮，在“发票内容”下拉列表中选择“图书”选项，单击 确认 按钮，如图 15-54 所示。

12 单击 提交订单 按钮，在打开的页面中选中“中国建设银行”单选按钮，在打开的对话框中单击 确认 按钮，如图 15-55 所示。

在当当网上购物，既可通过网上银行付款，也可通过转账的方式付款或收到货物后再付款，其多种支付方式为用户带来了很大的便利。

图 15-54　设置发票相关信息

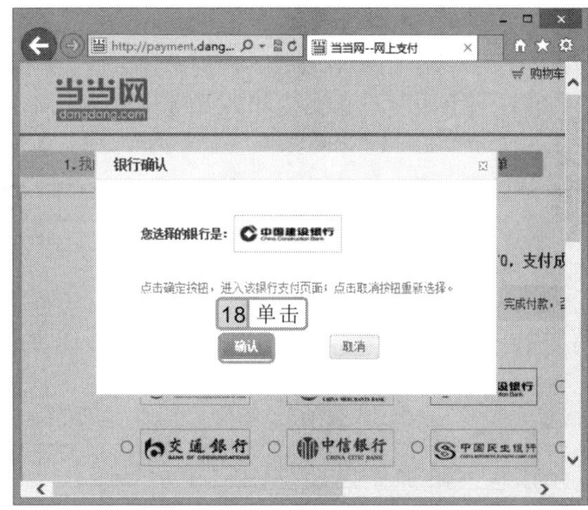

图 15-55　确认付款的银行

13 在打开的页面左侧显示了订单信息，在右侧的文本框中输入网上银行的登录信息进行登录，成功登录后进行付款即可。

15.7 提高练习

本章主要介绍了网上查询信息、网上交费和转账、网上预订、网上购物与网上团购的方法。下面通过两个练习进一步巩固网上银行的使用和网上团购的相关知识，使用户更加熟练地进行操作。

15.7.1 管理网上银行

本练习将先登录到网上银行，查看网上银行的余额，然后为手机充 50 元话费，最后通过网上银行向其他账户转账 400 元。

光盘\实例演示\第 15 章\管理网上银行

该练习的操作思路与关键提示如下。

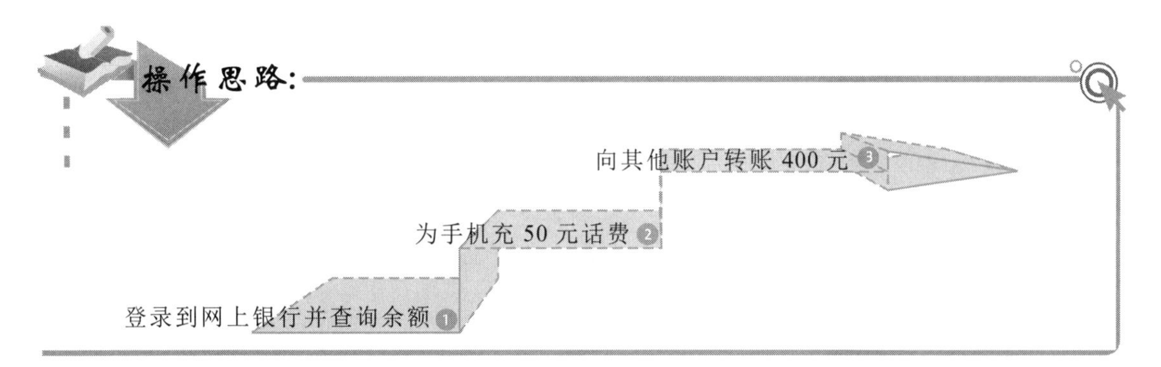

在当当网上购买商品后，如果不需要发票，可在“商品清单”栏中单击 暂不需要 按钮。

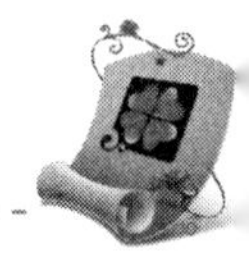

关键提示:

通过网上银行进行充值和转账等操作时，都需要使用 U 盾才能成功交易。

15.7.2 在拉手网中团购床上用品

本练习将首先注册成为拉手网的会员，然后在拉手网中搜索需要团购的商品，对其进行团购。通过该练习，进一步巩固网上团购的相关知识。

参见光盘　光盘\实例演示\第 15 章\在拉手网中团购床上用品

该练习的操作思路与关键提示如下。

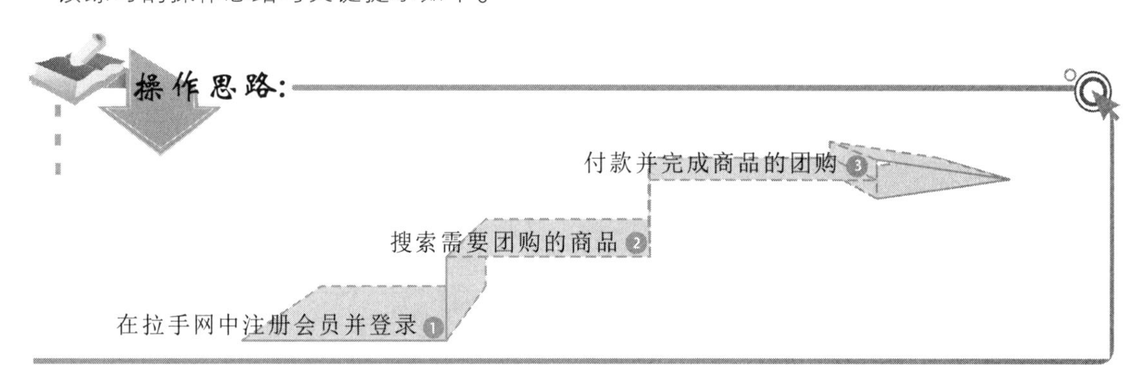

关键提示:

在拉手网中的搜索文本框中输入关键字“床上用品”，单击其后的搜索按钮，在打开的页面中即可搜索出与“床上用品”相关的商品。

15.8 知识问答

在网上查询信息的过程中，难免会遇到一些难题，如怎样查询账户交易明细、跨行转账以及确认付款等。下面将介绍使用网络过程中常见的问题及解决方案。

问：登录到网上银行后，能不能查询银行账户的交易明细呢？

答：当然可以。登录银行账户后，在“账户查询”栏中单击明细按钮，在打开的页面中默认选择账户，单击“起始日期”文本框后面的按钮，在弹出的日期列表框中选择查询的起始日期，单击确认按钮，在打开的页面中即可查看设置的查询时期内的交易明细。

在团购网中团购如衣服、鞋子和被套等需要商家送货的商品时，在购买过程中，需要填写详细的收件地址。

问：使用网上银行跨行转账和同行转账方法一样吗？

答：基本相同。跨行转账的方法是：登录到网上银行，选择“转账汇款”选项卡，将鼠标指针移动到“跨行转账”文本上，在弹出的下拉列表中选择“建行转他行”选项，在打开的页面中单击现在转账按钮，再在打开的页面中填写相应的信息，填写完成后进行转账操作即可。

问：我在淘宝网上购买衣服时，已支付过，为什么会发信息让我确认付款呢？

答：为了保障淘宝网网上购物的安全，在购买商品并付款后，支付的金额将不会直接转给卖家，而是转到第三方软件——支付宝中。当买家签收货物后，还需要到淘宝网上进行确认，才能将支付的金额转给卖家。其方法是登录到淘宝网首页，将鼠标指针移动到“我的淘宝”选项上，在弹出的下拉列表中选择“已购买到的宝贝”选项，在打开的页面中显示了购买的商品，单击确认收货按钮，在打开页面的“支付宝支付密码”文本框中输入支付密码，也就是淘宝会员密码，单击确定按钮即可。

问：淘宝账户的密码丢失了，怎么办？

答：淘宝账户的密码丢失后可重新找回。其方法是在淘宝网的登录页面中单击“忘记密码”超链接，在打开的页面中输入淘宝账号和验证码，单击确定按钮，在打开的页面中选择找回的方式（例如使用手机号码找回或人工审核）并按提示进行操作即可。

支付宝账户

成功注册淘宝会员后，系统会自动生成一个对应的支付宝账户，其账户名就是注册淘宝会员时提交的电子邮箱地址，其对应的密码默认情况下和淘宝会员密码相同。使用支付宝不仅可保障交易的安全性，还可与开通网上银行功能的银行卡进行绑定，这样在网上购物付款时，就不用登录到网上银行，可以直接使用支付宝进行快捷支付。

登录淘宝后，在“我的淘宝”网页中选择“设置”选项卡，在打开页面中的“您的安全服务”栏中的“登录密码”选项后单击“修改”超链接，可对淘宝账户的登录密码进行修改。

精通篇

掌握了Word、Excel办公软件制作文档和表格的基本方法还远远不够，还需要掌握一些特殊的制作技巧，如为文档添加水印、创建封面，为表格输入特殊数据、创建数据透视表和数据透视图，以及多人编辑同一个工作簿等。而且，电脑在长期使用过程中容易发生故障，用户还需要掌握一些维护与保护电脑安全的方法，及时解决电脑在使用过程中出现的问题。

<<< PROFICIENCY

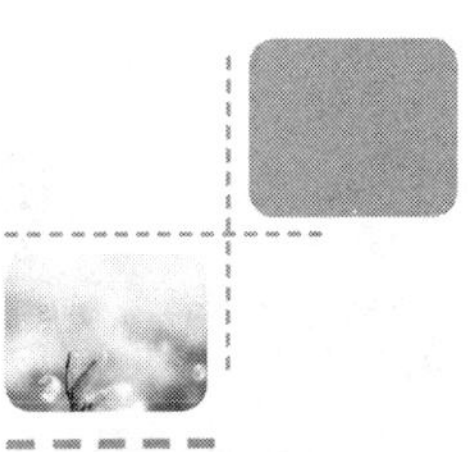

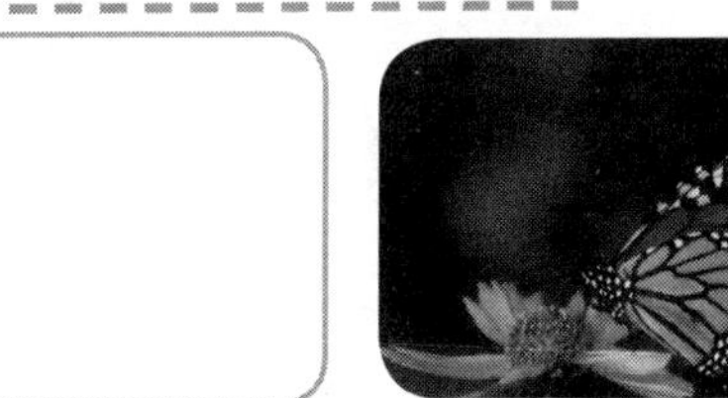

精通篇

第16章

Word 高级应用

样式的使用

设置页面
特殊效果

添加页面边框

创建和使用模板
长文档的制作技巧

本章导读

Word 2010 在日常工作中使用较为频繁，其功能也比较强大。本章将详细介绍 Word 2010 的高级应用，包括使用特殊排版方式、页面特殊效果的设置、样式和模板的使用以及长文档的制作技巧等知识。通过本章的学习，使用户快速掌握长文档的编辑与排版等操作。

16.1 使用特殊排版方式

在编排一些带有特殊版面要求的文档时，可采用特殊的排版方式，如分栏排版、首字下沉以及竖直排版等。通过这些排版方式可使制作的文档更美观、文档内容更突出。

16.1.1 分栏排版

Word 文档中的文本内容默认的是通栏排版的方式，如果文档中的内容较多，可以使用分栏排版的方式将文档内容分成两栏或多栏，这种排版方式经常运用到报刊、杂志中。

实例 16-1 将文档设置为两栏显示

下面将"培训流程.docx"文档中所有设置项目符号的文本分为两栏显示。

参见光盘 光盘\素材\第 16 章\培训流程.docx
光盘\效果\第 16 章\培训流程.docx

1. 打开"培训流程"文档，选择带项目符号的段落文本，选择"页面布局"/"页面设置"组，单击"分栏"按钮，在弹出的下拉列表中选择"两栏"选项，如图 16-1 所示。
2. 在文档编辑区中可看到选择的文本以两栏显示，效果如图 16-2 所示。

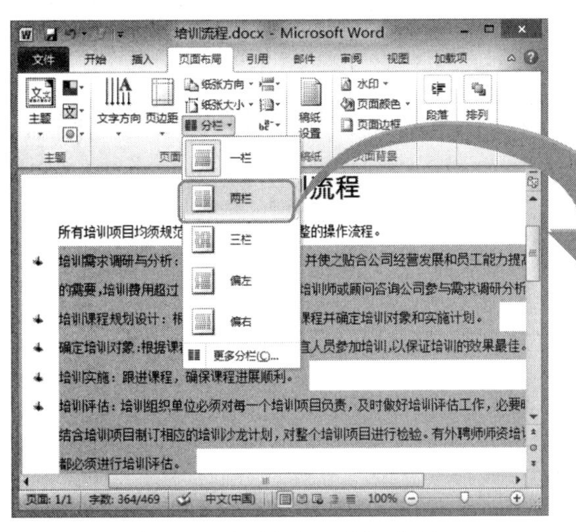

图 16-1 选择"两栏"选项

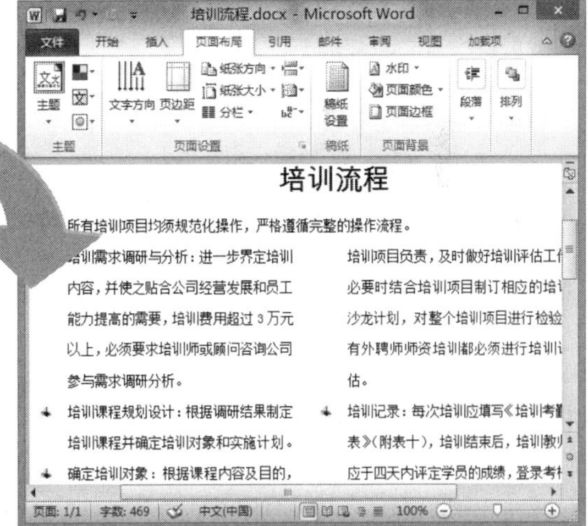

图 16-2 两栏排列效果

16.1.2 首字下沉

首字下沉是指将文档行首的第一个字符或第一个词组进行放大显示，使其达到不一样

操作提示

在"分栏"下拉列表中选择"更多分栏"选项，打开"分栏"对话框，在其中可进行更详细的设置。

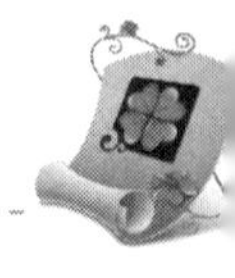

的视觉效果，由此吸引阅读者的注意。

实例 16-2 设置“九寨沟”词组下沉效果

下面将在“九寨沟旅游指南.docx”文档中，通过“首字下沉”对话框将第一段文本行首的词组“九寨沟”设置为下沉两行的效果。

参见光盘 光盘\素材\第 16 章\九寨沟旅游指南.docx
光盘\效果\第 16 章\九寨沟旅游指南.docx

1. 打开“九寨沟旅游指南”文档，选择第一段行首的“九寨沟”文本，选择“插入”/“文本”组，单击“首字下沉”按钮，在弹出的下拉列表中选择“首字下沉选项”选项。
2. 打开“首字下沉”对话框，在“位置”栏中选择“下沉”选项，在“下沉行数”数值框中输入“2”，单击 确定 按钮，如图 16-3 所示。
3. 返回文档编辑区，可查看到第一段行首的词组“九寨沟”已放置在一个文本框中，并被放大显示，效果如图 16-4 所示。

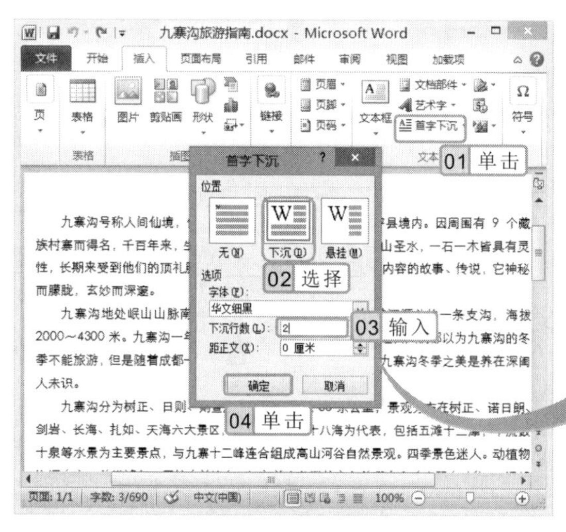

图 16-3 设置文字下沉

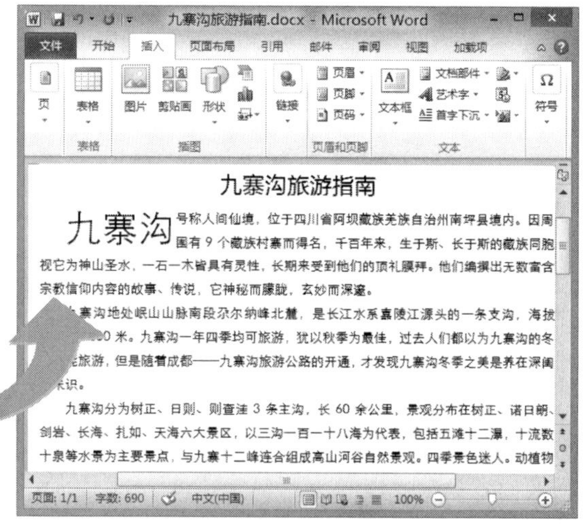

图 16-4 词组下沉后的效果

16.1.3 竖直排版

一般文档都是采用水平排版，若有需要，可对文档进行竖直排版，以增强文档的视觉性。

设置竖直排版的方法是：在文档编辑窗口中选择“页面布局”/“页面设置”组，单击“文字方向”按钮，在弹出的下拉列表中选择“垂直”选项，整个文档中的内容将被竖直显示，如图 16-5 所示。

精讲笔录

在“文字方向”下拉列表中选择“文字方向选项”选项，在打开的对话框中不仅可设置文本方向，还可设置竖直排版效果的应用范围。

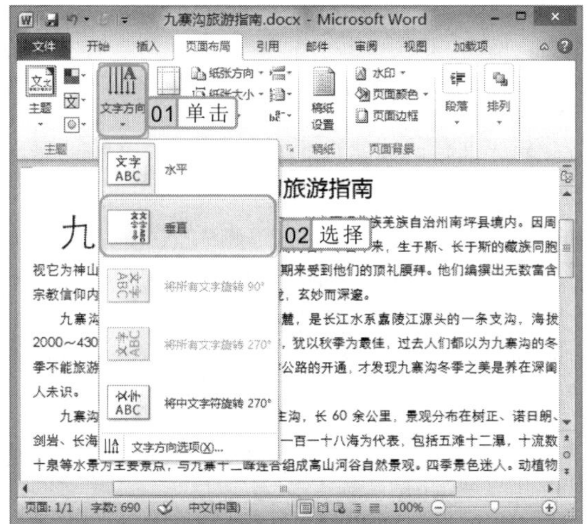

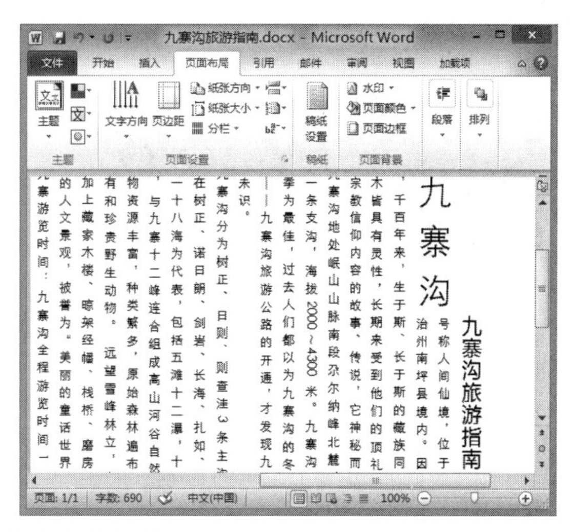

图 16-5 设置竖直排版效果

16.2 设置页面特殊效果

编辑文档时可以根据需要设置文档页面效果，如设置填充效果和边框等，对于特殊的文档还可为文档页面设置水印效果和添加封面。下面详细介绍设置文档页面的方法。

16.2.1 设置填充效果

在 Word 2010 中，不仅可将自己喜欢的颜色设置为文档页面背景，还可将多种颜色的渐变、纹理、图案或图片作为页面背景，让文档更赏心悦目。

实例 16-3 设置文档页面渐变填充效果

下面将在“邀请函.docx”文档中，为文档页面设置双色渐变填充效果。

参见光盘
光盘\素材\第 16 章\邀请函.docx
光盘\效果\第 16 章\邀请函.docx

1. 打开“邀请函”文档，选择“页面布局”/“页面背景”组，单击“页面颜色”按钮，在弹出的下拉列表中选择“填充效果”选项，打开“填充效果”对话框。
2. 默认选择“填充”选项卡，在“颜色”栏中选中 双色(T) 单选按钮，在“颜色 1”下拉列表框中选择“红色，强调文字颜色 2，淡色 80%”选项，在“颜色 2”下拉列表框中选择“橙色，强调文字颜色 6，淡色 40%”选项，在“底纹样式”栏中选中 角部辐射(F) 单选按钮，如图 16-6 所示。
3. 单击 确定 按钮应用设置的页面颜色，返回文档编辑区，即可查看效果，如图 16-7

操作提示

在“填充效果”对话框中选择“纹理”、“图案”和“图片”选项卡，可以设置纹理样式填充、图案样式填充和选择电脑中的图片作为页面背景填充。

所示。

图 16-6　设置渐变填充

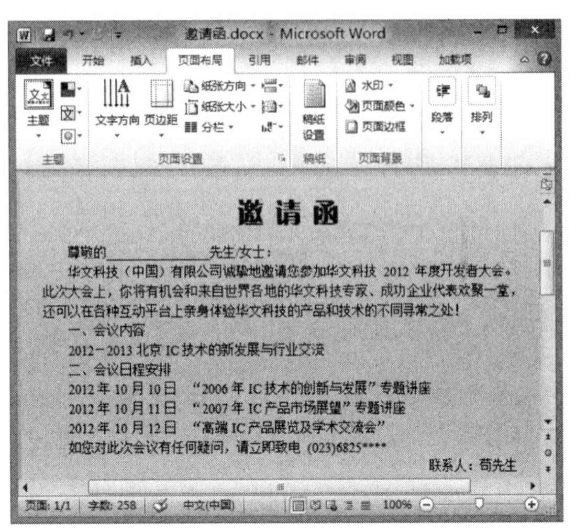

图 16-7　查看文档页面效果

16.2.2　添加页面边框

为文档页面添加边框，可增加文档的美观性。为页面添加边框是通过“边框和底纹”对话框来完成的。

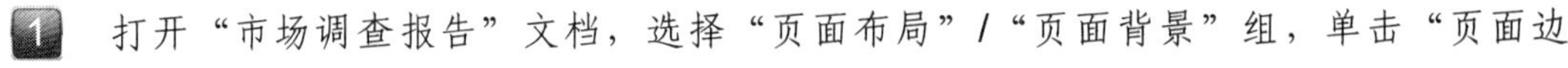

实例 16-4 为文档页面添加阴影边框

参见光盘　光盘\素材\第 16 章\市场调查报告.docx
光盘\效果\第 16 章\市场调查报告.docx

1. 打开“市场调查报告”文档，选择“页面布局”/“页面背景”组，单击“页面边框”按钮，打开“边框和底纹”对话框，默认选择“页面边框”选项卡。
2. 在“设置”列表框中选择“阴影”选项，在“样式”列表框中选择“————”选项，在“颜色”下拉列表框中选择“深蓝”选项，在“宽度”下拉列表框中选择“0.75 磅”选项，如图 16-8 所示。
3. 单击 确定 按钮关闭对话框，返回文档编辑窗口可看

图 16-8　设置页面边框

精讲笔录

在“边框和底纹”对话框“页面边框”选项卡中的“艺术型”下拉列表框中提供了多种边框图案样式，用户可根据情况直接选择应用。

到效果，如图 16-9 所示。

图 16-9　查看页面效果

16.2.3　设置水印效果

对于一些重要文件，为了标识该文档的重要性，可以为文档添加水印背景。在文档编辑窗口中选择“页面布局”/“页面背景”组，单击“水印”按钮，可在弹出的列表中选择预设的水印效果，也可选择“自定义水印”选项，自行设置水印样式。

实例 16-5　为文档添加“传阅”文字水印

光盘\素材\第 16 章\会议纪要.docx
光盘\效果\第 16 章\会议纪要.docx

1. 打开“会议纪要”文档，选择“页面布局”/“页面背景”组，单击“水印”按钮，在弹出的下拉列表中选择“自定义水印”选项，打开“水印”对话框。
2. 选中 ◉文字水印(X) 单选按钮，在“文字”下拉列表框中选择“传阅”选项，在“颜色”下拉列表框中选择水印文字的颜色，这里选择“标准色”栏中的“红色”选项，其他保持默认设置，如图 16-10 所示。
3. 单击 确定 按钮，即可将所选择水印样式应用于整篇文档中，效果如图 16-11

若要用图片作为水印背景，在“水印”对话框中选中 ◉图片水印(I) 单选按钮，单击 选择图片(P)... 按钮，在打开的“插入图片”对话框中选择需要的图片，然后单击 插入(S) 按钮即可。

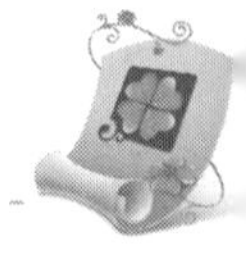

所示。

图 16-10　设置水印样式

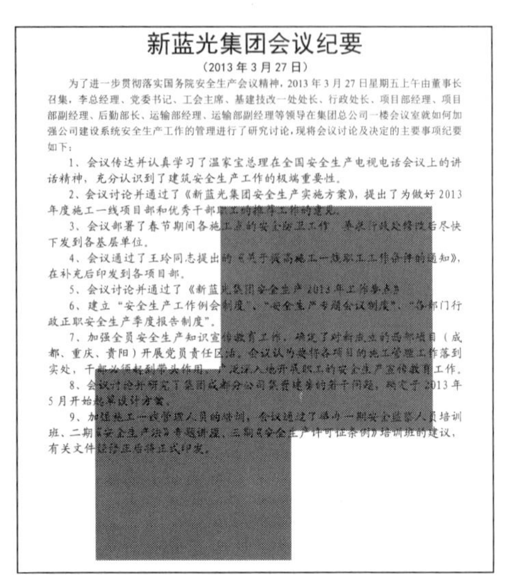

新蓝光集团会议纪要

（2013 年 3 月 27 日）

为了进一步贯彻落实国务院安全生产会议精神，2013 年 3 月 27 日星期五上午由董事长召集，李总经理、党委书记、工会主席、基建技改一处处长、行政处长、项目部经理、项目部副经理、后勤部长、运输部经理、运输部副经理等领导在集团总公司一楼会议室就如何加强公司建设系统安全生产工作的管理进行了研究讨论，现将会议讨论及决定的主要事项纪要如下：

1、会议传达并认真学习了温家宝总理在全国安全生产电视电话会议上的讲话精神，充分认识到了建筑安全生产工作的极端重要性。

2、会议讨论并通过了《新蓝光集团安全生产实施方案》，提出了为做好 2013 年度施工一线项目部和优秀干部职工的推荐工作的意见。

3、会议部署了春节期间各施工点的安全防卫工作 [illegible] 后尽快下发到各基层单位。

4、会议通过了王玲同志提出的《关于提高施工一线职工工作待遇的通知》，在补充后印发到各项目部。

5、会议讨论并通过了《新蓝光集团安全生产 2013 年工作要点》

6、建立“安全生产工作例会制度”、“安全生产专题会议制度”、“各部门行政正职安全生产季度报告制度”。

7、加强全员安全生产知识宣传教育工作。确定了对新成立的西部项目（成都、重庆、贵阳）开展党员责任区活，会议认为要将各项目的施工管理工作落到实处，干部必须起到带头作用，广泛深入地开展职工的安全生产宣传教育工作。

8、会议讨论并研究了集团成都分公司 [illegible] 的若干问题，确定于 2013 年 5 月开始 [illegible] 设计方案。

9、加强施工一线管理人员的培训，会议通过了举办一期安全监察人员培训班、二期《安全生产法》专题讲座、三期《安全生产许可证条例》培训班的建议，有关文件 [illegible] 正式印发。

图 16-11　添加的水印效果

16.2.4　添加封面

Word 2010 为文档提供了多种封面样式，用户可根据需要为长文档添加封面。其方法是：在打开的文档中选择“插入”/“页”组，单击“封面”按钮，在弹出的下拉列表中选择需要的封面样式，如图 16-12 所示。此时将在文档最前面插入一页封面，只需对封面中的文字进行修改即可使用，如图 16-13 所示。

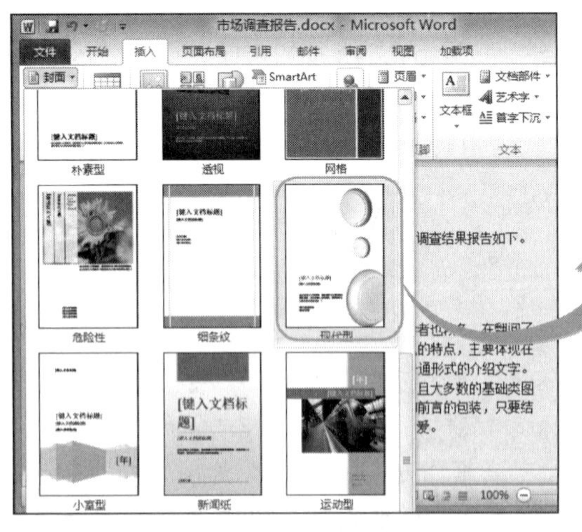

图 16-12　选择封面样式

图 16-13　修改封面文字

插入封面后，在其中规划好标题等信息的位置，单击将在上方显示其名称或提示信息，用户只需按提示输入相关信息，若文本框长度不够，可以拖动边框线进行调整。

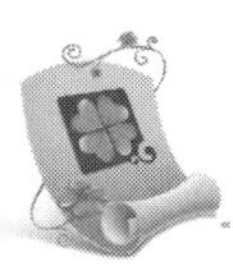

16.3 样式的使用

样式是 Word 针对文档中一组格式进行的定义，这些格式包括字体、字号、字形、段落间距、行间距以及缩进值等，其作用是方便用户对相同格式的文本和段落进行快速设置，从而提高工作效率。

16.3.1 新建和应用样式

Word 2010 中提供了多种内置的样式，将文本插入点定位到需要应用样式的段落中，选择“开始”/“样式”组，在其中的列表框中选择需要的样式即可。若提供的样式不能满足需要，用户可根据需要新建样式，并应用到文档中。

实例 16-6 新建并应用“2 级标题”样式

下面将在“员工行为规范.docx”文档中，先新建一个名为“2 级标题”的样式，然后为文档中的部分段落应用该样式。

参见光盘 光盘\素材\第 16 章\员工行为规范.docx
光盘\效果\第 16 章\员工行为规范.docx

1. 打开“员工行为规范”文档，选择“开始”/“样式”组，单击右下角的“功能扩展”按钮，打开“样式”窗格，单击“新建样式”按钮。
2. 打开“根据格式设置创建新样式”对话框，在“名称”文本框中输入样式名称“2 级标题”，在“格式”栏中设置样式字体为“方正准圆简体”，字号为“四号”，单击 格式(O) 按钮，在弹出的下拉列表中选择“段落”选项，如图 16-14 所示。
3. 打开“段落”对话框，默认选择“缩进和间距”选项卡，在“间距”栏的“行距”下拉列表框中选择“1.5 倍行距”选项，单击 确定 按钮，如图 16-15 所示。

图 16-14 选择“段落”选项

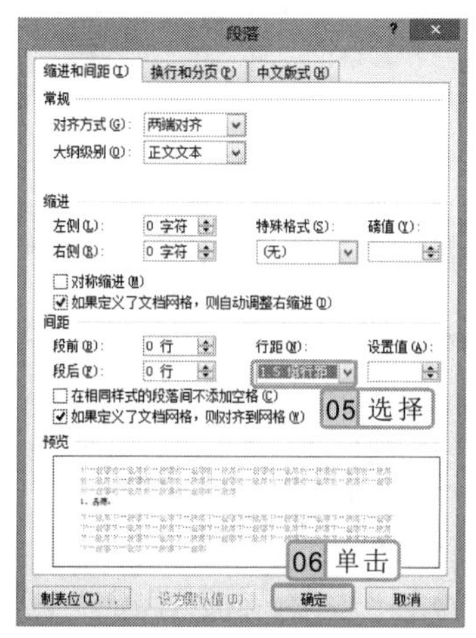

图 16-15 设置段落行距

单击 格式(O) 按钮，在弹出的下拉列表中选择“快捷键”选项，在打开的“自定义键盘”对话框中可对样式设置相应的快捷键。

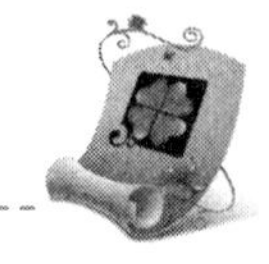

4 返回“根据格式设置创建新样式”对话框，单击 确定 按钮，返回文档编辑区，在“样式”窗格中可查看到新建的样式。选择需要应用样式的段落，在“样式”窗格的列表框中选择“2 级标题”样式，如图 16-16 所示。

5 即可为选择的段落应用该样式，效果如图 16-17 所示。

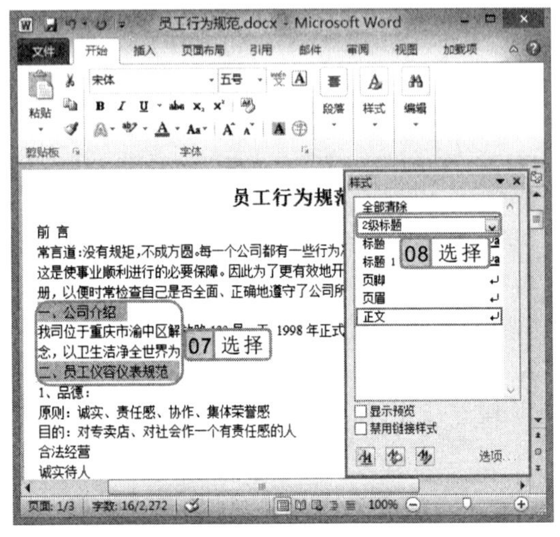

图 16-16 选择新建的样式

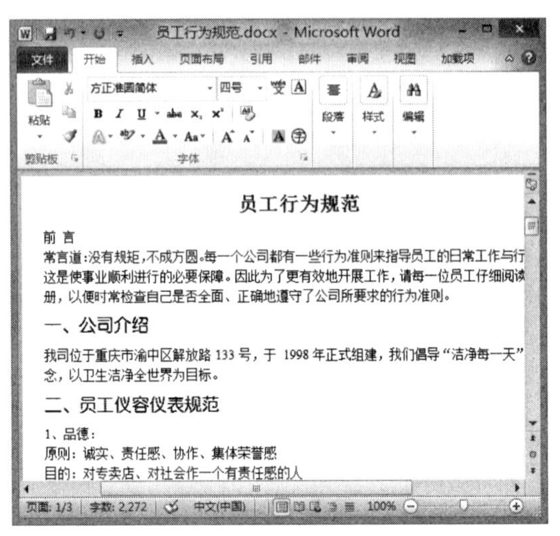

图 16-17 查看应用样式后的效果

16.3.2 修改样式

如果对应用样式后的效果不满意，用户还可对其进行修改，其修改方法和新建样式的方法类似，在“样式”窗格中选择需要更改的样式，在其后单击 按钮，在弹出的下拉列表中选择“修改”选项，如图 16-18 所示。在打开的“修改样式”对话框中对样式进行相应的修改即可，如图 16-19 所示。

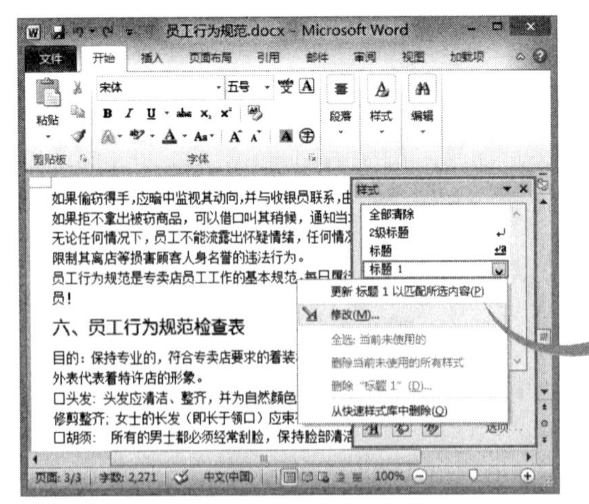

图 16-18 选择“修改”选项

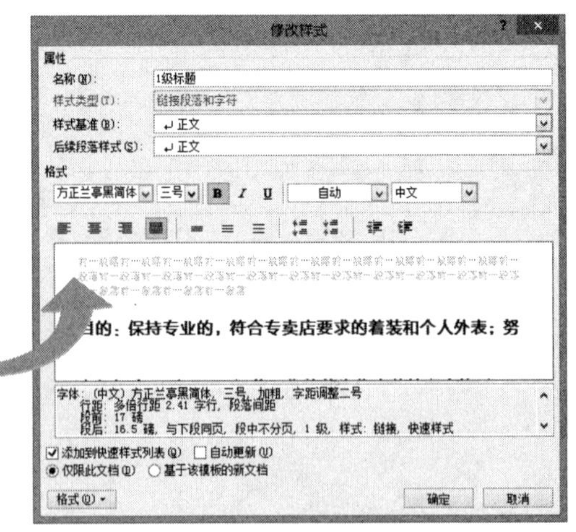

图 16-19 “修改样式”对话框

精讲笔录

修改样式后，文档中所有应用样式的内容都将自动应用修改后的样式效果。

16.3.3 删除样式

对于创建的不再需要的样式，用户还可将其删除，在“样式”窗格中选择需要删除的样式，单击鼠标右键，在弹出的快捷菜单中选择“删除‘样式名称’”命令，在打开的对话框中单击 是(Y) 按钮即可，如图 16-20 所示。

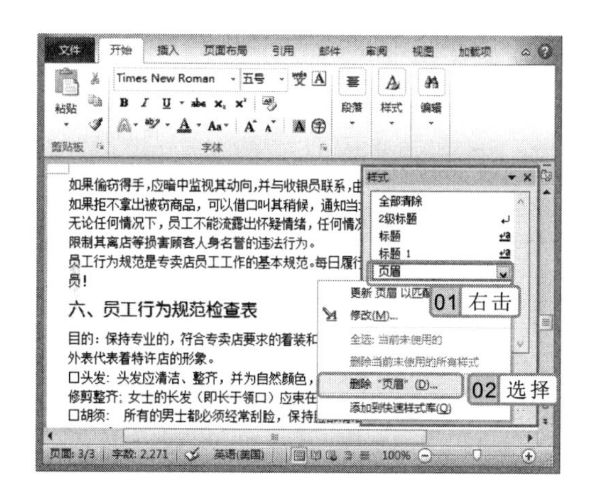

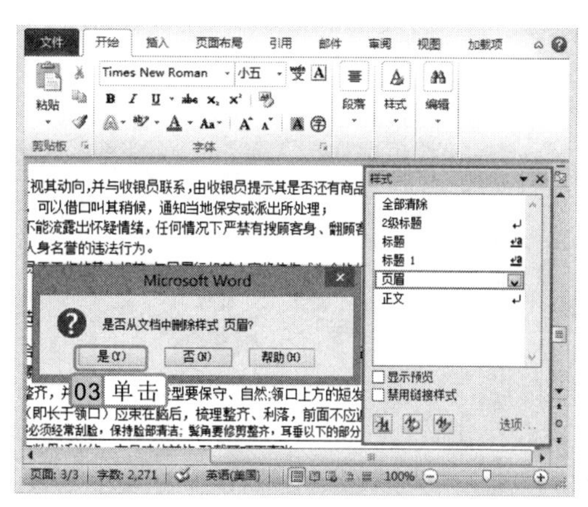

图 16-20　删除创建的样式

16.4 创建和使用模板

模板是一种特殊的 Word 文档，它决定了文档的基本结构和文档设置，如字体、页面设置和样式等。为了制作方便，用户可将制作好的文档创建为模板，下次制作同类型的文档时，直接调用模板即可。

16.4.1 将文档创建为模板

当用户制作完成一篇文档后，如果想根据该文档的格式来制作其他文档，可将该文档另存为模板。其方法是：打开要创建为模板的文档，单击 文件 按钮，在弹出的下拉列表中选择“另存为”选项，打开“另存为”对话框，在地址栏中设置保存路径为“H:\Users\Administrator\AppData\Roaming\Microsoft\Templates”，在“文件名”文本框中输入文档名称，在“保存类型”下拉列表框中选择“Word 模板(*.dotx)”选项，如图 16-21 所示，单击 保存(S) 按钮即可。

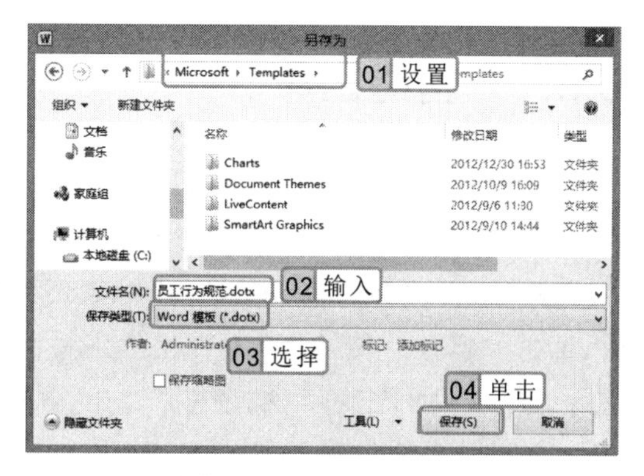

图 16-21　保存为模板

在“样式”组的列表框中选择需要删除的样式，单击鼠标右键，在弹出的快捷菜单中选择“从快速样式库中删除”命令，也可删除样式。

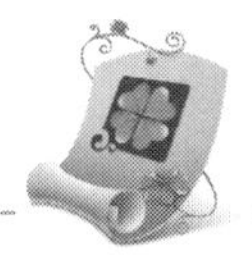

16.4.2 使用模板

将文档保存为模板后，模板将会显示在“新建”对话框中，要想在此基础上进行更改，直接打开模板文件即可。其方法是：单击文件按钮，在弹出的下拉列表中选择“新建”选项，在打开页面的“可用模板”栏中选择“我的模板”选项，打开“新建”对话框，在其中选择要打开的模板选项，如图 16-22 所示，单击确定按钮打开模板文件，修改相应的内容即可。

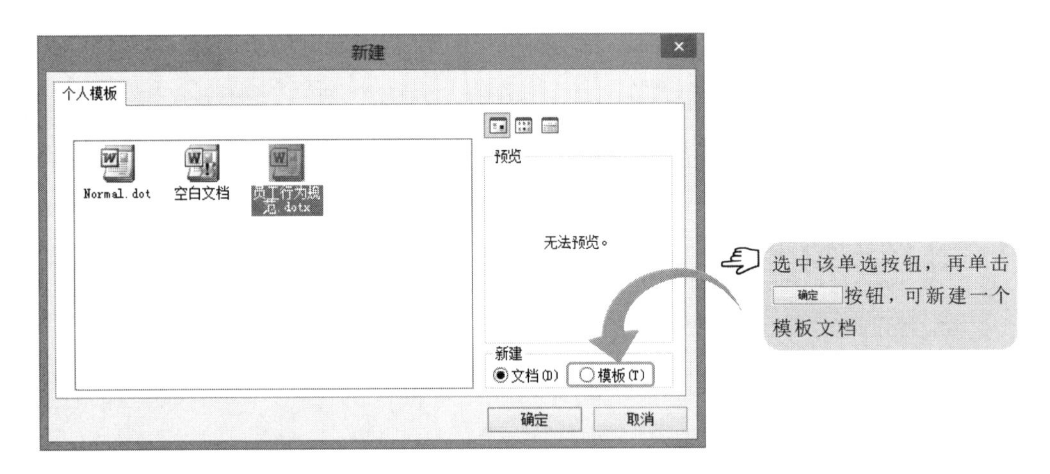

图 16-22 使用模板

16.5 长文档的制作技巧

在编辑长文档时，用户可通过一些技巧使文档的结构更清晰，并快速定位到需要查看的内容。下面就讲解一些长文档的制作技巧，如为文档创建目录和定位书签等。

16.5.1 创建目录

对于一些较长的文档，如公司制度、手册和报告等，可为其创建目录，以方便快速地查找文档中某一部分内容或综览全文结构。

创建目录的方法是：将鼠标光标定位到需要插入目录的位置，选择“引用”/“目录”组，单击“目录”按钮，在弹出的下拉列表中选择“插入目录”选项，打开“目录”对话框，默认选择“目录”选项卡，在“制表符前导符”下拉列表框中选择创建目录后标题名称与页码中间使用的符号，在“常规”栏的“格式”下拉列表框中选择相应的目录格式，在“显示级别”数值框中输入要显示的目录级别数，如图 16-23 所示。单击确定按钮，

精讲笔录

在创建目录前，文档中各级标题必须应用了“标题 1”、“标题 2”等标题样式，可以参照前面介绍的样式应用方法为文档标题应用样式，这样才能提取出标题目录。

即可在文档中插入目录，如图 16-24 所示。

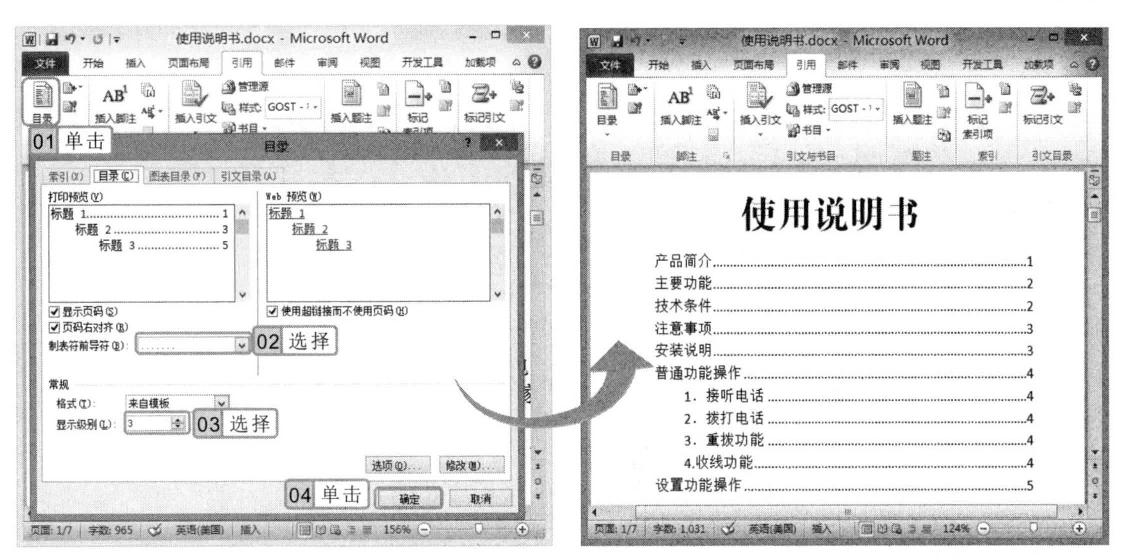

图 16-23 “目录”对话框　　　　图 16-24 插入的目录

16.5.2 定位书签

在浏览长文档中的内容时，可以通过在文档中插入书签，快速定位到需要查看的内容。

实例 16-7 在文档中插入并定位书签

下面将在“员工行为规范 1.docx”文档中，先添加一个名为“员工日常行为规范”的书签，然后利用该书签定位到文档相应的位置。

参见光盘 光盘\素材\第 16 章\员工行为规范 1.docx
光盘\效果\第 16 章\员工行为规范 1.docx

1. 打开“员工行为规范 1”文档，将鼠标光标定位到文档的“日常行为规范”文本中，选择“插入”/“链接”组，单击“书签”按钮。
2. 在打开的“书签”对话框的“书签名”文本框中输入书签名称，这里输入“员工日常行为规范”，单击 添加(A) 按钮，如图 16-25 所示。
3. 关闭“书签”对话框并定位书签，将鼠标光标定位于文档中的其他任意位置，再次单击“书签”按钮。
4. 打开“书签”对话框，在列表框中选择要定位的书签选项，这里选择“员工日常行为规范”，单击 定位(G) 按钮。
5. 系统则会自动将文本插入点定位至添加书签的位置处，如图 16-26 所示。

操作提示

将鼠标光标移动至目录的某个标题上，然后在按住 Ctrl 键的同时单击该标题，系统将自动跳转至与该标题所对应的文档正文处，以便用户查看详细内容。

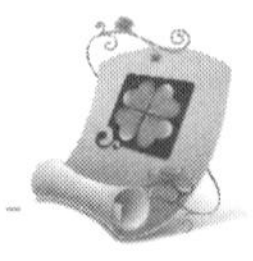

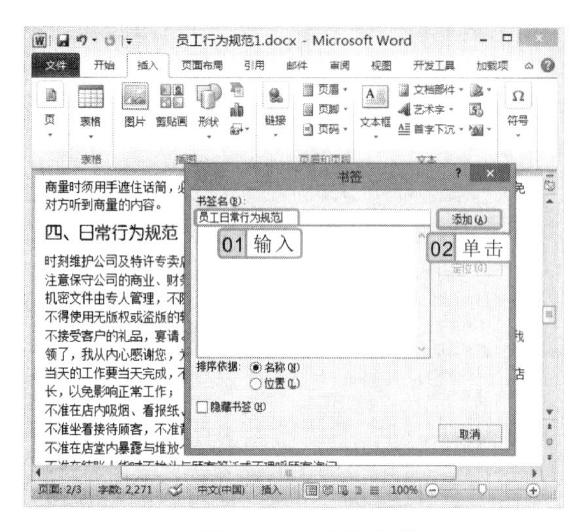

图 16-25　添加书签

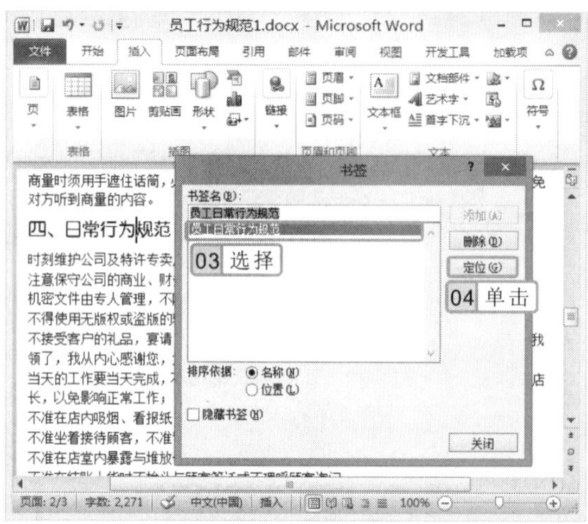

图 16-26　定位书签

16.6　精通实例——编辑“员工手册”文档

本实例中将对“员工手册”长文档进行编辑，首先为文档页面填充纹理效果和添加水印效果，然后为部分文本应用内置的和创建的样式，最后在文档标题下方创建目录，其最终效果如图 16-27 所示。

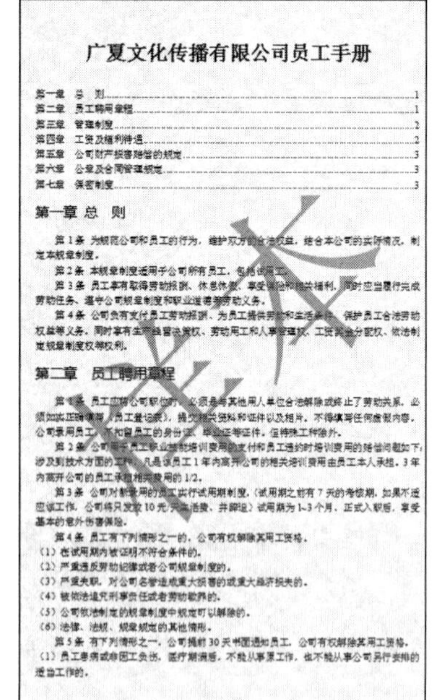

广夏文化传播有限公司员工手册

第一章 总　则

第1条 为规范公司和员工的行为，维护双方的合法权益，结合本公司的实际情况，制定本规章制度。

第2条 本规章制度适用于公司所有员工，包括试用工。

图 16-27　最终效果

“员工手册”是企业规章制度、企业文化与企业战略的浓缩，是企业内的“法律法规”，同时还起到了展示企业形象、传播企业文化的作用。

16.6.1　行业分析

本例编辑的“员工手册”是企业内部的人事制度管理规范，是员工的行动指南，承载着传播企业形象和企业文化的功能。它是管理企业的有效武器，也能让员工清楚地了解企业的形象。合法的“员工手册”是具有法律效益的，员工和企业都必须执行。根据企业的不同，制作的“员工手册”内容也有所区别，“员工手册”包含的内容主要有以下几个方面。

- **公司简介**：介绍公司的发展历程，让每位员工对公司的发展和文化有深入的了解。
- **员工培训**：介绍员工在职期间，公司对员工的一些培训。
- **员工薪酬和福利**：介绍员工的薪酬基准、福利政策以及为员工提供的福利。
- **工作时间**：阐述员工的办公时间、出差政策以及各种假期的详细规定。
- **管理制度**：阐述公司的考勤制度、办公设备的管理等。

16.6.2　操作思路

为更快完成本例的制作，并尽可能运用本章讲解的知识，本例的操作思路如下。

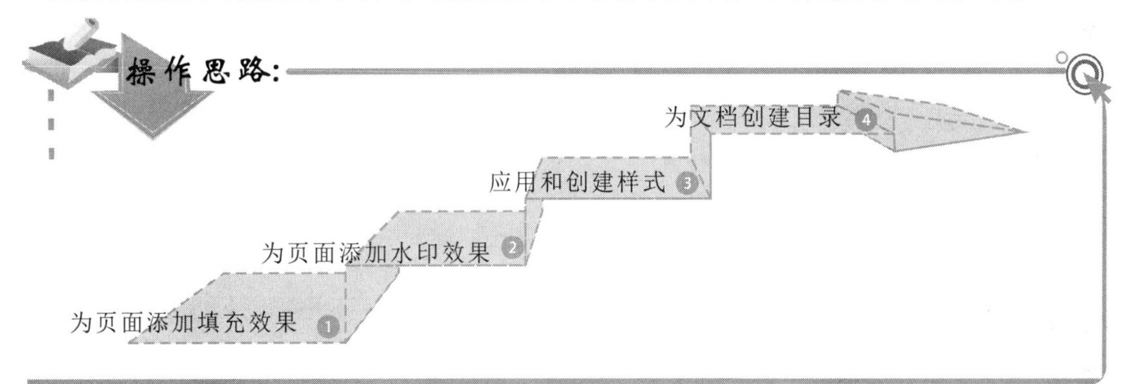

16.6.3　操作步骤

下面介绍编辑“员工手册”的方法，其操作步骤如下：

光盘\素材\第 16 章\员工手册.docx
光盘\效果\第 16 章\员工手册. docx
光盘\实例演示\第 16 章\编辑“员工手册”

1. 打开“员工手册”文档，选择“页面布局”/“页面背景”组，单击“页面颜色”按钮，在弹出的下拉列表中选择“填充效果”选项。
2. 打开“填充效果”对话框，选择“纹理”选项卡，在“纹理”列表框中选择“羊皮纸”选项，单击 确定 按钮，如图 16-28 所示。
3. 在“页面设置”组中单击“水印”按钮，在弹出的下拉列表中选择“自定义水印”选项，打开“水印”对话框。

在“填充效果”对话框的“纹理”选项卡中单击 其他纹理(O)... 按钮，打开“选择纹理”对话框，在其中可选择保存在电脑中的纹理图片进行填充。

4 选中◉文字水印(X)单选按钮，在“文字”下拉列表框中选择“样本”选项，在“颜色”下拉列表框中选择“深蓝”选项，单击 确定 按钮，如图 16-29 所示。

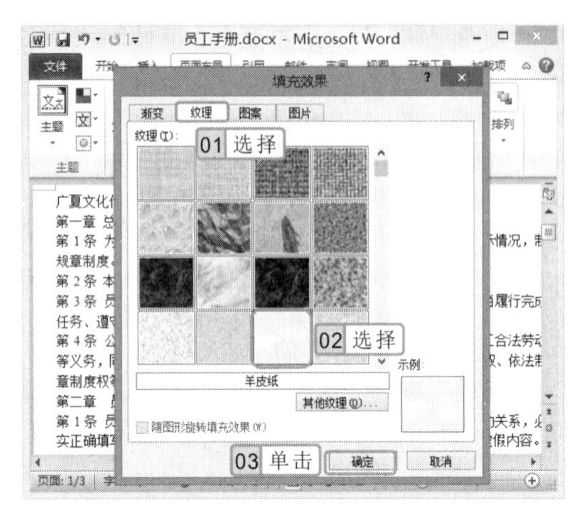

图 16-28　添加纹理效果

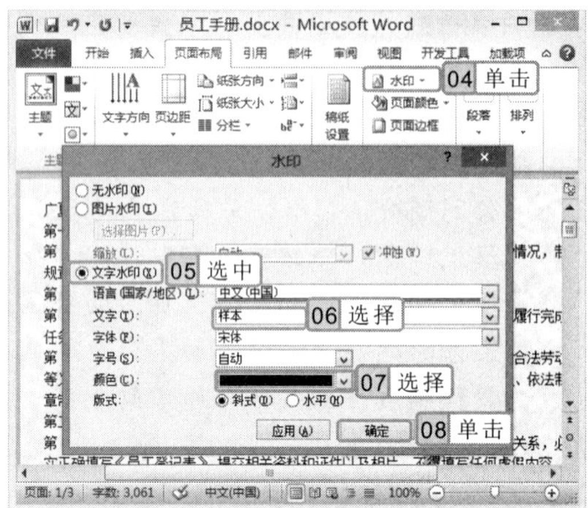

图 16-29　添加水印效果

5 将鼠标光标定位到文档标题中，选择“开始”/“样式”组，在其列表框中选择“标题 1”选项，如图 16-30 所示。

6 将鼠标光标定位到“第一章总则”段落中，单击“样式”组右下角的“功能扩展”按钮，打开“样式”窗格，单击“新建样式”按钮。

7 打开“根据格式设置创建新样式”对话框，在“名称”文本框中输入“章节”，在“样式基准”下拉列表框中选择“正文”选项，在“格式”栏中设置字体为“微软雅黑”，字号为“小三”，并单击按钮，如图 16-31 所示。

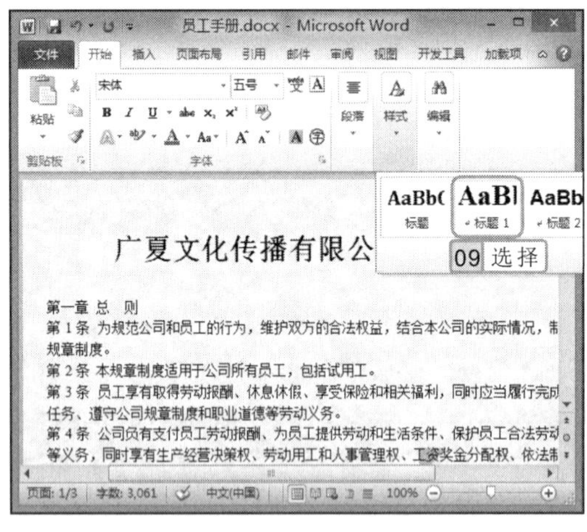

图 16-30　应用内置样式

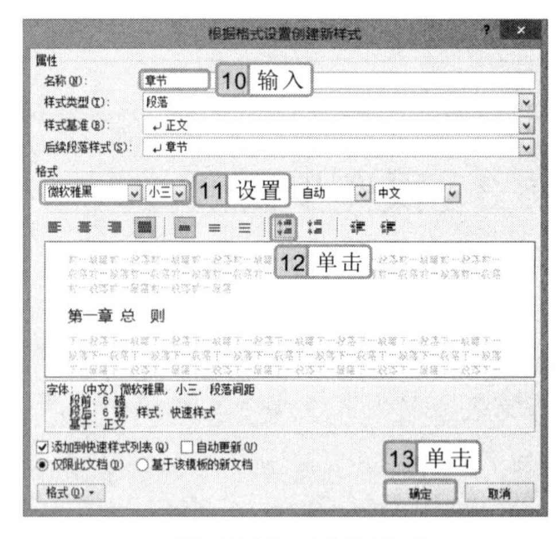

图 16-31　创建样式

8 单击 确定 按钮，返回文档编辑区，选择需要应用样式的文本，在“样式”窗格中选择创建的“章节”样式并应用。

9 在“样式”窗格中选择“正文 1”样式，单击其后的按钮，在弹出的下拉列表

如果要删除水印效果，在“水印”下拉列表框中选择“删除水印”选项，或在“水印”对话框中选中◉无水印(N)单选按钮，可取消设置的水印。

中选择“修改”选项，打开“修改样式”对话框。

10 将“名称”文本框中“正文 1”修改为“条款”，在“格式”栏中将字体修改为“宋体（中文标题）”，如图 16-32 所示。

11 单击 格式(O) 按钮，在弹出的下拉列表中选择“段落”选项，打开“段落”对话框，在“缩进”栏“特殊格式”下拉列表框中选择“首行缩进”选项，如图 16-33 所示。

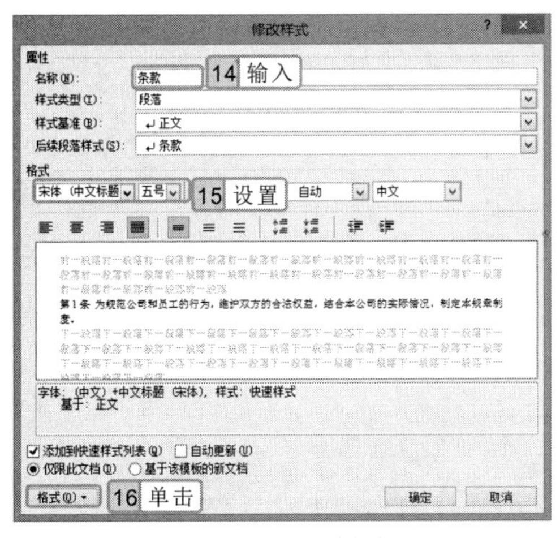

图 16-32　修改样式

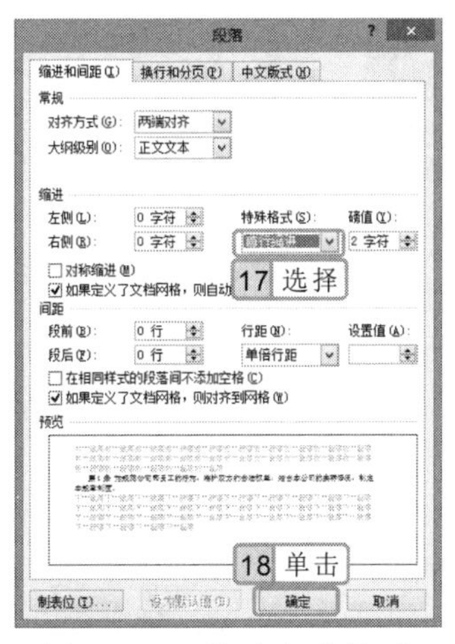

图 16-33　修改段落格式

12 依次单击 确定 按钮，返回文档编辑区，然后为文档中的所有条款段落应用修改的“条款”样式，其效果如图 16-34 所示。

13 将鼠标光标定位到第一段前，选择“引用”/“目录”组，单击“目录”按钮，在弹出的下拉列表中选择“插入目录”选项。打开“目录”对话框，在“制表符前导符”下拉列表中选择“……”选项，在“显示级别”数值框中输入“1”。

14 单击 选项(O)... 按钮，打开“目录选项”对话框，删除“有效样式”列表框“标题 1”样式后面文本框中的数字，在“条款”样式后面的文本框中输入“1”，如图 16-35 所示。

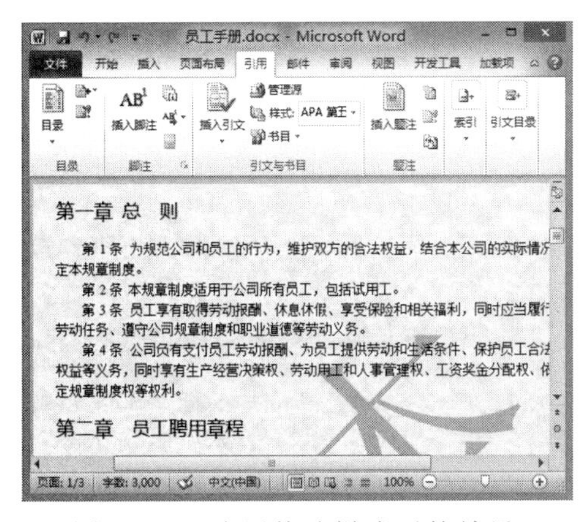

图 16-34　应用修改样式后的效果

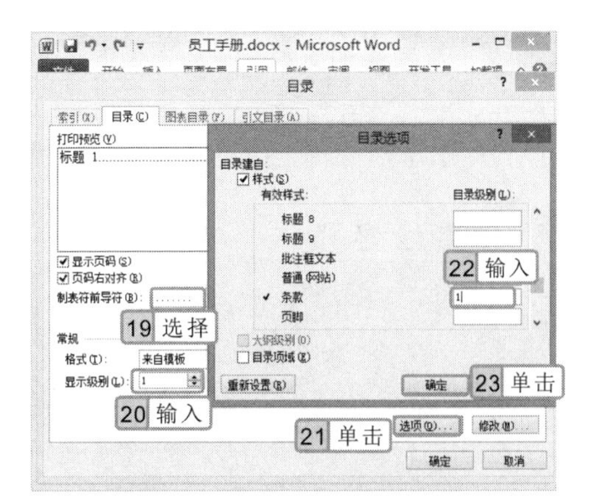

图 16-35　设置目录选项

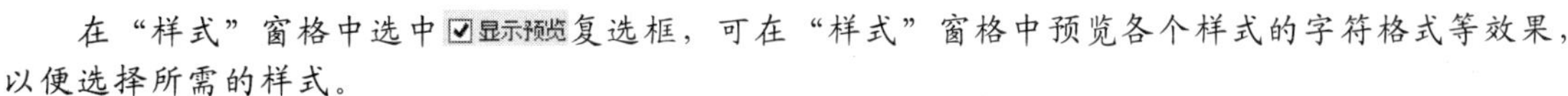

在“样式”窗格中选中 显示预览 复选框，可在“样式”窗格中预览各个样式的字符格式等效果，以便选择所需的样式。

15 依次单击 确定 按钮，返回文档编辑区，在文档标题下方即可查看到插入的目录，完成本例的制作。

16.7 精通练习

本章主要介绍了 Word 的特殊排版方式、页面特殊效果的设置和样式的使用等知识。下面将通过两个练习进一步巩固本章所学的知识，使用户快速掌握编辑文档的一些技巧。

16.7.1 编辑“公司简介”文档

本练习将打开“公司简介”文档，首先将文档分为 3 栏，然后将“该”字设置为首字下沉效果，最后为文档页面填充颜色，效果如图 16-36 所示。

梦想空间景观公司

该公司是一家国际性专业景观规划设计公司。总部设在重庆，在成都、兰州等地设有分公司和办事处。

业务涉及国内、国际滨水景观规划设计、主题公园、城市广场以及城市片区环境改造等业务。

公司依托创新的理念及精细的设计，凭借着对于本土市场的深刻认识，结合专业的设计理念及技术手段为客户提供本土化的、具有国际水准的全方位设计服务。

梦想空间景观公司骨干架构由经验丰富的国内外顶级设计师组成，公司团队全面涵盖了景观规划、园林设计、绿化、建筑、美术设计、工程技术等专业技术人员。

我们强调团队协作精神，对于每个设计项目，公司会认真聆听客户对设计的要求和投资预算，综合各方面的因素，制订出整体设计方案与客户进行交流和讨论，待确定后再交由项目负责人跟进把设计理念深化为具体的平、立、剖面的初步设计图纸，经设计总监评估和审核后，再由施工图设计师共同完成施工图的设计。

我们重视每个项目的团队协作式的设计，始终力求每一个作品都尽善尽美。本着以“为客户提供优质服务，为社会创造优美环境”为宗旨；以技术创新为根本，注重地域环境及历史文化，从“尊重人，尊重自然”的角度出发。

图 16-36　“公司简介”文档

参见光盘
光盘\素材\第 16 章\公司简介.docx
光盘\效果\第 16 章\公司简介.docx
光盘\实例演示\第 16 章\编辑“公司简介”

该练习的操作思路如下。

操作思路：

1. 打开文档，将文档分为 3 栏
2. 通过“首字下沉”对话框设置首字下沉效果
3. 设置页面填充色为紫色

精讲笔录

将鼠标光标定位到某一段中，单击“首字下沉”按钮，在弹出的下拉列表中选择“悬挂”选项，可将该段第一个字以悬挂的方式显示。

16.7.2 制作“招标书”文档

本练习将通过在空白文档中输入文本内容、填充页面效果以及新建和应用样式等操作制作“招标书”文档，其效果如图 16-37 所示。

设备厂租赁经营招标书

高新电力系统各单位：

根据中共中央《关于经济体制改革的决定》精神，为了搞活民营企业，现决定对南光发电设备厂实行租赁经营，特通告如下：

一、　租赁期限定为 5 年，即从 2012 年 10 月起至 2017 年 10 月止。

二、　租赁方式，可以个人承租，也可以合伙承租或集体承租。

三、　租赁企业在电力系统实行公开招标。投标人必须符合下列条件：

1. 电力系统的正式职工（包括离退休职工）；
2. 具有一定的管理知识和经营能力；
3. 有一定的家庭财产和两名以上有一定财产和正当职业的本市居民作保证（合伙、集体租赁可不要保证人）。

四、　凡愿参加投标者，请于 2012 年 6 月 20 日至 7 月 10 日至经贸科申请投标，领取标书。七日内提出投标方案。9 月 10 日进行公开答辩，确定中标人。

五、　高新联合建设管理公司招标办公室为投标者免费提供咨询服务。

地点：成都市高新区九龙街八宝商务楼 3 楼
咨询服务时间： 2012 年 5 月 17 日至 31 日
上午：9:00~12:00
下午：13:00~17:00（节假日休息）
联系电话： 028-81234567

高新电力服务中心
2012 年 5 月 12 日

图 16-37　“招标书”文档

参见光盘　光盘\效果\第 16 章\招标书.docx
光盘\实例演示\第 16 章\制作“招标书”

该练习的操作思路如下。

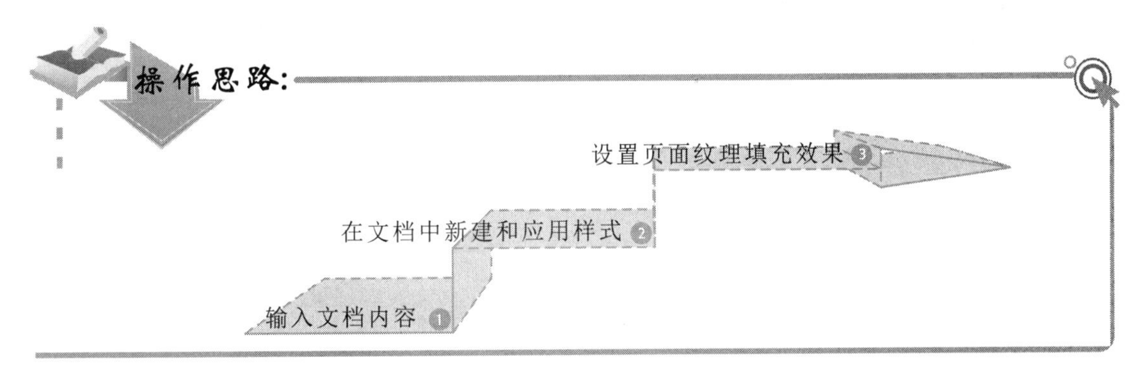

知识关联　样式和模板的区别

样式针对的是文档中一段文本或字符的一组格式，而模板却是针对一篇文档中所有段落或字符的格式。与样式相比，模板的内容更加丰富，使用模板制作文档也更加快捷。

操作提示

Word 中的页面背景颜色只能用于文档的查看效果，不能将其打印出来，若要打印页面背景效果，可以使用矩形绘图工具绘制一个填充图形，并设置为“衬于文字下方”即可。

第17章

Excel 高级应用

输入特殊数据

共享工作簿

嵌入和链接对象

创建和编辑数据透视表

创建数据透视图

本章导读

通过前面的学习，用户能快速地制作和编辑工作簿，但是要想更好地操作 Excel 2010，还需要掌握一些技巧。本章将详细介绍 Excel 2010 的高级应用，包括特殊数据的输入、数据透视表和透视图的使用、共享工作簿以及在 Excel 中嵌入和链接对象等操作。

17.1 输入特殊数据

默认情况下，Excel 2010 中输入的数据都会随其格式自动转换，但当输入某些特殊的数据时，可能会出现意料之外的结果。下面将讲解以“0”开头的编号和身份证号码等特殊数据的输入方法。

17.1.1 输入以“0”开头的编号

在 Excel 单元格中输入以“0”开头的编号，如输入“01”或“001”时，按 Enter 键后将自动变成“1”，此时，即可用文本格式和自定义方式来输入这类数据。其输入方法分别介绍如下。

- **用文本格式输入：**选择需要输入以“0”开头数据的单元格，单击鼠标右键，在弹出的快捷菜单中选择“设置单元格格式”命令，在打开的“设置单元格格式”对话框的“分类”列表框中选择“文本”选项，单击 确定 按钮，然后在单元格中输入数据即可，如图 17-1 所示。

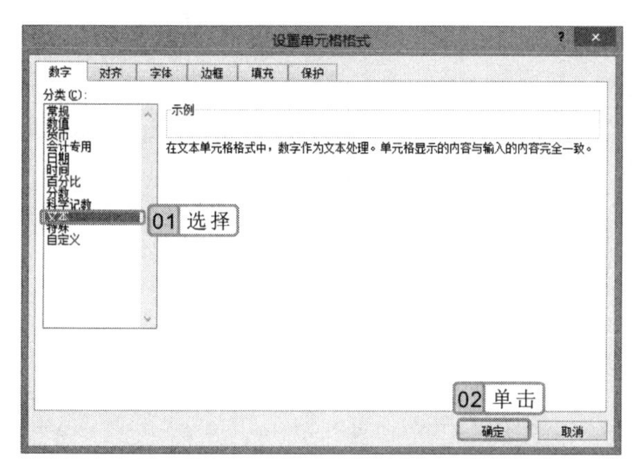

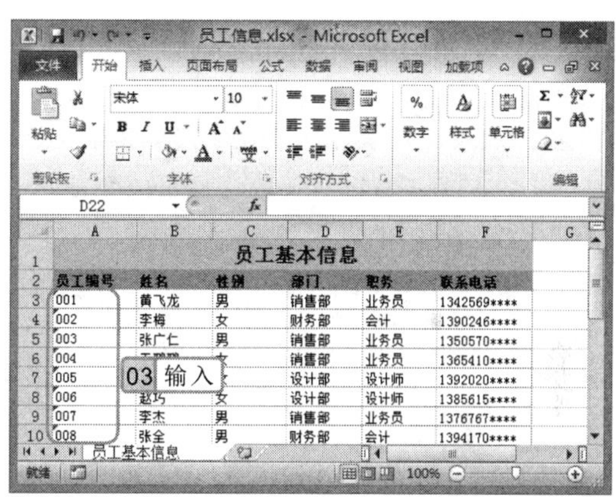

图 17-1 用文本格式输入数据

- **以自定义方式输入：**与用文本格式输入数据的方法类似，选择需要输入数据的单元格，在打开的“设置单元格格式”对话框中的“分类”列表框中选择“自定义”选项，在右侧的列表框中选择@选项，如图 17-2 所示，单击 确定 按钮，即可在设置的单元格中输入以“0”开头的数据。

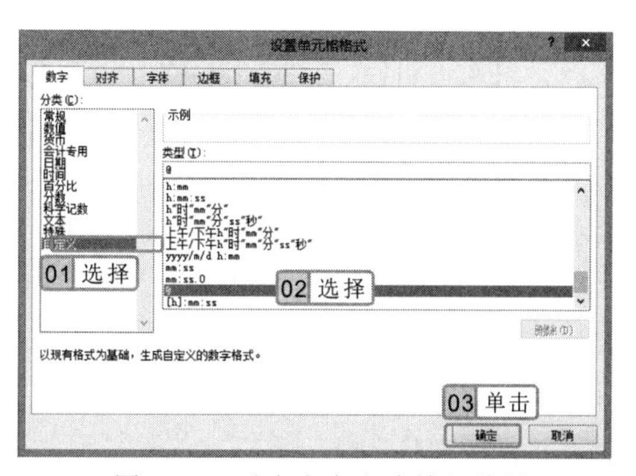

图 17-2 以自定义方式输入编号

以文本格式输入以“0”开头的编号后，其单元格左上角会出现标记，若选择该单元格，其右侧则出现按钮，单击该按钮，在弹出的下拉列表中可对其中的错误和格式进行转换。

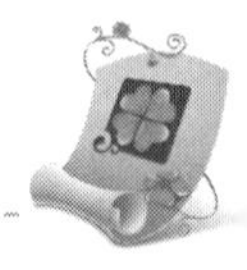

17.1.2 输入身份证号码

在 Excel 2010 中输入较长的数据时，系统将自动以科学计数法显示，如图 17-3 所示。但这违背了输入身份证号码的目的。因此，在输入身份证号码这类特殊数据时，可以通过设置单元格格式进行输入。

其方法是：选择需要输入身份证号码的单元格区域，打开“设置单元格格式”对话框，在“分类”列表框中选择“文本”选项，单击确定按钮，然后在设置的单元格区域内输入身份证号码，即会完全显示，如图 17-4 所示。

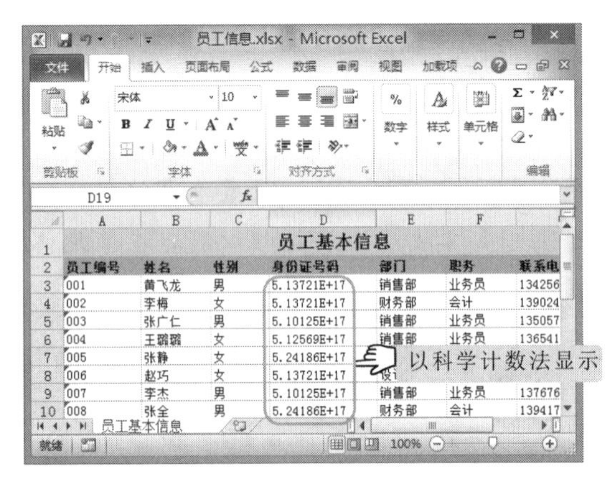

图 17-3　以科学计数法显示的数据

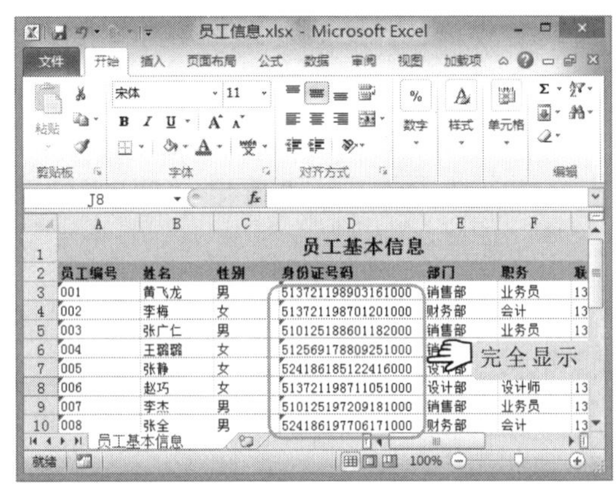

图 17-4　设置格式后显示的数据

17.2 使用数据透视表和数据透视图

使用数据透视表可以汇总、分析、查询和提供摘要数据，使用数据透视图可以在数据透视表中可视化数据，并且可以方便地查看比较模式和趋势。

17.2.1 创建和编辑数据透视表

数据透视表是一种可以快速汇总大量数据的交互式方法，使用它可以深入分析数值数据。数据透视表不是自动生成的，需要用户自己创建，而在创建后，用户还可根据需要对其进行编辑。下面分别介绍创建和编辑数据透视表的方法。

1. 创建数据透视表

数据透视表是基于表格中的数据而创建的，所以需要在表格中选择需要创建数据透视

在 Excel 2010 中，也可直接在输入的并以科学计数法显示的数据上进行更改，选择相应的单元格区域，将其设置为以文本格式输入，然后在相应的单元格上双击，即可将数据完全显示。

表的单元格，然后才能创建数据透视表。

实例 17-1 根据当前工作表中的数据创建数据透视表

下面将在“产品入库明细表.xlsx”工作簿中根据“产品名称”、“类别”和“入库数量”来创建数据透视表。

参见光盘 光盘\素材\第 17 章\产品入库明细表.xlsx
光盘\效果\第 17 章\产品入库明细表.xlsx

1. 打开“产品入库明细表”工作簿，选择需要插入数据透视表的单元格区域，这里选择 A2:G19 单元格区域。
2. 选择“插入”/“表”组，单击“数据透视表”按钮下方的按钮，在弹出的下拉列表中选择“数据透视表”选项，如图 17-5 所示。
3. 打开“创建数据透视表”对话框，在“请选择要分析的数据”栏自动选择了表格的有效范围，在“选择放置数据透视表的位置”栏中选中 ◉现有工作表(X) 单选按钮，在“位置”文本框中输入“A20”，如图 17-6 所示。

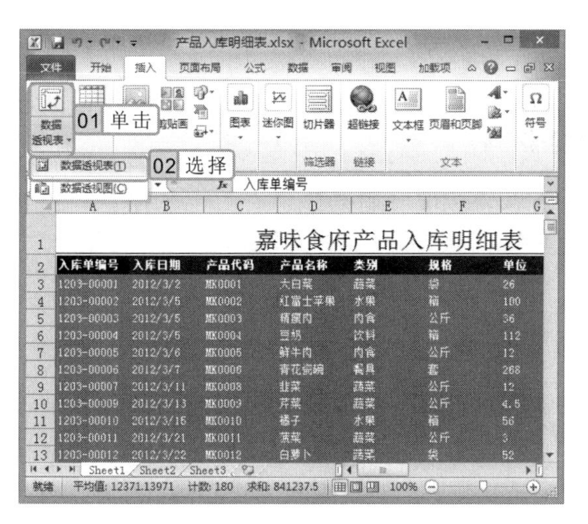

图 17-5 选择“数据透视表”选项

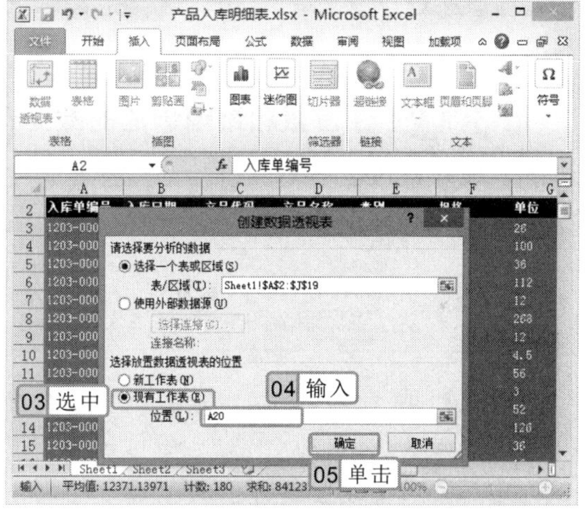

图 17-6 “创建数据透视表”对话框

4. 单击 确定 按钮关闭对话框，返回 Excel 编辑窗口，在窗口右侧将打开“数据透视表字段列表”任务窗格。
5. 在“选择要添加到报表的字段”列表框中依次选中☑类别、☑产品名称和☑入库数量复选框，如图 17-7 所示。
6. 选择透视表字段后，单击工作表编辑区空白单元格，系统将自动关闭“数据透视表字段列表”任务窗格，并且在表格下方显示创建的数据透视表，其效果如图 17-8 所示。

操作提示

如果关闭了“数据透视表字段列表”任务窗格，需要再次显示以重新设置字段，可在数据透视表中的单元格上单击鼠标右键，在弹出的快捷菜单中选择“显示字段列表”命令打开任务窗格。

图 17-7　设置要添加到报表的字段

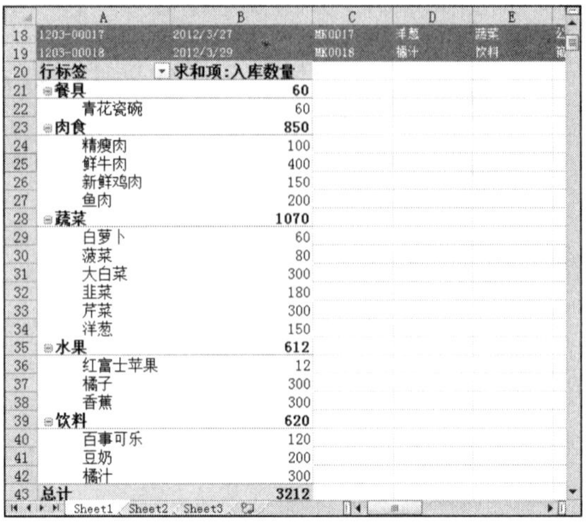

行标签	求和项:入库数量
餐具	60
青花瓷碗	60
肉食	850
精瘦肉	100
鲜牛肉	400
新鲜鸡肉	150
鱼肉	200
蔬菜	1070
白萝卜	60
菠菜	80
大白菜	300
韭菜	180
芹菜	300
洋葱	150
水果	612
红富士苹果	12
橘子	300
香蕉	300
饮料	620
百事可乐	120
豆奶	200
橘汁	300
总计	3212

图 17-8　查看创建的数据透视表效果

2．编辑数据透视表

创建数据透视表后，经常需要对数据透视表显示的数据、显示属性和样式等进行设置和编辑，使创建的数据透视表更符合需求。

实例 17-2　设置和编辑创建的数据透视表

下面将在“产品入库明细表 1.xlsx”工作簿中的数据表中添加“金额”字段，并设置数据表的显示属性和样式。

参见光盘

光盘\素材\第 17 章\产品入库明细表 1.xlsx
光盘\效果\第 17 章\产品入库明细表 1.xlsx

1. 打开“产品入库明细表 1”工作簿，在数据透视表上单击鼠标右键，在弹出的快捷菜单中选择“显示字段列表”命令，打开“数据透视表字段列表”任务窗格。
2. 在“选择要添加到报表的字段”列表框中选中☑金额复选框，在创建的数据透视表中增加一个字段，如图 17-9 所示。
3. 关闭“数据透视表字段列表”任务窗格，然后在数据透视表上单击鼠标右键，在弹出的快捷菜单中选择“数据透视表选项”命令。
4. 打开“数据透视表选项”对话框，选择“显示”选项卡，在“显示”栏中取消选中☐显示展开/折叠按钮(S)和☐显示字段标题和筛选下拉列表(D)复选框，其他保持默认设置，单击  按钮，如图 17-10 所示。
5. 选择数据透视表中所有的单元格，选择“设计”/“数据透视表样式”组，单击▾按钮，在弹出的列表框“中等深浅”栏中选择“数据透视表样式中等深浅 3”选项，如图 17-11 所示。

精讲笔录

数据透视表的主要功能是汇总数据，与前面介绍的分类汇总功能相似，但它可以更加灵活地控制分类的字段和汇总的项目，并可以随时显示/隐藏相关数据或调整行列标签。

图 17-9 添加字段

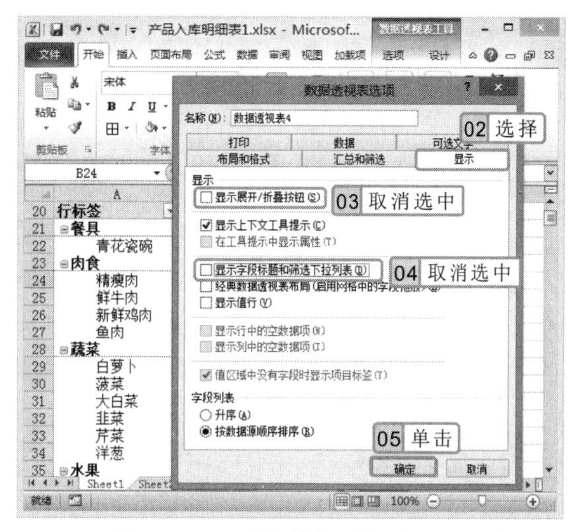

图 17-10 设置数据透视表显示属性

6 返回工作表编辑区，即可看到设置和编辑数据透视表后的效果，如图 17-12 所示。

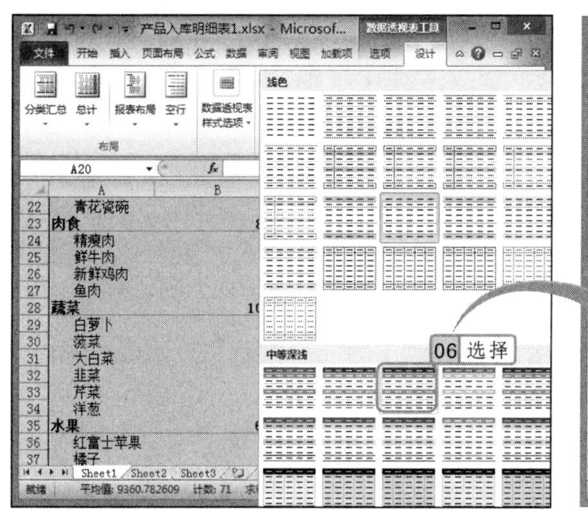

图 17-11 选择数据透视表样式

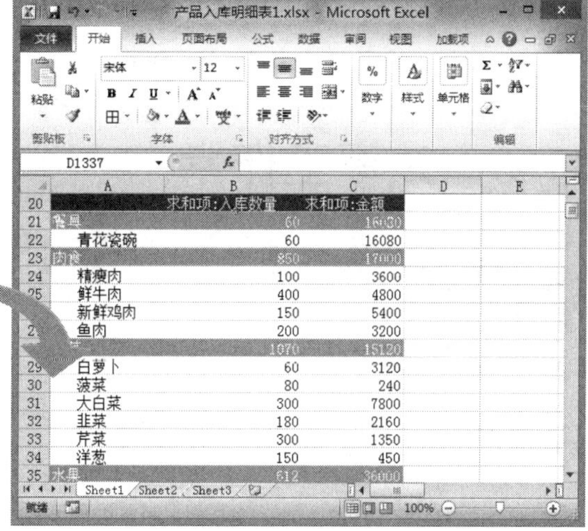

图 17-12 查看效果

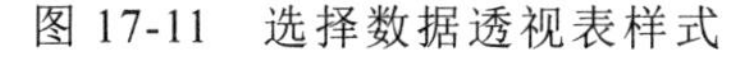

17.2.2 创建数据透视图

数据透视图是以图表的形式表示数据透视表中的数据，所以在创建数据透视图之前需创建一个与之关联的数据透视表。当然，用户也可在现有数据透视表的基础上创建数据透视图。下面对创建数据透视图的两种方法进行介绍。

- **在数据透视表的基础上创建：** 选择数据透视表中的任意单元格，选择“选项”/“工具”组，单击“数据透视图”按钮，打开“插入图表”对话框，在其中选择需要插入图表的类型，单击 确定 按钮即可根据数据透视表在工作表中插入数据透视图，如图 17-13 所示。

操作提示

选择数据透视表中的任意单元格，选择“选项”/“数据”组，单击“更改数据源”按钮，在弹出的下拉列表中选择“更改数据源”选项，在打开的对话框中可重新选择表区域。

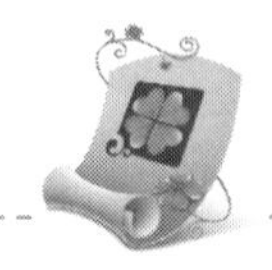

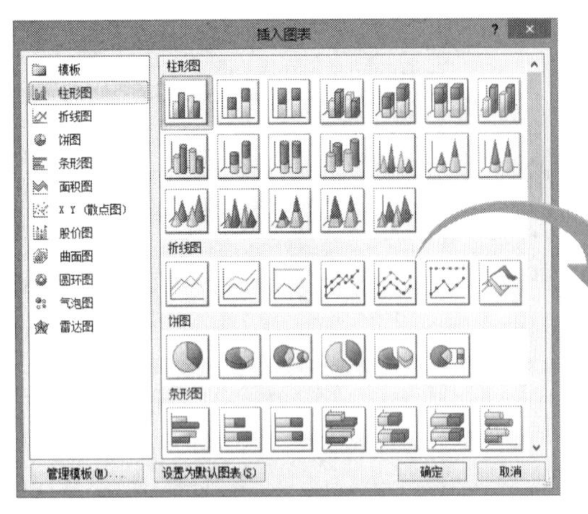

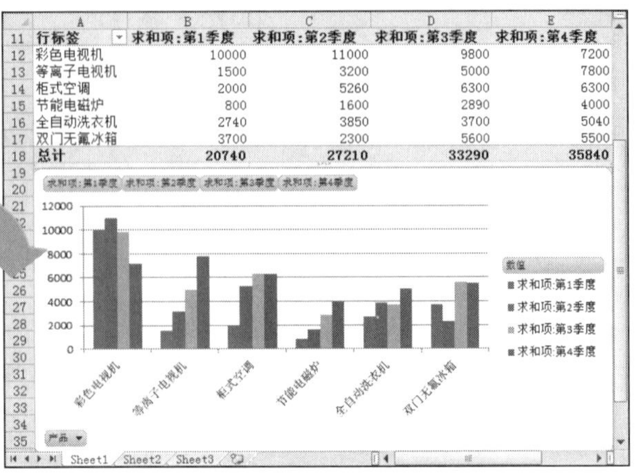

图 17-13　创建数据透视图

- **根据表格直接创建**：选择表格数据后，选择“插入”/“表”组，单击“数据透视表”按钮，在弹出的下拉列表中选择“数据透视图”选项，在打开的“创建数据透视表和数据透视图”对话框中选择插入位置，单击 确定 按钮，然后选择要添加到报表中的字段，便可创建数据透视图以及对应的数据透视表。

17.3　共享工作簿

为了方便局域网中的其他用户使用和编辑工作簿，可使用共享功能将工作簿共享到局域网，这样不同的用户即可在共享的工作簿中完成自己制作的内容，从而提高制作表格的效率。

17.3.1　创建共享工作簿

要想实现工作簿被局域网中多个用户同时编辑，首先需要创建共享工作簿，然后将创建的共享工作簿放置在共享的文件夹中，即可使多用户同时编辑一个工作簿。

实例 17-3　将“二季度销售统计表”创建为共享工作簿

光盘\素材\第 17 章\二季度销售统计表.xlsx
光盘\效果\第 17 章\二季度销售统计表.xlsx

1. 打开“二季度销售统计表”工作簿，选择“审阅”/“更改”组，单击“共享工作簿”按钮，打开“共享工作簿”对话框，在“编辑”选项卡中选中 ☑允许多用户同时编辑，同时允许工作簿合并(A) 复选框，单击 确定 按钮，如图 17-14 所示。
2. 在打开的提示对话框中单击 确定 按钮，系统将保存当前文档，并启动共享功能，

设置工作簿为共享工作簿的用户称为主用户，能同时编辑共享工作簿的用户称为辅用户。辅用户对工作簿的操作是有权限的，不能进行合并单元格、设置条件格式、插入图表和使用宏等操作。

设置之后的工作簿标题栏将会显示“[共享]”字样，如图 17-15 所示。

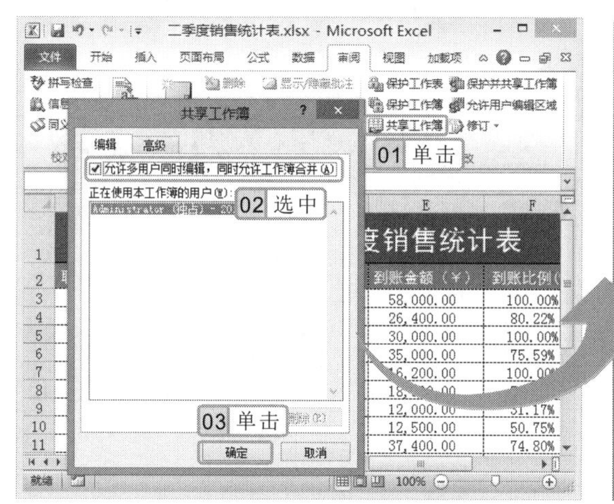

图 17-14　设置共享工作簿

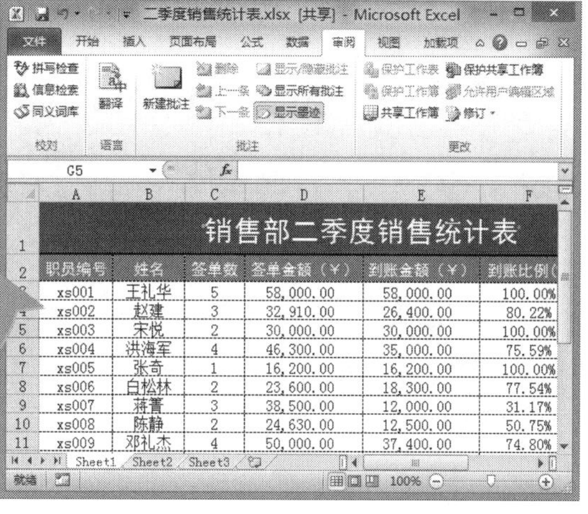

图 17-15　共享后的工作簿

17.3.2　修订共享工作簿

对共享工作簿进行修订，可及时了解其他用户对工作簿进行的所有修改，如插入、删除和格式的修改等。在 Excel 2010 中修订有两种情况，一种是突出显示修订，另一种是接受/拒绝修订，下面分别进行介绍。

1．突出显示修订

在编辑共享工作簿的过程中，如果有多个人对共享工作簿进行了编辑，这时通过显示修订信息，可以了解前面每个人对工作簿的编辑情况以防止错误的发生。

实例 17-4　设置突出显示修订信息

参见光盘
光盘\素材\第 17 章\二季度销售统计表 1.xlsx
光盘\效果\第 17 章\二季度销售统计表 1.xlsx

1. 打开“二季度销售统计表 1”工作簿，选择“审阅”/“更改”组，单击“修订”按钮，在弹出的下拉列表中选择“突出显示修订”选项。
2. 打开“突出显示修订”对话框，选中 ☑时间(N): 复选框，在其后的下拉列表框中选择“全部”选项，再选中 ☑修订人(O): 和 ☑在屏幕上突出显示修订(S) 复选框，单击 确定 按钮，如图 17-16 所示。
3. 设置完成后，当前工作表中曾经被编辑的单元格的左上角将出现◤标记，将鼠标光标移动至该处停留一段时间，其周围则会出现具体的修订信息，如图 17-17 所示。

操作提示

通过查看工作簿标题栏上有无“[共享]”字样可判断此工作簿是否处于共享状态。

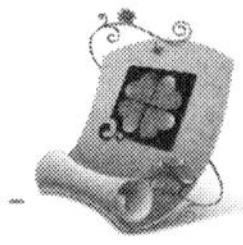

图 17-16 设置突出显示修订

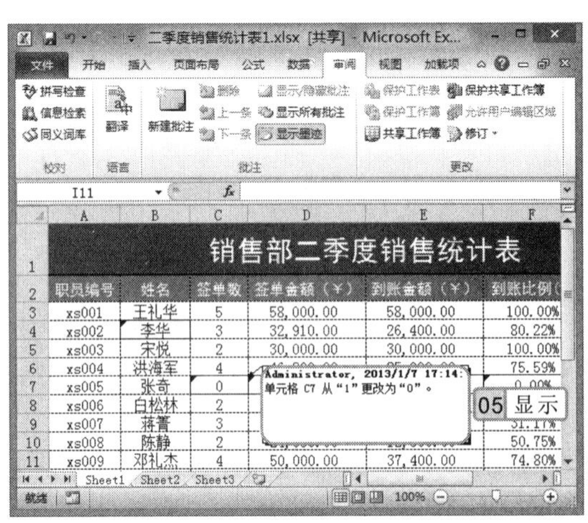

图 17-17 显示修订信息

2. 接受/拒绝修订

当共享的工作簿被其他用户修改后，为了避免产生修订错误，这时主用户可利用接受/拒绝修订功能，在经过查看后，确定是否接受辅用户修订的内容。

实例 17-5 接受所有用户的修订

参见光盘 光盘\素材\第 17 章\二季度销售统计表 2.xlsx
光盘\效果\第 17 章\二季度销售统计表 2.xlsx

1. 打开“二季度销售统计表 2”工作簿，选择“审阅”/“更改”组，单击“修订”按钮，在弹出的下拉列表中选择“接受/拒绝修订”选项。
2. 打开“接受或拒绝修订”对话框，在其中设置修订选项，这里保持默认设置，单击 确定 按钮，如图 17-18 所示。在打开的对话框中显示了对工作簿所做的修改，单击 全部接受(C) 按钮，接受用户的所有修改，如图 17-19 所示。

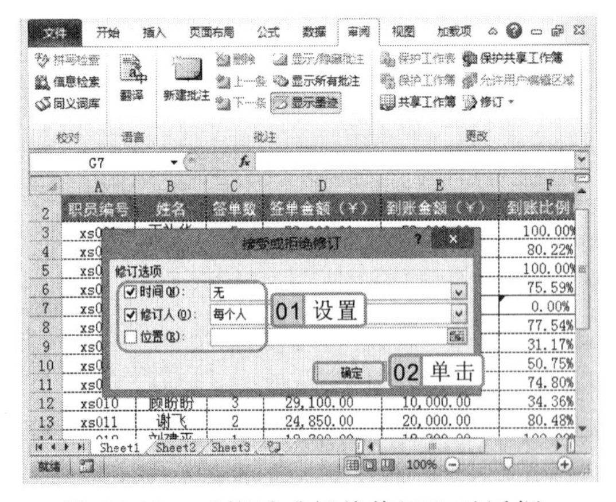

图 17-18 “接受或拒绝修订”对话框

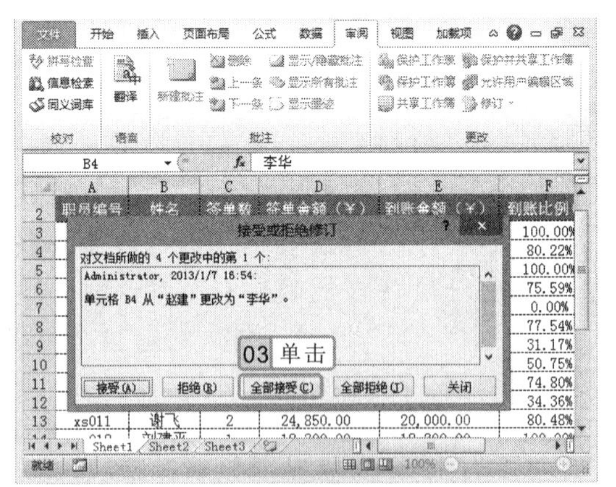

图 17-19 接受全部修订

精讲笔录

在显示对工作簿修改内容的对话框中单击 拒绝(R) 按钮，将拒绝第一个修订；单击 全部拒绝(J) 按钮，将拒绝对工作簿的所有修订，并使修改的数据还原为初始值。

17.3.3 停止共享工作簿

当完成对一个设置了共享属性的工作簿的编辑操作后，可以撤销该工作簿的共享功能。其方法是：打开工作簿，选择“审阅”/“更改”组，单击“共享工作簿”按钮，打开“共享工作簿”对话框，在“编辑”选项卡中取消选中□允许多用户同时编辑，同时允许工作簿合并(A)复选框，单击 确定 按钮，在打开的提示对话框中单击 是(Y) 按钮，如图 17-20 所示，即可停止工作簿的共享。

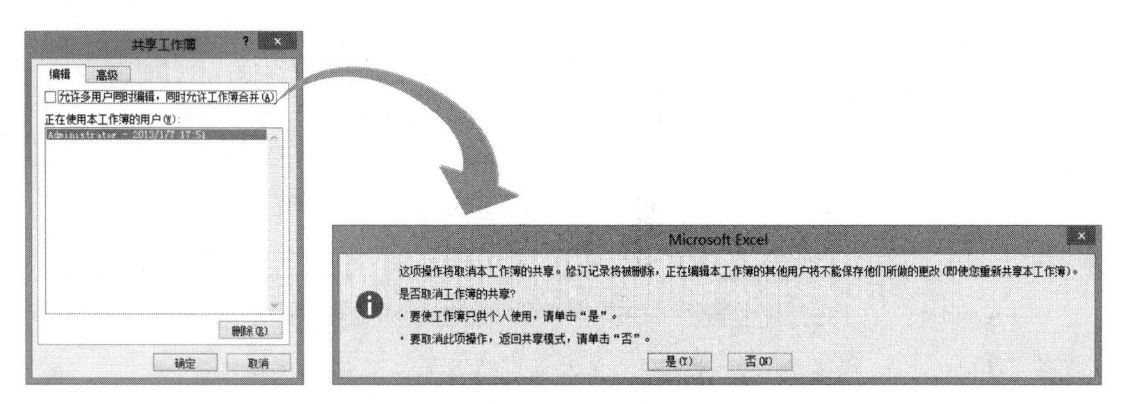

图 17-20 停止共享工作簿

17.4 嵌入对象

在 Excel 2010 中，可通过嵌入对象的方式，将其他工作簿或文档嵌入到当前工作簿中，使制作的表格内容更加完善。下面将详细介绍插入嵌入对象和修改嵌入对象的方法。

17.4.1 插入嵌入对象

为了完善和丰富表格内容，有时需要通过“对象”对话框将其他工作簿嵌入当前工作簿中。

实例 17-6 将其他工作簿嵌入到当前工作簿中

下面为了查看比较两个班级的成绩，将“二班学生成绩表.xlsx”工作簿嵌入到“一班学生成绩表.xlsx”工作簿中。

光盘\素材\第 17 章\二班学生成绩表.xlsx、一班学生成绩表.xlsx
光盘\效果\第 17 章\一班学生成绩表.xlsx

1. 打开“一班学生成绩表”工作簿，选择“插入”/“文本”组，单击“对象”按钮，打开“对象”对话框，选择“由文件创建”选项卡，单击“浏览”按钮 浏览(B)...，

选择需要粘贴到其他工作簿中的单元格区域，按 Ctrl+C 键复制，然后切换到打开的目标工作簿中按 Ctrl+V 键粘贴，也可将表格数据从一个工作簿中粘贴嵌入另一个工作簿中。

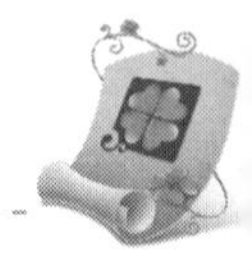

如图 17-21 所示。

2 打开“浏览”对话框，在地址栏中选择工作簿保存的位置，这里选择“光盘\素材\第 17 章”，在中间的列表框中选择“二班学生成绩表.xlsx”选项，单击 插入(S) 按钮，如图 17-22 所示。

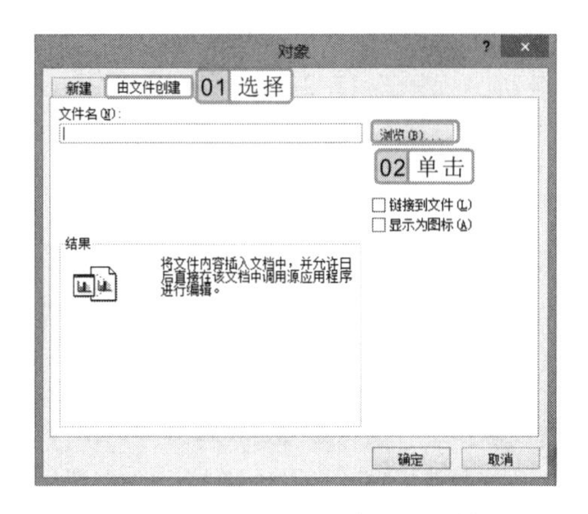

图 17-21　“对象”对话框

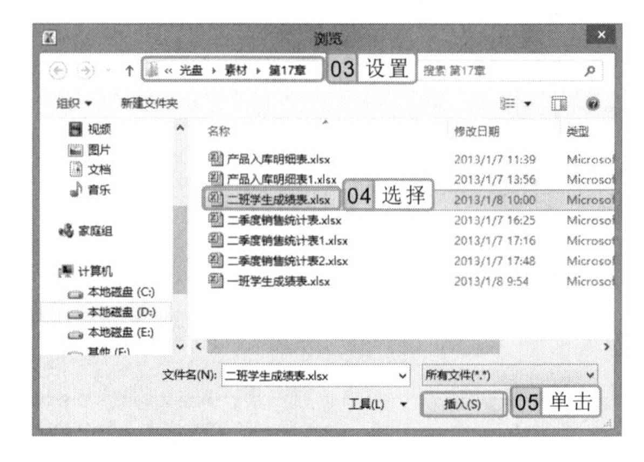

图 17-22　选择要嵌入的工作簿

3 返回“对象”对话框，在“文件名”文本框中将显示工作簿的保存路径，单击 确定 按钮即可插入工作簿，如图 17-23 所示。

对象 1　=EMBED("工作表","")

	F	G
2	总　分	平均分
3	320	80.0
4	323	80.8
5	310	77.5
6	298	74.5
7	291	72.8
8	242	60.5
9	285	71.3
10	313	78.3
11	254	63.5
12	270	67.5
13	273	68.3
14	280	70.0
15	267	66.8
16	247	61.8
17	227	56.8

二班学生成绩表

姓名	语文	数学	英语	理综	总分	平均分
胡倩	88	86	75	97	346	86.5
肖亮	79	65	64	89	297	74.3
李志霞	96	85	84	68	333	83.3
谢明	95	81	56	75	307	76.8
徐江东	95	82	61	72.5	310.5	77.6
罗兴	92.5	92	91	84	359.5	89.9
罗维维	92	86	81	95	354	88.5
屈燕	92	85	82	91	350	87.5
尹惠	91	56	91	85	323	80.8
向东	89.5	63	95	66	313.5	78.4
秦万怀	88	62	92	80	322	80.5
江翼	86	75	71	78	310	77.5

期末成绩　Sheet2　Sheet3　就绪　110%

图 17-23　查看效果

17.4.2　修改嵌入对象

如果对嵌入对象的效果不满意，还可进行修改。其方法是：双击嵌入的对象，对象将以窗口显示，并进入编辑状态，如图 17-24 所示。然后使用编辑 Excel 表格的方法对嵌入对象的数据、样式以及格式等进行编辑，如图 17-25 所示。编辑完成后，单击对象窗口右上角的“最大化”按钮 ，将返回到未进入对象编辑状态前的显示效果。

对于嵌入的对象，用户可通过调整图片、图表和形状等对象的方式调整工作簿中嵌入对象的大小和位置。

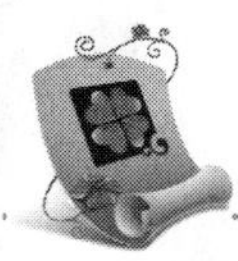

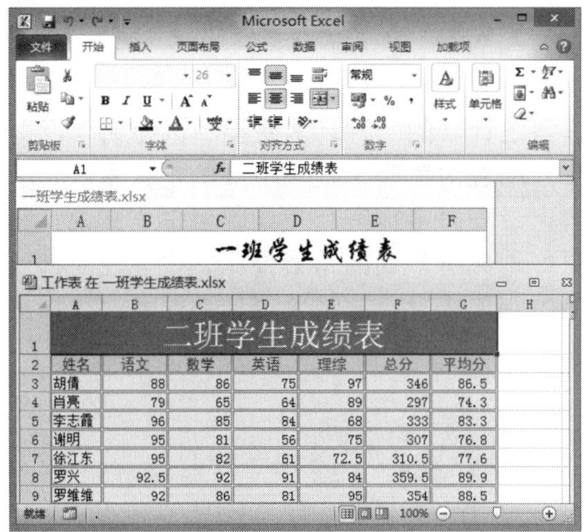

图 17-24　进入对象编辑状态

图 17-25　编辑后的效果

17.5　精通实例——制作“家友超市销售记录表”

本实例将通过在空白文档中输入数据、创建数据透视表和透视图、插入嵌入对象等操作制作“家友超市销售记录表”，然后共享该工作簿，其最终效果如图 17-26 所示。

家友超市4月销售记录表

编号	商品名称	单价	销售量	销售额
001	矿泉水	1.5	356	534
002	牛奶	2.5	462	1155
003	饼干	3.5	492	1722
004	牛肉干	4	685	2740
005	花生奶	2	862	1724
006	卫生纸	12	135	1620
007	牙膏	5.5	95	522.5
008	水杯	6	60	360
009	冰淇淋	1.5	682	1023
010	圆珠笔	2	320	640
011	方便面	1.5	543	814.5
012	大米	1.5	493	739.5

行标签	求和项:销售量	求和项:销售额
冰淇淋	682	1023
饼干	492	1722
大米	493	739.5
方便面	543	814.5
花生奶	862	1724
矿泉水	356	534
牛奶	462	1155
牛肉干	685	2740
水杯	60	360
卫生纸	135	1620
牙膏	95	522.5
圆珠笔	320	640
总计	5185	13594.5

图 17-26　最终效果

如果要嵌入的工作簿中包含表格、数据透视表和数据透视图等多个对象，将工作簿嵌入其他工作簿中后，所有对象都将以一个图形表示。

17.5.1 行业分析

本例制作的“家友超市销售记录表”属于销售统计表的一种，其主要目的是为了及时了解产品的销售情况，从而根据销售情况制定相应的应对策略，提高产品的销售量。

根据企业的要求和目的不同，其制作的销售记录表内容也有所差异，但总体来说，销售记录表要记录产品的销售额和销售量。为了更好地分析产品的销售情况，很多企业都要求通过制作的销售记录表快速、直观地了解产品的销售情况，这就需要借助图表、数据透视表和数据透视图等对象将数据直观地展现出来。

17.5.2 操作思路

为更快完成本例的制作，并尽可能运用本章讲解的知识，本例的操作思路如下。

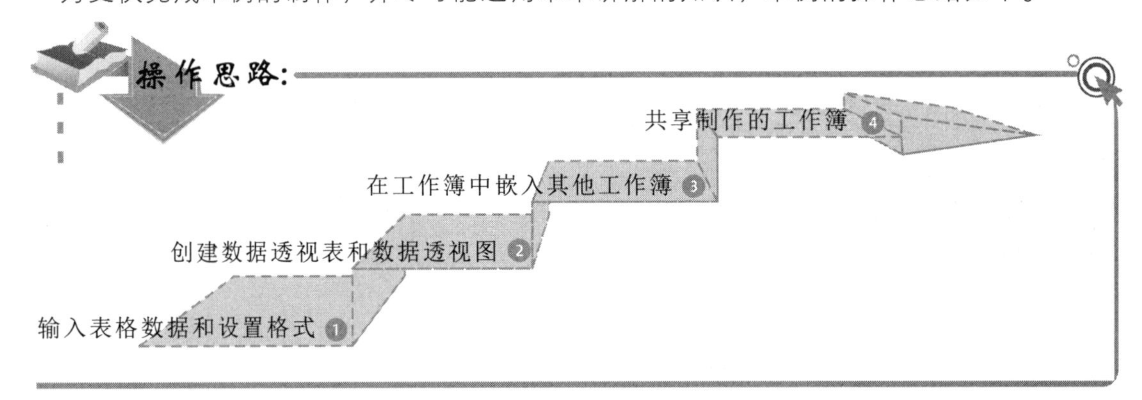

17.5.3 操作步骤

下面介绍制作“家友超市销售记录表”的方法，其操作步骤如下：

光盘\素材\第 17 章\家友超市 5 月销售记录表.xlsx
光盘\效果\第 17 章\家友超市销售记录表.xlsx
光盘\实例演示\第 17 章\制作“家友超市销售记录表”

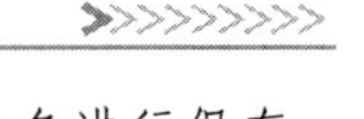

1. 启动 Excel 2010，新建空白工作簿并以“家友超市销售记录表”为名进行保存，将“Sheet1”和“Sheet2”工作表重命名为“4 月销售记录”和“5 月销售记录”。
2. 在 A1 单元格中输入“家友超市 4 月销售记录表”，在 A2:E2 单元格区域输入表头内容，在 B3:E14 单元格区域中输入相应的表格内容。
3. 选择 A3:A14 单元格区域，单击鼠标右键，在弹出的快捷菜单中选择“设置单元格格式”命令，在打开对话框的“分类”列表框中选择“文本”选项，如图 17-27 所示。
4. 单击 确定 按钮，在 A3:A14 单元格区域中即可输入以“0”开头的编号，输入完成后，将 A1:E1 单元格区域合并为一个单元格，并将标题字体设置为“方正粗宋简体”，字号设置为“16”，如图 17-28 所示。

选择单元格或单元格区域后，按 Ctrl+1 键可快速打开“设置单元格格式”对话框。

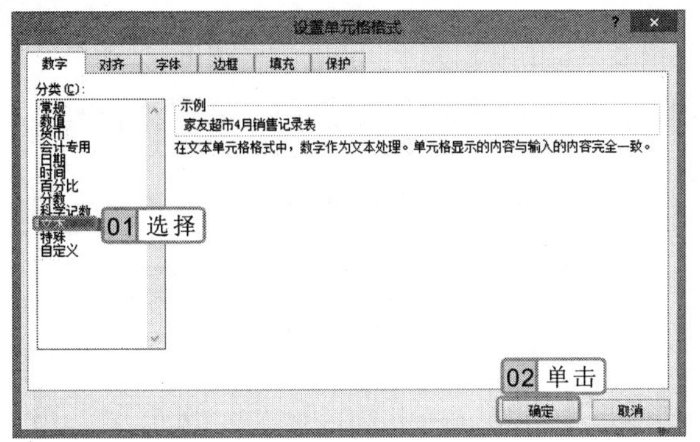

图 17-27 设置单元格格式

	A	B	C	D	E
1	家友超市4月销售记录表				
2	编号	商品名称	单价	销售量	销售额
3	001	矿泉水	1.5	356	534
4	002	牛奶	2.5	462	1155
5	003	饼干	3.5	492	1722
6	004	牛肉干	4	685	2740
7	005	花生奶	2	862	1724
8	006	卫生纸	12	135	1620
9	007	牙膏	5.5	95	522.5
10	008	水杯	6	60	360
11	009	冰淇淋	1.5	682	1023
12	010	圆珠笔	2	320	640
13	011	方便面	1.5	543	814.5
14	012	大米	1.5	493	739.5

图 17-28 输入和设置数据格式

5 选择 A2:E14 单元格区域，选择“插入”/“表格”组，单击“数据透视表”按钮下方的按钮，在弹出的下拉列表中选择“数据透视图”选项，在打开的对话框中选中◉现有工作表(E)单选按钮，在“位置”文本框中输入“A16”，如图 17-29 所示。

6 单击 确定 按钮，同时插入数据透视表和透视图，并打开“数据透视表字段列表”任务窗格，在“选择要添加到报表的字段”列表框中依次选中☑商品名称、☑销售量和☑销售额复选框，在工作表中单击其他单元格，即可关闭任务窗格，查看到创建的透视表和透视图，如图 17-30 所示。

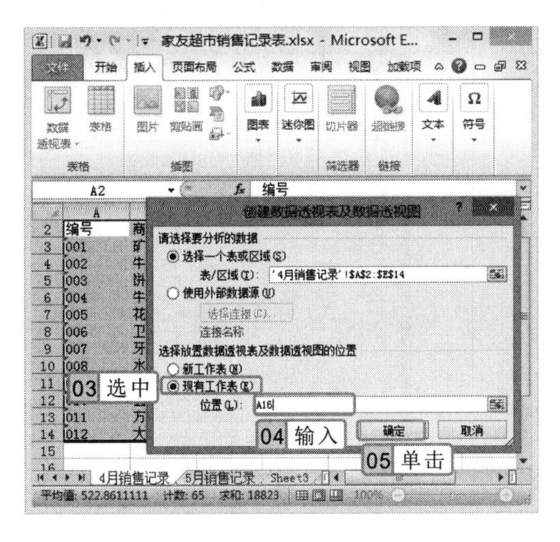

图 17-29 设置创建位置

图 17-30 创建透视表和透视图

7 单击“5 月销售记录”工作表标签，切换为当前工作表，选择“插入”/“文本”组，单击“对象”按钮，打开“对象”对话框，选择“由文件创建”选项卡，单击 浏览(B)... 按钮。

8 打开“浏览”对话框，在地址栏中选择插入工作簿的保存位置，在中间的列表框中选择“家友超市 5 月销售记录表”选项，单击 插入(S) 按钮，如图 17-31 所示。

9 返回“对象”对话框，在“文件名”文本框中显示了工作簿的链接地址，单击 确定

在“创建数据透视表及数据透视图”对话框中选中◉新工作表(N)单选按钮，将在当前工作簿中新建一个工作表，并创建数据透视表。

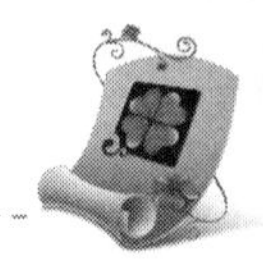

按钮，如图 17-32 所示。

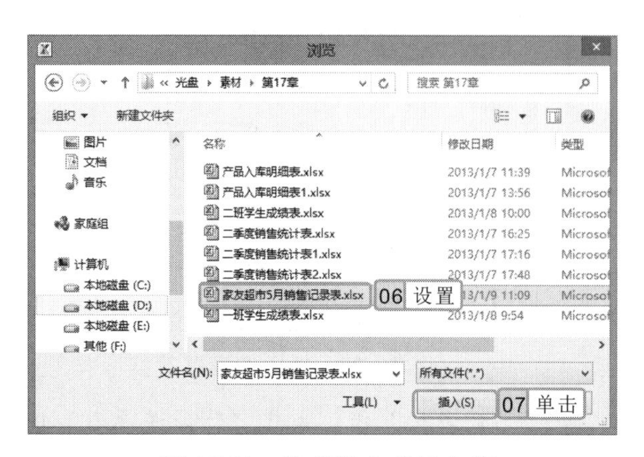

图 17-31 选择嵌入的工作簿

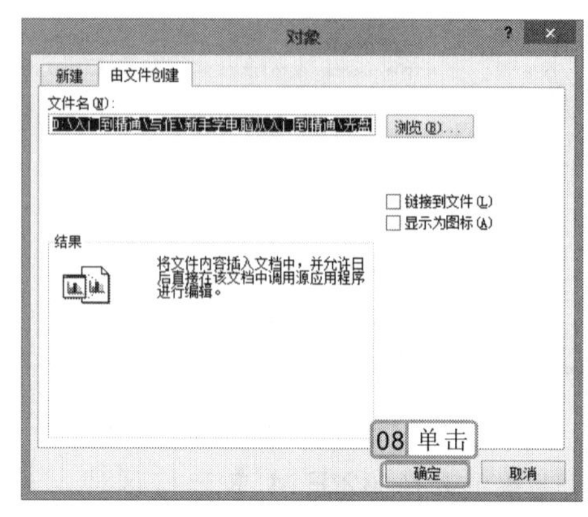

图 17-32 “对象”对话框

10 返回工作表编辑区，即可看到嵌入的工作簿以图形对象显示在工作表中，如图 17-33 所示，然后根据需要调整其位置。

11 完成工作簿的制作，选择“审阅”/“更改”组，单击“共享工作簿”按钮，打开“共享工作簿”对话框，单击 确定 按钮，如图 17-34 所示。

12 在打开的提示对话框中单击 确定 按钮保存工作簿，然后将共享的工作簿保存到电脑中的共享文件夹中即可。

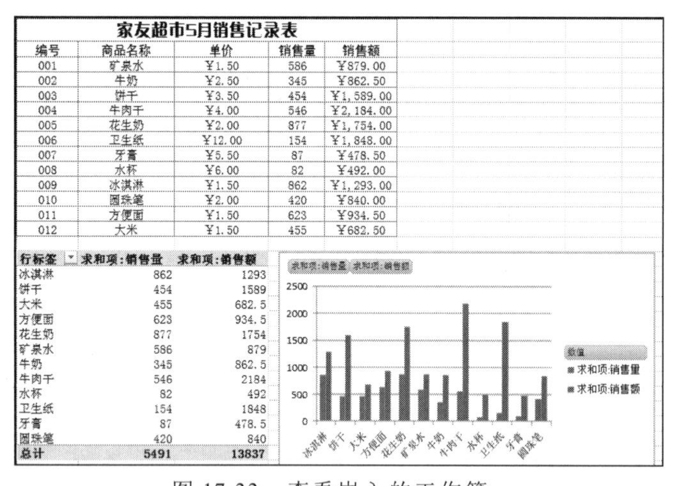

家友超市5月销售记录表

编号	商品名称	单价	销售量	销售额
001	矿泉水	¥1.50	586	¥879.00
002	牛奶	¥2.50	345	¥862.50
003	饼干	¥3.50	454	¥1,589.00
004	牛肉干	¥4.00	546	¥2,184.00
005	花生奶	¥2.00	877	¥1,754.00
006	卫生纸	¥12.00	154	¥1,848.00
007	牙膏	¥5.50	87	¥478.50
008	水杯	¥6.00	82	¥492.00
009	冰淇淋	¥1.50	862	¥1,293.00
010	圆珠笔	¥2.00	420	¥840.00
011	方便面	¥1.50	623	¥934.50
012	大米	¥1.50	455	¥682.50

行标签	求和项：销售量	求和项：销售额
冰淇淋	862	1293
饼干	454	1589
大米	455	682.5
方便面	623	934.5
花生奶	877	1754
矿泉水	586	879
牛奶	345	862.5
牛肉干	546	2184
水杯	82	492
卫生纸	154	1848
牙膏	87	478.5
圆珠笔	420	840
总计	5491	13837

图 17-33 查看嵌入的工作簿

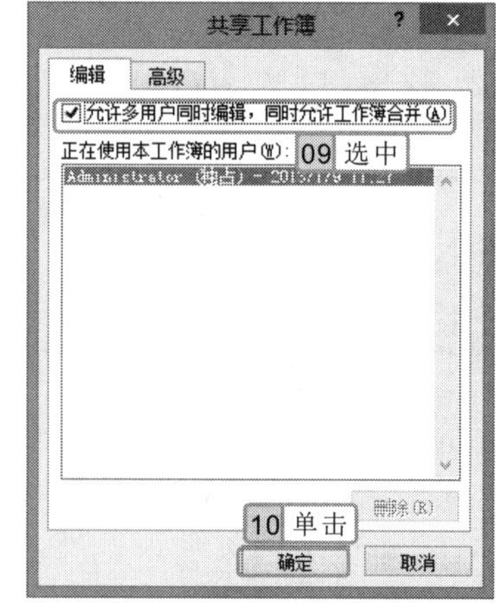

图 17-34 “共享工作簿”对话框

17.6 精通练习——分析“销售业绩表”

本章主要介绍了特殊数据的输入、数据透视表和数据透视图的使用等知识，下面将通过使用数据透视表和数据透视图分析表格数据，并对数据透视表和数据透视图进行编辑美化，效果如图 17-35 所示。

精讲笔录

在“更改”组中单击“保护并共享工作簿”按钮，在打开的“保护工作簿”对话框中选中

复选框，在“密码”文本框中输入并确认密码后可避免丢失修订记录。

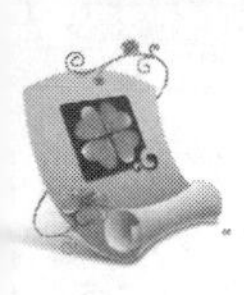

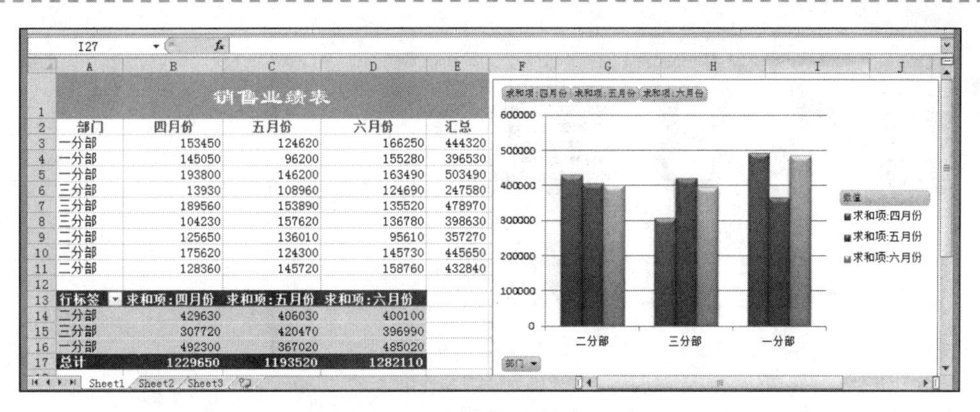

	A	B	C	D	E
1	销售业绩表				
2	部门	四月份	五月份	六月份	汇总
3	一分部	153450	124620	166250	444320
4	一分部	145050	96200	155280	396530
5	一分部	193800	146200	163490	503490
6	三分部	13930	108960	124690	247580
7	三分部	189560	153890	135520	478970
8	三分部	104230	157620	136780	398630
9	二分部	125650	136010	95610	357270
10	二分部	175620	124300	145730	445650
11	二分部	128360	145720	158760	432840
12					
13	行标签	求和项:四月份	求和项:五月份	求和项:六月份	
14	二分部	429630	406030	400100	
15	三分部	307720	420470	396990	
16	一分部	492300	367020	485020	
17	总计	1229650	1193520	1282110	

图 17-35　“销售业绩表”效果

参见光盘

光盘\素材\第 17 章\销售业绩表.xlsx
光盘\效果\第 17 章\销售业绩表.xlsx
光盘\实例演示\第 17 章\分析“销售业绩表”

该练习的操作思路与关键提示如下。

操作思路:

1. 根据表格内容创建数据透视表
2. 根据数据透视表创建数据透视图
3. 编辑和美化数据透视表和数据透视图

关键提示:

美化数据透视图可通过“设计”、“布局”和“格式”3 个选项卡来进行，其美化方法和图表的美化方法基本相同。

知识关联　数据透视表和数据透视图的区别

数据透视表是以表格形式表示，能对大量数据快速汇总和建立交叉列表。使用数据透视表可以汇总、分析、浏览和提供摘要数据，同时还可以快速合并和比较分析大量的数据。而数据透视图是以图形形式表述数据透视表中的数据，比数据透视表更直观。数据透视图通常有一个相关联的数据透视表，两个报表中的字段相互对应，如果更改了某一报表的某个字段位置，则另一报表中的相应字段位置也会发生改变。

操作提示

选择数据透视表中的任意单元格，选择“设计”/“布局”组，单击“分类汇总”按钮，在弹出的下拉列表中可为数据透视表设置汇总的位置和不显示汇总。

第18章

玩转常用工具软件

浏览和编辑图片

压缩文件

解压缩文件

查找单词词义

加密和解密文件与文件夹

播放音频和视频文件

本章导读

在日常生活和办公中，经常会使用到一些工具软件，这些工具能帮助用户轻松地完成各项工作。本章将介绍压缩软件——WinRAR、看图软件——ACDSee、加密软件——文件夹加密超级大师、音视频播放软件——暴风影音、翻译软件——金山词霸等常用工具软件的使用方法。

18.1 压缩软件——WinRAR

WinRAR 是目前主流的压缩软件之一，该软件可对电脑中的文件进行压缩存放，缩小文件的体积，为用户节省大量的磁盘空间，并方便用户使用 U 盘等移动存储器来进行文件的存储与交换。

18.1.1 压缩文件

WinRAR 可以对保存在电脑中的一个或多个文件进行压缩，以减少磁盘的占用空间，并且方便传送。

实例 18-1 对“神奇的九寨沟.wmv”视频文件进行压缩

1. 在桌面上双击 WinRAR 的快捷方式图标，打开 WinRAR 工作界面，单击地址栏列表框右侧的 按钮，在弹出的下拉列表中选择“其他(F:)”选项，在中间的列表框中选择需要压缩的文件“神奇的九寨沟.wmv”文件，单击“添加”按钮，如图 18-1 所示。
2. 打开“压缩文件名和参数”对话框，在“压缩文件名”文本框中输入压缩后该压缩文件的名称，这里保持默认名称不变。在“压缩文件格式”栏中设置文件压缩后的格式，这里选中 RAR(R) 单选按钮。
3. 在“压缩方式”下拉列表框中提供了多种选项，这里保持默认的“标准”压缩方式不变，在“压缩选项”栏中设置相应的压缩选项，这里选中 压缩后删除源文件(L) 复选框，然后单击 确定 按钮进行压缩，如图 18-2 所示。

图 18-1　选择压缩的文件

图 18-2　设置压缩参数

4. 在打开的“正在创建压缩文件 神奇的九寨沟.rar”对话框中可查看到该文件的压缩进度、已用时间和剩余时间等参数，如图 18-3 所示。

在需要压缩的文件上单击鼠标右键，在弹出的快捷菜单中选择“添加到压缩文件”命令，也可打开“压缩文件名和参数”对话框，然后对其压缩参数进行设置即可。

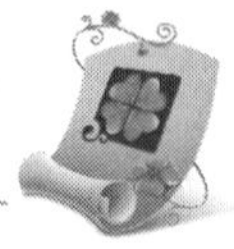

5 完成压缩后，在选择压缩文件的位置处将生成一个压缩文件，并自动删除源文件，如图 18-4 所示。

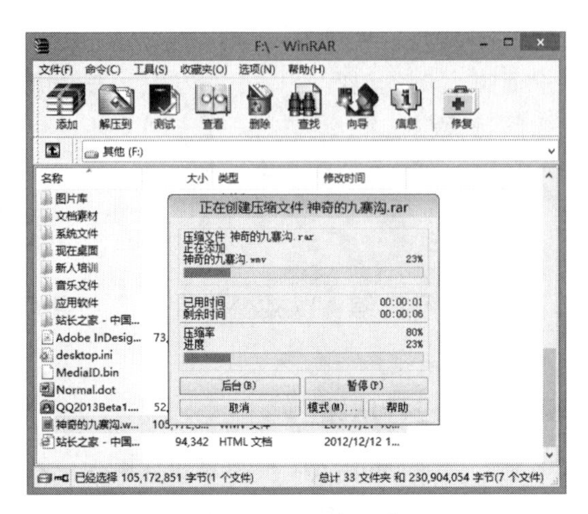

图 18-3 压缩文件

图 18-4 查看压缩的文件

18.1.2 解压缩文件

若要查看压缩文件中的内容，必须对文件进行解压后才能将其打开。解压文件可通过 WinRAR 窗口和快捷菜单命令两种方法来完成。下面分别进行介绍。

- **通过 WinRAR 窗口解压**：在 WinRAR 窗口中选择需要解压的压缩文件，单击“解压到”按钮，打开“解压路径和选项”对话框，在右侧的列表框中选择解压后文件保存的位置，其他保持默认设置不变，单击 确定 按钮即可，如图 18-5 所示。
- **通过快捷菜单命令解压**：在需要解压的文件上单击鼠标右键，在弹出的快捷菜单中选择相应的解压命令即可，如图 18-6 所示。

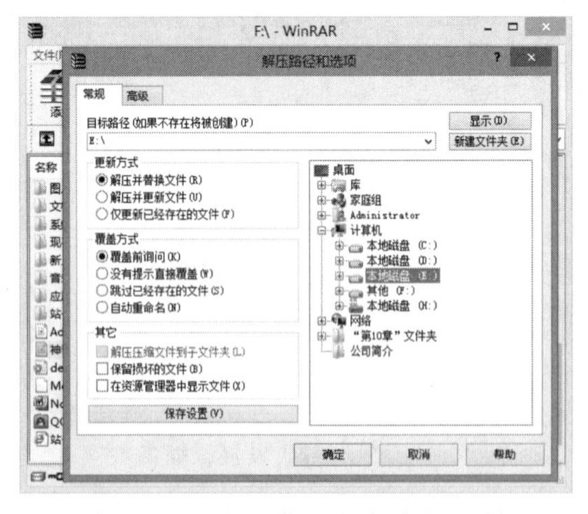

图 18-5 “解压路径和选项”对话框

图 18-6 选择解压命令

使用快捷菜单命令，也可以对电脑中的文件和文件夹进行压缩操作。

18.2 看图软件——ACDSee

ACDSee 是一款功能强大的图形图像浏览软件，该软件支持多种图像格式，不仅可以方便地浏览电脑中的各种图片，还可对图片进行编辑处理。下面讲解使用 ACDSee 浏览和编辑图片的方法。

18.2.1 浏览图片

浏览图片是 ACDSee 的主要功能，在桌面上双击 ACDSee 14 快捷方式图标，在默认打开的 ACDSee 14 主界面中只能看到图片的缩略图和预览图。若要查看图片的详细内容，可双击“显示”窗格中的图片缩略图，打开浏览窗口进行查看，如图 18-7 所示。

图 18-7 浏览图片窗口

下面介绍浏览窗口中常用的工具按钮的作用。

- “向左旋转”按钮：单击该按钮，当前浏览的图片向左旋转 90°。
- “向右旋转”按钮：单击该按钮，当前浏览的图片向右旋转 90°。
- “滚动工具”按钮：单击该按钮，可拖动图片查看图片未显示完全的内容。
- “选择工具”按钮：单击该按钮后按住鼠标左键进行拖动可选择图片的某个区域。
- “缩放工具”按钮：单击该按钮，可放大或缩小图片的显示状态。
- “全屏幕”按钮：单击该按钮，可以全屏的方式浏览图片。
- “适合图像”按钮：单击该按钮后，图片的大小将变成原来的大小。
- “图像大小”列表框 44%：单击列表框右侧的，在弹出的下拉列表中选择所需的值，即可相应地调整图片的大小。
- ‹上一个 和 下一步› 按钮：单击相应的按钮，可以查看上一张或下一张图片。

使用鼠标拖动“图像大小”列表框左侧的滑块，可自由调整图片的大小。

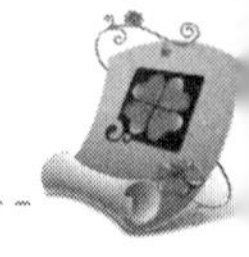

18.2.2　编辑图片

使用 ACDSee 不仅可浏览图片，还可对图片进行编辑，如调整图片大小、颜色，为图片添加文字和特殊效果等，使图片更加美观。

实例 18-2　使用 ACDSee 的编辑功能对“扬州.jpg”图片进行编辑

下面将使用 ACDSee 软件对“扬州.jpg”图片的大小进行裁剪，然后调整图片的颜色，并为图片添加晕影效果。

光盘\素材\第 18 章\扬州.jpg
光盘\效果\第 18 章\扬州.jpg

1. 启动 ACDSee 14，在其工作界面的“文件夹”窗格中选择“风景”文件夹，在文件列表中选择需进行编辑的图片，然后选择“编辑”选项卡，如图 18-8 所示。
2. 在左侧“操作”窗格中单击“几何形状”栏中的“裁剪”超链接，如图 18-9 所示。

图 18-8　选择编辑的图片

图 18-9　单击“裁剪”超链接

3. 打开“裁剪”窗格，在图片上使用鼠标拖动文本框来调整图片的大小，调整合适后单击 完成 按钮，如图 18-10 所示。
4. 返回“操作”窗格，在右侧可预览裁剪后的效果，然后在左侧单击“曝光/光线”栏中的“色调曲线”超链接，如图 18-11 所示。

图 18-10　调整裁剪大小

图 18-11　单击“色调曲线”超链接

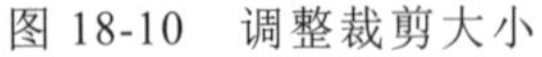

在编辑图片时，如果想让图片快速恢复到原始效果，只需单击当前窗格中的 重设 按钮即可。但一旦执行完操作，图片就不能恢复到原始效果了。

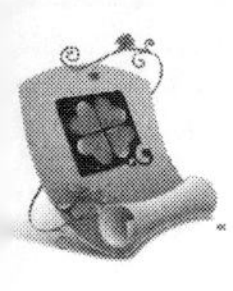

5　打开“色调曲线”窗格，在其中对图片的 RGB 色调进行调整，将鼠标指针定位到直方图中的白色斜线上，然后按住鼠标左键不放进行拖动，直到将图片的色调调整到满意时释放鼠标，如图 18-12 所示。

6　单击 完成 按钮返回“操作”窗格，在左侧单击“添加”栏中的“晕影”超链接，如图 18-13 所示。

图 18-12　调整图片色调

图 18-13　单击“晕影”超链接

7　打开“晕影”窗格，在其中拖动鼠标调整“编辑”、“垂直”、“空白区域”、“过渡区域”和“拉伸”的值，其他保持默认设置不变，如图 18-14 所示。

8　单击 完成 按钮返回“操作”窗格，在窗格下方单击 保存 按钮，在弹出的下拉列表中选择“另存为”选项，打开“图像另存为”对话框，在“保存在”下拉列表框中设置图片的保存位置，这里选择“桌面”选项，文件名保持默认不变，单击 保存(S) 按钮，如图 18-15 所示。

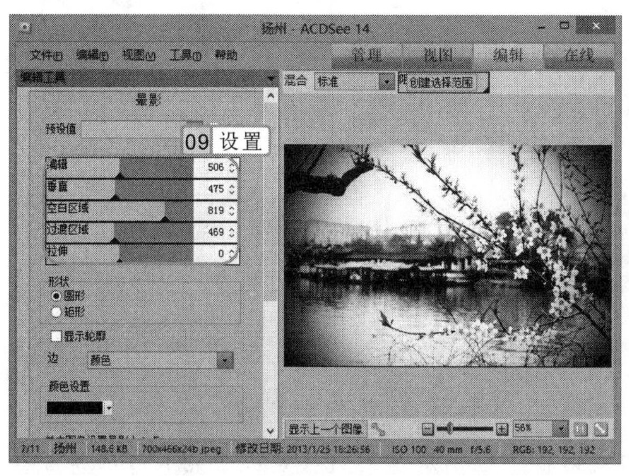

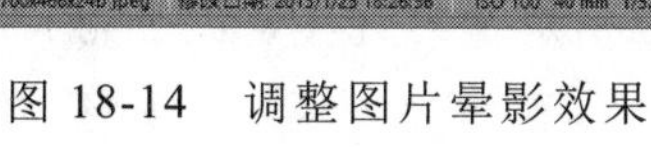
图 18-14　调整图片晕影效果

图 18-15　保存图片

操作提示

在“晕影”窗格中的“颜色设置”下拉列表框中选择相应的颜色，可设置晕影效果的颜色。

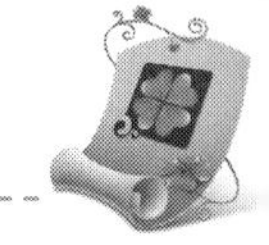

18.3　加密软件——文件夹加密超级大师

文件夹加密超级大师是一款易用、安全、功能强大的加密软件，通过它可快速对电脑中重要的文件和文件夹进行加密保护。下面将详细介绍使用文件夹加密超级大师加密和解密文件与文件夹的方法。

18.3.1　加密文件或文件夹

为了保护电脑中重要文件或文件夹的安全，用户可使用文件夹加密超级大师为其加密，这样可避免他人查看和删除这些文件或文件夹。加密文件和文件夹的方法类似。

实例 18-3　为 E 盘中的“常用密码.txt”文件加密

1. 双击桌面上的“文件夹加密超级大师”快捷方式图标，打开其工作界面，单击“文件加密”按钮。
2. 打开“打开”对话框，在“查找范围”下拉列表框中选择“本地磁盘(E:)”选项，在中间的列表框中选择需要加密的文件，这里选择“常用密码.txt”文件，单击 打开(O) 按钮，如图 18-16 所示。
3. 在打开的加密对话框中的“加密密码”和“再次输入”文本框中输入加密的密码，在“加密类型”下拉列表框中选择“金钻加密”选项，单击 加密 按钮，如图 18-17 所示。

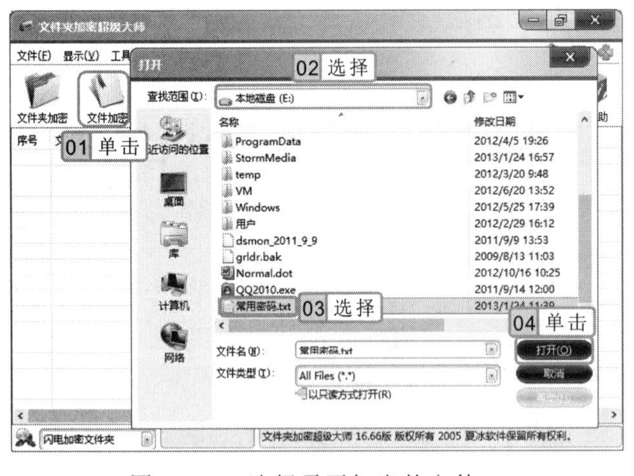

图 18-16　选择需要加密的文件

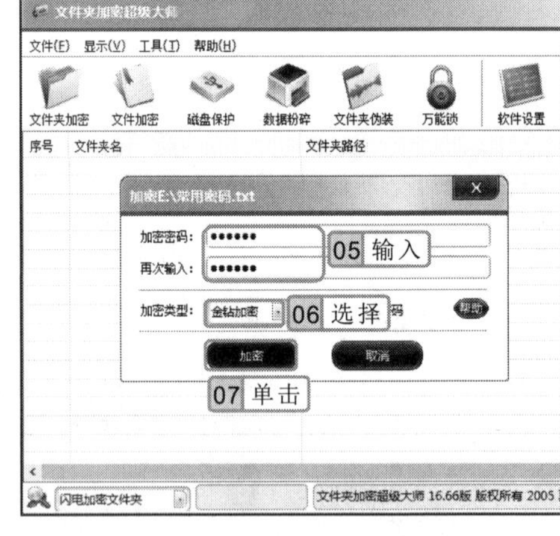

图 18-17　设置加密参数

4. 开始对文件进行加密，并在打开的对话框中显示加密的进度，加密完成后，加密后的文件将自动显示在文件夹加密超级大师工作界面的列表框中，如图 18-18 所示。

精讲笔录

第一次使用文件夹加密大师为文件或文件夹加密时，选择加密的文件或文件夹后，会打开“请牢记您的加密密码！！”对话框，等待 10 秒后，单击 我知道了 按钮即可继续进行加密操作。

图 18-18 显示加密文件

18.3.2 解密文件或文件夹

加密文件或文件夹后，要想浏览加密文件或文件夹中的内容，则需要对其进行解密操作。解密文件或文件夹的方法是：在文件夹加密超级大师工作界面的列表框中选择需要解密的文件或文件夹，在打开的对话框中输入设置的密码，单击 解密 按钮，如图 18-19 所示，即可对文件或文件夹进行解密操作。

图 18-19 解密文件或文件夹

18.4 音视频播放软件——暴风影音

暴风影音是一个支持多种播放格式的音视频播放器，使用它不仅可播放电脑中保存的音频和视频文件，还可播放网络中的音频和视频文件。下面详细讲解使用暴风影音播放本地和网络音频与视频文件的方法。

18.4.1 播放本地音频和视频

使用暴风影音播放电脑中的音频和视频文件的方法比较简单，在电脑中安装暴风影音

选择需要打开的加密文件或文件夹，在打开的对话框中输入正确的密码后，单击 打开 按钮即可打开加密的文件或文件夹，但在下次打开时，还需要输入正确的密码才能打开。

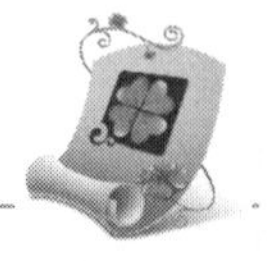

软件后，在桌面上双击“暴风影音”快捷方式图标，启动暴风影音，在其工作界面中单击打开文件按钮，在打开的“打开”对话框中选择需要播放的音频和视频文件，单击打开(O)按钮，如图 18-20 所示。将选择的视频或音频文件添加到播放列表中，即可开始播放，如图 18-21 所示。

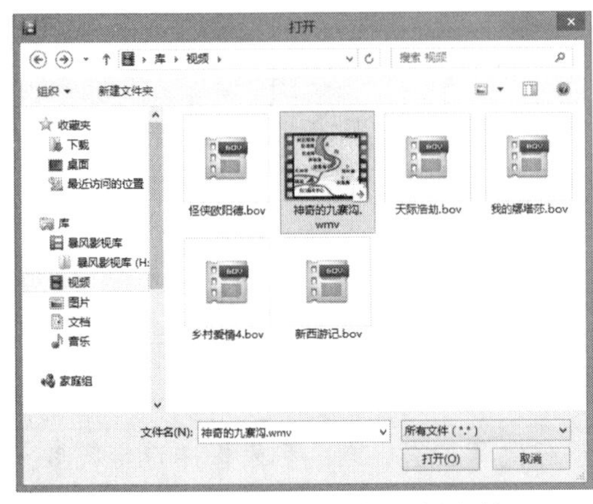

图 18-20　选择播放的视频文件

图 18-21　播放视频

18.4.2　播放网络音频和视频

将电脑连接到网络后，启动暴风影音，打开其工作界面的同时，也将打开暴风影音盒子，在搜索文本框中输入需要观看的音频或视频名称，单击搜索按钮，在打开的页面中将显示搜索的结果，单击▶播放本专辑按钮，即可将相应的视频或音频文件添加到播放列表中，并按顺序进行播放，如图 18-22 所示。

图 18-22　播放网络视频文件

在暴风影音盒子中搜索音频文件时，最好通过输入歌手名称进行查找，这样查找出来的结果更多，如果是直接输入歌名查找，可能会搜索不出来。

18.5　翻译软件——金山词霸

金山词霸是一款免费的词典翻译软件，其查词、查句和翻译功能十分强大，还可对电脑屏幕上的字、词进行英汉翻译，非常方便。下面使用金山词霸查找单词词义、翻译短文以及使用取词和划译功能翻译字词。

18.5.1　查找单词词义

使用金山词霸查找单词词义的方法非常简单，在电脑中安装金山词霸软件后，双击桌面上的“金山词霸”快捷方式图标，启动并打开金山词霸工作界面，在搜索框中输入需要查询的单词，单击查一下按钮，即可在网络中搜索该单词的词义、词组的用法以及相关解释等，并在内容显示区中显示，如图 18-23 所示。

图 18-23　翻译单词

18.5.2　翻译短文

金山词霸作为一款用户群体庞大的专业翻译软件，其功能是非常强大且丰富的。使用金山词霸不仅可以查找单词的词义，还可对短文和短句进行翻译，不仅翻译速度快，且准确率高。翻译短文的方法是：双击桌面上的“金山词霸”快捷方式图标，在打开的金山词霸工作界面上单击翻译按钮，再在打开的界面上方文本框中输入需要翻译的短句或短文，在文本框下方左侧单击自动检测语言列表框右侧的按钮，在弹出的下拉列表中选择需要翻译的方式，然后单击翻译按钮，稍等片刻，即可在界面下方的文本框中显示翻译的句子，如图 18-24 所示。

在金山词霸内容显示区中单击声音图标，可立即收听该单词的标准发音。

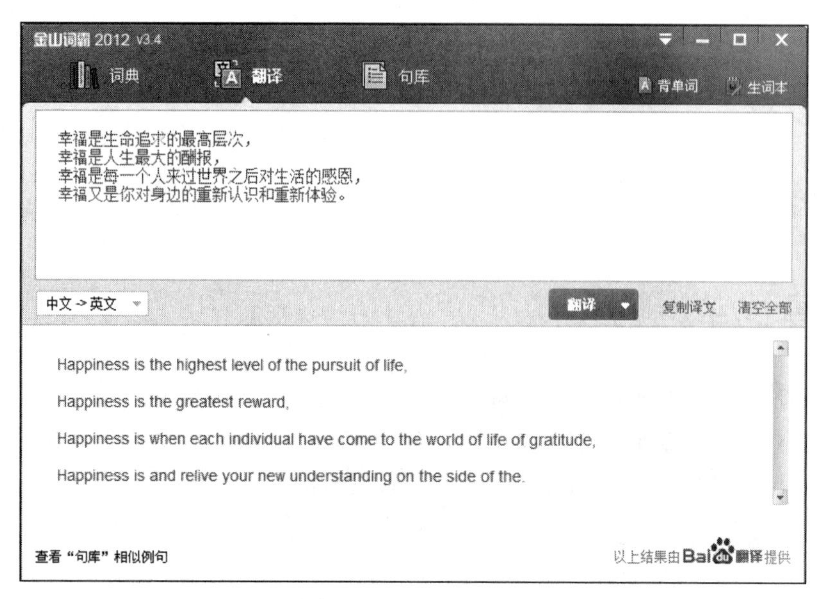

图 18-24　翻译短文

18.5.3　屏幕取词和划译

金山词霸还提供了取词和划译的功能，使用该功能可快速对电脑屏幕中的字、词进行翻译。要使用取词和划译功能，需要先开启该功能，其方法是：在金山词霸工作界面下方单击取词和划译按钮，使其变成取词和划译，即表示开启取词和划译功能。

取词是指将鼠标指针放在需翻译的词语上停留一会儿或将鼠标指针定位到词语之间就会出现翻译文本框，如图 18-25 所示。划译是指用鼠标选择词语后出现翻译文本框，如图 18-26 所示。

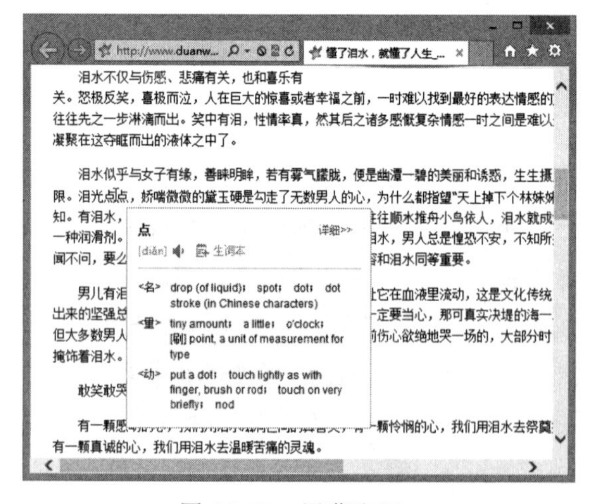

图 18-25　屏幕取词

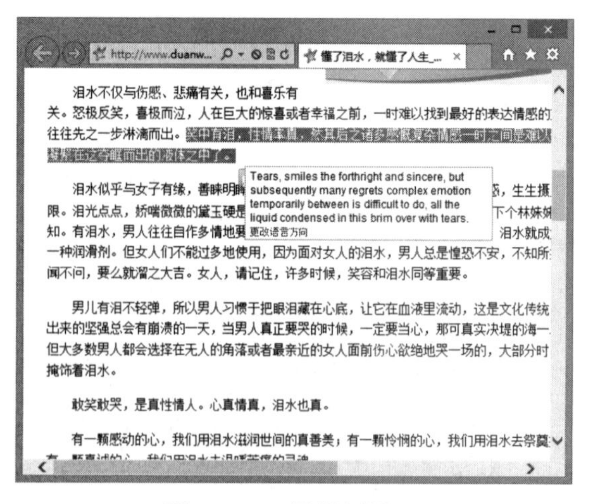

图 18-26　屏幕划译

精讲笔录

取词和划译功能必须在联网运行金山词霸程序，并开启屏幕取词和划译功能的情况下才能正常使用。

18.6 精通实例——播放并压缩视频文件

本实例将首先使用暴风影音软件对保存在电脑中的视频进行播放，然后使用360压缩软件对视频文件进行压缩，以减少文件的空间占用量。如图18-27所示为视频播放效果。

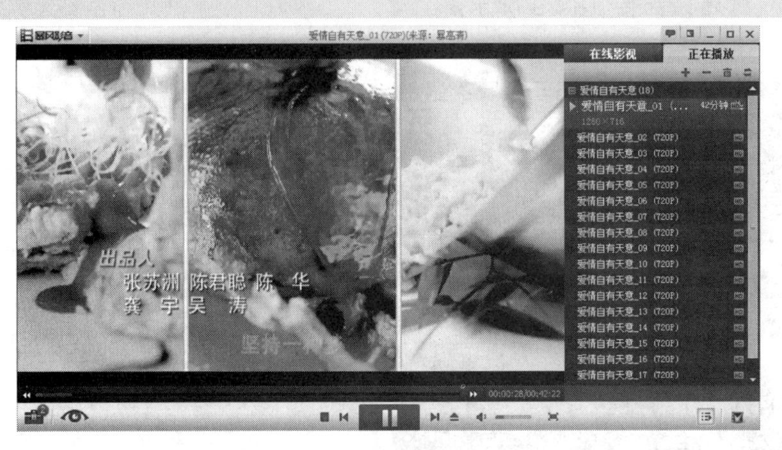

图 18-27 视频播放效果

18.6.1 操作思路

为更快完成本例的制作，并尽可能运用本章所讲知识，现将本例的操作思路介绍如下。

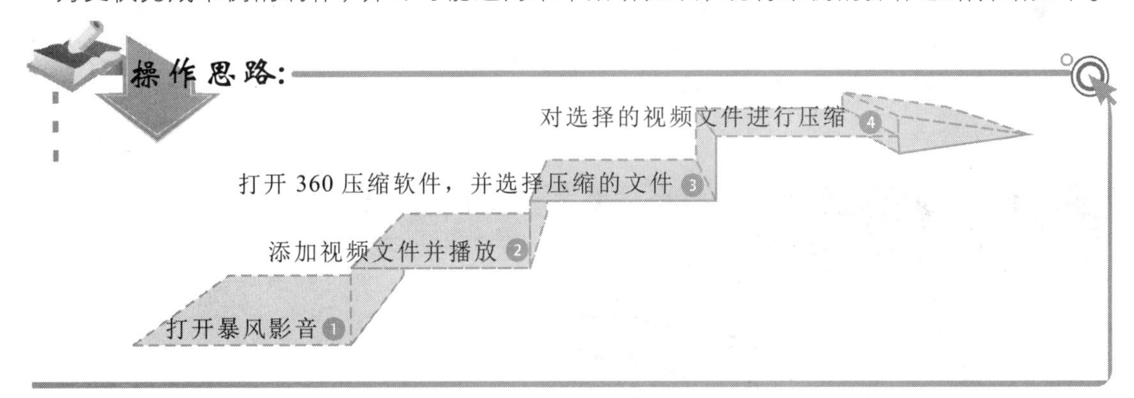

18.6.2 操作步骤

下面介绍播放视频和压缩文件的方法，其操作步骤如下：

参见光盘 光盘\实例演示\第18章\播放和压缩视频文件

使用暴风影音播放视频的过程中，在暴风影音工作界面下方的播放控制区单击相应的按钮，可对视频进行播放控制。

1. 在桌面上双击“暴风影音”快捷方式图标，打开暴风影音工作界面和暴风盒子，单击暴风盒子右上角的按钮将其关闭，在暴风影音工作界面中单击打开文件按钮，如图 18-28 所示。
2. 打开“打开”对话框，在左侧窗格中选择“本地磁盘(F:)”选项，在“所有媒体格式”下拉列表框中选择“所有格式”选项，在中间的列表框中选择“爱情自有天意”选项，如图 18-29 所示。

图 18-28　单击“打开文件”按钮

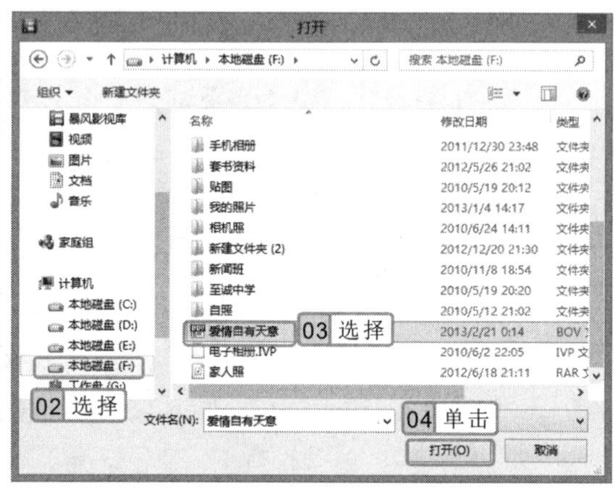

图 18-29　选择要播放的视频文件

3. 单击打开(O)按钮，即可将选择的视频添加到播放列表中，并开始缓冲，缓冲完成后即可播放视频，如图 18-30 所示。
4. 在桌面上双击“360 压缩”快捷方式图标，打开其工作界面，在地址栏中选择需要压缩的文件所在的位置，在中间的列表框中选择要压缩的文件，单击“添加”按钮，如图 18-31 所示。

图 18-30　播放视频

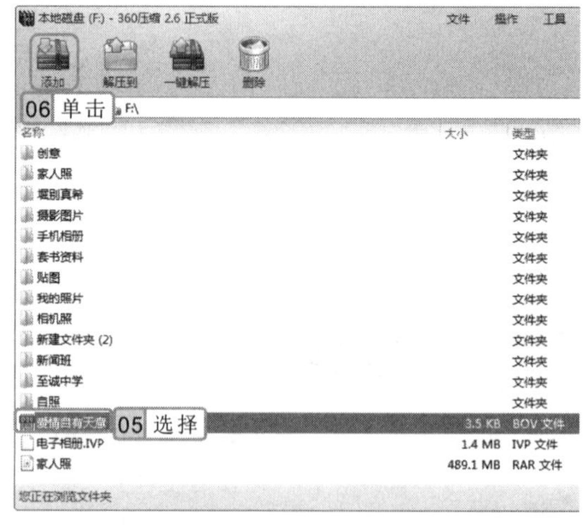

图 18-31　选择要压缩的文件

使用 360 压缩软件压缩和解压缩文件或文件夹的方法与使用 WinRAR 软件压缩和解压缩文件或文件夹的方法类似。

5 在打开的对话框中单击“更改目录”按钮，打开“另存为”对话框，在左侧的导航窗格中选择“桌面”选项，单击保存(S)按钮，如图 18-32 所示。

6 返回对话框中，在“压缩配置”栏中选中◉体积最小单选按钮，单击立即压缩按钮，如图 18-33 所示。

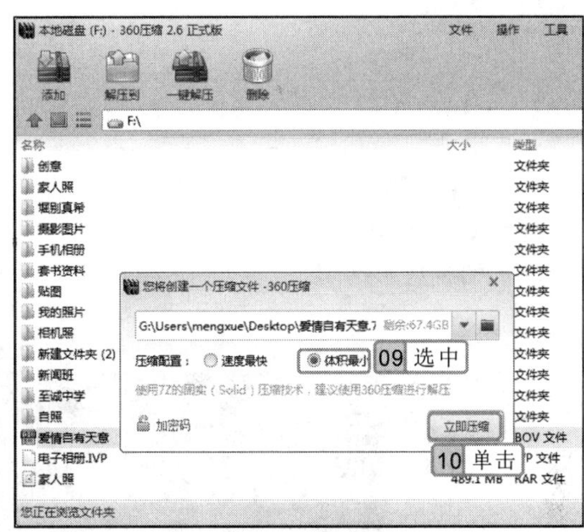

图 18-32 设置保存位置

图 18-33 设置压缩参数

7 在打开的对话框中即可开始对视频文件进行压缩，并显示压缩的进度，如图 18-34 所示。

8 压缩完成后，将在 360 压缩软件的工作界面显示视频的压缩文件，并可查看到该文件的大小，如图 18-35 所示。

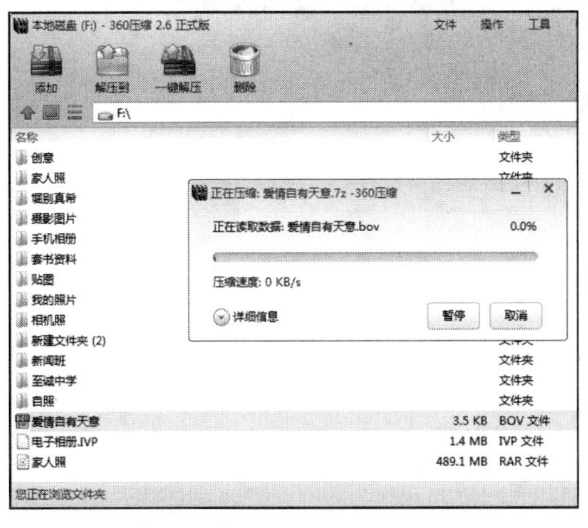

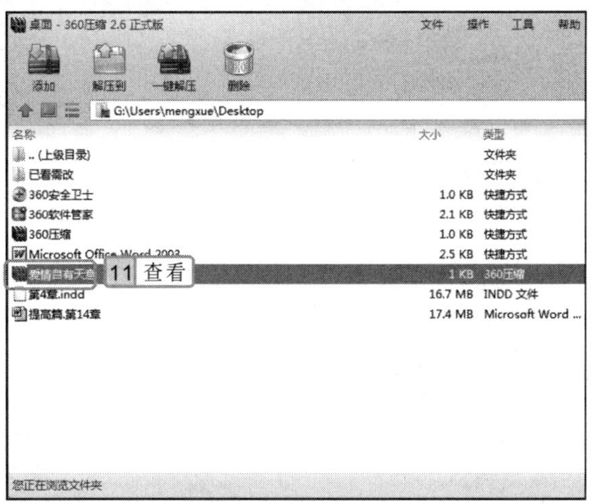

图 18-34 显示压缩进度

图 18-35 查看压缩后的文件

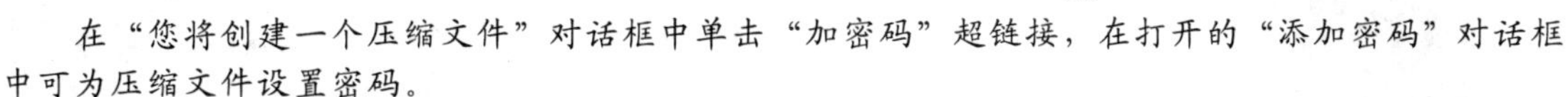

在“您将创建一个压缩文件”对话框中单击“加密码”超链接，在打开的“添加密码”对话框中可为压缩文件设置密码。

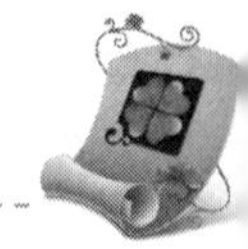

18.7 精通练习

本章主要介绍了一些常用工具软件的使用方法。下面将通过两个练习进一步巩固这些工具软件在工作中的应用，使用户掌握使用工具软件快速办公的方法。

18.7.1 解压并观看视频

本练习将先使用 WinRAR 压缩软件解压“本地磁盘(E:)”中的“暮光之城 2”文件，然后启动暴风影音，将“暮光之城 2”视频文件添加到“正在播放”列表中进行播放，播放效果如图 18-36 所示。

图 18-36 播放视频文件

参见光盘 光盘\实例演示\第 18 章\解压和观看视频

该练习的操作思路如下。

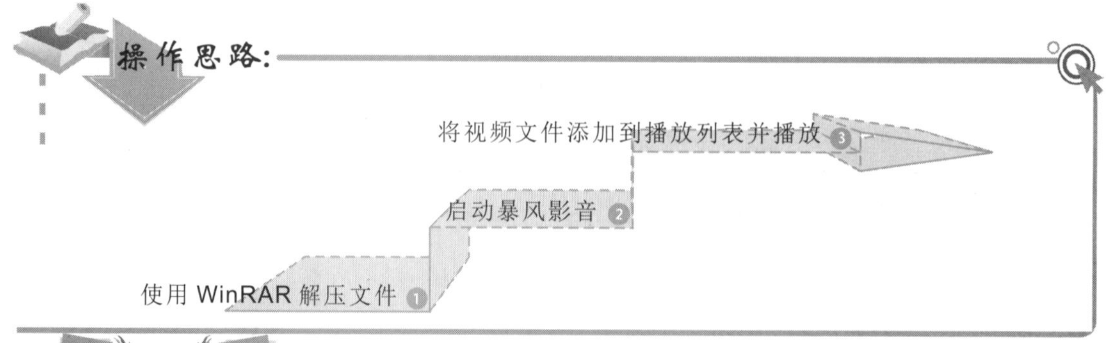

精讲笔录

如果添加到暴风影音中的视频文件是电视连续剧，那么添加的视频文件中可以包含多个剧集。

18.7.2 浏览英文网页中的内容

本练习将打开苹果官方网站（http://www.apple.com），然后启动金山词霸，并开启取词和划译功能阅读网页中的内容。

参见光盘 光盘\实例演示\第 18 章\浏览英文网页中的内容

该练习的操作思路如下。

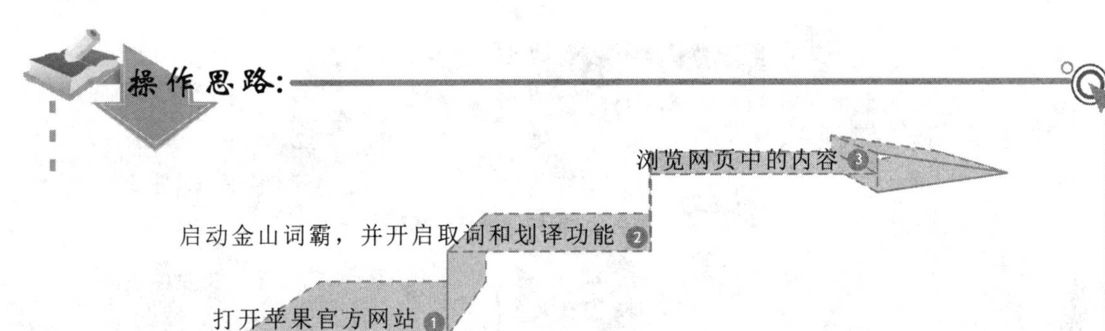

文件夹加密超级大师包含的加密类型

文件夹加密超级大师包含 5 种加密类型，下面分别进行介绍。

- **闪电加密**：选用此种类型加密文件夹后，原始位置是一个索引文件，不是真正的文件夹，且加密的文件夹无法进行删除、移动、重命名以及备份等操作。
- **隐藏加密**：选用此种类型加密文件夹后，加密的文件夹将被隐藏起来，只有解密后才能显示。
- **全面加密**：全面加密文件夹后，文件夹中的所有文件都将被加密成加密文件。如果要解密文件，在文件夹上单击鼠标右键，在弹出的快捷菜单中选择“解密全面加密文件夹”命令，然后输入正确的密码即可。
- **金砖和移动加密文件**：这两种加密类型是把整个文件夹加密成加密文件，其安全性最高，适合为非常重要的文件或文件夹加密，因为加密后，没有正确的密码是无法打开的。

对于文档中的英文内容，也可使用金山词霸的取词和划译功能进行翻译。

第19章

系统安装与备份

文件备份与还原

升级安装

全新安装Windows 8

安装系统前的准备

开启系统保护和创建还原点

使用还原点还原系统

本章导读

Windows 8 操作系统是微软公司推出的最新一代的Windows 操作系统，要想使用该操作系统，需要先对其进行安装。本章将讲解 Windows 8 操作系统的安装、系统和文件的备份与还原等相关知识，使用户熟练掌握安装 Windows 8 操作系统，以及保护电脑系统和文件安全的方法。

19.1 安装系统前的准备

Windows 8 是微软公司最新推出的操作系统，与其他版本的操作系统有很大的区别，因此，在安装 Windows 8 操作系统前，应先了解 Windows 8 的版本、对电脑硬件的要求及其安装流程等知识。

19.1.1 认识 Windows 8 操作系统的版本

为了满足不同用户的需求，Windows 8 操作系统提供了 Windows RT、Windows 8 核心版、Windows 8 专业版和 Windows 8 企业版 4 种，分别介绍如下。

- Windows RT：Windows RT 与其他 Windows 8 系统版本的不同之处在于，Windows RT 是专为平板电脑和其他触控屏设备设计的，并支持大部分应用。
- Windows 8（核心版）：Windows 8 核心版提供了中文版，是普通用户的最佳选择。它提供了 Windows 8 操作系统全新的 Windows 商店、Windows 资源管理器、任务管理器等，还包含以前版本只在企业版或旗舰版中提供的功能服务。
- Windows 8 Pro（专业版）：Windows 8 专业版主要面向电脑系统技术爱好者和企业技术人员，内置了一系列 Windows 8 操作系统增强的技术，包括加密、虚拟化、PC 管理和域名连接等。
- Windows 8 Enterprise（企业版）：Windows 8 企业版包括 Windows 8 专业版的所有功能，同时为了满足企业的需求，还增加了 PC 管理和部署、先进的安全性以及虚拟化等功能。

19.1.2 了解 Windows 8 系统对硬件的要求

要想电脑能够正常运行 Windows 8 操作系统，电脑硬件的性能就必须达到要求，与 Windows 7 操作系统相比，Windows 8 操作系统对电脑硬件的要求更高。Windows 8 操作系统对电脑硬件最基本的要求如下。

- CPU：2GHz 或更高主频的处理器。
- 内存：2.5GB 以上或 4GB 内存。
- 硬盘：系统盘可用空间在 20GB 以上。
- 显示器：800×600 分辨率以上。
- 显卡：支持 WDDM 1.0 或更高版本的 DirectX 9 显卡。
- 光驱：DVD R/RW 驱动器。

19.1.3 了解 Windows 8 系统安装流程

要想顺利完成对 Windows 8 操作系统的安装，在安装之前，就应先了解 Windows 8 操

目前，几乎所有的主流电脑硬件配置都能达到安装 Windows 8 操作系统的基本要求，但要想提高电脑系统的运行速度，可选择硬件配置更高的电脑进行安装。

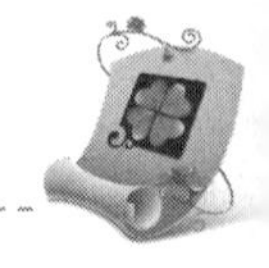

作系统的安装流程，这样在安装过程中才能避免出错。如图 19-1 所示为全新安装 Windows 8 操作系统的流程。

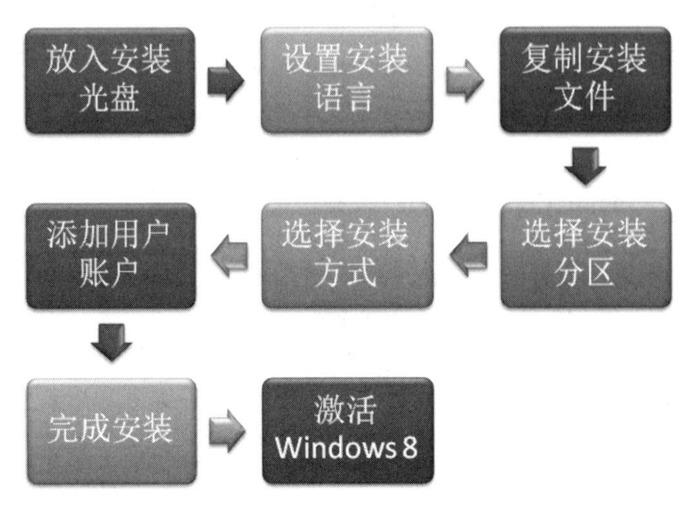

图 19-1　安装 Windows 8 操作系统的流程

19.2　开始安装 Windows 8 操作系统

做好安装 Windows 8 操作系统的准备工作后，即可开始安装。安装成功后，还需要激活安装的系统。下面对安装和激活 Windows 8 操作系统的方法进行讲解。

19.2.1　全新安装 Windows 8 操作系统

全新安装 Windows 8 操作系统是指在电脑中没有安装其他系统的情况下进行安装。虽然 Windows 8 操作系统有多个版本，但是其安装方法都相似。

实例 19-1　全新安装 Windows 8 专业版

1. 将电脑设置为从光盘启动，将 Windows 8 的安装光盘放入光驱，重启电脑，开始载入安装时需要的文件。
2. 文件复制完成后将运行 Windows 8 的安装程序，在打开的窗口中选择安装语言，这里在“要安装的语言”、“时间和货币格式”及“键盘和输入方法”下拉列表中分别选择与中文（简体）相关的选项，单击 下一步(N) 按钮继续安装，如图 19-2 所示。
3. 在打开的对话框中单击 现在安装(I) 按钮，如图 19-3 所示，开始安装。
4. 系统自动从光盘启动并加载安装所需文件，加载完成后，打开“请阅读许可条款”界面，选中 ☑我接受许可条款(A) 复选框，单击 下一步(N) 按钮。

在“键盘和输入方法”下拉列表中选择的输入法，将被默认为 Windows 8 操作系统自带的输入法。

5 打开“你想执行哪种类型的安装？”界面，选择“自定义：仅安装 Windows（高级）”选项，如图 19-4 所示。

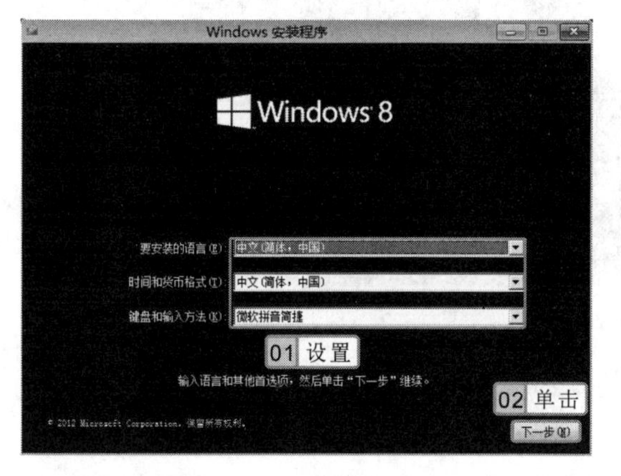

图 19-2　设置安装语言

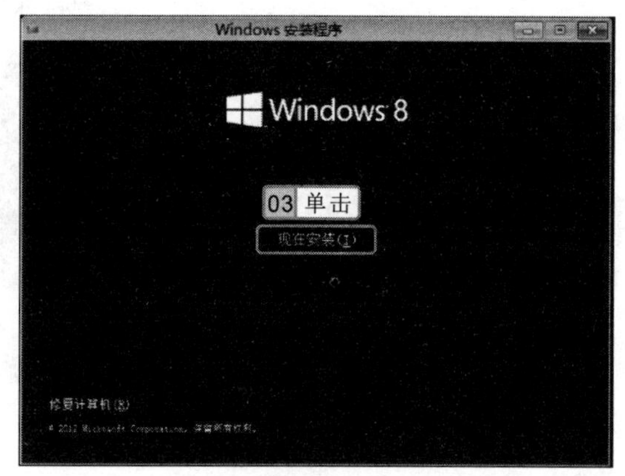

图 19-3　开始安装

6 打开“你想将 Windows 安装在哪里？”界面，在下面的列表框中选择安装位置，这里选择“驱动器 0 分区 2”选项，然后单击 下一步(N) 按钮，如图 19-5 所示。

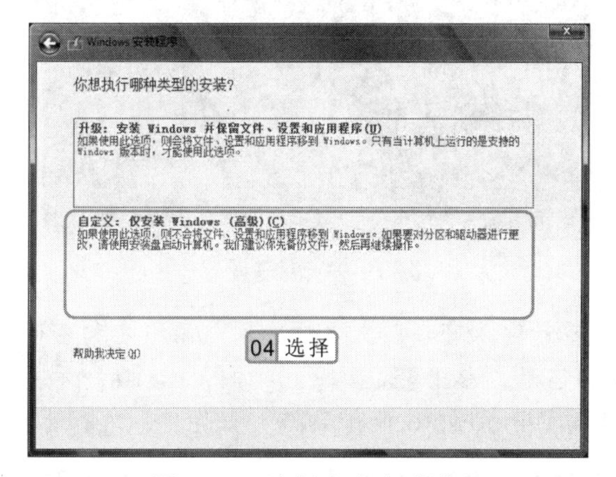

图 19-4　选择自定义安装

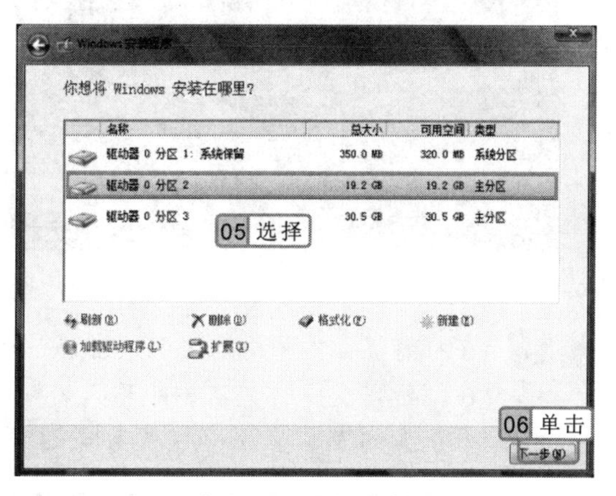

图 19-5　选择安装分区

7 开始安装 Windows 8 操作系统，打开“正在安装 Windows”界面并显示安装进度，如图 19-6 所示。

8 安装过程中，要完成一些必备信息的更新，例如更新注册表设置、正在启动服务等，等待安装完成后，提示安装程序将在重启电脑后继续。

9 重启电脑后，在打开的界面中提示要求在电脑中完成一些基本设置，选择“个性化”选项，如图 19-7 所示。

10 在打开的界面中根据提示设置一种颜色，作为“开始”屏幕背景色彩，这里保持默认设置不变，然后在“电脑名称”文本框中输入电脑名称，这里输入“jian”，然后单击 下一步(N) 按钮，如图 19-8 所示。

在“你想将 Windows 安装在哪里？”界面中单击 格式化(F) 按钮，可对选择的硬盘分区进行格式化操作。

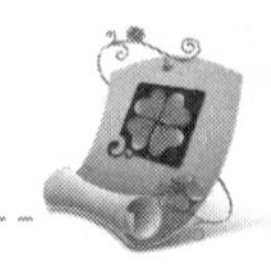

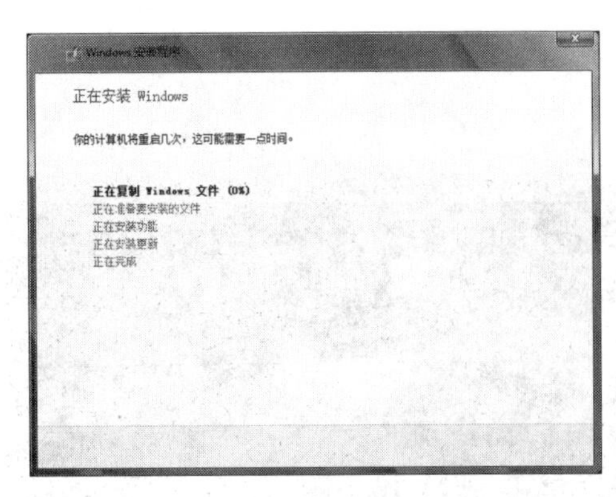

图 19-6 开始安装 Windows 8

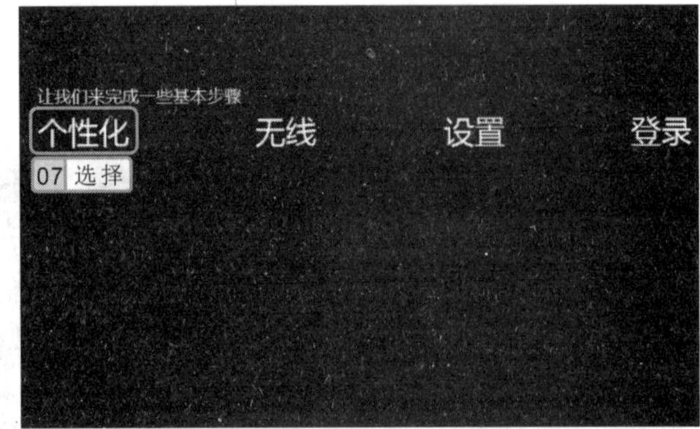

图 19-7 选择设置选项

11 打开“设置”界面，在上方显示了设置说明信息，这里直接单击 使用快速设置(E) 按钮进行快速设置，如图 19-9 所示。

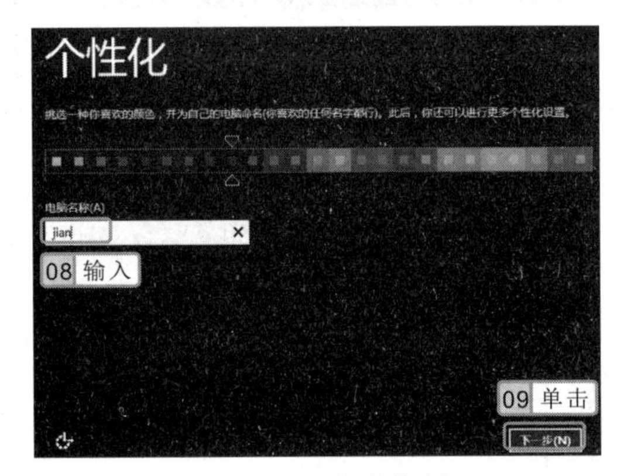

图 19-8 个性化设置

图 19-9 快速设置

12 在打开界面的“用户名”、“密码”和“重新输入密码”文本框中输入用户名和密码，在“密码提示”文本框中输入密码提示信息，单击 完成(F) 按钮，如图 19-10 所示。

13 系统开始安装应用，完成后自动登录到 Windows 8 操作系统，如图 19-11 所示。

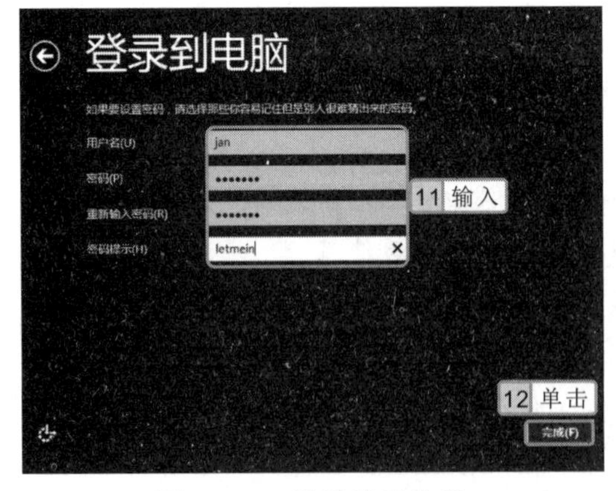

图 19-10 设置登录信息

图 19-11 完成安装

精讲笔录

安装系统过程中，用户可自由地对系统进行个性化设置。

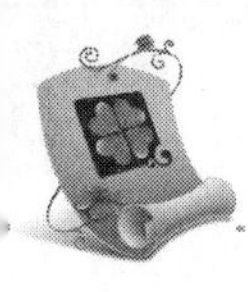

19.2.2 升级安装

升级安装是指在已安装的操作系统上进行升级，将原有的操作系统升级为 Windows 8 操作系统。安装完成后，原来的操作系统将不存在。

实例 19-2 将 Windows 7 操作系统升级为 Windows 8

1. 启动 Windows 7 操作系统，将 Windows 8 的安装光盘放入光驱，在打开的“安装 Windows”对话框中单击 现在安装(I) 按钮，开始运行安装程序。
2. 在打开的“获取 Windows 安装程序的重要更新”界面中选中 ☑我希望帮助改进 Windows 安装(I) 复选框，然后选择“立即在线安装更新（推荐）”选项，如图 19-12 所示。
3. 打开“正在搜索更新”界面，此时会自动搜索更新文件，如图 19-13 所示。搜索完成后打开“请阅读许可条款”界面，选中 ☑我接受许可条款(A) 复选框，单击 下一步(N) 按钮。

图 19-12 选择是否获取更新

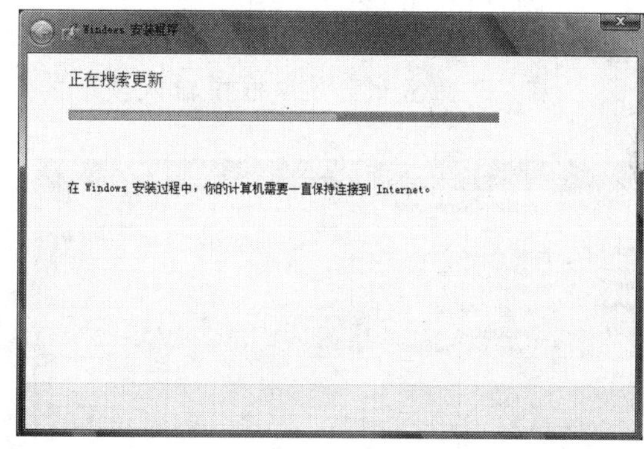

图 19-13 搜索更新

4. 打开“你想执行哪种类型的安装？”界面，选择“升级”选项，如图 19-14 所示。
5. 打开“正在检查兼容性”界面，对计算机的兼容性进行检查。检查完成后便会开始安装 Windows 8 操作系统，如图 19-15 所示。

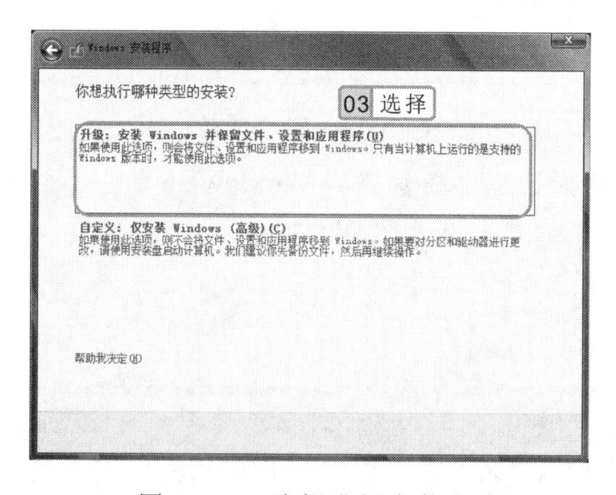

图 19-14 选择升级安装方式

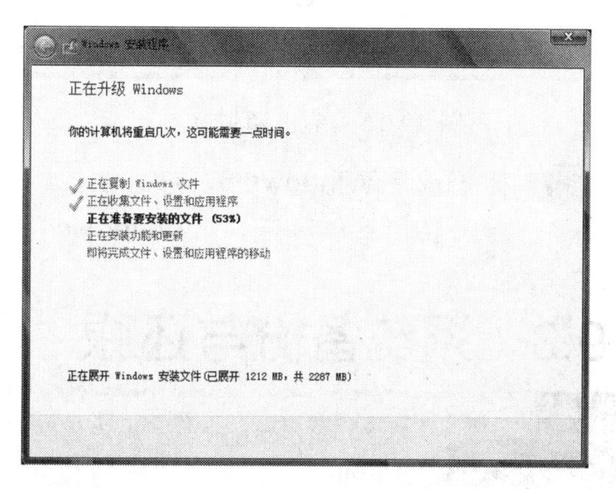

图 19-15 开始升级安装

要进行搜索更新，则在安装 Windows 8 的过程中要保证电脑一直都连接到网络。

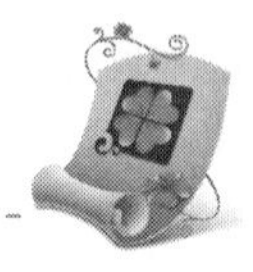

6 安装完成后，将转到“设置”界面，单击 使用快速设置(E) 按钮，然后使用全新安装方式中相同的设置方法设置其他项目，便能进入 Windows 8“开始”屏幕，完成 Windows 8 操作系统的升级安装过程。

19.2.3 激活 Windows 8 操作系统

成功安装 Windows 8 操作系统后，还需要对其进行激活操作，这样才能正常使用 Windows 8 操作系统的所有功能。

实例 19-3 通过输入产品密钥激活 Windows 8

1 在桌面“计算机”图标上单击鼠标右键，在弹出的快捷菜单中选择“属性”命令，打开“系统”窗口，在“Windows 激活”栏中显示了系统的激活状态，单击“在 Windows 激活中查看详细信息”超链接，如图 19-16 所示。

2 打开“Windows 激活”窗口，单击 激活(A) 按钮，打开“Windows 激活”对话框，在“产品密钥”文本框中输入获取的产品密钥，单击 激活(A) 按钮，如图 19-17 所示。

图 19-16　单击超链接

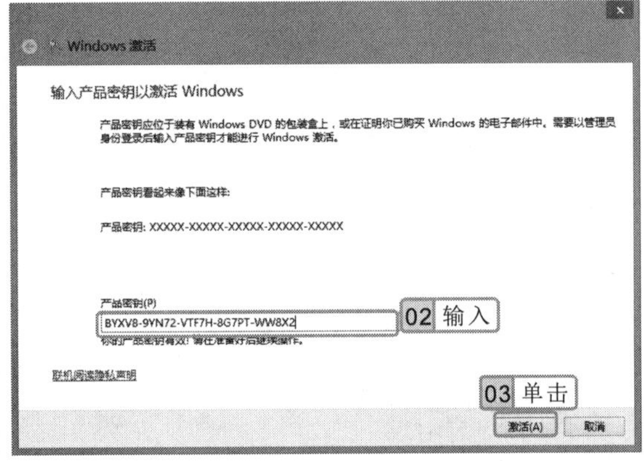

图 19-17　输入产品密钥

3 开始激活 Windows 8，完成后在打开的对话框中提示完成 Windows 8 的激活。此时，在“系统”窗口“Windows 激活”栏中将显示“Windows 已激活”。

19.3 系统备份与还原

对系统进行备份可以免除当系统出现异常时重新安装系统的麻烦，Windows 8 自带了备份与还原系统的功能，可以通过创建和使用还原点来备份与还原系统。

精讲笔录

产品密钥可以从购买的光盘上获取，也可以从网上获取，但网上获取的有些密钥可能是无效的。另外，在激活的过程中需要保持连接网络才能成功激活。

19.3.1　开启系统保护

要实现系统备份与还原，需确保系统盘的保护功能处于开启状态，否则，创建的所有还原点都将从该磁盘中删除。开启系统保护功能的方法是：在“系统”窗口的左侧单击“系统保护”超链接，打开“系统属性”对话框，在“系统保护”选项卡的“保护设置”列表框中列出了电脑中所有磁盘驱动器的保护状态，拖动滑块可进行查看，选择“本地磁盘(H:)(系统)”选项，单击 配置(O)... 按钮，如图 19-18 所示。在打开对话框的“还原设置”栏中选中 ◉启用系统保护 单选按钮，拖动“最大使用量”后的滑块设置系统保护的最大磁盘空间，如图 19-19 所示，然后单击 确定(O) 按钮完成设置。

图 19-18　选择系统盘

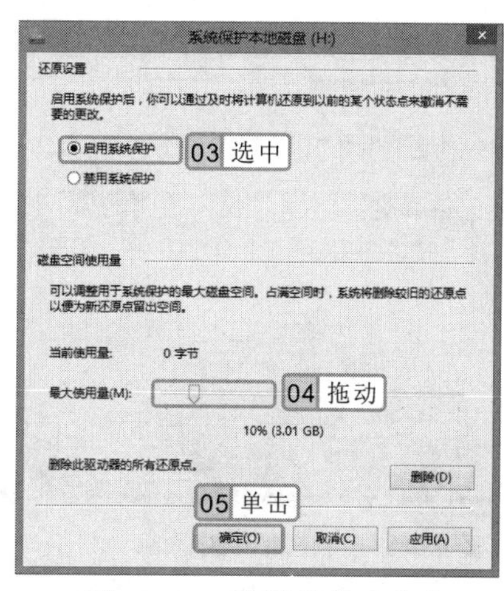

图 19-19　设置保护系统盘

19.3.2　创建还原点

开启系统保护功能后即可创建系统还原点以备份系统了。其方法是：在“系统属性”对话框的“系统保护”选项卡中单击 创建(C)... 按钮，打开“系统保护”对话框，在文本框中输入还原点名称，单击 创建(C) 按钮，如图 19-20 所示。系统开始创建还原点并显示创建进度，创建完毕后，在打开的对话框中将提示还原点已创建成功，单击 关闭(O) 按钮即可，如图 19-21 所示。

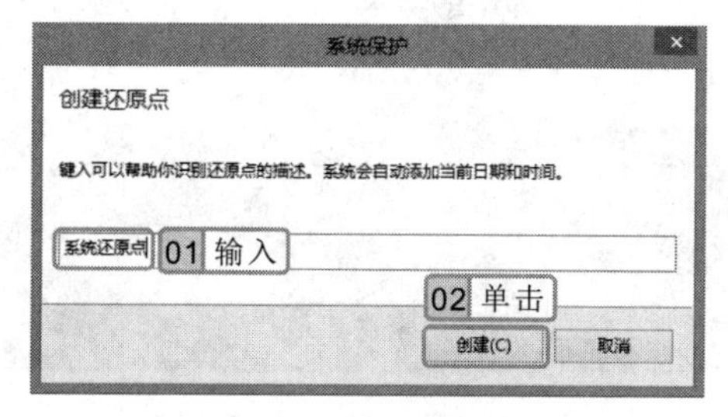

图 19-20　输入创建的还原点名称

图 19-21　成功创建还原点

开启系统保护功能后，系统在安装应用程序或设备驱动程序等显著的系统事件发生之前会自动创建还原点。

19.3.3　使用还原点还原系统

创建还原点后，当电脑出现重大问题时，即可通过还原功能将操作系统快速还原到创建还原点时的状态，而且不会影响个人文件。

实例 19-4　使用创建的“系统还原点”还原系统

1. 在“系统属性”对话框中单击 系统还原(S)... 按钮，打开“系统还原”对话框，单击 下一步(N) > 按钮，如图 19-22 所示。
2. 在打开界面的列表框中选择一个还原点，单击 下一步(N) > 按钮，如图 19-23 所示。

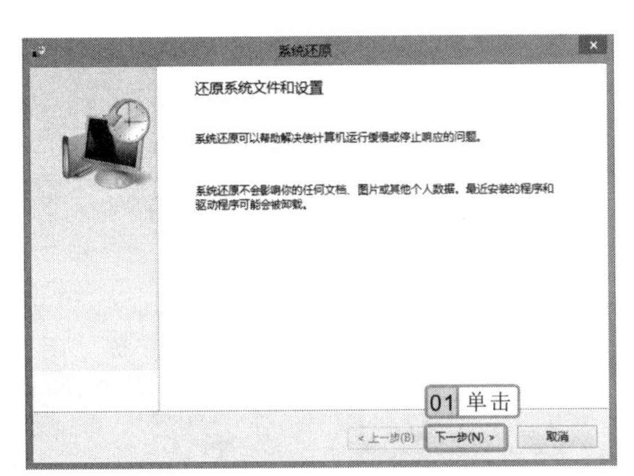

图 19-22　启动系统还原

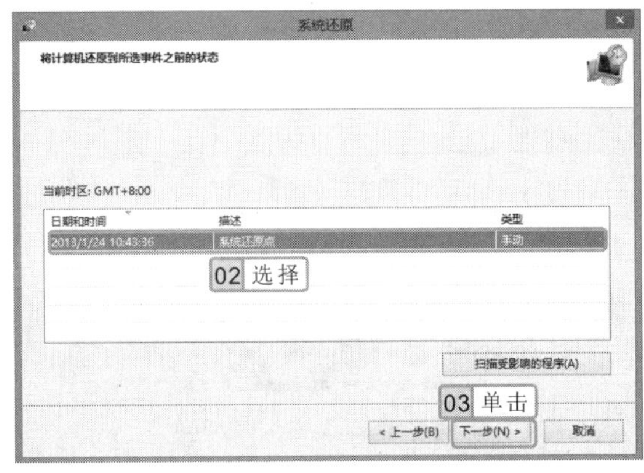

图 19-23　选择还原点

3. 打开“确认还原点”界面，单击 完成 按钮，再在打开的提示对话框中单击 是 按钮，如图 19-24 所示。
4. 还原程序开始还原系统，如图 19-25 所示。还原成功后，将自动重启电脑，完成系统还原操作。

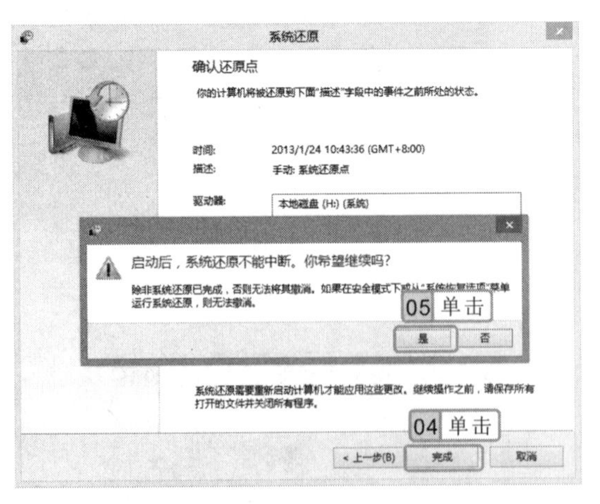

图 19-24　确认系统还原

图 19-25　开始还原系统

为了保证系统安全，可在选择还原点的对话框中单击 扫描受影响的程序(A) 按钮，先对系统中的程序进行扫描，扫描完成后，若没有检测到受影响的程序，再继续还原操作。

19.4 文件备份与还原

为了避免电脑中重要数据的丢失，用户可使用系统自带的功能对数据进行备份，当电脑中的数据丢失或损坏后，重新还原数据即可。下面详细讲解备份文件和还原数据的方法。

19.4.1 备份重要文件

在 Windows 8 操作系统中保留了 Windows 7 操作系统的文件定时备份功能，并且在备份时会自动跳过已经备份的相同数据，只增加更改和添加的内容，既安全又省时。

实例 19-5 备份 C 盘和 D 盘中的文件

1. 在“所有控制面板项”窗口中单击“Windows 7 文件备份”超链接，打开“Windows 7 文件恢复”窗口，在“备份“栏中单击“设置备份”超链接。
2. 启动 Windows 备份，打开“正在启动 Windows 备份”对话框，如图 19-26 所示。
3. 打开“选择要保存备份的位置”对话框，选择备份文件保存的磁盘，这里选择“其他(F:)”选项，单击 下一步(N) 按钮，如图 19-27 所示。

图 19-26 启动 Windows 备份

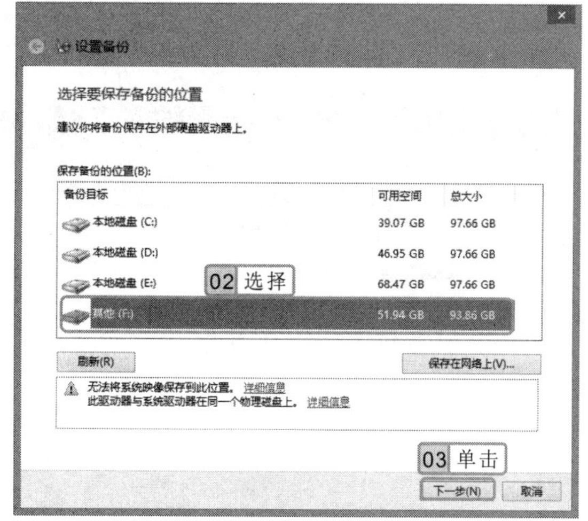

图 19-27 选择备份文件保存的位置

4. 打开“你希望备份哪些内容？”界面，选择需备份的内容，这里选中 ◉让我选择 单选按钮，单击 下一步(N) 按钮。
5. 在打开的对话框中选择需要备份内容所在的位置，这里取消选中“数据文件”栏中的所有复选框，选中“计算机”栏中的 ☑ 本地磁盘 (C:) 和 ☑ 本地磁盘 (D:) 复选框，单击 下一步(N) 按钮，如图 19-28 所示。
6. 打开“查看备份设置”界面，查看备份信息是否准确，单击“计划”栏中的“更

在选择备份的内容时，只能选择库和某个磁盘，不能选择某个具体的文件或文件夹。

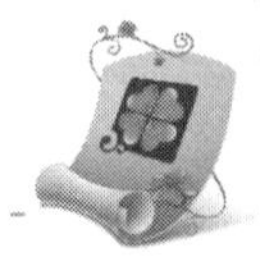

改计划”超链接，如图 19-29 所示。

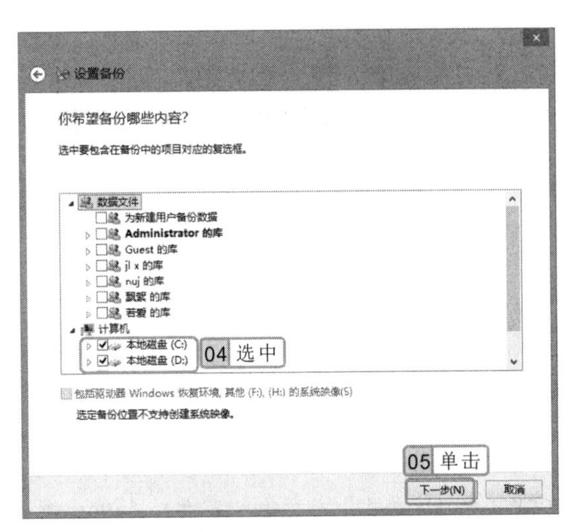

图 19-28　选择备份的内容

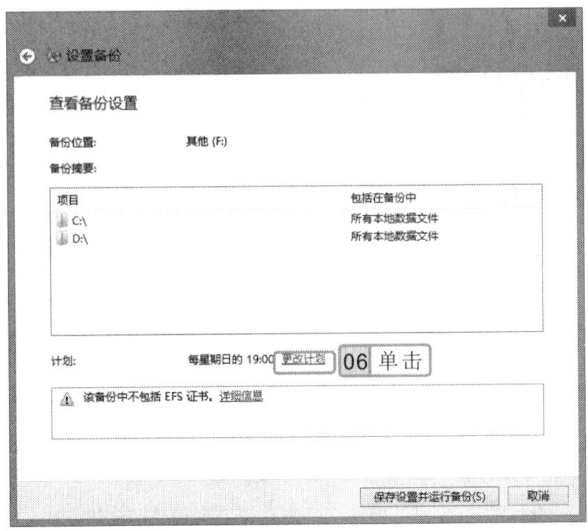

图 19-29　单击“更改计划”超链接

7 打开“你希望多久备份一次？”界面，选中 ☑ 按计划运行备份(推荐)(S) 复选框，并设置具体的备份计划，这里设置为“每周、星期五、17:00”，单击 确定 按钮，如图 19-30 所示。Windows 将在设定的时间定期进行数据备份。

8 返回“查看备份设置”界面，单击 保存设置并运行备份(S) 按钮，系统开始第一次备份数据，如图 19-31 所示。

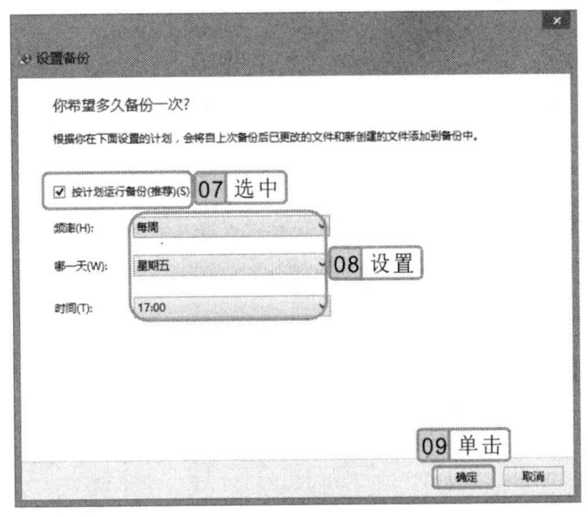

图 19-30　设置备份计划

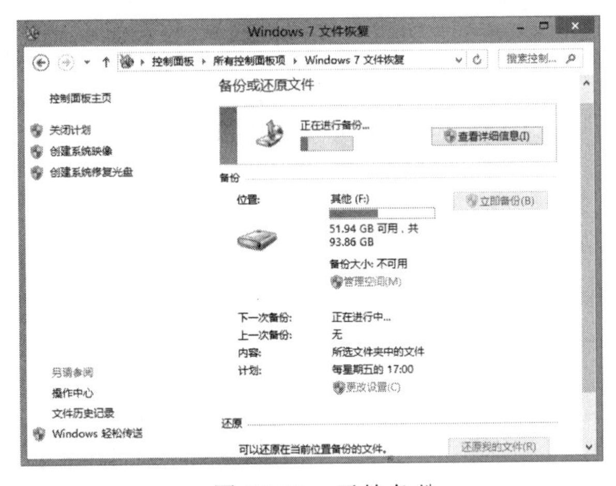

图 19-31　开始备份

19.4.2 还原文件

备份电脑中的重要文件后，即使电脑出现故障造成文件丢失，也可通过还原备份功能快速找回丢失的所有数据。

精讲笔录

在备份过程中，单击 查看详细信息(I) 按钮，在打开的对话框中显示了详细备份情况；单击 停止备份(S) 按钮，在打开的对话框中单击 停止备份(S) 按钮可停止备份。

实例 19-6 还原备份的 Normal.dot 文件

1. 在“Windows 7 文件恢复”窗口“还原”栏中单击 还原我的文件(R) 按钮，打开“还原文件”对话框，单击 浏览文件(I) 按钮。
2. 打开“浏览文件的备份”对话框，选择备份的文件夹，单击 打开文件夹(O) 按钮，如图 19-32 所示。
3. 在打开的文件夹中浏览文件，选择 Normal.dot 选项，单击 添加文件(F) 按钮，如图 19-33 所示。

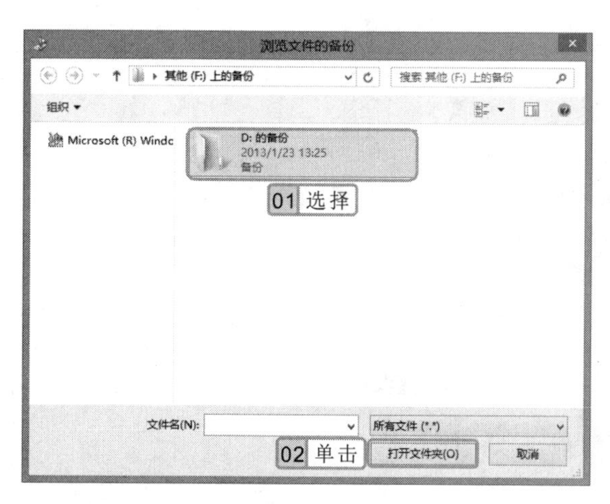

图 19-32 选择备份文件夹

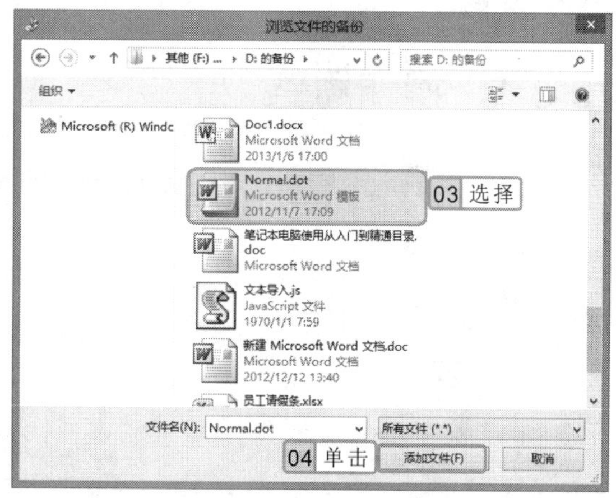

图 19-33 选择要还原的文件

4. 返回“还原文件”对话框，选择的文件将显示在列表框中，单击 下一步(N) 按钮，如图 19-34 所示。
5. 打开“你想在何处还原文件？”界面，选中 ◉在以下位置(F): 单选按钮，单击 浏览(W)... 按钮，在打开的对话框中选择还原的位置，然后单击 确定 按钮，如图 19-35 所示。

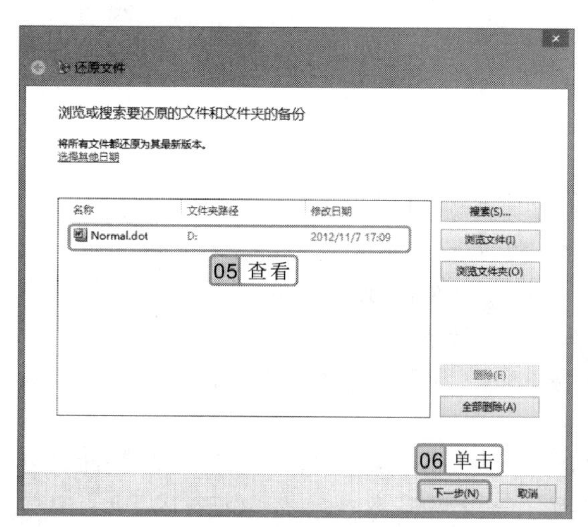

图 19-34 查看还原的文件

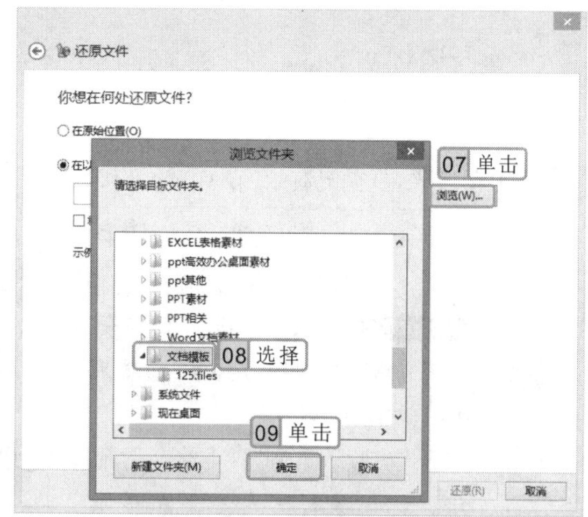

图 19-35 选择还原的位置

在“还原文件”对话框中单击 浏览文件夹(O) 按钮，在打开的对话框中选择需要还原的文件夹，然后进行操作即可。在还原文件或文件夹时，可同时还原多个文件或文件夹。

6 返回“还原文件”对话框，单击 还原(R) 按钮开始还原操作，完成后在打开的对话框中单击 完成(F) 按钮即可。

19.5 精通实例——升级安装和备份 Windows 8

本实例将把 Windows XP SP3 升级安装为 Windows 8，并在安装完成后立即创建一个还原点，以便当系统出现问题时使用创建的还原点恢复到系统初次安装时的状态。

19.5.1 操作思路

为更快完成本例的制作，并尽可能运用本章讲解的知识，本例的操作思路如下。

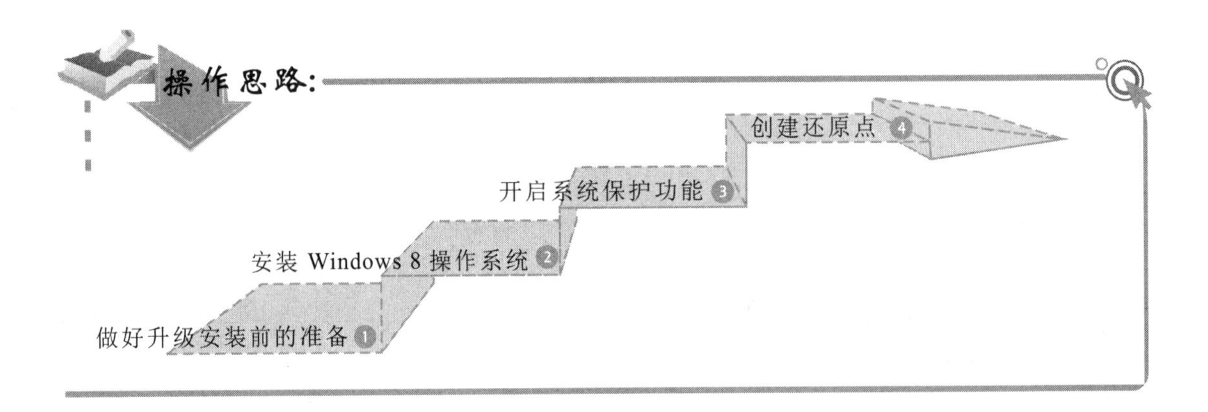

19.5.2 操作步骤

下面介绍将 Windows XP SP3 升级安装为 Windows 8，并备份系统的方法，其操作步骤如下：

光盘\实例演示\第 19 章\升级安装和备份 Windows 8

1 启动电脑，进入 Windows XP 操作系统，将 Windows 8 的安装光盘正确放入光驱中，系统读盘后安装程序会自动运行，打开“Windows 安装程序”窗口，单击 现在安装(I) 按钮，开始运行安装程序，如图 19-36 所示。

2 打开“获取 Windows 安装程序的重要更新”界面，选择“不，谢谢”选项，如图 19-37 所示。

3 打开“请阅读许可条款”界面，选中 ☑ 我接受许可条款(A) 复选框，单击 下一步(N) 按钮。打开“你想执行哪种类型的安装？”界面，选择“升级”选项，如图 19-38 所示。

在“设置”对话框中单击 自定义(C) 按钮可对电脑进行更多设置，例如邮箱账户设置、网络设置等。

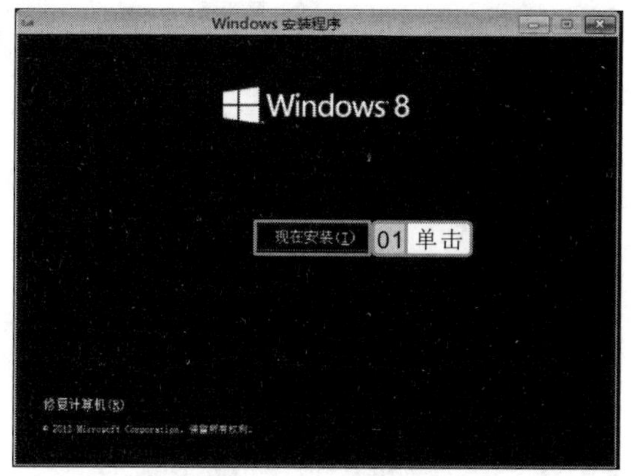

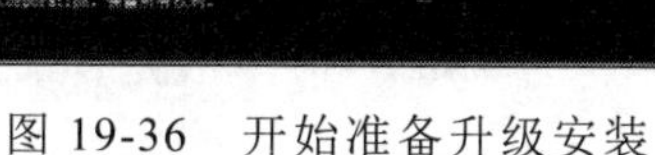

图 19-36　开始准备升级安装

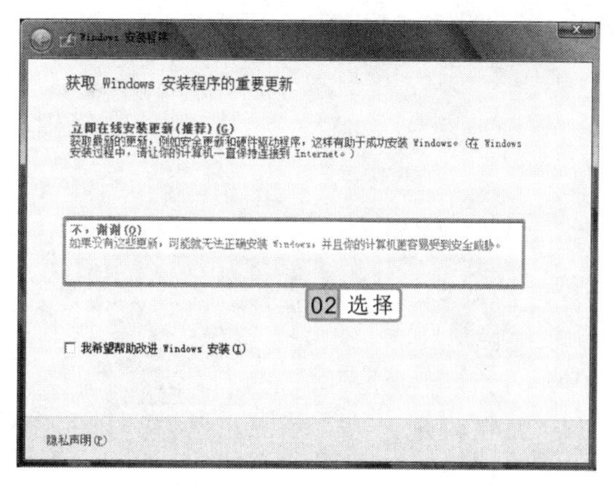

图 19-37　选择是否获取更新

4 开始安装 Windows 8 操作系统，打开“正在安装 Windows”界面并显示安装进度，在安装过程中需要对“开始”屏幕颜色、电脑名称等进行设置。安装完成后将直接登录到 Windows 8 操作系统，如图 19-39 所示。

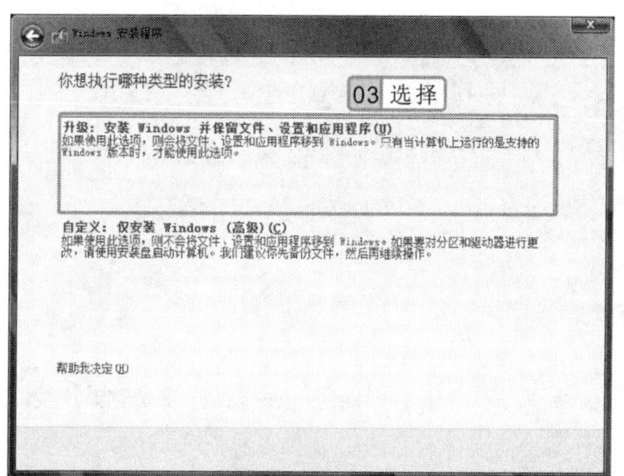

图 19-38　选择安装方式

图 19-39　进入 Windows 8 操作系统

5 单击“开始”屏幕中的“桌面”磁贴，切换到系统桌面，并在桌面上添加“计算机”、“网络”和“控制面板”图标。然后在“计算机”图标上单击鼠标右键，在弹出的快捷菜单中选择“属性”命令，在打开的窗口中单击“系统保护”超链接。

6 在打开的对话框中默认选择“系统保护”选项卡，在“保护设置”列表框中选择系统盘，单击 配置(O)... 按钮。

7 在打开对话框的“还原设置”栏中选中 ◉启用系统保护 单选按钮，拖动“最大使用量”后的滑块设置系统保护的最大磁盘空间，单击 确定(O) 按钮，如图 19-40 所示。

8 返回“系统属性”对话框，单击 创建(C)... 按钮，打开“系统保护”对话框，在文本框中输入还原点名称，单击 创建(C) 按钮，如图 19-41 所示。

9 系统开始创建还原点并显示创建进度，创建完毕后，在打开的对话框中将提示创建成功，单击 关闭(O) 按钮即可。

如果用户在安装过程中设置了账户密码，那么在启动过程中将会打开一个提示对话框，提示用户输入正确的密码，输入后按 Enter 键即可进入操作系统。

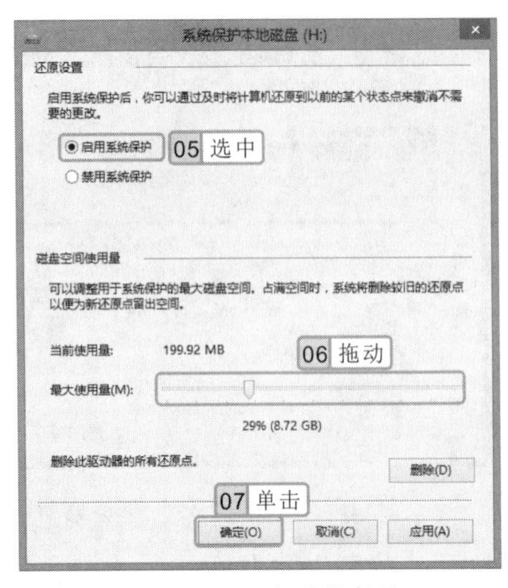

图 19-40 开启系统保护

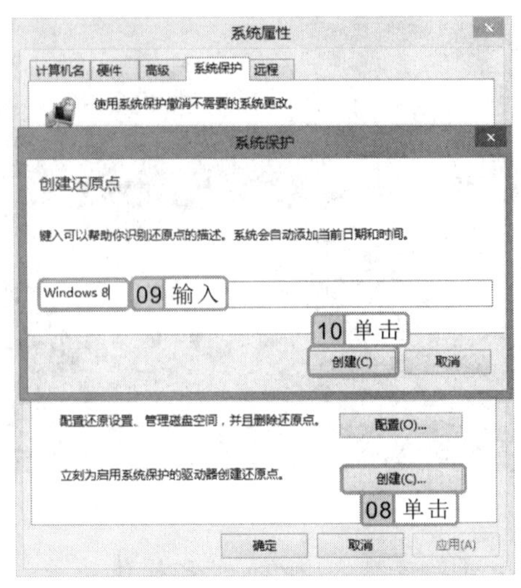

图 19-41 输入还原点名称

19.6 精通练习

本章主要介绍 Windows 8 操作系统的安装与备份操作。下面将通过两个练习进一步巩固安装 Windows 8 操作系统和备份系统与文件的操作，使用户快速掌握安装与备份的方法。

19.6.1 创建还原点并还原系统

本练习将在 Windows 8 中创建一个名为“管理员用户系统”的还原点，然后使用该还原点进行还原操作，以练习使用还原点还原系统的方法。

参见光盘 光盘\实例演示\第 19 章\创建还原点并还原系统

该练习的操作思路如下。

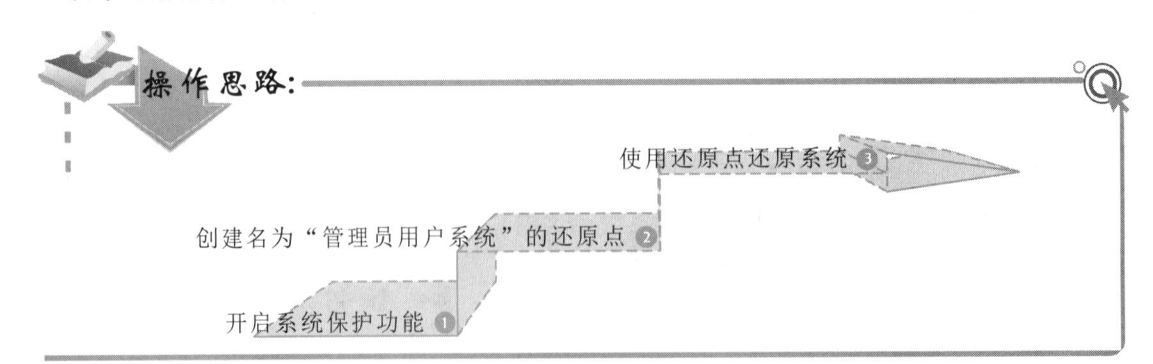

一般情况下，每个还原点的大小在 100MB 左右，所以设置系统保护的最大磁盘空间时，只需设置在一定范围内即可。

19.6.2 备份和还原重要文件

本练习将把电脑中重要的文件和文件夹移动到“库”中的各个文件夹中，然后对“库”进行备份，最后通过还原功能对丢失的文件和文件夹进行还原操作，使用户快速找回丢失的文件。

参见光盘 光盘\实例演示\第19章\备份和还原重要文件

该练习的操作思路如下。

操作思路：

还原丢失的文件和文件夹 ③

对“库”中的文件进行备份 ②

将备份的文件和文件夹放入“库”中 ①

知识关联 操作系统的SP版本

操作系统常常会出现Windows XP SP3、Windows 7 SP1这样的名称，其中SP是指操作系统累计升级包的版本号。SP的英文全称是Service Pack，一般是指以往一段时间发布的补丁文件制作成的集合，即Windows操作系统的补丁包，以方便用户更快地完成操作系统部署。例如，这里的SP3表示Windows XP的第3个补丁包，SP1表示Windows 7的第1个补丁包。

操作提示

Microsoft公司将在2014年后，就不再支持Windows XP系统，将取消其功能和安全性更新，但Windows XP的使用是正常的，即并不会对Windows XP的使用造成影响。

第 20 章

电脑维护与安全防护

电脑日常维护

磁盘清理

磁盘碎片整理

做好网络安全防范

使用Windows 8优化大师优化系统

查杀电脑病毒和木马

本章导读

电脑在使用过程中难免会发生问题，要想降低电脑故障的发生率，提高电脑运行速度并延长电脑的使用寿命，合理的优化和维护是必不可少的。本章将从电脑的日常维护入手，讲解电脑的磁盘维护、Windows 优化大师的使用、杀毒软件的使用以及网络安全防范等知识。

20.1　电脑硬件的日常维护

电脑是由各种部件组成的，这些部件的运行对电脑的使用环境有一定的要求。在日常使用过程中，需要掌握如何对电脑的主要部件进行正确的维护，这样才能最大限度地发挥电脑的性能。

20.1.1　保持电脑良好的使用环境

环境影响着电脑的使用寿命，要想保证电脑正常运行，首先应确保电脑在一个适当的环境下工作。电脑的使用环境因素主要包括温度、湿度、清洁度、照明度、锈蚀、电磁干扰、静电和供电电源等，其相关要求如下。

- **环境温度**：电脑的理想工作温度是 5℃～35℃，温度过高会使元器件和集成电路产生的热量散发不出去，从而加快半导体材料的老化，因此电脑的安放位置应尽可能远离热源。
- **环境湿度**：电脑的理想相对湿度为 30%～80%，湿度太高会影响电脑配件的性能发挥，甚至还可能引发一些配件的短路；湿度太低则易产生静电。
- **环境清洁**：若电脑内部灰尘过多，会引起电路的短路，聚积在光驱光头上的灰尘容易引起光驱的读写错误，严重时还会划伤盘面，因此，应定期对电脑进行清洁。
- **远离电磁干扰**：电脑的主要外部存储介质是磁材料，较强的磁场环境很容易造成硬盘上数据的损失。强磁场还会影响电脑的正常运行，如使显示器产生花斑、抖动等。会产生电磁干扰的设备主要有音响、电机、大功率电器和较大功率的变压器等，应尽量使电脑远离这些干扰源。
- **电源电压**：供电电源对电脑的影响也很大，交流电正常的范围应在 220V±10%，并具有良好的接地系统。如果电源电压不够稳定，可以使用带有保险丝的插座，如果条件允许，可以配备 UPS（不间断电源）。

20.1.2　电脑各硬件的维护

对电脑各硬件的维护主要体现在日常生活中使用电脑的习惯上，只有养成了良好的习惯，电脑硬件的使用才会更长久。下面分别介绍电脑各硬件的保养方法。

- **显示器**：显示器的亮度不宜太强，位置要远离磁场，否则，显示屏幕的荧光物质容易被磁化，从而导致显示器产生局部变化和发黑等现象。另外不要长时间连续使用，否则会使晶体老化或烧坏，造成永久性的、不可修复的亮点或坏点。
- **主机箱**：定期对主机箱的外壳进行清洁，不要在机箱上方放置各种物体，不要带电移动主机箱，以免损坏接口电路的元器件。
- **键盘**：不要在键盘上放置物体，注意防止液体溅到键盘上，要定期清洁键盘上的灰尘。在操作键盘时不要过分用力，防止键盘按键的弹性降低，按键失灵。

在电脑的使用过程中，应尽量避免频繁地开关机操作，否则会缩短电脑硬件的使用寿命。即使关闭电脑后必须再次开启，也应在关闭电脑 3 分钟后再重新启动。

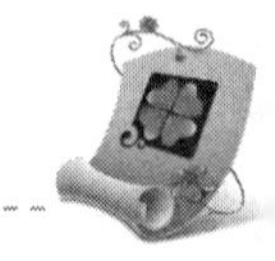

- **鼠标**：不要用力敲击鼠标，而且在使用鼠标时，最好在鼠标下方放置鼠标垫，这样可避免鼠标底部被污染。
- **光驱**：定期清洁光驱内部组件和激光头，光驱指示灯未灭时不宜打开光驱，否则会损伤盘面，缩短光驱的寿命。
- **光盘**：注意光盘的质量，若长期使用质量较差的光盘，会缩短光驱的寿命，光盘也不宜长期放置在光驱中，而且使用光盘时，要轻拿轻放。

20.2 电脑磁盘维护

磁盘是电脑中的存储设备，无论是安装程序还是存取文件，都是在对磁盘中的数据进行操作。一旦磁盘出现问题，可能造成数据的丢失并影响系统的运行，因此，用户应定期对磁盘进行维护。

20.2.1 磁盘清理

电脑在使用一段时间后，会产生大量无用的垃圾文件和临时文件，占用大量的磁盘空间，影响系统运行速度。通过磁盘清理程序可对磁盘中的垃圾文件和临时文件进行清理。

实例 20-1 清理 H 盘中的垃圾文件

1. 双击桌面上的“控制面板”图标，打开“所有控制面板项”窗口，单击“管理工具”超链接，如图 20-1 所示。
2. 打开“管理工具”窗口，在中间的列表框中双击“磁盘清理”选项，打开“磁盘清理:驱动器选择”对话框，单击 ⌄ 按钮，在弹出的下拉列表中选择需要清理的磁盘，这里选择“(H:)”盘，如图 20-2 所示。

图 20-1 单击“管理工具”超链接

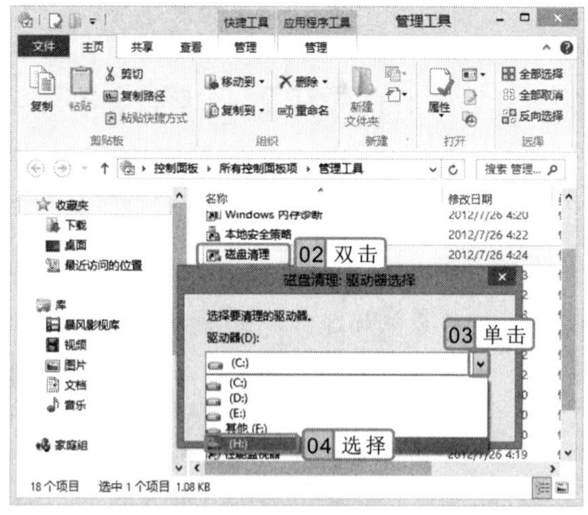

图 20-2 选择要清理的磁盘

系统盘经常执行浏览、安装或卸载程序等操作，很容易产生临时文件，所以要经常对系统盘进行清理。

3. 单击 确定 按钮，开始计算可释放的空间，完成后打开“(H:)的磁盘清理”对话框，在“要删除的文件”列表框中选中需要删除文件前面对应的复选框，单击 确定 按钮。
4. 打开“磁盘清理”提示对话框，询问是否永久删除这些文件，单击 删除文件 按钮，如图 20-3 所示。
5. 系统执行命令，清理选择的文件，完成后将自动关闭“磁盘清理”对话框，如图 20-4 所示。

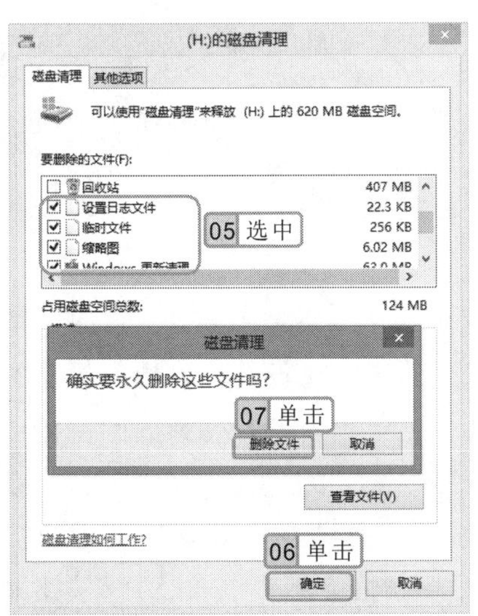
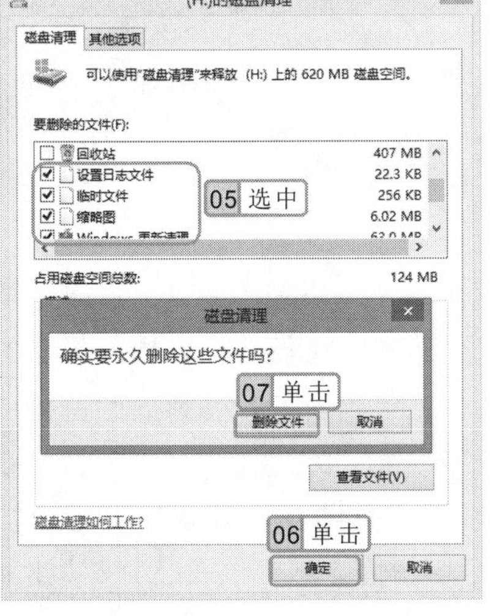

图 20-3　确认删除

图 20-4　执行清理操作

20.2.2　磁盘碎片整理

在使用电脑的过程中，经常需要对磁盘进行读写操作，时间长了就会在磁盘上产生不连续的文件碎片，影响电脑的运行速度。通过 Windows 提供的磁盘碎片整理程序，可对文件碎片进行合并，提高磁盘性能。

实例 20-2 对 F 盘进行碎片整理

1. 在“管理工具”窗口双击“碎片整理和优化驱动器”选项，打开“优化驱动器”对话框，选择需要进行碎片整理的磁盘“其他(F:)”，单击 优化(O) 按钮，如图 20-5 所示。
2. 系统将先对磁盘进行分析，然后再优化整理。在对电脑磁盘进行碎片整理的过程中，将显示整理的进度，如图 20-6 所示。
3. 整理完成后，单击“优化驱动器”对话框中的 关闭(C) 按钮即可。

打开“计算机”窗口，在磁盘盘符上单击鼠标右键，在弹出的快捷菜单中选择“属性”命令，在打开的对话框中选择“常规”选项卡，单击 磁盘清理(D) 按钮，也可执行清理磁盘操作。

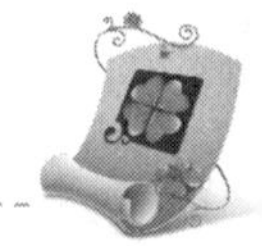

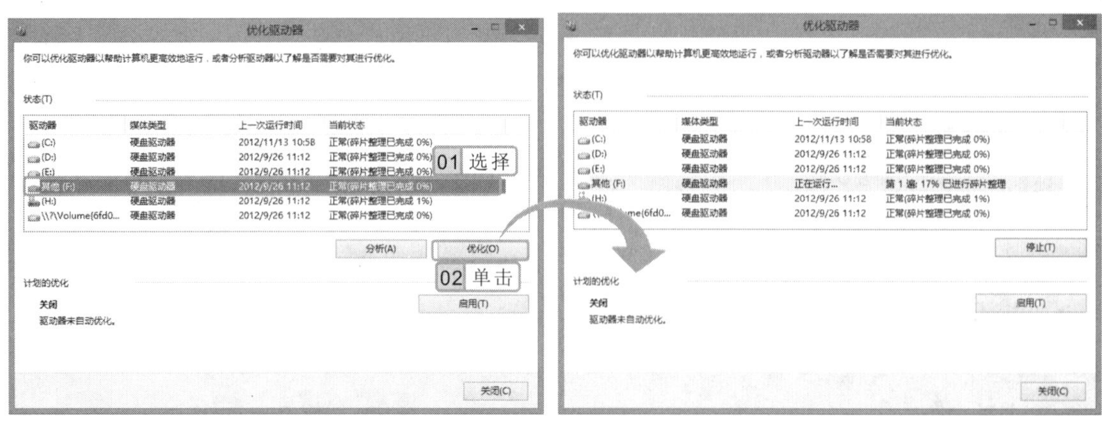

图 20-5　选择需要整理的磁盘　　　　图 20-6　整理碎片

20.2.3　磁盘检查

当磁盘出现逻辑错误时，易造成 Windows 频繁死机和启动缓慢等问题，这时可通过系统自带的磁盘检查程序对磁盘进行检查，并对出现问题的区域进行修复。检查磁盘的方法是：打开“计算机”窗口，在需要检查的磁盘盘符上单击鼠标右键，在弹出的快捷菜单中选择“属性”命令，在打开的对话框中选择“工具”选项卡，单击 检查(C) 按钮，在打开的对话框中选择“扫描驱动器”选项，如图 20-7 所示。系统开始对磁盘进行扫描，如图 20-8 所示。扫描完成后，系统将打开提示对话框提示扫描完毕，单击 关闭(C) 按钮即可完成检查操作。

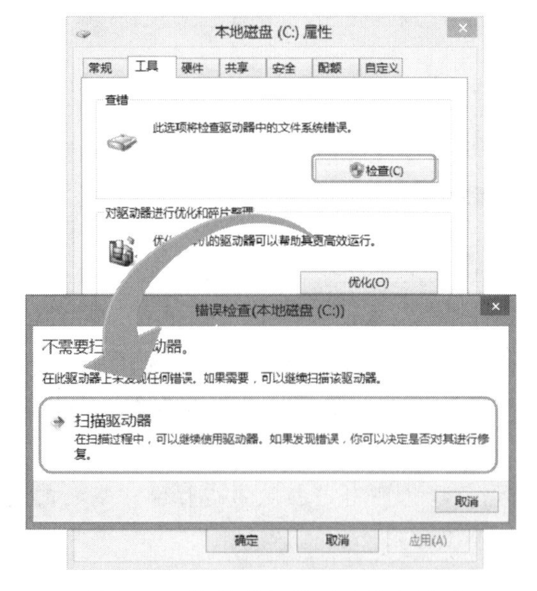

图 20-7　选择“扫描驱动器”选项

图 20-8　扫描磁盘

在“优化驱动器”对话框的列表框中可按住 Shift 键选择所有的磁盘选项，单击 优化(O) 按钮可同时对多个磁盘进行碎片整理。

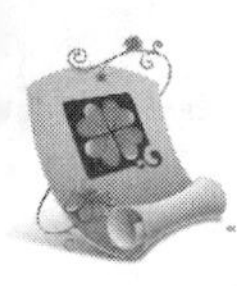

20.3 使用 Windows 8 优化大师优化系统

操作系统需要定期进行优化，以提升系统整体性能。Windows 优化大师是一个不错的系统优化软件，可以对系统进行优化和清理。下面介绍使用 Windows 8 优化大师优化系统的方法。

20.3.1 使用优化向导全面优化

Windows 8 优化大师提供了一个优化向导的功能，使用该功能可以对系统进行全面的优化，提高系统的运行速度。

实例 20-3 使用优化向导功能优化系统

1. 在电脑桌面上双击“Windows 8 优化大师”快捷方式图标，打开 Windows 8 优化大师主界面，选择“优化向导”选项。
2. 在“安全加固”界面中显示安全加固相关选项，如“禁止 U 盘等所有磁盘的自动运行功能”，单击其中的未禁止按钮，按钮将显示为已禁止，表示禁止该功能，设置完成后单击下一步按钮，如图 20-9 所示。
3. 打开“个性设置”界面，可根据需要对“在任务栏显示开始按钮”、“修改任务栏上库打开后是计算机”等进行设置，如图 20-10 所示，单击下一步按钮。

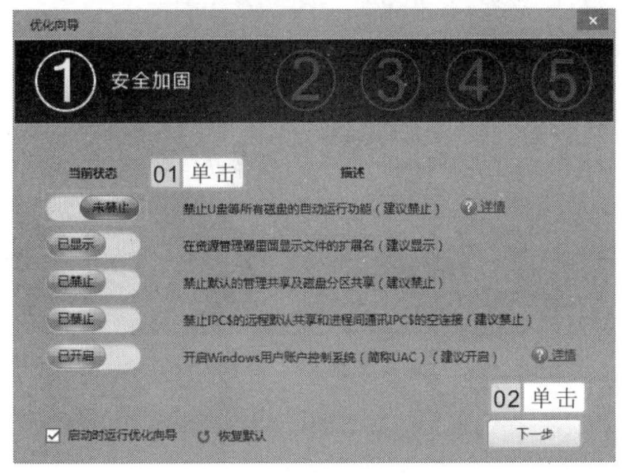

图 20-9 设置安全加固相关选项

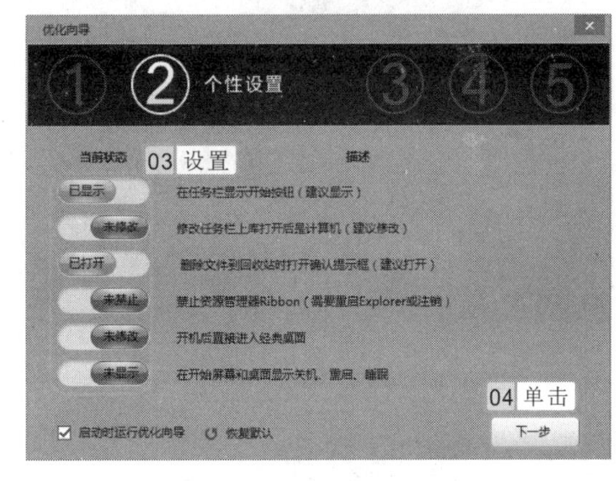

图 20-10 个性化设置

4. 打开“网络优化”界面，对网络进行优化，在“浏览器主页”栏中设置浏览器主页，这里选中保持原有单选按钮，在“浏览器搜索引擎”栏中设置默认搜索引擎，这里选中百度搜索单选按钮，其他保持默认设置，单击下一步按钮，如图 20-11 所示。
5. 打开“开机加速”界面，优化开机速度，在“可以关闭的服务（勾选以禁止服务自动运行）”列表框中取消选中所有服务项目对应的复选框，单击下一步按钮，如图 20-12 所示。

在“网络优化”界面中，若发现有要删除的 IE 右键菜单，将会显示在“IE 右键菜单项”列表框中，选择需要删除的项目对应的复选框，可进行优化操作。

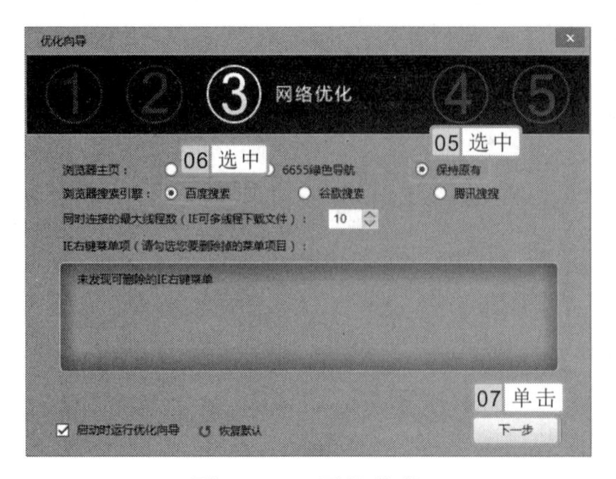

图 20-11　网络优化

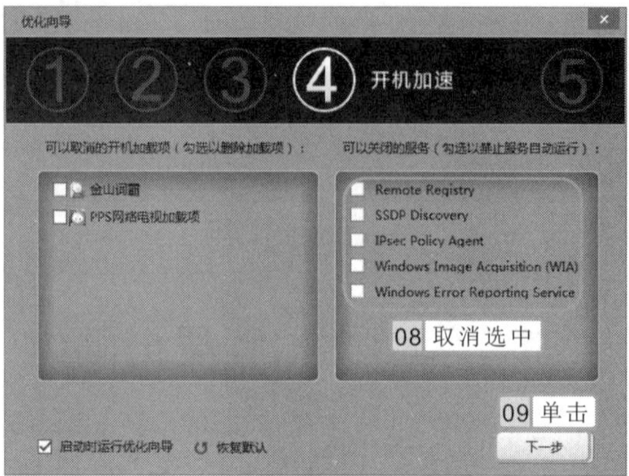

图 20-12　开机加速

6 打开“易用性改善”界面，根据右侧描述信息，在左侧“当前状态”栏中进行相应的设置，如图 20-13 所示，单击 下一步 按钮。

7 在打开的对话框中选中 ☑ 添加Win8优化大师到任务栏 复选框，在任务栏中添加 Windows 8 优化大师启动图标，如图 20-14 所示。单击 完成 按钮，完成根据优化向导进行优化设置的操作。

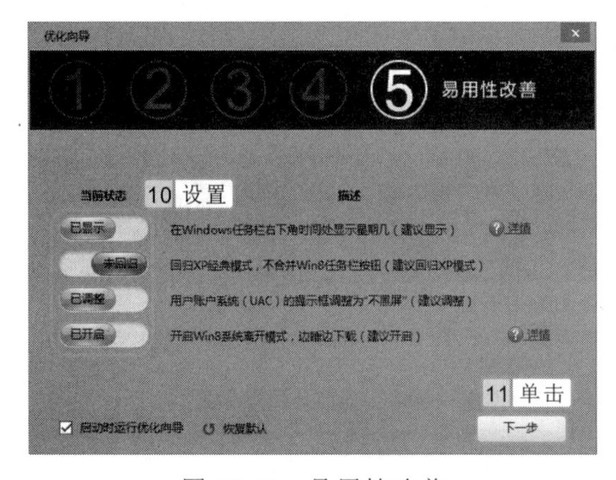

图 20-13　易用性改善

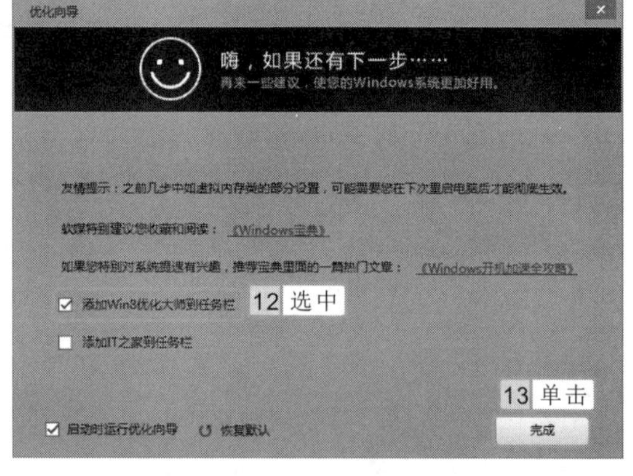

图 20-14　完成优化

20.3.2　清理系统

使用 Windows 8 优化大师提供的 Win 8 应用缓存清理功能，可对使用 IE 10 浏览器、视频软件和聊天软件后产生的缓存文件进行清理，以释放磁盘空间。

实例 20-4　使用 Win 8 应用缓存清理功能清理系统缓存文件

1 在 Windows 8 优化大师主界面中选择“Win 8 应用缓存清理”选项，如图 20-15 所示。

2 打开“Win8 应用缓存清理”界面，其中默认选中观看视频、使用聊天软件、浏

精讲笔录

若不想在下次启动 Windows 8 优化大师时自动打开优化向导，可取消选中优化向导对话框下面的  复选框。

览网页等产生的缓存选项前面的复选框，如图 20-16 所示，单击按钮，开始扫描垃圾文件。

图 20-15　选择“Win 8 应用缓存清理”选项

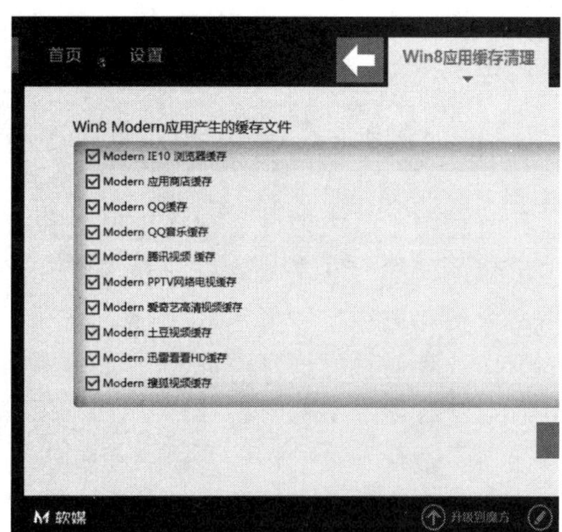

图 20-16　扫描垃圾文件

3. 稍等片刻后，优化大师将扫描出垃圾文件，并默认全部选中，如图 20-17 所示，单击按钮，清理垃圾文件。
4. 在打开的界面中提示清理成功，并显示节省的磁盘空间，如图 20-18 所示。

图 20-17　清理文件

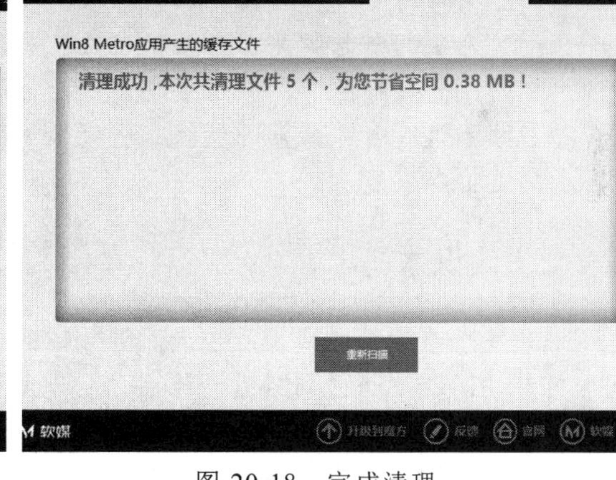

图 20-18　完成清理

20.4　查杀电脑病毒和木马

电脑病毒和木马程序是危害电脑安全的主要因素，而这两种危害都是可以预防的，因此，无论是初学者还是有经验的电脑用户，采取一定的措施做好电脑病毒和木马的防治工作，都可以减少电脑被感染的几率。

清理完垃圾后，在提示清理成功的界面中单击按钮，可再一次对文件进行扫描，查看是否清理彻底，如再次扫描出垃圾文件，将其清理即可。

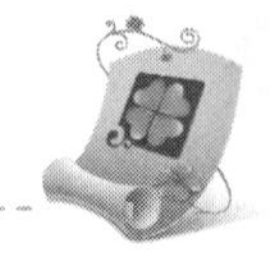

20.4.1 认识电脑病毒和木马

病毒和木马都是人为的程序，都会危及电脑安全，但这两者是有区别的。下面分别进行介绍。

1. 认识电脑病毒

电脑病毒是一种具有破坏电脑功能或数据、影响电脑使用并且能够自我复制和传播的电脑程序代码，它常常寄生于系统启动区、设备驱动程序以及一些可执行文件内，并能利用系统资源进行自我复制和传播。电脑中毒后会出现运行速度突然变慢、自动打开不知名的窗口或者对话框、突然死机、自动重启、无法启动应用程序、文件被损坏等情况。

电脑病毒虽然是一种程序，但是和普通的电脑程序又有着很大的区别，电脑病毒通常具有以下特征。

- **破坏性**：电脑病毒破坏系统主要表现为占用系统资源、破坏数据、干扰运行或造成系统瘫痪，有些病毒甚至会破坏硬件，如 CIH 病毒可以攻击 BIOS。
- **传染性**：当对磁盘进行读写操作时，病毒程序便会将自身复制到被读写的磁盘中或其他正在执行的程序中，使其快速扩散，因此传染性极强。
- **潜伏期**：电脑病毒一般有一段时间的潜伏期，进入电脑后，往往不会立即发作，而是像一颗定时炸弹一样，等到条件成熟时才发作。
- **隐蔽性**：当电脑病毒处于静态时，往往寄生在系统启动区或某些程序文件中。有些病毒的发作具有固定的时间，若用户不熟悉操作系统的结构、运行和管理机制，便无法判断电脑是否感染了病毒。另外，电脑病毒程序几乎都是用汇编语言编写的，一般都很小，仅为 1KB，所以比较隐蔽。
- **顽固性**：电脑病毒一般很难一次性清除，被其破坏的操作系统、文件和数据等更是难以恢复。

2. 认识木马

木马是指电脑黑客利用系统漏洞等创建的极具攻击性和破坏性的文件，木马程序具有远程控制功能，它通过网络进行传播，与电脑病毒一样在用户不知情的情况下自动安装并运行，远程控制端的黑客在感染了木马程序的电脑中窃取各种资料、账户密码以及进行恶作剧等。木马进行攻击时往往采用以下方式。

- **后门程序**：将一个能帮助黑客完成某一特定任务的程序附着在某一用户合法的正常程序中，一旦运行该程序，依附在内的指令代码就会被激活，并开始完成黑客指定的任务。
- **DOS 攻击**：用超出被攻击目标处理能力的大量数据包来消耗可用系统或带宽资源，致使网络服务陷入瘫痪状态。
- **网络监听**：接收本网段在同一条物理信道上传输的所有信息，从而截获通信的内容。

对于病毒要尽早地防范，尽量减少病毒的入侵。根据电脑病毒传播的途径，在使用可移动存储器等介质前应先进行病毒的查杀。

- **口令入侵**：用一些软件解开已经得到但被加密的文件，黑客采用一种可以绕开或屏蔽口令保护作用的程序打开加密文件，获取他人的资源。

20.4.2 使用杀毒软件查杀病毒

防范电脑病毒最有效的措施是在电脑中安装杀毒软件，目前常用的杀毒软件有瑞星杀毒、金山毒霸、360 杀毒、江民杀毒、卡巴斯基等，这些杀毒软件的使用方法都类似。

实例 20-5 使用 360 杀毒软件查杀病毒

1. 安装 360 杀毒软件后，在桌面上双击“360 杀毒”快捷方式图标，打开 360 杀毒工作界面，选择扫描方式，这里选择“快速扫描”选项，如图 20-19 所示。
2. 程序开始对指定的位置进行病毒查杀并显示查杀进度，扫描到的病毒将显示在窗口中，在列表框中选中相应病毒文件对应的复选框，如图 20-20 所示。

图 20-19　选择扫描方式

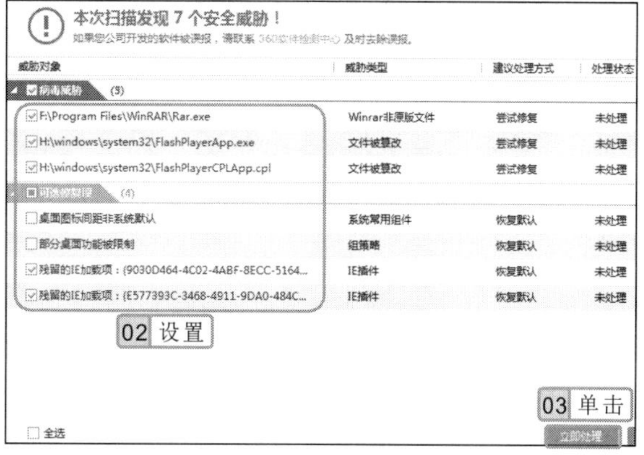

图 20-20　扫描结果

3. 单击 立即处理 按钮，即可对病毒进行处理，在处理过程中若发现顽固病毒，会打开一个提示对话框，在其中单击 立即重启 按钮，如图 20-21 所示。

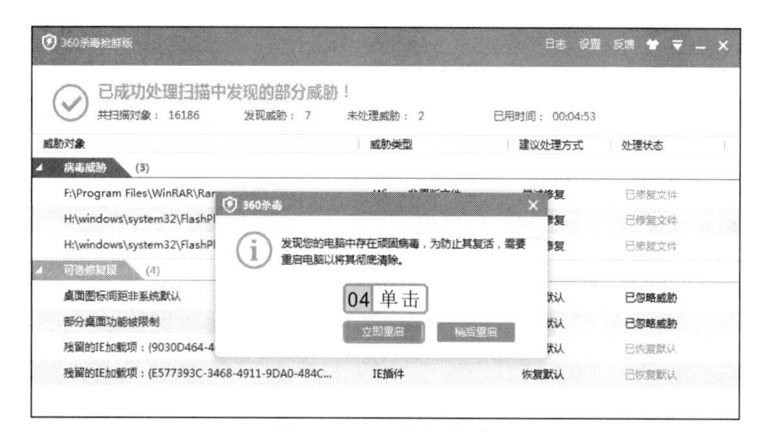

图 20-21　重启电脑

操作提示

打开 360 杀毒软件工作界面，将鼠标指针移动到“自定义扫描”选项上，在其右侧将显示自定义扫描的位置，选择相应的选项，可对指定位置进行扫描。

4 重启电脑后，即可完全解除病毒的威胁。

20.4.3 使用 360 安全卫士查杀木马

360 安全卫士的功能非常强大，是目前使用最广泛的系统安全防护软件，它不仅可以查杀电脑中的木马，还可修复系统漏洞、清理垃圾文件，而且各种操作都基本类似，都是在 360 安全卫士工作界面选择相应的选项进行扫描，然后根据扫描结果进行处理即可。

实例 20-6 使用 360 安全卫士查杀木马

1 安装 360 安全卫士后，在桌面上双击“360 安全卫士”快捷方式图标，打开 360 安全卫士工作界面，这里选择“木马查杀”选项，在打开的界面中选择扫描方式，这里选择“全盘扫描”选项，如图 20-22 所示。

2 在打开的界面中系统开始进行扫描并显示扫描进度，扫描完成后，在界面下方将显示扫描的结果，选中需要处理的选项前面的复选框，单击 立即处理 按钮，如图 20-23 所示。

图 20-22 选择扫描方式

图 20-23 扫描结果

3 系统开始处理扫描的木马，处理完成后将打开提示对话框，单击 好的，立刻重启 按钮，重启电脑后，完成木马的查杀。

20.5 做好网络安全防范

对于上网用户来说，可通过开启防火墙来进行网络安全防范，也可使用系统自带的更新功能进行系统更新，及时为系统打好补丁，以避免受到网络攻击。下面将详细讲解启用防火墙和更新系统的方法。

“快速扫描”方式主要是扫描系统盘和内存中的木马病毒，“自定义扫描”方式是指扫描特定的磁盘或某个区域。

20.5.1 启用 Windows 防火墙

对于经常上网的用户，可以启用 Windows 防火墙，这样可以过滤掉不安全的网络访问服务，提高上网安全性。

实例 20-7 开启 Windows 防火墙提高电脑安全性

1. 打开“所有控制面板项”窗口，单击“Windows 防火墙”超链接，打开“Windows 防火墙”窗口，单击左侧的“启用或关闭 Windows 防火墙”超链接，如图 20-24 所示。
2. 打开“自定义设置”窗口，在“专用网络设置”和“公用网络设置”栏中选中 ◉启用 Windows 防火墙 复选框，单击 确定 按钮，如图 20-25 所示。

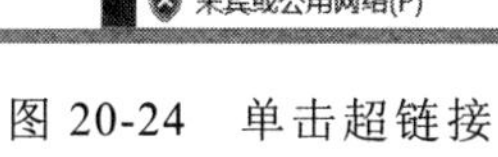
图 20-24 单击超链接

图 20-25 开启 Windows 防火墙

20.5.2 使用系统自带的更新功能

系统的漏洞容易让电脑被病毒或木马程序入侵，使用 Windows 8 系统提供的 Windows 更新功能可检索发现漏洞并将其修复，达到保护系统安全的目的。

实例 20-8 使用 Windows 更新功能检查并安装更新

1. 打开“所有控制面板项”窗口，单击“Windows 更新”超链接，打开“Windows 更新”窗口，单击左侧的“更改设置”超链接，如图 20-26 所示。
2. 打开“更改设置”窗口，在“重要更新”下拉列表框中选择“自动安装更新（推荐）”选项，其他保持默认设置不变，单击 确定 按钮，如图 20-27 所示。

开启防火墙后，在“Windows 防火墙”窗口中单击“允许应用或功能通过 Windows 防火墙”超链接，在打开的窗口中可设置允许的应用和服务。

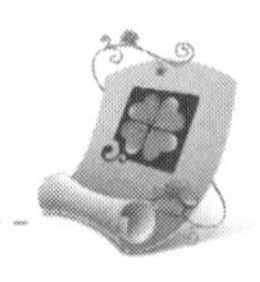

图 20-26　单击“更改设置”超链接

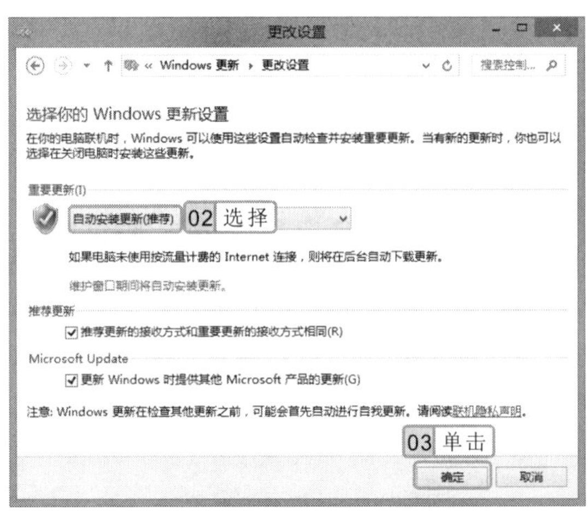

图 20-27　设置更新选项

3 返回“Windows 更新”窗口，并自动检查更新，检查完成后，将显示需要更新内容的数量，单击“34 个重要更新可用”超链接，如图 20-28 所示。

4 打开“选择要安装的更新”窗口，在其列表框中显示了需要更新的内容，选中需要更新内容前面的复选框，单击 安装 按钮，如图 20-29 所示。

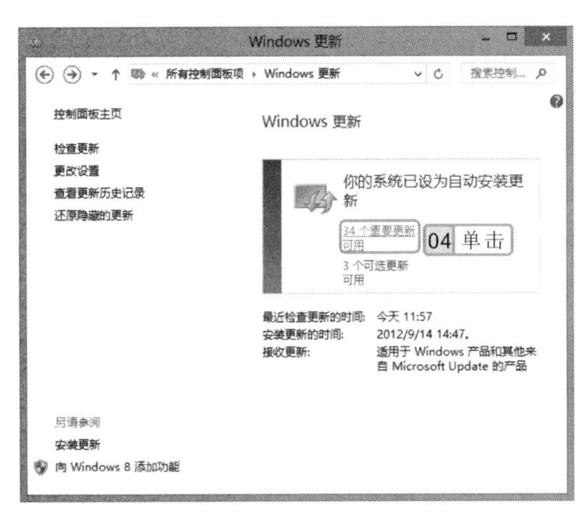

图 20-28　单击检测到的更新内容

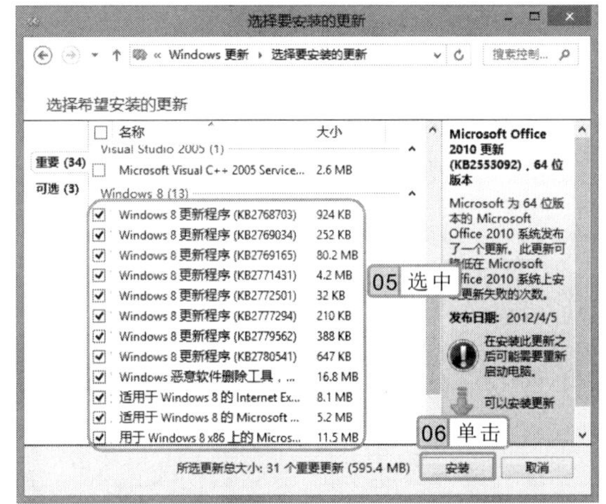

图 20-29　选择需要安装更新的选项

5 系统开始下载更新并显示进度，下载完成后，系统开始自动安装更新，如图 20-30 所示。

6 完成安装后，在“Windows 更新”窗口中单击 立即重新启动(R) 按钮，如图 20-31 所示。重启电脑后，在“Windows 更新”窗口中将提示成功安装更新。

在“Windows 更新”窗口中单击左侧的“查看更新历史记录”超链接，在打开的“查看更新历史记录”窗口中可查看更新记录。

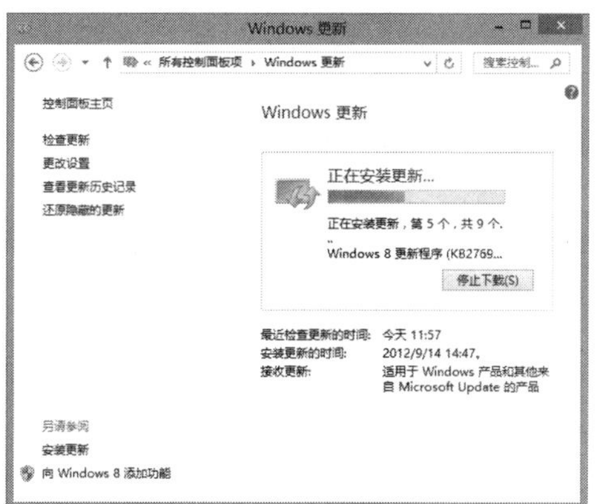

图 20-30 安装更新

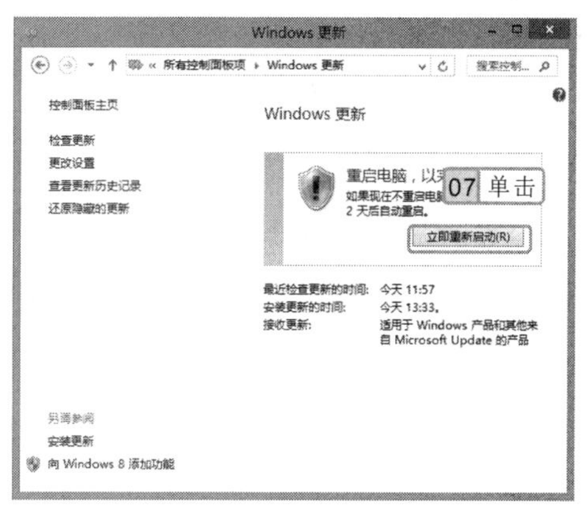

图 20-31 单击“立即重新启动”按钮

20.6 精通实例——维护电脑磁盘和系统

本实例将首先对电脑磁盘进行清理和整理，然后使用 360 安全卫士修复系统漏洞、清理电脑中的垃圾并查杀木马，使用户快速掌握对电脑磁盘和系统进行维护的方法。

20.6.1 操作思路

为更快完成本例的制作，并尽可能运用本章讲解的知识，本例的操作思路如下。

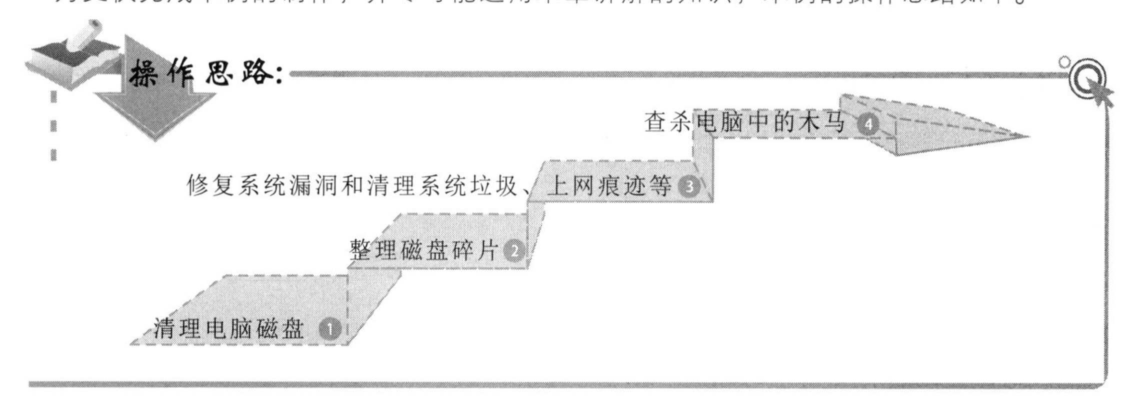

20.6.2 操作步骤

下面介绍对电脑磁盘和系统进行维护的方法，其操作步骤如下：

光盘\实例演示\第 20 章\维护电脑磁盘和系统

在“Windows 更新”窗口左侧单击“检查更新”超链接，在右侧的“Windows 更新”栏中将显示正在检查更新。

1. 单击桌面上的“控制面板”图标，打开“所有控制面板项”窗口，单击“管理工具”超链接，在打开的窗口中双击“磁盘清理”选项。
2. 在打开对话框的“驱动器”下拉列表框中选择“(C:)”选项，单击 确定 按钮，如图 20-32 所示。
3. 在打开对话框的“要删除的文件”列表框中选中 ☑ 回收站 复选框，单击 确定 按钮，在打开的提示对话框中单击 删除文件 按钮，如图 20-33 所示。

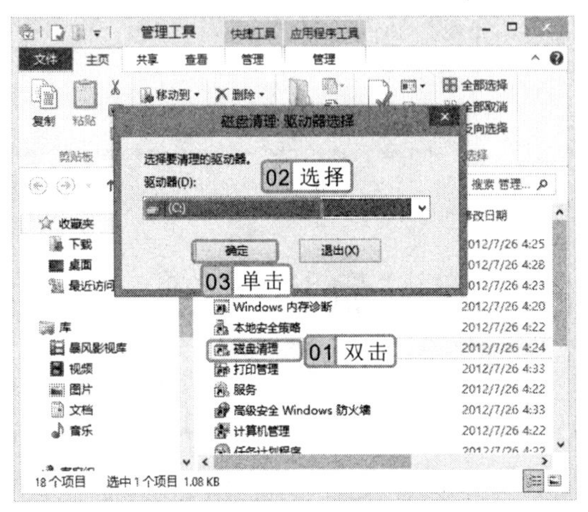

图 20-32　选择清理的磁盘

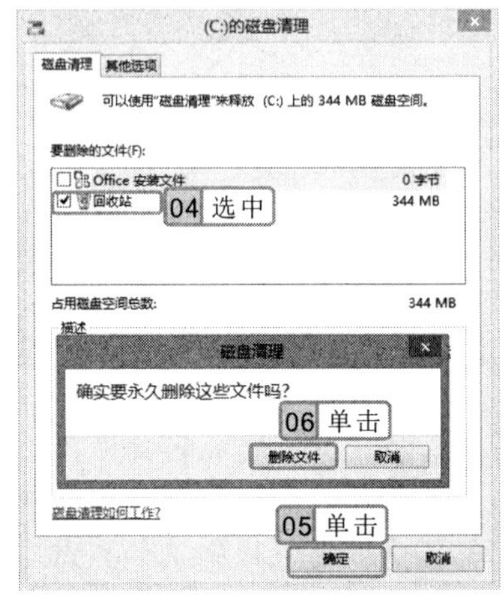

图 20-33　确认删除

4. 系统开始清理磁盘，清理完成后自动关闭对话框，然后使用相同的方法清理其他磁盘，清理完成后，在“管理工具”窗口中双击“碎片整理和优化驱动器”选项。
5. 打开“优化驱动器”窗口，在“状态”栏中的列表框中选择所有的磁盘驱动器选项，如图 20-34 所示。
6. 单击 全部优化(O) 按钮，系统开始对选择的磁盘进行分析和整理，如图 20-35 所示。

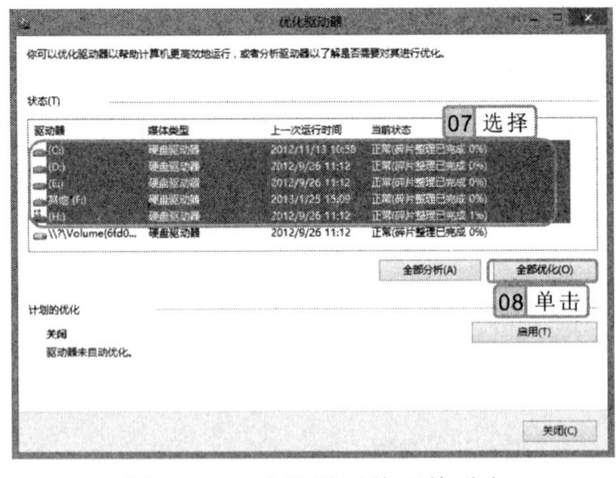

图 20-34　选择需要整理的磁盘

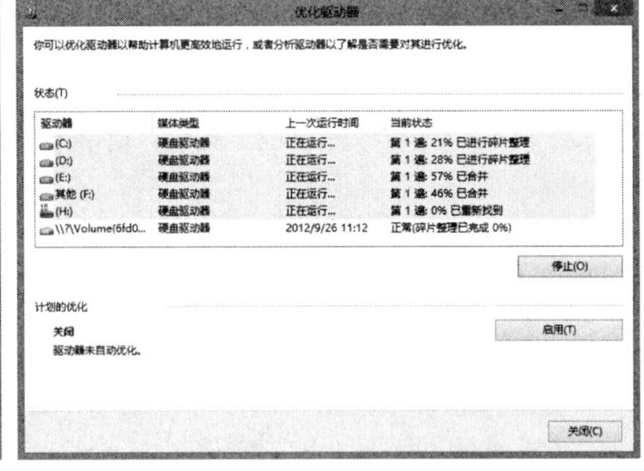

图 20-35　分析整理磁盘

7. 完成后关闭“优化驱动器”窗口，然后在桌面上单击“360 安全卫士”快捷方式图标，启动 360 安全卫士并打开其工作界面。

在“优化驱动器”窗口中单击 启用(T) 按钮，在打开的对话框的“优化计划”栏中选中 ☑ 按计划运行(推荐)(R) 复选框，然后对优化时间和驱动器进行设置，设置后将在设置的时间内对驱动器进行优化。

8 选择“漏洞修复”选项，在其界面中将自动扫描电脑系统漏洞，扫描完成后，在界面中将提示扫描出的漏洞数量，单击立即修复按钮，如图 20-36 所示。

9 系统开始下载漏洞需要的补丁，如图 20-37 所示。下载完成后将安装下载的补丁，完成后，即可成功修复漏洞。

图 20-36　查看扫描的漏洞数量

图 20-37　下载补丁

10 在 360 工作界面中选择“电脑清理”选项，在界面下方选中需要清理选项的复选框，单击一键清理按钮，如图 20-38 所示。

11 即可对电脑中的垃圾文件、不需要的插件、上网产生的痕迹以及注册表中多余的项目进行扫描，扫描完成后将自动进行清理，并显示清理的结果，如图 20-39 所示。

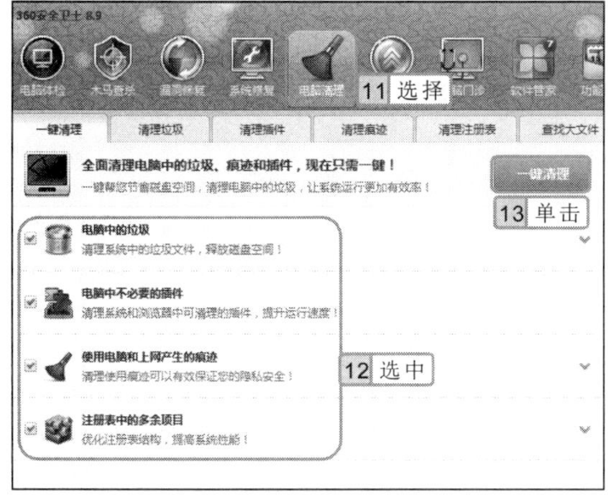

图 20-38　选择需要清理的选项

图 20-39　完成垃圾的清理

12 在界面中选择“木马查杀”选项，再在打开的界面中选择“快速扫描”选项，如图 20-40 所示。

13 在打开的界面中系统将自动开始进行扫描，扫描完成后，若没发现木马或其他对电脑造成威胁的程序，会自动跳转到扫描已完成提示界面，如图 20-41 所示。

14 关闭 360 安全卫士工作界面，完成对电脑的维护。

在“电脑清理”界面中提供了“清理垃圾”、“清理插件”、“清理痕迹”和“清理注册表”等多个选项，选择相应的选项，即可对相应选项进行清理。

图 20-40　选择扫描选项

图 20-41　完成扫描

20.7　精通练习

本章主要介绍了维护和优化电脑的方法，下面将通过两个练习来进一步巩固本章所学的知识，使用户可以快速掌握使用不同的软件优化和维护电脑的方法。

20.7.1　清理电脑和优化系统

本练习将首先使用专业的清洁工具对电脑显示屏、键盘、鼠标以及主机箱等部件进行清洁，然后启动电脑，使用 Windows 8 优化大师优化和清理系统。

参见光盘　光盘\实例演示\第 20 章\清理电脑和优化系统

该练习的操作思路如下。

操作思路：

对电脑系统进行全面优化和清理 ③

启动电脑和启动 Windows 8 优化大师软件 ②

清洁电脑各部件 ①

精讲笔录

清洁电脑各部件时，一定要购买专业的清洁工具，否则在清洁过程中，容易损坏电脑各部件。

20.7.2 使用金山毒霸防护电脑

本练习将使用金山毒霸软件对电脑进行防护，首先开启金山毒霸的全部防御功能，然后自定义扫描和查杀电脑中的病毒，达到防护电脑的目的。

光盘\实例演示\第 20 章\使用金山毒霸防护电脑

该练习的操作思路与关键提示如下。

启动金山毒霸软件 ①

在“实时保护”选项卡中开启防御功能 ②

自定义查杀电脑中的病毒 ③

关键提示:

金山毒霸软件的使用非常简单，与 360 安全卫士的使用方法类似，在使用该软件前，需要先在电脑中安装该软件。

Windows 8 优化大师

Windows 8 优化大师主要包括优化向导、右键菜单快捷组和 Win 8 应用缓存清理等功能。与早期优化大师版本相比，Windows 8 优化大师发生了很大的变化，为了配合使用 Windows 8 操作系统，融合 Windows 8 操作系统的风格，其程序界面与“开始”屏幕类似，而且精简了很多，没有早期版本中复杂的项目，单击界面中的图标，即可进入相应的设置页面。

在金山毒霸工作界面选择“防黑墙”选项卡，即可对电脑中黑客可攻击的漏洞进行扫描，并可对扫描的漏洞进行修复，与 360 安全卫士软件的修复漏洞功能类似。

实战篇

要想熟练操作电脑，除了要掌握前面讲解的知识与操作方法外，还需要多进行上机操作练习，这样不仅可巩固所学的知识，还能帮助记忆。Word 2010和Excel 2010软件的功能都比较强大，涉及的知识点相对较多，通过制作一个完整的Word文档或Excel表格，可以使用户更加全面、熟练地掌握Word和Excel的相关知识。

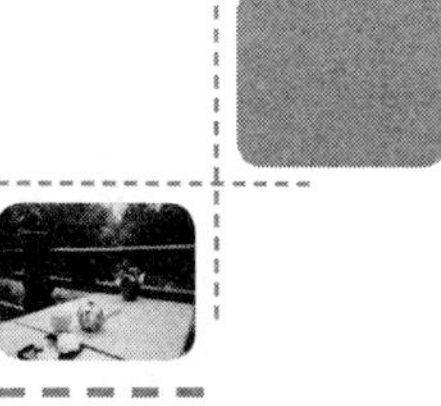

<<< PRACTICALITY

实战篇

第 21 章

制作和交流“产品说明书”文档

插入艺术字

添加 QQ 好友

使用QQ传送文件

插入、编辑形状和图片

设置文本字体格式和段落格式

插入表格并编辑

本章导读

本章将通过插入艺术字、形状、图片和表格等图形对象来制作“产品说明书”文档，通过设置字体和段落格式、编辑和美化图形对象使文档的结构更清晰，内容更易于阅读，并通过 QQ 与领导交流制作的文档。通过本章的学习，使用户能灵活运用多种对象来编辑和美化文档。

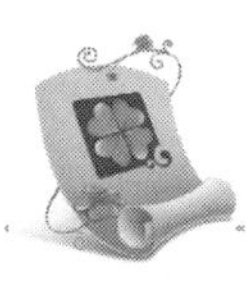

21.1　实例说明

本例将制作一份电饭煲的说明书，其内容主要包括“产品描述”、“使用说明”、“技术规格”、“参数设置”和“联系方式”等版块，要求内容简洁，语言通俗易懂，最终效果如图 21-1 所示。

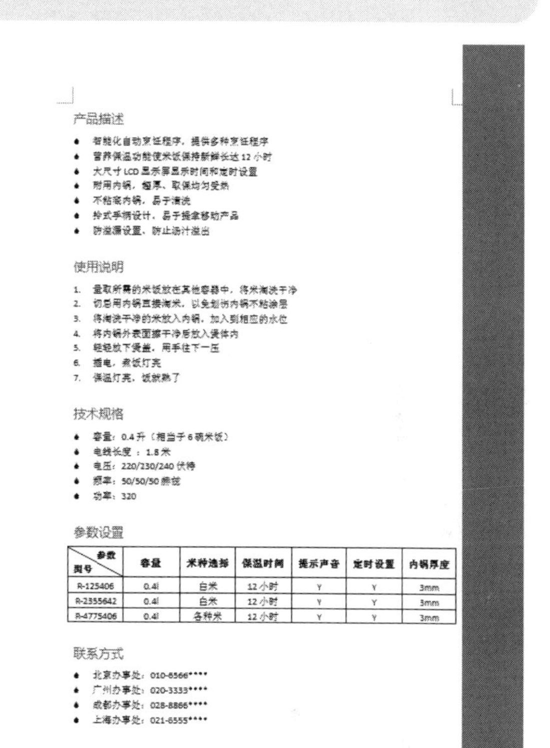

产品描述

- 智能化自动烹饪程序，提供多种烹饪程序
- 营养保温功能使米饭保持新鲜长达 12 小时
- 大尺寸 LCD 显示屏显示时间和定时设置
- 耐用内锅，加厚、取保均匀受热
- 不粘底内锅，易于清洗
- 拎式手柄设计，易于提拿移动产品
- 防溢漏设置、防止汤汁溢出

使用说明

1. 量取所需的米饭放在其他容器中，将米淘洗干净
2. 切忌用内锅直接淘米，以免划伤内锅不粘涂层
3. 将淘洗干净的米放入内锅，加入到相应的水位
4. 将内锅外表面擦干净后放入煲体内
5. 轻轻放下煲盖，用手往下一压
6. 插电，煮饭灯亮
7. 保温灯亮，饭就熟了

技术规格

- 容量：0.4 升（相当于 6 碗米饭）
- 电线长度 ：1.8 米
- 电压：220/230/240 伏特
- 频率：50/50/50 赫兹
- 功率：320

参数设置

参数 型号	容量	米种选择	保温时间	提示声音	定时设置	内锅厚度
R-125406	0.4l	白米	12 小时	Y	Y	3mm
R-2355642	0.4l	白米	12 小时	Y	Y	3mm
R-4775406	0.4l	各种米	12 小时	Y	Y	3mm

联系方式

- 北京办事处：010-6566****
- 广州办事处：020-3333****
- 成都办事处：028-8866****
- 上海办事处：021-6555****

图 21-1　“产品说明书”文档

参见光盘　光盘\效果\第 21 章\产品说明书.docx

21.2　行业分析

产品说明书是为了帮助消费者全面了解所购买产品的一种说明性文书，常被应用于工业产品。制作产品说明书的主要目的是为了宣传产品，引起消费者的购买欲望，从而实现购买。

产品说明书的制作要求是实事求是，不能为达到目的而夸大产品的作用和性能，而且

如果对产品说明书的格式和内容不了解，可在百度首页的文本框中输入关键字“产品说明书”进行搜索，在打开的页面中单击相应的文本超链接，对其内容进行浏览即可。

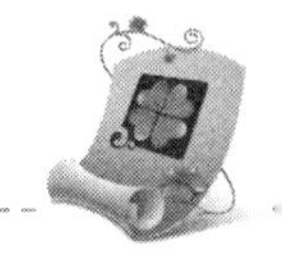

文字的描述必须简单易懂，对产品的介绍需全面、详细、准确。产品说明书一般包括产品名称、用途、性质、性能、原理、构造、规格、使用方法、保养维护和注意事项等内容。

在制作产品说明书时，还需要注意以下几个特点。

- **真实性**：产品的使用涉及千家万户，对产品的描述必须真实，不能夸大其词，鼓吹操作。
- **条理性**：由于生活、文化等不同，消费者对产品说明书内容的理解也有所区别，所以，在描述产品时，需遵循由浅入深、循序渐进的顺序。
- **通俗性**：在对产品进行描述时，语言必须通俗易懂，使消费者能清楚地明白所介绍的产品，让消费者做到心中有数。
- **实用性**：在制作产品使用说明书时，要抓住产品的实用性，这样更利于突出产品优势，利于消费者使用产品。

21.3 操作思路

本例首先通过插入艺术字、形状和图片等对象来制作文档封面，然后通过输入和设置文本、插入和编辑表格来制作内容页，最后使用 QQ 将制作好的文档传送给领导。

为更快完成本例的制作，并尽可能运用前面讲解的知识，本例的操作思路如下。

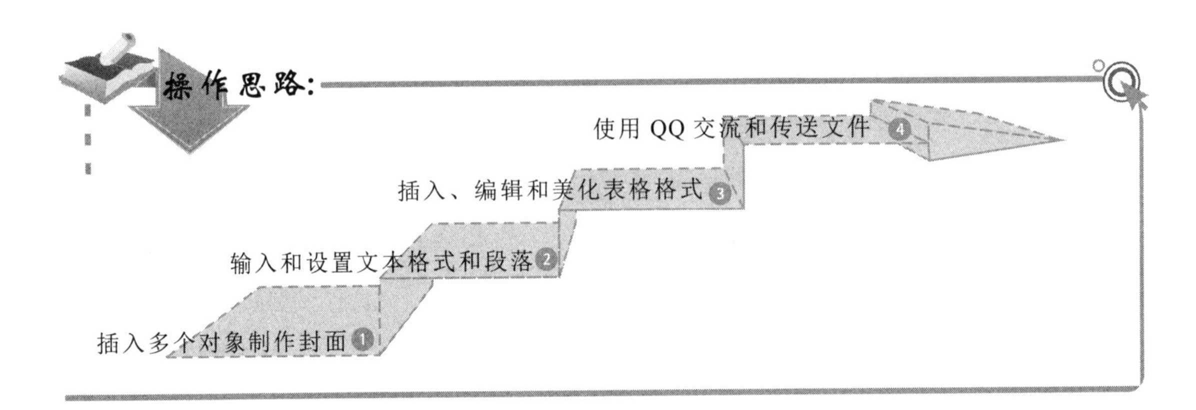

21.4 操作步骤

本例的制作将分为制作封面、制作内容页和使用 QQ 与领导交流等几部分来实现，使用户快速掌握制作文档的方法，下面进行详细介绍。

产品说明书的应用范围较广，根据对象和行业的不同，可分为工业产品说明书、农产品说明书、金融产品说明书和保险产品说明书等。

21.4.1 制作封面

下面将在新建的空白文档中插入形状、图片和艺术字等对象，并通过对插入的对象进行编辑和美化操作来制作文档的封面。其具体操作如下：

光盘\素材\第 21 章\电饭煲 1.jpg、电饭煲 2.jpg
光盘\实例演示\第 21 章\制作封面

1. 启动 Word 2010，新建一个空白文档，将其以“产品说明书”为名进行保存，然后选择“插入”/“插图”组，单击“形状”按钮，在弹出的下拉列表中选择“星与旗帜”栏中的“波形”选项。
2. 此时鼠标光标变为十形状，在文档中拖动鼠标绘制形状，如图 21-2 所示。绘制完成后，释放鼠标。
3. 选择绘制的形状，将鼠标指针移动到形状上，按住鼠标左键不放，将其拖动到页面的左上方后释放鼠标。
4. 将鼠标指针移动到绘制的形状右下角，当其变成形状时，按住鼠标左键不放，向下拖动到合适大小释放鼠标，如图 21-3 所示。

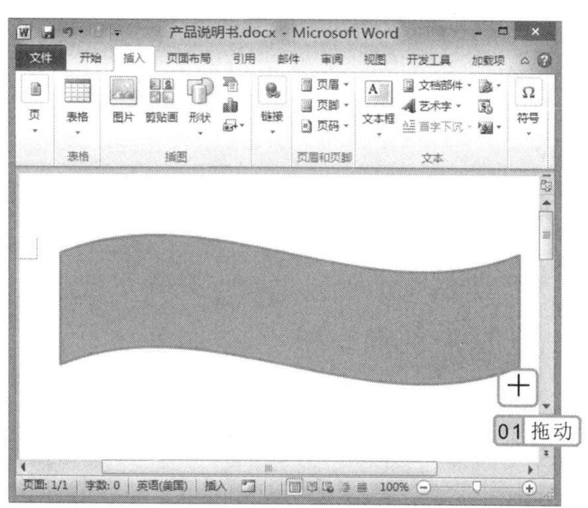

图 21-2　绘制形状

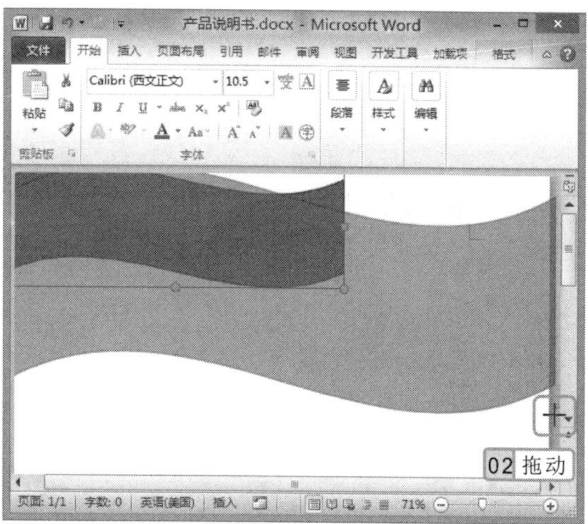

图 21-3　调整形状大小

5. 选择形状，按住鼠标左键不放将其移动到页面顶端，使形状将页面顶端填满。然后按住 Ctrl 键和鼠标左键不放，拖动鼠标到页面底端，释放鼠标，复制形状。
6. 选择“插入”/“文本”组，单击“艺术字”按钮，在弹出的下拉列表中选择“渐变填充-蓝色，强调文字颜色 1”选项，如图 21-4 所示。
7. 即可在文档中插入一个文本框，选择文本框中的“请在此处键入艺术字”文本，输入文档标题名称为“佳禾电饭煲产品说明书”。
8. 选择输入的标题，选择“开始”/“字体”组，设置“字体”为“方正准圆简体”，“字号”为“40”，按 Enter 键确认，其效果如图 21-5 所示。

选择绘制的形状，选择“格式”/“插入形状”组，单击“编辑形状”按钮，在弹出的下拉列表中选择“编辑定点”选项，拖动形状各点，可自由调整形状。

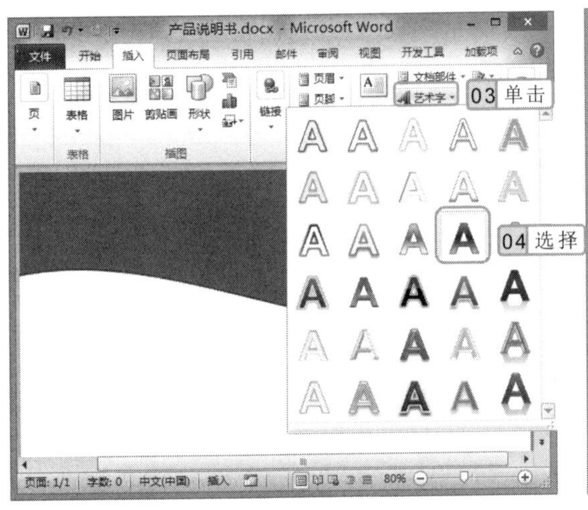

图 21-4　选择艺术字样式

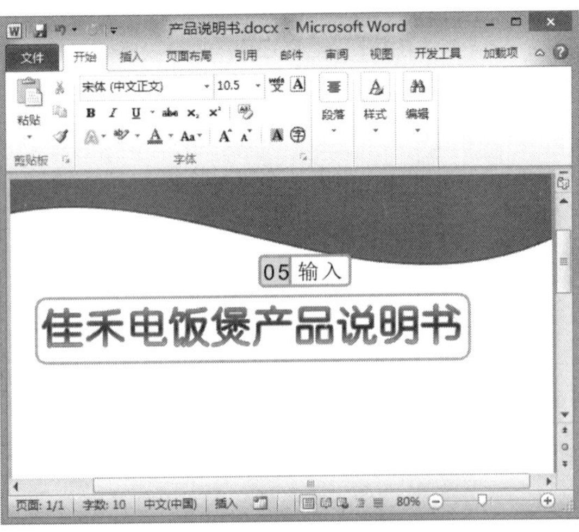

图 21-5　设置的艺术字效果

9. 在“插图”组中单击“图片”按钮，打开“插入图片”对话框，在地址栏中选择图片的保存位置，在中间的列表框中选择需要插入的图片，这里选择“电饭煲1.jpg”和“电饭煲 2.jpg”，单击 插入(S) 按钮，如图 21-6 所示。

10. 返回文档编辑区，即可查看到插入的图片。选择一张图片，选择“格式”/“排列”组，单击“自动换行”按钮，在弹出的下拉列表中选择“浮于文字上方”选项，如图 21-7 所示。

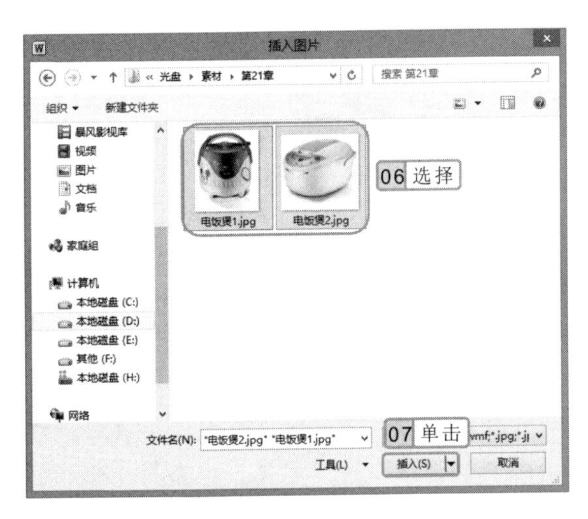

图 21-6　选择插入的图片

图 21-7　设置图片排列方式

11. 使用相同的方法将文档中的另一张图片的排列方式设置为“浮于文字上方”，然后将两张图片调整到合适的大小及位置。

12. 选择艺术字，将其移动到两张图片之间，然后选择“格式”/“艺术字样式”组，单击“文本效果”按钮，在弹出的下拉列表中选择“转换”选项，再在其子列表框中选择“弯曲”栏中的“波形 2”选项，效果如图 21-8 所示。

插入到文档中的图片默认为嵌入到文档中，因此不能使用鼠标拖动调整其位置。

13 选择需要删除背景的图片，选择“格式”/“调整”组，单击“删除背景”按钮，此时图片背景将变为紫红色，调整图片边界框的大小，使图片边框框住图形。

14 选择“背景消除”/“优化”组，单击“标记要保留的区域”按钮，如图 21-9 所示。在文档空白区域单击，即可删除图片的背景。

图 21-8　设置艺术字效果

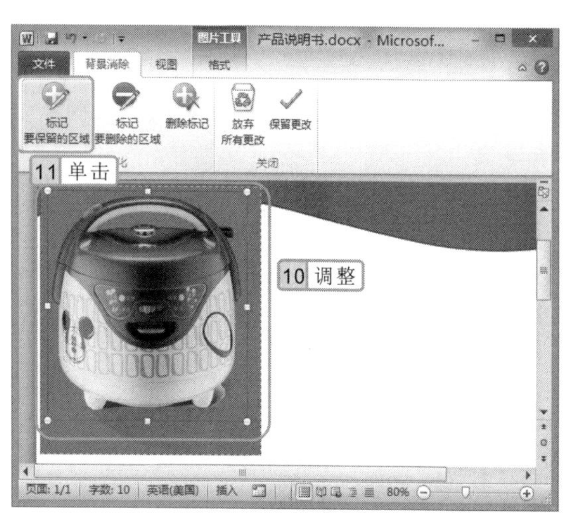

图 21-9　删除图片背景

15 选择需要裁剪的图片，选择“格式”/“大小”组，单击“裁剪”按钮，将鼠标指针移动到图片下方的黑线上，当其变为形状时，向上拖动鼠标到合适位置后释放鼠标，如图 21-10 所示。再单击文档空白区域，完成裁剪操作。

16 在图片上单击鼠标右键，在弹出的快捷菜单中选择“设置图片格式”命令，打开“设置图片格式”对话框，选择“发光和柔化边缘”选项，在“柔化边缘”栏中的“大小”数值框中输入“22”，如图 21-11 所示。

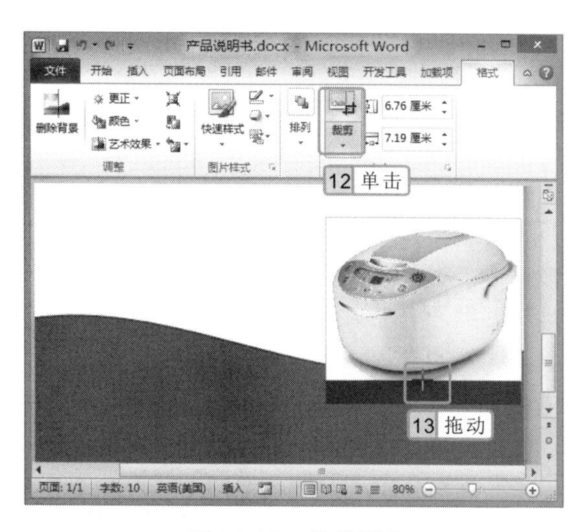

图 21-10　裁剪图片

图 21-11　设置图片柔化边缘

选择需要裁剪的图片，单击“裁剪”按钮下方的按钮，在弹出的下拉列表中选择“纵横比”选项，在其子列表框中选择相应的比例选项，可按比例裁剪图片。

17 单击 关闭 按钮关闭对话框，然后在“形状”下拉列表框中选择“十字星”选项，拖动鼠标在文档中进行绘制，完成后释放鼠标。

18 选择绘制的形状，选择“格式”/“形状样式”组，单击“形状轮廓”按钮右侧的按钮，在弹出的下拉列表中选择“无轮廓”选项，如图 21-12 所示。

19 单击“形状填充”按钮右侧的按钮，在弹出的下拉列表中选择“渐变”选项，在其子列表框中选择“线性向下”选项，如图 21-13 所示。

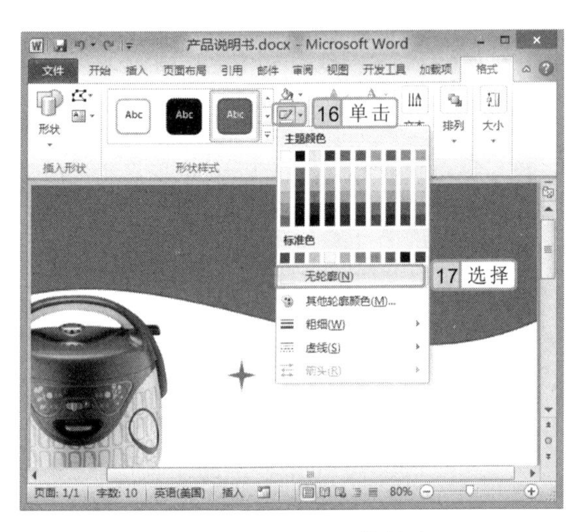

图 21-12　设置形状轮廓

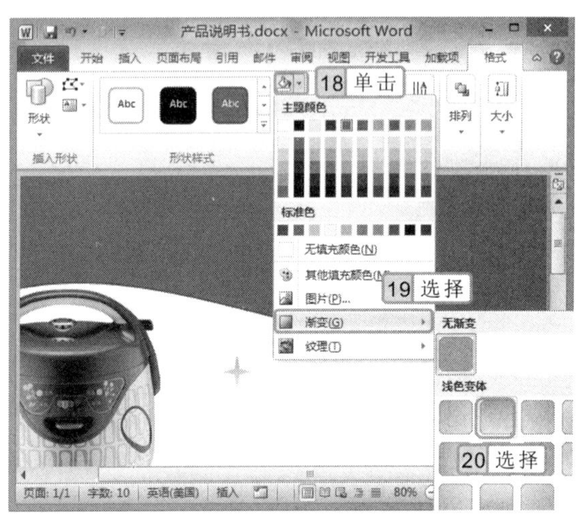

图 21-13　设置形状填充效果

20 选择设置好的形状，然后复制 11 个，并分别放置于该页面中的空白位置，完成封面的制作。

21.4.2　制作内容页

下面在文档中新建一空白页，并在其中输入相应的文字内容、插入矩形形状以及表格，然后设置文字的字体格式和段落格式，使文档结构更清晰，其具体操作如下：

参见光盘　光盘\实例演示\第 21 章\制作内容页

1 将鼠标光标定位到文档封面中，选择“插入”/“页”组，单击“空白页”按钮，即可在该页后插入一空白页。

2 将文本插入点定位到文档的开始位置，输入“产品描述”文本，按 Enter 键分段换行，输入相关的产品描述文本，如图 21-14 所示。

3 继续输入文档中的其他文本，为了便于查看，可在各个版块内容间留空一行，如图 21-15 所示。

4 选择“产品描述”、“使用说明”、“技术规格”、“参数设置”和“联系方式”文本，选择“开始”/“字体”组，在“字体”下拉列表框中选择“微软雅黑”选项，在“字号”下拉列表框中选择“四号”选项。

应用点睛

如果想在文档中插入空白页，可直接将鼠标光标定位到该页面中，再按 Enter 键。

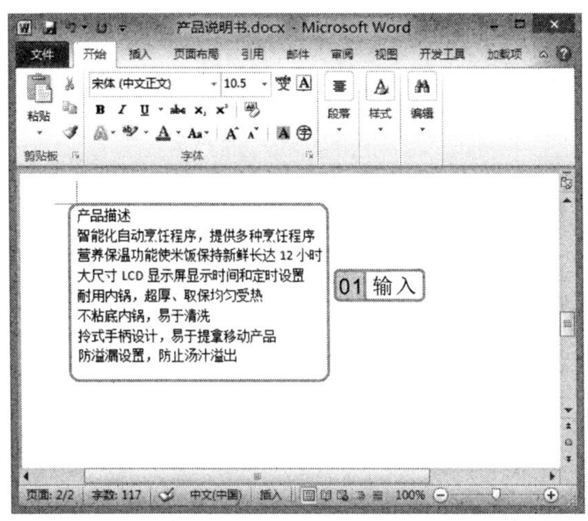

图 21-14　输入产品描述

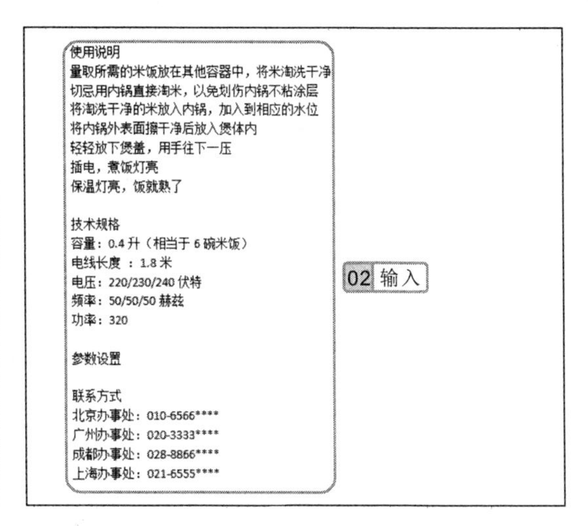

图 21-15　输入其他内容

5 保持文本的选择状态，单击“字体颜色”按钮右侧的按钮，在弹出的下拉列表中选择“标准色”栏中的“蓝色”选项，如图 21-16 所示。

6 选择“产品描述”下的所有段落，选择“开始”/“段落”组，单击“项目符号”按钮右侧的按钮，在弹出的下拉列表中选择“定义新项目符号”选项，打开“定义新项目符号”对话框，单击 符号(S)... 按钮，如图 21-17 所示。

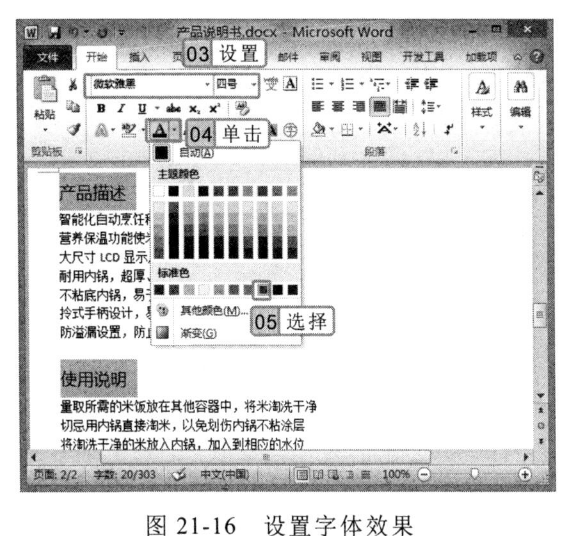

图 21-16　设置字体效果

图 21-17　单击“符号”按钮

7 打开“符号”对话框，在“字体”下拉列表框中选择 Wingdings 选项，在中间的列表框中选择符号，如图 21-18 所示。

8 依次单击 确定 按钮，返回文档编辑区，然后使用相同的方法为“技术规格”和“联系方式”下的所有段落文本添加相同的项目符号。

9 选择“使用说明”下的所有段落文本，在“开始”/“段落”组中单击“编号”按钮右侧的按钮，在弹出的下拉列表中选择如图 21-19 所示的选项。

在“定义新项目符号”对话框的“对齐方式”下拉列表框中选择相应的选项，可设置项目符号的对齐方式。

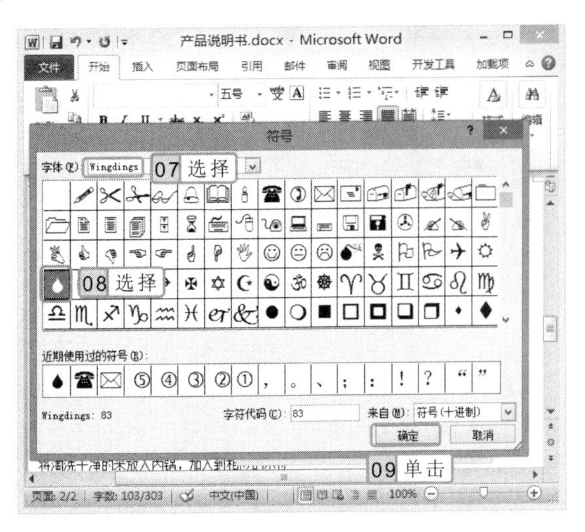

图 21-18 选择项目符号

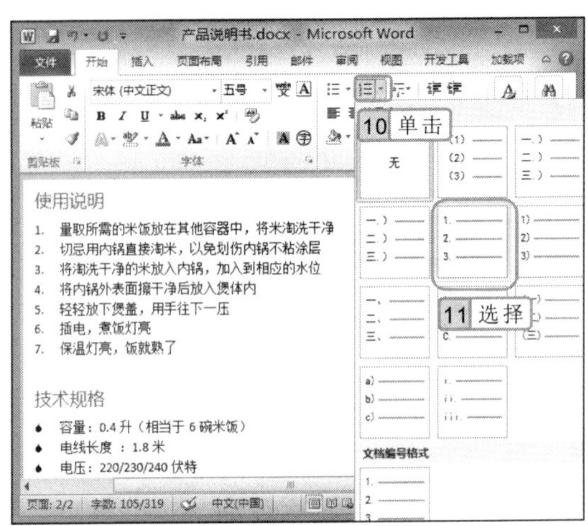

图 21-19 选择编号样式

10 将鼠标光标定位到“参数设置”段落下的空行中，选择“插入”/“表格”组，单击“表格”按钮，在弹出的下拉列表中拖动鼠标选择 7×5 表格，如图 21-20 所示。

11 选择第 1 行和第 2 行的第 1 个单元格，选择“布局”/“合并”组，单击“合并单元格”按钮，将两个单元格合并为一个单元格。

12 使用相同的方法合并表格第 1 行和第 2 行的其他单元格，合并后的效果如图 21-21 所示。

图 21-20 选择插入的表格行数和列数

图 21-21 合并单元格

13 将鼠标光标定位到第 1 个单元格中，选择“设计”/“绘图边框”组，单击“绘制表格”按钮，此时鼠标光标变成 形状，在第 1 个单元格中拖动鼠标绘制斜线，如图 21-22 所示。

14 再次单击“绘制表格”按钮，使鼠标光标恢复正常显示状态，然后在表格的单元格中输入相应的内容，如图 21-23 所示。

在“表格”下拉列表框中选择“快速表格”选项，在其子列表框中列出了多种表格样式，选择相应的样式，可在文档中快速插入表格。

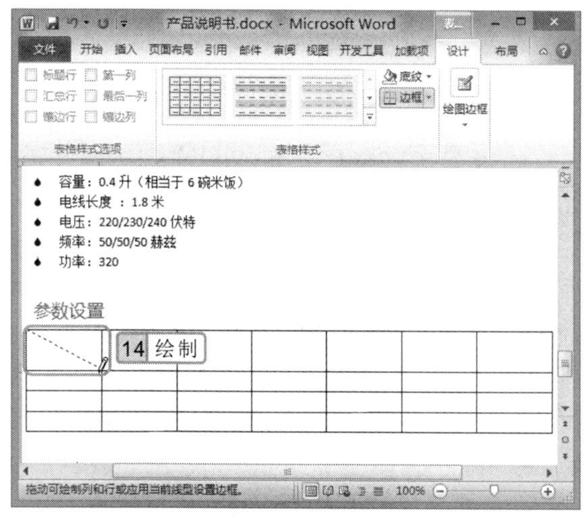

图 21-22　绘制单元格斜线

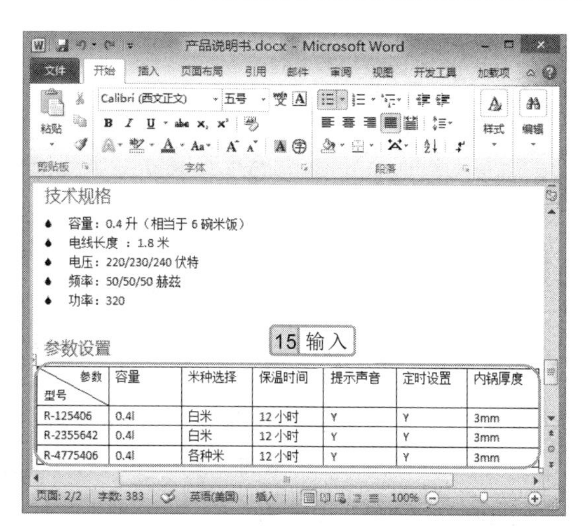

图 21-23　输入表格内容

15 选择表格第 1 行的所有文本，在“字体”组中单击“加粗”按钮 **B** 加粗文本，然后选择第 1 行中第 2～7 单元格区域中的所有文本，选择“布局”/“对齐方式”组，单击“水平居中”按钮，如图 21-24 所示。

16 选择第 2～4 行中的所有文本，使用相同的方法将文本的对齐方式设置为水平居中对齐。

17 在“形状”下拉列表框中选择“矩形”选项，在页面右侧拖动鼠标绘制矩形，使其长度与页面相同，并取消形状的轮廓线，效果如图 21-25 所示。完成内容页的制作。

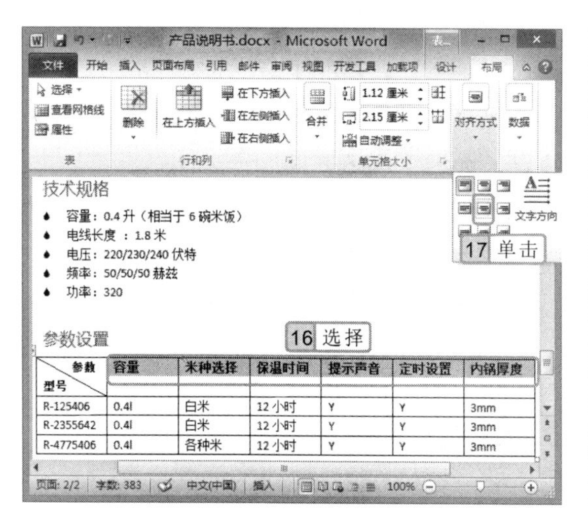

图 21-24　设置文本对齐方式

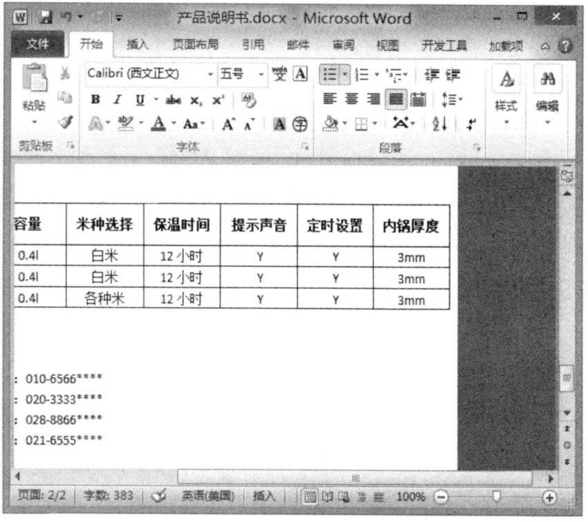

图 21-25　添加形状

21.4.3　使用 QQ 与领导交流

下面将登录 QQ，添加经理为好友，然后进行交流，并将制作好的“产品说明书”文

选择表格，选择“布局”/“单元格大小”组，单击“自动调整”按钮，在弹出的下拉列表中选择相应的选项，可根据选择的选项自动调整表格大小。

档发送给经理，其具体操作如下：

参见光盘 光盘\实例演示\第 21 章\使用 QQ 与领导交流

1. 在桌面上双击 QQ 快捷方式图标，在打开的登录对话框中输入 QQ 账号和密码，单击 登录 按钮，登录 QQ 并打开工作界面，在界面底部单击“查找”按钮。
2. 打开“查找联系人”对话框，在搜索文本框中输入 QQ 账号，单击 查找 按钮，在下方的列表框中将显示查找的结果，单击“添加”按钮，在打开对话框的“请输入验证信息”文本框中输入“我是公司小林”，单击 下一步 按钮，如图 21-26 所示。
3. 在打开对话框的“备注姓名”文本框中输入“经理”，在“分组”列表框后面单击“新建分组”超链接，在打开的“好友分组”对话框的“分组名称”文本框中输入“同事”，单击 确定 按钮，如图 21-27 所示。

图 21-26　输入验证信息

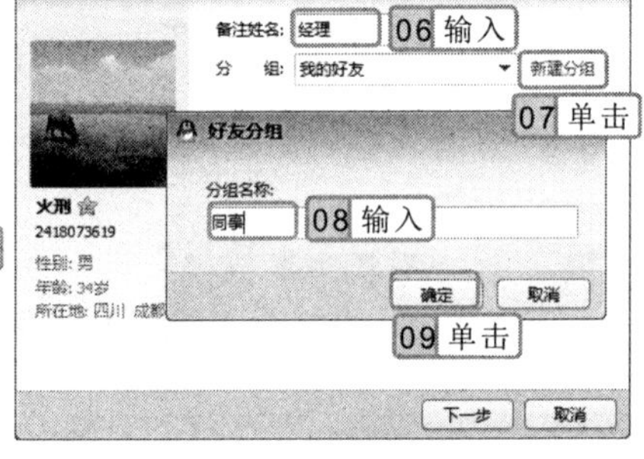

图 21-27　创建分组

4. 在“分组”列表框中将显示创建的分组，单击 下一步 按钮，在对话框中将提示好友添加请求已发送成功，单击 完成 按钮，如图 21-28 所示。
5. 待对方接受请求后，通知区域的 QQ 图标将变为闪烁的图标，单击该图标，在打开的对话框中将提示对方已接受并添加您为好友，单击 发起会话 按钮，如图 21-29 所示。

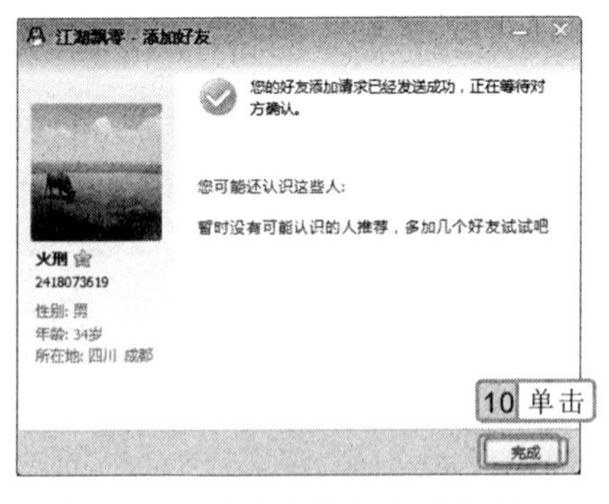

图 21-28　成功发送好友添加请求

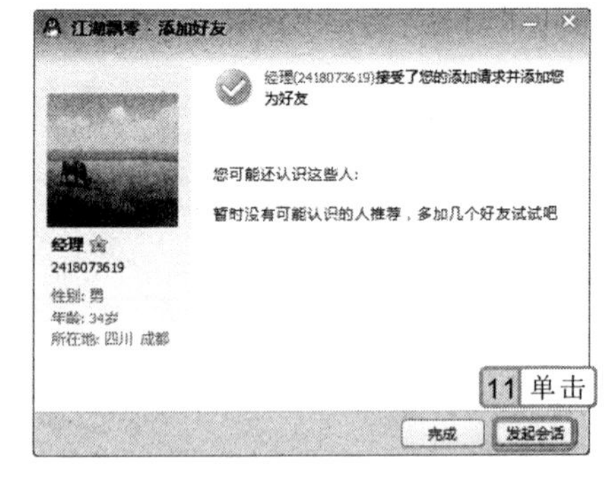

图 21-29　单击“发起会话”按钮

6. 打开与经理的聊天窗口，在下方的文本框中输入聊天信息，单击 发送(S) 按钮，

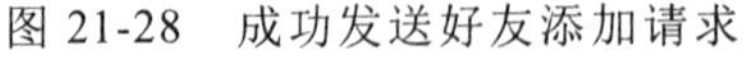

应用点睛

在输入验证信息时，输入的内容最好能表明自己的身份和与查找好友的关系，这样才不会被对方拒绝。

如图 21-30 所示。

7 待对方回复信息后，将在聊天窗口中间的列表框中显示回复信息，如图 21-31 所示。

图 21-30　输入聊天信息

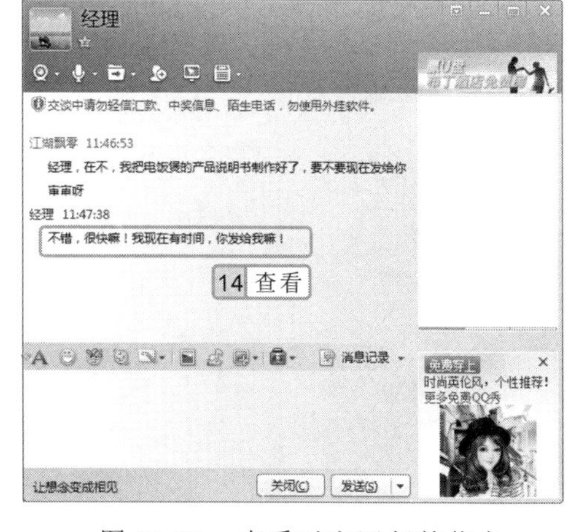

图 21-31　查看对方回复的信息

8 单击聊天窗口上方的“传送文件”按钮，打开“打开”对话框，在“查找范围”下拉列表框中选择文件所在的位置，在中间的列表框中选择“产品说明书.docx”文档，单击 打开(O) 按钮，如图 21-32 所示。

9 发送的文件将在窗口右侧显示，待对方接收后，将开始传送文件并显示传送进度，传送完成后，将在聊天窗口中提示传送成功，如图 21-33 所示。

图 21-32　选择传送的文件

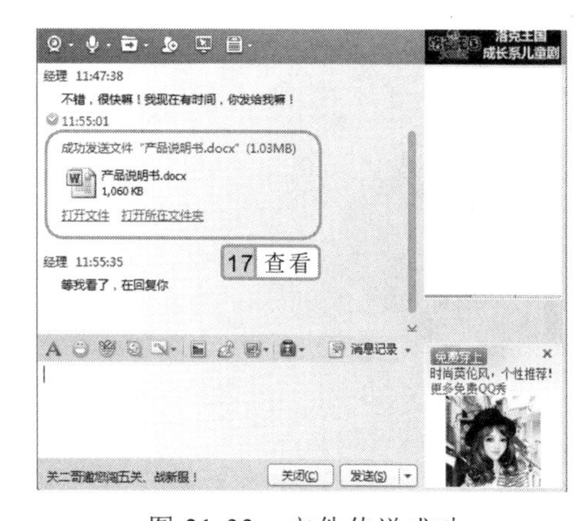

图 21-33　文件传送成功

21.5 拓展练习

本章主要讲解了图片、形状、表格和艺术字等对象的操作方法，以及文本字体格式和段落格式的设置。为巩固所学的知识，下面练习制作“培训通知”文档和“菜品宣传”文档。

如果好友不在，可为好友发离线文件，其方法是：打开聊天窗口，选择需要传送的文件，在聊天窗口右侧显示传送文件的对话框中单击“发送离线文件”超链接即可。

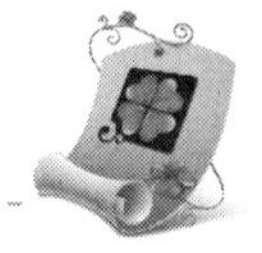

21.5.1　制作“培训通知”文档

本练习将使用 Word 2010 制作“培训通知”文档，首先在文档中输入相应的文字内容，并对其字体格式和段落格式进行设置，然后插入表格并输入表格内容，最后应用表格样式美化文档，其最终效果如图 21-34 所示。

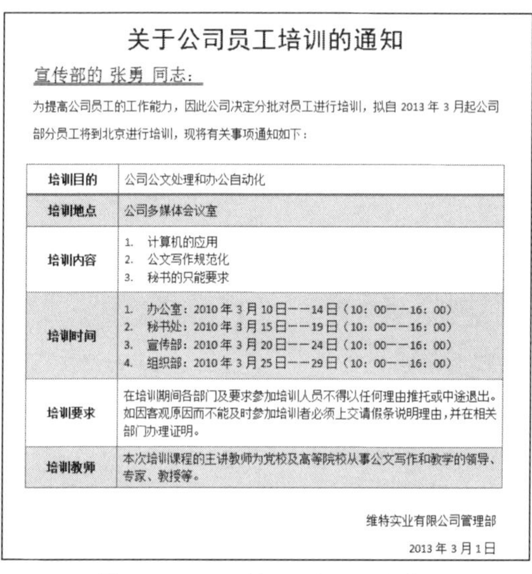

关于公司员工培训的通知

宣传部的 张勇 同志：

为提高公司员工的工作能力，因此公司决定分批对员工进行培训，拟自 2013 年 3 月起公司部分员工将到北京进行培训，现将有关事项通知如下：

培训目的	公司公文处理和办公自动化
培训地点	公司多媒体会议室
培训内容	1. 计算机的应用 2. 公文写作规范化 3. 秘书的只能要求
培训时间	1. 办公室：2010 年 3 月 10 日——14 日（10：00——16：00） 2. 秘书处：2010 年 3 月 15 日——19 日（10：00——16：00） 3. 宣传部：2010 年 3 月 20 日——24 日（10：00——16：00） 4. 组织部：2010 年 3 月 25 日——29 日（10：00——16：00）
培训要求	在培训期间各部门及要求参加培训人员不得以任何理由推托或中途退出。如因客观原因而不能及时参加培训者必须上交请假条说明理由，并在相关部门办理证明。
培训教师	本次培训课程的主讲教师为党校及高等院校从事公文写作和教学的领导、专家、教授等。

维特实业有限公司管理部

2013 年 3 月 1 日

图 21-34　“培训通知”文档

光盘\效果文件\第 21 章\培训通知.docx
光盘\实例演示\第 21 章\制作“培训通知”

该练习的操作思路与关键提示如下。

设置表格内容和应用表格样式 4

插入表格并输入表格内容 3

设置文本内容字体格式和段落格式 2

在 Word 中输入文档内容 1

关键提示:

应用表格样式后，还需将表格左侧文本的对齐方式设置为“水平居中”，表格右侧文本的对齐方式设置为“中部两端对齐”。

在 Word 中，为表格中的段落文本添加项目符号和编号的方法与为文本添加项目符号和编号的方法相同。

21.5.2 编辑“菜品宣传”文档

本练习对提供的“菜品宣传”文档进行编辑，通过插入并编辑文本框和插入图片等操作，使文档更加美观，其最终效果如图 21-35 所示。

图 21-35 “菜品宣传”文档

光盘\素材\第 21 章\菜品宣传.docx、图片
光盘\效果\第 21 章\菜品宣传.docx
光盘\实例演示\第 21 章\编辑“菜品宣传”

该练习的操作思路如下。

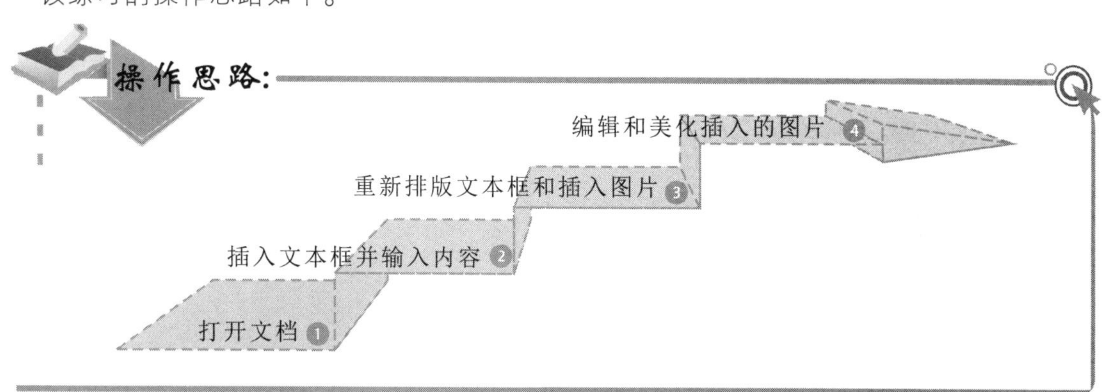

在“形状”下拉列表框中选择“基本形状”栏中的“文本框”和“垂直文本框”选项，也可使用绘制形状的方法绘制文本框。

第22章

制作"市场分析报告"文档

插入图片设置页眉

创建封面

提取文档目录

插入图表来展现数据

通过样式来设置文档段落格式

添加底纹、边框来设置页面效果

本章导读

本章主要通过创建、应用和修改样式来设置文档的段落格式，通过图表来体现数据，通过插入页眉/页脚样式来设置文档的页眉/页脚，通过设置填充效果、添加底纹和边框来完善文档页面效果，使用户快速掌握长文档的编辑技巧。

22.1 实例说明

本例将制作一个关于“舒睡奶”产品的市场分析报告，通过图表和文字等各种形式，制作出详细的分析报告。制作的报告要求内容言简意赅，重点突出，利于阅读。最终效果如图 22-1 所示。

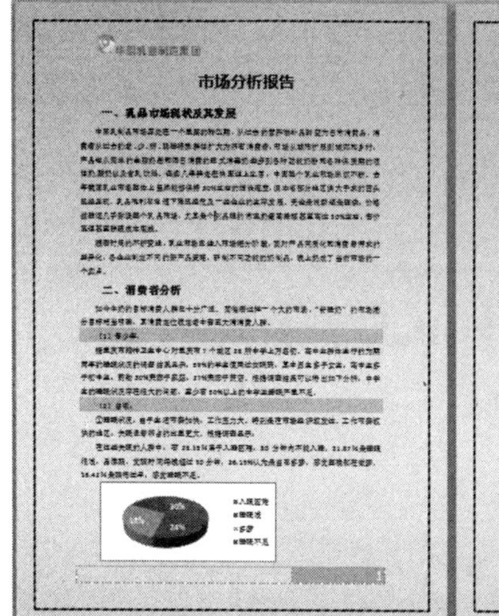
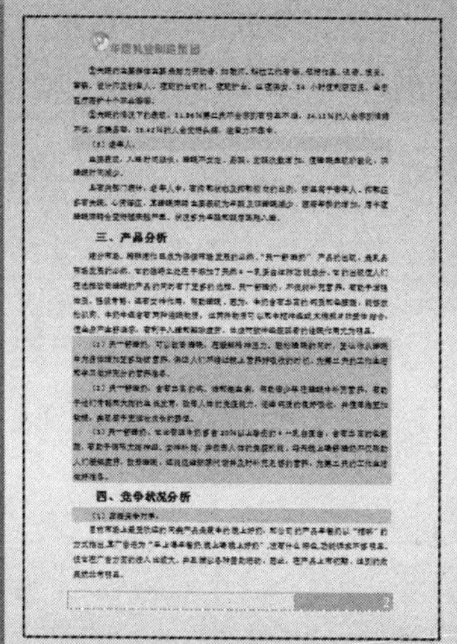
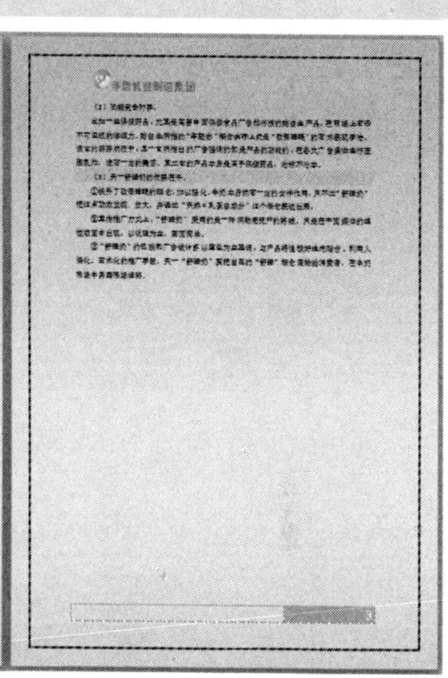

图 22-1 “市场分析报告”文档

参见光盘 光盘\效果\第 22 章\市场分析报告.docx

22.2 行业分析

市场分析报告属于调查研究报告的问题范畴，是对行业市场规模、市场竞争、区域市场、市场走势及吸引范围等调查资料所进行的分析。有关部门根据分析的结果来确定采取什么样的营销战略。

制作市场分析报告是为了让有关部门或读者快速认识、了解并掌握市场。所以，在制作市场分析报告之前，还应掌握以下几个特点：

- 要有明确的目标和针对性，目标越明确，针对性越强，越能及时解决问题，把握住市场机会，推动市场开发工作。
- 事实是市场分析报告的基础。因此，调查研究的结果必须真实、准确、用事实说话，决不允许似是而非，道听途说。
- 制作市场报告是为了如实地反映客观情况。因此，在制作时，需根据调查研究所得的结果简明扼要地作出评论和剖析。

制作完图表后，如果发现图表不能很好地体现出数据，可选择图表，选择“设计”/“类型”组，单击“更改图表类型”按钮，在打开的对话框中可重新选择图表的类型。

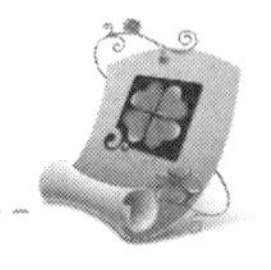

- 市场分析报告是用来说明市场调查的情况和结果。所以在写作时，一定要以调查研究的结果作为写作基础，否则制作的市场分析报告将不符合客观实际。

22.3 操作思路

制作本例时，首先应获取足够的原始材料，然后输入分析报告的正文内容，并根据创建的和内置的样式来设置格式。同时，可通过插入图表和页眉/页脚等内容来使制作的文档更完整。

为更快完成本例的制作，并尽可能运用前面讲解的知识，本例的操作思路如下。

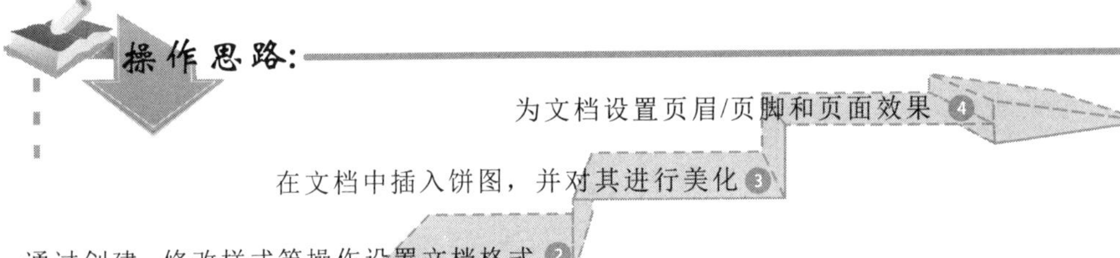

22.4 操作步骤

本例将分为输入和编辑文档内容、插入和美化图表、设置页眉/页脚以及设置页面效果 4 部分来实现，使用户能快速制作出长文档。下面对这 4 部分进行详细的介绍。

22.4.1 输入和编辑文档内容

下面新建一个 Word 空白文档，对其进行保存，然后在文档中输入文本内容，再通过设置项目符号、编号和样式等操作来设置文档格式，其具体操作如下：

光盘\实例演示\第 22 章\输入和编辑文档内容

1. 新建一个 Word 文档，将其保存为“市场分析报告”，然后在其中输入如图 22-2 所示的文本内容。
2. 将鼠标光标定位到文档中任意位置，选择“开始”/“样式”组，单击右下角的“扩展功能”按钮，打开“样式”任务窗格。
3. 在列表框中的“正文”样式选项上单击鼠标右键，在弹出的快捷菜单中选择“修改”命令，如图 22-3 所示。

在输入文档内容时，可手动输入部分编号，这样可减少为文档段落添加编号的步骤，提高制作效率。

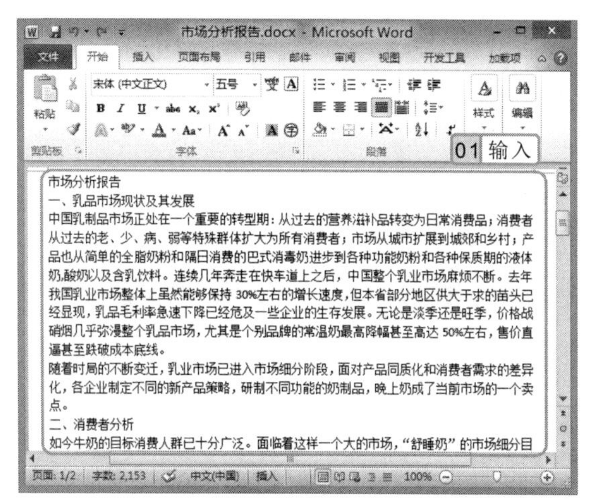

图 22-2 输入文本内容

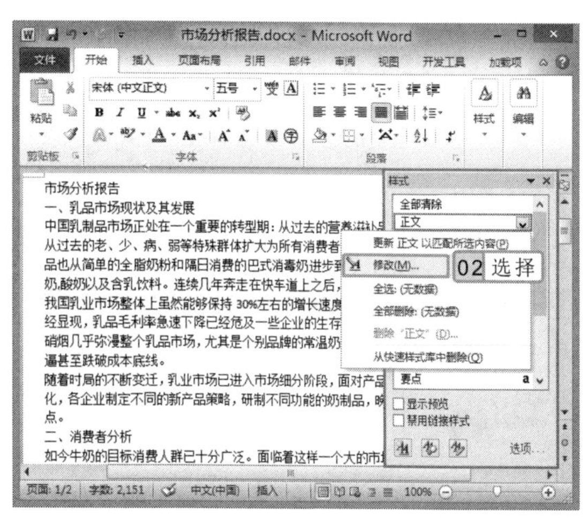

图 22-3 选择“修改”命令

4. 打开“修改样式”对话框，单击 格式(O) 按钮，在弹出的下拉列表中选择“段落”选项，打开“段落”对话框，默认选择“缩进和间距”选项卡。

5. 在“缩进”栏中的“特殊格式”下拉列表框中选择“首行缩进”选项，其后数值框中的值保持默认不变，在“行距”下拉列表框中选择“多倍行距”选项，在其后的数值框中输入“1.2”，如图 22-4 所示。

6. 依次单击 确定 按钮，返回文档编辑区，即可查看到所有的文本都应用了“正文”样式，如图 22-5 所示。

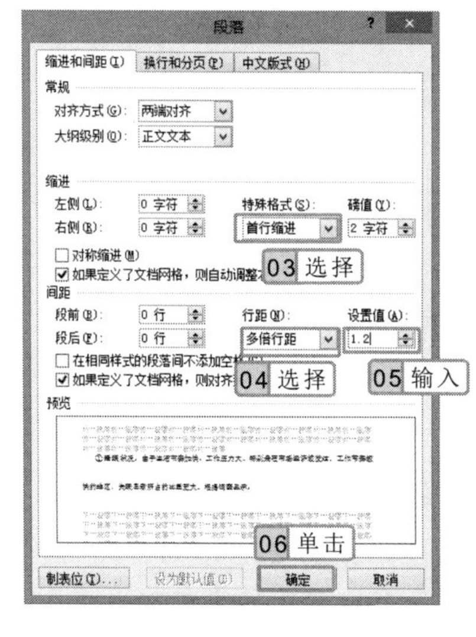

图 22-4 设置样式的段落格式

图 22-5 查看应用样式后的效果

7. 将鼠标光标定位到标题中，为其应用“样式”任务窗格列表框中的“标题”样式，然后在样式上单击鼠标右键，选择“修改”命令。

8. 打开“修改样式”对话框，在“格式”栏的“字体”下拉列表框中选择“微软雅

在“修改样式”对话框中单击 格式(O) 按钮，在弹出的下拉列表中选择“文字效果”选项，打开“设置文本效果格式”对话框，在其中可设置文本的填充效果、边框和轮廓等。

黑”选项，在“字号”下拉列表框中选择“二号”选项，单击 确定 按钮，如图 22-6 所示。

9 将鼠标光标定位到“一、乳品市场现状及其发展”段落中，单击“样式”任务窗格下方的“新建样式”按钮 。

10 打开“根据格式设置创建新样式”对话框，在“名称”文本框中输入“一级正文”，在“格式”栏中将其字号设置为“小三”，并单击 **B** 按钮加粗文本，如图 22-7 所示。

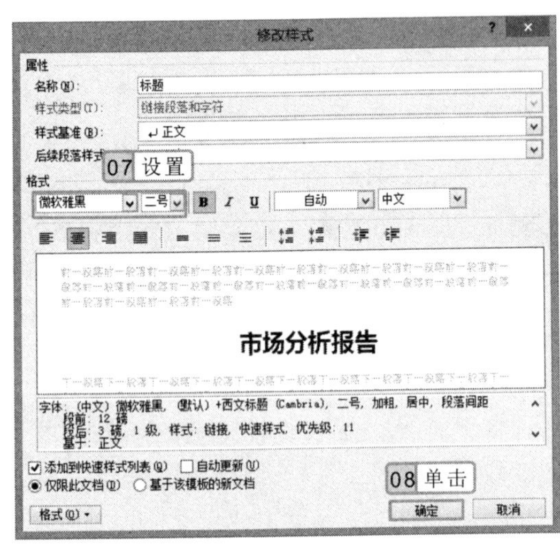

图 22-6　修改样式

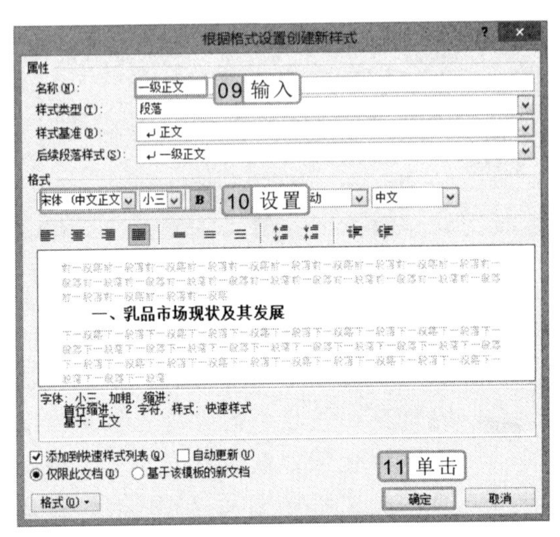

图 22-7　创建新样式

11 单击 确定 按钮，在“样式”任务窗格列表框中将显示创建的样式，为需要的文本应用“一级正文”样式。

22.4.2　插入和美化图表

下面将在文档中插入图表，然后对图表的标题和图表布局进行设置，使图表更美观，其具体操作如下：

参见光盘　光盘\实例演示\第 22 章\插入和美化图表

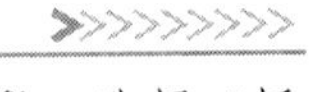

1 将鼠标光标定位到“(2)白领”第②点的上一段末尾，按 Enter 键分段，选择“插入”/“插图”组，单击“图表”按钮 。

2 打开“插入图表”对话框，在左侧选择“饼图”选项，在右侧的列表框中选择“饼图”栏中的“三维饼图”选项，单击 确定 按钮，如图 22-8 所示。

3 在文档中插入图表的同时，将启动 Excel 2010，在当前工作表中输入如图 22-9 所示的数据。

4 单击窗口右上角的 × 按钮关闭窗口，在 Word 窗口文档编辑区即可查看到插入的图表，将鼠标指针移动到图表的控制点上进行拖动，将图表调整到合适的大小。

5 选择图表，选择“设计”/“图表布局”组，单击 按钮，在弹出的下拉列表中选

设置样式格式后，在对话框中间的列表框中可查看设置后的样式效果。

择“布局 6”选项，如图 22-10 所示。

图 22-8 选择图表类型

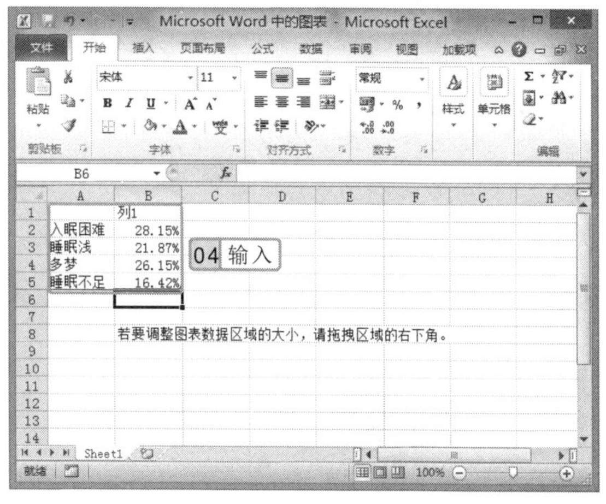

图 22-9 输入数据

6 保持图表的选择状态，选择“布局”/“标签”组，单击“图表标题”按钮，在弹出的下拉列表中选择“无”选项，如图 22-11 所示。

图 22-10 选择图表布局

图 22-11 设置图表标题

7 选择图表上的系列点，在“字体”组中将其字号设置为“12”，单击“加粗”按钮 **B** 加粗文本，再在“字体颜色”下拉列表框中将字体颜色设置为“白色”。

22.4.3 设置页眉/页脚

下面将通过插入图片和输入文字来设置文档页眉，通过插入页脚样式来设置文档页脚，其具体操作如下：

参见光盘

光盘\素材\第 22 章\商标.png
光盘\实例演示\第 22 章\设置页眉/页脚

操作提示

如果发现图表的数据有误，可在选择图表后，单击“数据”组中的“编辑数据”按钮，在打开的对话框中修改图表的数据即可。

1 双击页面顶端或底部，进入页眉/页脚编辑状态，选择“插入”/“插图”组，单击“图片”按钮，打开“插入图片”对话框，选择需要插入的图片“商标.png”，单击 插入(S) 按钮，如图 22-12 所示。

2 即可在页眉中的鼠标光标处插入图片，调整图片到合适的大小，将鼠标光标定位到图片后面，输入“华恩乳业制造集团”，在“字体”组中将字体设置为“方正粗活意简体”，字号设置为“小三”，字体颜色设置为“茶色，背景 2，深色 50%”，效果如图 22-13 所示。

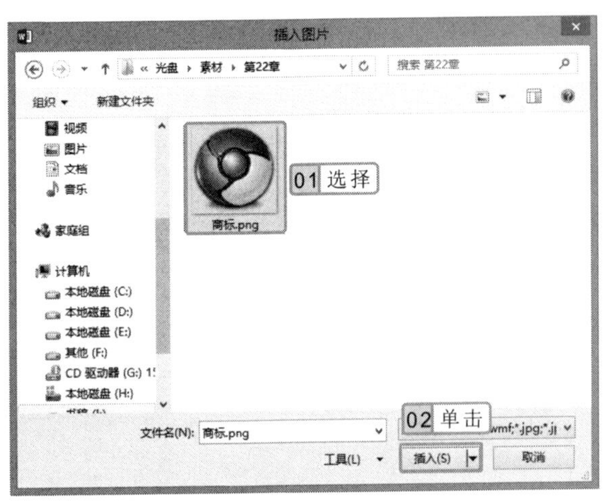

图 22-12　插入图片

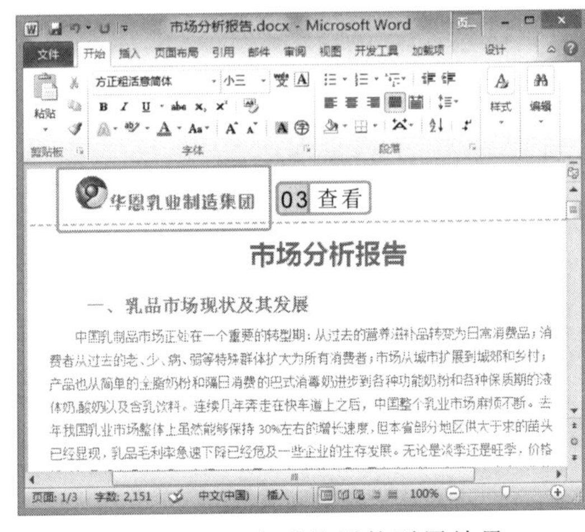

图 22-13　查看设置的页眉效果

3 选择“设计”/“页眉和页脚”组，单击“页脚”按钮，在弹出的下拉列表中选择“飞越型（奇数页）”选项，如图 22-14 所示。

4 即可在页脚处插入选择的页脚样式。再选择页脚的页码，将其字号设置为“小二”，效果如图 22-15 所示。

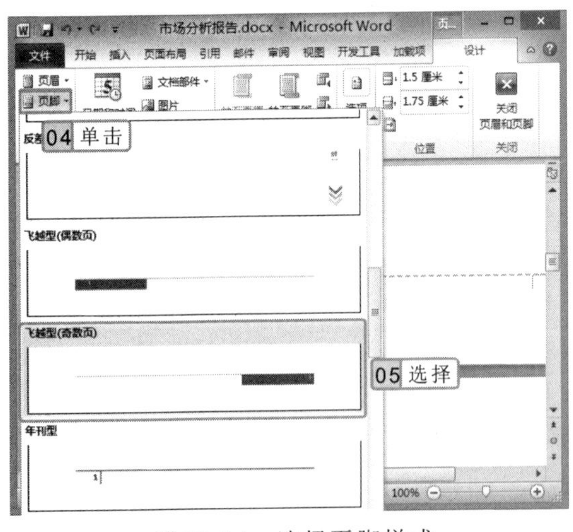

图 22-14　选择页脚样式

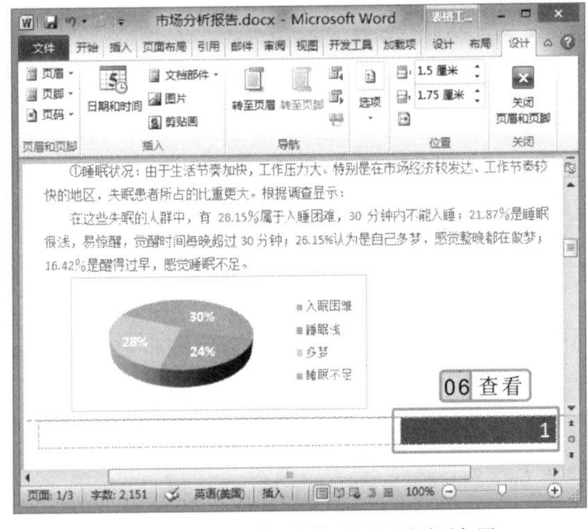

图 22-15　查看设置的页脚效果

应用点睛

在页眉中插入的对象一般包括图片、剪贴画、形状、时间和日期等。

5 双击文档其他区域，即可退出页眉/页脚的编辑状态。

22.4.4 设置页面效果

下面将首先为文档页面设置渐变填充效果，然后为文档中的部分段落添加底纹，最后为文档页面添加边框，其具体操作如下：

参见光盘 光盘\实例演示\第22章\设置页面效果

1 选择“页面布局”/“页面背景”组，单击“页面颜色”按钮，在弹出的下拉列表中选择“填充效果”选项，如图22-16所示。

2 打开“填充效果”对话框，默认选择“渐变”选项卡，在“颜色”栏中选中◉双色(T)单选按钮。

3 在“颜色1”和“颜色2”下拉列表框中分别选择“橙色，强调文字颜色6，淡色40%”和“橙色，强调文字颜色6，淡色80%”选项，其他保持默认设置不变，单击 确定 按钮，如图22-17所示。

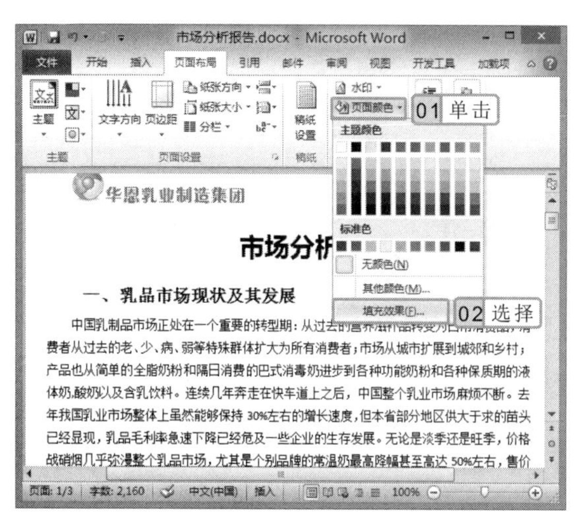

图22-16 选择“填充效果”选项

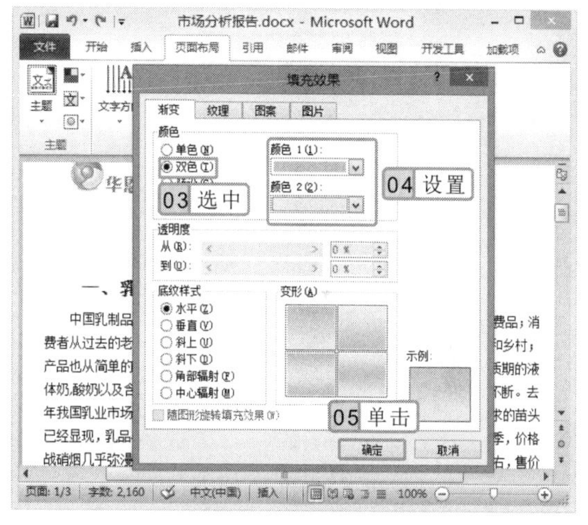

图22-17 设置填充颜色

4 选择文档中带“( )”编号样式的段落，在“页面背景”组中单击“页面边框”按钮，打开“边框和底纹”对话框。

5 选择“底纹”选项卡，在“填充”下拉列表框中选择“橄榄色，强调文字颜色3，淡色40%”选项，在“预览”窗格中即可预览设置的效果，单击 确定 按钮，如图22-18所示。

6 在“页面背景”组中单击“页面边框”按钮，打开“边框和底纹”对话框，默认选择“页面边框”选项卡。

7 在对话框左侧选择“方框”选项，在“样式”下拉列表框中选择“ ”选项，其他保持默认设置，如图22-19所示。

在“页面颜色”下拉列表框中选择“其他颜色”选项，打开“颜色”对话框，在其中可选择更多的颜色进行设置。

图 22-18 设置文本底纹

图 22-19 设置页面边框

8 单击 确定 按钮，返回文档编辑区，即可看到文档页面已添加了边框，如图 22-20 所示。

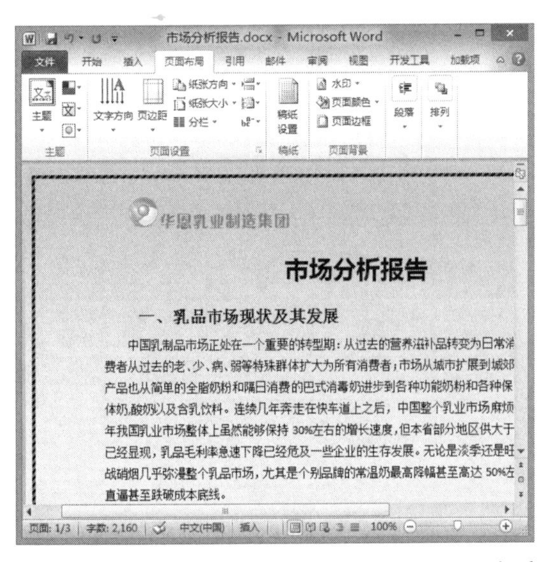

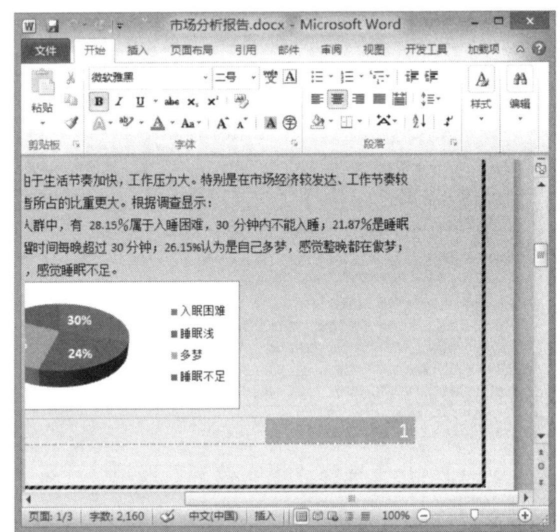

图 22-20 查看添加边框后的效果

22.5 拓展练习

本章主要介绍了样式的创建与使用、图表的插入及美化、页眉/页脚和页面效果的设置等知识。为了巩固所学知识，下面将编辑“办公室物资管理条例”文档和制作“人力资源管理计划”文档。

应用点睛

在为文档添加边框时一定要注意，并不是所有的文档都能添加边框，需要根据文档的类型进行添加，否则会使制作的文档显得不正规。

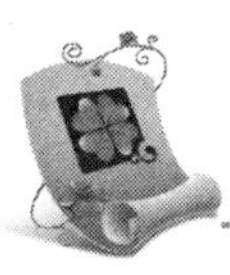

22.5.1 编辑“办公室物资管理条例”文档

本练习将打开提供的“办公室物资管理条例”文档，通过在文档中插入艺术字来设置文档标题，再为文档中的部分段落文本添加项目符号和底纹效果，然后为文档中的文本设置相应的格式，最后为文档页面添加边框和底纹效果，最终效果如图 22-21 所示。

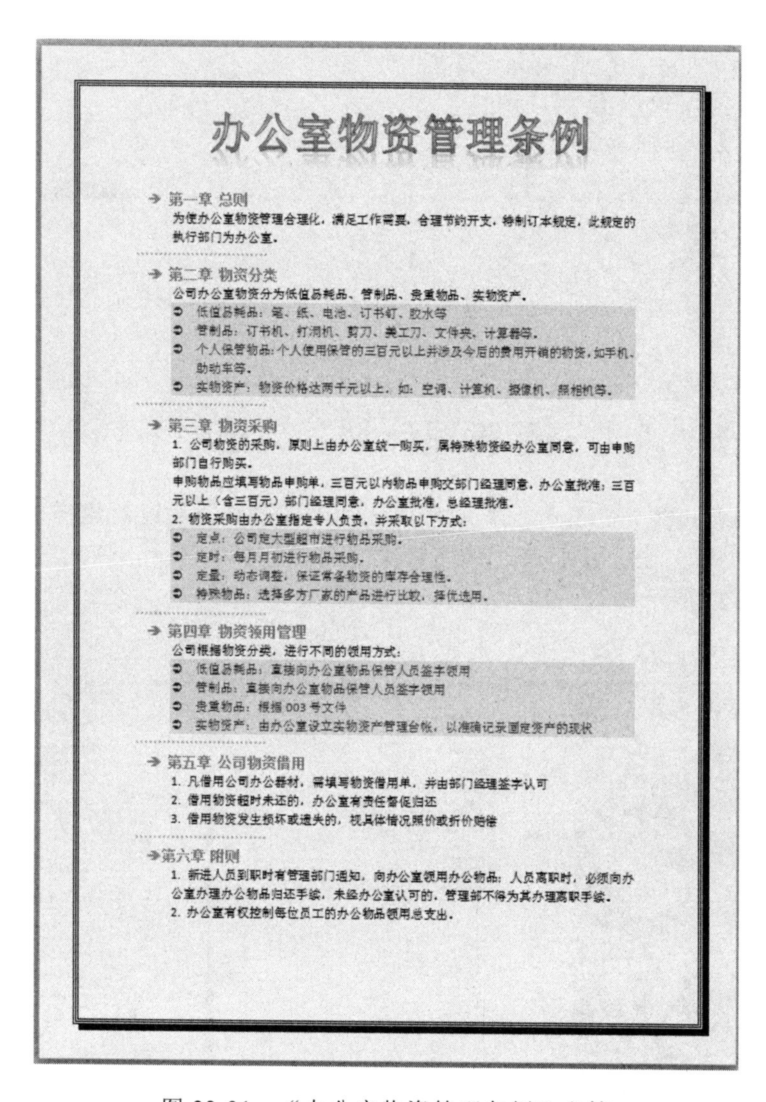

办公室物资管理条例

➔ 第一章 总则

为使办公室物资管理合理化，满足工作需要，合理节约开支，特制订本规定，此规定的执行部门为办公室。

➔ 第二章 物资分类

公司办公室物资分为低值易耗品、管制品、贵重物品、实物资产。

- 低值易耗品：笔、纸、电池、订书钉、胶水等
- 管制品：订书机、打洞机、剪刀、美工刀、文件夹、计算器等。
- 个人保管物品：个人使用保管的三百元以上并涉及今后的费用开销的物资，如手机、助动车等。
- 实物资产：物资价格达两千元以上，如：空调、计算机、摄像机、照相机等。

➔ 第三章 物资采购

1. 公司物资的采购，原则上由办公室统一购买，属特殊物资经办公室同意，可由申购部门自行购买。

申购物品应填写物品申购单，三百元以内物品申购交部门经理同意，办公室批准；三百元以上（含三百元）部门经理同意，办公室批准，总经理批准。

2. 物资采购由办公室指定专人负责，并采取以下方式：

- 定点：公司定大型超市进行物品采购。
- 定时：每月月初进行物品采购。
- 定量：动态调整，保证常备物资的库存合理性。
- 特殊物品：选择多方厂家的产品进行比较，择优选用。

➔ 第四章 物资领用管理

公司根据物资分类，进行不同的领用方式：

- 低值易耗品：直接向办公室物品保管人员签字领用
- 管制品：直接向办公室物品保管人员签字领用
- 贵重物品：根据 003 号文件
- 实物资产：由办公室设立实物资产管理台帐，以准确记录固定资产的现状

➔ 第五章 公司物资借用

1. 凡借用公司办公器材，需填写物资借用单，并由部门经理签字认可
2. 借用物资超时未还的，办公室有责任督促归还
3. 借用物资发生损坏或遗失的，视具体情况照价或折价赔偿

➔第六章 附则

1. 新进人员到职时有管理部门通知，向办公室领用办公物品；人员离职时，必须向办公室办理办公物品归还手续，未经办公室认可的，管理部不得为其办理离职手续。
2. 办公室有权控制每位员工的办公物品领用总支出。

图 22-21 “办公室物资管理条例”文档

参见光盘

光盘\素材\第 22 章\办公室物资管理条例.docx
光盘\效果\第 22 章\办公室物资管理条例.docx
光盘\实例演示\第 22 章\编辑“办公室物资管理条例”

操作提示

文档中项目符号是通过“符号”对话框进行插入的，项目符号所在段落文本的底纹是通过“边框和底纹”对话框进行添加的。

该练习的操作思路与关键提示如下。

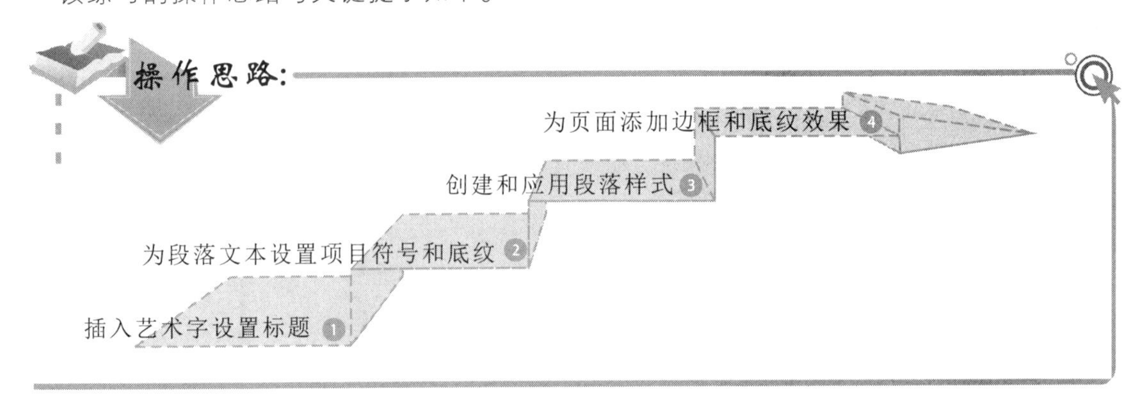

关键提示:

项目符号的颜色不是设置的，而是根据项目符号所在段落的字体颜色而变化的，章与章之间的虚线是通过插入形状的方式插入的。

22.5.2 制作“人力资源管理计划”文档

在 Word 中新建一个空白文档，并输入相应的文本，然后通过新建样式和页眉/页脚样式来设置段落格式和文档页眉/页脚，最后为文档添加封面和目录，使其更加正式和美观，最终效果如图 22-22 所示。

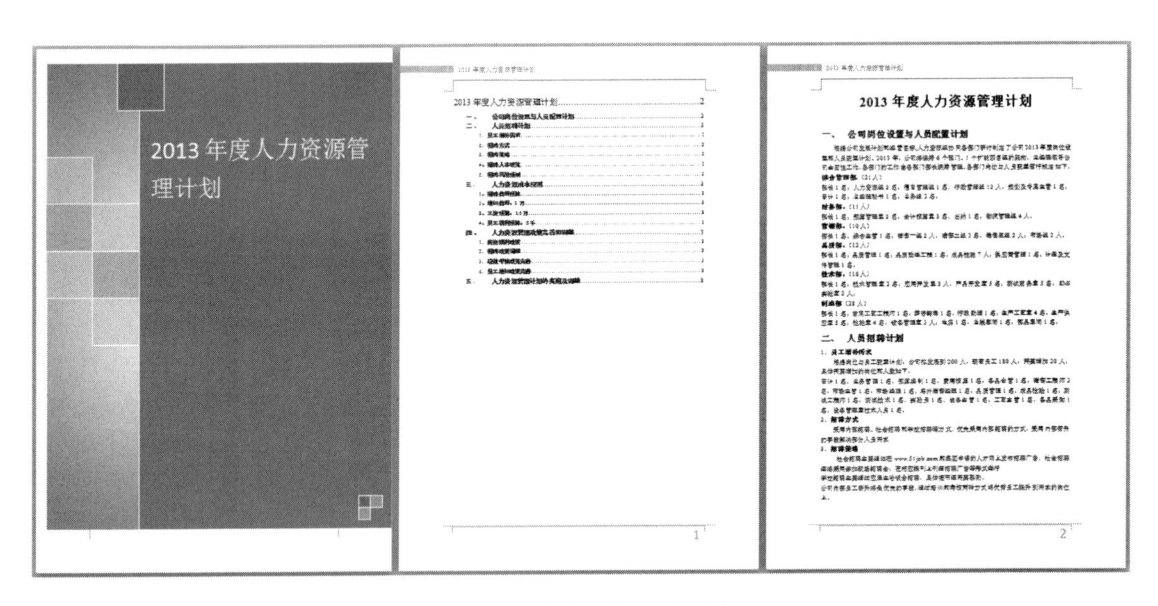

图 22-22 “人力资源管理计划”文档

应用点睛

为文档添加目录的目的是为了使读者能快速了解该文档所包含的内容，在阅读过程中，通过目录还可快速定位到文档中相应的内容。

参见光盘 光盘\效果\第22章\人力资源管理计划.docx
光盘\实例演示\第22章\制作“人力资源管理计划”

该练习的操作思路与关键提示如下。

操作思路:

1. 在空白文档中输入文本
2. 创建并为段落文本应用样式
3. 通过插入页眉/页脚样式来设置文档的页眉和页脚
4. 为文档添加封面和目录

关键提示:

为文档添加目录之前，需要先在封面后面插入一页空白页，而且插入目录后，还需要对其格式进行统一设置。

操作提示

如果对插入的页眉/页脚不满意，用户还可将其删除，其方法是：在“页眉”或“页脚”下拉列表框中选择“删除页眉”或“删除页脚”选项即可。

第23章

制作“公司开支表”工作簿

嵌入工作簿

填充数据

通过公式计算数据

共享工作簿

编辑和美化表格

创建和美化图表

本章导读

本章将运用前面所学的输入与计算表格数据、编辑和美化表格、创建和美化图表、嵌入和共享工作簿等相关知识来制作“公司开支表”工作簿，使用户在复习前面所讲知识的同时，能灵活运用所学过的知识。

23.1 实例说明

本实例将为公司制作 12 月份各部门开支费用表，制作本例将运用到 Excel 数据的输入与计算、表格的编辑与美化、图表的创建与美化等知识，最终效果如图 23-1 所示。

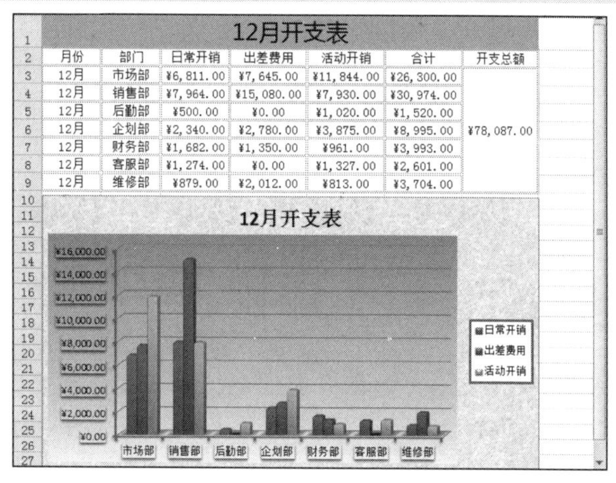

12月开支表

月份	部门	日常开销	出差费用	活动开销	合计	开支总额
12月	市场部	¥6,811.00	¥7,645.00	¥11,844.00	¥26,300.00	¥78,087.00
12月	销售部	¥7,964.00	¥15,080.00	¥7,930.00	¥30,974.00	
12月	后勤部	¥500.00	¥0.00	¥1,020.00	¥1,520.00	
12月	企划部	¥2,340.00	¥2,780.00	¥3,875.00	¥8,995.00	
12月	财务部	¥1,682.00	¥1,350.00	¥961.00	¥3,993.00	
12月	客服部	¥1,274.00	¥0.00	¥1,327.00	¥2,601.00	
12月	维修部	¥879.00	¥2,012.00	¥813.00	¥3,704.00	

图 23-1 最终效果

参见光盘 光盘\效果\第 23 章\公司开支表.xlsx

23.2 行业分析

公司在正常运行过程中，不可避免地会产生各种费用开支，制作公司费用开支表可以掌握每笔费用是如何支出的，这样不仅可达到开源节流的目的，还可减少公司不必要的浪费。

通过制作的公司开支表可以快速查看公司支出的费用，它也是查看公司盈亏的重要依据。根据各个公司规模、要求的不同，在制作的开支表中包含的项目也有所不同，除了公司的日常开销，如水电费、电话费和办公用品费等，还有针对公司性质的出差费用、餐饮费用以及车费等，都应该在统计范围内。

23.3 操作思路

本例首先在空白工作表中输入表格数据，并计算各部分的开支及 12 月的开支总额，然后对表格进行美化，最后根据表格内容插入图表，并对图表进行美化。

公司开支表主要是针对公司各部门支出的费用而制作的，其目的是为了掌握各项费用的用途。

为更快完成本例的制作，并尽可能运用前面讲解的知识，本例的操作思路如下。

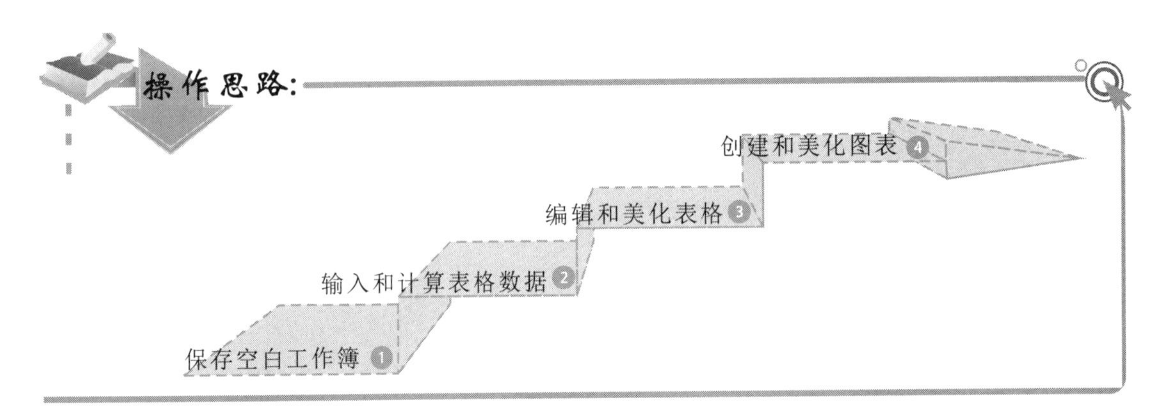

23.4 操作步骤

本例将分为输入和计算表格数据、编辑和美化表格、创建和美化图表、嵌入和共享工作簿 4 部分来完成，重点在于图表的制作和美化。下面进行具体的介绍。

23.4.1 输入和计算表格数据

本例将新建的空白工作表重命名为“12 月开支表”，并以“公司开支表”为名进行保存，然后结合手动输入和自动填充功能输入相关的销售数据，再使用公式计算“合计”和“开支总额”，其操作步骤如下：

光盘\实例演示\第 23 章\输入和计算表格数据

1. 启动 Excel 2010，打开其工作界面，双击 Sheet1 工作表标签，输入“12 月开支表”，按 Enter 键，完成工作表的重命名。
2. 单击 文件 按钮，在弹出的下拉列表中选择“保存”选项，打开“另存为”对话框，在导航窗格中选择文件的保存位置，在“文件名”文本框中输入“公司开支表”，单击 保存(S) 按钮，如图 23-2 所示。
3. 将鼠标光标定位到 A1 单元格中，输入表格名称“12 月开支表”，接着在 A2 单元格中输入“月份”，然后在 B2:G2 单元格中依次输入如图 23-3 所示的表头。
4. 单击 A3 单元格，输入“12 月”，选择该单元格，将鼠标光标移动到单元格右下角，当其变成✚形状时，按住鼠标左键不放向下拖动到 A9 单元格后释放鼠标，即可发现在该单元格区域填充了有规律的数据。

拖动填充柄填充数据时，并不是随意填充的，而是根据在“自动填充选项”下拉列表中选中的单选按钮进行填充，如果是选中 ⊙ 复制单元格(C) 单选按钮，那么拖动填充的数据则相同。

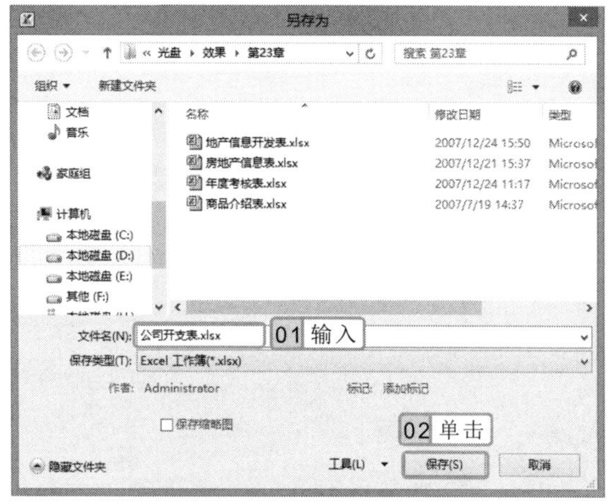

图 23-2 保存工作簿

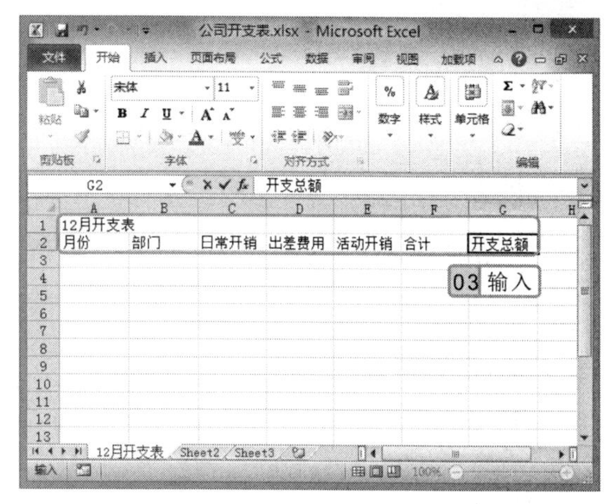

图 23-3 输入表头

5 将鼠标光标移动到出现的“自动填充选项”按钮上并单击，在弹出的下拉列表框中选中 复制单元格(C) 单选按钮，如图 23-4 所示，即可将数据更改为相同的数据。

6 使用手动输入数据的方法，分别在“部门”、“日常开销”、“出差费用”和“活动开销”列下输入相应的数据，如图 23-5 所示。

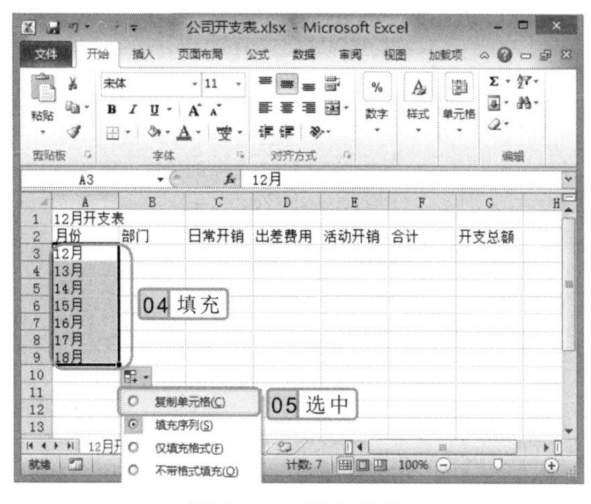

图 23-4 填充数据

月份	部门	日常开销	出差费用	活动开销	合计	开支总额
12月	市场部	6811	7645	11844		
12月	销售部	7964	15080	7930		
12月	后勤部	500	0	1020		
12月	企划部	2340	2780	3875		
12月	财务部	1682	1350	961		
12月	客服部	1274	0	1327		
12月	维修部	879	2012	813		

图 23-5 输入数据

7 选择 F3 单元格，选择“公式”/“函数库”组，单击“插入函数”按钮 f_x，打开“插入函数”对话框，在“或选择类别”下拉列表框中选择“常用函数”选项，在“选择函数”列表框中选择 SUM 选项，单击 确定 按钮，如图 23-6 所示。

8 打开“函数参数”对话框，在 Number1 文本框中输入需要参与计算的单元格区域，这里保持默认不变，单击 确定 按钮，如图 23-7 所示。

9 返回工作表中，即可看到计算的结果，选择 F3 单元格，将鼠标光标移动到单元格右下角，当鼠标光标变成✚形状时，按住鼠标左键不放向下拖动到 F9 单元格后释放鼠标，即可计算出其他部门的“合计”，如图 23-8 所示。

如果想通过拖动控制柄填充相同的数据，还可在按住鼠标左键的同时，按 Ctrl 键不放进行拖动。

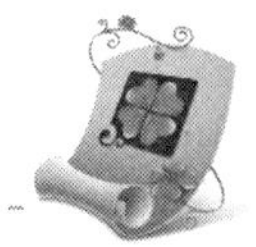

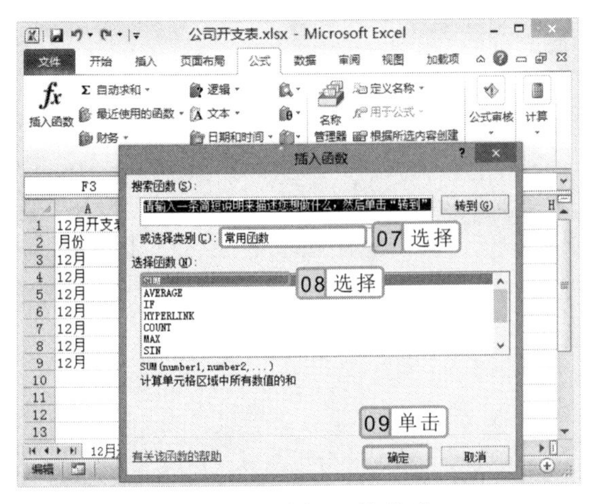

图 23-6　选择函数类型

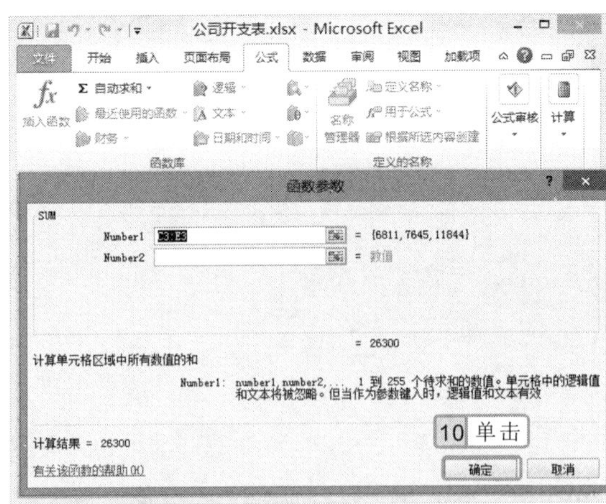

图 23-7　“函数参数”对话框

10　将鼠标光标定位到 G3 单元格中，输入公式“=SUM(F3:F9)”，如图 23-9 所示。

图 23-8　复制公式计算数据

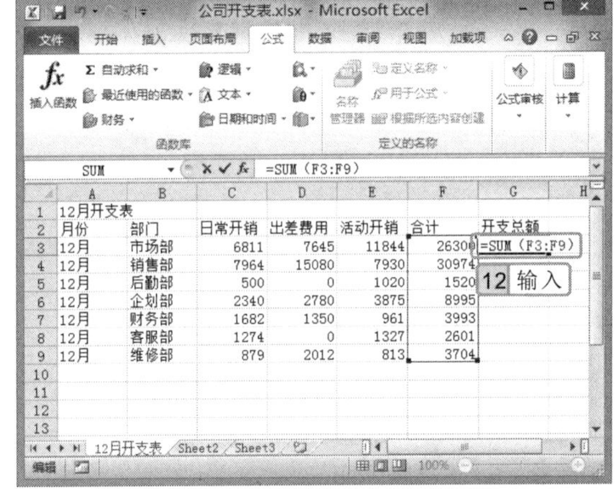

图 23-9　输入公式

11　按 Enter 键即可计算出 G3 单元格中的结果。

23.4.2　编辑和美化表格

下面将首先对制作的表格进行编辑，包括合并单元格、设置单元格数字类型、调整单元格大小、设置单元格的对齐方式和字体格式等，然后为表格添加边框和底纹，其具体操作如下：

光盘\实例演示\第 23 章\编辑和美化表格

1　选择 A1:G1 单元格区域，选择“开始”/“对齐方式”组，单击“合并后居中”按钮，合并单元格并使标题居于单元格中间位置，如图 23-10 所示。

设置单元格的数据类型和字体格式后，单元格的大小可能会发生变化。因此，在调整表格单元格大小之前，最好先设置好单元格的数据类型和字体格式等。

2 选择 G3:G9 单元格区域，单击“合并后居中”按钮合并，然后选择 C3:G9 单元格区域，单击鼠标右键，在弹出的快捷菜单中选择“设置单元格格式”命令。

3 打开“设置单元格格式”对话框，默认选择“数字”选项卡，在“分类”列表框中选择“货币”选项，在“小数位数”数值框中输入“2”，在“负数”列表框中选择如图 23-11 所示的选项。

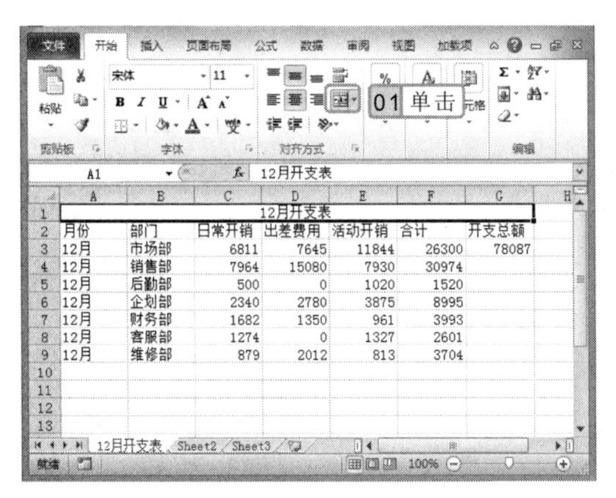

图 23-10 合并单元格

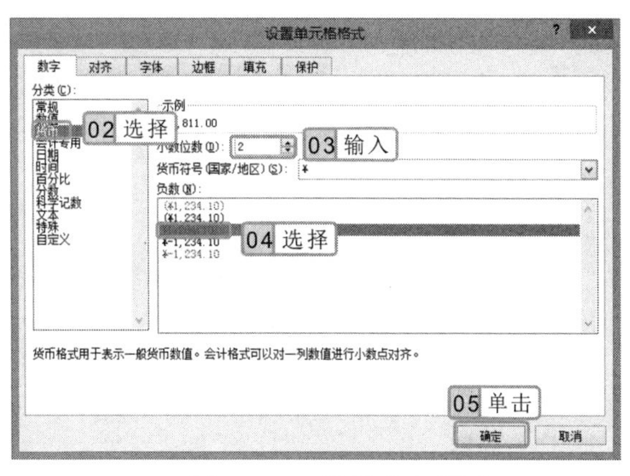

图 23-11 设置数字格式

4 单击 确定 按钮，返回工作表编辑区，即可看到设置后的效果。

5 选择表格标题，选择“开始”/“字体”组，在“字体”下拉列表中选择“微软雅黑”选项，在“字号”下拉列表中选择“20”选项，效果如图 23-12 所示。

6 选择 A2:G9 单元格区域，在“对齐方式”组中单击“居中”按钮。保持单元格区域的选择状态，选择“开始”/“单元格”组，单击“格式”按钮，在弹出的下拉列表中选择“行高”选项。

7 打开“行高”对话框，在“行高”数值框中输入“16”，单击 确定 按钮，如图 23-13 所示。

图 23-12 设置单元格字体格式

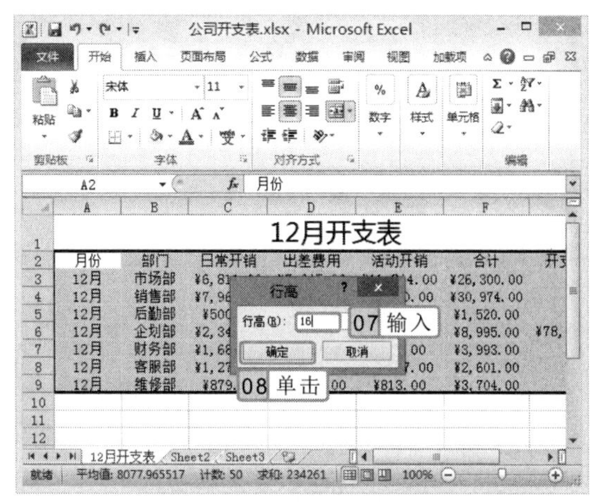

图 23-13 设置单元格行高

选择需要设置字体格式的文本，在弹出的浮动工具栏中选择相应的选项或单击相应的按钮，也可设置文本的字体格式。

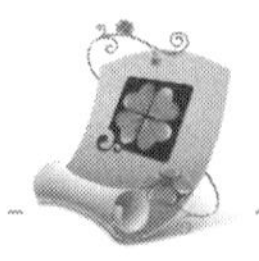

8 选择 A1 单元格，在“字体”组中单击“填充颜色”按钮右侧的按钮，在弹出的下拉列表中选择“主题颜色”栏中的“橄榄色，强调文字颜色 3”选项，如图 23-14 所示。

9 选择 A2:G9 单元格区域，单击“下框线”按钮右侧的按钮，在弹出的下拉列表中选择“其他边框”选项，如图 23-15 所示。

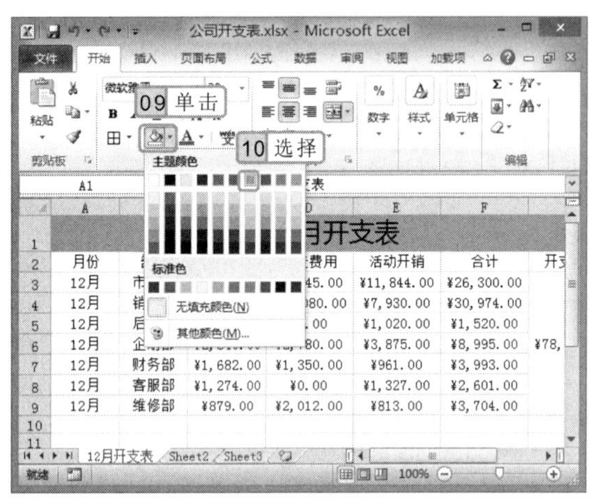

图 23-14　设置单元格底纹颜色

图 23-15　选择“其他边框”选项

10 打开“设置单元格格式”对话框，默认选择“边框”选项卡，在“样式”列表框中选择“══”选项，在“颜色”下拉列表中选择“标准色”栏中的“浅绿”选项，在“预置”栏中选择“外边框”和“内部”选项，如图 23-16 所示。

11 单击 确定 按钮，返回工作表编辑区，即可查看到添加边框后的效果，如图 23-17 所示。

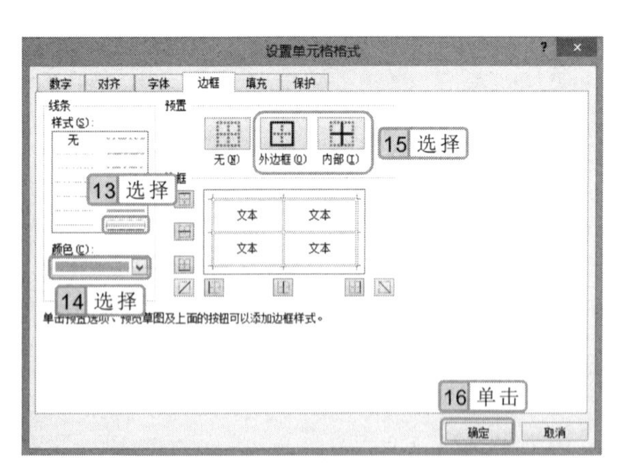

图 23-16　设置表格边框

图 23-17　查看效果

为表格设置边框的目的，一是为了使打印出来的表格有边框，二是为了美化表格。Excel 2010 默认情况下打印出来的表格是没有边框的，因此需要手动设置表格边框。

23.4.3　创建和美化图表

下面将根据表格中的数据创建一个图表，然后对图表进行编辑和美化操作，使其更便于查看和美观，其具体操作如下：

光盘\实例演示\第 23 章\创建和美化图表

1. 选择 B2:E9 单元格区域，选择“插入”/“图表”组，单击“柱形图”按钮，在弹出的下拉列表中选择如图 23-18 所示的选项。
2. 返回工作表，即可看到创建的柱形图，将鼠标光标移动到图表上，当鼠标光标变成形状时，按住鼠标左键不放，将其拖动到合适位置，释放鼠标，如图 23-19 所示。

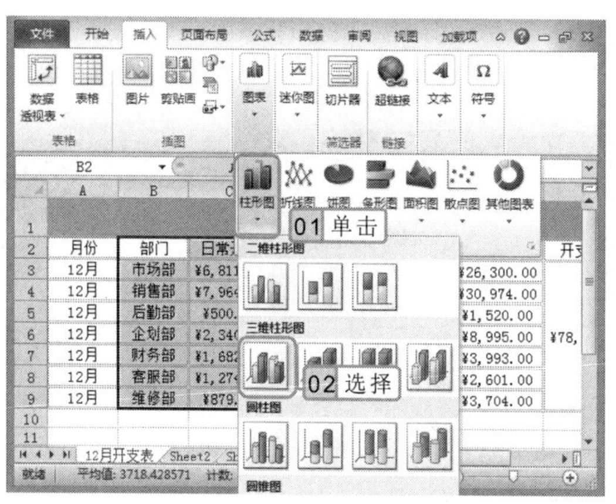

图 23-18　选择图表类型

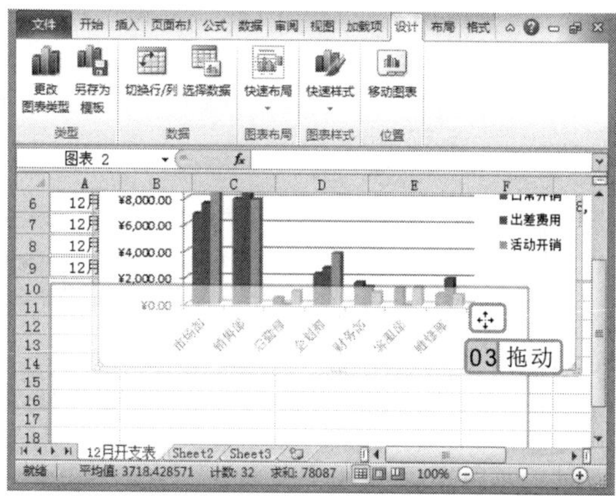

图 23-19　移动图表

3. 选择图表，将鼠标光标移动到图表右下角，当鼠标光标变成按钮时，向右下角方向拖动，拖动到合适位置释放鼠标，如图 23-20 所示。
4. 选择图表，选择“布局”/“标签”组，单击“图表标题”按钮，在弹出的下拉列表中选择“图表上方”选项，如图 23-21 所示。

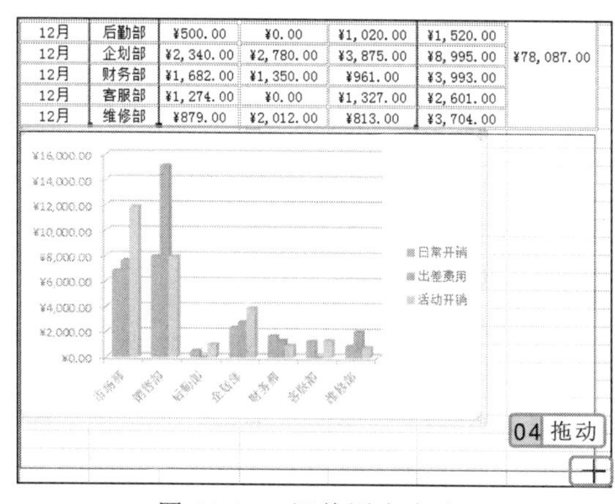

图 23-20　调整图表大小

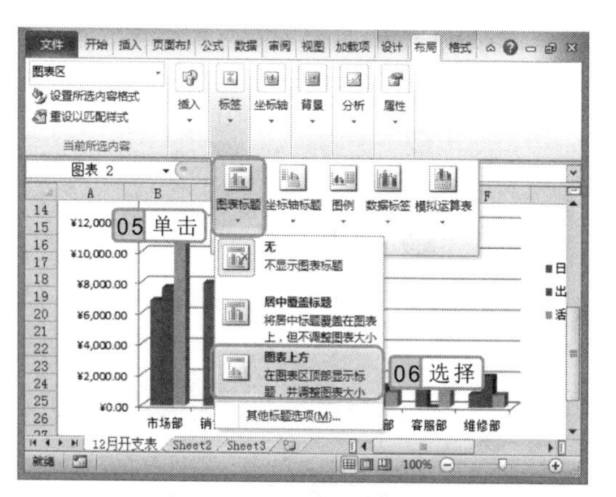

图 23-21　选择“图表上方”选项

在“布局”/“插入”组中单击相应的按钮，采用在 Word 中插入图片、形状和文本框的方法，可在图表中插入相应的对象。

5 返回工作表，在图表中添加的标题文本框中输入“12 月开支表”，然后选择图表，选择“设计”/“图表样式”组，单击“快速样式”按钮，在弹出的下拉列表中选择如图 23-22 所示的选项。

6 在图表区上单击鼠标右键，在弹出的快捷菜单中选择“设置图表区格式”命令，打开“设置图表区格式”对话框，选中 ◉ 图片或纹理填充(P) 单选按钮，单击“纹理”栏中的按钮，在弹出的下拉列表中选择“蓝色面巾纸”选项，如图 23-23 所示。

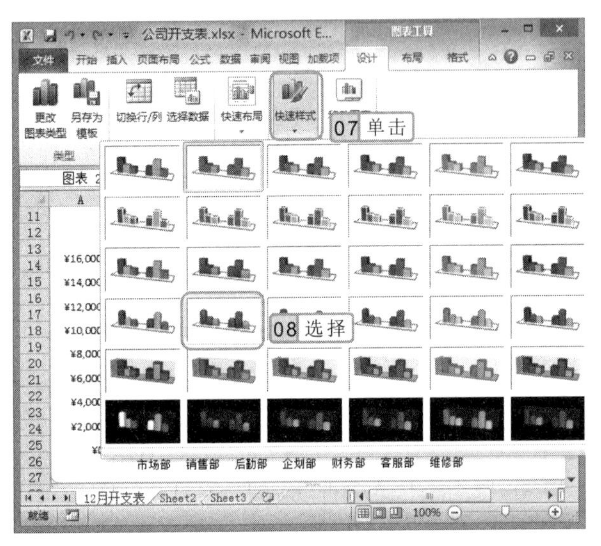

图 23-22 选择图表样式

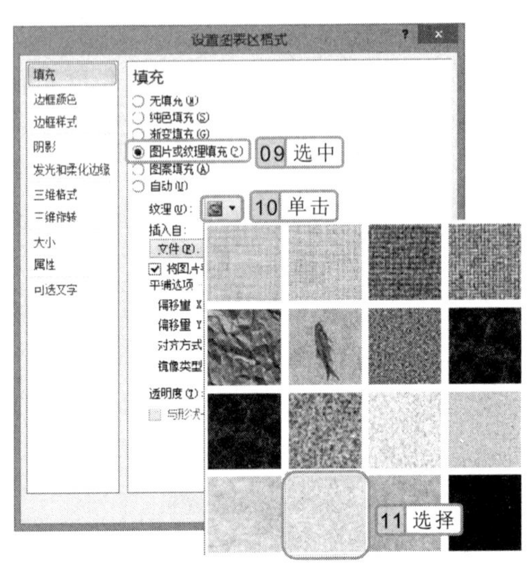

图 23-23 选择填充图案

7 单击 关闭 按钮关闭对话框，返回工作表选择图例。选择“格式”/“形状样式”组，在弹出的下拉列表中选择“彩色轮廓-紫色，强调颜色 4”选项，如图 23-24 所示。

8 选择图表中的垂直轴，在“形状样式”组中的列表框中选择如图 23-25 所示的选项。

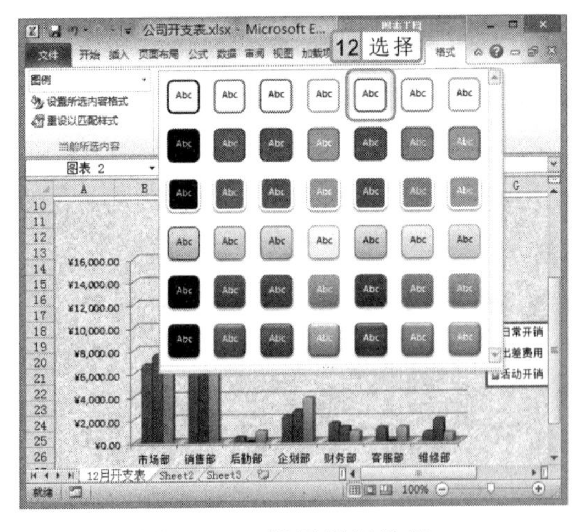

图 23-24 设置图例效果

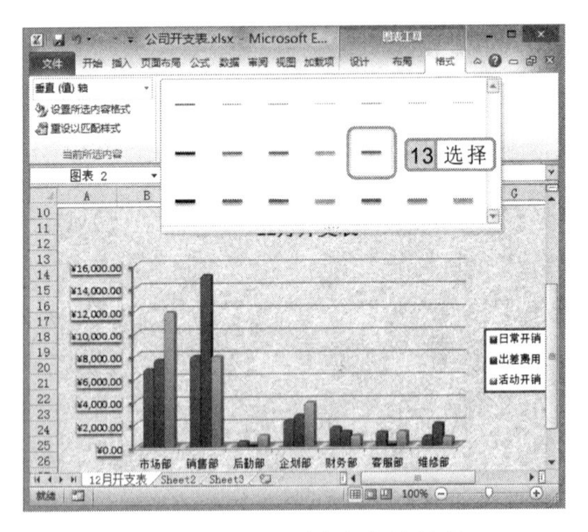

图 23-25 设置垂直轴效果

对于图表中不同的对象，其“格式”/“形状样式”组中下拉列表中的选项也有所不同。

9 选择图表中的水平轴，使用相同的方法设置与垂直轴相同的效果，如图 23-26 所示。

10 选择图表绘图区，单击鼠标右键，在弹出的快捷菜单中选择“设置绘图区格式”命令，如图 23-27 所示。

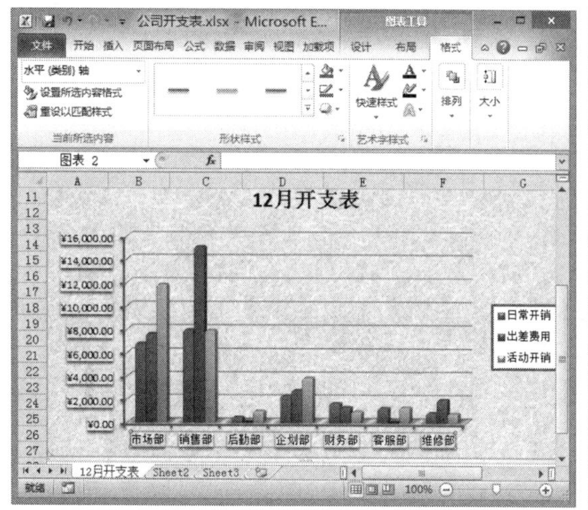

图 23-26　设置水平轴效果

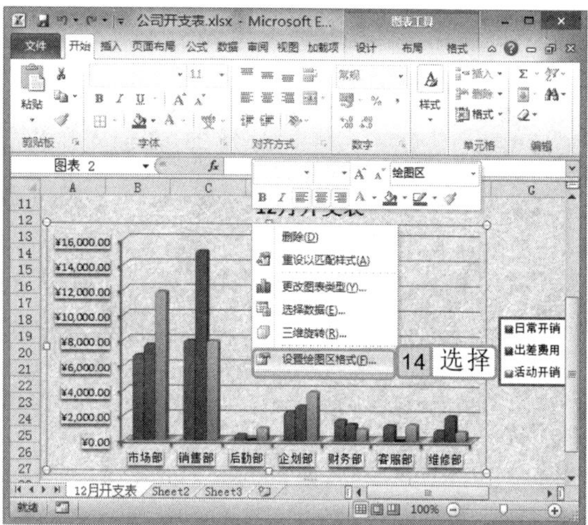

图 23-27　选择“设置绘图区格式”命令

11 打开“设置绘图区格式”对话框，默认选择“填充”选项，选中 ◉ 渐变填充(G) 单选按钮，在“预设颜色”栏中单击 按钮，在弹出的下拉列表中选择“雨后初晴”选项，如图 23-28 所示。

12 在“渐变光圈”栏中使用鼠标拖动第 3 个滑块，将“位置”数值框中的值设置为“75%”，其他保持默认设置不变，如图 23-29 所示。

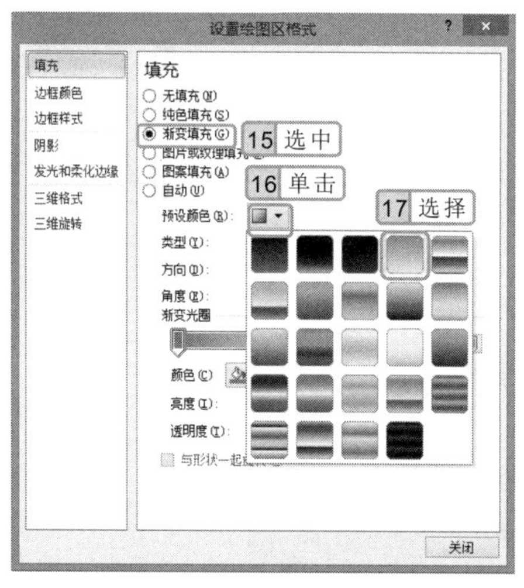

图 23-28　选择预设颜色

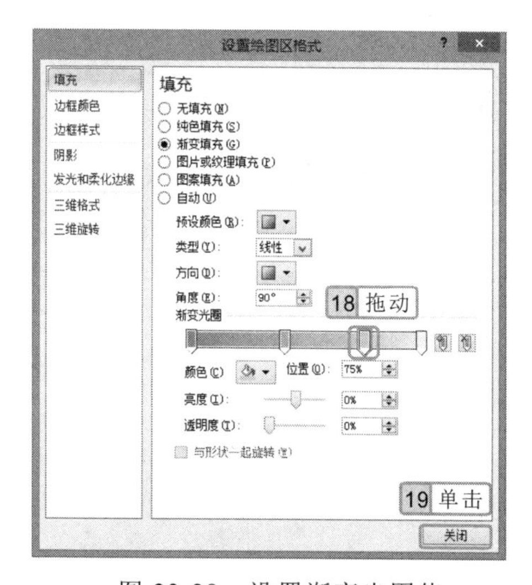

图 23-29　设置渐变光圈值

13 单击 关闭 按钮关闭对话框，返回工作表编辑区查看效果。

在“设置绘图区格式”对话框中拖动“亮度”和“透明度”对应的滑块，或在其数值框中输入相应的数值，均可设置颜色的亮度和透明度。

23.4.4 嵌入和共享工作簿

下面将“公司开支表.xlsx”工作簿中的 Sheet2 工作表重命名，并将提供的“11 月开支表”工作簿嵌入到制作的工作簿中，然后通过共享功能将制作好的工作簿共享到局域网，其具体操作如下：

光盘\素材\第 23 章\11 月开支表.xlsx
光盘\实例演示\第 23 章\嵌入和共享工作簿

1. 将工作簿中的 Sheet2 工作表重命名为“11 月开支表”，选择“插入”/“文本”组，单击“对象”按钮，打开“对象”对话框，选择“由文件创建”选项卡，单击“浏览”按钮 浏览(B)...，如图 23-30 所示。
2. 打开“浏览”对话框，在地址栏中选择工作簿保存的位置，这里选择“光盘\素材\第 23 章”，在中间的列表框中选择“11 月开支表.xlsx”选项，单击 插入(S) 按钮，如图 23-31 所示。

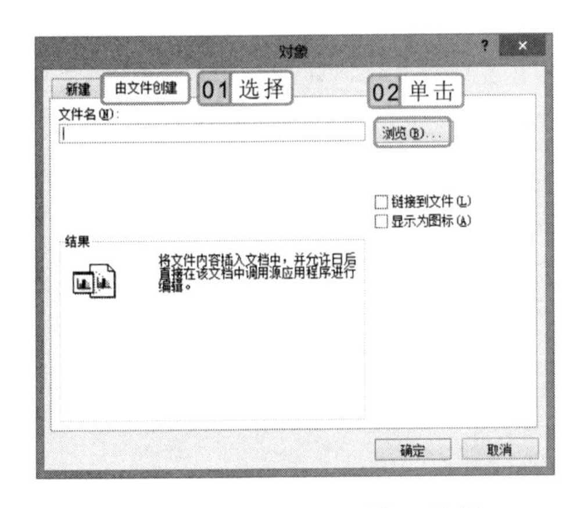

图 23-30 单击“浏览”按钮

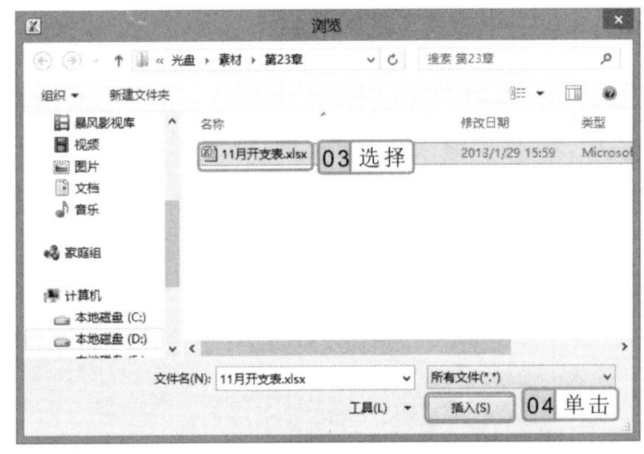

图 23-31 选择插入的工作簿

3. 返回“对象”对话框，在“文件名”文本框中将显示工作簿的保存路径，单击 确定 按钮即可插入工作簿，如图 23-32 所示。

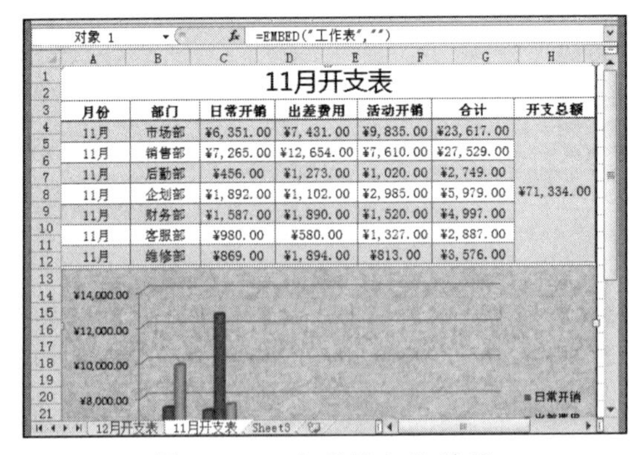

图 23-32 查看插入的效果

在工作簿中插入其他工作簿或表格后，插入的内容将是一个整体，可对其大小和位置进行调整，如果要编辑插入工作簿中的内容，双击对象，在打开的窗口中进行更改即可。

4 选择“审阅”/“更改”组，单击“共享工作簿”按钮，打开“共享工作簿”对话框。

5 选择“编辑”选项卡，再选中 ☑允许多用户同时编辑，同时允许工作簿合并(A) 复选框，单击 确定 按钮，如图 23-33 所示。

6 在打开的提示对话框中单击 确定 按钮，系统将保存当前文档，并启动其共享功能，设置之后的工作簿标题栏中会显示“[共享]”字样，如图 23-34 所示。

图 23-33 “共享工作簿”对话框

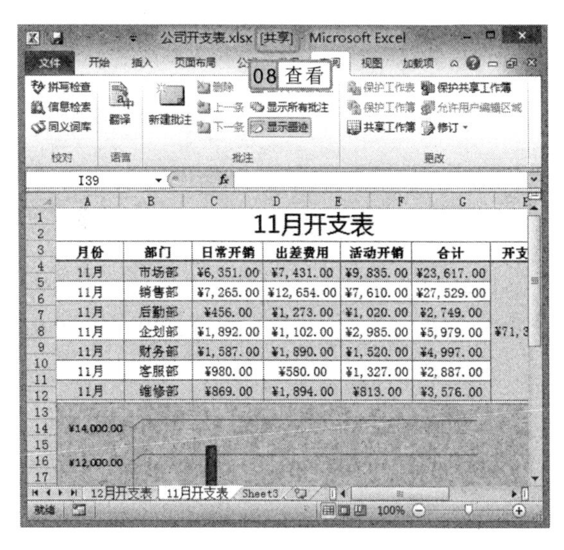

图 23-34 共享后的工作簿

23.5 拓展练习

本章主要讲解了数据的输入与计算、表格的编辑与美化、图表的创建与美化、嵌入对象和共享工作簿等知识。下面将通过制作“员工基本信息表”和“产品销量分析表”工作簿来巩固前面所学的知识。

23.5.1 制作“员工基本信息表”工作簿

本练习将在新建的工作簿中全新制作“员工基本信息表”，首先在表格中输入相应的数据，并根据单元格中的内容调整单元格的大小，然后设置单元格中文本的字体格式和对齐方式，最后为表格套用表格样式，并对制作好的表格进行保存，最终效果如图 23-35 所示。

在工作簿中选择“审阅”/“更改”组，单击“保护工作簿”按钮，在打开的对话框中输入密码，可对工作簿进行密码保护。

员工基本信息表

员工编号	姓名	性别	出生日期	学历	所在部门	职务	入职时间
0001	孔杰	男	1976年2月13日	本科	人事部	经理	2008年4月8日
0002	王郭英	女	1980年4月18日	本科	财务部	经理	2007年8月20日
0003	章展	男	1972年4月25日	本科	销售部	经理	2008年4月8日
0004	何秀俐	女	1977年2月16日	本科	办公室	主任	2009年8月20日
0005	苏益	女	1981年9月7日	硕士	产品技术部	经理	2007年8月20日
0006	赵东阳	男	1968年12月8日	本科	生产部	经理	2007年3月20日
0007	吴启	男	1986年4月19日	本科	销售部	业务员	2010年4月8日
0008	张婷	女	1983年2月27日	本科	财务部	会计	2009年11月10日
0009	肖有亮	男	1989年4月21日	专科	销售部	业务员	2011年11月10日
0010	高鹏	男	1988年4月12日	本科	生产部	主管	2011年11月10日
0011	何勇	男	1972年2月23日	本科	产品技术部	工程师	2011年4月8日
0012	刘一守	男	1978年10月24日	本科	财务部	出纳	2008年8月20日
0013	韩风	男	1976年2月25日	本科	人事部	办事员	2008年11月10日
0014	曾琳	女	1989年11月6日	专科	办公室	干事	2009年4月8日
0015	李雪	女	1982年5月27日	专科	策划部	文案策划	2009年11月10日
0016	朱珠	女	1988年9月8日	专科	销售部	业务员	2007年4月8日
0017	王剑锋	男	1990年8月19日	本科	产品技术部	工程师	2011年8月20日
0018	谢宇	男	1987年3月27日	本科	人事部	办事员	2011年4月8日

图 23-35 “员工基本信息表”工作簿效果图

参见光盘

光盘\效果\第 23 章\员工基本信息表.xlsx

光盘\实例演示\第 23 章\制作“员工基本信息表”

该练习的操作思路与关键提示如下。

1. 输入表格数据
2. 调整单元格行高和列宽
3. 设置单元格字体格式和对齐方式
4. 为制作的表格套用表格格式

关键提示:

在输入“员工编号”列的数据前，先在“设置单元格格式”对话框中将输入的数字类型设置为“文本”，然后再进行输入。套用表格格式后，还需要将套用表格格式的单元格转化为区域。

23.5.2 制作“产品销量分析表”工作簿

本练习将制作“产品销量分析表”工作簿，首先在新建的空白工作簿中输入表格数据，并设置单元格的大小、字体格式和对齐方式，然后美化表格，并根据表格中的数据创建折

选择需要输入以“0”开头的数据所在的单元格，选择“开始”/“数字”组，在其中的下拉列表中选择“文本”选项，也可将输入的数字类型设置为“文本”。

线图，最后对创建的图表进行编辑和美化，最终效果如图 23-36 所示。

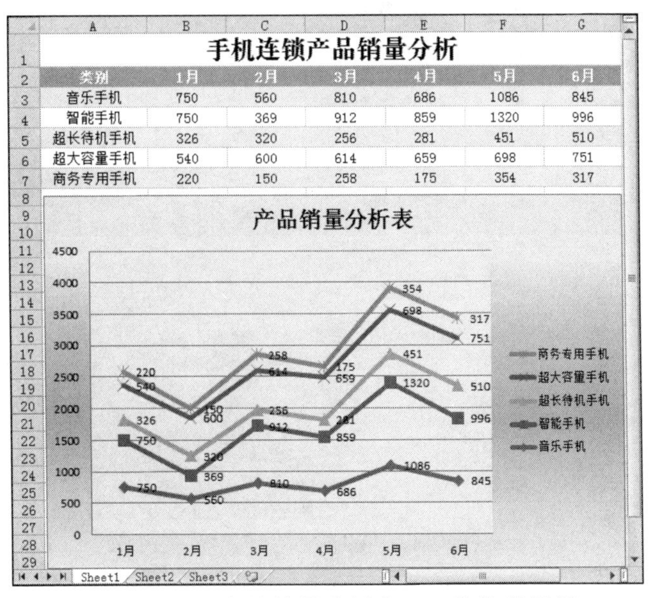

类别	1月	2月	3月	4月	5月	6月
音乐手机	750	560	810	686	1086	845
智能手机	750	369	912	859	1320	996
超长待机手机	326	320	256	281	451	510
超大容量手机	540	600	614	659	698	751
商务专用手机	220	150	258	175	354	317

图 23-36　“产品销量分析表”工作簿效果图

参见光盘　光盘\效果\第 23 章\产品销量分析表.xlsx
光盘\实例演示\第 23 章\制作“产品销量分析表”

该练习的操作思路与关键提示如下。

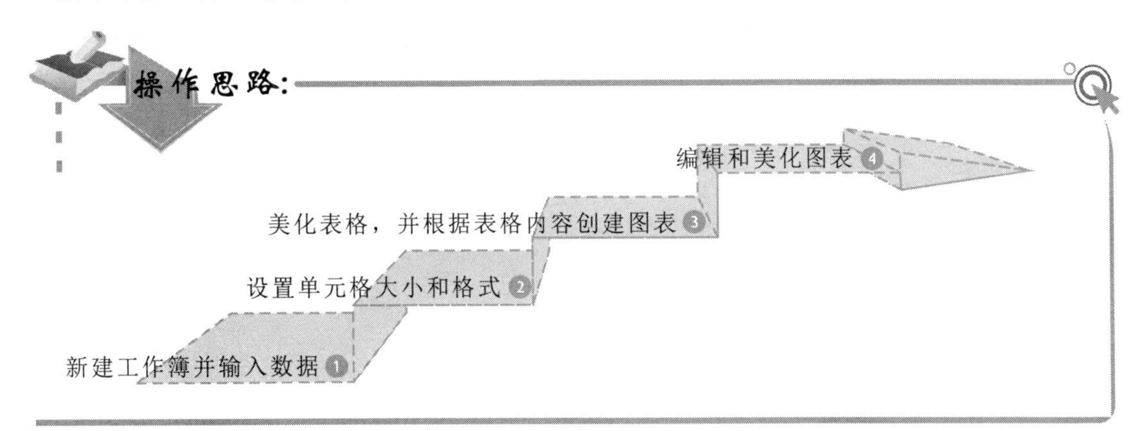

关键提示:

图表区的背景填充色是设置的渐变色，而绘图区背景是设置的纯色填充，表格背景填充是直接套用的表格格式，并将其转化为区域后的效果。

选择图表区域的某个部分，选择“布局”/“当前所选内容”组，单击“设置所选内容格式”按钮，可打开对应的格式设置对话框。

第24章

制作与分析“汽车销售统计表”工作簿

设置单元格格式

输入公式计算

插入函数计算数据

套用表格样式

创建数据透视表和数据透视图

美化数据透视表和透视图

本章导读

本章将使用公式和函数计算表格数据，运用美化表格以及创建数据透视表和数据透视图等知识来编辑和分析“汽车销售统计表”。通过本例的制作，巩固前面学习的Excel表格制作方法以及数据透视表和数据透视图的应用。

24.1 实例说明

本实例将为汽车销售商制作比亚迪汽车在一季度的销售统计表。制作该表格时要对表格中的数据进行计算，还需要通过排序、筛选、汇总和图表来满足不同的数据分析需要，如图 24-1 所示为表格与图表的效果。

一季度比亚迪汽车销售统计表

系列	车型	单价	一月份	二月份	三月份	销售量总计	销售额总计	评价
比亚迪F3	2010款比亚迪F3新白金版 1.5L标准型	¥67,800	54	67	54	175	¥11,865,000	销量很好
比亚迪F3	2010款比亚迪F3新白金版 1.5L实用型	¥59,800	32	43	65	140	¥8,372,000	销量较好
比亚迪F3	比亚迪F3智能白金版 1.5L豪华型	¥70,800	32	43	54	129	¥9,133,200	销量较好
比亚迪F3	比亚迪F3智能白金版 1.6L自动档	¥80,800	22	23	43	88	¥7,110,400	销量一般
比亚迪F3	2010款比亚迪F3新白金版 1.5L豪华型	¥76,800	35	26	33	94	¥7,219,200	销量一般
比亚迪F3	比亚迪F3智能白金版 1.5L实用型	¥59,800	43	55	65	163	¥9,747,400	销量很好
比亚迪F3	2010款比亚迪F3新白金版 1.5L智能型	¥96,800	65	56	70	191	¥18,488,800	销量很好
比亚迪F3	比亚迪F3新白金版 1.5L实用型G-i	¥55,800	44	67	88	199	¥11,104,200	销量很好
比亚迪F6	比亚迪F6新财富版 2.0L标准型	¥79,800	45	24	22	91	¥7,261,800	销量一般
比亚迪F6	比亚迪F6新财富版 2.4L旗舰型	¥159,800	56	50	47	153	¥24,449,400	销量较好
比亚迪F6	比亚迪F6财富版 2.0L 手动标准型	¥79,800	47	54	46	147	¥11,730,600	销量较好
比亚迪F6	比亚迪F6财富版 2.4L 自动尊贵型	¥119,800	120	145	198	463	¥55,467,400	销量很好
比亚迪F6	比亚迪F6新财富版 2.0L舒适型	¥89,800	53	76	80	209	¥18,768,200	销量很好
比亚迪F6	比亚迪F6新财富版 2.0L尊贵型	¥109,800	97	84	88	269	¥29,536,200	销量很好
比亚迪G3	比亚迪G3 1.5L 舒雅型GL-i 车型	¥76,900	65	56	45	166	¥12,765,400	销量很好
比亚迪G3	比亚迪G3 1.5L 豪雅型GLX-i 车型	¥80,900	45	65	36	146	¥11,811,400	销量较好
比亚迪S8	比亚迪S8 2.0L 手动尊贵型	¥165,800	38	35	24	97	¥16,082,600	销量一般
比亚迪S8	比亚迪S8 2.0L 自动旗舰型	¥206,800	26	18	21	65	¥13,442,000	销量一般
比亚迪S8	比亚迪S8 2.0L 自动尊贵型	¥181,800	15	8	11	34	¥6,181,200	销量一般
比亚迪S8	比亚迪S8 2.0L 手动旗舰型	¥190,800	24	19	28	71	¥13,546,800	销量一般

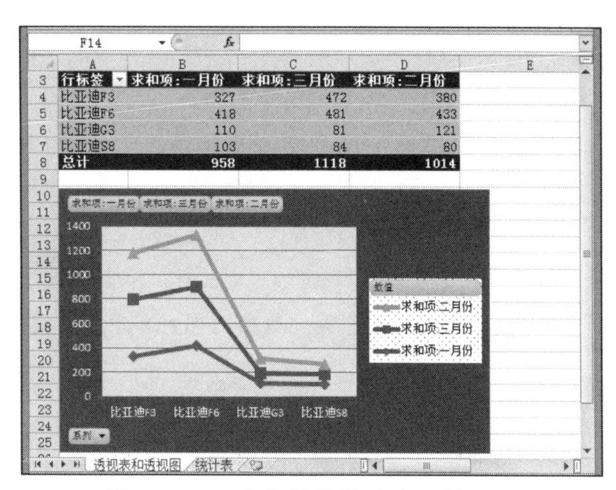

行标签	求和项:一月份	求和项:三月份	求和项:二月份
比亚迪F3	327	472	380
比亚迪F6	418	481	433
比亚迪G3	110	81	121
比亚迪S8	103	84	80
总计	958	1118	1014

图 24-1 “汽车销售统计表”效果图

参见光盘 光盘\效果\第 24 章\汽车销售统计表.xlsx

24.2 行业分析

汽车销售统计表属于销售统计表的一种，它通过统计汽车的销售情况，使公司管理者快速掌握产品销售情况，从而协助公司高层制定相应的发展策略，找到公司发展的突破口。

操作提示

制作销售统计类表格时，需要通过函数和公式对某些数据进行计算。

根据不同的公司或部门情况，以及要求表达的内容不同，制作的销售统计表会有些差异。总体来说，销售统计表用于统计商品销售收入和服务收入的金额、毛利、收款和收票等情况。

根据销售统计表主体类型的不同，可分为以销售产品和销售人员作为统计主体两种，分别介绍如下。

- **按销售产品统计**：用于统计一定范围内产品的销售情况，一般每一行或某一部分为一个产品的销售情况，即统计的目的是“产品”。通过产品的销售情况，为公司后期的产品销售区域、进货方式和生产方式等提供依据。
- **按销售人员统计**：用于统计一定数量的销售人员的产品销售情况，一般每一行或某一部分为一个销售人员的销售数据，即统计目的是“人”。通过销售人员的销售情况统计，可对不同人员的销售能力进行评估。如果对销售人员的销售地区进行了统计，也可对不同地区的销售情况进行大致的了解。

24.3　操作思路

本例首先对表格中汽车的销售量和销售额进行计算，然后对表格的格式进行设置和美化，最后根据表格内容创建数据透视表和数据透视图，使数据一目了然。

为更快完成本例的制作，并尽可能运用前面讲解的知识，先将本例的操作思路介绍如下。

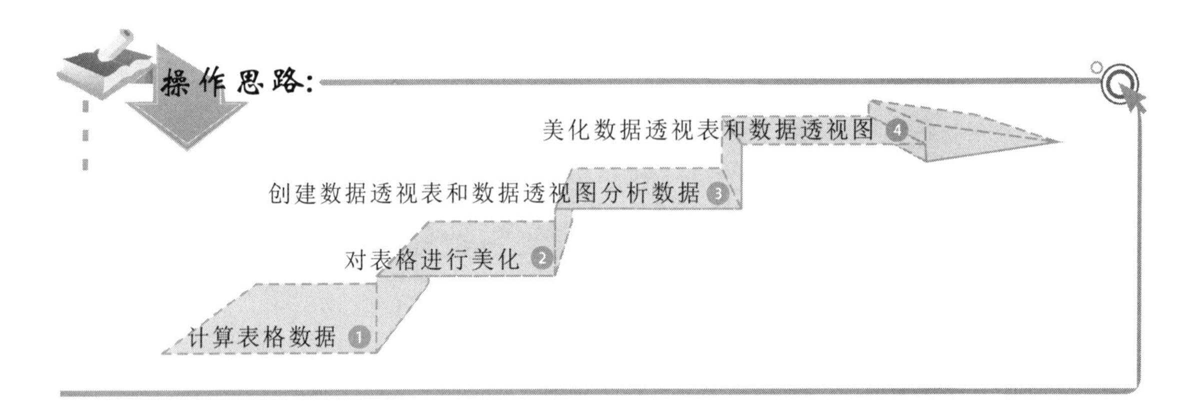

24.4　操作步骤

本例的制作将分为计算表格数据、美化表格、创建数据透视表和数据透视图等几大步骤来实现，其侧重点在于创建数据透视表和数据透视图。下面将进行具体介绍。

统计表就是将统计调查所得来的原始资料经过整理，得到说明现象的数据表格。

24.4.1 计算表格数据

下面通过插入函数和公式来计算表格中的汽车销售量和销售额数据，其操作步骤如下：

参见光盘 光盘\素材\第 24 章\汽车销售统计表.xlsx
光盘\实例演示\第 24 章\计算表格数据

1. 选择 G3 单元格，将鼠标光标定位到数据编辑框中，并输入公式“=SUM(D3:F3)”，表示只计算 3 个月的销售量，如图 24-2 所示。
2. 按 Enter 键计算出该汽车一季度的销售总量，选择 G3 单元格，将鼠标光标移动到右下角的填充控制柄上，按住鼠标左键不放向下拖动至 G22 单元格，复制公式后将自动计算出各汽车一季度的销售量，如图 24-3 所示。

SUM =SUM(D3:F3) 01 输入

	C	D	E	F	G	H
2	单价	一月份	二月份	三月份	销售量总计	销售额总计
3	67800	54	67	54	=SUM(D3:F3)	
4	59800	32	43	65		
5	70800	32	43	54		
6	80800	22	23	43		
7	76800	35	26	33		
8	59800	43	55	65		
9	96800	65	56	70		
10	55800	44	67	88		
11	79800	45	24	22		
12	159800	56	50	47		
13	79800	47	54	46		
14	119800	120	145	198		
15	89800	53	76	80		
16	109800	97	84	88		
17	76900	65	56	45		
18	80900	45	65	36		
19	165800	38	35	24		
20	206800	26	18	21		
21	181800	15	8	11		
22	190800	24	19	28		

Sheet1 Sheet2 Sheet3
编辑 100%

图 24-2 输入公式

G3 =SUM(D3:F3) 02 复制

	C	D	E	F	G	H
2	单价	一月份	二月份	三月份	销售量总计	销售额总计
3	67800	54	67	54	175	
4	59800	32	43	65	140	
5	70800	32	43	54	129	
6	80800	22	23	43	88	
7	76800	35	26	33	94	
8	59800	43	55	65	163	
9	96800	65	56	70	191	
10	55800	44	67	88	199	
11	79800	45	24	22	91	
12	159800	56	50	47	153	
13	79800	47	54	46	147	
14	119800	120	145	198	463	
15	89800	53	76	80	209	
16	109800	97	84	88	269	
17	76900	65	56	45	166	
18	80900	45	65	36	146	
19	165800	38	35	24	97	
20	206800	26	18	21	65	
21	181800	15	8	11	34	
22	190800	24	19	28	71	

Sheet1 Sheet2 Sheet3
就绪 平均值: 154.5 计数: 20 求和: 3090 100%

图 24-3 复制公式计算数据

3. 选择 H3 单元格，在其中输入公式“=G3*C3”，表示将汽车销售量与单价相乘，如图 24-4 所示，按 Enter 键计算出销售总额。
4. 选择 H3 单元格，将鼠标光标移动到右下角的填充控制柄上，按住鼠标左键不放向下拖动至 H22 单元格，自动计算出该列的其余销售额，如图 24-5 所示。

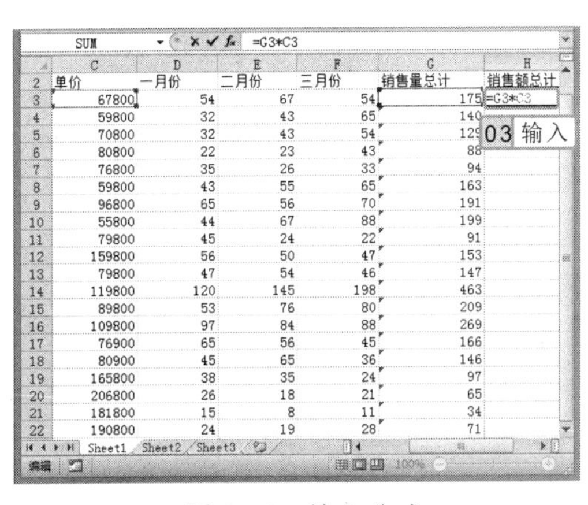

SUM =G3*C3 03 输入

	C	D	E	F	G	H
2	单价	一月份	二月份	三月份	销售量总计	销售额总计
3	67800	54	67	54	175	=G3*C3
4	59800	32	43	65	140	
5	70800	32	43	54	129	
6	80800	22	23	43	88	
7	76800	35	26	33	94	
8	59800	43	55	65	163	
9	96800	65	56	70	191	
10	55800	44	67	88	199	
11	79800	45	24	22	91	
12	159800	56	50	47	153	
13	79800	47	54	46	147	
14	119800	120	145	198	463	
15	89800	53	76	80	209	
16	109800	97	84	88	269	
17	76900	65	56	45	166	
18	80900	45	65	36	146	
19	165800	38	35	24	97	
20	206800	26	18	21	65	
21	181800	15	8	11	34	
22	190800	24	19	28	71	

Sheet1 Sheet2 Sheet3
编辑 100%

图 24-4 输入公式

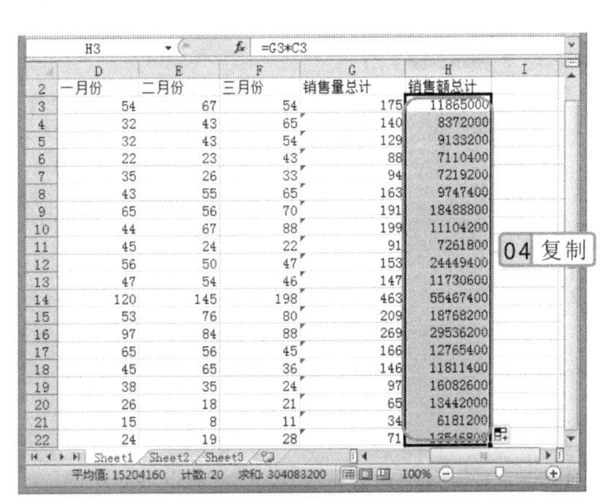

H3 =G3*C3 04 复制

	D	E	F	G	H	I
2	一月份	二月份	三月份	销售量总计	销售额总计	
3	54	67	54	175	11865000	
4	32	43	65	140	8372000	
5	32	43	54	129	9133200	
6	22	23	43	88	7110400	
7	35	26	33	94	7219200	
8	43	55	65	163	9747400	
9	65	56	70	191	18488800	
10	44	67	88	199	11104200	
11	45	24	22	91	7261800	
12	56	50	47	153	24449400	
13	47	54	46	147	11730600	
14	120	145	198	463	55467400	
15	53	76	80	209	18768200	
16	97	84	88	269	29536200	
17	65	56	45	166	12765400	
18	45	65	36	146	11811400	
19	38	35	24	97	16082600	
20	26	18	21	65	13442000	
21	15	8	11	34	6181200	
22	24	19	28	71	13546800	

Sheet1 Sheet2 Sheet3
平均值: 15204160 计数: 20 求和: 304083200 100%

图 24-5 复制公式计算数据

本例在计算销售量时，单元格左侧出现了一个警告标志◈，这是因为 Excel 的自动求和函数默认将左侧所有相邻的数值单元格进行计算，而这里只让其中部分单元格参与了计算。

5 选择 I3 单元格，选择“公式”/“函数库”组，单击“插入函数”按钮 fx，打开“插入函数”对话框，在“选择函数”列表框中选择 IF 函数，单击 确定 按钮，如图 24-6 所示。

6 打开“函数参数”对话框，在第 1 个参数框中输入“G3>160”，在第 2 个参数框中输入“"销量很好"”，在第 3 个参数框中输入“IF(G3>100,"销量较好","销量一般")”，单击 确定 按钮，如图 24-7 所示。

图 24-6　选择插入的函数

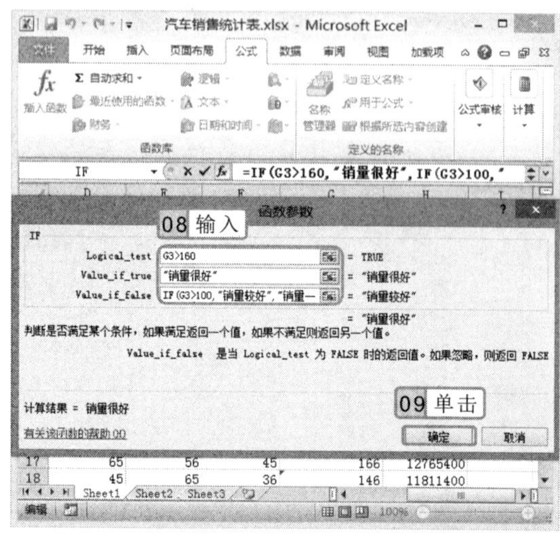

图 24-7　设置函数参数

7 此时将在 I3 单元格中显示结果“销量很好”，如图 24-8 所示。

8 选择 I3 单元格，将鼠标光标移动到右下角的填充控制柄上，按住鼠标左键不放向下拖动至 I22 单元格，自动得到所有汽车的销售评价，完成对表格的所有计算与统计操作，如图 24-9 所示。

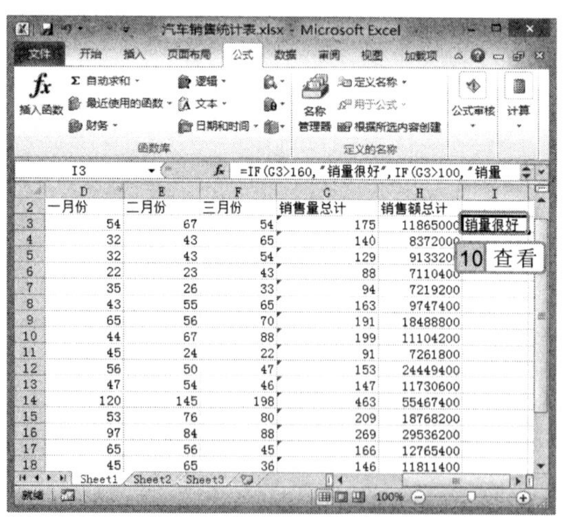

图 24-8　查看计算结果

图 24-9　复制公式计算数据

应用点睛

各汽车在一季度的销售量情况评定标准为：销售总量在 160 以上的评定为“销量很好”，在 100～150 范围的评定为“销量较好”，在 100 以下的评定为“销量一般”。

24.4.2 美化表格

下面通过对单元格格式和表格格式进行设置，对表格整体进行美化，使表格更为美观，其操作步骤如下：

光盘\实例演示\第 24 章\美化表格

1. 选择 A1:I1 单元格区域，选择“开始”/“对齐方式”组，单击“合并后居中”按钮，合并所选单元格并居中。
2. 选择合并后的 A1 单元格中的文本，选择“开始”/“字体”组，在“字号”下拉列表框中选择“24”选项，并单击**B**按钮加粗文本。
3. 选择 A1 单元格，单击“填充颜色”按钮右侧的按钮，在弹出的下拉列表中将其底纹填充颜色设置为深蓝色，单击“字体颜色”按钮，在弹出的下拉列表中选择“白色”选项，如图 24-10 所示。
4. 选择 A2:I22 单元格区域，选择“开始”/“样式”组，单击“套用表格格式”按钮，在弹出的下拉列表中选择“表样式浅色 16”选项，在打开的对话框中保持默认设置，单击 确定 按钮，如图 24-11 所示。

图 24-10　设置标题格式

图 24-11　套用表格样式

5. 选择“数据”/“排序和筛选”组，单击“筛选”按钮，取消在表头显示的筛选按钮，然后将 I2 单元格重命名为“评价”。
6. 选择表头所在的第 2 行，选择“开始”/“对齐方式”组，单击“居中对齐”按钮，将表头文本居于单元格中间。
7. 选择 C3:C22 单元格区域，然后按住 Ctrl 键不放，再选择 H3:H22 单元格区域，选择“开始”/“数字”组，单击“功能扩展”按钮。
8. 打开“设置单元格格式”对话框，在“分类”列表框中选择“货币”选项，在右

设置数字格式后，如果单元格中的数据显示为“######”，表示单元格列宽不够。此时，只需拖动鼠标调整单元格的列宽即可正确显示出数据。

侧将“小数位数”数值框设置为“0”，并在“货币符号”下拉列表框中选择“¥”选项，单击 确定 按钮，如图 24-12 所示。

9 返回编辑区即可看到设置数字格式后的效果，如图 24-13 所示，完成对表格的美化。

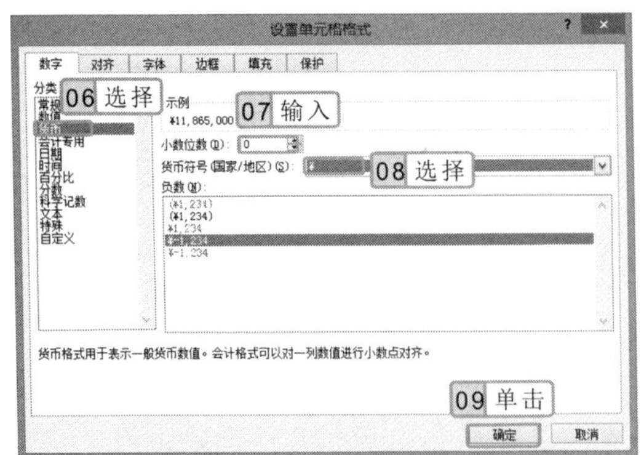

图 24-12　设置数字格式

图 24-13　查看效果

24.4.3　创建数据透视表和数据透视图

为了更好地分析数据，使表格中的数据更加直观，下面将根据表格中的数据在新的工作表中创建数据透视表和数据透视图，并对其进行简单的美化，其操作步骤如下：

光盘\实例演示\第 24 章\创建数据透视表和数据透视图

1 选择 A2:I22 单元格区域，选择“插入”/“表格”组，单击“数据透视表”按钮，在弹出的下拉列表中选择“数据透视表”选项，如图 24-14 示。

2 打开“创建数据透视表”对话框，在“选择放置数据透视表的位置”栏中选中 ◉新工作表(N) 单选按钮，其他保持默认设置不变，单击 确定 按钮，如图 24-15 所示。

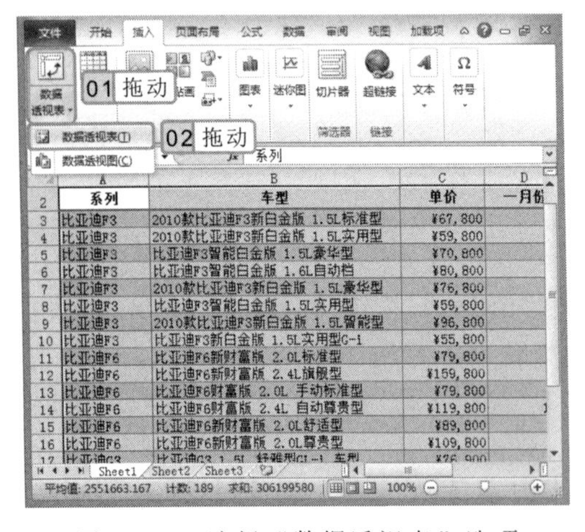

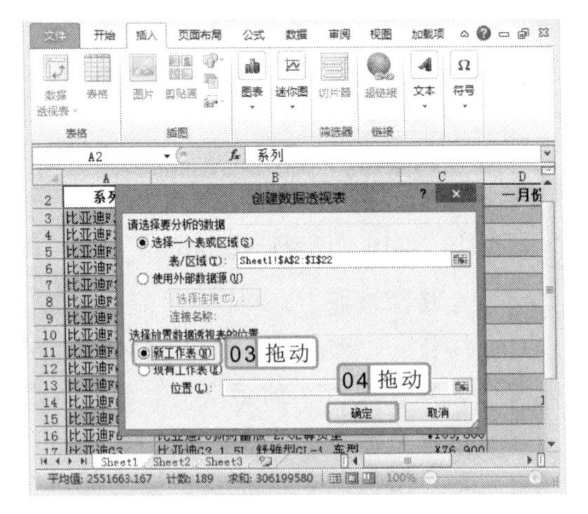

图 24-14　选择“数据透视表”选项

图 24-15　“创建数据透视表”对话框

在“创建数据透视表”对话框的“请选择要分析的数据”栏中的“表/区域”文本框中按正确的格式输入需创建数据透视表的单元格区域即可。

3 新建一个工作表，并打开“数据透视表字段列表”任务窗格，在“选择要添加到报表的字段”列表框中依次选中如图 24-16 所示的复选框。

4 单击任务窗格右上角的 ✖ 按钮关闭窗格，在工作表中即可查看到创建的数据透视表，然后选择“选项”/“工具”组，单击“数据透视图”按钮。

5 打开“插入图表”对话框，默认选择“柱形图”选项，在右侧的列表框中选择“簇状圆柱图”选项，如图 24-17 所示。

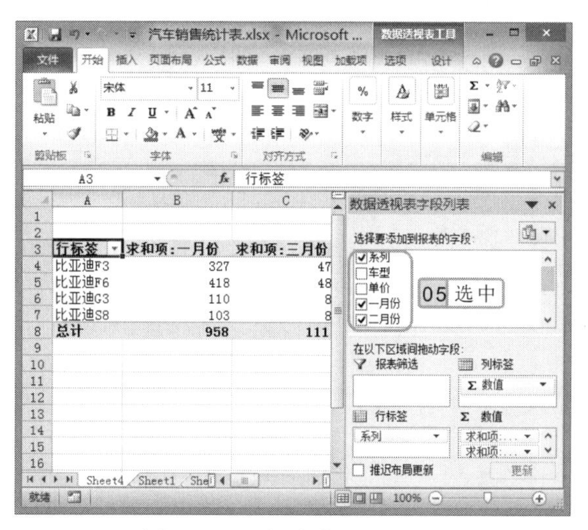

图 24-16　创建数据透视表

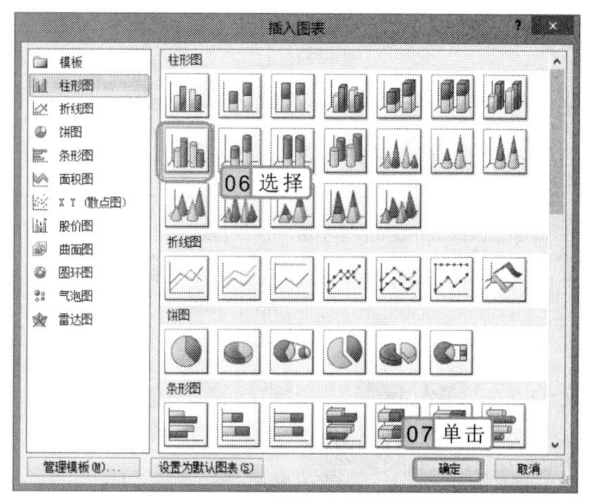

图 24-17　选择插入的图表

6 单击 确定 按钮，返回工作表区，即可查看到插入的数据透视图效果，如图 24-18 所示。

7 将鼠标光标移动到图表区上，当鼠标光标变成 形状时，按住鼠标左键不放，将其拖动到数据透视表下方后释放鼠标，其效果如图 24-19 所示。

图 24-18　查看插入的透视图

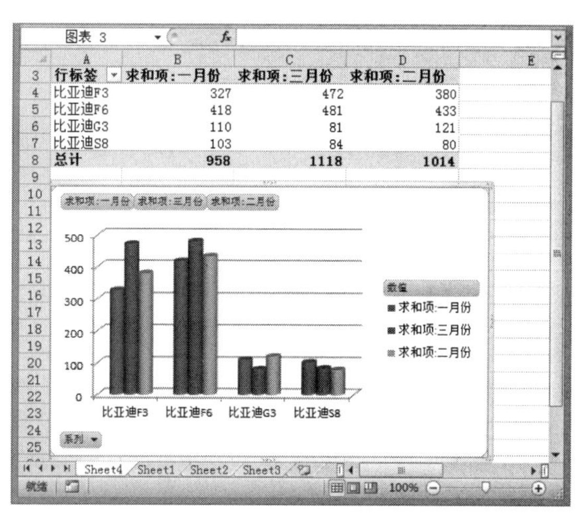

图 24-19　移动图表位置

通过在“表格”组中单击“数据透视表”按钮，在弹出的下拉列表中选择“数据透视图”选项的方式只能同时插入数据透视表和透视图，不能单独插入数据透视图。

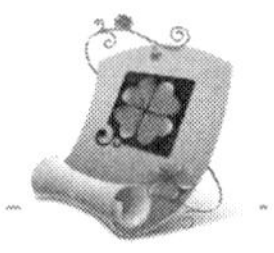

8 选择数据透视表所在的所有单元格区域，选择“设计”/“数据透视表样式”组，单击按钮，在弹出的列表框中选择如图 24-20 所示的选项。

9 选择数据透视图，选择“设计”/“类型”组，单击“更改图表类型”按钮，打开“更改图表类型”对话框，在右侧列表框中的“折线图”栏中选择如图 24-21 所示的选项。

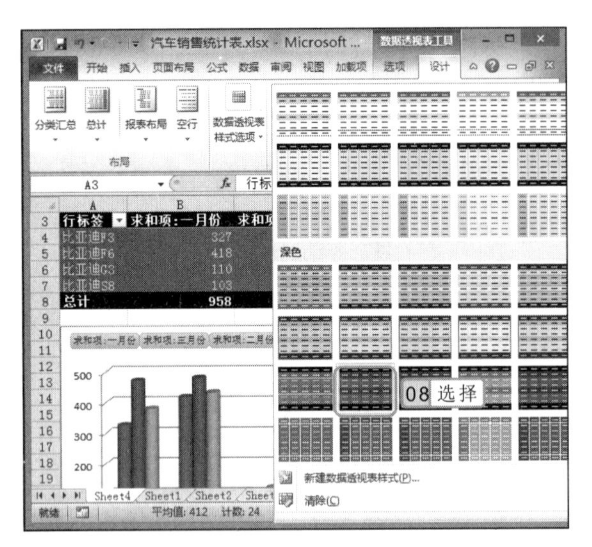

图 24-20 选择数据透视表样式

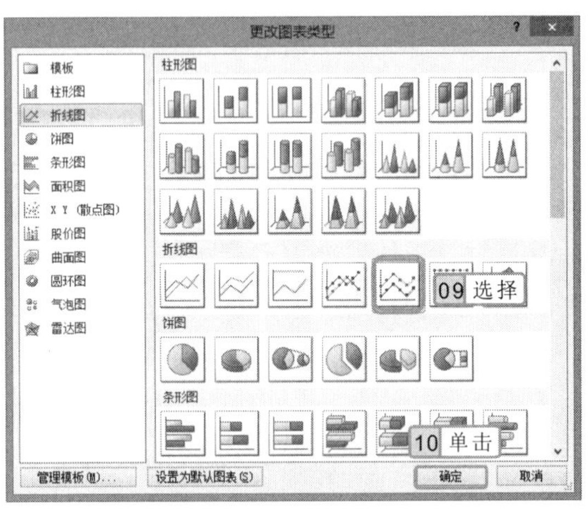

图 24-21 更改数据透视图类型

10 单击 确定 按钮，返回工作表编辑区即可看到更改后的图表效果，如图 24-22 所示。

11 选择数据透视图，选择“设计”/“图表样式”组，单击“快速样式”按钮，在弹出的下拉列表中选择如图 24-23 所示的选项。

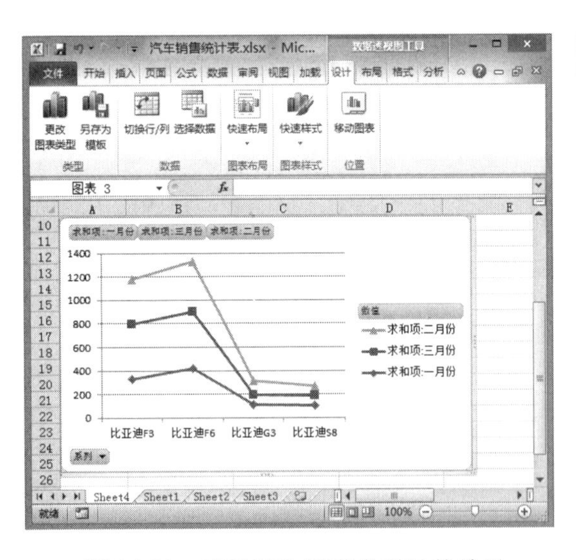

图 24-22 查看更改图表类型后的效果

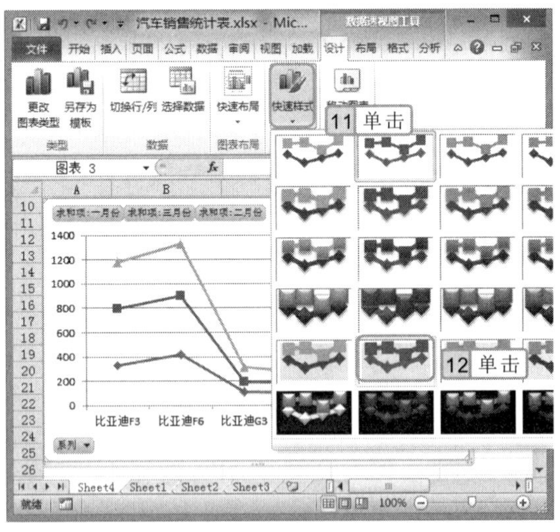

图 24-23 选择图表样式

应用点睛

数据透视图是根据数据透视表中的内容而创建的，因此，对数据透视表中的数据进行修改后，数据透视图也将发生相应的改变。

12 选择数据透视图，在图表区上单击鼠标右键，在弹出的快捷菜单中选择“设置图表区格式”命令。

13 打开“设置图表区格式”对话框，默认选择“填充”选项，在右侧选中 ◉ 纯色填充(S) 单选按钮，在“填充颜色”栏中单击按钮，在弹出的下拉列表中选择“标准色”栏中的“蓝色”选项，如图 24-24 所示。

14 单击 关闭 按钮关闭对话框。选择图表中的纵坐标轴，然后选择“开始”/“字体”组，单击“字体颜色”按钮右侧的按钮，在弹出的下拉列表中选择“白色”选项，将纵坐标轴的字体颜色设置为白色，其效果如图 24-25 所示。

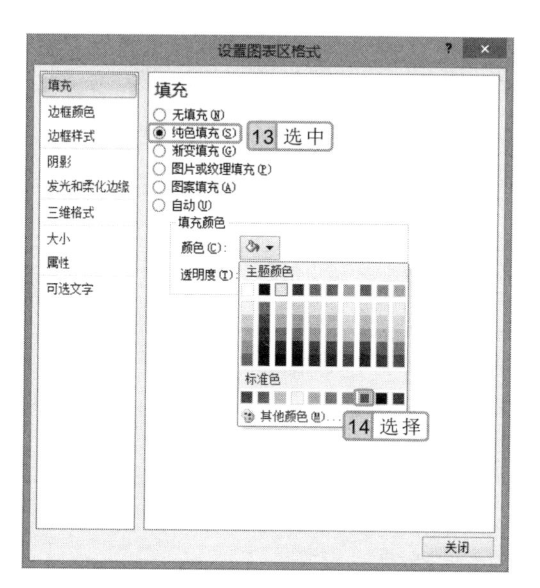

图 24-24　设置图表区格式

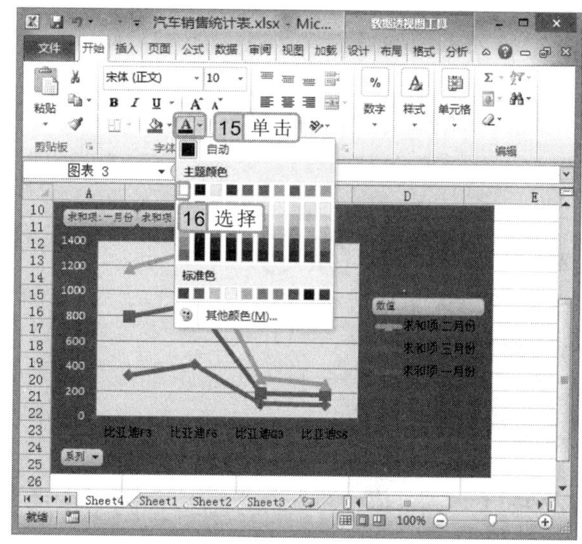

图 24-25　设置纵坐标轴字体颜色

15 使用相同的方法将图表横坐标轴字体颜色设置为白色，然后选择图表图例，单击鼠标右键，在弹出的快捷菜单中选择“设置图例格式”命令。

16 打开“设置图例格式”对话框，在左侧选择“填充”选项，在右侧的“填充”栏中选中 ◉ 图案填充(A) 单选按钮，在下方的列表框中选择“5%”选项。

17 单击“前景色”按钮，在弹出的下拉列表中选择“标准色”栏中的“蓝色”选项，然后单击“背景色”按钮，在弹出的下拉列表中选择“主题颜色”栏中的“白色”选项，如图 24-26 所示。

18 单击 关闭 按钮关闭对话框，返回工作表编辑区，即可查看到设置图例格式后的效果，如图 24-27 所示。

19 完成数据透视表和数据透视图的制作，然后将工作表标签 Sheet1 和 Sheet4 分别重命名为“统计表”和“透视表和透视图”，并将该工作簿中多余的工作表删除，对工作簿进行保存。

在“设置图例格式”对话框中，还可对图例放置的位置、边框样式、边框颜色以及阴影效果等进行设置。

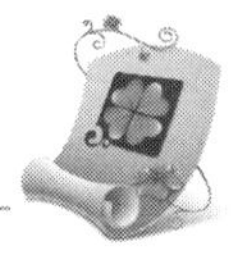

图 24-26　设置图例格式

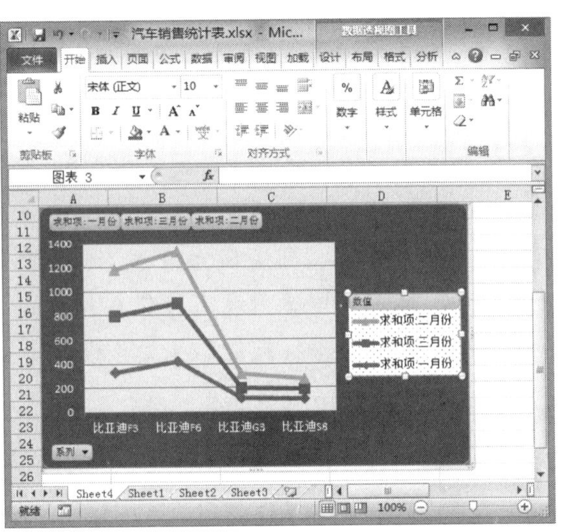

图 24-27　查看效果

24.5　拓展练习

本章主要介绍了表格数据的计算、表格的美化、数据透视表和数据透视图的创建与美化等知识的应用，下面将通过两个练习进一步巩固前面所学的知识。

24.5.1　制作“月度库存管理表”

本练习将为某生产商制作一份月度库存管理表，主要练习 Excel 表格数据的输入、单元格的编辑、表格美化以及公式和函数的使用等知识，制作的月度库存管理表效果如图 24-28 所示。

2010年3月份库存管理表

						仓库管理员	赵燕		成本基数	70%
库存代码	名称	上月结转	本月入库	本月出库	当前数目	标准库存量	溢短	单价	成本	库存金额
0440-01	地毯	365	135	197	303	300	3	1,000.00	700.00	212,100.00
0440-02	冷焊型修补剂	351	165	102	414	300	114	28.00	19.60	8,114.40
0440-03	前刹车软管	556	245	218	583	300	283	170.00	119.00	69,377.00
0440-04	刹车灯开关	138	120	25	233	300	-67	123.00	86.10	20,061.30
0440-05	发动机大修包	563	344	235	672	300	372	855.00	598.50	402,192.00
0440-06	化油器修理包	125	326	56	395	300	95	405.00	283.50	111,982.50
0440-07	排挡修包	154	321	35	440	300	140	12.00	8.40	3,696.00
0440-08	液压泵修包	232	254	121	365	300	65	27.00	18.90	6,898.50
0440-09	离合器总泵修理包	265	265	130	400	300	100	65.00	45.50	18,200.00
0440-10	离合器分泵包	545	235	265	515	300	215	51.00	35.70	18,385.50
0440-11	变速器修理包	356	355	62	649	300	349	60.00	42.00	27,258.00
0440-12	变速箱修包	156	136	42	250	300	-50	75.00	52.50	13,125.00
0440-13	大修包带片	468	698	236	930	300	630	300.00	210.00	195,300.00
0440-14	方向机十字节	497	554	210	841	300	541	55.00	38.50	32,378.50
0440-15	传动轴十字节	254	654	81	827	300	527	165.00	115.50	95,518.50
0440-16	后轮轴承	598	344	368	574	300	274	303.80	212.66	122,066.84
0440-17	半轴轴承	564	345	236	673	300	373	218.40	152.88	102,888.24
0440-18	前轮油封	235	246	162	319	300	19	46.20	32.34	10,316.46
0440-19	前轮油封	598	244	501	341	300	41	101.00	70.70	24,108.70
0440-20	轮胎气压控制阀	356	356	103	609	300	309	20.00	14.00	8,526.00
0440-21	前半轴胶套	351	254	301	304	300	4	402.00	281.40	85,545.60
0440-22	后半轴防尘套	168	544	105	607	300	307	325.00	227.50	138,092.50
0440-23	半轴防尘套(内)	689	266	436	519	300	219	194.00	135.80	70,480.20

图 24-28　“月度库存管理表”效果

在制作表格时，应该先设置表格的数据格式，然后再调整单元格的列宽，以避免调整列宽的重复操作。

参见光盘 光盘\效果\第 24 章\月度库存管理表.xlsx
光盘\实例演示\第 24 章\制作“月度库存管理表”

该练习的操作思路与关键提示如下：

操作思路：

1. 输入表格数据
2. 使用公式和函数计算表格其他数据
3. 设置单元格字体、底纹、单元格对齐和数据格式
4. 调整列宽和突出显示特殊数据

关键提示：

在输入“库存代码”列中的数据前，需要先将该列要输入数据的单元格数字格式设置为文本，这样才能输入以“0”开头的数据。

24.5.2 分析“图书销量汇总表”

本练习将通过创建数据透视表和数据透视图来分析图书销量汇总表中的数据，并对创建的数据透视表和透视图进行编辑和美化，其最终效果如图 24-29 所示。

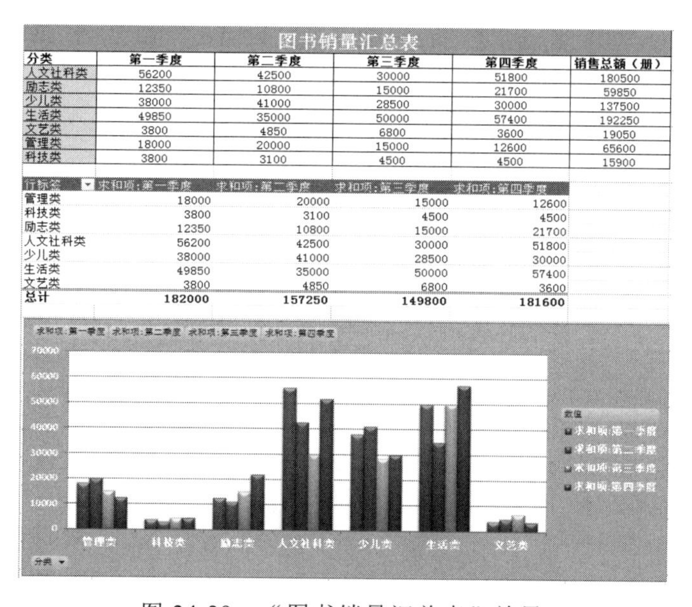

图书销量汇总表

分类	第一季度	第二季度	第三季度	第四季度	销售总额（册）
人文社科类	56200	42500	30000	51800	180500
励志类	12350	10800	15000	21700	59850
少儿类	38000	41000	28500	30000	137500
生活类	49850	35000	50000	57400	192250
文艺类	3800	4850	6800	3600	19050
管理类	18000	20000	15000	12600	65600
科技类	3800	3100	4500	4500	15900

行标签	求和项:第一季度	求和项:第二季度	求和项:第三季度	求和项:第四季度
管理类	18000	20000	15000	12600
科技类	3800	3100	4500	4500
励志类	12350	10800	15000	21700
人文社科类	56200	42500	30000	51800
少儿类	38000	41000	28500	30000
生活类	49850	35000	50000	57400
文艺类	3800	4850	6800	3600
总计	182000	157250	149800	181600

图 24-29 “图书销量汇总表”效果

操作提示

选择需要创建数据透视表的单元格区域后，在“表格”组中单击“数据透视表”按钮，在弹出的下拉列表中选择“数据透视图”选项，可同时创建数据透视表和数据透视图。

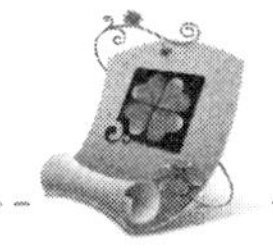

光盘\素材\第 24 章\图书销量汇总表.xlsx
光盘\效果\第 24 章\图书销量汇总表.xlsx
光盘\实例演示\第 24 章\分析“图书销量汇总表”

该练习的操作思路与关键提示如下。

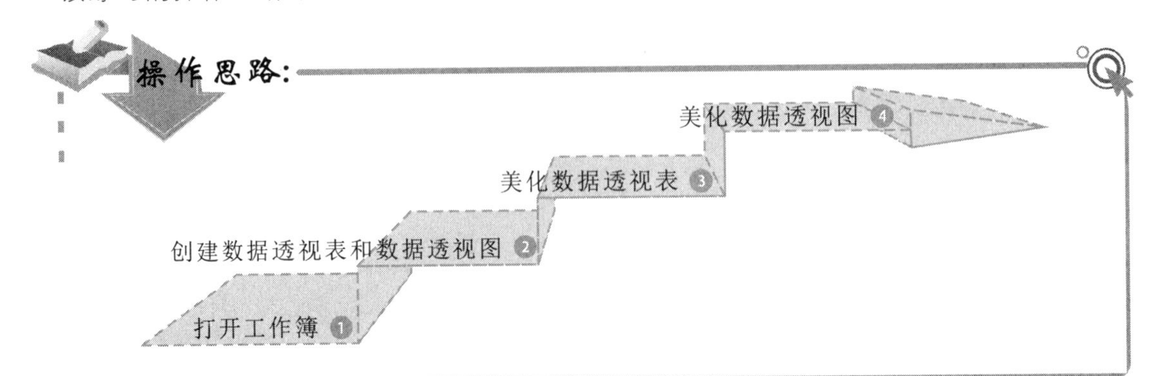

关键提示:

数据透视表和数据透视图是同时创建的，而且数据透视图中坐标轴文本和图例文本都设置了字体颜色和加粗效果。

应用点睛

创建数据透视表后也可套用表格样式和单元格样式。

多媒体光盘使用说明

本书所配光盘是专业、大容量、高品质的交互式多媒体学习光盘，讲解流畅，配音标准，画面清晰，界面美观大方。本光盘操作简单，即使是没有任何电脑使用经验的人也都可以轻松掌握。

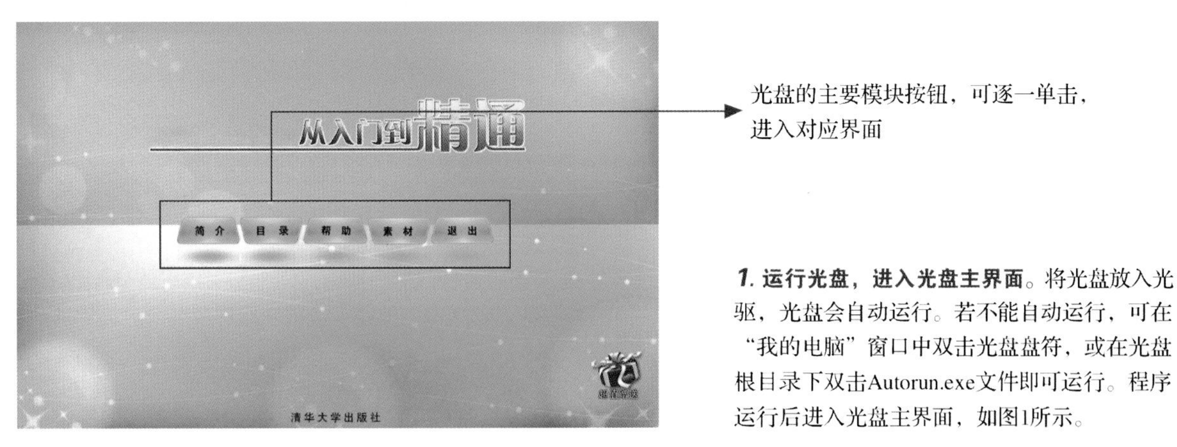

图1 光盘主界面

1. 运行光盘，进入光盘主界面。将光盘放入光驱，光盘会自动运行。若不能自动运行，可在“我的电脑”窗口中双击光盘盘符，或在光盘根目录下双击Autorun.exe文件即可运行。程序运行后进入光盘主界面，如图1所示。

2. 进入多媒体教学演示界面。在光盘主界面中单击“目录”按钮，在出现的界面中选择相应的章节内容，即可进入多媒体教学演示界面，按照多媒体讲解进行学习，并可方便地控制整个演示流程，如图2所示。

教学演示界面

从入门到精通

第1章 进入现代办公平台
第2章 文件管理
第3章 电脑打字
第4章 办公软件入门
第5章 电脑上网入门
第6章 Word文档输入与排版
第7章 返回文档使用对象丰富Word文
第8章 Word的自动化处理
第9章 Excel数据输入与管理
第10章 计算及分析Excel数据
第11章 制作PowerPoint演示文稿
第12章 设置及放映演示文稿
第13章 网上办公必备技能

目录菜单

功能按钮、进度条、调音按钮、解说字幕

图2 多媒体教学演示界面

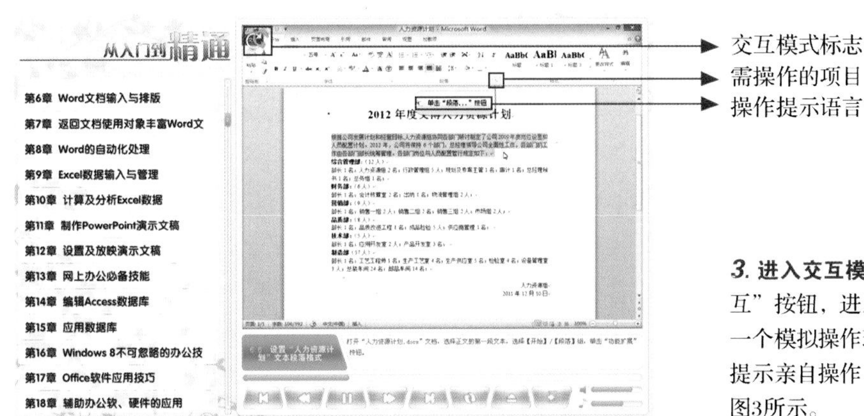

图3 交互模式界面

3. 进入交互模式界面。在演示界面中单击“交互”按钮，进入交互模式界面。该模式提供了一个模拟操作环境，读者可按照界面上的操作提示亲自操作，可迅速提高实际动手能力，如图3所示。

多媒体光盘使用说明

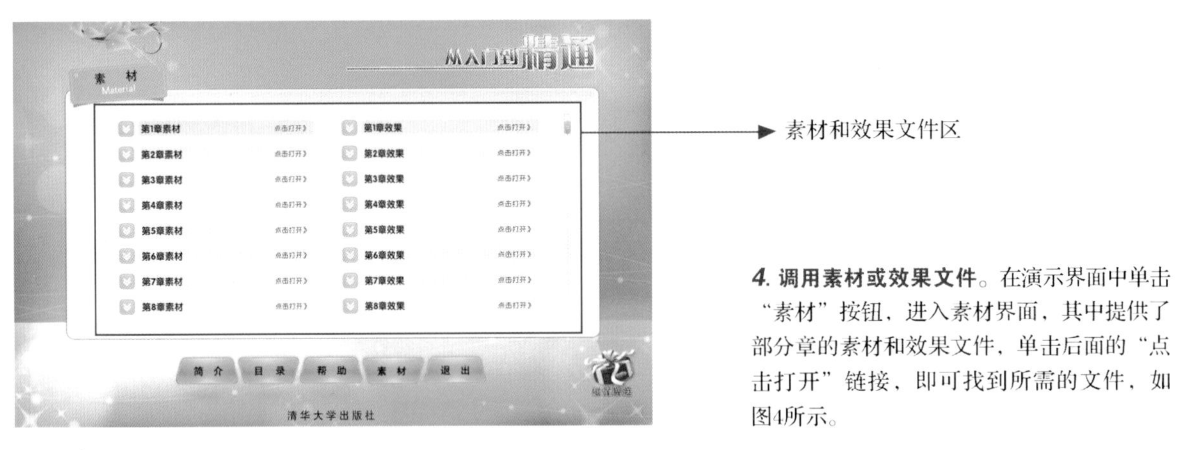

4. 调用素材或效果文件。在演示界面中单击“素材”按钮，进入素材界面，其中提供了部分章的素材和效果文件，单击后面的“点击打开”链接，即可找到所需的文件，如图4所示。

图4 素材界面

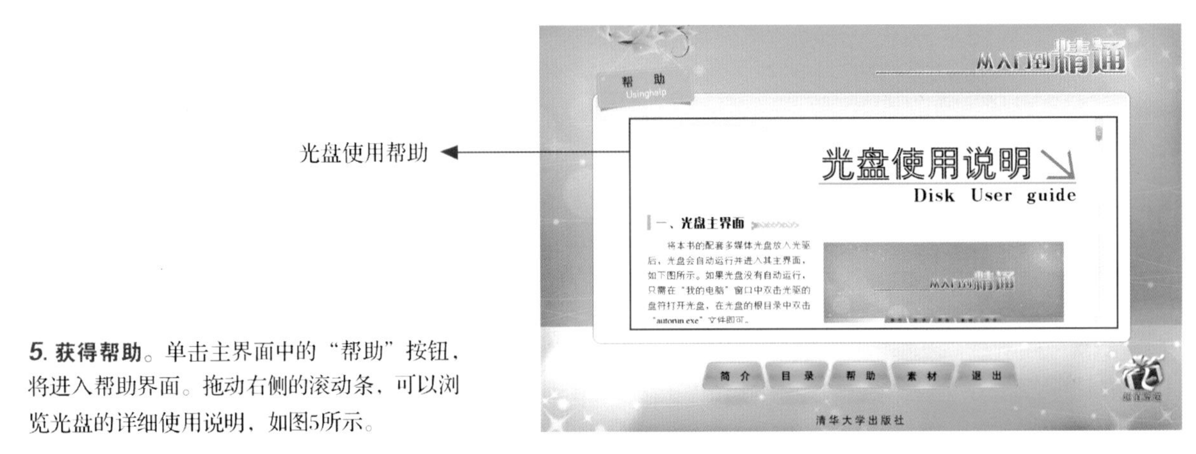

5. 获得帮助。单击主界面中的“帮助”按钮，将进入帮助界面。拖动右侧的滚动条，可以浏览光盘的详细使用说明，如图5所示。

图5 帮助界面

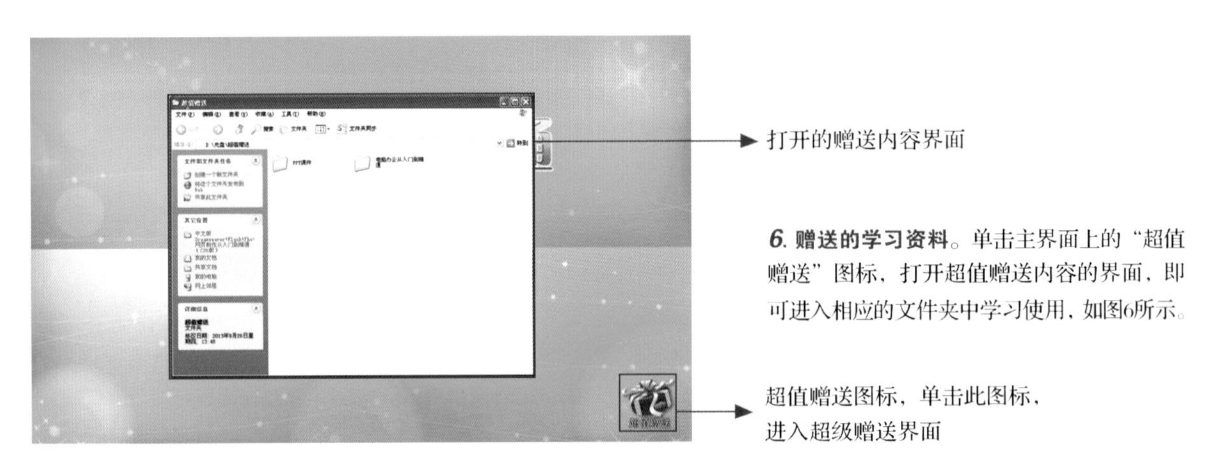

6. 赠送的学习资料。单击主界面上的“超值赠送”图标，打开超值赠送内容的界面，即可进入相应的文件夹中学习使用，如图6所示。

图6 超值赠送界面